北大版·“十三五”普通高等教育本科规划教材
高等院校材料专业“互联网+”创新规划教材 全新修订

材料性能学
（第2版）

主　编　付　华　张光磊
副主编　吴红亚　王彩辉　蒋晓军
　　　　王　志　秦胜建　秦国强
主　审　王金淑

内 容 简 介

材料科学研究的核心是材料的结构与性能的关系，材料的性能是材料研究的根本目标和最终目的。本书系统介绍了材料的力学性能和物理性能的基本概念、物理本质、变化规律及相应性能指标的工程意义。 全书分为三篇，共 15 章，内容包括材料的弹性变形，材料的塑性变形，材料的断裂与断裂韧性，材料的扭转、弯曲、压缩性能，材料的硬度，材料的冲击韧性及低温脆性，材料的疲劳性能，材料的摩擦磨损性能，材料的高温蠕变性能，材料在环境介质作用下的腐蚀，材料的强韧化，材料的热学性能，材料的磁学性能，材料的电学性能和材料的光学性能。

本书可作为材料科学与工程类一级学科专业公共课“材料性能学”或二级学科专业(教育部新的学科专业目录)的教材或主要教学参考书，也可供研究生及有关工程技术人员、企业管理人员参考使用。

图书在版编目(CIP)数据

材料性能学/付华， 张光磊主编. —2 版. —北京： 北京大学出版社， 2017.4
(高等院校材料专业“互联网+”创新规划教材)
ISBN 978-7-301-28180-2

Ⅰ. ①材… Ⅱ. ①付… ②张… Ⅲ. 工程材料—结构性能—高等学校—教材 Ⅳ. ①TB303

中国版本图书馆 CIP 数据核字(2017)第 051189 号

书　　名　材料性能学（第 2 版）
　　　　　CAILIAO XINGNENGXUE (DI-ER BAN)
著作责任者　付　华　张光磊　主编
策 划 编 辑　童君鑫
责 任 编 辑　黄红珍
数 字 编 辑　刘志秀
标 准 书 号　ISBN 978-7-301-28180-2
出 版 发 行　北京大学出版社
地　　址　北京市海淀区成府路 205 号　100871
网　　址　http://www.pup.cn　新浪微博：@北京大学出版社
电 子 信 箱　pup_6@163.com
电　　话　邮购部 010-62752015　发行部 010-62750672　编辑部 010-62750667
印 刷 者　北京溢漾印刷有限公司
发 行 者　北京大学出版社
经 销 者　新华书店
　　　　　787 毫米×1092 毫米　16 开本　21.5 印张　507 千字
　　　　　2010 年 9 月第 1 版
　　　　　2017 年 4 月第 2 版　2020 年 7 月修订　2022 年 1 月第 6 次印刷
定　　价　59.00 元

第 2 版修订前言

材料性能是材料研究和开发的核心之一，与材料的成分、工艺及结构相互制约，构成材料科学研究的主体空间。材料性能涉及内容纷繁复杂，高等教育改革也对综合素质提出了更高的要求。《材料性能学》自 2010 年 9 月出版以来，承蒙广大读者的认可和支持，已于 2015 年 4 月第 3 次印刷，收到良好的教学效果。但在使用中我们也发现了书中存在的不足之处，因此，我们结合多年的教学体会，依据当今材料学科的最新发展成果对书进行全面修订，主要修订内容如下。

(1) 材料以各种工程构件、机器零件和功能器件等产品形式应用在各行业，在不同的使用环境和工作条件下，对材料所要求的性能种类繁多，主要包括材料的力学性能、物理性能、化学性能和工艺性能等。本书主要介绍材料的力学性能和物理性能，而单向静拉伸试验是工业生产和材料科学研究中应用最广泛的材料力学性能试验方法，因此，将材料在单向静拉伸应力状态下的力学性能独立为一篇。全书由两篇调整为三篇，第一篇介绍材料在单向静拉伸应力状态下的力学性能，第二篇介绍材料在其他状态下的力学性能，第三篇介绍材料的物理性能。这使课程思路更清晰，重点和基础内容更突出。

(2) 修改了材料部分物理性能（热容、铁磁性、导电、超导等）机理的分析内容，增加了阅读材料，补充了前沿研究理论，使材料物理性能部分和力学性能部分的内容均衡。

(3) 重新编写了第 15 章（材料的光学性能），使其内容与全书内容更协调。

(4) 每章增加了综合分析题。

(5) 对理论性的文字进行了进一步的精简。

(6) 增加了视频和图片等二维码素材，以补充书中表达的不足。

此次修订，对书的内容进行了调整和扩充，使本书的内容更加系统、丰富，叙述更加简明、扼要。本书通过对材料多样性能的介绍，引领读者进入丰富的材料世界，帮助读者更全面地了解材料性能；激发学生学习的兴趣和主动性，全面培养学生思考问题、分析问题和解决问题等的能力，重点培养学生举一反三的能力。

本书由石家庄铁道大学和北京工业大学合作编写，石家庄铁道大学付华和张光磊担任主编并负责全书的编写和统稿，北京工业大学王金淑担任主审，具体修订工作如下：蒋晓军修订第 1～3 章，王志修订第 4～7 章，秦胜建修订第 8、9 章，王彩辉修订第 10～12 章，秦国强修订第 13、14 章，吴红亚修订第 15 章。

由于编者学识所限，书中疏漏和欠妥之处在所难免，敬请读者批评指正。

【分析主线】

【资源索引】

【工程案例】

编　者

2020 年 1 月

第1版前言

“材料性能学”属于材料科学与工程类一级学科必修专业课。其任务是使学生在学完材料科学导论、材料科学基础等有关课程后，通过学习材料性能学，将材料工程理论与实践相结合，进一步掌握材料各种主要性能的基本概念、物理本质、变化规律及性能指标的工程意义，了解影响材料性能的主要因素，掌握材料性能与其化学成分、组织结构之间的关系，基本掌握提高材料性能指标、充分发挥材料性能潜力的主要途径，了解材料性能的测试原理、方法及仪器设备，培养学生具有初步的材料失效分析，合理选材、用材，以及开发新型材料的技能。

近年来，随着高等教育改革的不断深入，一方面教育部要求加强基础理论知识教育，实现培养高素质的研究型人才和工程型技术专家的双重人才培养目标；另一方面，教育部也在大力调整各学科体系，拓宽专业面。

目前，材料学科体系以材料科学与工程类一级学科进行专业教育的模式已成为一种发展趋势，许多院校都将原来分属不同系别的相关材料专业进行整合重组，在教学体系及教学内容上进行大幅度改革。

材料科学与工程研究有关材料组织、结构、制备工艺与材料固有性能和使用(服役)性能的关系。材料的固有性能包括材料本身所具有的物理性能(电、磁、光、热等性能)、化学性能(抗氧化和抗腐蚀、聚合物的降解等)和力学性能(如强度、塑性、韧性等)。材料的使用性能是把材料的固有性能和产品设计、工程应用能力联系起来，综合考量材料寿命、速度、能量利用率、安全可靠程度和成本等因素。材料的优异使用性能是材料研究的最终目标。

金属材料最早采用组织、结构、制备工艺、固有性能和使用性能这五大要素来表达材料的结构。有关金属的基础理论也最成熟，关于研究金属的思路和方法，甚至一些理论，也正在移植或渗透到其他学科中，也同样适用于其他材料。

以前各材料类专业开设的有关材料性能学方面的课程往往只局限于某一类材料或某一方面性能，在新的趋势下，课程内容及相关教材已难以适应新的需求。另外专业面拓宽以后，理论课教学时数并未增加，反而有相应缩减的趋势。因此编写一本适应新形势需要的综合性教材已成为当务之急。

本书内容属于材料科学与工程类一级学科范围，涵盖了金属材料、无机非金属材料和高聚物材料的力学性能和材料的物理性能两大部分内容，将原先分属不同类的各二级学科课程内容(金属材料力学性能、金属物理性能分析、无机材料物理性能、高分子材料力学性能、金属腐蚀与防护等)及近年来一些有关材料性能方面的研究成果进行综合优化，突出各类材料性能的基本概念和共性特点，适当削减金属材料并增加无机非金属材料和高聚物材料的理论与应用。

全书共分15章，第1～11章为材料的力学性能，主要介绍材料在静载条件下的弹性变形、塑性变形和断裂过程，材料的硬度、冲击韧性、断裂韧性、疲劳性能、磨损性能，材料的高温力学性能及材料的强韧化方法等；第12～15章为材料的物理性能，主要介绍材料的热学性能、磁学性能、电学性能和光学性能。

本书采用新的内容编排形式，每章章首设置“本章教学要点”表，其后有与该章内容相关的“导入案例”，每章中设有一些阅读材料，介绍相关的前沿研究技术方法、相关试验方法和设备仪器等，可拓展阅读量。此外，每章提供多类型的习题，使读者在学完知识点后通过习题得到练习提高。新的编排模板使教材更加生动活泼，体现教材的时代性和新颖性，激发读者的阅读兴趣。

本书可作为材料科学与工程类一级学科专业公共课“材料性能学”或二级学科专业(教育部新的学科专业目录)的教材或主要教学参考书，也可供研究生及有关工程技术人员、企业管理人员参考使用。

本书由石家庄铁道大学和北京工业大学合作编写，石家庄铁道大学的付华和张光磊担任主编，北京工业大学的李洪义和石家庄铁道大学的王建强、李元庆、秦国强担任副主编，北京工业大学王金淑教授担任主审，具体编写分工如下：付华编写第1、2章；张光磊编写第3、4、5、8章；李洪义编写第6、7章；王建强编写第9～11章，李元庆编写第12、13章；秦国强编写第14、15章。全书由付华和张光磊负责统稿。

编者在编写本书时参考和引用了一些学者的书籍资料，学生王英娜、吕珊、张玉等为稿件的整理、校对等做了大量工作，在此一并致以谢意。

由于编者学识水平所限，书中疏漏和欠妥之处在所难免，敬请读者批评指正。

编　者

2010年7月

本书课程思政元素

本书课程思政元素从“格物、致知、诚意、正心、修身、齐家、治国、平天下”中国传统文化角度着眼，再结合社会主义核心价值观“富强、民主、文明、和谐、自由、平等、公正、法治、爱国、敬业、诚信、友善”设计出课程思政的主题，然后紧紧围绕“价值塑造、能力培养、知识传授”三位一体的课程建设目标，在课程内容中寻找相关的落脚点，通过案例、知识点等教学素材的设计运用，以润物细无声的方式将正确的价值追求有效地传递给读者，以期培养大学生的理想信念、价值取向、政治信仰、社会责任，全面提高大学生缘事析理、明辨是非的能力，把学生培养成为德才兼备、全面发展的人才。

每个思政元素的教学活动过程都包括内容导引、展开研讨、总结分析等环节。在课程思政教学过程，老师和学生共同参与其中，在课堂教学中教师可结合下表中的内容导引，针对相关的知识点或案例，引导学生进行思考或展开讨论。

页码	内容导引	思考问题	课程思政元素
5	“挑战者”号航天飞机爆炸解体	1. 解释材料弹性变形的物理本质。弹性失效的原因是什么？ 2. 材料为什么产生低温脆性？	科学素养 求真务实 职业精神
21	包申格效应	1. 什么是非理想弹性变形？ 2. 微量塑变的机理是什么？ 3. 如何用位错运动阻力的变化解释包申格效应？	创新意识
22	葛庭燧与内耗的测量	1. 什么是内耗？ 2. 分析解释内耗与材料组织结构的关系。 3. 葛氏扭摆仪的原理是什么？	科学精神 专业与国家 创新意识
33	多晶体塑性变形特点	1. 简述多晶体塑性变形机理，位错滑移的特点。 2. 晶粒之间变形的传播过程是怎样的？	团队合作 沟通协作
53	屈服强度	1. 材料屈服的机理有哪些观点？位错的滑移与孪生是如何影响屈服应力波动的？ 2. 举例分析屈服强度在桥梁钢的选用及发展。 3. 提高材料屈服强度和材料强韧化的新机制和新方法有哪些？	科技发展 专业与国家 创新意识 产业报国
59	抗拉强度	如何实现斜拉索桥钢丝超高强度（2000MPa级）性能要求？	创新意识 工匠精神 国之重器
67	材料的断裂	影响断裂失效的因素有哪些？	科学素养 职业精神

续表

页码	内容导引	思考问题	课程思政元素
78	缺口效应	简述裂纹与缺口的关系，裂纹引发应力集中。	团队合作 集体主义
103	弯曲力学性能的特点及应用	1. 弯曲试验有什么特点？ 2. 混凝土可以弯曲变形吗？	专业与社会 创新意识 工匠精神
107	硬度的意义及试验方法	1. 解释硬度的本质机理，硬度试验过程中材料发生的弹性变形—塑性变形—断裂过程。 2. 了解纳米孪晶结构超硬材料及其应用。 3. 分析掘进机刀盘材料对强度、硬度、耐磨性等综合性能的要求。 4. 了解我国盾构掘进机的发展。	终身学习 专业水准 科技发展 创新意识 国之重器 民族自豪感
122	低温冷脆	什么是低温脆性？它对材料工程应用有什么影响？	科学精神 求真务实
125	低温脆性的影响因素	如何降低材料的低温脆性？	科学精神 创新精神
129	导入案例	解释疲劳破坏的特点，疲劳断口形貌特征及疲劳裂纹萌生和扩展机理，与静载拉伸断口特征的进行比较。	科学素养 求真务实 职业精神
141	表面强化及残余应力的影响	简述裂纹与拉应力和压应力的关系。	个人成长
149	摩擦磨损	1. 简述磨损的机理和性能指标。 2. 了解列车制动材料、润滑材料的发展。	科学精神 创新意识 工匠精神 团队合作
167	高温蠕变	1. 解释高温蠕变变形及断裂机理，与常温下变形和断裂机理的关联。 2. 解释蠕变极限和持久强度的表示方法及含义。 3. 了解我国高温合金、发动机单晶叶片的发展及强化机制。	科学精神 创新意识 团队合作 国之重器 国家竞争
173，235	影响材料高温蠕变性能、热稳定性的因素	1. 了解提高发动机温度，提高推力的三项关键技术。 2. 了解我国高温合金、发动机单晶叶片、陶瓷热障涂层的发展及强化机制。	科学精神 创新意识 团队合作 国家竞争

续表

页码	内容导引	思考问题	课程思政元素
182	氢致开裂理论	1. 应力腐蚀的特点有哪些？解释指标σ_{scc}和K_{Iscc}的含义，与σ_c和K_{Ic}的变化关系。 2. 了解氢脆理论的最新发展。	科学精神 创新意识 团队合作
196	无机非金属材料的强韧化	1. 材料的强韧化机理有哪些？ 2. 材料强韧化机理和工艺有什么新发展？ 3. 纳米孪晶界对位错运动和材料强韧化有什么作用？	科学精神 科技发展 专业能力 科学创新
223	热膨胀性能的应用	1. 解释热膨胀机理及应用。 2. 了解具有特殊热膨胀性能的材料发展。 3. 了解因瓦合金的性能特点及应用。	科学精神 科技发展 专业能力
258	稀土永磁材料	简述稀土 Nd－Fe－B 永磁材料在工程中的应用。	努力学习 专业与社会 创新意识
275	超导材料	1. 解释超导电性的机理。 2. 简述超导性材料的发展。	科学精神 创新意识 团队合作 能源意识
279	热电效应	1. 了解 Seebeck、Peltier、Thompsom 热电效应的物理本质。 2. 了解热电材料与温差发电原理及应用。	科技发展 专业与社会科技创业 能源意识
297	材料的线性光学性质	1. 用所学知识解释隐身原理。 2. 反隐身技术有哪些？	专业能力 创新意识
300	光纤传感原理	1. 光纤传感器的工作原理和特点各是什么？ 2. 了解大型工程结构状态监测技术发展。	实战能力 创新意识 团队合作
315	激光晶体	1. 解释线性光学与非线性光学特性。 2. 激光晶体在工程中的应用有哪些？	专业与国家 团队合作 国家安全 国家竞争

注：教师版课程思政内容可以联系北京大学出版社索取。

目　　录

第一篇

材料在单向静拉伸应力状态下的力学性能

材料的力学性能是指材料在不同环境（温度、介质和湿度等）下，承受各种外加载荷（拉伸、压缩、弯曲、扭转、冲击、交变应力等）时所表现出的力学特征。即材料的力学性能主要研究的是在受载过程中材料变形和断裂的规律。根据载荷应力状态、温度及环境介质条件的不同，主要研究内容包括：材料在静载下的弹性变形、塑性变形、断裂及断裂韧性、扭转、弯曲、压缩、硬度性能，动态载荷下的冲击韧性、疲劳性能和摩擦磨损性能，低温下的冲击韧性，高温条件下的蠕变力学性能及环境介质作用下的应力腐蚀等（表Ⅰ-1）。材料的力学性能是确定各种工程构件、机器零件的工程设计参数的主要依据。这些力学性能均需按统一试验方法和程序标准在材料试验机上测定。

室温大气环境下的单向静拉伸状态是最简单的外加载荷和试样受力状态，单向静拉伸试验可以揭示材料在静载作用下的应力应变关系及弹性变形、塑性变形（屈服变形、均匀塑性变形）、断裂（缩颈：不均匀集中塑性变形）3个阶段的特点和基本规律，可评定材料的基本力学性能指标，如屈服强度、抗拉强度、伸长率和断面收缩率等，而且，该状态下的基础理论和规律也可以推广到其他力学性能指标的研究中。因此，单向静拉伸试验是工业生产和材料科学研究中应用最广泛的材料力学性能试验方法。本书把材料的力学性能按应力状态分为两篇。

表Ⅰ-1　力学性能的分类

状　态		性　能	篇　章
应力状态	单向静拉伸	弹性变形、塑性变形、断裂及断裂韧性	第一篇
	其他应力状态	扭转、弯曲、压缩、硬度性能	第二篇
	动态载荷	冲击韧性、疲劳性能、摩擦磨损性能	
温度	低温	低温脆性	
	高温条件	蠕变	
环境介质	应力作用	应力腐蚀，氢脆	

不同材料的力学特性有很大的不同。一般地，金属材料有良好的塑性变形能力和较高的强度，易加工成各种形状的产品；陶瓷材料有高的高温强度、耐磨性能和抗腐蚀性能，但陶瓷材料很脆，很难加工成形，阻碍了其应用范围；高分子材料在玻璃化温度 T_g 以下是脆性的，在 T_g 以上可以加工成形，但其强度很低。各种材料在力学性能上的差别主要取决于结合键和结构。

本书材料的力学性能部分将介绍不同材料的力学性能特点及基本力学性能指标的物理概念和工程意义，讨论材料力学行为的基本规律及其与材料组织结构的关系，探讨提高材料性能指标的途径和方向。这些性能指标既是材料的工程应用、构件设计和科学研究等方面的计算依据，也是材料评定和选用及加工工艺选择的主要依据。

材料的单向静拉伸试验采用光滑圆柱试样在缓慢加载和低的变形速率下进行。不同材料或同一材料在不同条件下都具有不同类型的拉伸曲线。图Ⅰ.1所示为典型的低碳钢拉伸时的工程应力-应变($\sigma-\varepsilon$)曲线，图Ⅰ.2所示为几种典型材料在室温下的 $\sigma-\varepsilon$ 曲线。高碳钢的工程应力-应变曲线，只有弹性变形、少量的均匀塑性变形；铜合金的工程应力-应变曲线，有弹性变形、均匀塑性变形和不均匀塑性变形；陶瓷、玻璃类材料只有弹性变形而没有明显的塑性变形；橡胶类材料的弹性变形量可高达1000%，而且只有弹性变形而不产生或产生很微小的塑性变形；工程塑料的应力-应变曲线，有弹性变形、均匀塑性变形和不均匀集中塑性变形。这主要是由材料的键合方式、化学成分和组织状态等因素决定的。

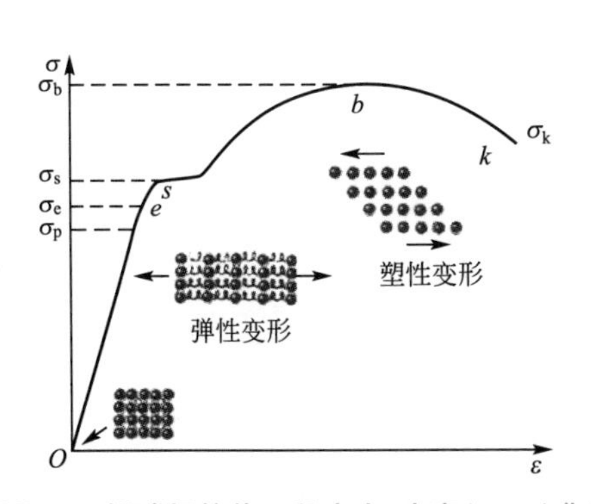

图Ⅰ.1 低碳钢拉伸工程应力-应变($\sigma-\varepsilon$)曲线

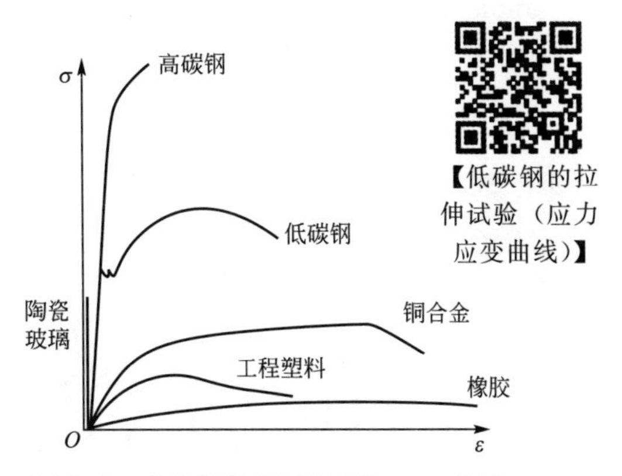

【低碳钢的拉伸试验（应力应变曲线）】

图Ⅰ.2 典型材料在室温下的 $\sigma-\varepsilon$ 曲线

图Ⅰ.3所示为真应力-真应变($S-e$)曲线。与工程应力-应变曲线相比较，在弹性变形阶段，由于试样的伸长和截面收缩都很小，两曲线基本重合，真实屈服应力和工程屈服应力在数值上非常接近，但在塑性变形阶段，两者的差异显著。在工程应用中，多数构件的变形量限制在弹性变形范围内，两者的差别可以忽略。工程应力和应变便于测量和计算，因此，工程设计和材料选用中一般以工程应力、工程应变为依据。但在材料科学研究中，真应力与真应变具有重要意义。

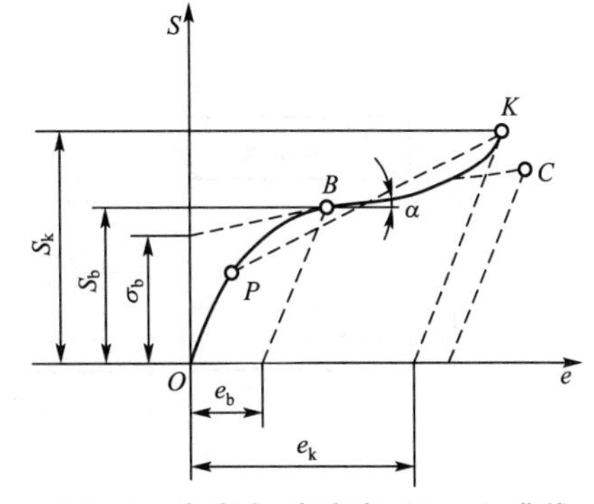

图Ⅰ.3 真应力-真应变（$S-e$）曲线

【自测试题】

【金属材料 拉伸试验-国家标准】

第1章 材料的弹性变形

本章知识构架

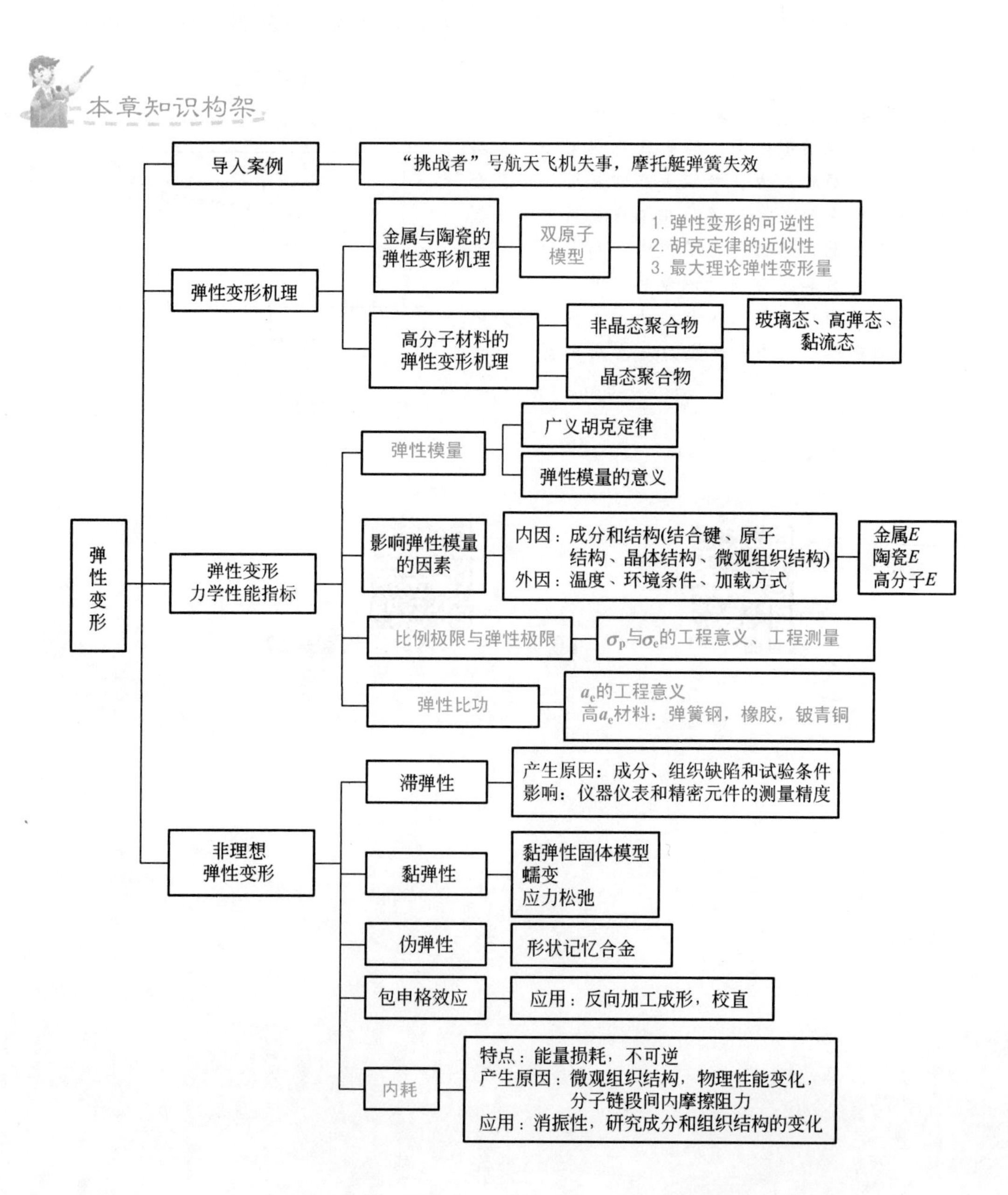

导入案例

“挑战者”号航天飞机是美国正式使用的第二架航天飞机，在1986年1月28日进行第10次太空任务时，因为右侧固态火箭推进器上的一个O形环失效，导致一连串的连锁反应，在升空后73s时，爆炸解体坠毁（图1.01）。机上的7名宇航员在该次意外中全部丧生。O形环是一种依靠密封件发生弹性变形的积压形密封，但是由于O形环的低温硬化失效，未能及时发生弹性变形产生密封效果，而导致了一场悲剧。

2007年10月21日，在深圳南山湾F1摩托艇世界锦标赛深圳大奖赛决赛的比赛中，F1天荣摩托艇招商银行队的中国选手彭林武在出发情况非常好的情况下未能走完55圈，在第28圈时因为他的一次急切操作导致赛艇的后盖整个掀飞，不得不退出了比赛。原因为赛艇的两个固定艇罩的弹簧被过度拉伸而失去了弹性（图1.02）。

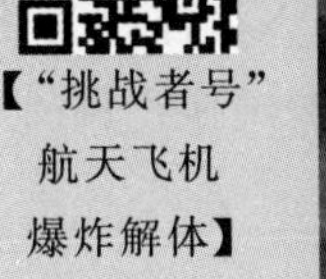

【“挑战者号”航天飞机爆炸解体】

图1.01 航天飞机爆炸解体

图1.02 弹簧失效

【摩托艇弹簧失效】

材料受到外力作用时，首先发生弹性变形，即受力作用后产生变形，卸除载荷后，变形消失而恢复原状，因此，弹性变形的本质是可逆变形。

根据材料在弹性变形中应力和应变的响应是否与时间有关这一特点，弹性可以分为理想弹性（完全弹性）和非理想弹性（弹性不完整性）两类。

理想弹性变形是指应力、应变同时响应的弹性变形，是与时间无关的弹性变形，即应变对于应力的响应是瞬时的，应力和应变同相位，应变是应力的单值函数。若应力和应变的关系服从胡克定律，则属于理想弹性变形。在材料力学中，通常把构件简化为发生理想弹性变形的变形固体，即弹性变形体。

非理想弹性变形是指应力、应变不同时响应的弹性变形，是与时间有关的弹性变形，表现为应力与应变不同步，应力和应变的关系不是单值关系。

衡量材料弹性变形能力的力学性能指标有弹性模量E、比例极限σ_p、弹性极限σ_e和弹性比功a_e等。

本章将从金属、陶瓷和高分子材料的弹性变形机理入手，分析不同材料弹性变形的物理本质，从而进一步分析弹性模量等性能指标的工程意义、变化规律及影响因素，了解材料的弹性性能与成分、结构、组织等内在因素及温度、加载条件等外在因素之间的关系，掌握提高材料弹性性能指标及发挥材料潜力、开发新材料的主要途径。

此外，本章还将介绍另一类弹性变形——非理想弹性变形的变形特点、机理及工程应用。

1.1 弹性变形机理

1.1.1 金属与陶瓷的弹性变形机理

弹性变形的特点是具有可逆性，即只要外力去除后，变形消失而恢复原状的变形为弹性变形。金属和陶瓷材料弹性变形的微观过程可用双原子模型解释。

1. 弹性变形的可逆性

在离子间相互作用下，晶格中的离子在其平衡位置附近做微小的热振动，是受离子之间的相互作用力控制的结果。一般认为，正离子和自由电子间的库仑力产生引力，离子之间因电子壳层应变产生斥力，引力和斥力都是离子间距的函数，即

$$F_{引} \propto \frac{1}{r^m},\ F_{斥} \propto -\frac{1}{r^n}$$

图 1.1 所示为离子间相互作用时的受力模型，在离子的平衡位置(N_1、N_2)合力为零。当外力对离子作用时，合力曲线的零点位置改变，离子的位置调整，即产生位移，离子位移的总和在宏观上表现为材料的变形。当外力去除后，离子依靠彼此间的作用力又回到原来的平衡位置，宏观变形消失，表现出弹性变形的可逆性。

2. 胡克定律的近似性

根据双原子模型导出的离子间相互作用力与离子间弹性位移的关系是抛物线关系，并非是胡克定律描述的直线关系。在平衡位置附近，胡克定律所表示的应力-应变线性关系是近似的。

【原子间力和势能曲线】

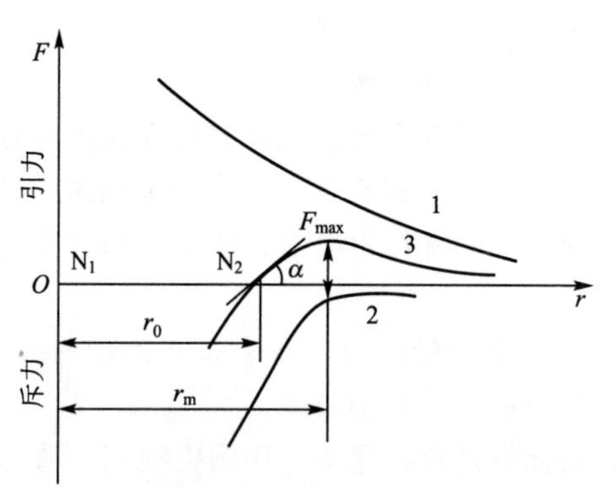

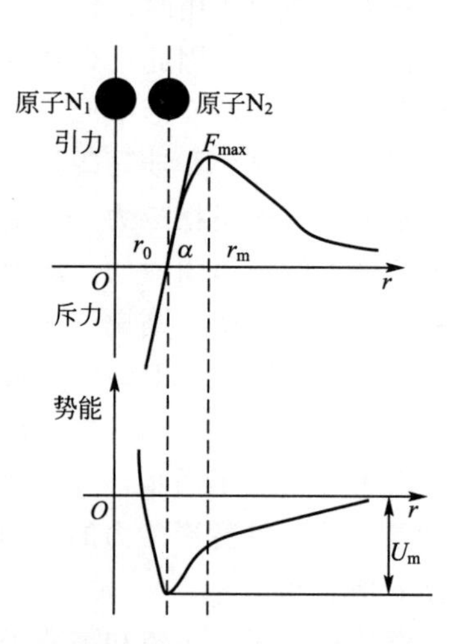

图 1.1 离子间相互作用时的受力模型

1—引力；2—斥力；3—合力

3. 最大理论弹性变形量

合力曲线有最大值 F_{max}，如果外加拉应力略大于 F_{max}，可以克服离子间的引力而使它

们分离，F_{max}是材料在弹性状态下的理论断裂抗力，此时相应的弹性变形量 $r_m - r_0$ 理论值可达25%。

由于实际应用的工程材料中存在各种缺陷（如杂质、气孔或微裂纹），当应力远小于F_{max}时，材料就进入塑性变形或断裂阶段。实际材料的弹性变形只相当于合力曲线的起始阶段，弹性变形量 ε 较小（一般小于1%），再考虑仪器测量精度，应力-应变满足近似线性关系。

因此，无论变形量大小和应力与应变是否呈线性关系，弹性变形都是可逆变形。金属和陶瓷晶体的弹性变形是处于晶格结点的离子在力的作用下在其平衡位置附近产生的微小位移。即材料产生弹性变形的本质，是构成材料的原子(离子)或分子自平衡位置产生可逆位移的反映。

1.1.2 高分子材料的弹性变形机理

高分子聚合物的可变范围最宽，包括从液体、软橡胶到刚性固体，其变形行为与其结构特点有关。聚合物由大分子链构成，这种大分子链一般都具有柔性，但柔性链易引起黏性流动，可采用适当交联保证弹性。高分子聚合物除了整个分子的相对运动外，还可实现分子不同链段之间的相对运动。与金属材料相比，高分子材料的运动依赖于温度和时间，具有明显的松弛特性，引起了聚合物变形的一系列特点。

1. 非晶态聚合物的力学状态及变形机理

非晶态聚合物在不同的温度下，呈现玻璃态、高弹态和黏流态三种不同状态(图1.2)，主要差别是变形能力不同、模量不同，因而称作力学性能三态，是聚合物分子微观运动特征的宏观表现。玻璃态聚合物在升高到一定温度时可以转变为高弹态，这一转变温度称为玻璃化转变温度，简称玻璃化温度，常以 T_g 表示。高弹态到黏流态的转变温度称为黏流温度，常以 T_f(或 T_m)表示。不同状态下的应力-应变曲线特点如图1.3所示。

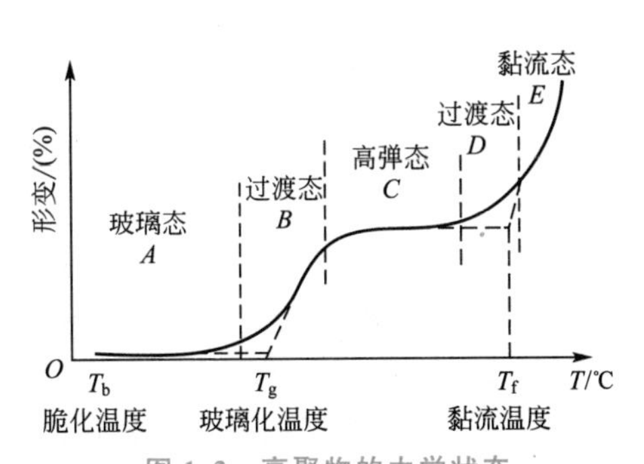

图1.2 高聚物的力学状态

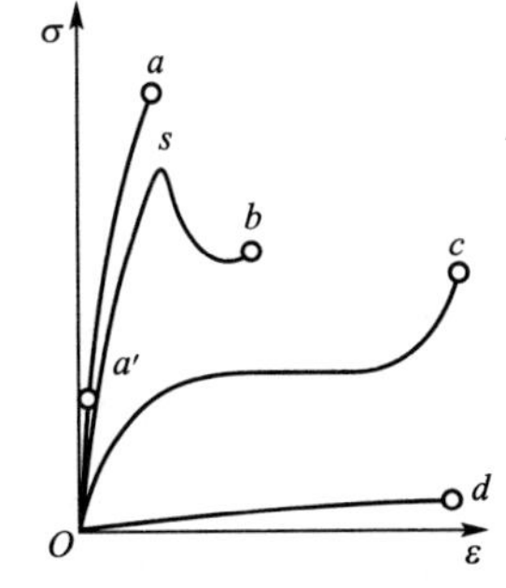

图1.3 线性非晶态高聚物的 σ-ε 曲线

1) 玻璃态

拉伸试验时，弹性变形量很小，且形变与外力的大小成正比，符合胡克定律，外力除去后，形变能立即回复，无弹性滞后，弹性模量比其他状态下的弹性模量都要大，当外应力超过弹性极限时发生脆性断裂，试件的延伸率很小，断口与拉力方向垂直。因此，将这种弹性变形称普弹性变形(图1.3中 Oa 段)。

在玻璃态时，聚合物分子运动的能量很低，不足以克服分子内内旋转势垒，大分子链段(由40～50个链节组成)和整个分子链的运动是冻结的，或者说松弛时间无限大，只有小的运动单元可以运动。此时，聚合物的力学性质和玻璃相似，因此称为玻璃态。室温下处于玻璃态的高聚物称为塑料。当 $T<T_b$ 时，高聚物处于硬玻璃态(图 1.3 中 Oa' 段)；当 $T_b<T<T_g$ 时，高聚物处于软玻璃状态(图 1.3 中 Oa'、sb 段)。Oa'以下为普弹性变形后；键角和键长发生变化[图 1.4(a)]。$a's$ 段为受迫高弹性变形，链段沿外力取向[图 1.4(b)]。在外力除去后，受迫高弹性变形被保留下来，成为“永久变形”，其数值可达 300%～1000%。这种变形在本质上是可逆的，但只有加热到 T_g 以上，变形的回复才有可能(与橡胶弹性的区别)。

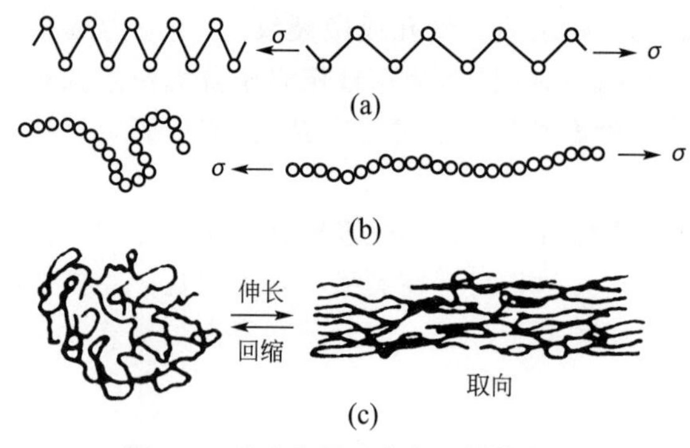

图 1.4　外力作用下高分子链的变化

2) 高弹态

高弹态下大分子已具有足够的能量，链段已开始运动，但整个大分子尚不能运动。在外力作用下，大分子链可以通过链段的运动改变构象。分子在受外力拉伸时，可以从卷曲的线团状态变为伸展的状态，表现出很大的形变，约 1000%。当外力去除后，大分子链又通过链段的运动回复到卷曲的线团状态[图 1.4(c)]。在外力作用下这种大的且逐渐回复特征的形变，称为高弹性(图 1.3 中 Oc 段)。高分子材料具有高弹态是它区别于低分子材料的重要标志。

高聚物在高弹态的物理力学性能是极其特殊的，它有稳定的尺寸，在小形变时，其弹性响应满足胡克定律，像固体；但它的热膨胀系数和等温压缩系数又与液体有相同的数量级，表明高弹态时高分子间相互作用又与液体的相似；另外，高弹态时的形变应力随温度增加而增加，又与气体的压强随温度升高而增加有相似性。就力学性能而言，高弹态具有以下特点：①可逆弹性形变大，可高达 1000%，即拉长十倍之多，而一般金属材料的弹性形变不超过 1%，典型的是 0.2%以下；②弹性模量小，高弹模量约为 10^5 Pa，而一般金属材料弹性模量可达 10^{10}～10^{11} Pa；③高聚物高弹模量随绝对温度的升高而增加，而金属材料的弹性模量随温度的升高而减小；④形变时有明显的热效应，当把橡胶试样快速拉伸(绝热过程)时，温度升高(放热)，回缩时，温度降低(吸热)，而金属材料与此相反。

【高分子材料的熵弹性】

高聚物的高弹性变形是卷曲分子链（大熵值状态，无序状态，混乱度大）在外力作用下，通过链段运动，改变构象而舒展开来，并沿外力取向（熵值小，有序状态，混乱度小），除去外力又恢复到卷曲状态的过程［图 1.4（c)］。在此拉伸和回复过程中，熵变起主要作用，而内能几乎不变。

金属、陶瓷类小分子结构材料在弹性变形过程中偏离了原来的晶格位置，即变形功改变了原子间距，改变了原子间的作用力，使内能变化，但并不改变其结构，原子排列的混乱度并无大的变化，因此，高聚物的高弹性本质上是一种熵弹性，金属、陶瓷类材料的普弹性本质上是能量的弹性。

具有高弹性的必要条件：分子链应有柔性。C—C 键内旋转，如图 1.5 所示，引起链段运动。但柔性链易链间滑动，引起非弹性的黏性流动。可采用分子链间的适当交联(图 1.6)防止滑动，保证高弹性。

室温下处于高弹态的高分子材料称为橡胶（T_g<室温），高聚物的高弹性在实际应用中研究最多的是橡胶的高弹性。橡胶的柔性、长链结构使其卷曲分子链在外力作用下通过

链段运动沿受力方向伸展开来，除去外力又恢复到卷曲状态，其弹性变形量较大，应力和应变之间不呈线性关系。橡胶的适度交联可以阻止分子链间质心发生位移的黏性流动，使其充分显示高弹性。交联可以通过交联剂硫黄、过氧化物等与橡胶反应来完成。

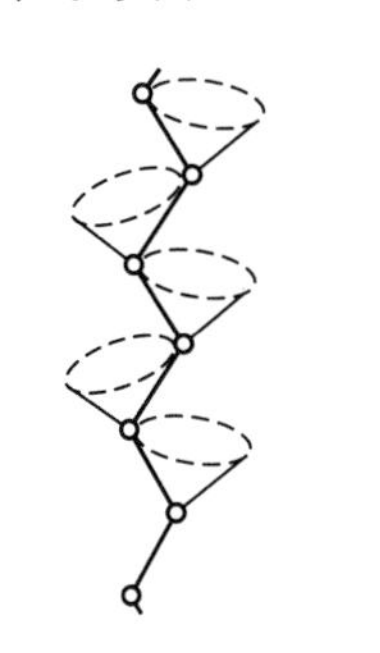

图1.5 C—C键内旋转

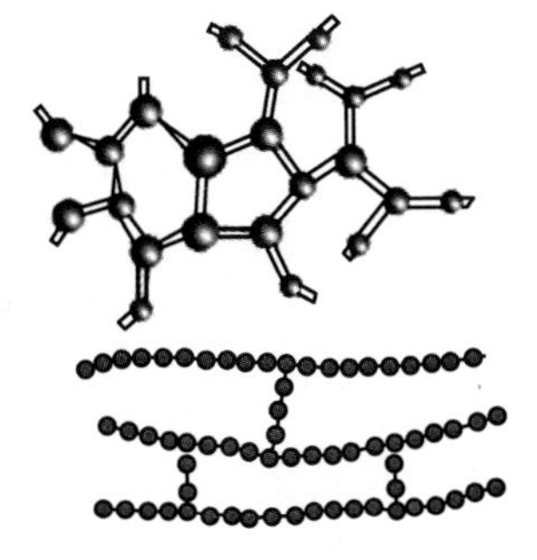

图1.6 分子链间的交联

【C—C键内旋转】

3）黏流态

在黏流态分子具有很高的能量，不仅链段能够运动，而且整个大分子链都能运动。或者说，不仅链段运动的松弛时间缩短，而且整个大分子链运动的松弛时间也缩短。聚合物在外力作用下呈现黏性流动，分子间发生相对滑动。这种形变和低分子液体的黏性流动相似，是不可逆的。当外力撤除时，形变不能回复(图1.3中Od段)。

2. 晶态聚合物的变形

完全结晶的高聚物内部为折叠分子链。结晶区链段无法运动，弹性变形量较小，应力和应变之间可以看成具有单值线性关系，不存在高弹性。图1.7所示为晶态聚合物的典型应力-应变曲线。

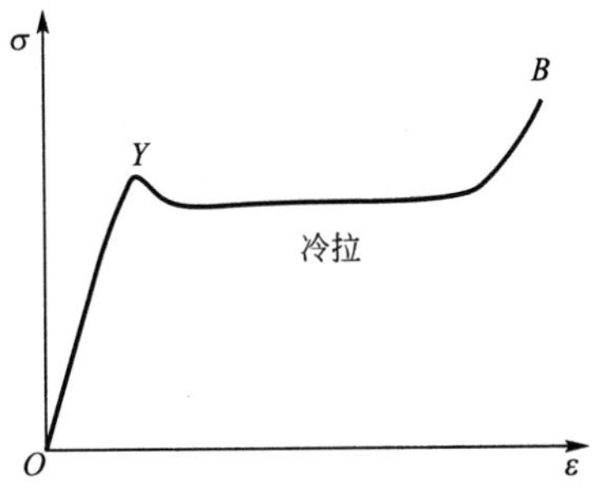

图1.7 晶态聚合物典型应力-应变曲线

晶态聚合物与非晶态聚合物相比，相同点是都经历弹性变形、屈服、高弹形变及应变硬化等阶段，高弹形变在室温时都不能自发回复，而加热后会产生回复，该现象通常称为“冷拉”。不同点是：①产生冷拉的温度范围不同，玻璃态聚合物的冷拉温度区间是$T_b \sim T_g$，而结晶聚合物则为$T_g \sim T_f$；②玻璃态聚合物在冷拉过程中聚集态结构的变化比晶态聚合物简单得多，它只发生分子链的取向，并不发生相变，而晶态聚合物包含有结晶的破坏、取向和再结晶等过程。

影响晶态聚合物σ-ε曲线的因素有温度(与玻璃态聚合物相似)、应变速率(与玻璃态聚合物相似)、结晶度和球晶尺寸等(图1.8)。

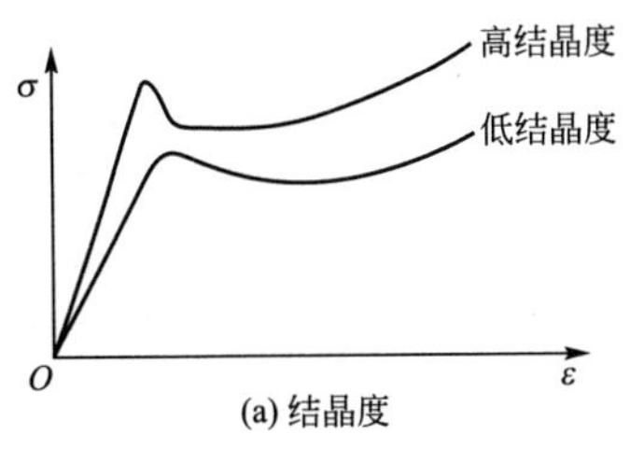

(a) 结晶度

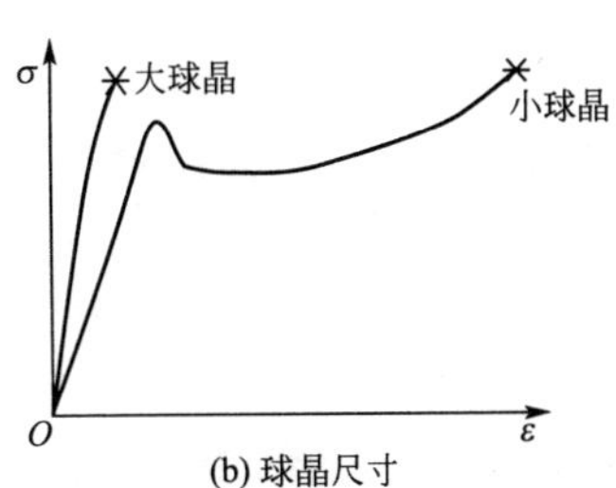

(b) 球晶尺寸

图1.8 不同因素对晶态聚合物σ-ε曲线的影响

1.2 弹性变形力学性能指标

表征弹性变形阶段的力学性能指标主要有弹性模量(或弹性系数、弹性模数)、比例极限、弹性极限与弹性比功(弹性比能、应变比能)。

1.2.1 弹性模量

1. 广义胡克定律

【应力状态】

对具有普弹性的材料及变形量不太大的高弹性材料，在弹性范围内，当变形较小时，应力和应变间的关系普遍服从胡克定律。若用正应力σ_{xx}、σ_{yy}、σ_{zz}和切应力τ_{xy}、τ_{yz}、τ_{zx}这6个应力分量代表作用在弹性体内某一点的应力状态，由此产生的物体的弹性应变可表示为：正应变(长度的改变)ε_{xx}、ε_{yy}、ε_{zz}和切应变(两坐标轴间夹角的改变)γ_{xy}、γ_{yz}、γ_{zx}。根据力的叠加原理：作用在弹性体上的合力产生的位移等于各分力产生的位移之和。应力分量和应变分量间的线性关系即为胡克定律，有6个如下关系式。

$$
\begin{aligned}
\sigma_{xx} &= C_{11}\varepsilon_{xx}+C_{12}\varepsilon_{yy}+C_{13}\varepsilon_{zz}+C_{14}\gamma_{xy}+C_{15}\gamma_{yz}+C_{16}\gamma_{zx} \\
\sigma_{yy} &= C_{21}\varepsilon_{xx}+C_{22}\varepsilon_{yy}+C_{23}\varepsilon_{zz}+C_{24}\gamma_{xy}+C_{25}\gamma_{yz}+C_{26}\gamma_{zx} \\
\sigma_{zz} &= C_{31}\varepsilon_{xx}+C_{32}\varepsilon_{yy}+C_{33}\varepsilon_{zz}+C_{34}\gamma_{xy}+C_{35}\gamma_{yz}+C_{36}\gamma_{zx} \\
\tau_{xy} &= C_{41}\varepsilon_{xx}+C_{42}\varepsilon_{yy}+C_{43}\varepsilon_{zz}+C_{44}\gamma_{xy}+C_{45}\gamma_{yz}+C_{46}\gamma_{zx} \\
\tau_{yz} &= C_{51}\varepsilon_{xx}+C_{52}\varepsilon_{yy}+C_{53}\varepsilon_{zz}+C_{54}\gamma_{xy}+C_{55}\gamma_{yz}+C_{56}\gamma_{zx} \\
\tau_{zx} &= C_{61}\varepsilon_{xx}+C_{62}\varepsilon_{yy}+C_{63}\varepsilon_{zz}+C_{64}\gamma_{xy}+C_{65}\gamma_{yz}+C_{66}\gamma_{zx}
\end{aligned}
\tag{1-1}
$$

式中，C_{ij}为**弹性刚度系数**，表示使晶体产生单位应变所需的应力。或者式(1-1)也可写成另一种形式，即

$$
\begin{aligned}
\varepsilon_{xx} &= S_{11}\sigma_{xx}+S_{12}\sigma_{yy}+S_{13}\sigma_{zz}+S_{14}\tau_{xy}+S_{15}\tau_{yz}+S_{16}\tau_{zx} \\
\varepsilon_{yy} &= S_{21}\sigma_{xx}+S_{22}\sigma_{yy}+S_{23}\sigma_{zz}+S_{24}\tau_{xy}+S_{25}\tau_{yz}+S_{26}\tau_{zx} \\
\varepsilon_{zz} &= S_{31}\sigma_{xx}+S_{32}\sigma_{yy}+S_{33}\sigma_{zz}+S_{34}\tau_{xy}+S_{35}\tau_{yz}+S_{36}\tau_{zx} \\
\gamma_{xy} &= S_{41}\sigma_{xx}+S_{42}\sigma_{yy}+S_{43}\sigma_{zz}+S_{44}\tau_{xy}+S_{45}\tau_{yz}+S_{46}\tau_{zx} \\
\gamma_{yz} &= S_{51}\sigma_{xx}+S_{52}\sigma_{yy}+S_{53}\sigma_{zz}+S_{54}\tau_{xy}+S_{55}\tau_{yz}+S_{56}\tau_{zx} \\
\gamma_{zx} &= S_{61}\sigma_{xx}+S_{62}\sigma_{yy}+S_{63}\sigma_{zz}+S_{64}\tau_{xy}+S_{65}\tau_{yz}+S_{66}\tau_{zx}
\end{aligned}
\tag{1-2}
$$

式中，S_{ij}为**弹性柔度系数**，即晶体在单位应力作用下产生的应变量。**弹性刚度系数和弹性柔度系数皆为材料的弹性系数。**

由式(1-1)和式(1-2)可见，弹性刚度系数和弹性柔度系数各有36个，实际上，这36个系数并非是独立的。可以从弹性应变能角度证明$S_{ij}=S_{ji}$或$C_{ij}=C_{ji}$，其中$i\neq j$。因此，即使对于极端各向异性的单晶材料，在36个比例系数中，有6个S_{ii}和30/2个$S_{ij}(i\neq j)$是独立的，即只有21个弹性系数是独立的。

【不同晶系独立弹性系数的演变】

晶体对称性的不同也会使独立弹性系数的个数发生变化(表1-1)。**随着对称性的提高，21个常数中有些彼此相等或为零，独立的弹性系数减少。对于正交晶系，具有3个互相垂直的对称轴，切应力只影响与其平行的平面的应变，不影响正应变，**有6个S_{ii}和S_{12}、S_{13}、S_{23}是独立的，即有9个独立的弹性系数；

对于常见的具有高对称性的立方晶系，由于其3个轴向是等同的，$S_{11}=S_{22}=S_{33}$，$S_{12}=S_{23}=S_{31}$，$S_{44}=S_{55}=S_{66}$，独立的弹性系数仅为3个，即S_{11}、S_{12}和S_{44}(C_{ij}也是如此)。

表1-1 不同晶系独立弹性系数的个数

晶系	三斜	单斜	正交	四方	六方	立方	各向同性体
个数	21	13	9	6	5	3	2

对于各向同性的弹性体，还存在另一个关系，即$S_{44}=2(S_{11}-S_{12})$，这样，立方晶系各向同性的弹性体就只有两个独立的弹性柔度系数S_{11}、S_{12}。若定义$E=1/S_{11}$，$\nu=-S_{12}/S_{11}$，$G=1/2(S_{11}-S_{12})$，则胡克定律的工程应用形式为

$$
\begin{aligned}
\varepsilon_x&=\frac{1}{E}[\sigma_x-\nu(\sigma_y+\sigma_z)]\\
\varepsilon_y&=\frac{1}{E}[\sigma_y-\nu(\sigma_x+\sigma_z)]\\
\varepsilon_z&=\frac{1}{E}[\sigma_z-\nu(\sigma_x+\sigma_y)]\\
\gamma_{xy}=\frac{1}{G}\tau_{xy};\ &\gamma_{yz}=\frac{1}{G}\tau_{yz};\ \gamma_{zx}=\frac{1}{G}\tau_{zx}
\end{aligned}
\tag{1-3}
$$

式中，E为宏观弹性模量(杨氏模量)；ν为泊松比；G为切变弹性模量。

另外还定义$K=\Delta\sigma/(\Delta V/V_0)$为体积弹性模量，其中$\Delta\sigma$为压力改变值；$V_0$为弹性体的原始体积；$\Delta V$为体积变化，体积模量的倒数称为体积柔量。这4个描述材料弹性的参数，它们中有两个是独立的，它们之间存在以下关系：$E=2G(1+\nu)$，$E=3K(1-2\nu)$。

在单向拉伸条件下，上式可简化为$\varepsilon_x=\frac{1}{E}\sigma_x$，$\varepsilon_y=\varepsilon_z=-\frac{\nu}{E}\sigma_x$。可见，在单向加载条件下，材料不仅在受拉方向上有伸长变形，而且在垂直于拉伸方向上有收缩变形。

对于立方晶系，在任一方向上

$$\frac{1}{E}=S_{11}-2\left[(S_{11}-S_{12})-\frac{1}{2}S_{44}\right](l_1^2l_2^2+l_2^2l_3^2+l_3^2l_1^2) \tag{1-4}$$

$$\frac{1}{G}=S_{44}+4\left[(S_{11}-S_{12})-\frac{1}{2}S_{44}\right](l_1^2l_2^2+l_2^2l_3^2+l_3^2l_1^2) \tag{1-5}$$

式中，l为所考虑方向与{100} 3个坐标轴夹角的余弦。若已知独立的弹性系数，可计算任意方向的弹性系数。

【例1-1】 已知25℃时MgO的弹性柔度系数：$S_{11}=4.03\times10^{-12}\,Pa^{-1}$，$S_{12}=-0.94\times10^{-12}\,Pa^{-1}$，$S_{44}=6.47\times10^{-12}\,Pa^{-1}$，计算MgO单晶在[100]、[110]、[111]方向上的弹性系数。

解：计算出MgO单晶中[100]、[110]、[111]各方向与坐标轴{100}的方向余弦，代入式(1-4)和式(1-5)中即可，计算结果见表1-2。

表1-2 MgO单晶在[100]、[110]、[111]方向上的弹性系数

方向	l_1^2	l_2^2	l_3^2	E/GPa	G/GPa
[100]	1	0	0	248.2	154.6
[110]	1/2	1/2	0	316.2	121.9
[111]	1/3	1/3	1/3	348.0	113.9

在这些参数中，最常用的是弹性模量 E。

2. 弹性模量的意义

弹性变形的应力和应变间的一个具有重要意义的关系常数是弹性模量(弹性系数、弹性模数)。如拉伸时 $\sigma=E\varepsilon$，剪切时 $\tau=G\gamma$，E 和 G 分别为拉伸时的弹性模量和切变模量。

在应力-应变关系的意义上，当应变为一个单位时，弹性模量在数值上等于弹性应力，即弹性模量是产生单位弹性变形所需的应力。表征材料的弹性变形抗力，即抵抗弹性变形的能力。

在工程中弹性模量是表征材料对弹性变形的抗力，即材料的刚度，其值越大，则在相同应力下产生的弹性变形就越小。在机械零件或建筑结构设计时为了保证不产生过大的弹性变形，都要考虑所选用材料的弹性模量。因此弹性模量是结构材料的重要力学性能之一。

比弹性模量是指材料的弹性模量与其单位体积质量的比值，又称比模量或比刚度，单位为 $GPa \cdot g^{-1} \cdot cm^3$ (m 或 cm)。例如，选择空间飞行器用的材料，为了既保证结构的刚度，又要求有较轻的质量，需选用比弹性模量大的材料。在结构材料中，陶瓷的比弹性模量一般都比金属材料的大；而在金属材料中，大多数金属的比弹性模量相差不大，只有铍的比弹性模量特别突出。

几种材料的弹性模量见表 1-3。

表 1-3　几种材料在常温下的弹性模量

材　　料	弹性模量 E/GPa	材　　料	弹性模量 E/GPa
低碳钢	200	尖晶石	240
低合金钢	200～220	石英玻璃	73
奥氏体不锈钢	190～200	氧化镁	210
铜合金	100～130	氧化锆	190
铝合金	60～75	尼龙	28
钛合金	96～110	聚乙烯	1.8～4.3
金刚石	1039	聚氯乙烯	0.1～2.8
碳化硅	414	皮革	0.12～0.4
三氧化二铝	380	橡胶	<0.08
烧结 Al_2O_3(气孔率 5%)	366	石墨	9

3. 影响弹性模量的因素

影响材料性能指标的因素众多，均可以归纳为内因和外因，内因主要是指材料的成分和结构，外因主要是指温度、环境条件、加载方式和加载速度等。

材料的弹性模量是构成材料的离子或分子之间键合强度的主要标志，是原子间结合力的反映和度量。因此，凡影响键合强度的因素均能影响材料的弹性模量，内因方面包括材料成分、结合键类型、原子结构、晶体结构、微观组织结构，外因方面包括温度、加载条件和载荷持续时间等。

1) 金属材料弹性模量的特点

(1) 键合方式和原子结构。一般来说，在构成材料聚集状态的 4 种键合方式中，共价键、离子键和金属键都有较高的弹性模量。无机非金属材料大多由共价键或离子键及两种键合方式共同作用而成，有较高的弹性模量。金属及其合金为金属键结合，也有较高的弹性模量。而高分子聚合物的分子之间为分子间作用力结合，分子间作用力结合力较弱，高分子聚合物的弹性模量也较低。

金属元素的弹性模量还与元素在周期表中的位置有关(图 1.9)。这种变化的实质还与元素的原子结构和原子半径有密切关系。原子半径越大，E 值越小，反之亦然。相对地，过渡族元素都有较高的弹性模量，这是由于原子半径较小，且 d 层电子引起较大的原子间结合力所致。

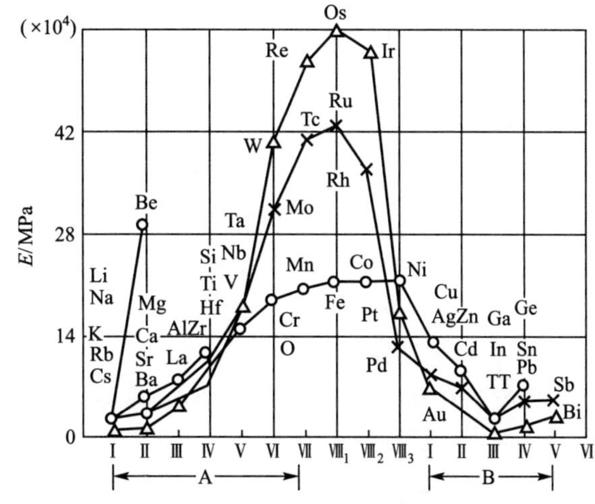

图 1.9 金属弹性模量的周期性变化

(2) 晶体结构。单晶体材料的弹性模量在不同晶体学方向上呈各向异性，即沿原子排列最密的晶向上弹性模量较大，反之则小。如 α - Fe 晶体沿＜111＞晶向，$E=2.7\times10^5$ MPa，而沿＜100＞晶向，$E=1.25\times10^5$ MPa。MgO 晶体在室温下沿＜111＞晶向，$E=3.48\times10^5$ MPa，而沿＜100＞晶向，$E=2.48\times10^5$ MPa。多晶体材料的弹性模量为各晶粒的统计平均值，表现为各向同性，但这种各向同性称为伪各向同性。非晶态材料(非晶态金属、玻璃等)的弹性模量是各向同性的。

(3) 化学成分。材料化学成分的变化将引起原子间距或键合方式的变化，影响材料的弹性模量。与纯金属相比，合金的弹性模量将随组成元素的质量分数、晶体结构和组织状态的变化而变化。

对于固溶体合金，弹性模量主要取决于溶剂元素的性质和晶体结构。随着溶质元素质量分数的增加，虽然固溶体的弹性模量发生改变，但在溶解度较小的情况下一般变化不大，如碳钢与合金钢的弹性模量相差不超过 5%。

在两相合金中，弹性模量的变化比较复杂，它与合金成分，第二相的性质、数量、尺寸及分布状态有关。例如在铝中加入 Ni($w=15\%$)、Si($w=13\%$)，形成具有较高弹性模量的金属化合物，使弹性模量由纯铝的约 6.5×10^4 MPa 增高到 9.38×10^4 MPa。

(4) 微观组织。对于金属材料，在合金成分不变的情况下，显微组织对弹性模量的影响较小，晶粒大小对 E 值无影响。钢经过淬火后 E 值虽有所下降，但回火后 E 值又恢复到退火状态的数值。

第二相对 E 值的影响视其体积比例和分布状态而定，大致可按两相混合物体积比例的平均值计算。对铝合金的研究表明，具有高 E 值的第二相粒子可以提高合金的弹性模量，铍青铜时效后 E 值可提高 20%以上，但对于作为结构材料使用的大多数金属材料，其中第二相所占比例较小的情况下，可以忽略其对 E 值的影响。

冷加工可降低金属及合金的弹性模量，但一般改变量在 5%以下，只有在形成强的织构时才有明显的影响，并出现弹性各向异性。

因此，作为金属材料刚度代表的弹性模量，是原子间结合力强弱的反映，是一个对组织不敏感的性能指标。加入少量合金元素和热处理对弹性模量的影响不大。如碳钢、铸铁

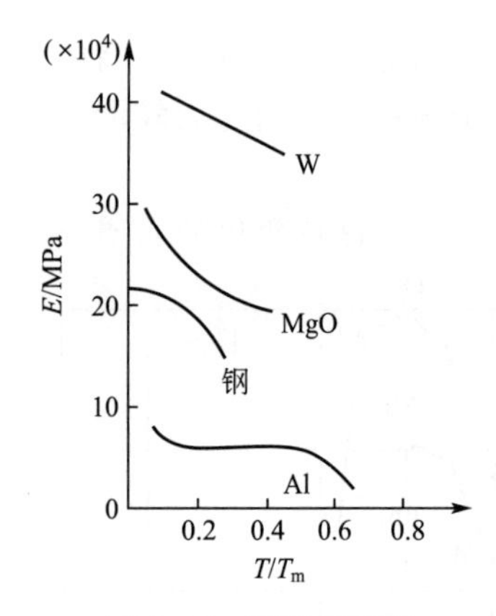

图 1.10 弹性模量随温度的变化

和各种合金钢的弹性模量$E\approx200$GPa，而它们的屈服强度和抗拉强度可以差别很大。

(5) 温度。一般来说，随着温度的升高，原子振动加剧，体积膨胀，原子间距增大，结合力减弱，使材料的弹性模量降低。例如，碳钢加热时，温度每升高100℃，E值下降3%～5%。另外，随着温度的变化，材料发生固态相变时，弹性模量将发生显著变化。图1.10所示为几种材料的弹性模量随着温度(温度与熔点之比)的变化情况。

(6) 加载条件和载荷持续时间。加载方式(多向应力)、加载速率和载荷持续时间对金属材料的弹性模量几乎没有影响。因为金属的弹性变形速度与声速相同，远超过常见的加载速率，载荷持续时间的长短也不会影响到原子之间的结合力。

2) 陶瓷材料弹性模量的特点

陶瓷材料在室温静拉伸(或静弯曲)载荷下，不出现塑性变形阶段，即弹性变形阶段结束后，立即发生脆性断裂。陶瓷材料在弹性变形范围内，应力和应变之间可以看成具有单值线性关系，而且弹性变形量较小。

陶瓷材料弹性变形的本质是处于晶格结点的离子在力的作用下在其平衡位置附近产生的可逆微小位移。陶瓷材料弹性变形的微观过程也可用双原子模型解释。

与金属材料相比，陶瓷材料的弹性模量有如下特点。

(1) 陶瓷材料具有强的离子键和共价键，因此，陶瓷材料表现出高的熔点，弹性模量比金属大得多，常相差数倍。实验证明，熔点与弹性模量常常保持一致关系，甚至正比关系，这是由于熔点和弹性模量都是原子间结合力的大小所决定的。

(2) 金属材料的弹性模量是一个极为稳定的力学性能指标，合金化、热处理、冷热加工等均难以改变其数值。与金属材料不同，陶瓷材料的弹性模量，不仅与结合键有关，而且陶瓷的工艺过程对陶瓷材料的弹性模量也有着重大影响。

工程陶瓷弹性模量的大小与构成陶瓷的相的种类、粒度、分布、比例及气孔率有关。因此作为复杂多相体的陶瓷材料，由于各相的弹性模量相差较大，其弹性模量的理论计算非常困难，通常从宏观均质的假定出发，通过实验测得弹性模量的平均值。

陶瓷材料的气孔率是与陶瓷成形、烧结工艺密切相关的重要物理参数，这是与金属不同的。金属制品大多(除粉末冶金外)通过冶炼获取，气孔率很低，再加上后续压力加工，气孔问题通常可以忽略不计，但陶瓷中的气相则往往是不可忽视的组成相。对连续基体内的密闭气孔，气孔率对陶瓷的弹性模量的影响大致可用式(1-6)表示。

$$E=E_0(1-1.9P+0.9P^2) \tag{1-6}$$

式中，E_0为无气孔时的弹性模量；P为气孔率，适用于$P\leqslant50\%$。可见随着气孔率的增加，陶瓷的E值下降。

表1-4所列是常见结构陶瓷的弹性模量值。可以看出：金刚石具有最高的弹性模量，这也表明金刚石的结合键(共价键)是所有材料中最强的；其次是碳化物陶瓷(以共价键为主)，再次为氮化物陶瓷，相对较弱的为氧化物陶瓷(以离子键为主)。

表 1-4 陶瓷材料的弹性模量 E

材 料	E/GPa	材 料	E/GPa
Al_2O_3 晶体	380	烧结 $MoSi_2$(P=5%)	407
烧结 Al_2O_3(P=5%)	366	WC	400～600
高铝瓷(P=90%～95%)	366	TaC	310～550
烧结氧化铍(P=5%)	310	烧结 TiC(P=5%)	310
热压 BN(P=5%)	83	烧结 $MgAl_2O_4$(P=5%)	238
热压 B_4C_3(P=5%)	290	密实 SiC(P=5%)	470
石墨(P=20%)	9	烧结稳定化 ZrO_2(P=5%)	150
烧结 MgO(P=5%)	210	石英玻璃	72
莫来石瓷	69	金刚石	1000
滑石瓷	69	NbC	340～520
镁质耐火砖	170	碳纤维	250～450

(3) 一般来说，在弹性范围内，金属的 $\sigma-\varepsilon$ 曲线，无论是拉伸还是压缩，其弹性模量都相等，即拉伸与压缩的 $\sigma-\varepsilon$ 曲线为一条直线。陶瓷材料压缩时的弹性模量一般大于拉伸时的弹性模量，与陶瓷材料显微结构的复杂性和不均匀性有关。加载速率和载荷持续时间对陶瓷材料的弹性模量几乎没有影响。

3) 高分子材料弹性模量的特点

高分子聚合物的物理及力学性能及温度和时间有密切的关系。随着高聚物力学状态的转变，其弹性模量也相应产生很大变化。如图 1.11 所示，随着温度的升高，E 值下降。此外，橡胶的弹性模量随温度的升高略有增加，这一点与其他材料不同，原因是温度升高时，高分子链运动加剧，力图恢复到卷曲平衡状态的能力增强。

聚合物在不同温度下或在不同外力作用时间(或频率)下都显示出一样的三种力学状态和两个转变，温度和时间对高聚物力学松弛过程和黏弹性的影响具有某种等效作用，升高温度与延长时间对分子运动是等效的，这就是时温等效原理。高分子聚合物的弹性模量和时间的关系与其对温度的关系相似，称为高分子材料强度和弹性模量的时温等效原理。一般来说，随着载荷时间的延长，E 值逐渐下降，因此，高聚物的弹性模量称为松弛模量。图 1.12 所示为在给定温度下的高分子聚合物松弛模量-时间曲线。材料在外力作用下产生瞬时应变，高分子链内的键角和键长立即发生变化，这时的 E 值为玻璃态的 E 值。随着时间的延长，卷曲的高分子链通过链段运动逐步舒展，高弹性变形逐步增加，应力不断下降，此时 E 值相当于由玻璃态向橡胶态转变时的 E 值。时间进一步延长时，高分子链间发生相互滑移，整链发生运动，产生黏性流动，材料的弹性模量降得很低。因此高分子聚合物的弹性模量常用加载一段时间后的数值 $E(t)$表示，称为 ts 松弛模量，如 10s 松弛模量等。

图 1.13 所示为玻璃态聚合物在不同拉伸速率下的应力-应变曲线(温度一定)。在动态应力下，高应变速率对应于玻璃态，E 值较高；低应变速率对应于橡胶态，E 值较低；中应变速率对应于转变区，材料具有黏弹性性质。此外，高分子聚合物的弹性模量可以通过添加增强性填料而提高。

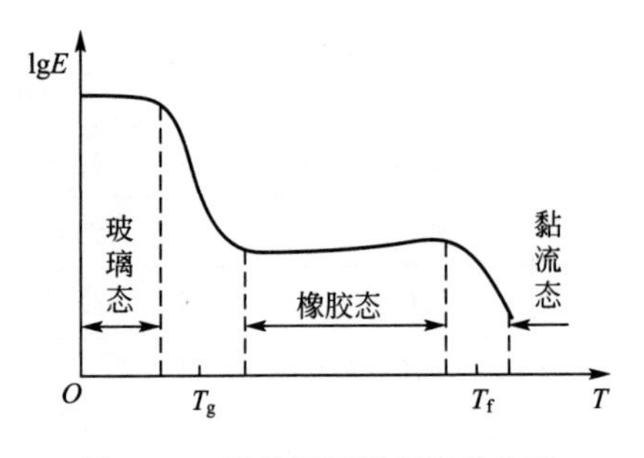

图 1.11 弹性模量随温度的变化

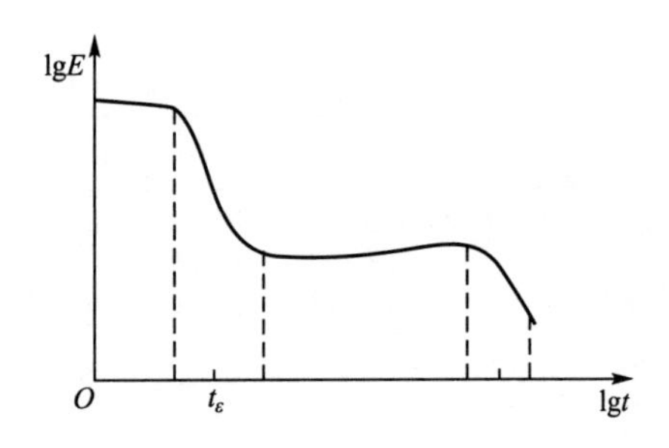

图 1.12 松弛模量随时间的变化

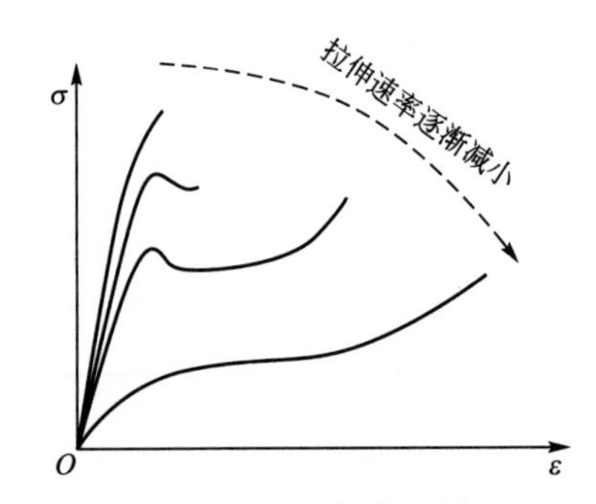

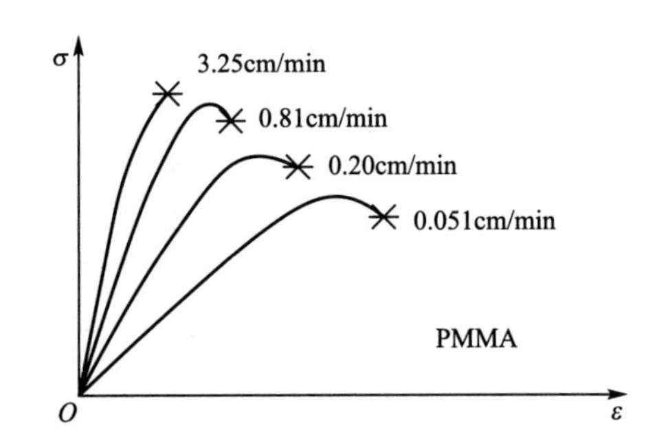

图 1.13 玻璃态聚合物在不同拉伸速率下的应力-应变曲线(温度一定)

1.2.2 比例极限与弹性极限

理论上，比例极限 σ_p 是保证材料的弹性变形按正比关系变化的最大应力，即在拉伸应力-应变曲线上开始偏离直线时的应力值。弹性极限 σ_e 是原子偏离平衡位置产生可逆位移的最大应力，是材料由弹性变形过渡到塑性变形时的应力，应力超过弹性极限后，材料内位错开始滑移产生永久位移，标志着塑性变形的开始。

【比例极限与弹性极限】

对于实际工程材料，用普通的测试方法很难准确测出拉伸应力-应变曲线上开始偏离直线时的应力值、可逆位移的最大应力值和位错开始滑移对应的应力值，因此，一般的工程测量方法和仪器测量精度很难准确地测定唯一的比例极限和弹性极限的数值，σ_p、σ_e 只是一个理论上的物理定义。

为了便于实际测量和应用，新国家标准中 σ_p 的定义为“规定非比例伸长应力”，即试验时非比例伸长达到原始标距长度规定的百分比时的应力。以脚注表示非比例伸长。例如，$\sigma_{p0.01}$、$\sigma_{p0.05}$ 分别表示规定非比例伸长率 0.01%、0.05%时的应力。从这个意义上来说，比例极限和弹性极限已没有质的区别，只是非比例伸长率大小不同而已。

实际上，比例极限和弹性极限与屈服强度的概念基本相同，都表示材料对微量塑性变形的抗力，影响材料比例极限与弹性极限的因素和影响屈服强度的因素也基本相同。

σ_p、σ_e 的工程意义：对于测力计弹簧等依靠弹性变形的应力正比于应变的关系显示载荷大小的，要求服役时其应力-应变关系严格遵守线性关系的机件，以比例极限作为选择材料的依据；对于服役时不允许产生微量塑性变形的机件，设计时按弹性极限来选择材料。

1.2.3 弹性比功

弹性比功又称弹性比能或应变比能，用 a_e 表示，是材料在弹性变形过程中吸收变形功的能力，一般可用材料弹性变形达到弹性极限时单位体积吸收的弹性变形功表示。人们日常所说的材料弹性的好坏，实际上就是指材料弹性比功的大小。材料拉伸时的弹性比功可用图 1.14 所示的应力-应变曲线下的影线面积表示，故

$$a_e = \frac{1}{2}\sigma_e \varepsilon_e = \frac{\sigma_e^2}{2E} \tag{1-7}$$

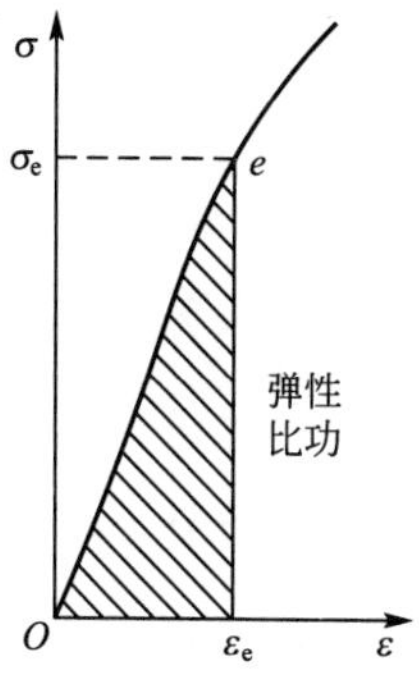

式中，ε_e 为与弹性极限对应的弹性应变。可以看出，有两种方法可以提高材料的弹性比功，一是提高 σ_e，二是降低 E。对于一般的工程材料，弹性模量不易改变，尤其是金属材料，因此常用提高材料弹性极限的方法来提高弹性比功。几种材料的弹性模量、弹性极限、弹性比功见表 1-5。

图 1.14 弹性比功

表 1-5 几种材料的 E、σ_e、a_e 值

材料	E/MPa	σ_e/MPa	a_e/MPa
中碳钢	2.1×10^5	310	0.2288
弹簧钢	2.1×10^5	960	2.194
硬铝	7.24×10^4	125	0.108
铜	1.1×10^5	27.5	0.0034
铍青铜	1.2×10^5	588	1.44
橡胶	0.2～0.78	2	2.56～10

弹簧元件

弹簧作为广泛应用的减振或储能元件，应具有较高的弹性比功。弹簧钢(65Mn、60Si2Mn 等)经冷加工或热处理后具有较高的弹性极限，使弹性比功提高，常用来制作各种弹簧。

磷青铜或铍青铜有高的弹性比功而且无铁磁性，常用来制作仪表弹簧。

橡胶有低的弹性模量和高的弹性应变，因而也有较大的弹性比功，因而常用来作为减振和储能元件，如电子器件中的按钮弹簧等。

1.3 非理想的弹性变形

【非理想弹性变形】

实际上，绝大多数固体材料的弹性行为一般都表现出非理想弹性性质，工程中的材料按理想弹性应用只是一种近似处理。材料的非理想弹性行为分为滞

弹性(弹性后效)、黏弹性、伪弹性及包申格效应等。

1.3.1 滞弹性

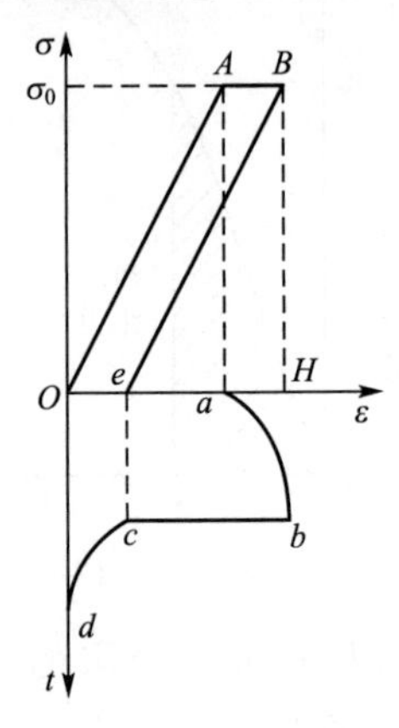

图 1.15 滞弹性

滞弹性(弹性后效)是指材料在快速加载或卸载后，随时间的延长而产生附加弹性应变的性能(图 1.15)。施加应力 σ_0 时，试样立即沿 OA 线产生瞬时应变 Oa。如果低于材料的微量塑性变形抗力，则应变 Oa 只是材料总弹性应变 OH 中的一部分，应变 aH 是在 σ_0 长期保持下逐渐产生的，aH 对应的时间过程为 ab 曲线。这种加载时应变落后于应力而与时间有关的滞弹性又称正弹性后效或弹性蠕变(变形随时间的延长而变化的现象)。卸载时，如果速度也比较大，则当应力下降为零时，只有应变 eH 部分立即卸掉，而应变 eO 是在卸载后逐渐去除的(对应的时间过程为 cd 曲线)。卸载时应变落后于应力的现象又称反弹性后效。

滞弹性在金属材料和高分子材料中比较明显，滞弹性速率和滞弹性应变量与材料成分、组织和试验条件有关。材料组织越不均匀，滞弹性越明显。钢经淬火或塑性变形后，增加了组织不均匀性，滞弹性倾向增大。此外，温度升高和切应力分量增大，滞弹性强烈，而在多向压应力(无切应力)作用下，完全看不到滞弹性现象。

金属产生滞弹性的原因可能与晶体中点缺陷的移动有关。例如，α - Fe 中的 C 原子处于八面体空隙及等效位置上，施加 z 向拉应力后，x、y 轴上的碳原子会向 z 轴扩散，使 z 轴方向继续伸长变形，产生附加弹性变形。而扩散需要时间，故附加应变为滞弹性应变。卸载后 z 轴多余的碳原子又会扩散回到原来的 x、y 轴上，滞弹性应变消失。

材料的滞弹性对仪器仪表和精密机械中重要传感元件的测量精度有很大影响，因此选用材料时需要考虑滞弹性问题。如长期受载的测力弹簧、薄膜传感器等，所选用材料的滞弹性较明显时，会使仪表精度不足，甚至无法使用。

1.3.2 黏弹性

黏弹性是指材料在外力作用下，弹性和黏性两种变形机理同时存在的力学行为。其特征是应变对应力的响应(或反之)不是瞬时完成的，需要通过一个弛豫过程，但卸载后，应变恢复到初始值，不留下残余变形。应力和应变的关系与时间有关，可分为恒应变下的应力松弛和恒应力下的蠕变(图 1.16)两种情况。所有聚合物、沥青、水泥混凝土、玻璃、金属等都具有黏弹性。

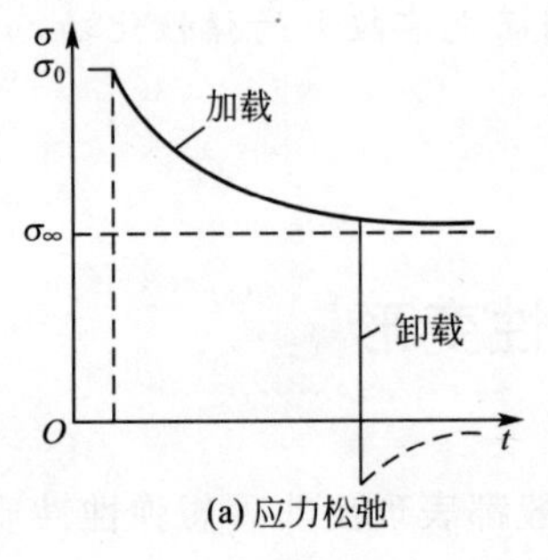

(a) 应力松弛

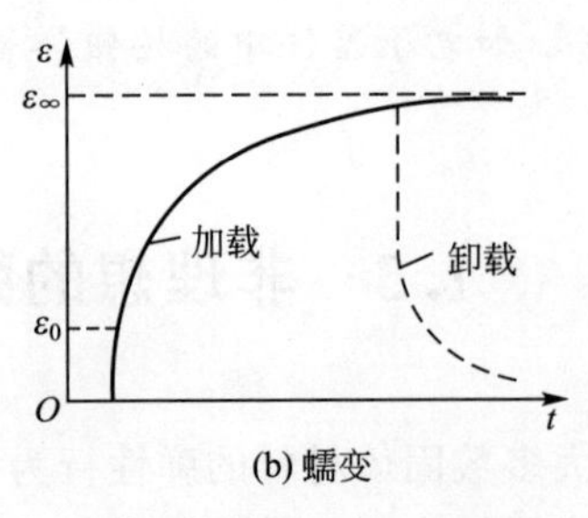

(b) 蠕变

图 1.16 应力、应变与时间的关系

黏弹性变形强烈地与时间有关，应变落后于应力。描述材料的黏弹性，常采用标准线性固体模型，它由弹簧和黏壶构成，弹簧用来描述理想弹性变形，服从胡克定律；黏壶用来描述黏性效应，为理想黏性液体，服从牛顿黏性定律，如图 1.17 所示。

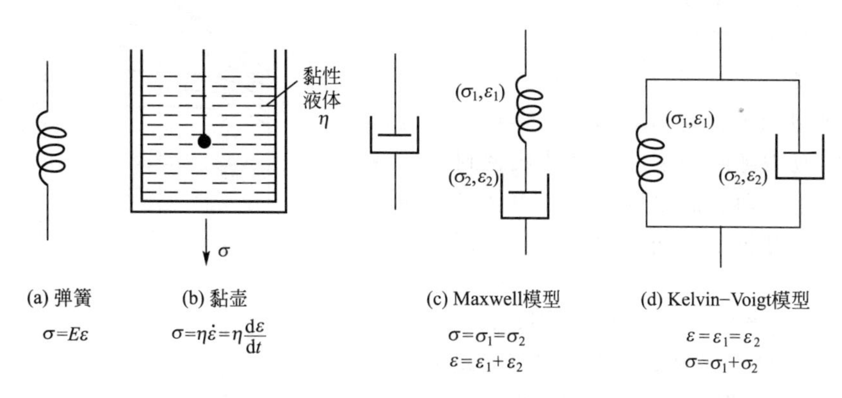

图 1.17 黏弹性的固体模型

马克斯韦尔(J. Maxwell)1868 年首先提出一种液态黏弹性物体的流变模型，为一个弹性元件和一个活塞元件的串联［图 1.17(c)］，即内部结构由弹性和黏性两种成分组成的聚集体，其中弹性成分不成为骨架而埋在连续的黏性成分中。因此在恒定载荷下，储存于弹性体中的势能会随时间逐渐消失于黏性体中，表现为应力松弛。

开尔文(W. T. Kelvin)1890 年首先提出一种固态黏弹性物体，即内部结构由坚硬骨架及填充于空隙的黏性液体所组成的一种多孔物体。其流变模型为一个弹性元件和一个活塞元件的并联［图 1.17(d)］。开尔文体受力时，变形须在一定时间后才能逐渐增加到最大弹性变形，卸载后变形也须在一定时间后才能趋于消失。一般非匀质材料，如水泥混凝土，具有开尔文体的结构特征。

高分子材料在交变应力作用下，由于链段在运动时受到内摩擦力作用，当外力变化时，链段运动跟不上外力的变化，形变落后于应力变化。这是一种更接近实际使用条件的黏弹性行为。例如，许多塑料零件，如齿轮、阀门片、凸轮等都是在周期性的动载下工作的；滚动的橡胶轮胎、传送带、吸收振动波的减振器等更是不停地承受着交变载荷的作用。

1. 蠕变

蠕变是在一定的温度和较小的恒定外力(拉力、压力或扭力等)作用下，材料的形变随时间增加而逐渐增大的现象。例如，软聚氯乙烯丝钩着一定质量的砝码，就会慢慢地伸长，解下砝码后，会慢慢缩回去，这就是聚氯乙烯的蠕变现象和回复现象。

蠕变实际上反映了材料在一定外力作用下的尺寸稳定性和长期负载能力。对于尺寸精度要求高的高分子材料零部件，就需要选择抗蠕变性能好的高分子材料。主链含芳杂环的刚性链聚合物，具有较好的抗蠕变性能，成为广泛应用的工程塑料，可以代替金属材料加工机械零件。对于蠕变比较严重的材料，使用时必须采取必要的补救措施。例如硬聚氯乙烯有良好的抗腐蚀性能，可以用于加工化工管道、容器等设备。但它易蠕变，使用时必须增加支架以稳定尺寸。橡胶可采用硫化交联的方法阻止不可逆的黏性流动。图 1.18 所示为几种聚合物的蠕变性能比较。

2. 应力松弛

应力松弛是指恒定温度和形变保持不变的情况下，材料内部的应力随时间增加而逐渐衰退的现象。如含有增塑剂的聚氯乙烯丝，用它捆物体，开始扎得很紧，随时间延长会变松，就是应力松弛现象的典型例子。高温下的紧固零件，其内部的弹性预紧应力随时间衰减，会造成密封泄漏或松脱事故；用振动法消除残余内应力就是加速应力松弛过程；打包带变松、橡皮筋变松都是应力松弛现象。

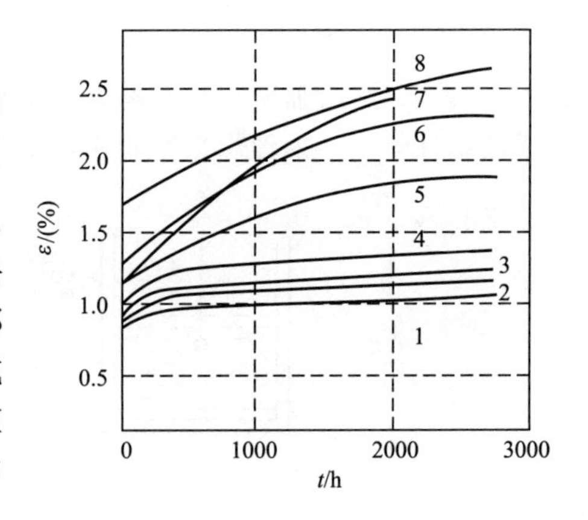

图 1.18　几种聚合物 23℃的蠕变性能比较

1—聚砜；2—聚苯醚；3—聚碳酸酯；4—改性聚苯醚；5—ABS(耐热级)；6—聚甲醛；7—尼龙；8—ABS

线型聚合物产生应力松弛的原因是，试样所承受的应力逐渐消耗在克服链段及分子链运动的内摩擦阻力上。在外力作用下，高分子链段沿外力方向被迫舒展，产生内应力。但是，通过链段热运动调整分子构象，使缠结点散开，分子链产生相对滑移，逐渐恢复其蜷曲的原状，内应力逐渐消除，与之相平衡的外力也逐渐衰减，以维持恒定的形变。交联聚合物整个分子不能产生质心位移的运动，故应力只能松弛到平衡值。

由于聚合物的分子运动具有温度依赖性，所以应力松弛现象受温度的影响很大。当温度很高时，链段运动受到的内摩擦力很小，应力很快就松弛了，甚至快到难以觉察的程度；当温度太低时，虽然应变可以造成很大的内应力，但是链段运动受到的内摩擦力很大，应力松弛极慢，短时间内也不易觉察到；只有温度在 T_g 附近，聚合物的应力松弛现象最为明显。

应力松弛可用来估测某些工程塑料零件中夹持金属嵌入物(如螺母)的应力，也可用来测定塑料制品的剩余应力。由于应力松弛的结果一般比蠕变更容易用黏弹性理论来解释，故又常用于聚合物结构与性能关系的研究。

1.3.3　伪弹性

伪弹性是指在一定的温度条件下，当应力达到一定水平后，金属或合金将产生应力诱发马氏体相变，伴随应力诱发相变产生大幅度的弹性变形的现象。伪弹性变形的量级在 60% 左右，大大超过正常弹性变形。图 1.19 所示为伪弹性材料的应力-应变曲线，图中 AB 段为常规弹性变形阶段，σ_B^M 为应力诱发马氏体相变开始的应力，C 点处马氏体相变结束，CD 为马氏体的弹性应变阶段。在 CD 段卸载，马氏体弹性恢复，σ_F^P 表示开始逆向相变的应力，马氏体相变回原来的组织，到 G 点完全恢复初始组织。GH 为初始组织的弹性恢复阶段，恢复到初始组织状态，无残留变形。形状记忆合金就是利用了这一原理。

【形状记忆合金的应用Ⅰ】

【形状记忆合金的应用Ⅱ】

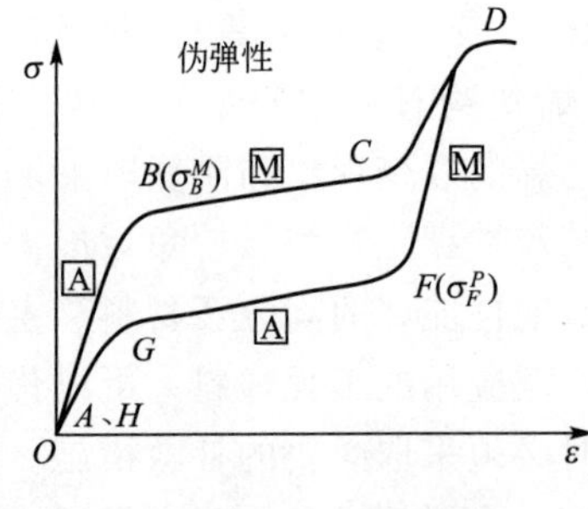

图 1.19　伪弹性材料的应力-应变曲线

A—奥氏体；M—马氏体

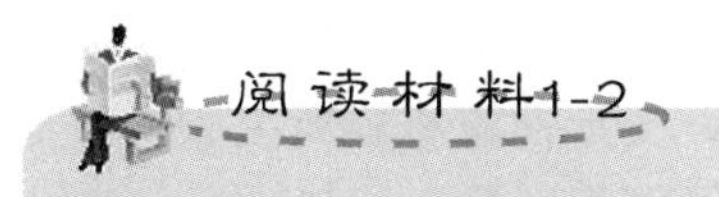

可以变形的太空天线

太空天线体积庞大，难以发射，但是利用 NiTi 形状记忆合金制作的太空天线却可以解决这一难题。具体做法是在发射人造卫星之前，将抛物面天线折叠起来装进卫星体内，火箭升空把人造卫星送到预定轨道后，只需加温，折叠的卫星天线因具有“记忆”功能而自然展开，恢复抛物面形状。这正是利用了形状记忆合金的伪弹性原理，而普通合金却无法实现此效果。

【形状记忆合金天线】

1.3.4 包申格效应

包申格(Bauschinger)效应是指金属材料经预先加载产生少量塑性变形(残余应变小于4%)，卸载后再同向加载，规定残余伸长应力增加，而反向加载，规定残余伸长应力降低的现象。

包申格效应的应用与控制

包申格效应是多晶体金属具有的普遍现象，所有退火态和高温回火态的金属都有包申格效应。对某些钢和钛合金，包申格效应可使规定残余伸长应力降低15%～20%。

包申格效应与金属材料微观组织结构的变化有关，尤其是与材料中位错运动所受的阻力变化有关。金属在载荷作用下产生少量塑性变形时，运动位错受阻形成位错缠结或胞状组织。如果此时卸载并随即同向加载，在原先加载的应力水平下，缠结的位错运动困难，宏观上表现为规定残余伸长应力增加。但如果卸载后施加反向应力，位错反向运动时前方障碍较少，可以在较低应力下滑移较大距离，宏观上表现为规定残余伸长应力降低。

【包申格效应】

一方面，可以利用包申格效应降低形变应力，如薄板反向弯曲成形、拉拔的钢棒经过辊压校直等。另一方面，要考虑包申格效应的有害影响，如对于一些预先经受一定程度冷变形的材料，若使用时载荷方向与冷变形方向相反，微量塑变抗力下降，使构件的承载能力下降。

消除包申格效应的方法是对材料进行较大的塑性变形或对微量塑变形的材料进行再结晶退火热处理。如小管径 ERW(Electric Resistance Weld)电阻焊管通过预先施加较大塑性变形的方式消除包申格效应；在第二次反向受力前先使金属材料在回复或再结晶温度下退火，如钢在500℃以上退火；另外，通过控制钢铁材料的组织，降低第二相粒子的数量可以减小包申格效应，如 X70 高强管线钢通过控轧控冷的方式获得针状铁素体，替代铁素体＋珠光体组织来降低包申格效应。

1.3.5 内耗

对于理想弹性变形，应力和应变是单值、瞬时的，材料在弹性范围加载时储存弹性能，卸载时释放弹性能，在弹性循环变形过程中没有能量损耗。而非理想弹性变形时，应力和应变不同步，加载曲线与卸载曲线不重合而形成一封闭回线，称为**弹性滞后环**，即加载时材料吸收的变形功大于卸载时释放的变形功，一部分加载变形功被材料所吸收。这部分**在变形过程中被吸收的功称为材料的内耗**，其大小可用回线面积度量。

当材料受到交变应力作用时，应力和应变都随时间不断变化。例如应力和应变都以简单正弦曲线的规律变化时，由于滞弹性(黏弹性)的影响，应变总是落后于应力，应变和应力之间存在一个相位差，产生阻尼作用，导致能量消耗。例如，一个音叉即使在真空中做弹性振动，但是由于内耗的作用，振幅也会逐渐衰减，最后停止。

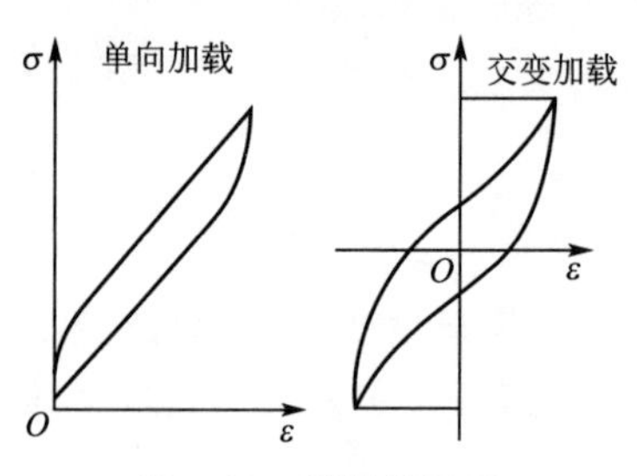

图 1.20　弹性滞后环

单向加载和交变加载一个周期所形成的弹性滞后环的曲线如图 1.20 所示。回线中所包围的面积代表应力-应变循环一个周期所产生的能量损耗，回线面积越大，能量损耗也越大。

材料产生内耗的原因与材料微观组织结构和物理性能的变化有关。例如，两端被钉扎的位错的非弹性运动；间隙原子或置换原子在应力作用下产生的应力感生有序化；晶界的迁移；磁性的变化等。这些微观运动要消耗能量，引起材料的内耗。

高分子材料拉伸时的外力，一方面用于改变分子链的构象，另一方面用来提供克服链段间内摩擦所需要的能量；卸载后，伸展的分子链重新蜷曲起来，高分子材料体系对外做功，但是分子链回缩时的链段运动仍需克服链段间的摩擦阻力。因此，在一个拉伸-回缩循环中，要消耗掉一部分能量，转化为热能。内摩擦阻力越大，滞后现象越严重，内耗也越大。

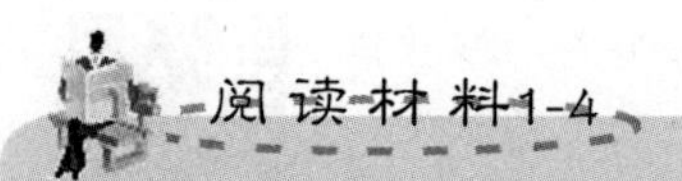

内耗的应用

内耗是材料的一种重要的力学和物理性能。在力学性能上，内耗又称材料的循环韧性，表示材料在交变载荷(振动)下吸收不可逆变形功的能力，又称消振性。材料循环韧性越高，则自身的消振能力就越好，对降低机械噪声、抑制高速机械的振动具有很重要的意义。例如，铸铁因含有石墨不易传递机械振动，具有很高的消振性，常用于机床底座等；汽轮机叶片用具有高循环韧性的 1Cr13 钢制造。反之，对于仪表传感元件选用循环韧性低的材料，可以提高其灵敏度；乐器所用材料的循环韧性越低，则音质越好。在物理性能方面，可以利用材料内耗与其成分、组织结构及物理性能变化间的关系，进行材料科学研究。

【葛庭燧与内耗的测量】

一、填空题

1. 金属材料的力学性能是指在载荷作用下其抵抗______或______的能力。
2. 低碳钢拉伸试验的过程可以分为弹性变形、______和______ 3 个阶段。
3. 线性无定形高聚物的三种力学状态是______、______、______，它们的基本运动单元相应是______、______、______，它们相应是______、______、______的使用状态。

二、名词解释

弹性变形　理想弹性变形　非理想弹性变形　内耗

三、简答题

1. 简述弹性变形的本质。
2. 解释胡克定律的近似性。
3. 简述弹性模量的物理本质。
4. 简述非理想弹性的概念及种类。
5. 高分子材料的弹性模量受什么因素影响最严重？
6. 什么是高分子材料强度和模量的时间-温度等效原理？

四、计算题

已知烧结 Al_2O_3 的气孔率为5%，其 $E=370GPa$。若另一烧结 Al_2O_3 的 $E=260GPa$，试求气孔率。

五、思考题

不同材料(金属材料、陶瓷材料、高分子材料)的弹性模量主要受什么因素影响？

六、文献查阅及综合分析

查阅近期的科学研究论文，任选一种材料，以材料的弹性变形行为（理想、非理想弹性变形）为切入点，分析材料的弹性性能与成分、结构、工艺之间的关系［给出必要的图表、参考文献］。分析角度参考材料研究的五要素图（图1.21）。

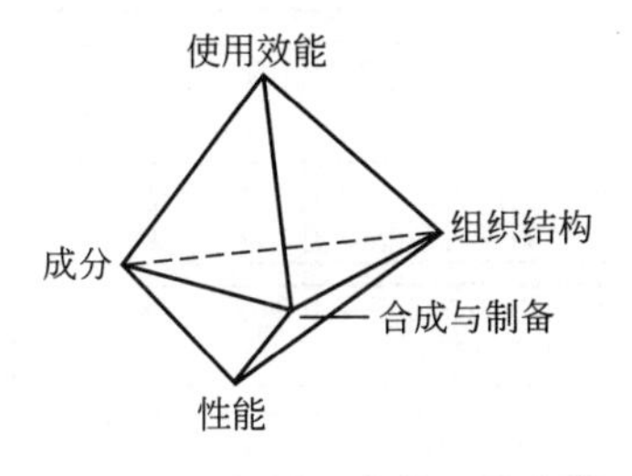

图1.21　材料研究的五要素图

【第1章习题答案】

【第1章自测试题】

【第1章试验方法-国家标准】

【空气弹簧】

第2章 材料的塑性变形

本章知识构架

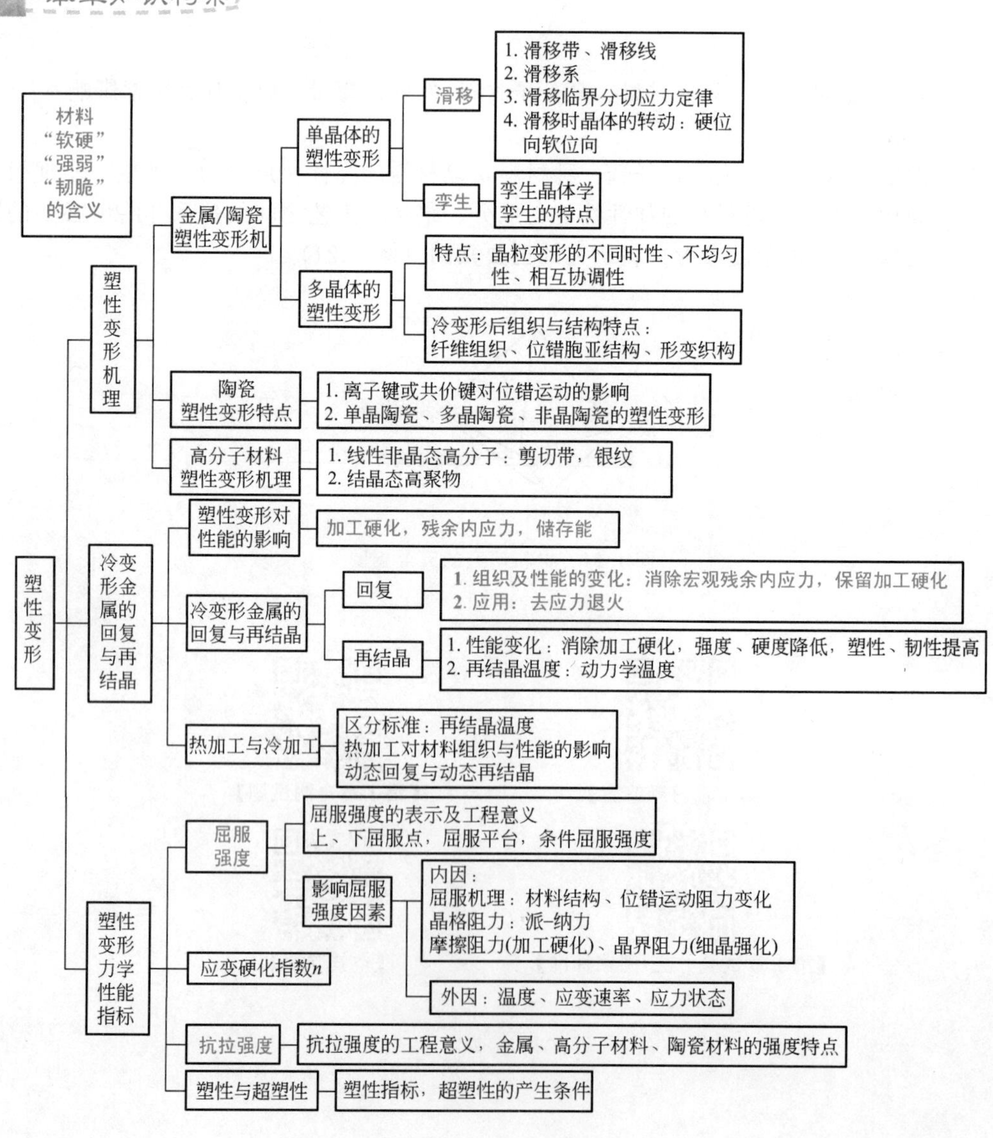
材料“软硬”“强弱”“韧脆”的含义
塑性变形
塑性变形机理
金属/陶瓷塑性变形机
单晶体的塑性变形
滑移
1. 滑移带、滑移线
2. 滑移系
3. 滑移临界分切应力定律
4. 滑移时晶体的转动：硬位向软位向
孪生
孪生晶体学
孪生的特点
多晶体的塑性变形
特点：晶粒变形的不同时性、不均匀性、相互协调性
冷变形后组织与结构特点：纤维组织、位错胞亚结构、形变织构
陶瓷塑性变形特点
1. 离子键或共价键对位错运动的影响
2. 单晶陶瓷、多晶陶瓷、非晶陶瓷的塑性变形
高分子材料塑性变形机理
1. 线性非晶态高分子：剪切带，银纹
2. 结晶态高聚物
冷变形金属的回复与再结晶
塑性变形对性能的影响
加工硬化，残余内应力，储存能
冷变形金属的回复与再结晶
回复
1. 组织及性能的变化：消除宏观残余内应力，保留加工硬化
2. 应用：去应力退火
再结晶
1. 性能变化：消除加工硬化，强度、硬度降低，塑性、韧性提高
2. 再结晶温度：动力学温度
热加工与冷加工
区分标准：再结晶温度
热加工对材料组织与性能的影响
动态回复与动态再结晶
塑性变形力学性能指标
屈服强度
屈服强度的表示及工程意义
上、下屈服点，屈服平台，条件屈服强度
影响屈服强度因素
内因：
屈服机理：材料结构、位错运动阻力变化
晶格阻力：派-纳力
摩擦阻力(加工硬化)、晶界阻力(细晶强化)
外因：温度、应变速率、应力状态
应变硬化指数n
抗拉强度
抗拉强度的工程意义，金属、高分子材料、陶瓷材料的强度特点
塑性与超塑性
塑性指标，超塑性的产生条件

导入案例

塑性变形不仅可以把材料加工成各种形状和尺寸的制品，而且还可以改变材料的组织和性能。如广泛应用的各类钢材，根据断面形状的不同，一般分为型材、板材、管材和金属制品四大类。大部分钢材通过压力加工，使钢(坯、锭等)产生塑性变形。

工字钢、槽钢、角钢等广泛应用于工业建筑和金属结构，如厂房、桥梁、船舶、农机车辆制造、输电铁塔，运输机械等。

【塑性变形】

【钢材及轧钢】

2000年9月建成的芜湖长江大桥(图2.01)是国家“九五”重点交通项目，其桥型为公路、铁路两用钢桁梁斜拉桥，铁路桥长10616m，公路桥长6078m，其中跨江桥长2193.7m，大桥主跨312m。采用14MnNbq钢，厚板焊接全封闭整体节点钢梁，是目前中国最长公路铁路两用桥。

图2.01 芜湖长江大桥

当外力大于晶体的弹性极限后，在切应力作用下，晶体中相邻原子面间产生相对位移，使原子从一个平衡位置进入相邻的另一个平衡位置，外力去除后，原子不能回复原位而产生了永久变形，即塑性变形是材料微观结构的相邻部分产生永久性位移的现象。

衡量材料塑性变形能力的力学性能指标有屈服强度 σ_s、抗拉强度 σ_b、应变硬化指数 n、延伸率 δ 及断面收缩率 ψ 等。

材料的种类和性质不同，其塑性变形机理也不相同。本章从最简单的金属与陶瓷单晶体入手研究晶体塑性变形的机理和规律，对比分析金属、陶瓷、高分子材料的塑性变形特点和物理本质，分析塑性变形材料强度及塑性性能指标的工程意义、变化规律及影响因素，了解材料的塑性变形性能与材料内在因素(成分、结构、组织等)及外在因素(温度、加载条件等)之间的关系，掌握提高材料强度和塑性性能指标及发挥材料潜力、开发新材料的主要途径。

2.1 材料的塑性变形机理

阅读材料2-1

塑性变形理论的发展

人类很早就利用塑性变形进行金属材料的加工成形，但在一百多年以前才开始建立塑性变形理论。1864—1868年，法国人特雷斯卡(H. Tresca)提出产生塑性变形的最大切应力条件。1911年德国卡门(T. von Karman)在三向流体静压力的条件下，对大理石和砂石进行了轴向抗压试验。1914年德国人伯克尔(R. B ker)对铸锌做了轴向抗压试验。结果表明：固体的塑性变形能力不仅取决于它的成分、组织等内部条件，而且同应力状态等外部条件有关。1913年德国冯·米泽斯(R. von Kises)提出产生塑性变形的形变能条件。1926 年德国人洛德(W. Lode)、1931 年英国人泰勒(G. I. Taylor)和奎尼(H. Quinney) 分别用不同的试验方法证实了上述结论。

金属晶体塑性的研究开始于金属单晶的制造和 X 射线衍射的运用。英国伊拉姆(C. F. Elam，1935 年)、德国施密特(E. Schmidt，1935 年)和美国巴雷特(C. S. Barrett，1943 年)等人研究了金属晶体内塑性变形的主要形式——滑移及孪生变形。随后，运用晶体缺陷理论和现代分析方法对塑性变形机理进行了深入研究。

塑性变形理论应用于两个领域：①解决材料的强度问题，包括基础性的研究和使用设计等；②探讨塑性加工，解决施加的力和变形条件间的关系，以及塑性变形后材料的性质变化等。

2.1.1 金属与陶瓷的塑性变形机理

1. 单晶体的塑性变形

金属与陶瓷单晶体材料常见的塑性变形机理为晶体的滑移和孪生两种。

1) 滑移

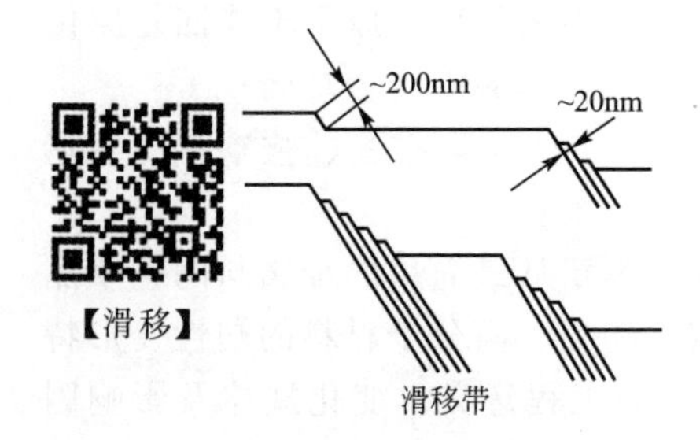

图 2.1 滑移带示意图

(1) 滑移现象。滑移是金属晶体在切应力的作用下，沿滑移面和滑移方向进行切变的过程。将预先经过磨制、抛光至表面光滑无痕后的纯铝或纯铁试样，产生一定的塑性变形后，不需腐蚀，在光学显微镜下可看到试样表面内有许多与拉伸轴成一定角度的平行线或几组交叉的细线，这些细线称为滑移带。滑移带是相对滑动的晶体层和试样表面的交线。在电子显微镜下，一条滑移带由一组平行线构成，称为滑移线(图 2.1)。

由于晶体各部分的相对滑动，在试样抛光表面出现许多高低不平的小台阶。试样内的滑移带分布不均匀，滑移线构成的滑移台阶为 20～200nm，已知滑移是晶体内位错运动的结果，当一个位错沿着一定的平面运动，移出晶体表面时所形成的台阶大小是一个柏氏矢量 b，如 $b=0.25$nm，那么从滑移台阶的高度可粗略估计有 400～800 个位错移出了晶体表面。若干小台阶组成的大台阶就是我们在光学显微镜下观察到的黑线(滑移带)。滑移带和滑移线只是晶格滑移结果的表象，重新抛光后可去除。

(2) 滑移系及滑移的位错机制。一个滑移面和该表面上的一个滑移方向组成一个滑移系。对面心立方、体心立方和密排六方晶体，其滑移方向总是晶体中的最密排方向，而滑移面通常是晶体中原子的密排面(图 2.2)。表 2-1 列出了不同类型材料的滑移系。

表 2-1 不同晶体结构的滑移系

晶体结构	fcc	bcc	hcp
滑移面及其数量	{111}，4	{110}，6	{0001}，1
滑移方向及其数量	⟨110⟩，3	⟨111⟩，2	$\langle 11\bar{2}0\rangle$，3
滑移系数量	12	主滑移系 12 个；次滑移系 {112}12 个，{123}24 个	3

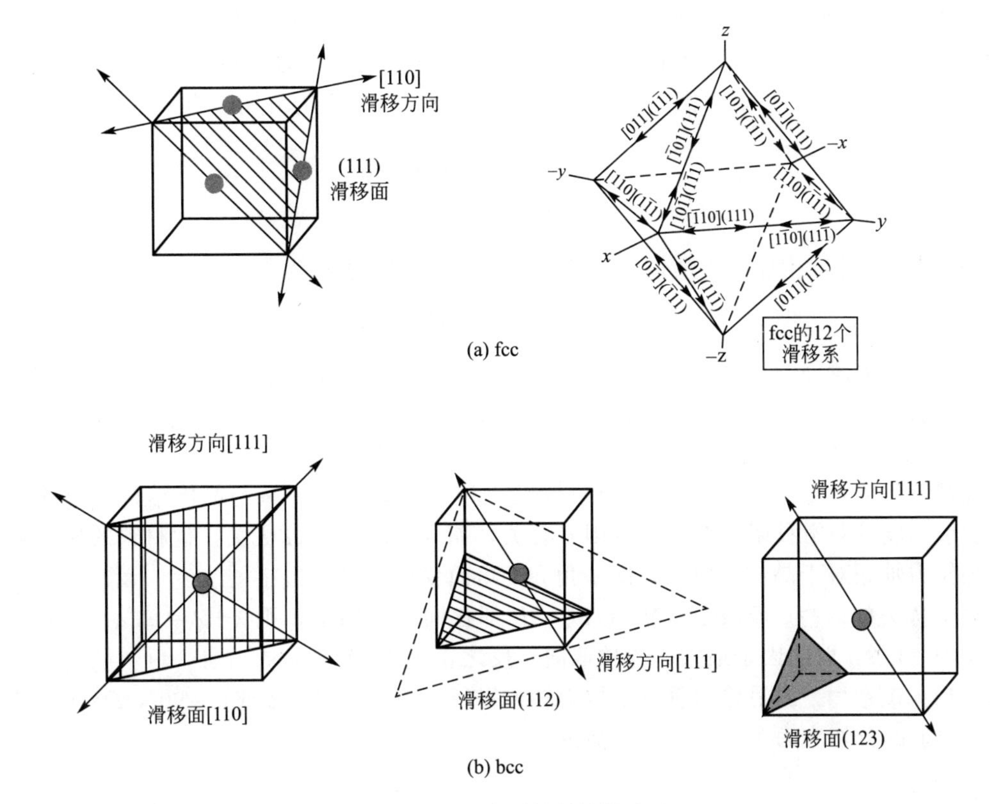

(a) fcc

(b) bcc

图 2.2 不同类型材料的滑移系

滑移系的多少是影响金属塑性好坏的重要因素，一般来说，滑移系越多，金属的塑性越好。密排六方金属的滑移系少，只有 3 个，一般来说，它们的塑性低。但滑移系的多少不是决定塑性好坏的唯一因素。例如，体心立方晶体的滑移系最多，除 12 个 {110} 密排面构成的主滑移系外，非密排面 {112} 和 {123} 也是其滑移面，因此共有 48 个滑移系，但却不能推断体心立方晶体的塑性最好。因为在塑性变形时，只有当某一滑移系上的分切应力达到临界值后才会产生滑移。体心立方金属也只是可能有潜在的 48 个滑移系，在实际的变形条件下，并不等于这么多滑移系都同时动作。面心立方(fcc)金属(如 Cu、Al)滑移系虽然比体心立方(bcc)金属(如 $\alpha-Fe$)的少，但 fcc 晶格阻力较低，位错容易运动，塑性优于 bcc。金属晶体的滑移面除一般选择原子最密排晶面外，还随温度、成分和预先变形程度等的影响而变化。例如，温度升高时，bcc 金属的 {112} 及 {123} 晶面也可能成为滑移面，从而增大金属的塑性。

塑性的好坏除了与晶体结构(滑移系)有关外，还与杂质对变形的影响、加工硬化的影响、屈服强度和金属断裂抗力的高低有关。

理论上，滑移系的开动对应着宏观上晶体的屈服。但实际上，实测金属晶体滑移的临界分切应力值较理论值低几百至几千倍，说明滑移系并不是晶体的一部分相对于另一部分的整体切动，而是通过位错在滑移面上的运动逐步实现的。

(3) 滑移的临界分切应力定律。金属晶体中可能存在的滑移系是很多的，如面心立方金属就有 12 个滑移系，在变形时，这 12 个滑移系能否同时动作呢?

图 2.3 所示是表示横截面积为 A_0 的单晶试棒，在拉力 P 的作用下产生变形。任取一

法线为 N 的滑移面，OT 为该面上的任一滑移方向。法线方向 ON 和拉力轴方向 OP 的夹角为 ϕ，滑移方向 OT 和拉力轴 OP 的夹角为 λ。滑移方向、拉力轴和滑移面法线一般不在一平面内，即 $\phi+\lambda\neq90°$。由图 2.3 可知，外力在滑移方向上的分切应力 τ 为

$$\tau=\frac{P\cdot\cos\lambda}{\frac{A_0}{\cos\phi}}=\frac{P}{A_0}\cos\lambda\cos\phi \tag{2-1}$$

当 $\sigma=\sigma_s$ 时，晶体产生屈服，塑性变形开始。临界分切应力 τ_c 为

$$\tau_c=\sigma_s\cos\lambda\cos\phi \tag{2-2}$$

式(2-2)为滑移的临界分切应力定律，称为施密特(Schmid)定律。可表达为：当外力作用在滑移面的滑移方向上的分切应力达到某一临界值 τ_c 时，开动位错的滑移，晶体开始屈服，$\boldsymbol{\sigma=\sigma_s}$。式中 $\cos\lambda\cos\phi$ 称为取向因子 Ω(或施密特因子，Schmid 因子)。

施密特认为：τ_c 是一常数，对某种材料是一定值(图 2.4)，只与晶体结构、滑移系类型、变形温度及对滑移阻力有影响的因素有关，而与取向因子 Ω 无关。但材料的屈服强度 σ_s 则随拉力轴相对于晶体的取向，即 ϕ 角和 λ 角而变化。取向因子 Ω 大时，材料的屈服强度较低，称为软取向。若假定 ON、OT、OP 都在同一平面上，则 $\lambda+\phi=90°$。当 $\phi=\lambda=45°$时，$\Omega=1/2$，取向因子最大，为软取向。反之，取向因子 Ω 值小时，材料的屈服强度较高，称为硬取向。当滑移面垂直于拉力轴或平行于拉力轴时，ϕ 或 $\lambda=90°$，$\Omega=0$，外力在滑移面上的分切应力为零，位错不能滑移。

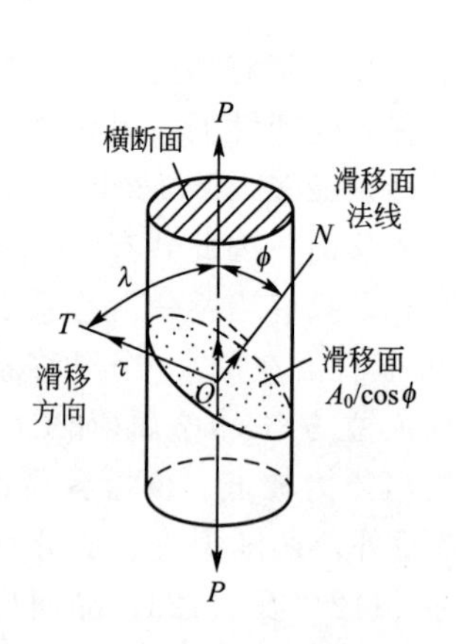

图 2.3　单晶试样拉伸

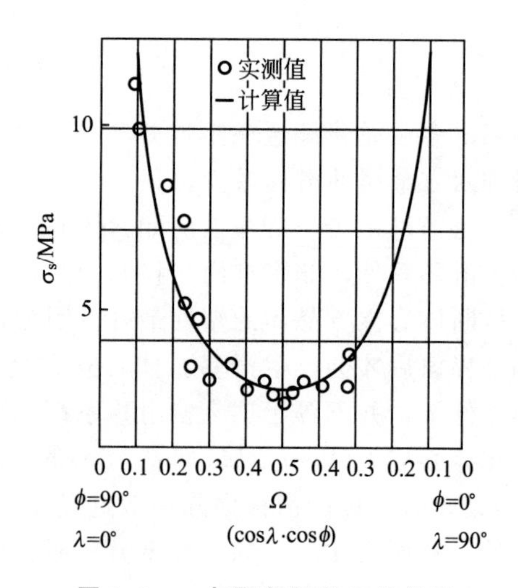

图 2.4　σ_s 与取向因子 Ω 的关系

因此，只有当外力在某个滑移面的滑移方向上的分切应力达到某一临界值时，这一滑移系才能开动。当有许多滑移系时，就要看外力在哪个滑移系上的分切应力最大，分切应力最大的滑移系一般首先开动。

表 2-2 所列是一些金属晶体滑移的临界分切应力。在 20 世纪 30 年代就通过实验测得了临界切应力，20 世纪 40 年代提出了位错的滑移机制的解释，到 20 世纪 50 年代位错的滑移机制由电子显微镜(简称电镜)观察得到直接的实验证明。

表 2-2 一些金属晶体滑移的临界分切应力

金属		温度	滑移系	τ_c/MPa
fcc	Al	室温	{111}<110>	0.79
	Cu			0.98
	Ni			5.68
bcc	Fe	室温	{110}<111>	27.44
	Nb			33.8
hcp	Ti	室温	$\{10\bar{1}0\}<11\bar{2}0>$	13.7
	Mg		$\{0001\}<11\bar{2}0>$	0.76
		330℃		0.64
			$\{10\bar{1}1\}<11\bar{2}0>$	3.92

【例 2-1】 在面心立方晶胞 [001] 上施加 100MPa 的应力，求滑移系(111) $[01\bar{1}]$ 上的分切应力。

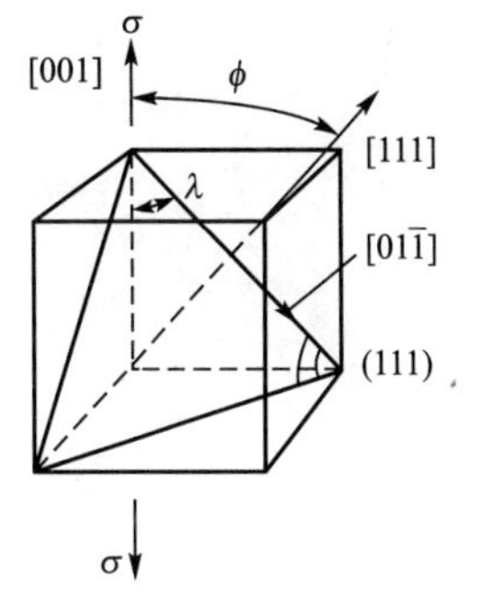

图 2.5 滑移系(111) $[01\bar{1}]$ 分切应力

解： 首先确定该滑移系对应力轴的相对取向，滑移面(hkl)为(111)，应力轴 [$\mu\upsilon\omega$] 为 [001]，如图 2.5 所示。

滑移方向 $[01\bar{1}]$ 和应力轴 [001] 的夹角 $\lambda=45°$，$\cos\lambda=0.707$。

滑移面 (111) 和应力轴 [001] 夹角 ϕ 有

$$\cos\phi=\frac{h\mu+k\nu+l\omega}{\sqrt{h^2+k^2+l^2}\cdot\sqrt{\mu^2+\nu^2+\omega^2}}=\frac{1}{\sqrt{3}}$$

$$\phi=54.76°$$

由施密特定律得

$$\tau=\sigma\cos\lambda\cos\phi=100\times\frac{1}{\sqrt{3}}\times0.707=40.8\text{MPa}$$

所以，滑移系(111) $[01\bar{1}]$ 上的分切应力为 40.8MPa。

(4) 滑移时晶体的转动。晶体在拉伸或压缩时的滑移变形过程中，各滑移层像扑克牌一样层层地滑开 [图 2.6(b)]，并同时伴生一个力偶，力偶 σ_1 及 σ_2 使滑移面向拉伸轴向转动 [图 2.6(e)]。因此，拉伸时，滑移面和滑移方向趋于平行于力轴方向；压缩时，晶面逐渐趋于垂直于压力轴线。这样，晶体转动的结果是当 ϕ、λ 远离 45°，滑移变得困难，称为几何硬化；当 ϕ、λ 接近 45°，滑移变得容易，称为几何软化。软取向与硬取向可以相互转换。

由于晶体内部成分和结构的不均匀性(杂质和各种缺陷)，塑性变形时的滑移和转动在晶体中分布不均匀，滑移和转动在某些区域受阻，形成转角较小的带状区域称为形变带；当位错堆积在受阻部位(杂质和缺陷)，使滑移和转动只发生在一个狭窄的带状区域，这个区域称为扭折带。扭折带和形变带都是不均匀滑移的特殊表现，但形变带中取向的转动是逐渐的，而扭折带的转动都集中在带内，相邻的带外部分既不滑移也不转动。

【滑移的特征和分类】

(5) 单滑移、交滑移、多滑移和复滑移。施密特定律不仅阐明了晶体开始塑性变形时，切应力需达到某一临界值，而且可解释滑移变形的单滑移、交滑移、多滑移和复滑移的情况。铝晶体的单滑移、交滑移和多滑移如图 2.7 所示。

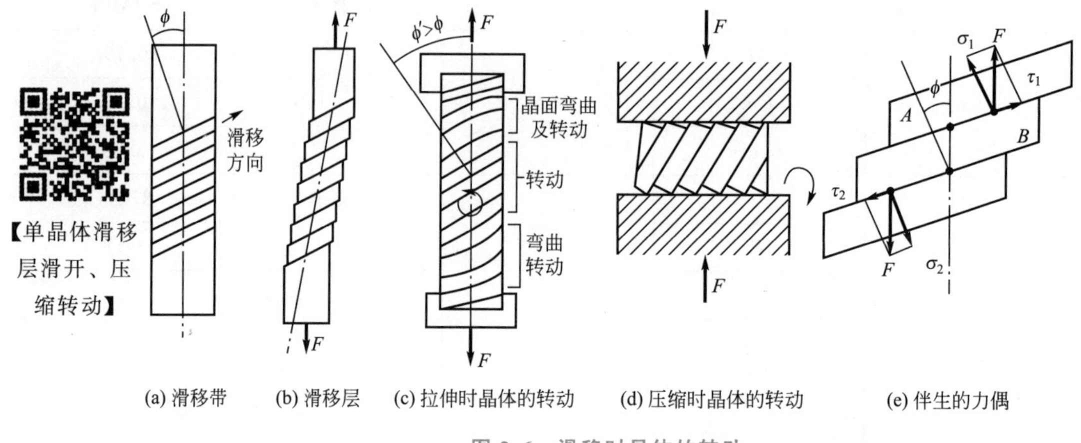

(a) 滑移带　(b) 滑移层　(c) 拉伸时晶体的转动　(d) 压缩时晶体的转动　(e) 伴生的力偶

图 2.6　滑移时晶体的转动

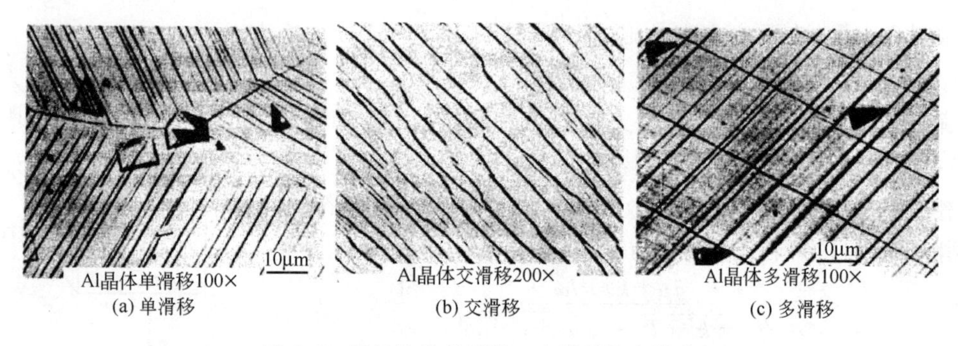

(a) 单滑移　(b) 交滑移　(c) 多滑移

图 2.7　铝晶体的单滑移、交滑移和多滑移

① **单滑移**。当**只有一个滑移系上的分切应力最大并达到了临界切应力时，只发生单滑移**。在一个晶粒内只有一组平行的滑移线(带)［图 2.7(a)］。单滑移是在变形量很小的情况下发生的，位错在滑移过程中不会与其他位错交互作用，因此加工硬化也很弱。

【交滑移】

② **交滑移**。螺型位错的柏氏矢量 b 与位错线平行，滑移面有无限多个。因此，当螺型位错在某一滑移面上的运动受阻时，可以离开这个面而沿另一个与原滑移面有相同滑移方向的晶面继续滑移。由于位错的柏氏矢量不变，位错在新滑移面上仍然按原来方向运动，这一过程称为**交滑移**。产生**交滑移的晶体表面滑移线是折线**［图 2.7(b)］。**交滑移的实质是由螺型位错在不改变滑移方向的前提下，改变了滑移面而引起的**。

此外，当一个全位错分解为两个不全位错，带有层错的不全位错要进行交滑移时，必须首先束集成非扩展态的螺型位错。通常，层错能高的晶体，位错扩展宽度小，容易束集和交滑移；层错能低的晶体则相反。

交滑移在晶体的塑性变形中起着很重要的作用，若没有交滑移，只增加外力，晶体很难继续变形。因此，**易于交滑移的材料，一般塑性较好**。

③ **多滑移**。由临界分切应力定律知，当对一个晶体施加外力时，**有两个以上滑移系上的分切应力同时满足 $\tau>\tau_c$，使各滑移面上的位错同时开动，晶体表面的滑移线是两组或多组平行线，称为多滑移**［图 2.7(c)］。多滑移时，两个滑移面上的位错必将产生相互

作用，形成割阶或扭折，使位错进一步运动的阻力增加。因此多滑移比单滑移更困难。

④ 复滑移。依次开动不同取向的滑移系进行滑移。当外力在某一滑移系上的分切应力超过 τ_c 时，该滑移系开动，这个滑移系称为主滑移系。随着一次滑移的进行，晶体的取向相对于加载轴发生变化(向滑移方向运动)，滑移到一定程度后，另一个等同的滑移系也满足条件而参与滑移，该滑移系称为共轭滑移系。

采用晶体的极射赤平投影可方便地表示多滑移与复滑移(图 2.8)。fcc 晶体的易滑移面 {111} 用 A、B、C、D 表示，易滑移方向<110>用Ⅰ、Ⅱ、Ⅲ、Ⅳ表示，不同力轴作用下能开动的滑移系表示如图 2.8(b)所示。一个面心立方晶体当沿 [001] 方向施加外力时，可以开动 8 个滑移系；当沿 [110] 方向施加外力可以开动 4 个滑移系；当沿 [111] 方向施加外力可以开动 6 个滑移系；当力轴是图中弧边三角形内任一点时，可开动的滑移系只有 1 个(图 2.8 中的 P 点)。

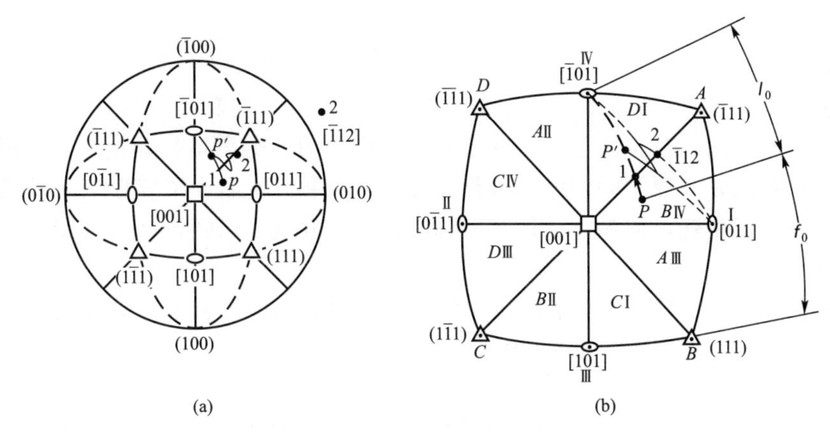

图 2.8　滑移系和复滑移的极射赤平投影表示

当力轴在点 P 时，开动的主滑移系为 BⅣ，即(111) $[\bar{1}01]$，随着滑移的继续进行，晶体转向，加载轴趋向于沿滑移方向运动(沿着虚线在一个圆上)。当加载轴到达 1 点时，在共轭滑移系$(\bar{1}\bar{1}1)$ [011] (DⅠ)上的分切应力与主滑移系上的相等。理论上，自点 1 开始，主滑移系和共轭滑移系都起作用，使加载轴线由点 1 向点 2 的 $[\bar{1}12]$ 方向运动(Ⅰ、Ⅳ和 2 点在一个大圆上)。但实际上，滑移系通常在主滑移系上继续进行，而共轭滑移系暂不开动，直到力轴转动到 P'后共轭滑移系才开动，此现象称为“超越”。说明共轭滑移系中的潜在硬化比主滑移系的实际硬化大，较难开动。然后，滑移转到共轭滑移系上，可进行多次超越，力轴最终达到 2 点的稳定位置，此后取向不再变化。

2) 孪生

在切应力作用下，晶体一部分相对于另一部分沿一定晶面（孪生面）和晶向（孪生方向）发生均匀切变，形成以共格界面联结、与晶体原取向呈镜面对称关系的晶体变形方式。发生孪生变形的晶体区称为孪晶，一般呈平直片状，前端尖锐呈透镜状，晶体表面产生浮凸和扭折带。

【孪晶的形式】

(1) 孪生晶体学。孪生是晶体中的晶面沿一定的晶向移动，形成以共格界面相联结、与晶体原取向呈镜面对称的一对晶体(孪晶)的过程(图 2.9)，已切变区与未切变区的界面在切变前后其形状和尺寸均未发生改变，此面即为孪生面。位于孪生面上的切变方向即为孪生方向。通常面心立方晶体的孪生面为(111)面，孪生方向为 $[11\bar{2}]$；体心立方的孪生

面及孪生方向为 [11$\bar{2}$] 和 [111]。

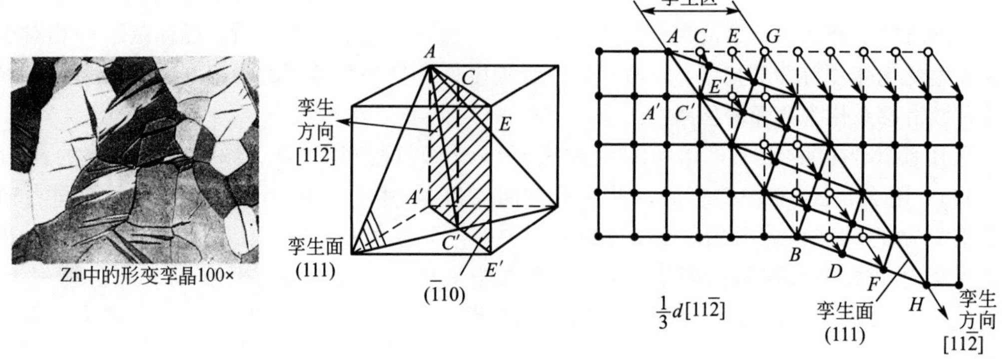

图 2.9　孪生变形

【孪生变形】

以面心立方为例(图 2.9)，实点代表切变前原子的位置，A、C、E、G 代表(110)面各排原子面，它们分别沿 [11$\bar{2}$] 方向移动一定距离，AB 面(111)为孪生面，各排原子的切动位移随离孪生面的距离增加而递增，G 层原子面的位移刚好是原子间距的整数倍。在A～G 原子间形成了变形区，其晶体学位向发生了变化，但晶体结构和对称性未变。并且，已变形区和未变形区以孪生面为镜面对称形成孪晶。

(2) 孪生的特点。滑移和孪生是塑性变形的两种形式，二者都是晶体的一部分相对另一部分发生位移，但有着本质的差异(表 2-3)。

表 2-3　滑移和孪生的异同点

类　型		滑　移	孪　生
相同点		(1)均匀切变；(2)沿一定的晶面、晶向进行；(3)不改变结构	
不同点	晶体位向	不改变(对抛光面观察无重现性)	改变，形成镜面对称关系(对抛光面观察有重现性)
	位移量	滑移方向上原子间距的整数倍，较大	小于孪生方向上的原子间距，较小
	对塑变的贡献	很大，总变形量大	有限，总变形量小
	变形应力	有一定的临界分切应力	临界分切应力远高于滑移
	变形条件	一般先发生滑移	滑移困难时发生
	变形机制	全位错运动的结果	分位错运动的结果

孪生时一部分晶体发生了均匀的切变，切变前后晶体结构不发生改变，晶体位向发生改变，晶体已变形部分与未变形部分呈镜面对称，它们的晶体学位向关系是确定的。因此，孪晶试样在重新抛光后，依然可观察到孪晶。

孪生变形在应力-应变曲线上呈锯齿形变化。这是因为孪生的形成可分为形核和扩展两个阶段，形核所需的切应力大于生长阶段，于是随着孪晶的形核和发展出现了载荷的突然上升和下降。

孪生时平行于孪生面的同层原子的位移均相同，位移量正比于该层至孪生面的距离。因此，孪晶长大时对周围基体产生较大的切应变，引起滑移或不均匀塑变以协调孪晶切变，否则就会在孪晶附近产生裂纹。

孪晶组织一般呈平直片状。Zn的形变孪晶停止在晶粒中部(图2.9)，前端尖锐呈透镜状，界面部分共格。孪晶形成时，晶体表面会产生浮凸和扭折带以消除应变。显然，孪生是一种不均匀的塑性变形。

孪生也是金属晶体在切应力作用下产生的一种塑性变形方式。fcc、bcc和hcp晶体都能以孪生方式产生塑性变形，但fcc晶体只在很低的温度下才能产生孪生变形，bcc晶体金属如α-Fe及其合金，在冲击载荷或低温下也常发生孪生变形，hcp晶体则因其在c轴方向没有滑移方向，滑移系较少，更易产生孪生。孪生本身提供的变形量很小，但可以调整滑移面的方向，使新的滑移系开动，从而影响塑性变形。

2. 多晶体的塑性变形

【多晶体塑性变形的特点】

1) 多晶体塑性变形的特点

实际使用的材料大多是多晶体。多晶体是由若干位向不同的小晶体构成的，每一个小晶体称为一个晶粒，两相邻晶粒的过渡区域称为晶界，其厚度约为几个原子间距。材料中的杂质和第二相往往优先分布于晶界，使晶界变脆。晶界内空位和位错等缺陷较多，晶界应力高，使晶内位错滑移过晶界的阻力增加，因此晶界对塑性变形起阻碍作用。位错滑移到晶界时受阻并塞积起来，使滑移不易从一个晶粒直接传到相邻晶粒，即滑移、孪生多终止于晶界，极少穿过。位错的塞积在晶界处造成较大的应力集中：一方面，当应力集中超过晶粒的屈服强度时，可开动相邻晶粒的位错源滑移，使相邻晶粒塑性变形，以此方式完成晶粒之间塑性变形的传播；另一方面，当应力集中超过原子间的结合强度时，易引发裂纹。另外，由于晶界处缺陷多，原子处于能量较高的不稳定状态，在腐蚀介质的作用下往往优先腐蚀形成裂纹。

【多晶体塑变：竹节现象】

【多晶体塑变特点】

低温下，多晶体中每一晶粒滑移变形的规律与单晶体相同，塑性变形的机理仍然是滑移和孪生，但由于各晶粒的位向不同和晶界的存在，其塑性变形更加复杂，多晶体塑性变形的特点如下。

【多晶体塑变、位向差的影响】

(1) 晶粒变形的不同时性和不均匀性。多晶体中由于各晶粒位向不同，在受外力作用时，作用在各个晶粒上同一滑移系的分切应力有较大的差异，某些处于软位向的晶粒或产生应力集中的晶粒先开始滑移变形，而那些位于硬位向的晶粒可能仍处于弹性变形阶段，只有继续增加外力或晶粒转动到有利的位向时才能开始滑移变形。因此，材料的组织越不均匀，塑性变形的不同时性和不均匀性就越显著。这种不均匀性不仅存在于各晶粒之间、基体与第二相之间，而且存在于同一晶粒内部，靠近晶界区域的滑移变形量明显小于晶粒的中心区域。

(2) 晶粒变形的相互协调性。多晶体作为一个连续整体，不允许各个晶粒在任一滑移系自由变形，否则将导致晶界开裂，这就要求各晶粒之间能协调变形。为此，每个晶粒必须能同时沿几个滑移系进行滑移，才能确保产生任何方向不受约束的塑性变形，而不引起晶界开裂，或在滑移的同时产生孪生变形，以保持材料的整体性。Von Mises指出：物体内任一点的应变状态可用3个正应变分量和3个切应变分量表示，即应有6个独立的滑移系起作用，由于塑性变形时可认为材料的体积不变，即$\Delta V=\varepsilon_{xx}+\varepsilon_{yy}+\varepsilon_{zz}=0$，至少应有

5个独立的滑移系。因此，多晶体内任一晶粒可任意变形的条件是同时开动5个滑移系。由于多晶体的塑性变形需要进行多系滑移，所以多晶体的应变硬化率比相同的单晶体高。hcp金属，由于滑移系少，变形不易协调，故其塑性差；金属间化合物的滑移系较少，变形更不易协调，性质更脆。

2）冷变形金属的组织与结构

实际晶体的塑性变形是一个复杂的过程，不仅晶体的外部形状变化，而且使材料的组织形貌和微观结构均发生了变化，形成了纤维组织和位错胞亚结构，引起性能的变化。

（1）纤维组织的形成。金属经冷变形后，从组织形貌上看，随着形变量的增大，退火态的等轴晶粒沿变形方向不断被拉长或压扁，形成纤维组织，一些硬质颗粒或夹杂因无法变形而沿伸长方向呈带状或链状分布(图2.10)。这种纤维组织使材料的性能呈现各向异性，沿纤维方向强度、硬度增加，垂直于纤维方向的强度和硬度降低。

【纤维组织】

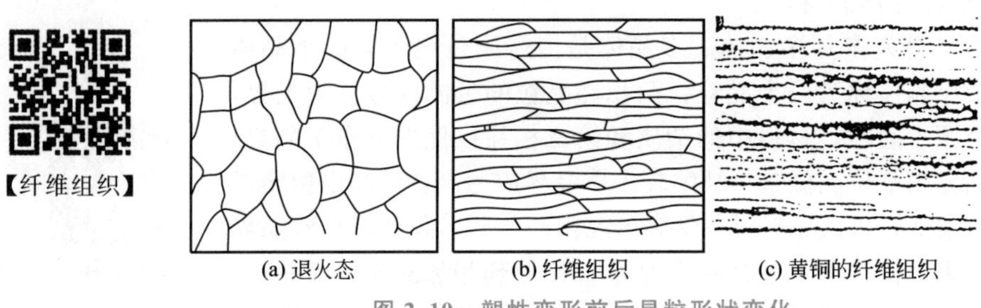

(a) 退火态　(b) 纤维组织　(c) 黄铜的纤维组织

图2.10　塑性变形前后晶粒形状变化

（2）位错胞亚结构的形成。从显微结构看，冷变形增加了结构缺陷(如空位和位错)，位错密度可从退火态的$10^6 \sim 10^8 m^{-2}$增加至$10^{11} \sim 10^{12} m^{-2}$，位错的组态和分布也发生变化。随着塑性变形程度的增加，位错不断增殖、位错间交互作用，大量位错堆积在局部地区，造成位错缠结，形成不均匀的分布，使晶粒分化成许多位向略有不同的小晶块，在晶粒内产生亚晶粒，形成位错胞亚结构(图2.11)。在位错胞内部，位错密度很低，大部分位错都缠结在位错胞壁。随着形变量的进一步增加，位错胞的数量增加，尺寸减小，使系统能量升高。层错能高的金属(如Al、Fe)等，易形成位错缠结，胞状组织明显；层错能低的金属，胞状组织不明显。

【α-Fe冷变形过程中位错缠结和位错胞及亚结构】

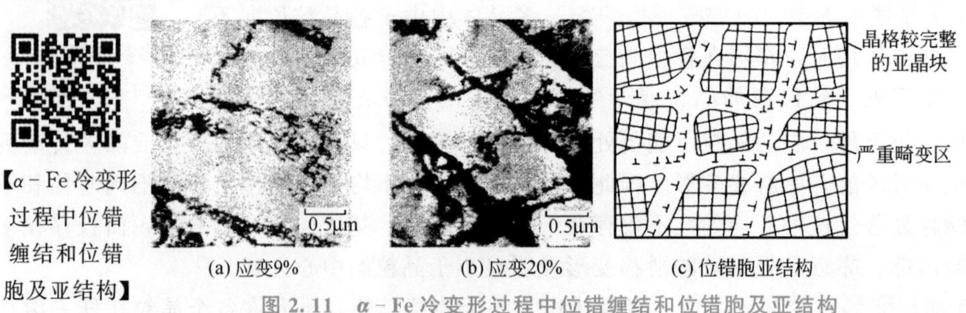

(a) 应变9%　(b) 应变20%　(c) 位错胞亚结构

图2.11　α-Fe冷变形过程中位错缠结和位错胞及亚结构

（3）形变织构的形成。多晶体在变形过程中，每个晶粒的变形受其周围晶粒的制约，随塑性变形量的增加，为保持晶体的连续性，各晶粒发生转动，使各晶粒的某一取向都转动到力轴方向，晶粒位向趋近于一致，形成特殊的择优取向，这种有序化的结构称为形变织构。

当晶体中的塑性变形量较大时(70%以上)形成形变织构(图2.12)。依材料的加工方式不同，形变织构有两种形态：一种是拉拔时各晶粒的一定晶向平行于拉拔方向，称为丝织构，用形变时与拉拔轴平行的晶向指数 [uvw] 来表示，如低碳钢经高度冷拔后，其<100>平行于拉拔方向；另一种是板材轧制时各晶粒的一定晶面均趋于平行轧制面，某一晶向均趋于平行轧制方向，称为板织构，用该晶面指数(hkl)和晶向指数 [uvw] 表示，低碳钢的板织构为 {001}<110>。表 2-4 所列为典型材料的丝织构和板织构。

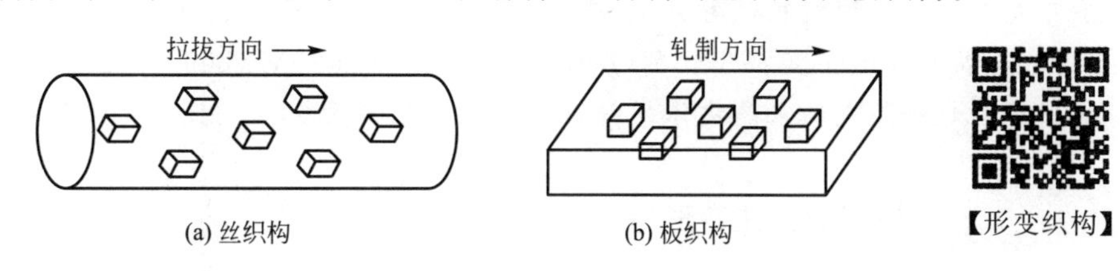

(a) 丝织构　　(b) 板织构　　【形变织构】

图 2.12　形变织构

表 2-4　典型材料的丝织构和板织构

晶体结构		丝织构	板织构
fcc	α-黄铜	[110] [111]	(110) [112]
	纯铜	[111] [110]	(146) $[21\bar{1}]$ (123) $[1\bar{2}1]$
bcc		[110]	(110) [011]
hcp		$[10\bar{1}0]$	(0001) $[10\bar{1}0]$

织构使多晶体表现出性能上的各向异性。形成板织构的冷轧板沿轧向和板厚方向的强度、硬度有较大的差异。用有织构的板材冲制筒形零件时，由于在不同方向上塑性差别很大，零件的边缘出现“制耳”。在某些情况下，织构的各向异性也有好处，可以利用织构使材料满足特殊的使用性能要求。例如，变压器用硅钢片，若获得 {110} <100>织构(称高丝织构)，则沿轧制方向的磁感应强度最大、铁损最小；若获得 {100}<100>织构(称立方织构)，则在平行和垂直轧制方向的两个方向上均能获得良好磁性。

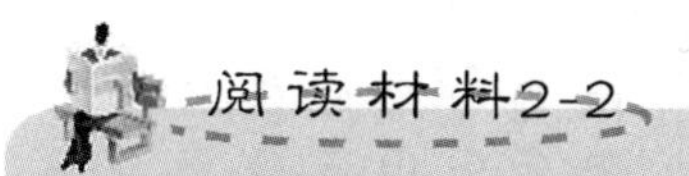

剧烈塑性变形法制备块体纳米材料

晶粒大小是影响传统多晶金属材料性能的重要因素。超细晶/纳米晶金属材料由于具有很小的晶粒尺寸和独特的缺陷结构，在室温下不仅具有高的强度、硬度和耐磨性，而且还具有良好的塑性和韧性，在一定的温度范围内还有超塑性。制备大尺寸、无污染、无微孔隙且晶粒尺寸细小均匀的纳米块体材料一直是人们研究的热点之一，制备块体纳米材料的方法有机械化合金加压成块法、电沉积法、非晶晶化法和剧烈塑性变形(Severe Plastic Deformation，SPD)法等。其中 SPD 法是最有希望实现工业化生产的有效途径之一。

SPD 法使材料在较低的温度下和强大的静水压力下产生剧烈塑性变形，能够在不改变材料横截面尺寸和形状的前提下获得超细晶组织和纳米结构，平均晶粒尺寸一般可达 100nm 左右。1999 年，乌克兰科学家 Yan Beygelzimer 教授及其研究团队提出挤扭(Twist Extrusion，TE)工艺，并于 2004 年应用于细化晶粒。该工艺可用来制备在一维方向上具有很大尺寸和特殊轮廓外形的零件(非圆形截面，带有内孔的近圆柱体)。SPD

法存在一定的局限性：需要多次塑性变形的累积来产生剧烈塑性应变，难以使高强度金属和合金发生变形，批量生产的成本非常昂贵。

美国普渡大学 Chandrasekar 教授发现大应变切削加工(Large Strain Machining，LSM)法可成为纳米结构材料制备方法中工艺最简单、产量最大、适用范围最广的加工工艺。Moscoso 提出了大应变挤压切削(Large Strain Extrusion Machining，LSEM)法通过切削和挤压产生超细晶或纳米晶块体材料，可制备片状、盘状、线状和棒状金属块体。

2.1.2 陶瓷的塑性变形特点

【参考动画】

1. 结合键对位错运动的影响

陶瓷的组成主要是晶体材料，原则上讲可以通过位错的滑移实现塑性变形。但是由于陶瓷晶体多为离子键或共价键，具有明显的方向性，同号离子相遇，斥力极大，只有个别滑移系能满足位错运动的几何条件和静电作用条件。

图 2.13 所示是结合键对位错运动的影响。金属晶体中大量的自由电子与金属离子的结合，使位错运动时不会破坏金属键［图 2.13(a)］。对于共价键，原子间是通过共用电子对键合的，有很强的方向性和饱和性［图 2.13(b)］。当位错以水平方向运动时，必须破坏这种特殊的原子键合，而共价键的结合力是很强的，位错运动有很高的点阵阻力，即派-纳力。所以结合键的本性决定了金属固有特性是软的，而共价晶体的固有特性是硬的。离子晶体中当位错运动一个原子间距时，同号离子的巨大斥力，使位错难以运动，但位错如沿 45°方向而不是水平方向，运动就较容易些［图 2.13(c)］，所以离子晶体的屈服强度和硬度较共价晶体稍低些，但还是较金属高得多。通常，陶瓷晶体的屈服强度为 $E/30$，金属的则为 $E/10^3$，也就是陶瓷的屈服强度高达 5GPa。由于陶瓷的脆性，使其屈服强度只能用硬度来换算，一般 $HV=3\sigma_{ys}$。

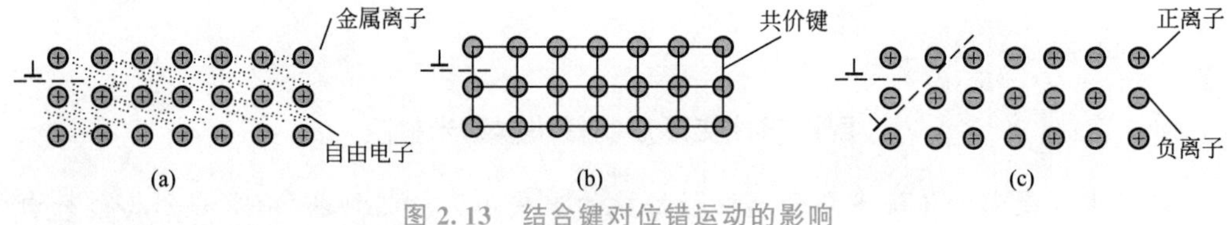

图 2.13 结合键对位错运动的影响

2. 单晶陶瓷的塑性变形特点

单晶陶瓷中，只有少数晶体结构简单(如 MgO、KCl、KBr 等，均为 NaCl 型结构)的陶瓷在室温下具有一定塑性，而大多数陶瓷只有在高温下才表现明显的塑性变形。

NaCl 结构的离子晶体中，低温时滑移最容易在 {110} 面和 $\langle 1\bar{1}0 \rangle$ 方向发生。如图 2.14所示，滑移方向 $\langle 1\bar{1}0 \rangle$ 是晶体结构中最短平移矢量方向，沿此方向的平移不需要最近邻的同号离子并列，不会形成大的静电斥力。而沿 {100} $\langle 1\bar{1}0 \rangle$ 滑移时，在滑移距离的一半时同号离子处于最近邻位置，静电能较大。

当温度提高到 1300℃以上，由于静电力得到松弛，面间距最宽的 {001} 面和 $\langle 1\bar{1}0 \rangle$ 方向构成的次滑移系才能运动，在高温下可以观察到这些强离子晶体中的 {100} $\langle 1\bar{1}0 \rangle$ 滑移。

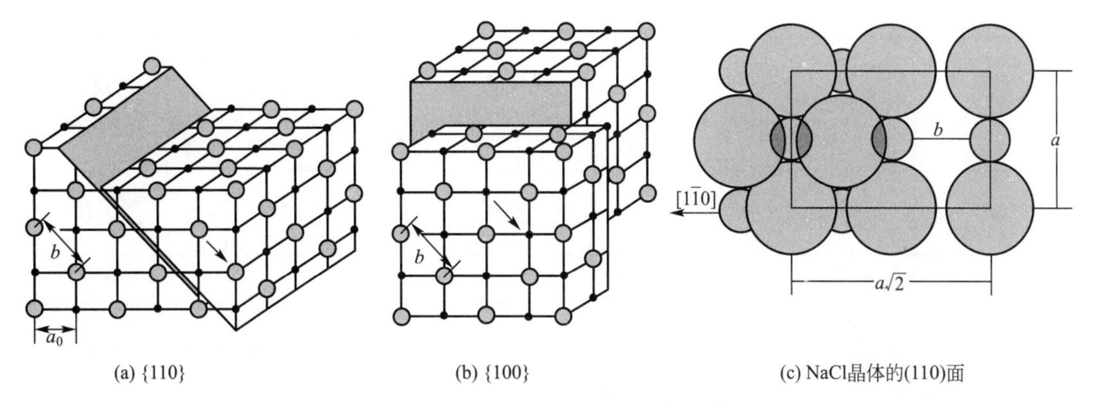

(a) {110}　　(b) {100}　　(c) NaCl晶体的(110)面

图 2.14　NaCl 型结构沿＜110＞方向的滑移

值得注意的是，共价晶体的价键方向性、离子晶体的静电互作用力，都对陶瓷晶体滑移系的可动性起决定性的影响。此外，离子半径比、极化率、载荷加载速度和温度等也是不容忽视的因素。

【NaCl型结构沿＜110＞方向的滑移】

3. 多晶陶瓷的塑性变形特点

工程陶瓷构件大多为多晶体，陶瓷的塑性来源于晶内滑移或孪生、晶界的滑动或流变。

在室温或较低温度下，由于陶瓷结合键的特性，使陶瓷不易发生塑性变形，通常呈现典型的脆性断裂。共价晶体 SiC、Si_2N_4、金刚石和离子晶体 Al_2O_3、MgO、CaO 等都是难以变形的。原因：①在多晶体陶瓷中，晶粒取向混乱，即使个别滑移系处于有利取向，由于受周围晶粒和晶界的制约，滑移也难以进行；②在外力作用下，位错塞积在晶界产生应力集中诱发裂纹生成，而晶体陶瓷的临界裂纹尺寸往往很小，从而导致快速断裂；③陶瓷材料一般呈多晶状态，而且还存在气孔、微裂纹、玻璃相等，位错更加不易向周围晶体传播，更易在晶界处塞积而产生应力集中，形成裂纹引起断裂，很难发生塑性变形。

在较高的工作温度［大于 $0.5T_m$(K)，T_m 熔点］下，晶内和晶界可出现塑性变形现象。表 2-5 列出一些陶瓷晶体的滑移系及其工作温度。可见，除了 MgO 在常温就可能滑移之外，绝大多数的晶体都在 1000℃以上才会出现主滑移系运动引起的塑性形变。因此，多晶陶瓷的塑性变形与高温蠕变、超塑性有十分密切的关系，深入开展多晶陶瓷塑性变形研究具有重要的实用价值和理论意义。

表 2-5　某些陶瓷晶体的主、次滑移系

材料	晶体结构	滑移系		独立滑移系数		出现可观滑移温度/℃	
		主	次	主	次		
Al_2O_3	六方	$\{0001\}\langle 11\bar{2}0\rangle$	$\{11\bar{2}0\}\langle 1\bar{1}00\rangle$ $\{1\bar{1}02\}\langle \bar{1}101\rangle$	2	2	1200	$0.8T_m$
BeO	六方	$\{0001\}\langle 11\bar{2}0\rangle$	$\{10\bar{1}0\}\langle 11\bar{2}0\rangle$ $\{10\bar{1}0\}\langle 0001\rangle$	2	2	1000	$0.5T_m$

续表

材料	晶体结构	滑移系		独立滑移系数		出现可观滑移温度/℃	
		主	次	主	次		
MgO	立方(NaCl)	$\{110\}\langle 1\bar{1}0\rangle$	$\{001\}\langle 1\bar{1}0\rangle$	2	3	低温常温	$0.5T_m$
MgO、Al_2O_3	立方(尖晶石)	$\{111\}\langle 1\bar{1}0\rangle$	—	5	—	1650	—
β-SiC	立方(ZnS)	$\{111\}\langle 1\bar{1}0\rangle$	—	5	—	>2000	—
β-Si_3N_4	六方	$\{10\bar{1}0\}\langle 0001\rangle$	—	2	—	>1800	—
TiC	立方(NaCl)	$\{111\}\langle 1\bar{1}0\rangle$	—	5	—	900	—
UO_2	立方(CaF_2)	$\{001\}\langle 1\bar{1}0\rangle$	$\{110\}\langle 1\bar{1}0\rangle$	3	2	700	1200
ZrB_2	六方	$\{0001\}\langle 11\bar{2}0\rangle$	—	2	—	2100	—

多晶陶瓷在高温塑性变形过程中，晶粒尺寸与形状基本不变，晶粒内部位错运动基本上没有启动，塑性变形的主要贡献来源于晶界的滑动或流变。晶粒越细，晶界所占比例越大，晶界的作用越大。为了提高陶瓷的烧结密度，常在陶瓷烧结中添加熔点较低的烧结助剂，这些低熔点烧结助剂一般集中于晶界。

因此，在室温下，若通过晶粒细化提高陶瓷的强度和韧性，应加入熔点较高的添加剂。但在高温下，由于晶界比例增大，晶界流动抗力反而降低，可以通过一定的工艺手段改变晶界的结构，从而改善多晶陶瓷的晶界行为。例如，在 Si_3N_4 陶瓷中加入氧化物烧结助剂(MgO、Al_2O_3 等)，在 Si_3N_4 晶界形成低熔点玻璃相，在高温下造成 Si_3N_4 陶瓷的塑性变形，使 Si_3N_4 陶瓷的高温强度降低。如果采用热处理使 Si_3N_4 陶瓷晶界玻璃相转变为晶相，能够明显提高 Si_3N_4 陶瓷的高温强度或提高陶瓷的高温塑性变形抗力。

4. 非晶体陶瓷的塑性变形

非晶态陶瓷材料(如玻璃等)，由于不存在晶体中的滑移和孪生的变形机制，其**塑性变形是通过分子位置的热激活交换来进行的，属于黏性流动变形机制**，变形需要在一定的温度下进行。所以普通的无机玻璃在室温下没有塑性，表现为各向同性的黏滞性流动。

玻璃在玻璃化温度 T_g 以下只发生弹性变形，在 T_g 以上，材料的变形类似液体发生黏滞性流动。在玻璃生产中利用表面产生残留压应力使玻璃韧化。将玻璃加热到退火温度(接近 T_g)后快速冷却，玻璃表面收缩变硬而内部仍很热，流动性很好，玻璃将变形，使表面的拉应力松弛，当玻璃心部冷却和收缩时，表层已刚硬，表面产生了残留压应力，表面微裂纹在附加压应力下不易萌生和扩展。经过这种处理的玻璃称为**钢化玻璃**。

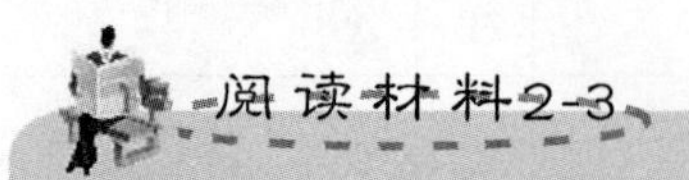

超塑性变形隐性连接陶瓷

美国阿贡国家实验室发明一种超塑性变形工艺可以连接陶瓷和金属间化合物，先对连接的两部件在较高熔点材料一半熔点的温度下施以一小的压力，晶粒滑移并引起晶粒旋转，随着晶粒旋转，晶粒间相互扩散形成完美结合。采用这种方法形成隐性接缝，强度相当于整块材料，并且等于或大于单独的每一种连接材料。

采用这一工艺，诸如陶瓷之类的多相材料无需昂贵的、难以寻找的设备就能实现无缝连接，接合处的强度如连接材料一样强固，而且在连接层之间不需连接化合物。

2.1.3 高分子材料的塑性变形

高分子材料的屈服机理比较复杂，因其状态不同而异。晶态高分子材料的屈服是薄晶转变为沿应力方向排列的微纤维束的过程；非晶态高分子材料的屈服是正应力作用下形成银纹和剪应力作用下局部区域无取向分子链形成规则排列的纤维组织的过程。

1. 线性非晶态高分子材料的塑性变形

非晶态(玻璃态)高分子材料的塑性变形机理主要是滑移剪切带和形成银纹(craze)。

1）剪切带

韧性聚合物单向拉伸至屈服点时，常可看到试样上出现与拉伸方向约成45°角的剪切滑移变形带(简称剪切带)，如图2.15所示。

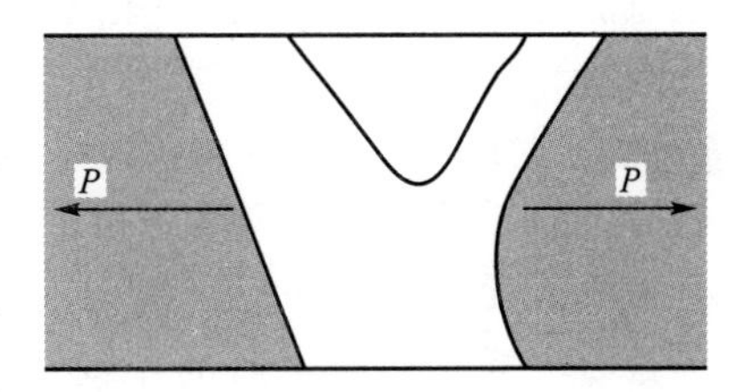

图2.15 PC试样“细颈”开始时剪切带的形成

一般来说，韧性高分子材料在拉伸时，与拉伸方向约成45°角的斜截面上的最大切应力首先达到材料的抗剪强度，出现剪切带，相当于材料屈服。进一步拉伸时，剪切带中由于分子链高度取向使强度提高，暂时不再发生，而变形带的边缘则进一步发生剪切变形。同时，倾角为135°的斜截面上也发生剪切滑移变形。因而，试样逐渐生成对称的细颈。对于脆性材料，在最大切应力达到抗剪强度之前，正应力已超过材料的抗拉强度，试样不会发生屈服，而在垂直于拉伸方向上断裂。

剪切屈服是一种没有明显体积变化的形状扭变，不仅在外加剪切力的作用下能够发生，而且拉应力、压应力都能引起剪切屈服。

在剪切带中存在较大的剪切应变，其值在1.0～2.2之间，有明显的双折射现象，表明其中分子链是高度取向的，取向方向接近于外力和剪切力合力的方向。剪切带的厚度为1μm左右，每一个剪切带由若干个细小的(0.1μm)不规则微纤构成。

2）银纹

聚合物在拉应力的作用下，在材料的薄弱处或缺陷部位出现应力集中而产生局部的塑性变形和取向，形成亚微观裂纹或空洞，这些有取向的纤维和空洞交织分布的区域，其体密度比无银纹材料小50%，对光线的反射能力很高，看起来呈银色，称为银纹(图2.16)。

银纹在材料表面或内部垂直于应力方向上出现长度为100μm、宽度为10μm左右、厚度约为1μm的微细凹槽，在体内银纹也有一定的空穴。这是由于聚合物的塑性伸长引起的体积增加尚不足于补偿因横向收缩导致的体积减小，致使在银纹内产生大量的空穴，因此其密度及折光指数下降。银纹的折光指数低于聚合物本体，在银纹和聚合物之间的界面有全反射现象。

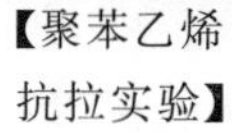

【聚苯乙烯抗拉实验】

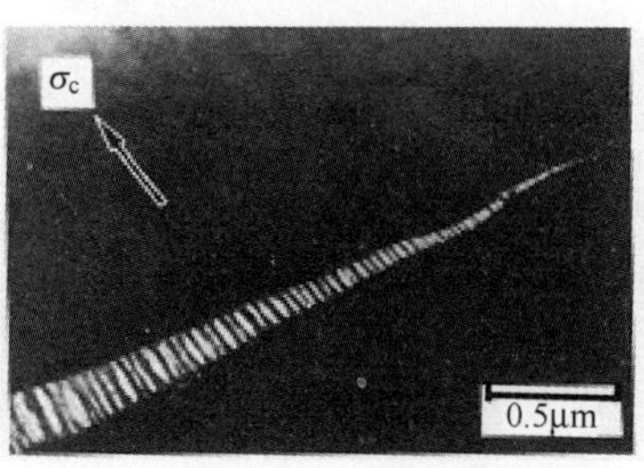

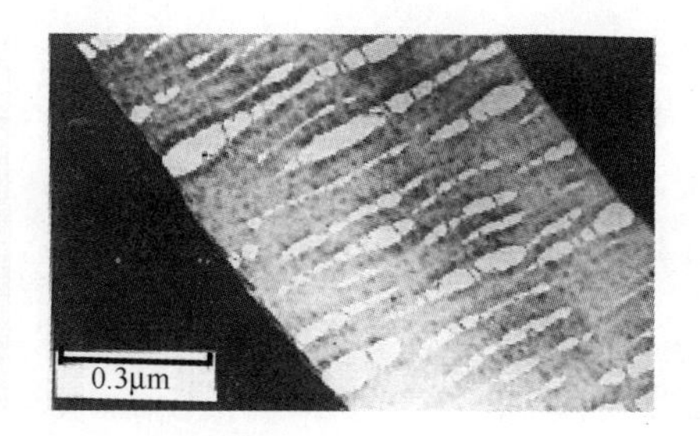

图 2.16 聚苯乙烯板中的银纹

箭头指示的是主应力方向

银纹是高分子材料所特有的一种力学现象。通常出现在非晶态聚合物中，如 PS、PMMA、PC 等透明材料中，银纹现象尤其明显。但某些结晶聚合物中(如 PP)也有发现。

银纹是高分子材料在变形过程中产生的一种缺陷，在继续变形过程中，银纹沿与拉应力垂直的方向生长，其厚度变化不大。**银纹的出现标志着材料已受损伤**，对材料强度有不良的影响。

随着塑性变形量的增大，银纹不断增多，高密度的银纹可产生超过 100%的应变。由于银纹中的纤维取向排列，强度增高，因而随着变形量的增大，材料将不断产生应变硬化。银纹的尖端可以造成应力集中，将对进一步的变形和断裂产生直接影响。

银纹与裂纹有着本质的不同：裂纹中不含有任何高分子材料，而银纹中却仍然有30%～50%体积分数的高分子材料；银纹依然具有强度，也有黏弹现象。

在纯应力作用下引发的银纹为应力银纹；应力和溶剂联合作用引发的银纹为应力-溶剂银纹。溶剂的存在将大大降低产生银纹所需的拉应力，导致在低应力条件下银纹的形成和生长；溶剂还加速银纹生长成裂纹，导致材料的断裂和破坏，工业上可依此检查制品的内应力。只要在一定温度范围内，在规定的溶剂中浸泡一定时间，制品上不出现银纹即为合格。

银纹有可逆性。在压力下或玻璃化温度以上退火时，银纹就回缩以至消失。如产生应力银纹的聚苯乙烯、聚甲基丙烯酸甲酯、聚碳酸酯在加热到各自软化点以上时，可回复到未开裂时的光学均一状态。聚碳酸酯在 160℃加热几分钟，银纹就消失了。

材料中银纹的出现不仅影响外观质量，而且银纹的生成是玻璃态高聚物脆性断裂的先兆，银纹中物质的破裂往往造成裂纹的引发和生成，以至于最后发生断裂现象，降低材料的强度和使用寿命，因此一般是不希望出现银纹的。但是，在橡胶增韧的聚合物中，如抗冲聚苯乙烯塑料，却正是利用橡胶颗粒周围的聚苯乙烯在外力作用下产生大量银纹，吸收能量，从而达到提高冲击韧性的目的。

2. 结晶态高聚物的塑性变形

晶态聚合物一般包含晶区和非晶区两部分，其成颈(冷拉)也包括晶区和非晶区两部分形变。近年来，人们把晶态聚合物的拉伸成颈归结为球晶中片晶转变为沿应力方向排列的微纤维束的过程。

无取向的晶态聚合物在塑性变形过程中，首先是晶球的破坏，使与应力垂直的薄晶与无定型相分离，分子链倾斜，片晶沿着分子轴方向滑移和转动；随变形的继续进行，薄晶沿应力方向排列。晶体破碎成小晶块时，一些分子链从结晶体中拉出，分子链仍然保持折叠结构。随着变形进一步发展，小晶体沿拉伸方向整齐排列，形成长的纤维(图 2.17)，当薄晶转变为微纤维束的晶块时，分子链沿拉应力方向伸展开。由于许多串联排列的晶体块是从同一薄晶中撕出来的，所以晶体块之间有许多伸开的分子链将它们彼此连接在一起(图 2.18)。微纤维的定向排列及伸展开的分子链的定向排列，使高分子材料强度大幅度提高。由于微纤维间的联结，分子链进一步伸展，微纤维结构的继续变形非常困难，从而造成形变硬化。

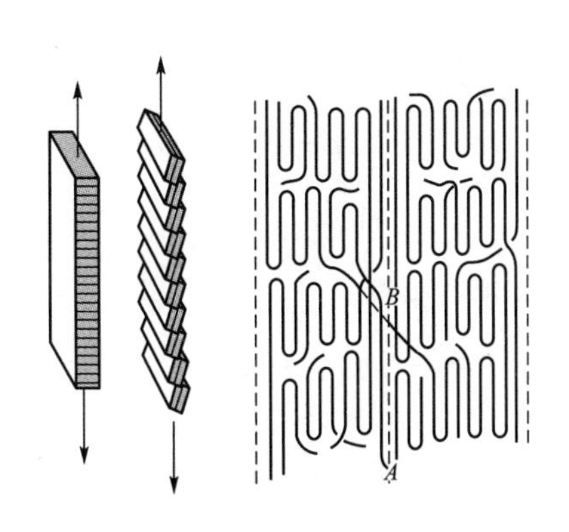

图 2.17 平行薄片晶的滑移及塑性变形

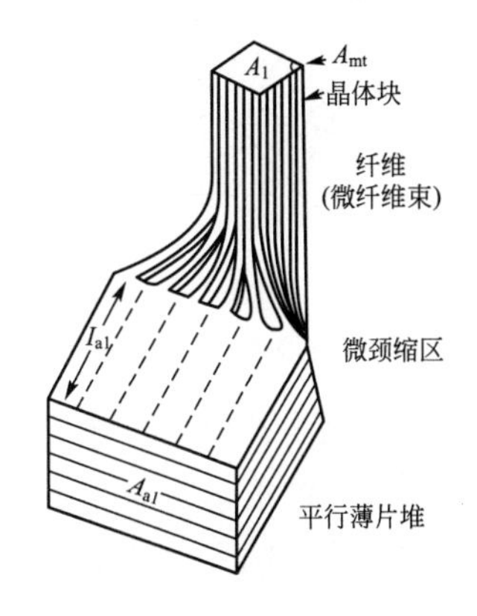

图 2.18 微纤维束的晶块中分子链的排列

2.2 冷变形金属的回复与再结晶

2.2.1 塑性变形对材料性能的影响

材料塑性变形后形成了纤维组织和位错胞亚结构；冷变形引起点阵畸变，形成大量空位或位错等结构缺陷，产生残余应力，晶体内储存能量较高；冷变形使材料的强度和硬度提高，引起应变硬化(加工硬化)现象；此外，冷变形还导致材料物理性能和化学性能的变化，如密度降低、电阻和矫顽力增加、化学活性增大、抗腐蚀性能降低等。

1. 加工硬化

金属发生塑性变形，随变形度的增大，金属的强度和硬度显著提高，塑性和韧性明显下降的现象称为加工硬化，又称应变硬化、冷作强化或形变强化，如图 2.19 所示。

产生加工硬化的原因：一方面金属发生塑性变形时，位错密度增加，位错间的交互作用增强，相互缠结，造成位错运动阻力的增大，引起塑性变形抗力提高；另一方面由于晶粒破碎细化，使强度得以提高。在生产中可通过冷轧、冷拔提高钢板或钢丝的强度。

图 2.19 铜丝冷变形时力学性能的变化

1) 单晶体的加工硬化

图 2.20(a)所示为 3 种典型金属(面心立方、体心立方和密排六方)单晶体的应力-应变

曲线，加工硬化过程分为3个阶段［图2.20(b)］。

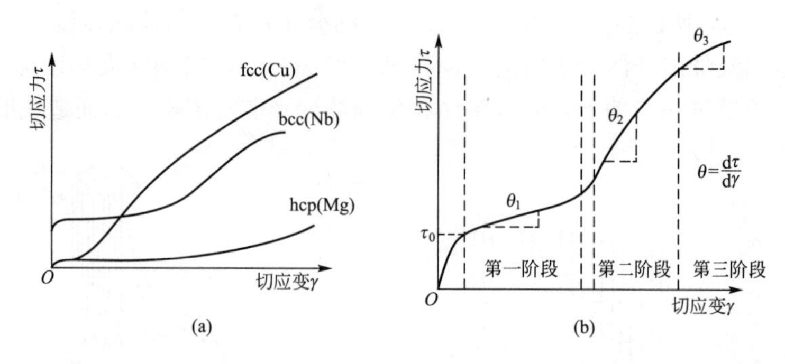

图2.20　单晶体的加工硬化曲线

第一阶段：易滑移阶段。用每一段直线的斜率$\theta = d\tau/d\gamma$来表示该阶段的加工硬化速率，第一阶段的θ值很小，约为$10^{-4}G$(G为切变模量)。在此阶段，当外力在滑移面上的分切应力达到晶体的临界分切应力时，晶体中只有一组主滑移系开动，位错在滑移面上的运动阻力很小，主滑移面上的位错密度增加较快，加工硬化主要来自主滑移面上增殖的位错所引起的内应力。

第二阶段：线性硬化阶段。加工硬化速率θ值远大于第一阶段，并接近于一常数。如所有的面心立方金属θ值固定在$G/300$左右。该阶段为快速硬化或加工硬化的主要阶段。位错不断增殖，产生大量位错缠结和位错胞状组织，至少有两套以上的滑移系开动(多系滑移)，形成位错锁，阻碍位错的继续运动，产生大的硬化效应。

第三阶段：抛物线硬化阶段。θ值逐渐减小，此阶段的变化与螺型位错的交滑移有关。当应力足够大时，螺型位错通过交滑移绕过障碍，塞积位错得以松弛，应变速率低。另外，异号螺型位错还可通过交滑移相遇而消失，消除一部分硬化。

实际晶体的加工硬化第二阶段并非是完全线性的，第三阶段也不是真正的抛物线。通常，密排六方金属的第一阶段特别长，直至断裂前第二阶段都未完全进行，加工硬化率低。面心立方金属的第二阶段非常长，加工硬化效果显著。大多数体心立方金属则具有较典型的三阶段硬化现象。另外，加工硬化的三阶段还受金属纯度、单晶取向、形变温度和试样尺寸等因素的影响。

2）多晶体的加工硬化

多晶体的塑性变形较单晶体要复杂得多，多晶体硬化曲线很陡，加工硬化速率明显高于单晶体，没有硬化第一阶段(图2.21)。多晶体塑性变形时，由于晶界对滑移的阻碍作用和各晶粒取向差的不同，不可能出现整个晶体中只有一个滑移开动的情况，位错的滑移阻力大，没有易滑移阶段。此外，塑性变形中各晶粒内部运动位错的强烈相互作用，使得加工硬化速率明显高于单晶。

成分与组织对多晶体的应变硬化有较大影响(图2.22)。细晶粒的加工硬化速率一般大于粗晶粒；溶质原子的加入，在大多数情况下增大加工硬化速率，因此，合金比纯金属的加工硬化速率要高［图2.22(b)］。

3）加工硬化的应用

(1)强化金属。对纯金属及不能用热处理方法强化的金属来说尤其重要。例如可以用冷轧、冷拔、冷拉、滚压和喷丸等工艺，提高金属材料和构件的强度。

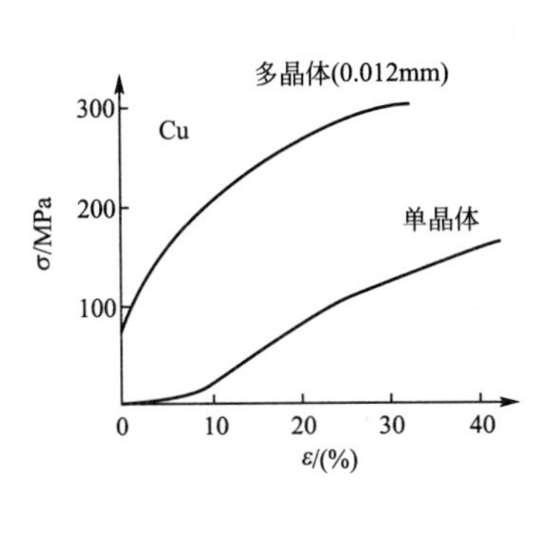

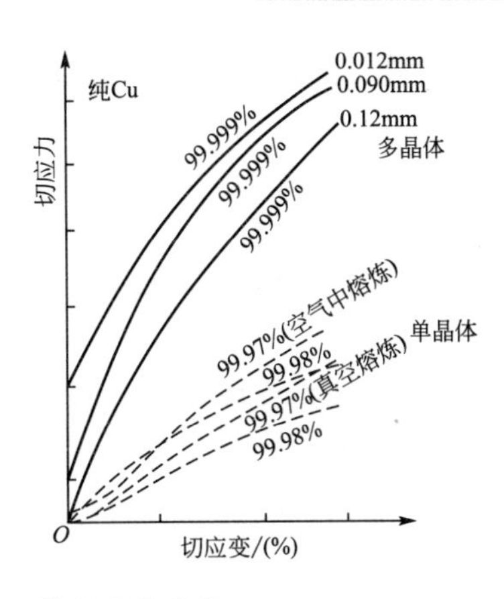

图 2.21 单晶与多晶体的硬化曲线

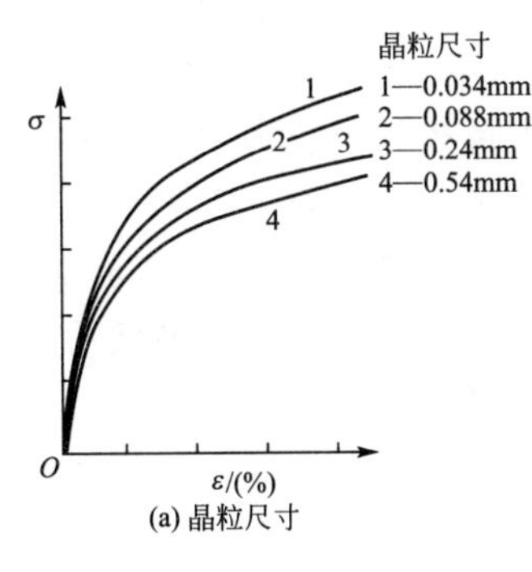

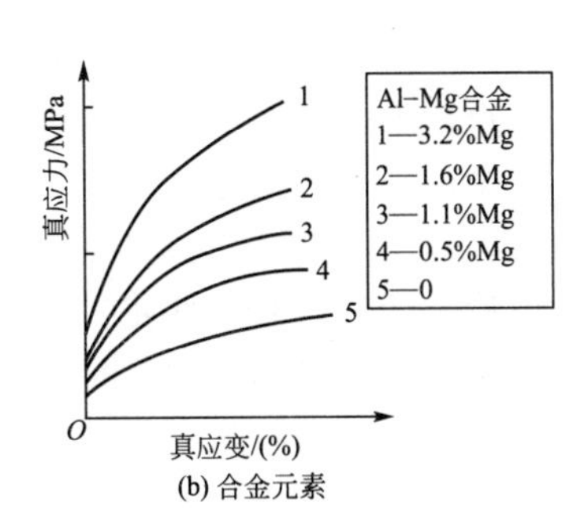

图 2.22 影响多晶体硬化曲线的因素

(2) 保证变形均匀。多晶体塑性时具有不同时性和不均匀性，处于软位向的晶粒先滑移，产生加工硬化，位错滑移受阻，晶粒位向转动，其他晶粒由硬位向转为软位向而产生滑移，使材料整体变形均匀。

(3) 防止突然过载断裂。零件受力后，某些部位局部应力常超过材料的屈服极限，引起塑性变形，由于加工硬化限制了塑性变形的继续发展，可提高零件和构件的安全度。

4) 加工硬化的不利影响

加工硬化提高了变形抗力，给金属的继续加工带来困难。如冷拉钢丝，由于加工硬化使进一步拉拔耗能大，甚至被拉断，因此必须经中间退火，消除加工硬化后再拉拔。又如在切削加工中会使工件表层脆而硬，在切削时需增加切削力，加速刀具磨损等。

2. 残余内应力

塑性变形不仅使晶体的外部形状、内部组织和性能发生了变化，而且由于变形的不均匀性，外力所做的功中有一小部分仍保留在内部，表现为残余内应力(约占变形功的10%)，即外力去除后，内部残留下来的应力。这是一种在晶体内各部分之间的相互作用力，一般可分成两大类：宏观残余内应力和微观残余内应力。

1) 宏观残余内应力

在工件不同区域(表面和心部)间相互作用的宏观体积间的作用力称为宏观残余内应力(第一类内应力)。多晶体塑性变形时，通常在工作边缘与工具接触处的摩擦力最大，使有效变形力减小，而靠近工件心部摩擦力逐渐减小，变形力增加。这样，为保持同步变形，边缘对心部会产生附加压应力，心部对边缘产生附加拉应力，外力去除后仍保留下来，形成宏观残余内应力。如对金属棒施以弯曲载荷，则金属棒的上部受拉而伸长，下部受压而缩短，发生塑性变形，则外力去除后被拉伸的一边就存在压应力，被压缩的一边就存在张应力。这类残余应力所对应的畸变能不大，仅占总能量的0.1%左右。宏观残余内应力使工件尺寸不稳定，严重时甚至使工件变形断裂。

2）微观残余内应力

不同晶粒间(软取向和硬取向)变形不均匀产生的内应力(第二类内应力)及晶格畸变造成的残余内应力(第三类内应力)称为微观残余内应力。

多晶体塑性变形时，软取向晶粒首先开动，为协调变形，硬取向晶粒对软取向晶粒产生附加压应力，软取向晶粒对硬取向晶粒产生附加拉应力，这种由于晶粒或亚晶粒之间变形不均匀而引起的内应力为第二类内应力。第二类内应力使金属更易腐蚀，以黄铜最为典型，加工以后由于内应力存在，在春季或潮湿环境易发生应力腐蚀开裂。

由于塑性变形时产生大量空位、间隙原子和位错，晶体周围产生了点阵畸变和应力场，此时造成的残余内应力称为第三类内应力，占总残余内应力的80%～90%。第三类内应力在几百或几千个原子范围内保持平衡，作用范围为几十至几百纳米，其中占主要的是位错形成的内应力。第三类内应力是产生加工硬化的主要原因，提高了变形晶体的能量，使之处于热力学不稳定状态，有一种使变形金属重新恢复到自由焓最低的稳定结构状态的自发趋势，并导致塑性变形金属在加热时的回复及再结晶过程。

一般来说，残余拉应力对材料的性能有害，可加速裂纹的萌生和扩展，导致零件变形或断裂；内应力若叠加在工作应力上，会使材料表面疲劳强度降低，使材料在低于许用应力的条件下产生断裂，造成严重的危害。残余拉应力还降低金属的耐腐蚀性能。而残余压应力可阻止裂纹的萌生和扩展，生产上利用残余压应力来改善材料的性能。如汽车的弹簧钢板、齿轮等零件，经过表面喷丸、滚压处理，可在表面产生较大的残余压应力，抵消工作载荷下的部分拉应力，阻止疲劳裂纹的萌生和扩展，从而大大提高疲劳强度。

3. 储存能

由于冷变形引起点阵畸变，形成大量空位或位错结构缺陷，晶体内部残存着相应的残余弹性应变能和结构缺陷能，称为储存能。储存能占冷变形能量的百分之几到百分之几十。空位产生的能量仅占储存能的一小部分，而位错产生的能量却占储存能的80%左右。

材料的成分、组织与加工条件影响储存能的大小。材料的熔点越高，变形越难，储存能越高；锆、铁、银、镍、铜、铝、铅的储存能依顺序降低。固溶体中的溶质阻碍变形，增加储存能；细晶粒晶界多，塑性变形时消耗能量多，储存能高于粗晶粒；合金中弥散第二相对储存能的影响由第二相的性质而定：可变形第二相，只提高合金的流变和屈服强度，不改变加工硬化速率，对储存能的影响不大；不可变形第二相，阻碍基体变形，使位错密度大大增加，储存能增大。储存能随形变量的增大而增大，但增速逐渐变缓，最后趋于饱和。加工温度越低，形变速度越大，材料的加工硬化速率越大，储存能越高。加工方式的应力状态越复杂，加工时的摩擦力越大，应力、应变分布越不均匀，消耗的总能量越高，储存能越大。

残余应力和储存能都使晶体处于不稳定的高能状态。如何降低残余拉应力、降低储存能、减少点阵缺陷，就需要通过退火激活高能量的金属。在退火温度下激活了高能量的冷变形金属，使点阵缺陷减少或重新排列成低能状态，冷变形组织产生回复和再结晶过程。

2.2.2 冷变形金属的回复与再结晶

金属经塑性变形后，组织结构和性能发生很大的变化。对冷变形金属加热，随温度升高，原子的扩散能力增强，在释放内部储存能的驱动力作用下，将发生一系列组织结构和性能的变化，可分为回复、再结晶及晶粒长大 3 个阶段(图 2.23)。

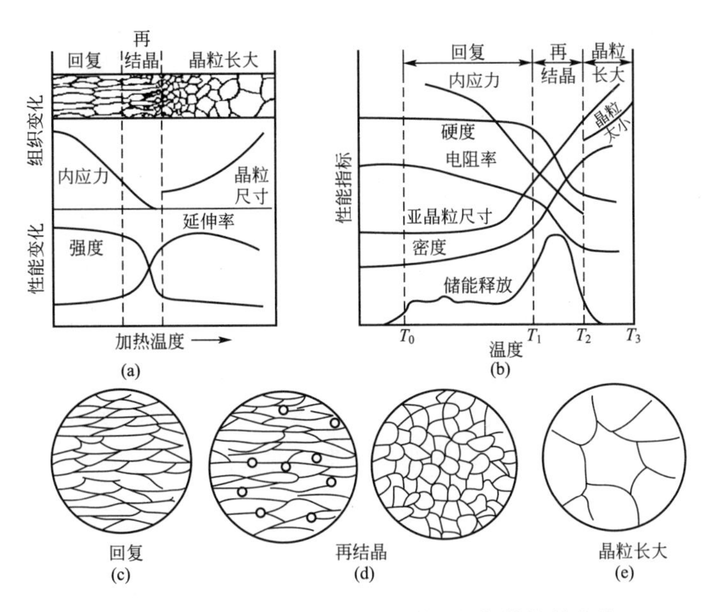

【冷加工金属的回复与再结晶】

图 2.23 冷变形金属加热时显微组织与性能的变化

1. 回复

回复是指冷变形金属在较低温度加热时，纤维组织不变化，消除残余内应力，保留加工硬化的过程。图 2.23(b)中 $T_0 \sim T_1$ 温度范围内阶段称回复阶段。

1）回复过程中组织及性能的变化

回复过程中纤维组织不发生改变，可完全消除宏观残余内应力，微观残余内应力仍部分残存，强度和硬度只略有降低，塑性有增高，储存能释放较为平缓，位错密度变化不大，点缺陷浓度明显降低，密度增加，电阻率降低。

2）回复机制

随着温度由低到高，冷变形金属发生的回复主要与点缺陷和位错的运动及组态和分布的改变有关。

回复温度 T 在 (0.1～0.3) T_m(T_m 为熔点，单位为 K)时为低温回复阶段，回复过程主要是空位的变化。冷变形金属中形成大量过饱和空位，回复退火时，晶体中的空位浓度力求趋于平衡以降低能量。空位的运动方式主要有两种：空位迁移至晶界、表面和位错处而消失；空位与间隙原子相遇而对消。

回复温度 T 在 (0.3～0.5) T_m 时为中温回复阶段。在较高温度下，冷变形时受阻的位错被激活，可以滑移但不能攀移。异号位错相消，缠结的位错重新排列构成亚晶。位错胞内的位错滑向胞壁，与壁内异号位错对消，使胞壁位错密度减小、变窄而转为亚晶界，位错胞变为亚晶粒。

回复温度 T 在 $0.5T_m$ 以上时为高温回复阶段，位错通过攀移造成组态变化。塑变后沿滑移面水平排列的同号刃型位错通过滑移和攀移沿垂直滑移面排列，形成位错墙。每组位错墙以小角度晶界分割晶粒成为亚晶，这一过程称为位错的多边形化。为降低界面能，小角度亚晶合并为大位向差亚晶，亚晶转动、合并长大成为再结晶核心。

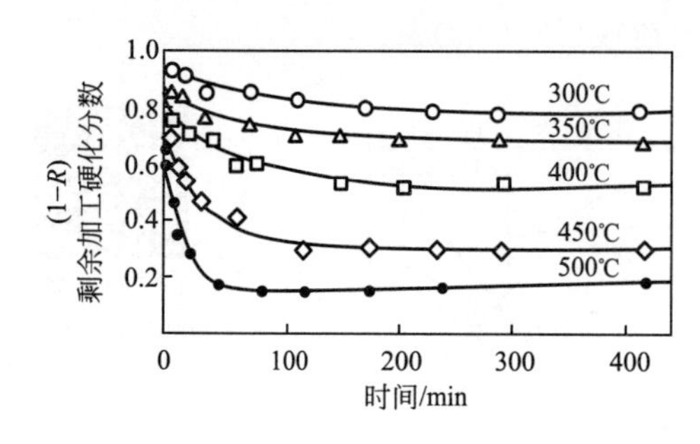

图 2.24　冷变形纯铁不同退火温度下的回复

3）回复动力学

回复动力学主要研究冷变形后材料的性能向变形前回复的速率问题。若定义 R 为回复时已回复的加工硬化，则 $1-R$ 为残留加工硬化。由图 2.24 可见，回复过程中性能的衰减按指数关系进行。在任一温度下开始阶段的回复速率都是最快的，以后随回复量增加而逐渐减慢，呈现出较强的弛豫过程特征。回复时间 t 与回复温度 T 的关系可表示为

$$\ln t=\frac{Q}{kT}+常数 \qquad (2-3)$$

【再结晶】

式中，Q 为回复激活能。作 $\ln t-1/T$ 图，由直线的斜率可求出回复激活能 Q，根据回复不同时期 Q 值的大小可以推测回复机理。

2. 再结晶

冷变形后的金属加热到较高温度后，原子扩散能力增大，被拉长、压扁和破碎的晶粒通过重新生核、长大变成新的均匀细小的等轴晶，性能指标基本恢复到变形前的水平，称为再结晶（图 2.23）。

再结晶组织变化：再结晶时材料的组织形态发生了变化，在原来的变形晶粒中产生无畸变的等轴新晶粒，新晶粒的晶格类型与变形前、变形后的晶格类型均一样，晶体结构不变，与变形前具有相同的晶格类型。

再结晶与相变：再结晶虽然是形核和长大过程，但再结晶后晶体结构没有改变，只是组织形态发生了改变，从纤维组织转变为等轴晶，因此，再结晶不是相变。再结晶驱动力是变形晶体的储存能，相变的驱动力是新相与母相间的化学自由能差。

再结晶后性能变化：消除了加工硬化现象，材料的强度、硬度急剧降低，塑性和韧性大大提高。变形储存能全部释放，三类内应力全部消除，位错密度降低，性能基本上恢复到变形前水平。

2）再结晶的形核机制

再结晶核心是在严重畸变区附近的无畸变区首先形成的，常产生在大角度界面(晶界、相界、孪晶和滑移带界面)和晶粒内位向差较大的亚晶界上。再结晶的形核方式主要有已存晶界的弓出形核和亚晶合并形核两种(图 2.25)。

已存晶界的弓出形核一般发生在形变较小的金属中，由于变形不均匀，不同区域的位错密度不同，变形大的晶粒位错密度高，变形小的晶粒位错密度低。两晶粒边界(大角度晶界)在形变储存能的驱动下，向高密度位错晶粒移动，晶界扫过的区域位错密度降低，能量释放［图 2.25(a)］。

在高温回复阶段后期，已出现了亚晶及亚晶合并，在再结晶温度下通过位错攀移和亚晶转动，亚晶合并、长大，成为再结晶的核心［图 2.25(b)］。

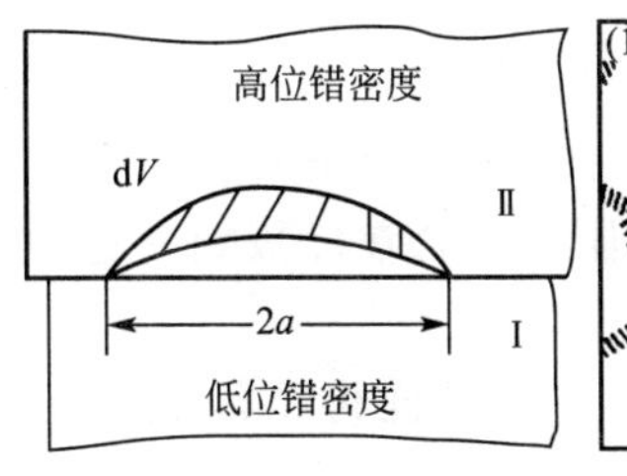

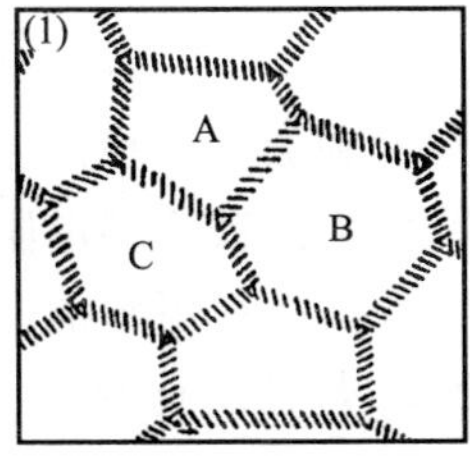

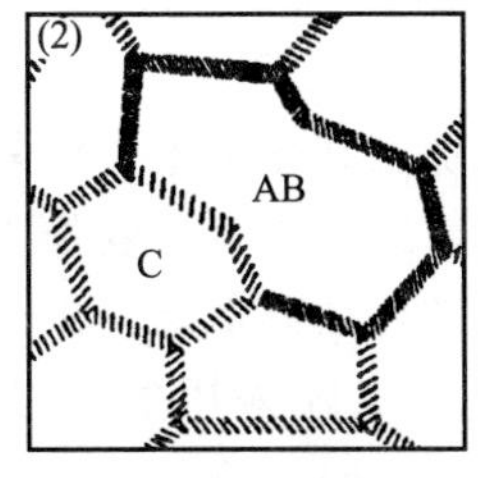

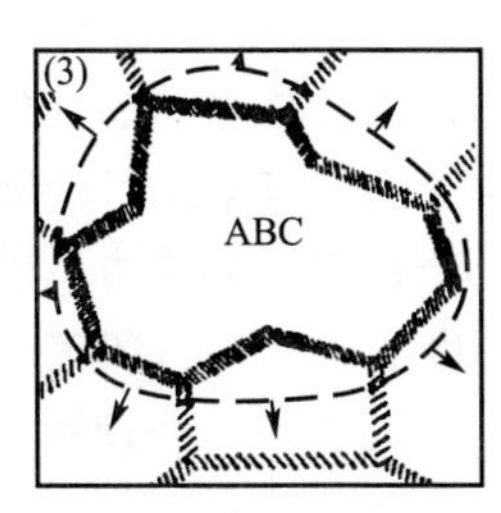

(a) 已存晶界的弓出形核　　(b) 亚晶合并形核

图 2.25　再结晶的形核方式

3）再结晶温度

冷变形金属开始进行再结晶的最低温度称为再结晶温度。再结晶开始的主要标志是第一个新晶粒或晶界凸出形核出现的锯齿边缘的形貌。对形变金属，从形变开始就获得储存能，它立刻就具有回复和再结晶的热力学条件，原则上就可发生再结晶。温度不同，只是过程的速度不同，所以，变形金属发生再结晶并没有一个热力学意义的明确临界温度，再结晶温度只是一个动力学意义的温度。一般工程上所说的再结晶温度指的是最低再结晶温度($T_{再}$)，通常用大变形量(70%以上)的冷塑性变形的金属，经 1h 加热后能完全再结晶的最低温度来表示。一般认为最低再结晶温度与金属的熔点有如下关系

$$T_{再}=(0.35\sim0.4)T_{熔点} \tag{2-4}$$

式中，温度是热力学温度(K)。表 2-6 列出了一些典型金属的再结晶温度。

表 2-6　典型金属的再结晶温度

金属	Sn	Pb	Zn	Al	Ag	Au	Cu	Fe	Ni	Mo	W
熔点/℃	232	327	420	660	962	1064	1085	1538	1453	2610	3410
再结晶温度/℃	小于室温			150	200	200	200	450	600	900	1200

最低再结晶温度与下列因素有关。

(1) 预先变形度。再结晶前塑性变形的相对变形量称为预先变形度。预先变形度越大，晶体缺陷就越多，组织越不稳定，最低再结晶温度也就越低。当预先变形度达到一定大小后，最低再结晶温度趋于某一稳定值(图 2.26)。

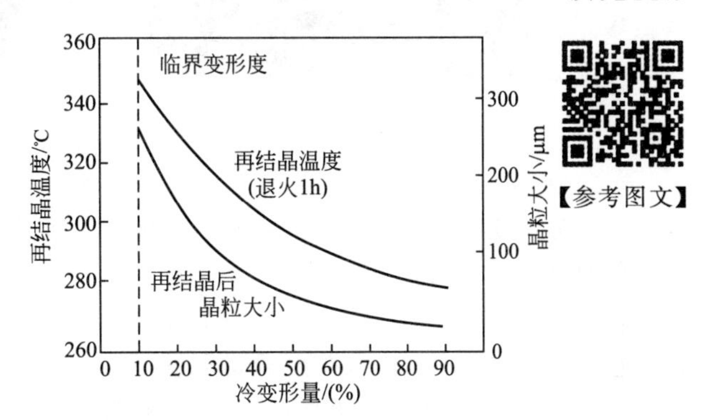

图 2.26　预先变形度对再结晶温度和晶粒大小的影响

(2) 熔点。熔点越高，最低再结晶温度就越高。

(3) 杂质和合金元素。由于杂质和合金元素特别是高熔点元素，阻碍原子扩散和晶界迁移，可显著提高最低再结晶温度。如高纯度铝(99.999%)的最低再结晶温度为80℃，而工业纯铝(99.0%)的最低再结晶温度提高到了 290℃。

(4) 加热速度和保温时间。再结晶是一个扩散过程，需要一定时间才能完成。提高加热速度会使再结晶在较高温度下发生，而保温时间越长，再结晶温度越低。

由于再结晶可消除加工硬化现象，恢复塑性和韧性，生产中常用再结晶退火工艺来恢复塑性变形的能力，以便继续进行形变加工。如生产铁铬铝电阻丝时，在冷拔到一定的变形度后，要进行氢气保护再结晶退火，以继续冷拔获得更细的丝材。

为了缩短处理时间，实际采用的再结晶退火温度比该金属的最低再结晶温度要高100～200℃。

4) 再结晶后的晶粒度

晶粒大小影响金属的强度、塑性和韧性，因此生产上非常重视控制再结晶后的晶粒度，特别是对那些无相变的钢和合金。材料的成分、组织与变形条件影响再结晶的形核及长大过程，从而影响再结晶过程。

再结晶的形核率指在单位时间、单位体积内形成的再结晶核心的数目，一般用 N 表示，长大速率用 G 表示。再结晶晶粒大小 d 与形核率 N 和长大速率 G 密切相关，即

$$d=C\cdot\left(\frac{G}{N}\right)^{\frac{1}{4}} \tag{2-5}$$

式中，C 是与晶粒形状有关的常数。再结晶后最终的晶粒尺寸由 G/N 值决定。

影响再结晶后晶粒度的主要因素有加热温度、预先变形程度、金属纯度和原始晶粒大小等，预先变形度是其中最重要的影响因素。

(1) 加热温度。加热温度越高，原子扩散能力越强，位错的攀移，亚晶界的迁移、转动和聚合都变得容易，因此使 N 增加，同时温度越高，晶界迁移率越大，G 也随之增大。综合作用使晶粒长大(图 2.27)。

(a) 580℃保温8s

(b) 700℃保温10min

图 2.27　H68 合金再结晶晶粒随温度的变化

(2) 预先变形度。主要与金属变形的均匀度有关。变形越不均匀，再结晶退火后的晶粒越大。当变形度达到 2%～10%时，金属中少数晶粒变形，变形分布很不均匀，再结晶时生成的晶核少，晶粒大小相差极大，晶粒发生吞并过程而很快长大，得到极粗大的晶粒。使晶粒发生异常长大的变形度称为临界变形度。生产上应尽量避免在临界变形度范围内的塑性变形加工。低于临界变形度，体系的储存能小，不足以克服界面能增加的阻力，不能发生再结晶。超过临界变形度之后，随变形度的增大，晶粒的变形更加强烈和均匀，再结晶核心越来越多，因此再结晶后的晶粒越来越细小(图 2.26)。但是当变形度过大(≥90%)时，晶粒可能再次出现异常长大，一般认为它是由形变织构造成的。

(3) 纯度。杂质对 N 和 G 的影响有着截然不同的两重性。一方面杂质阻碍变形，使储存能增加，N 和 G 增大；另一方面，杂质又钉扎晶界降低界面迁移率，使形核率减小，生长速率减慢，如铅中含有 6×10^{-8} 的锡会使 G 降低到 1/5000。

(4) 原始晶粒大小。材料的原始组织晶粒越细小，阻碍变形的能力越强，储存能越高，从而 N 和 G 也就越大。另外，晶粒越细小，晶界面积越多，细晶组织中晶界多，可提供形核的位置多，N 也会相应增大。另外，当原始晶粒细小及有微量溶质原子存在时，G/N 的比值减小，再结晶后可得到细小的晶粒，而再结晶温度对晶粒大小的影响相当微弱。

SUS304－2B 不锈钢薄板的再结晶退火

SUS304－2B 不锈钢是 18－8 系奥氏体不锈钢。该钢薄板材料冷加工以后，产生明显的加工硬化现象，位错密度增高，内应力及点阵畸变越严重，随变形程度的增加，强度增加而塑性降低。当加工硬化达到一定程度时，如继续形变，便有开裂或脆断的危险；在环境气氛作用下，放置一段时间后，工件会自动产生晶间开裂(“季裂”)。所以 SUS304－2B 不锈钢在冲压成形过程中，须进行工序间的软化退火(再结晶退火或中间退火)，以降低硬度，恢复塑性，使下一道加工顺利进行。

SUS304－2B 不锈钢冲压件上各部分材料的变形程度各不相同，在 15%～40% 之间，因此各部分材料的硬化程度也不一样。经不同变形量的 SUS304－2B 不锈钢试样，在低温状态(100～500℃)下退火，其 $\sigma_{0.2}$、σ_b、δ 随退火温度的变化基本不变，组织没有明显的变化，退火软化效果不明显；在高温(1020～1150℃)下退火 3min 后快冷，组织发生完全再结晶，位错密度降低，残余应力得到完全消除，材料塑性恢复且晶粒大小较均匀，退火软化效果最为明显。

资料来源：韩飞. SUS304－2B 不锈钢薄板退火工艺研究. 热加工工艺，2004(4)：25－27.

5) 再结晶动力学

再结晶动力学的任务是建立起再结晶体积分数 X_R 与 N、G 及时间 t 的关系，Avrami 认为 X_R 与 t 呈指数关系，即

$$X_R = 1 - \exp(-Kt^n) \tag{2-6}$$

式中，K 为与时间有关的常数；n 为取决于材料的常数，一般地，$n=3\sim4$。该式为 Avrami 方程。

无论在哪一再结晶温度退火，再结晶都需要孕育期，而且温度越高，孕育期越短，产生相同体积分数再结晶所需要的时间就越短，转变速度越快。再结晶速率开始时很小，然后逐渐加快，再结晶体积分数约为 50%时，速度达到最大值，随后逐渐减慢。这说明再结晶需要热激活。再结晶速率与温度间符合 Arrhenius 关系式

$$V_R = A\exp\left(\frac{-Q_R}{RT}\right)$$

式中，Q_R 为再结晶激活能。

6) 再结晶后的晶粒长大

再结晶完成后的晶粒是细小的，若继续加热，加热温度过高或保温时间过长时，晶粒

会明显长大，得到粗大的组织，使金属的强度、硬度、塑性、韧性等机械性能都显著降低。一般情况下晶粒长大是应当避免发生的现象。

再结晶后晶粒继续长大方式有正常晶粒长大（一次再结晶）和异常晶粒长大（二次再结晶）两种(图 2.28)。

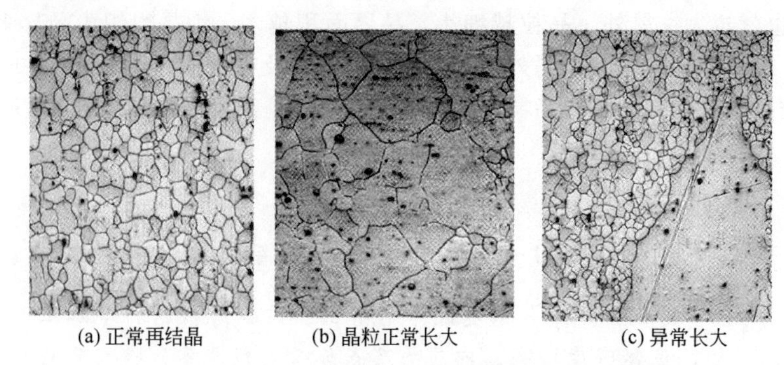

(a) 正常再结晶　(b) 晶粒正常长大　(c) 异常长大

图 2.28　Mg-3Al-0.8Zn 合金退火组织

晶粒正常长大是在长大过程中，晶粒尺寸比较均匀，而且平均尺寸的变化是连续的。在结晶完成后，储存能已全部释放掉，晶界为什么还能移动呢？冷变形金属再结晶时，晶界迁移率的不同使再结晶晶粒尺寸不同。通常，小晶界为凸边界，大晶界为凹边界。晶界两侧存在化学势差，在晶界张力的作用下，使晶界移向小晶粒，在 3 晶粒汇聚处，晶界交角呈 120°才会保证界面张力维持平衡，因此，晶粒长大的稳定形态应为规则的六边形且界面平直。此时，界面曲率半径无限大，驱动力为零，晶粒停止长大。由此可见，小于六边的小晶粒，具有自发缩小至消失的趋势，相反，大于六边的大晶粒可以自发长大。再结晶后晶粒长大使得晶界总面积减小，晶粒长大的驱动力是晶界能的下降，即晶粒长大前后的界面能差。

再结晶后晶粒长大的速率(动力学)取决于晶界迁移率 B。B 是由金属本身的特性即迁移激活能决定的，同时也受外界因素的影响。一般温度越高，界面迁移率越大，晶粒的长大速度也就越快，而且升温过程的影响远大于保温过程。另外，第二相粒子会对界面迁移产生阻力，第二相尺寸越小，体积分数越大，再结晶晶粒就越细小。粗略估计，若第二相粒子为球形，半径为 r，体积分数为 f，则再结晶晶粒尺寸 $R=4r/(3f)$。

异常长大是指晶粒正常长大(一次再结晶)后又有少数几个晶粒择优生长成为特大晶粒的不均匀长大过程［图 2.28(c)］。当金属变形较大，产生织构，含有较多的杂质时，晶界的迁移将受到阻碍，因而只会有少数处于优越条件(如尺寸较大，取向有利等)的晶粒优先长大，迅速吞食周围的大量小晶粒，组织由少数比再结晶后晶粒大几十倍甚至几百倍的特大晶粒组成。这种不均匀的长大过程类似于再结晶的生核(较大稳定亚晶粒生成)和长大(吞食周围的小亚晶粒)的过程，称为二次再结晶，大大降低金属的机械性能。

2.2.3　热加工与冷加工

金属塑性变形的加工方法有热加工和冷加工两种。热加工和冷加工不是根据变形时是否加热来区分的，而是根据变形时的温度处于再结晶温度以上还是以下来划分的。

在金属的再结晶温度以下的塑性变形称为冷加工，如低碳钢的冷轧、冷拔、冷冲等。由于加工温度处于再结晶温度以下，金属材料发生塑性变形时不会伴随再结晶过程。冷加工使金属材料的强度和硬度升高，塑性和韧性下降，产生加工硬化。

在金属的再结晶温度以上的塑性变形称为热加工，如钢材的热锻和热轧。塑性变形引起的加工硬化效应随即被再结晶过程的软化作用消除，使材料保持良好的塑性状态。所以受力复杂、载荷较大的重要工件，一般都采用热加工方法来制造。

【热加工—热变形】

1. 热加工对材料组织与性能的影响

热加工不仅改变了材料的形状，而且改变了材料的组织和微观结构及性能。

【热加工特点】

(1) 热加工可改善铸态组织，减少缺陷。热加工能使铸态金属中的气孔、疏松和微裂纹焊合，提高金属的致密度；热加工能打碎铸态金属中的粗大树枝晶和柱状晶，减轻甚至消除枝晶偏析和改善夹杂物、第二相的分布等；热加工能通过再结晶获得等轴细晶粒，提高金属的机械性能，特别是韧性和塑性。

(2) 热加工形成流线和带状组织使材料性能呈现各向异性。热加工能使材料中的偏析、夹杂物、第二相、晶界等沿金属变形方向呈断续链状和带状延伸，形成纤维组织，称为流线。另外，在共析钢中，热加工可使铁素体和珠光体沿变形方向呈带状或层状分布，称为带状组织。有时，在层带间还伴随着夹杂或偏析元素的流线，使材料表现出较强的各向异性。流线和带状组织使金属的机械性能(特别是塑性和韧性)具有明显的方向性，纵向上的性能显著大于横向上的。因此热加工时应力求使工件流线分布合理。如锻造曲轴的流线分布合理，可保证曲轴工作时所受的最大拉应力与流线一致，而外加剪切应力或冲击力与流线垂直，使曲轴不易断裂。切削加工制成的曲轴，其流线分布不合理，易沿轴肩发生断裂。

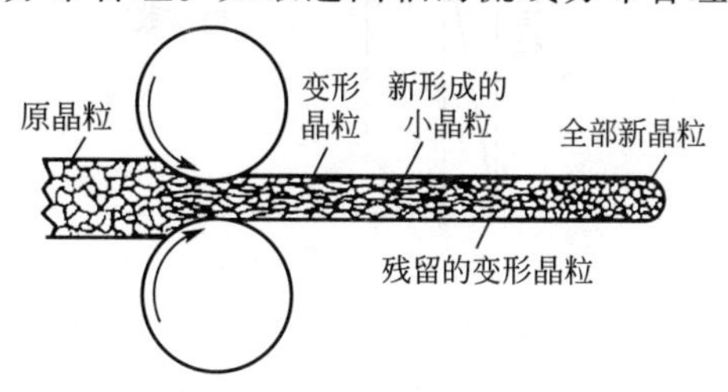

图 2.29 金属热轧时变形和再结晶的示意图

(3) 热加工时动态再结晶的晶粒大小主要取决于变形时的流变应力。热加工时流变应力越大，晶粒越细小(图 2.29)。因此想要在热加工后获得细小的晶粒必须控制变形量、变形的终止温度和随后的冷却速度，还可添加微量合金元素抑制热加工后的动态再结晶。热加工后的细晶材料具有较高的强韧性。

2. 动态回复与动态再结晶

热加工时，点阵原子的活动能力增加，晶体在变形的同时发生回复和再结晶，这种与形变同时发生的回复与再结晶称为动态回复和动态再结晶。而变形停止后仍继续进行的再结晶为亚动态再结晶。

1) 动态回复

对于层错能高的晶体，如铝、$\alpha-Fe$、铁素体钢及一些密排六方金属(Zn、Mg、Sn等)，在高温回复时，易于借助螺形位错的交滑移和刃形位错的攀移，充分进行多边化和位错胞规整化过程，形成稳定的亚晶，经动态回复后不发生动态再结晶。因此，此类金属热加工时的主要机制是动态回复而无动态再结晶。图 2.30 所示为动态回复的应力-应变曲线，可将其分成 3 个阶段。

第Ⅰ阶段：微应变阶段。热加工初期，以加工硬化为主，位错密度提高，高温回复尚未进行。

第Ⅱ阶段：动态回复初始阶段。加工硬化逐步加强，但同时动态回复也在逐步增加，位错不断消失，动态软化逐渐抵消一部分加工硬化，使曲线斜率下降并趋于水平。

第Ⅲ阶段：稳态流变阶段。加工硬化与动态回复的软化达到平衡，即位错的增殖和消失达到了动力学平衡状态，位错密度维持恒定。流变应力不再随应变的增加而增大，曲线保持水平。亚晶保持等轴状和稳定的尺寸和位向。

显然，加热时只发生动态回复的金属，内部有较高的位错密度，若在热加工后快速冷却至室温，可使材料具有较高的强度。若缓慢冷却则会发生静态再结晶而使材料软化。

2）动态再结晶

对于一些层错能较低的金属，如面心立方金属(如铜及其合金、镍及其合金、γ-Fe、奥氏体钢等)由于位错的攀移不利，高温回复不能充分进行，其热加工时的主要软化机制为动态再结晶。图 2.31 所示为动态再结晶的应力-应变曲线，随应变速率不同曲线有所差异，但大致也可分为 3 个阶段。

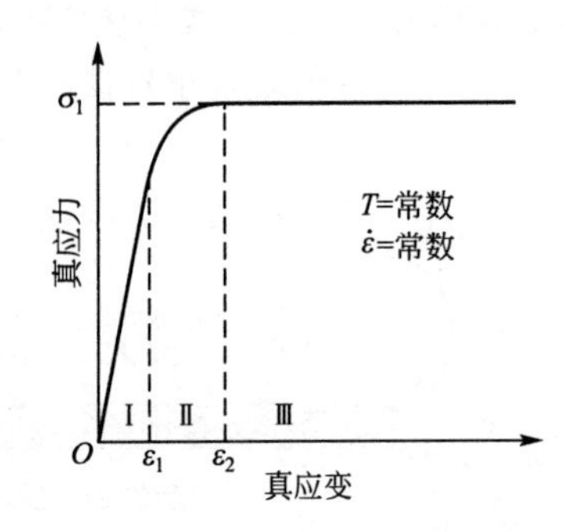

图 2.30　动态回复的应力-应变曲线

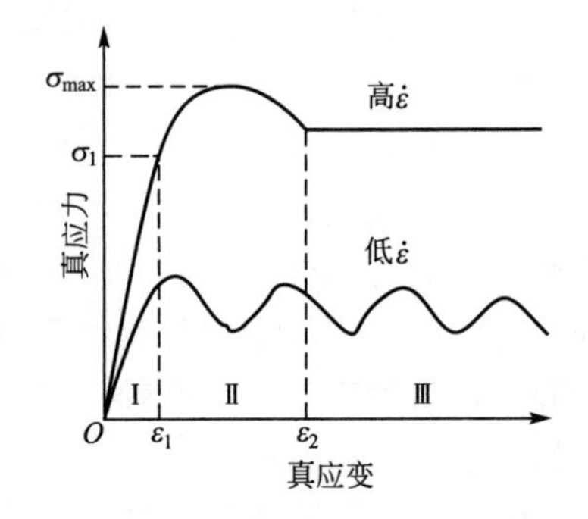

图 2.31　动态再结晶的应力-应变曲线

第Ⅰ阶段：加工硬化阶段。应力随应变上升很快，动态再结晶没有发生。

第Ⅱ阶段：动态再结晶初始阶段。动态再结晶的软化作用逐渐增强，使应力随应变的增加幅度逐渐降低。当应力超过最大值后，软化作用超过加工硬化，应力下降。

第Ⅲ阶段：稳态流变阶段。加工硬化与动态再结晶软化达到动态平衡。高速应变时，曲线为一水平线，低速应变时曲线波动。这是由于低速应变时，位错密度的变化较慢，因此当动态再结晶不能与加工硬化相抗衡时，硬化占主导地位，曲线上升；当动态再结晶占主导地位时，曲线下降。这一过程循环往复，但波动幅度逐渐衰减。

动态再结晶同样是形核和长大过程，其机制与冷变形金属的再结晶基本相同，也是大角度晶界的迁移。但动态再结晶具有反复形核、有限长大的特点。已形成的再结晶核心在长大时继续受到变形作用，使位错增殖，储存能增加，与基体的能量差减小，驱动力降低而停止长大，当这一部分的储存能增高到一定程度时，又会重新形成再结晶核心。如此反复进行。

2.3　塑性变形的力学性能指标

表征材料力学性能的指标可分为两类：①表征材料对塑性变形和断裂抗力的指标，

称为材料的强度指标；②表征材料塑性变形能力的指标，称为材料的塑形指标。表征塑性变形阶段的强度指标主要有屈服强度、抗拉强度和断裂强度等，塑形指标主要是延伸率和断面收缩率等。

【力学性能指标】

2.3.1 屈服强度

1. 屈服强度的表示及其工程意义

【工程结构钢国家标准演变发展】

材料的屈服是材料在应力作用下由弹性变形向塑性变形过渡的明显标志，屈服时对应的应力值表征材料抵抗起始塑性变形或产生微量塑性变形的能力，这一应力值称为材料的屈服强度或屈服点，用 σ_s 表示。试样发生屈服而应力首次下降前的最大应力值称为上屈服点，用 σ_{su} 表示；屈服阶段中最小应力称为下屈服点，用 σ_{sl} 表示。屈服阶段产生的伸长称为屈服伸长；屈服伸长对应的水平线段或曲折线段称为屈服平台或屈服齿(图 2.32)。屈服现象多出现在铁基合金、有色金属及高分子材料中。

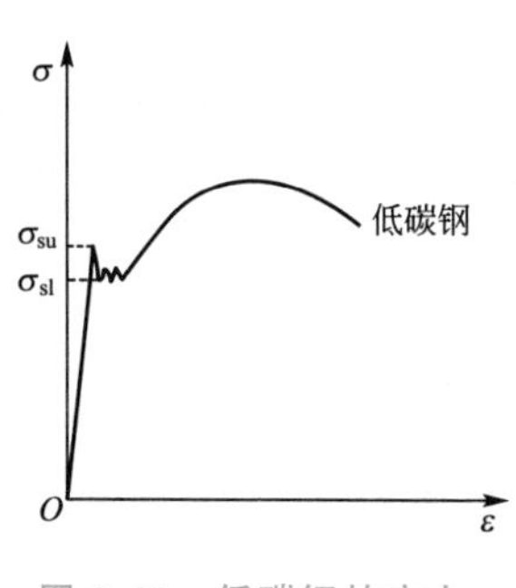

图 2.32 低碳钢的应力-应变曲线

对于金属材料，有屈服平台时，下屈服点 σ_{sl} 的重复性较好，通常把其作为屈服强度(屈服点)；对于看不到明显屈服现象的材料，其屈服强度由人为按标准确定，称为条件屈服强度。在工程中，为测量方便，用规定残余伸长应力 σ_r 和规定总伸长应力 σ_t 表示材料的条件屈服强度。

规定残余伸长应力 σ_r 是指试样卸除拉伸力后，其标距部分的残余伸长达到规定的原始标距百分比时的应力，例如，残余伸长的百分比为 0.05%、0.1%、0.2%时，记为 $\sigma_{r0.05}$、$\sigma_{r0.1}$、$\sigma_{r0.2}$。常用的为 $\sigma_{r0.2}$。

规定总伸长应力 σ_t 是指试样标距部分的总伸长(弹性伸长和塑性伸长)达到规定的原始标距百分比时的应力。常用的规定总伸长应力 $\sigma_{t0.5}$，表示规定总伸长率为 0.5%时的应力。σ_t 可在加载过程中测量，易实现测量自动化。

【参考图文】

高分子材料较一般金属材料更易于塑性变形。图 2.33 所示是玻璃态高聚物(脆化温度 T_b～玻璃化温度 T_g)和结晶性聚合物(脆化温度 T_b～熔融温度 T_m)典型的拉伸应力-应变曲线及试样形状的变化。A 点以前是弹性变形；A 点以后，材料呈现塑性行为，此时若除去外力，应变不能恢复，留下永久变形。A 点是屈服点，到达屈服点时，试样截面突然变得不均匀，出现“细颈”。该点所对应的应力、应变分别称为屈服强度 σ_y 和屈服应变 ε_y(屈服伸长率)。

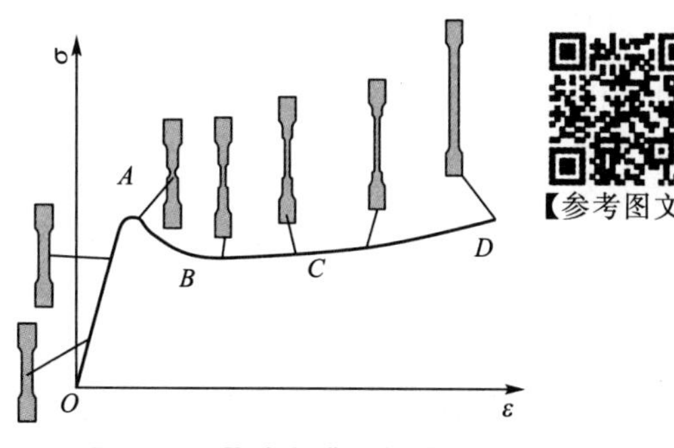

图 2.33 聚合物典型拉伸应力-应变曲线

聚合物的屈服应变比金属大得多。大多数金属的屈服应变为 0.01，甚至更小，但聚合物的屈服应变可达 0.2 左右。A 点以后，试样应变大幅度增加。其中 AB 段应变增加、应力反而下降，称为应变软化；BC 段是高聚物特有的颈缩阶段，“细颈”沿样品扩展；C 点以后，试样被均匀拉伸，应力增加，产生一定的硬化，称为取向硬化，直至 D 点材料发生断裂。D 点的应力称为断裂强度 σ_b，其应变称为断裂伸长率 ε_b。聚合物的这样一个拉伸形变过程又称冷拉。

高分子材料的屈服现象自 20 世纪 60 年代以后才引起人们的重视，人们把它看成是高分子材料的一种力学行为，并观察到“滑移带”和“缠结带”及与金属不相同的屈服现象。但是由于高分子材料的应力-应变曲线依赖于时间和温度，还依赖于其他因素，表现出不同的形式。因此其中的屈服点很难给出确切定义，如强迫高弹性变形在卸载后也会产生永久变形，因此很难像金属那样定义产生永久变形的点为屈服点；其次，通过高温退火可使永久变形恢复，这又不同于金属。因而，通常把高分子材料拉伸曲线上出现最大应力的点定义为屈服点，而其对应的应变为 5%～10%，甚至更大。如拉伸曲线上应力不出现极大值，则定义应变 2%处的应力为屈服强度。具体材料的屈服强度的测试及评定，应按照国家标准中有关的规定进行。

工程实际中，不计测量方法，统一用 $\boldsymbol{\sigma}_s$ 或 $\boldsymbol{\sigma}_{0.2}$ 表示金属材料的屈服强度。

屈服强度是工程技术上最重要的力学性能指标之一，其工程意义如下。

【参考视频】

(1) 作为设计和选材的依据。对于不允许材料产生过量塑性变形的机件，可选屈服强度作为强度指标。

(2) 材料的屈服强度与抗拉强度之比(屈强比)，可作为金属材料冷塑性加工的参考。屈强比的大小可以衡量材料进一步塑性变形的倾向和机件释放应力集中防止脆断的能力。一方面，提高材料的屈服强度和屈强比，可以充分发挥材料的强度性能，减轻机件质量，不易使机件产生塑性变形失效；另一方面，材料的屈强比增大，塑性变形抗力增高，不利于某些应力集中部位通过局部塑性变形使应力重新分布、释放应力集中，从而可能导致脆性断裂。因此，应根据机件的形状、尺寸及服役条件选择屈服强度，不能一味追求高的屈服强度。

2. 影响屈服强度的因素

1) 产生屈服现象的机理

材料产生明显屈服的原因与材料结构和位错运动阻力变化有关。1957 年，Gilman 和 Johnston 提出了金属材料产生屈服的 3 个条件：①材料在屈服变形前可动位错密度很小，或虽有大量位错，但被钉扎住，如钢中的位错被杂质原子或第二相质点所钉扎；②随着塑性变形的发生，位错能快速增殖，即可动位错密度急速增加；③位错运动速率与外加切应力有强烈的依存关系，即

$$\bar{v}=\left(\frac{\tau}{\tau_0}\right)^{m'} \tag{2-7}$$

式中，τ 为沿滑移面上的切应力；τ_0 为位错以单位速率运动所需的切应力；m'为位错运动速率应力敏感指数。

金属材料的宏观塑性应变速率与可动位错密度 ρ、位错运动速率 $\bar{v}$ 和柏氏矢量 b 的关系，即

$$\dot{\varepsilon}=b\rho\bar{v} \tag{2-8}$$

式中，$\dot{\varepsilon}$ 为宏观塑性应变速率；b 为柏氏矢量的大小；ρ 为可动位错密度。

由式 (2-8) 可知，由于屈服前可动位错很少，为了满足一定的塑性应变速率 $\dot{\varepsilon}$

(拉伸实验机夹头移动的速度)的要求，必须增大位错运动速率 $\bar{v}$，但位错运动速率 $\bar{v}$ 取决于切应力 τ 的大小[式(2-7)]。因此，欲提高 $\bar{v}$ 就需要有较高应力 τ，这就是上屈服点的由来。

塑性变形一旦发生，位错大量增殖，位错密度 ρ 增加，一方面，要保持一定的塑性应变速率 $\dot{\varepsilon}$(拉伸实验机夹头移动的速度)的要求，另一方面，位错间相互作用增强，位错缠结，这两方面的原因使位错运动速率 $\bar{v}$ 下降，相应的应力也就突然降低，从而产生屈服降落平台。

屈服降落平台的明显与否取决于 m' 值，即位错运动速率应力敏感指数。m' 值越低，则使位错运动速率 $\bar{v}$ 变化所需的应力 τ 的变化越大，屈服降落越明显，屈服现象就越明显。一些材料的 m' 值见表 2-7。对于本质较软的材料，如 fcc 金属，稍微提高应力就可引起位错运动速率大幅上升，m' 值大于 100～200，故屈服现象不明显；本质很硬的材料及 bcc 金属的 m' 值较低，一般小于 20，故具有明显的屈服现象。

表 2-7 一些材料的 m' 值

材料	Si	Ge	W	Cr	Mo	LiF	Fe(3%Si)	Cu	Ag
m'	1.4(600～900℃)	1.4～1.7(420～700℃)	5	<7	<8	14.5	35	200	300

此外，在一定条件下，变形从滑移机制转变为滑移-孪生机制。孪晶的成核需要很高的应力，而孪晶长大所需的应力很小，所以孪晶一旦形核就会爆发性地传播，在应力-应变曲线上出现锯齿形的波动。另外，孪生造成晶体内部分区域位向的变化，使位错转向有利位向而产生滑移，当试样的应变速度超过拉伸速度时，就发生载荷波动现象。

2）影响屈服强度的因素

屈服强度作为评价材料起始塑性变形能力的力学性能指标，取决于材料的化学成分、晶体结构、组织结构等内在因素，同时也受到温度、应变速率等外部因素的影响。

(1) 晶体结构(晶格阻力)。金属材料的屈服过程主要是位错的运动。理论上，纯金属单晶体的屈服强度是位错开始运动所需的临界切应力，其值的大小取决于位错运动所受的各种阻力。这些阻力包括晶格阻力、位错间交互作用产生的阻力等。

在理想晶体中仅存在一个位错，其在点阵周期场中运动时，位错中心将偏离平衡位置使晶体能量增加构成能垒，这种由晶体点阵造成的位错运动阻力称为晶格阻力，Peierls(派尔斯)和 Nabarro(纳巴罗)首先估算了这个力，又称派-纳力(τ_{P-N})。

【派-纳力】

$$\tau_{P-N}=\frac{2G}{1-\nu}\exp\left[-\frac{2\pi a}{b(1-\nu)}\right]=\frac{2}{1-\nu}\exp\left(-\frac{2\pi\omega}{b}\right) \tag{2-9}$$

式中，a 为滑移面的面间距；b 为滑移方向上的原子间距，即位错的柏氏矢量；$\omega=a/(1-\nu)$为位错宽度；ν 为泊松比。派-纳力公式推导十分复杂而且也不精确，它的一些定性结果如下。

① 从本质上说，派-纳力的大小，主要取决于位错宽度 ω，位错宽度越小，派-纳力 τ_{P-N} 越大，材料就难以变形，屈服强度越高。

晶体中已滑移区和未滑移区的分界是以位错区为过渡的。从能量角度看，若位错区宽度窄，虽然界面能小，但弹性畸变能很高，位错运动所需克服的能垒大，位错的运动阻力也较高，屈服强度高。若位错宽度大，点阵畸变范围大，弹性畸变能分摊到较宽区域内的各个原子面上，每个原子偏离其平衡位置较小，单位体积内的弹性畸变能减小，位错运动所需克服的能垒小，位错的运动阻力也较小，位错就越易运动，屈服强度越低。

② 位错宽度主要决定于结合键的本性和晶体结构。对于方向性很强的共价键，其键角和键长度都很难改变，位错宽度很窄，$\omega \approx b$，故派-纳力很高，屈服强度很高但很脆；而金属键没有方向性，位错有较大的宽度，对面心立方金属如Cu，其 $\omega \approx 6b$，派-纳力很低。

派-纳力公式第一次定量指出了晶体中由于位错的存在，可以简单推算晶体的切变强度。对于简单立方结构，存在 $d=b$，对金属，取 $\nu=0.3$，可得实际屈服强度 $\tau_{\text{P-N}}=3.6\times10^{-4}G$，比刚性模型计算的理论值(约G/30)小得多，接近临界分切应力实验值。

位错在不同的晶面和晶向上运动，其位错宽度是不一样的，只有当 b 最小(原子密排方向)a 最大(原子最密排面)时，位错宽度才最大，点阵阻力最小，派-纳力最小。这就解释了为什么实验观察到金属中的滑移面和滑移方向都是原子排列最紧密的面和方向。

面心立方晶体位错宽度大，点阵阻力小，易于滑移的进行，屈服强度低。体心立方晶体尽管其滑移系很多，但由于位错宽度小，滑移阻力大，屈服强度高，塑性变形能力不如面心立方晶体。

(2) 摩擦阻力。位错间交互作用产生的阻力称为摩擦阻力。摩擦阻力有两种类型：一种是平行位错间交互作用产生的阻力；另一种是运动位错与林位错间交互作用产生的阻力。两者都与 Gb 成正比而与位错间距 L 成反比，即 $\tau=\alpha Gb/L$，其中 α 为比例系数，与晶格类型、位错结构及分布有关。因为位错密度 ρ 与 $1/L^2$ 成正比，故 $\tau=\alpha Gb\rho^{\frac{1}{2}}$。随 ρ 的增加，τ 升高，所以屈服强度也随之提高。

此外，点缺陷与位错的交互作用对晶体的屈服强度也有一定的贡献。

【四大强化机理】

(3) 晶界阻力(细晶强化)。对于实际使用的多晶体材料，晶界是位错运动的重要障碍。晶界增多，即晶粒尺寸减小，则晶粒内位错塞积的长度缩短，应力集中程度降低，不足以推动相邻晶粒内的位错滑移。因此欲使更多的相邻晶粒内位错开动，必须施加更大的外加切应力，材料屈服强度提高，称为细晶强化。

Hall-Petch总结了晶体的屈服强度与晶粒尺寸的关系，得到以下经验式，称为Hall-Petch公式，即

$$\sigma_s=\sigma_i+kd^{-\frac{1}{2}} \tag{2-10}$$

式中，d 为晶粒公平均直径；σ_i 为单晶体屈服强度；k 为晶界对强度的影响系数。

Hall-Petch公式说明多晶体的屈服强度与晶粒尺寸成反比，即晶粒越细小，屈服强度越高，晶粒越粗大屈服强度越低。这是因为粗大晶粒的晶界前塞积的位错数目多，应力集中大，易于开动相邻晶粒的位错源，利于滑移的传递而使屈服强度降低。

实验结果表明，Hall-Petch公式对亚晶界也同样适用，其中 d 为亚晶粒直径。说明亚晶界的作用与晶界类似，也阻碍位错的运动。

近年来对纳米晶的显微硬度与晶粒尺寸的关系研究结果表明，Hall-Petch公式基本适用于纳米材料。纳米微晶的细晶强化与纳米晶粒中可动位错数大大减少和位错源开动应力随微晶尺寸减小而增大两方面原因有关。

(4) 溶质元素(固溶强化)。在固溶合金中，由于溶质原子与溶剂原子直径不同，在溶质原子周围形成晶格畸变应力场。该应力场与位错应力场产生交互作用，使位错运动受阻，从而使屈服强度提高，产生固溶强化。此外，溶质与溶剂之间的电学交互作用、化学交互作用及有序化作用等也对固溶强化有影响。

固溶强化的效果与溶质质量分数及溶质原子与位错交互作用能有关，受溶质质量分数的限制。通常间隙固溶体(C、N原子)的强化作用更大。

空位对材料屈服强度的影响与置换溶质原子相似，若合金含有过量的淬火空位或辐照空位，屈服强度提高。因此，在原子能工业上必须考虑材料在服役过程中空位浓度的变化，因为屈服强度的提高将导致材料塑性下降，引发材料的脆性断裂。

(5) 第二相弥散强化。第二相的强化效果与质点的性质有关，可以分为不可变形的(如钢中的碳化物与氮化物)和可变形的(如时效铝合金中 *GP* 区的共格析出物 θ 相)两类，及第二相细小弥散分布和尺寸与基体相相近的块状分布两种情况。

对于细小弥散不可变形的第二相，当位错线绕过时［图2.34(a)］，须克服弯曲位错的线张力，屈服强度提高。线张力的大小与相邻质点间的距离有关，材料屈服强度取决于第二相质点间的距离。对于可变形的第二相质点，位错可以切过，使之与基体一起变形［图2.34(b)］，由于质点与基体间的晶格错排及第二相质点的新界面需做功等原因，也提高了屈服强度。这类质点的强化效果与质点本身的性质及其与基体的结合情况有关。

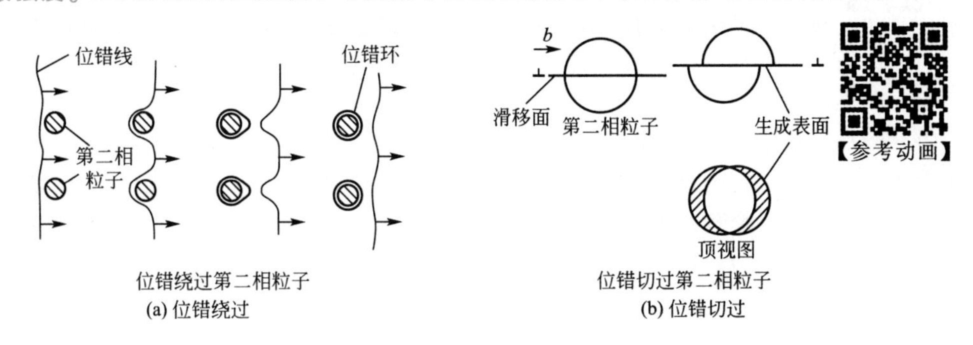

图2.34 第二相粒子与位错的作用

对于块状第二相，如钢中的珠光体、两相黄铜中的 α 和 β 相等，也可以使屈服强度提高。一般认为，块状第二相阻碍滑移，使基体产生不均匀变形，由于局部塑性约束而导致强化。强化的效果可用“混合率”等经验公式表示。

第二相的强化效果还与第二相的尺寸、形状、数量和分布及其他诸多因素有关，如在钢中 Fe_3C 体积比相同的条件下，片状珠光体比球状珠光体屈服强度高。

(6) 温度。一般情况下，温度升高材料的屈服强度下降。但是晶体结构不同，其变化趋势各异，如图2.35所示。

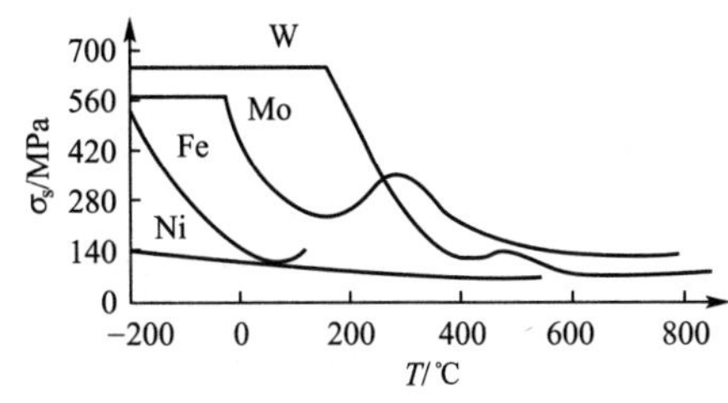

图2.35 屈服强度随温度的变化

由图可见，bcc金属的屈服强度具有强烈的温度效应，温度下降，屈服强度急剧升高，而fcc和hcp金属的温度效应则较小。bcc金属的屈服强度具有强烈的温度效应，可能是 τ_{P-N} 起主要作用的结果。在bcc金属中，τ_{P-N} 值较fcc金属高很多，τ_{P-N} 在屈服强度中占有较大比例，而 τ_{P-N} 属短程力，对温度十分敏感。

(7) 应变速率与应力状态。应变速率对金属材料的屈服强度有明显的影响。在应变速率较高的情况下，金属材料的屈服应力将显著升高。通常静拉伸实验使用的应变速率约为 $10^{-3}\ s^{-1}$，冷轧、拉拔时应变速率可达 $10^3 s^{-1}$，材料的屈服强度明显提高。

应力状态也影响金属材料的屈服强度。切应力分量越大，越有利于位错滑移，屈服强度越低。不同应力状态下材料屈服强度不同，并非材料性质发生变化，而是材料在不同应力条件下表现的力学行为不同而已。

综上所述，材料的屈服强度是一个对成分、组织、温度、应力状态等极为敏感的力学性能指标。因此，改变材料的成分或热处理工艺都可使材料的屈服强度产生明显变化。

2.3.2 应变硬化指数

应变硬化是材料阻止继续塑性变形的一种力学性能。一般认为，金属材料的应变硬化是塑性变形过程中的多系滑移和交滑移造成的。在多系滑移过程中，由于位错的交互作用，形成了割阶、位错缠结、Lomer - Cottrell 位错锁和胞状结构等障碍，使位错运动的阻力增大，产生应变硬化。在交滑移过程中，刃位错不能产生交滑移，刃位错密度增大，产生应变硬化。

【应变硬化】

金属具有应变硬化能力，可以承受超过屈服强度的应力而不致引起整个构件的破坏，广泛用作结构材料。因而关于金属应变硬化的研究成为金属力学性能的中心课题之一。但是如何表征金属的应变硬化能力，迄今尚未得到满意解决。目前普遍采用 Hollomon 公式表征金属材料拉伸真应力-真应变曲线上的均匀塑性变形阶段的应变硬化。其表达式为

$$S=Ke^{n} \tag{2-11}$$

式中，S 为真应力；e 为真应变；K 为硬化系数，是真应变为 1 时的真应力；n 为应变硬化指数，是一个常用的金属材料性能指标，反映了材料抵抗继续塑性变形的能力。$n=1$ 时，表示材料为完全理想的弹性体，S 与 e 成正比关系；$n=0$ 时，$S=K=$常数，表示材料没有应变硬化能力，如室温下产生再结晶的软金属及已强烈应变硬化的材料。大多数金属的 n 值在 0.1～0.5 之间，几种金属材料的 n、K 值见表 2 - 8。

表 2 - 8　几种金属材料的 n、K 值

材料与热处理	纯铜退火	黄铜退火	纯铝退火	纯铁退火	40 钢调质	40 钢正火	铬钢调质	T12 钢退火	60 钢淬火500℃回火
n	0.443	0.423	0.250	0.237	0.229	0.221	0.209	0.170	0.10
K	448.3	745.8	157.5	575.3	920.7	1043.5	996.4	1103.3	1570

金属材料 n 值的大小与层错能的高低有关，因为层错能反映了交滑移的难易程度。

层错能低的材料(Ag、Au、Cu、不锈钢、α -黄铜等)易出现层错，扩展位错宽度大，不全位错间距离大，使交滑移难发生，因此滑移带平直，位错产生的应力集中高，n 值大。

层错能高的材料(铝)不易形成扩展层错，扩展位错宽度小，交滑移容易发生，滑移变形的特征为波纹状滑移带，n 值小。

【加工硬化的意义】

此外，n 值对材料的冷热变形也十分敏感。通常，退火态金属 n 值比较大，而在冷加工状态下则比较小，并随材料强度等级的降低而增加。实验表明，n 和材料的屈服点大致呈反比关系。在某些合金中，n 值也随溶质原子数增加而降低。晶粒变粗，n 值提高。

应变硬化在材料的加工和应用中十分重要，主要有以下三方面的意义。

(1) 保证塑性变形的均匀性。在加工方面，利用应变硬化和塑性变形的合理配合，使已变形的部位产生加工硬化，屈服强度提高，将变形转移到别的未变形部位，可使金属进行均匀的塑性变形，保证冷变形工艺顺利实施。

(2) 防止突然过载断裂。在材料应用方面，应变硬化可使金属机件具有一定的抗偶然过载能力，保证机件使用安全。机件在使用过程中，某些薄弱部位可能因偶然过载而产生塑性变形，但是，由于应变硬化作用阻止塑性变形继续发展，可保证机件的安全使用。

(3) 强化金属。应变硬化是一种强化金属的重要手段，尤其对那些不能进行热处理强化的材料，如低碳钢、奥氏体不锈钢、有色金属等，这种强化方法就显得更为重要。

取向的结晶态高分子材料的应变硬化机理与金属不同。当结晶高分子材料发生屈服后原有的结构开始破坏，载荷下降(图 2.33)。应力-应变曲线的最低点表示原有结构完全破坏，并出现颈缩。如果在颈缩开始后不迅速发生断裂，则随应变的增加，被破坏的晶体又重新组成方向性好、强度高的微纤维结构，载荷将不再由范德瓦尔斯键承担，而是由共价键承担。每个微纤维都有很高的强度，继续变形非常困难，造成应变硬化。

2.3.3 抗拉强度

抗拉强度 σ_b 是拉伸试验时，光滑试样拉断过程中最大实验力所对应的应力。抗拉强度是材料的重要力学性能指标，标志着材料在承受拉伸载荷时的实际承载能力。抗拉强度易于测定，重现性好，被广泛用作材料生产和科学研究产品规格说明及质量控制指标。

高分子和陶瓷材料的抗拉强度是产品设计的重要依据；对于变形要求不高的金属机件，有时为了减轻自重，也常用抗拉强度作为设计依据。

颈缩是一些金属材料和高分子材料在拉伸试验时，变形集中于局部区域的特殊状态，它是在应变硬化与截面减小的共同作用下，因应变硬化跟不上塑性变形的发展，使变形集中于试样局部区域而产生的。

【塑料的抗拉强度】

非晶态高聚物和晶态高聚物的冷拉中，颈缩区是因为分子链的高度取向或片晶的滑移而增强硬化的。晶态聚合物颈缩现象更明显；一个或几个细颈发展到整个试样，过程中应力基本不变，颈缩后的试样被均匀拉伸至断裂。合成纤维的拉伸和塑料的冲压成形正是利用了高聚物的冷拉特性。

颈缩形成点对应于工程应力-应变曲线上的最大载荷点，因此 $\mathrm{d}F=0$。依据这一关系可以导出该点应力、应变与应变硬化指数 n 和应变硬化系数 k 的关系。

颈缩应力唯一地依赖于材料的应变硬化系数 K 和应变硬化指数 n。金属材料拉伸时，是否产生缩颈还与其应变速率敏感指数 m 有关。若 m 值低，则在一定温度和应变条件下流变应力较低，可以产生颈缩；反之，m 值高，可推迟或阻止颈缩的产生。

陶瓷材料在室温下很难发生塑性变形，因此塑韧性差成了陶瓷材料的致命弱点，也是影响陶瓷材料工程应用的主要障碍。人们常说的陶瓷强度主要指它的断裂强度。

1. 陶瓷材料的强度特点

(1) 陶瓷材料的实际断裂强度比理论断裂强度低得多，往往低于金属。陶瓷材料的离子键、共价键决定了其具有高的熔点、硬度和强度。但是陶瓷材料是由固体粉料烧结而成的，在粉料成型、烧结反应过程中，存在大量气孔，内部组织结构复杂与不均匀使陶瓷材料中的缺陷或裂纹多而大，因此陶瓷的断裂强度反而低于金属。

(2) 陶瓷材料的抗压强度比抗拉强度大得多，其差别的程度大大超过金属。陶瓷材料的抗压强度，是指一定尺寸和形状的陶瓷试样在规定的试验机上受轴向应力作用破坏时，单位面积上所承受的载荷或是陶瓷材料在均匀压力下破碎时的应力。试样尺寸高与直径之比一般为 2∶1，每组试样为 10 个以上。抗压强度是工程陶瓷材料的一个常测指标。

表2-9所列为某些材料的抗拉强度与抗压强度。金属材料即使是脆性的铸铁，其抗拉强度与抗压强度之比为1/5～1/3，而陶瓷材料的抗拉强度与抗压强度之比都在1/10以下。材料内部缺陷(气孔、裂纹等)和不均匀性对拉应力十分敏感。

表2-9 某些材料的抗拉强度与抗压强度

材　料	抗拉强度 σ_b/MPa	抗压强度 σ_{bc}/MPa	σ_b/σ_{bc}
铸铁 HT100	100	500	1/5
铸铁 HT250	290	1000	1/5～1/3.4
化工陶瓷	29～39	245～390	1/10～1/8
透明石英玻璃	49	196	1/40
多铝红柱石	123	1320	1/10.8
烧结尖晶石	131	1860	1/14
99%烧结氧化铝	260	2930	1/11.3
烧结 B_4C	294	2940	1/10

(3) 气孔和材料密度对陶瓷断裂强度有重大影响。

2. 影响陶瓷材料强度的因素

影响陶瓷材料强度的内在因素有微观结构、内部缺陷的形状和大小等，外在因素有试样尺寸和形状、应变速率、环境因素(温度、湿度、酸碱度等)、受力状态和应力状态等。

1) 显微结构

陶瓷的显微结构主要有晶粒尺寸、形貌和取向，气孔的尺寸、形状和分布，第二相质点的性质、尺寸和分布，晶界相的组分、结构和形态及裂纹的尺寸、密度和形状等，它们的形成主要和陶瓷材料的制备工艺有关。

(1) 晶粒尺寸。晶粒尺寸越小，陶瓷材料室温强度越高。试验建立的陶瓷材料强度 σ_f 与晶粒直径之间的半经验关系式为

$$\sigma_f = kd^{-a} \tag{2-12}$$

式中，a 为材料特性和试验条件有关的经验指数，对离子键氧化物陶瓷或共价键氧化物、碳化物等陶瓷，$a=1/2$；k 为与材料结构、显微结构有关的比例常数。

(2) 气孔。陶瓷材料强度与气孔率之间的关系由式(2-13)表示

$$\sigma_f = \sigma_0 e^{-bp} \tag{2-13}$$

式中，σ_f 为有气孔时陶瓷材料的强度；σ_0 为无气孔时与陶瓷材料强度有关的常数。

陶瓷材料的强度随气孔率的增加而下降。一方面，由于气孔的存在，受力相截面减少，导致实际应力增大；另一方面，气孔引起应力集中，导致强度下降；此外弹性模量和断裂能随气孔率的变化也影响着强度值。

(3) 晶界相。通常陶瓷材料在烧结时加入助烧剂，形成一定量的低熔点晶界相而提高致密度。晶界相的成分、性质及数量(厚度)对强度有显著影响。晶界相若能起阻止裂纹过界扩展并能松弛裂纹尖端应力场作用，便可提高材料的强度和塑性。晶界玻璃相的存在对强度不利，应通过热处理使其晶化，减少脆性玻璃相。

2) 试样尺寸

工程陶瓷材料的强度指标通常为弯曲强度。弯曲应力的特点是沿厚度、长度方向非均

匀分布，位于不同位置的缺陷对强度有不同的影响。只有弯曲试样跨距中间下表面部位的微缺陷，才对弯曲强度产生重要影响。

弯曲强度存在尺寸效应，尤其是厚度效应，在相同体积下，试样厚度越小，应力梯度越大，测试强度值越高。

3）温度

陶瓷材料的耐高温性能大都比较好，通常在800℃以下，温度对陶瓷材料强度影响不大。离子键陶瓷材料的耐高温性能比共价键陶瓷材料低。在较低温度范围内，陶瓷的破坏属脆性破坏，对微小缺陷很敏感。在高温区，陶瓷材料断裂前可以产生微小塑性变形，极限应变大大增加，有少量弹塑性行为。低温区和高温区的分界线称为韧-脆转变温度 T_K。

韧-脆转变温度 T_K 与材料的化学成分、微观结构、晶界杂质、玻璃相含量等有关。在高温下，大多数陶瓷材料的强度是随温度升高而下降的。不同的材料，T_K 不同，如MgO的 T_K 很低，几乎从室温开始强度就随温度的提高而下降；Al_2O_3 的 T_K 在900℃左右；热压 Si_3N_4 的 T_K 大约在1200℃。而SiC的 T_K 可以到1600℃，甚至更高温度。

高温下，晶界第二相，特别是低熔点物质的软化，使晶界产生滑移，陶瓷材料表现出一定程度的塑性；同时晶界强度大幅度下降，使宏观承载能力下降，因此高温下大多数陶瓷材料是沿晶界断裂的，强度是由晶界强度控制的。如果要提高陶瓷材料的高温强度，应尽量减少玻璃相和杂质成分。

2.3.4 塑性与超塑性

塑性是指材料断裂前产生塑性变形的能力。塑性的意义如下。①避免突然脆性断裂。材料具有一定的塑性，当其偶然过载时，通过塑性变形和应变硬化的配合可避免机件发生突然破坏。②释放应力集中。当机件因存在台阶、沟槽、小孔而产生局部应力集中时，通过材料的塑性变形可削减应力高峰使之重新分布，从而保证机件正常运行。③加工成形。材料具有一定的塑性还有利于塑性加工和修复工艺的顺利进行。如金属材料具有较好的塑性才能通过轧制、挤压等冷热变形工序生产出合格产品。④对于金属材料，塑性的好坏还是评定材料冶金质量的重要标准。

材料塑性的评价，在工程上一般以光滑圆柱试样的拉伸伸长率和断面收缩率作为塑性性能指标。常用的伸长率指标有3种：最大应力下非比例伸长率 δ_g、最大应力下总伸长率和断后伸长率 δ，在3种指标中，断后伸长率是最常用的一种材料塑性指标。

断面收缩率是试样拉断后，颈缩处横截面积的最大减缩量与原始横截面积的百分比，用符号 Ψ 表示。

材料在一定显微组织、形变温度和形变速度条件下呈现非常大的伸长率(500%～2000%)而不发生颈缩和断裂的现象，称为超塑性(图2.36)。通常碳钢和合金钢的断后伸长率不超过30%～40%，铝及铝合金的断后伸长率不超过50%～60%。超塑性变形的伸长率比通常塑性变形的伸长率要高10倍以上，并且基本上不发生应变硬化。

超塑性可以说是非晶态固态或玻璃的正常状态。如玻璃在高温下可通过黏滞性流变被拉得很长而不发生颈缩。在纯金属和单相合金的稳定结构中得到的超塑性称为结构超塑性，在变形过程中发生相变的超塑性称为相变超塑性。利用超塑性技术可以压制形状复杂的机件，从而可以节约材料，提高精度，减小加工工时及能源消耗。因而材料的超塑性具有重要意义。

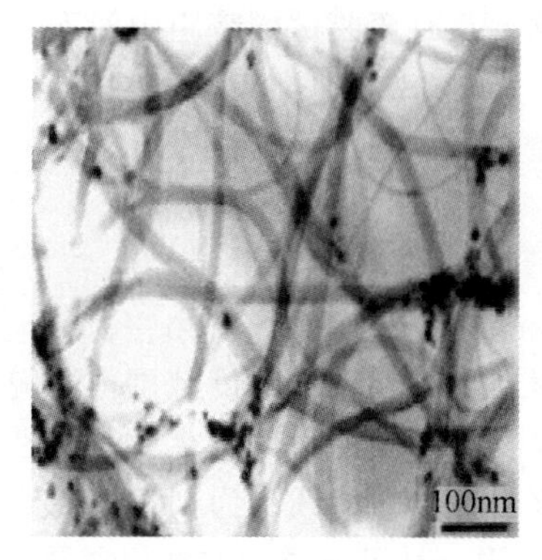

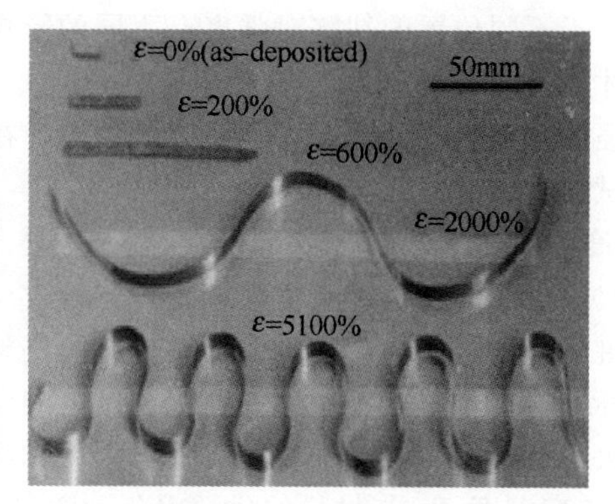

图 2.36 纳米铜的室温超塑性

产生超塑性的条件：①超细等轴晶粒，在加工过程中始终保持细小的晶粒组织，晶粒尺寸达微米量级，一般为 0.5～5μm，最佳组织是由两个或多个紧密交错的超细晶粒组成的组织，大多数超塑性材料都是共晶、共析或析出型合金；②合适的变形条件，超塑性变形温度在$(0.5\sim0.65)T_m$之间（T_m 是熔点，单位为 K），应变速率一般大于或等于$10^{-3}s^{-1}$，高温下的超塑性变形机制主要是晶界滑动和扩散性蠕变；③应变速率敏感指数 m'较高，出现超塑性的条件是$0.3\leqslant m'\leqslant 1$。当 $m'<0.3$ 时，材料就不出现超塑性。

超塑性变形材料的组织结构具有以下特征：①晶粒仍保持等轴状；②没有晶内滑移和位错密度的变化，抛光试样表面也看不到滑移线；③超塑性变形过程中晶粒有所长大，而且变形量越大，应变速率越小，晶粒长大越明显；④产生晶粒换位，使晶粒趋于无规则排列，消除再结晶织构和带状组织。

聚合物材料在室温和通常拉伸速度下的应力-应变曲线呈现出复杂的情况。按照拉伸过程中屈服点的表现、伸长率的大小及断裂情况，大致可分为 5 种类型，即：①硬而脆；②硬而强；③强而韧；④软而韧；⑤软而弱，如图 2.37 所示。“软”和“硬”用于区分模量的低或高，“弱”和“强”是指强度的大小，“脆”是指无屈服现象而且断裂伸长很小，“韧”是指其断裂伸长和断裂应力都较高的情况。

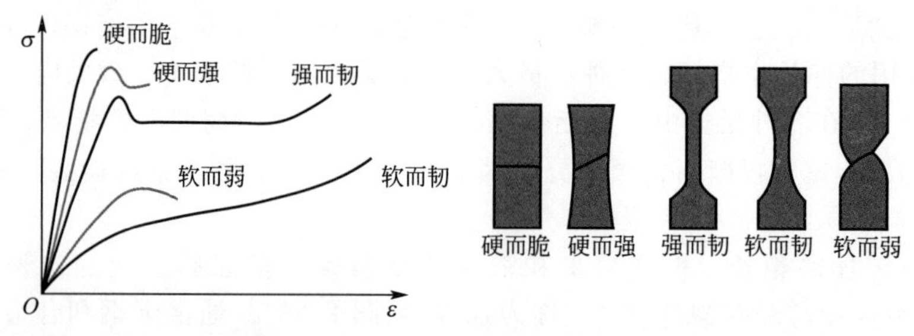

图 2.37 聚合物的 5 种类型应力-应变曲线及试样形状的变化

属于硬而脆的聚合物有聚苯乙烯(PS)、聚甲基丙烯酸甲酯(PMMA)和酚醛树脂等，它们的模量高，拉伸强度相当大，没有屈服点，断裂伸长率一般低于 2%。硬而强的聚合物具有高的弹性模量，高的拉伸强度，断裂伸长率约为 5%，硬质 PVC 属于这一类。强而韧的聚合物有尼龙 66、聚碳酸酯(PC)和聚甲醛(POM)等，它们的强度高，断裂伸长率也较大，该类聚合物在拉伸过程中会产生细颈。橡胶和增塑 PVC 属于软而韧的类型，它们的模量低，屈服点低或者没有明显的屈服点，只看到曲线上有较大的弯曲部分，伸长率很大(20%～1000%)，断裂强度还高。至于软而弱这一类，只有一些柔软的凝胶，很少用作结构材料。

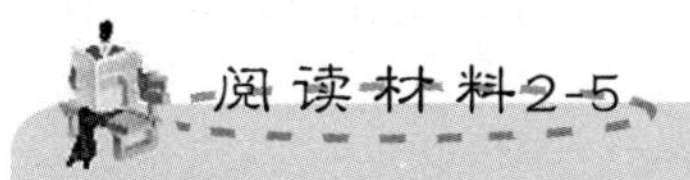

超塑性纳米晶 Zn－Al 合金

传统的超塑性 Zn－Al 合金在 200℃以上的高温下才显示超塑性，日本神户钢公司采用形变热控制处理技术(Thermo－Mechanical Control Process，TMCP)成功地制得了具有室温超塑性的纳米晶 Zn－Al 合金。日本已利用这种超塑性合金制成轴向力型减震器用于 100m 级大厦的防震系统。该纳米晶 Zn－Al 减震合金减震系统最大载荷超过百万牛，能够有效地吸收由于大地震和飓风所产生的剧烈振动能。这种纳米晶室温超塑性 Zn－Al 合金具有极其优异的加工性和模压复制性，不仅适用于住宅和大楼的防震装置，在其他领域也可望广泛应用。

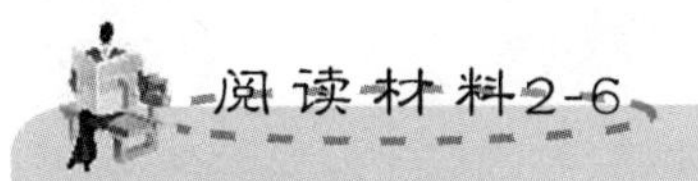

双相钢在汽车中的应用

在一辆汽车中，钢板质量占整个车体质量的83%以上，因此采用低合金高强度钢板代替传统的低碳钢板，对提高汽车结构强度、减轻汽车质量、降低油耗具有非常重要的意义。早期的低合金高强度钢板，常采用固溶强化、沉淀强化等手段，虽然也达到了强化的目的，但却降低了钢板的塑性，给构件成形带来了困难，甚至在塑性加工中严重开裂。在钢板成形工艺上虽也作了许多努力和改进，但屈服强度大于 450MPa 的低合金高强度钢板的成形问题仍然难以解决。因此，铁素体＋马氏体(贝氏体)双相钢应运而生，一直受到国际钢铁制造业及相关行业的关注。超轻钢车体项目研究表明，双相钢在未来汽车车身上的用量达 80%。目前，国际水平的冷轧双相钢强度已达 1470MPa。

目前，日本的川崎制铁、神户制铁、日本钢管、住友金属和新日铁 5 个钢铁公司已经生产出了双相钢。其低强度级别、薄规格产品主要用于制作车身外部面板、车盖板、车顶内板、门外部面板、行李箱盖板等，以改善冲压成形性和压痕抗力；高强度级别产品用于撞击横梁、保险杠加强体、车轮的轮辐和轮盘，以减薄规格，降低路面噪声和汽车总质量，从而降低油耗。

综合习题

一、填空题

1. 金属塑性的指标主要有__________和__________两种。
2. 单晶体的塑性变形方式有__________和__________两种。
3. 非晶态高分子材料的塑变过程主要是__________的形成。

二、简答题

1. 指出下列名词的主要区别。

(1) 弹性变形与塑性变形；　　(2) 一次再结晶与二次再结晶；
(3) 热加工与冷加工；　　(4) 丝织构与板织构；
(5) 屈服强度 σ_s 与抗拉强度 σ_b；　　(6) 银纹与裂纹。

2. 什么是滑移系？产生晶面滑移的条件是什么？写出面心立方金属在室温下所有可能的滑移系。

3. 试述 Zn、α - Fe、Cu 等几种金属塑性不同的原因。

4. 位错在金属晶体中运动可能受到哪些阻力？

5. 孪晶和滑移的变形机制有何不同？

6. 讨论金属中内应力的基本特点、成因和对金属加工、使用的影响。

7. 什么是应变硬化？有何实际意义？

8. 为什么细化晶粒可使材料的室温力学性能(强度和塑性)显著提高？

9. 在室温下对铅板进行弯折，越弯越硬，但如果稍隔一段时间再弯折，铅板又像最初一样柔软，这是什么原因？

10. 简述一次再结晶与二次再结晶的驱动力。如何区分冷加工、热加工？动态再结晶与静态再结晶后的组织结构的主要区别是什么？

11. 简述陶瓷材料(晶态)塑性变形的特点。

12. 高分子材料的塑性变形机理是什么？

13. 高分子材料的屈服与金属材料的屈服有何不同？

三、计算题

1. 沿铁单晶的 [110] 方向对其施加拉力，当力的大小为 50MPa 时，在(101)面上的 [111] 方向的分切应力应为多少？若 $\tau_c = 31.1\text{MPa}$，则外加拉应力应为多大？

2. 有一 70MPa 应力作用在 fcc 晶体的 [001] 方向上，求作用在(111) $[10\bar{1}]$ 和 (111) $[\bar{1}10]$ 滑移系上的分切应力。

3. 有一 bcc 晶体的$(\bar{1}10)$ [111] 滑移系的临界分切力为 60MPa，试问在 [001] 和 [010] 方向必须施加多大的应力才会产生滑移？

4. 为什么晶粒大小影响屈服强度？经退火的纯铁当晶粒大小为每平方毫米 16 个时，$\sigma_s = 100\text{MPa}$；而当晶粒大小为每平方毫米 4096 个时，$\sigma_s = 250\text{MPa}$，试求晶粒大小为每平方毫米 256 个时的 σ_s。

四、综合分析

1. 合金元素和热处理对金属材料的弹性模量影响不大，却对材料的强度影响很大，试讨论这一差别的原因。

2. 钢在 F 与 A 状态下的屈服现象有何不同？

3. 图 2.38 所示为一多晶体金属的应力-应变曲线，试回答下列问题。

(1) 当应力达到屈服点 B 时，用位错理论解释所发生的现象。

(2) 应力从 B 增加到 C 和 D，材料发生了加工硬化，用位错理论说明强度增加的原因。

4. 拉制半成品铜丝的过程如图 2.39 所示，试绘制不同阶段的组织和性能示意图，并加以解释。

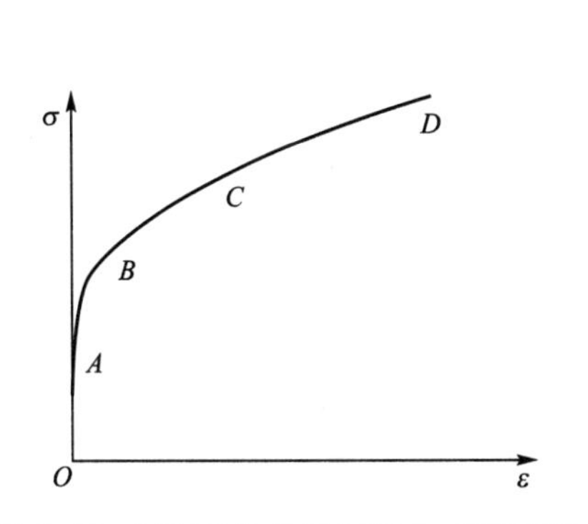

图 2.38 某多晶体金属的应力-应变曲线

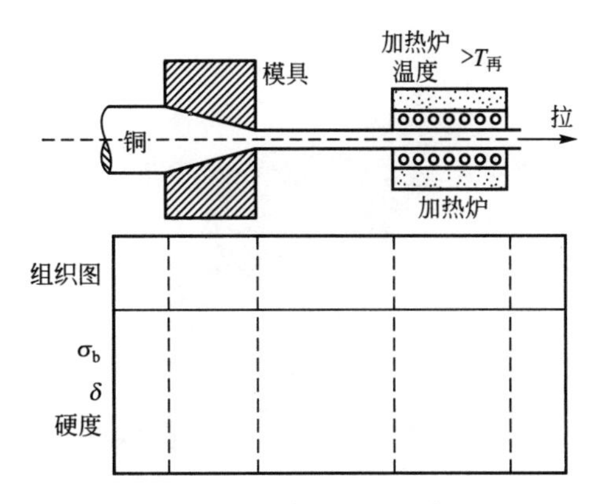

图 2.39 拉制半成品铜丝的过程

五、文献查阅及综合分析

查阅近期的科学研究论文，任选一种材料，以材料的塑性变形性能指标（σ_s、σ_b等）为切入点，分析材料的塑性变形性能与成分、结构、工艺之间的关系（给出必要的图、表、参考文献）。

【第 2 章习题答案】

【第 2 章自测试题】

【第 2 章试验方法-国家标准】

【第 2 章工程案例】

第3章 材料的断裂与断裂韧性

本章知识构架

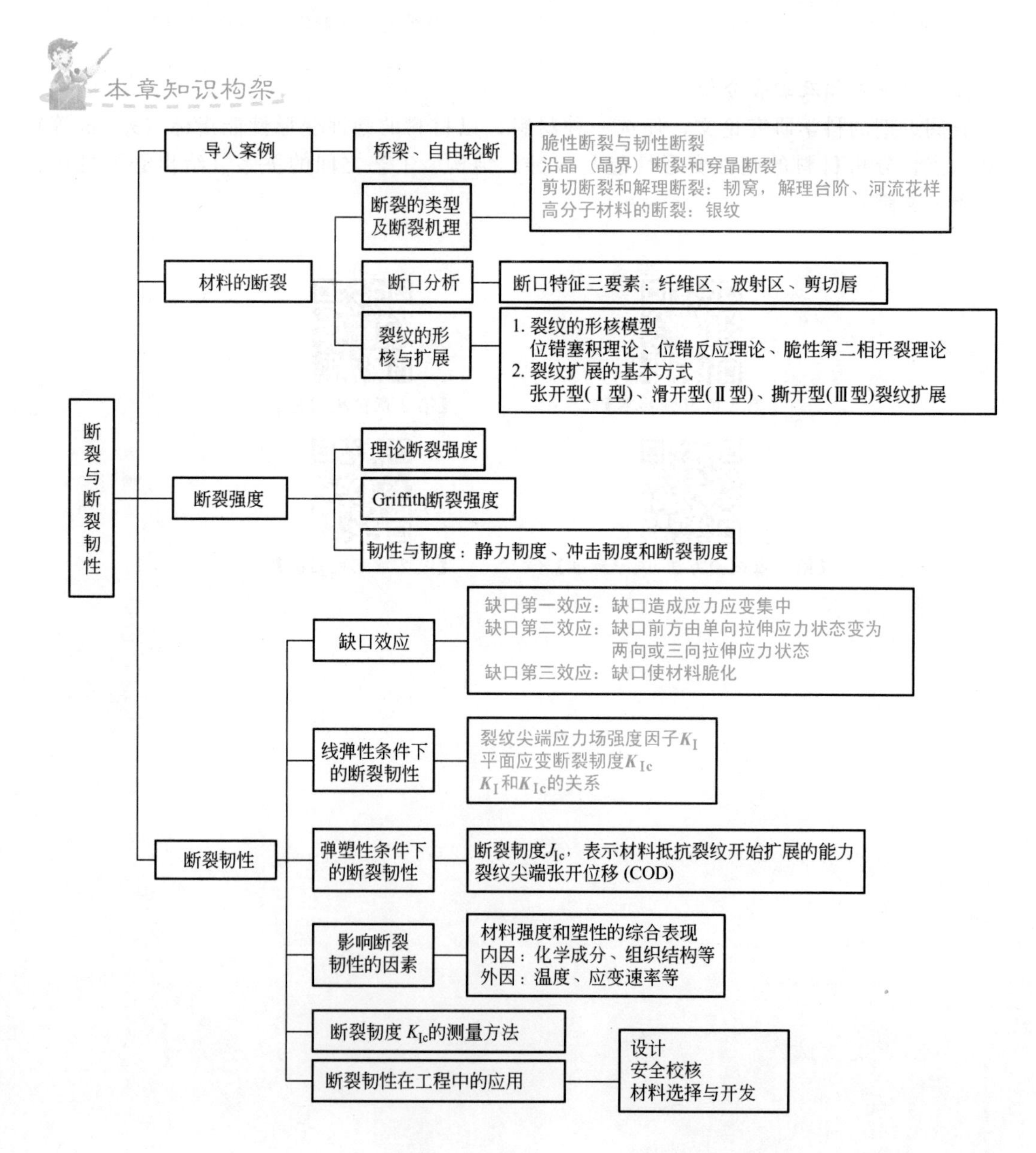

导入案例

断裂是工程构件最危险的一种失效方式，尤其是脆性断裂，它是突然发生的破坏，断裂前没有明显的征兆，常引起灾难性的破坏事故。自从20世纪四五十年代之后，脆性断裂的事故明显地增加。

【Tacoma大桥灾难】

自由轮（图3.01）是美国在第二次世界大战时应急大量建造的两型货船之一，是世界上第一种按流水线生产的船只。当时建造了2710艘自由轮，最快时平均7天下水一条！罗斯福总统为自由轮起的绰号是“丑陋的小鸭子”。1942年，轴心国击毁盟国船只1664艘，德国海军上将邓尼茨和德国工业家计算，照盟国当时的生产能力，盟国船只很快就会被德国的“狼群”战术潜艇突袭小队打光。实业家亨利·凯泽创新地用预制构件和装配的方法进行流水线大规模生产船只，焊接替代铆接成为主要的装配手段，一艘万吨级自由轮从安装龙骨到交货，原来要200多天，自由轮创下24天下水的世界纪录。“罗伯特·皮尔里”号万吨轮仅仅四天零十五小时就建成下水，连船身的油漆都没干，创造了造船工业的神话。这一造船纪录直至今日从未被打破。这时候，美国的船只生产超过了德军的打击能力。

图3.01　自由轮

然而，近千艘自由轮在航行中因脆性断裂问题失事，有的甚至没能下水。原因分析表明：一方面，钢材的硫磷含量高，缺口敏感性高；另一方面，焊接微裂纹在低温航行环境温度下引发了脆性断裂。

3.1　材料的断裂

固体材料在力的作用下分成若干部分的现象称为断裂。在材料的四大失效形式（过量变形、断裂、磨损、腐蚀）中，断裂意味着材料的彻底失效，危害性最大。

经典强度理论认为材料是均匀连续、各向同性的物体，断裂是瞬时发生的，设计时只考虑材料的抗拉强度σ_b，较少考虑屈服强度σ_s、韧性、焊接性等性能。随着机器装备和构件日益大型化和工作条件的复杂化，高强度和超高强度材料及全焊接结构的使用，发生了很多低应力脆性破坏的事故，对经典强度理论提出了质疑。

实际材料加工与使用过程中（冶金、锻造、焊接、淬火、机加工、变形、腐蚀、磨损）出现宏观裂纹，材料是非均匀连续的。Griffith在1920年提出，断裂前材料内存在的裂纹尖端会引发应力集中，当应力集中超过材料键合强度时，引发裂纹，裂纹在应力作用下扩展到临界尺寸时，材料就会突然断裂。尺寸效应的产生就是大试件中危险裂纹机会多，从而更易引发断裂过程。

【断列事故与断裂力学的发展】

断裂过程是裂纹的形成、扩展和断裂的过程。断裂取决于裂纹萌生抗力和扩展抗力，而不是取决于用断面尺寸计算的名义断裂应力和断裂应变，开启了断裂力学的发展。

材料的断裂表面称为断口。用肉眼、放大镜或电子显微镜等手段对材料断口进行宏观分析及微观分析，了解材料发生断裂的原因、条件、断裂机理及与断裂有关的各种信息的方法，称为断口分析法。

3.1.1 断裂的类型及断裂机理

材料的断裂过程包括裂纹的萌生、扩展与断裂3个阶段。不同的材料在不同条件下，材料断裂的机理与特征也并不相同，为了便于分析研究，需要按照不同的分类方法，把断裂分为多种类型。按照断裂前与断裂过程中材料的宏观塑性变形的程度，可将断裂分为脆性断裂与韧性断裂；按照晶体材料断裂时裂纹扩展的途径，可将断裂分为沿晶(晶界)断裂和穿晶断裂；按照微观断裂机理，可将断裂分为剪切断裂和解理断裂。

1. 脆性断裂与韧性断裂

脆性断裂是材料断裂前基本上不产生明显的宏观塑性变形，没有明显预兆，往往表现为突然发生的快速断裂过程，因而具有很大的危险性。脆性断裂的断口，一般与正应力垂直，宏观上比较齐平光亮，常呈放射状或结晶状［图3.1(a)］。淬火钢、灰铸铁、陶瓷、玻璃等脆性材料的断裂过程及断口常具有脆性断裂特征。

韧性断裂是材料断裂前及断裂过程中产生明显宏观塑性变形的断裂过程。韧性断裂时一般裂纹扩展过程较慢，消耗大量塑性变形能。韧性断裂的断口往往呈暗灰色、纤维状［图3.1(b)］。纤维状是塑性变形过程中，众多微细裂纹不断扩展和相互连接造成的，而暗灰色则是纤维断口表面对光的反射能力很弱所致。一些塑性较好的金属材料及高分子材料在室温下的静拉伸断裂具有典型的韧性断裂特征。

(a) 脆性断裂

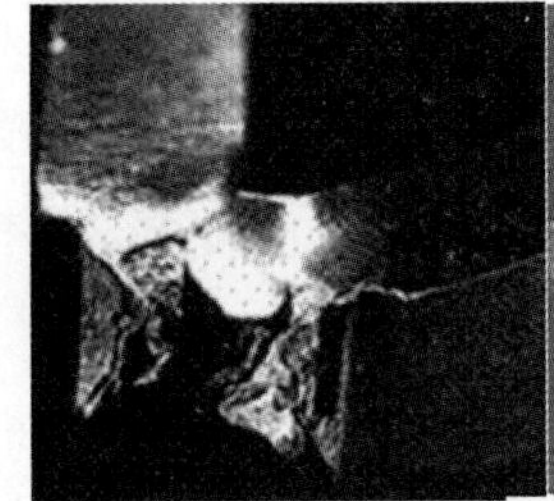

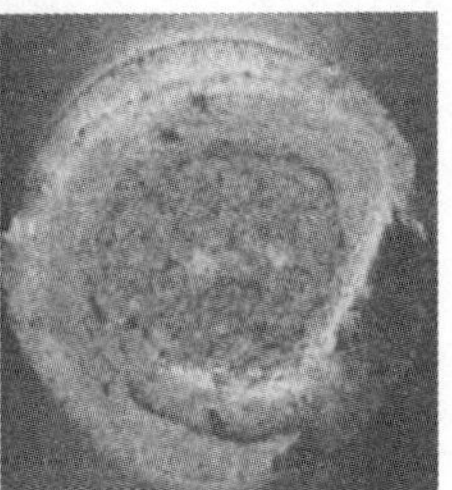

(b) 韧性断裂

图3.1 脆性断裂与韧性断裂

【参考图文】

脆性断裂与韧性断裂的主要区别在于断裂前所产生的应变大小。如果试样断裂后，测得它的残余应变量和形状变化都是极小的，该试样的断裂称为脆性断裂，该试样材料称为脆性材料，如玻璃和铸铁。一般地，脆性材料制成的零件发生断裂，经修复零件能恢复断裂前的形式。如果试样在断裂后测得它的残余应变量和形状变化都是很大的，这一试样的断裂称为韧性断裂，该试样材料称为韧性材料，如钢和有色金属。韧性材料制成的零件发生断裂，经修复的零件不能恢复断裂前的形式。对于大多数真实断裂情况，一般同时包括脆性断裂和韧性断裂，但是其中一种断裂形式必定起着主要作用。

实际上，材料的脆性断裂与韧性断裂并无明显的界限，一般脆性断裂前也会产生微量塑性变形。因此，一般规定光滑拉伸试样的断面收缩率小于5%者为脆性断裂，大于5%者为韧性断裂。

2. 沿晶(晶界)断裂和穿晶断裂

从微观上看，晶体材料断裂时裂纹沿晶界扩展的断裂称为沿晶(晶界)断裂，裂纹沿晶内扩展的称为穿晶断裂，如图3.2所示。沿晶断裂是晶界上的一薄层连续或不连续的脆性第二相、夹杂物等破坏了材料的连续性造成的，是晶界结合力较弱的一种表现。沿晶断裂的断口形貌一般呈结晶状。

(a) 沿晶断裂

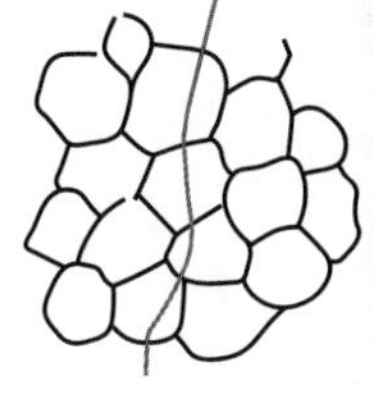
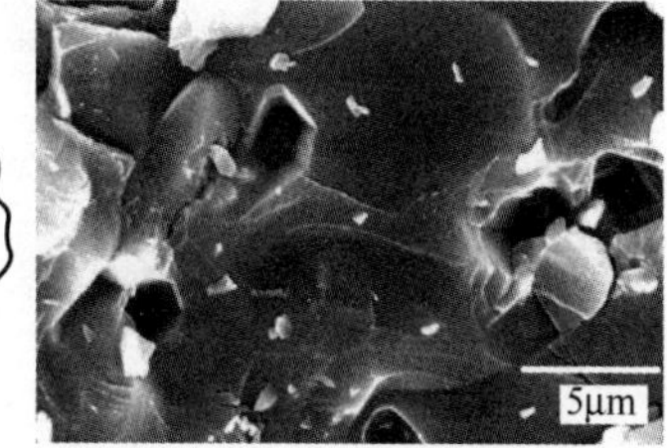

(b) 穿晶断裂

图3.2 沿晶断裂和穿晶断裂

从宏观上看，穿晶断裂可以是韧性断裂，也可以是脆性断裂；而沿晶断裂则多数为脆性断裂。共价键陶瓷晶界较弱，断裂方式主要是沿晶断裂；离子键晶体的断裂往往具有以穿晶解理为主的特征。

【沿晶断裂和穿晶断裂】

3. 剪切断裂和解理断裂

剪切断裂与解理断裂是材料断裂的两种微观机理。

1）剪切断裂

剪切断裂是材料在切应力作用下沿滑移面滑移分离而造成的断裂。某些纯金属尤其是单晶体金属可产生纯剪切断裂，其断口呈锋利的楔形，如低碳钢拉伸断口上的剪切唇。大单晶体的纯剪切断口上，用肉眼便可观察到很多直线状的滑移痕迹。对于多晶体，由于晶粒间的相互约束，不可能沿单一滑移面滑动，而是沿着相互交叉的滑移面滑动，从而在微观断口上呈现出蛇形滑动花样。随着变形度的加剧，蛇形滑动花样平滑化，形成涟波花样。变形继续增加，涟波花样进一步平滑化，在断口上留下平坦面，称为延伸区。

剪切断裂的另一种形式为微孔聚集型断裂，微孔聚集型断裂是材料韧性断裂的普遍方式。其断口在宏观上常呈现暗灰色、纤维状，微观断口特征花样则是断口上分布大量韧窝，如图3.3所示。

微孔聚集型断裂过程包括微孔形核、长大、聚合直至断裂。微孔的形核大多是通过第二相(夹杂物)碎裂或与基体界面脱离，并在材料塑性变形到一定程度时产生的[图3.4(a)]。随着塑性变形的进一步发展，大量位错进入微孔，使微孔逐渐长大[图3.4(b)]。微孔长大的同时，与相邻微孔间的基体横截面不断减小，相当于微小拉伸试样的颈缩过程。随着微颈缩的断裂，使微孔连接(聚合)形成微裂纹[图3.4(c)]。随后，在裂纹尖端附近的三向拉应力区和集中塑性变形区又形成新的微孔，并借助内颈缩与裂纹连通，使裂纹向前扩展一步，如此不断进行下去直至断裂，形成宏观上呈纤维状，微观上为韧窝的断口。一般来说，起始微孔的尺寸主要取决于夹杂物或第二相质点的大小和它们间的距离，以及金属材料基体塑性的好坏。若塑性相同，质点间距减小，则韧窝尺寸和深度都减小。在同样质点间距下，塑性好的材料韧窝深。在三向应力作用下，韧窝呈等轴形，而在切应力作用下，常呈椭圆形或抛物线形。

【韧窝形貌】

图 3.3　韧窝形貌

(a)

(b)

(c)

图 3.4　微孔长大聚合示意图

2）解理断裂

在正应力作用下，由于原子间结合键的破坏引起的沿特定晶面发生的脆性穿晶断裂称为解理断裂。解理断裂的微观断口应该是极平坦的镜面。但是，实际的解理断口是由许多大致相当于晶粒大小的解理面集合而成的。这种大致以晶粒大小为单位的解理面称为解理刻面。解理裂纹的扩展往往是沿着晶面指数相同的一族相互平行，但位于不同高度的晶面进行的。不同高度的解理面之间存在台阶，众多台阶的汇合便形成河流花样。

解理台阶、河流花样和舌状花样是解理断口的基本微观特征，如图 3.5 所示。通常认为台阶主要由两种方式形成：解理裂纹沿解理面扩展时，与晶内原先存在的螺型位错相交，便产生一个高度为一柏氏矢量的台阶，如图 3.6 所示，两相互平行但处于不同高度上的解理裂纹，通过次生解理或撕裂的方式相互连接形成台阶。

【解理台阶与河流花样】

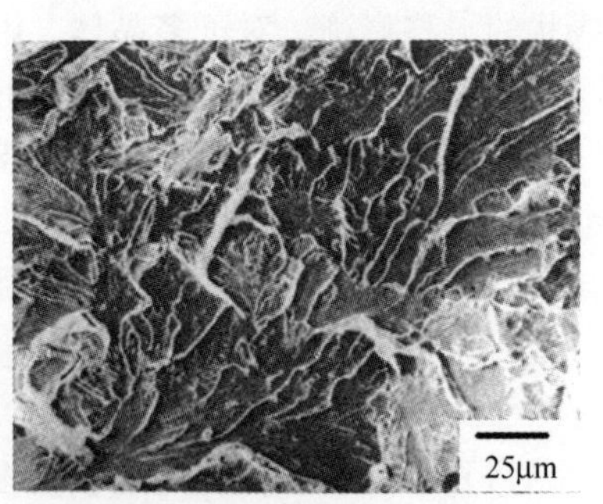

图 3.5　河流花样

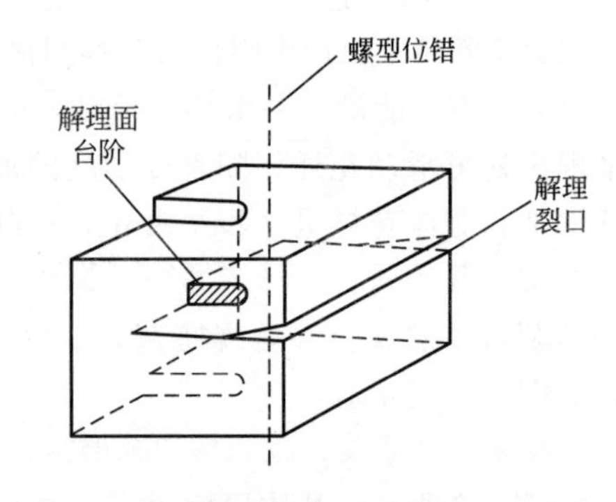

图 3.6　解理裂纹与螺型位错相交形成台阶

同号台阶相遇便汇合长大，异号台阶相遇则相互抵消。当汇合台阶足够高时，便形成河流花样(图 3.7)。

河流花样是判断是否为解理断裂的重要微观依据，“河流”的流向与裂纹的扩展方向一致，根据流向便可确定微观范围内解理裂纹的扩展方向。在实际多晶体中存在晶界与亚晶界，当解理裂纹穿过小角度晶界时，将引起河流方向的偏移；穿越扭转晶界和大角度晶界时，由于两侧解理面方向各异，以及晶界上的大量位错，裂纹不能直接简单穿越，需要重新形核，再沿着新组成的解理面扩展，于是引起台阶与河流的激增。

当解理裂纹高速扩展，温度较低时，在裂纹前端可能形成孪晶，裂纹沿孪晶与基体界面扩展时常会形成舌状花样。

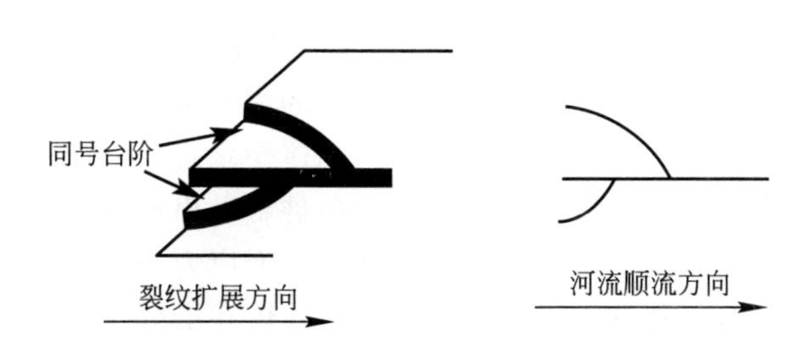

图 3.7 河流花样形成示意图

3）准解理断裂

准解理断裂常见于淬火回火钢中，宏观上属脆性断裂。由于回火后碳化物质点的作用，当裂纹在晶内扩展时，难以严格地沿一定晶面扩展。其微观形态特征，似解理河流但又非真正解理，故称为准解理。准解理与解理的不同点是，准解理小刻面不是晶体学解理面。解理裂纹常源于晶界，而准解理裂纹则常源于晶内硬质点，形成从晶内某点发源的放射状河流花样。准解理不是一种独立的断裂机理，而是解理断裂的变种。

从结晶学角度来讲，脆性断裂是通过解理方式出现的，拉伸应力将晶体中相邻晶面拉开而引起晶体的断裂，韧性断裂是由切应力引起的晶体沿晶面相对滑移而发生的断裂。

4. 高分子材料的断裂

高分子材料的断裂从宏观上考虑与金属材料相同，也可分为脆性断裂和韧性断裂两大类。玻璃态聚合物在玻璃转变温度 T_g 以下主要表现为脆性断裂，聚合物单晶体可以发生解理断裂，也属于脆性断裂。而 T_g 温度以上的玻璃态聚合物及通常使用的半晶态聚合物断裂时伴有较大塑性变形，属于韧性断裂。但是由于高分子材料的分子结构特点，其微观断裂机理又与金属及陶瓷材料不同。

无定型的玻璃态高分子聚合物材料的断裂过程是银纹产生和发展的过程，如图 3.8所示。

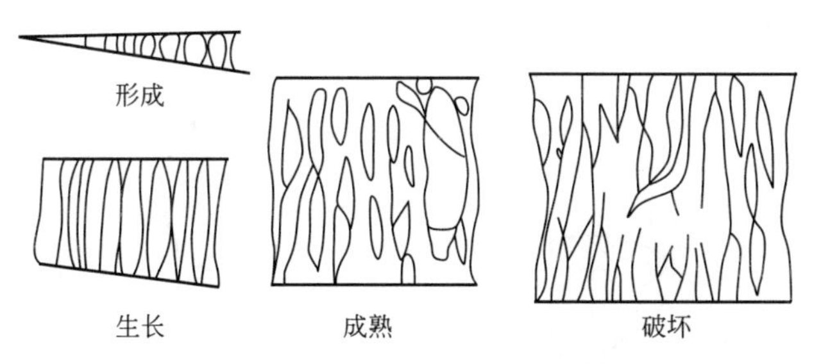

【银纹的形成与破坏】

图 3.8 银纹的形成与破坏示意图

在韧性断裂过程中，当拉伸应力增加到一定值时，银纹会在材料中的一些弱结构或缺陷处产生。随变形的进一步增大，银纹中的空洞随着纤维的断裂可长大形成微孔，微孔的扩大和连接形成裂纹。另外，在银纹中的一些杂质处也可能形成微裂纹，微裂纹沿银纹与基体材料界面扩展，使连接银纹两侧的纤维束断裂造成微观颈缩，微观颈缩的断裂便形成裂纹。裂纹的顶端存在着很高的应力集中，又促使银纹的形成，裂纹的扩展过程就是银纹区的产生、移动的过程。

这一过程与金属材料的微孔聚集型断裂机理有一定的相似之处。在较低温度的脆性断裂过程中，银纹生成比较困难，整体试样上很难检查到银纹，但在断口上也有很薄的银纹层，说明有韧性断裂与脆性断裂，在断裂过程中裂纹顶端总伴随有银纹的形成。

对晶态及半晶态的高分子材料，单晶体的断裂取决于应力与分子链的相对取向。聚合物单晶体是分子链折叠排列的薄层，分子链方向垂直于薄层表面。当晶体受垂直于分子链方向的应力作用时，晶体会发生滑移、孪生和马氏体相变。在高应变条件下，出现解理裂纹，裂纹沿与分子链平行的方向扩展，破坏范德瓦尔斯键形成解理断裂。当应力与分子链平行时，裂纹要穿过分子链，切断共价键。由于共价键强度很高，因此晶体在沿分子链方向表现出很高的强度，不易断裂。

半晶态高分子材料是无定形区与晶体的两相混合物。在 T_g 温度以上，半晶态高分子材料具有韧性断裂的特征。断裂时已产生塑性变形的无定形区的微纤维束末端将形成空洞。随着塑性变形的继续进行，在空洞或夹杂物旁边微纤维束产生滑移运动，即可形成微裂纹。微裂纹即可通过切断纤维沿横向(与微裂纹共面)生长，也可能通过“拔出”一些纤维，从而以与邻近纤维末端空洞相连接的方式生长。依据材料性质，有些材料微裂纹生长以切断纤维为主，如尼龙 6、尼龙 66 等；有些则以拔出纤维与相邻纤维末端空洞连接为主，如聚乙烯等。

3.1.2 断口分析

材料断裂的实际情况往往比较复杂，宏观断裂形态不一定与微观断裂口特征完全相符。宏观上表现为韧性断裂的断口上局部区域也可能出现脆性解理的特征，而宏观上表现为脆性断裂的断口上局部区域也可能出现“韧窝”花样。因此，宏观上的韧性、脆性断裂不能与微观上的韧性、脆性断裂机理混为一谈。但是，根据宏、微观的断口分析，可以真实地了解材料断裂时裂纹萌生及扩展的起因、经历及方式，有助于对断裂的原因、条件及影响因素做出正确判断。

中、低碳钢光滑圆柱试样在室温下的静拉伸断裂就是典型的韧性断裂。断口一般呈杯锥状，由纤维区、放射区和剪切唇 3 个区域组成，即断口特征三要素。如图 3.9 所示，这种断口的形成过程如图 3.10 所示。

【拉伸断口 3 个特征区】

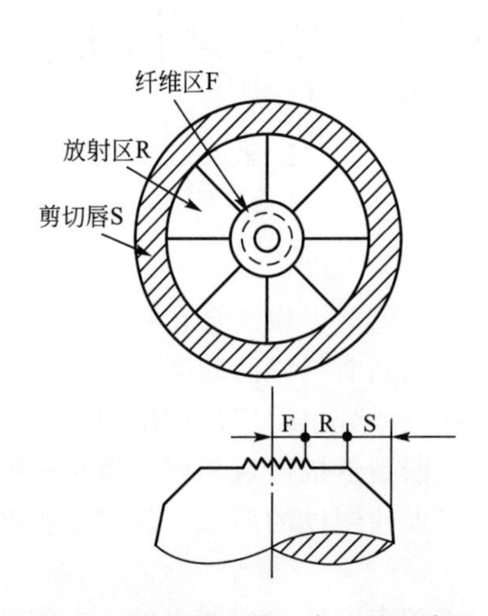

图 3.9 拉伸断口的 3 个区域示意图

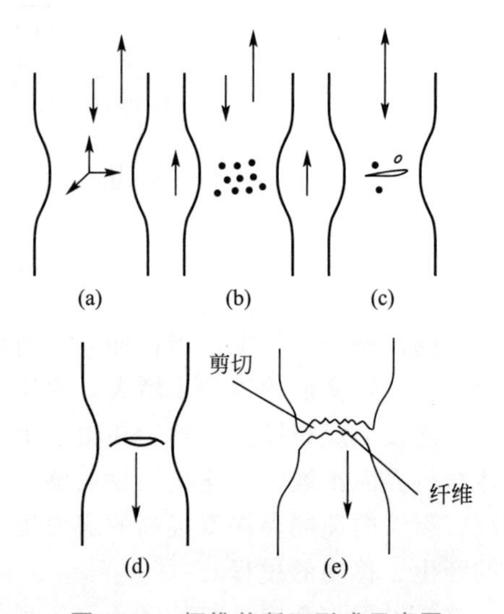

图 3.10 杯锥状断口形成示意图

当试样的拉伸力达到应力-应变曲线的最高点时，试样局部区域产生颈缩，颈缩部分中心的应力状态也由单向变为三向［图 3.10(a)］，中心轴向应力最大。在三向应力作用下，样品中心部分的夹杂物或硬质第二相质点破裂或与基体界面脱离形成微孔［图 3.10(b)］。微孔不断长大聚合形成显微裂纹［图 3.10(c)］，其端部产生更大的塑性变形，新的微孔就在变形带内形核、长大和聚合，当其与已产生的裂纹连接时，裂纹便向前扩展［图 3.10(d)］。这样反复进行的结果就形成纤维区［图 3.10(e)］。纤维区所在平面垂直于拉伸应力方向，纤维区的微观断口特征为韧窝。

纤维区中裂纹扩展速度较慢，并伴有更大的塑性变形。当裂纹达到某一临界尺寸后，产生更大的应力集中，裂纹以低能量撕裂的方式快速扩展，形成放射区。放射区有放射线花样特征。放射线平行于裂纹扩展方向而垂直于裂纹前端轮廓线，并逆指裂纹源。放射区的断裂过程属于韧性撕裂过程，微观特征为撕裂韧窝，撕裂时塑性变形量越大，放射线越粗。对于几乎不产生塑性变形的材料，放射线消失，微观断口上呈现解理特征。

试样拉伸断裂的最后阶段形成杯状或锥状的剪切唇。剪切唇与拉伸轴成 45°，表面光滑，是典型的切断型断裂。其微观特征为涟波花样。

韧性断裂的宏观断口一般都具有上述 3 个区域，而脆性断口纤维区很小，剪切唇几乎没有。此 3 个区域的形态、大小和相对位置，因试样形状、尺寸和金属材料的性能，以及实验温度、加载速率和受力状态不同而变化。一般来说，材料强度提高、塑性降低，则放射区比例增大，试样尺寸加大，放射区明显增大，而纤维区变化不大。

3.1.3 裂纹的形核与扩展

1. 裂纹的形核模型

断裂是裂纹形核和扩展的结果。实验结果表明，尽管解理断裂是典型的脆性断裂，但解理裂纹的形成却与材料的塑性变形有关，而塑性变形是位错运动的结果，因此，为了探讨解理裂纹的产生，不少学者采用位错理论来解释解理裂纹成核机理。

1) Zener－Stroh(甄纳-斯特罗)理论(位错塞积理论)

该理论是 Zener1946 年首先提出来的，其模型如图 3.11 所示。在切应力的作用下刃型位错在障碍处受阻而堆积。Stroh 认为应力集中充分大时，能使塞积附近原子间的结合力破坏而形成解理裂纹。Zener－Stroh 理论存在的问题是，大量位错塞积将产生很大的切应力集中，使相邻晶粒内的位错源开动将应力松弛，裂纹难以形成。再如单晶中很难设想存在位错塞积的有效障碍，而六方晶体中滑移面和解理面通常为同一平面，不易符合 70.5°(最大应力发生角度)的要求。

【位错理论】

2) Cottrell(柯垂尔)理论(位错反应理论)

Cottrell 位错反应理论模型如图 3.12 所示。若位错反应后生成的新位错线不在晶体固有滑移面上，即生成不动位错或固定位错，形成位错塞积，从而引发应力集中，形成裂纹。Cottrell 用能量的方法进行研究，提出为了产生解理裂纹，裂纹扩展时外加正应力的功必须等于或大于产生的新裂纹表面的表面能。

3) Smith(施密斯)理论(脆性第二相开裂理论)

解理裂纹形成和扩展理论未考虑显微组织不均匀造成的影响。Smith 提出了低碳钢中因铁素体塑性变形导致晶界碳化物开裂形成解理裂纹的理论。铁素体中的位错源在切应力的作用

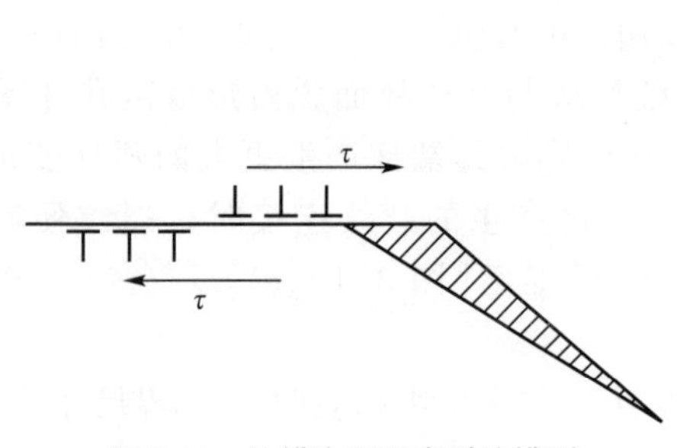

图 3.11 位错塞积形成裂纹模型

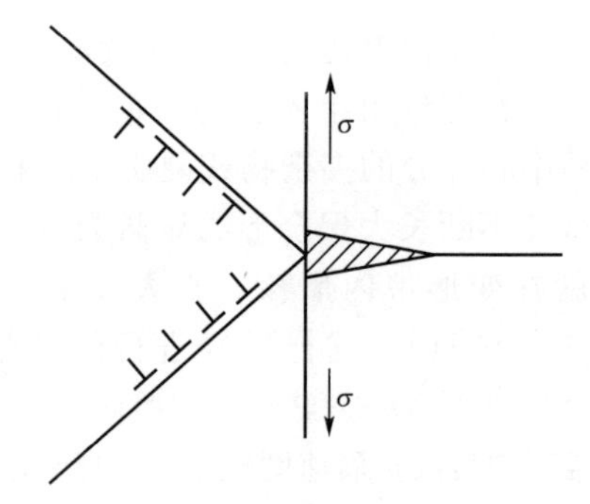

图 3.12 位错反应形成裂纹

下开动，位错运动至晶界碳化物处受阻而形成塞积，在塞积头处拉应力作用下使碳化物开裂。

裂纹形成理论还有很多，比如在极低温度下，交叉孪晶带产生微裂纹；滑移带受阻于第二相粒子产生微裂纹等。

2. 裂纹扩展的基本方式

根据外加应力的类型及其与裂纹扩展面的取向关系，裂纹扩展的基本方式有 3 种，如图 3.13 所示。

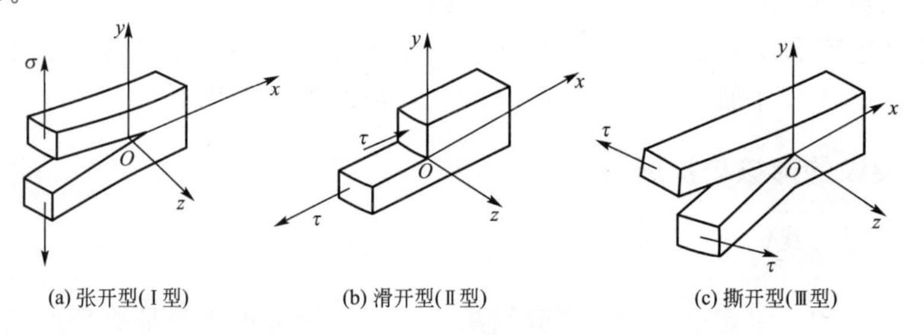

(a) 张开型(Ⅰ型)　(b) 滑开型(Ⅱ型)　(c) 撕开型(Ⅲ型)

图 3.13 裂纹扩展的基本方式

(1) **张开型(Ⅰ型)裂纹扩展**：拉应力垂直作用于裂纹面，裂纹沿作用力方向张开，沿裂纹面扩展，如容器纵向裂纹在内应力作用下的扩展。

(2) **滑开型(Ⅱ型)裂纹扩展**：切应力平行作用于裂纹面，并且与裂纹前沿线垂直，裂纹沿裂纹面平行滑开扩展，如花键根部裂纹沿切应力方向的扩展。

(3) **撕开型(Ⅲ型)裂纹扩展**：切应力平行作用于裂纹面，并且与裂纹线平行，裂纹沿裂纹面撕开扩展，如轴类零件的横裂纹在扭矩作用下的扩展。

实际裂纹的扩展过程并不局限于这 3 种形式，往往是它们的组合，如Ⅰ-Ⅱ、Ⅰ-Ⅲ、Ⅱ-Ⅲ型的复合形式。

在这些裂纹的不同扩展形式中，以**Ⅰ型裂纹扩展最危险，最容易引起脆性断裂**。所以，在研究裂纹体的脆性断裂问题时，总是以这种裂纹为研究对象。

3.2 断裂强度

1. 理论断裂强度

材料强度是材料抵抗外力作用时所表现出来的一种性质。决定材料强度的最基本的因素是分子、原子(离子)之间结合力。材料的强度有各种表示方法。**在外加正应力作用下，**

将晶体中的两个原子面沿垂直于外力方向拉断所需的应力称为理论断裂强度。

理论断裂强度的推导

理论断裂强度可简单估算如下：设想沿解理面分开的两半晶体，其解理面间距为 a_0，沿拉力方向发生相对位移 x，当位移很大时，位移和作用力的关系并不是线性关系。原子间的交互作用最初是随 x 的增大而增大，达到一峰值 σ_m 后就逐渐下降，如图 3.14 所示。σ_m 就是理论断裂强度。

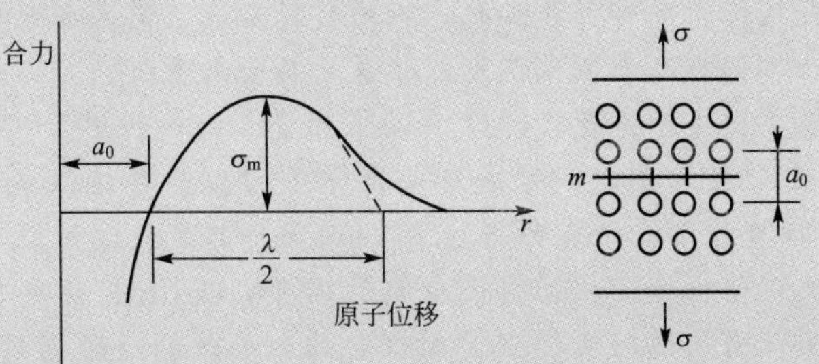

图 3.14 原子位移和作用力曲线图

拉断后要产生两个解理面，单位面积的表面能用 γ_s 表示。在拉伸过程中，应力所做的功应等于 $2\gamma_s$。为了近似地求出图 3.14 中曲线下的面积，用一正弦曲线代替原来的曲线，此曲线方程为

$$\sigma=\sigma_m \sin\frac{2\pi x}{\lambda} \tag{3-1}$$

式中，λ 为正弦曲线的波长；x 为原子间位移，因而

$$2\gamma_s=\int_0^{\lambda/2}\sigma_m \sin\left(\frac{2\pi x}{\lambda}\right)dx=\frac{\lambda\sigma_m}{\pi} \tag{3-2}$$

对于无限小的位移，将式(3-1)简化为

$$\sigma=\sigma_m\frac{2\pi x}{\lambda} \tag{3-3}$$

根据胡克定律，得

$$\sigma=E\varepsilon=\frac{Ex}{a_0} \tag{3-4}$$

式中，ε 为弹性应变；a_0 为原子间距。可求得

$$\lambda=\frac{2\pi\sigma_m a_0}{E} \tag{3-5}$$

代入式(3-2)，可得出

$$\sigma_m=\left(\frac{E\gamma_s}{a_0}\right)^{\frac{1}{2}} \tag{3-6}$$

这就是理想晶体脆性(解理)断裂的理论断裂强度。

由式(3-6)可见，在 E、a_0 一定时，σ_m 与 γ_s 有关，实际解理面的 γ_s 低，所以 σ_m 小而易解理。

如果用 E、a_0 和 γ_s 的典型值代入式(3-6)，则可获得该材料的理论断裂强度值。如铁的 $E=2\times10^5$ MPa，$a_0=2.5\times10^{-10}$ m，$\gamma_s=2$ J/m^2，则 $\sigma_m=4.0\times10^4$ MPa。若用 E 的百分数表示，则 $\sigma_m=E/5.5$。通常，$\sigma_m=E/10$。实际金属材料的断裂应力仅为理论 σ_m 值的

1/1000～1/10，陶瓷、玻璃等脆性材料更低。

2. 断裂强度的裂纹理论(Griffith 裂纹理论)

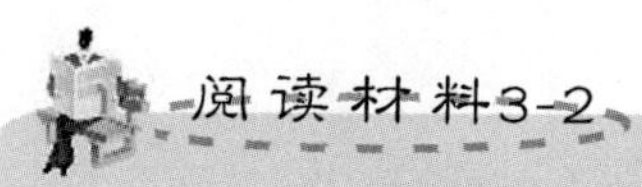

断裂力学理论的开创者——Griffith

在 Griffith 之前，人们认为断裂强度是材料的本征性能，每一种材料都应该具有大致固定的数值。可是实际情况却并非如此，不同材料呈现不同的断裂行为，每种材料的断裂强度变化巨大，不同样品的测试值可以相差一两个数量级。

Griffith 于 1893 年出生于伦敦，1911 年毕业于曼岛的一所中学，获得奖学金进入利物浦大学读机械工程，1914 年以一等成绩获得学士学位，并获得最高奖章。1915 年，Griffith 到皇家航空研究中心工作，并与 G. I. Taylor 一起发表了用肥皂膜研究应力分布的开创性论文，该文获得机械工程协会的金奖。同年，Griffith 获得利物浦大学工程硕士学位。在研究“为什么玻璃的实际强度比从它的分子结构所预期的强度低得多?”问题时，Griffith 推测“由于微小的裂纹所引起的应力集中而产生”，提出适合于判断脆性材料的与材料裂纹尺寸有关的断裂准则——能量准则。1920 年，Griffith 发表了他那篇著名的论文：*The phenomenon of rupture and flow in solids*，该文次年刊登在皇家学会的 *Philosophical Transactions* 杂志上。他认为，材料内部有很多显微裂纹，并从能量平衡出发得出了裂纹扩展的判据，一举奠定了断裂力学的基石。当 Griffith 发表这篇使他名留千古的文章时，才 26 岁。1921 年，Griffith 以他的断裂力学成名作获得利物浦大学工程博士学位。其后，Griffith 历任空军实验室首席科学家，航空研究中心工程部主管等职，在航空发动机设计方面做出了同样卓越的贡献。Griffith 于 1939 年加盟劳斯莱斯公司，1941 年当选皇家学会院士。

为了解释玻璃、陶瓷等脆性材料的断裂强度的理论值与实际值的巨大差异，A. Griffith (格里菲斯)在 1921 年提出，实际材料中已经存在裂纹，当平均应力还很低时，裂纹尖端的应力集中已达到很高值(σ_m)，而使裂纹快速扩展并导致脆性断裂。他根据能量平衡原理计算出裂纹自动扩展时的应力值，即计算了含裂纹体的强度。能量平衡原理指出，由于裂纹的存在，系统弹性能降低，若要保持系统总能量不变，裂纹释放的弹性能必然要与因存在裂纹而增加的表面能平衡。如果弹性能的降低足以满足表面能增加的需要，则裂纹的扩展就成为系统能量降低的过程，因而裂纹就会自发扩展引起脆性破坏。

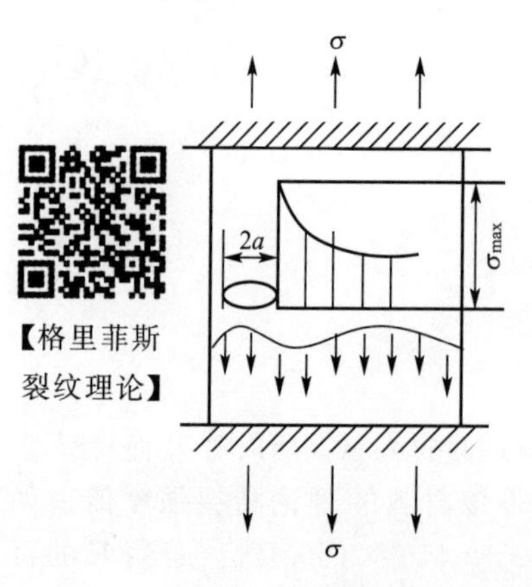

图 3.15　格里菲斯裂纹模型

设有一单位厚度的无限宽薄板，对之施加一拉应力，并使其固定以隔绝与外界的能量交换。在垂直于板表面方向上可以自由位移，板处于平面应力状态。

如果在此板的中心割开一个垂直于应力 σ，长度为 $2a$ 的贯穿裂纹。则原来弹性拉紧的平板就产生直径为 $2a$ 的弹性松弛区，并释放弹性能$\left(U_e=-\dfrac{\pi\sigma^2a^2}{E}\right)$，如图 3.15 所示。

裂纹自发扩展的临界应力为

$$\sigma_c=\left(\frac{2E\gamma_s}{\pi a_c}\right)^{\frac{1}{2}}\approx\left(\frac{E\gamma_s}{a_c}\right)^{\frac{1}{2}} \tag{3-7}$$

式(3-7)称为Griffith公式。这说明裂纹扩展的临界应力 σ_c 和裂纹半长度 a_c 的平方根成反比。a_c 称为Griffith裂纹半长，可以作为脆性断裂的断裂判据。将有裂纹存在的断裂强度和理论断裂强度对比，可求出

$$\frac{\sigma_m}{\sigma_c}=\left(\frac{a_c}{a_0}\right)^{\frac{1}{2}} \tag{3-8}$$

式(3-8)说明，裂纹在其两端引起的应力集中，将外加应力放大 $\left(\frac{a_c}{a_0}\right)^{\frac{1}{2}}$ 倍，使局部区域达到理论强度，而导致脆性断裂。

一般脆性材料，如玻璃、硅、锗等，由于少量夹杂物和表面损伤等原因，都会有微裂纹存在。试验结果表明，用钠蒸气缀饰法显示出玻璃表面上的确存在这样的裂纹；如果用氢氟酸将损伤的表面层去除后，断裂强度就大为提高；将岩盐晶体浸入温水中溶掉其表面损伤层，发现其断裂强度从5MPa提高到1600MPa。这些均证实了Griffith的预测。

Griffith公式只适用于脆性固体，如玻璃、无机晶体材料、超高强钢等。对于许多工程结构材料，如结构钢、高分子材料等，裂纹尖端会产生较大塑性变形，要消耗大量塑性变形功。因此，必须对Griffith公式进行修正。

E. Orowan(奥罗万)首先提出裂纹扩展时，裂纹尖端由于应力集中，局部区域内会发生塑性变形。塑性变形消耗的能量成为裂纹扩展所消耗能量的一部分，因此，表面能除了弹性表面能外，还应包括裂纹尖端发生塑性变形所消耗的塑性功 γ_p。Griffith公式应当修正为

$$\sigma=\left[\frac{2E(\gamma_s+\gamma_p)}{\pi a}\right]^{\frac{1}{2}} \tag{3-9}$$

试验表明，许多金属的 γ_p 比 γ_s 大得多，有的要大 10^3 倍，因此，金属材料的断裂强度要高得多。

3. 真实断裂强度与静力韧度

真实断裂强度 S_k 是用单向静拉伸时的实际断裂拉伸力 F_k 除以试样最终断裂截面积 A_k 所得应力值，即

$$S_k=\frac{F_k}{A_k} \tag{3-10}$$

根据试样拉断后的实际断口情况，S_k 的含义不同。如果断口齐平，断裂前不发生塑性变形或塑性变形很小，S_k 代表材料的实际断裂强度，表征材料对正断的抗力大小，如陶瓷、玻璃、淬火工具钢及某些脆性高分子材料等。如果拉伸试样在最终断裂前出现颈缩，S_k 则主要反映的是材料抵抗切断的能力。S_k 并不是真正的断裂应力。S_k 的实际应用不多，国家标准中也未规定这个性能指标。

【韧性与韧度】

韧度是衡量材料韧性大小的力学性能指标，分为静力韧度、冲击韧度和断裂韧度。习惯上，韧性和韧度这两个名词混用，但它们的含义不同，韧性是材料的力学性能，是指材料断裂前吸收塑性变形功和断裂功的能

力。韧度是韧性的度量。通常将静拉伸的 $\sigma-\varepsilon$ 曲线下包围的面积减去试样断裂前吸收的弹性能定义为静力韧度。

静力韧度的数学表达式可用材料拉断后的真应力-真应变曲线求得

$$a=\frac{S_k^2-\sigma_{0.2}^2}{2D} \tag{3-11}$$

式中，D 为形变强化模数。

可见，静力韧度 a 与 S_k、$\sigma_{0.2}$、D 这 3 个量有关，是派生的力学性能指标。但 a 与 S_k、$\sigma_{0.2}$的关系比塑性与它们的关系更密切，故在改变材料的组织状态或改变外界因素(如温度、应力等)时，韧度的变化比塑性变化更显著。

静力韧度对于按屈服应力设计，但在服役中不可避免地存在偶然过载的机件，如链条、拉杆、吊钩等是必须考虑的重要的力学性能指标。

3.3 断裂韧性

断裂力学的发展

断裂力学起源于 20 世纪初期，发展于 20 世纪后期，是研究含裂纹物体的强度和裂纹扩展规律的科学，是固体力学的一个分支，又称裂纹力学。

最早的断裂力学思想：1921 年英国科学家 Griffith 研究“为什么玻璃的实际强度比从它的分子结构所预期的强度低得多?”，推测“由于微小的裂纹所引起的应力集中而产生”，提出适合脆性材料裂纹尺寸的断裂准则——能量准则。

断裂力学的形成与发展：1957 年，美国科学家 G. R. Irwin 提出应力强度因子的概念，线弹性断裂理论获得重大突破，应力强度因子理论作为断裂力学的最初分支——线弹性断裂力学建立起来。20 世纪 60 年代是其大发展时期。我国断裂力学工作起步比国外晚了 20 年，直到 20 世纪 70 年代，断裂力学才广泛引入我国。

断裂力学的任务及应用：求得各类材料的断裂韧度；确定物体在给定外力作用下是否发生断裂，即建立断裂准则；研究载荷作用过程中裂纹扩展规律；研究在腐蚀环境和应力同时作用下物体的断裂(即应力腐蚀)问题。断裂力学已在航空、航天、交通运输、化工、机械、材料、能源等工程领域得到广泛应用。

3.3.1 缺口效应

单向拉伸静载荷试验方法采用的是均匀光滑试样，而实际工件存在截面急剧变化，如键槽、油孔、轴肩、螺纹、退槽、焊缝等可视为缺口，缺口截面上的应力状态将发生变化；另外，实际材料中已经存在裂纹，断裂力学研究的是裂纹体材料的性能，裂纹可看作是尖锐的缺口。因此，下面首先分析由于缺口的存在而引起的应力分布状态的变化。

1. 缺口试样在弹性状态下的应力分布

设一无限大薄板上开有缺口，如图 3.16(a)所示。当应力超过 σ_s时，会产生塑性变形。当薄板在 y 方向上所受的单向拉应力 σ_y 低于材料的弹性极限时，其缺口截面上的应力分布为轴向应力 σ_y 在缺口根部最大，远离根部时，σ_y 下降，即在根部产生应力集中。当这种集中应力达到材料的屈服强度时，便会引起缺口根部附近区域的塑性变形。这就是缺口的第一效应：缺口造成应力应变集中。

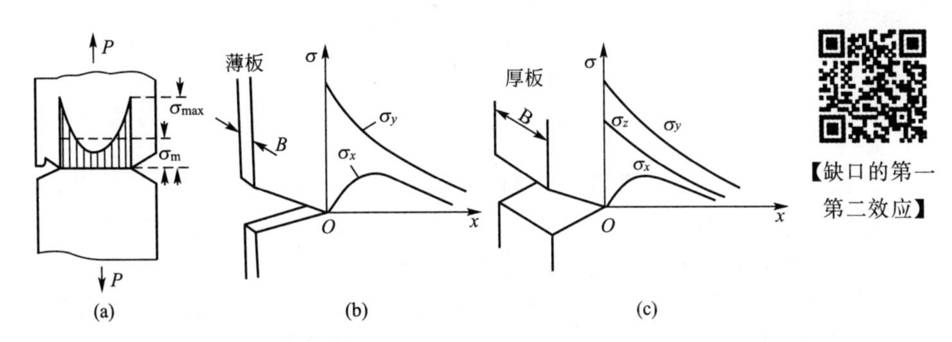

图 3.16 缺口试样在弹性状态下的应力分布

缺口的应力集中与缺口的几何参数有关，如缺口形状、角度、深度及根部曲率半径，其中以根部曲率半径的影响最大。缺口越尖，应力集中越大。缺口引起的应力集中的程度通常用应力集中系数 K_t 表示，K_t 为缺口净截面上的最大应力 σ_{max}与平均应力 σ 之比。

缺口根部内侧还会出现横向拉应力 σ_x，其分布形状如图 3.16(b)所示。它是由材料横向收缩引起的。薄板在纵向应力 σ_y 作用下产生相应的纵向压变 ε_y，根据泊松关系，横向应变 $\varepsilon_x=-\gamma\varepsilon_y$。由于薄板是连续的整体，不允许横向自由收缩，于是在垂直于相邻试样界面方向上必然要产生横向拉应力 σ_x，阻碍横向收缩分离。在缺口根部 σ_x 为零，这是由于缺口根部无约束所致。σ_x 分布先增后减，这是由于 x 较小时，σ_y 较大，造成 σ_x 迅速增加；当 x 较大时σ_y 逐渐减小，纵向应变差减小，于是 σ_x 下降。另外，由于薄板在垂直方向与薄板方向上可以自由变形，于是又有 $\sigma_x=0$。因此，薄板中心是两向拉伸的平面应力状态，可以表示为(σ_x，σ_y)(ε_x，ε_y，ε_z)。

对于无限大的厚板，其轴向应力 σ_y、横向应力 σ_x 与薄板相同，而垂直于板面方向的变形受到约束，$\varepsilon_z=0$，故 $\sigma_z\neq 0$，$\sigma_z=\gamma(\sigma_x+\sigma_y)$，其弹性状态下的应力分布如图 3.16(c)所示。可见，缺口根部为两向应力状态，缺口内侧为三向拉应力状态，称为平面应变状态(σ_x，σ_y，σ_z)(ε_x，ε_y)，并且 $\sigma_y>\sigma_z>\sigma_x$，这种三向拉应力状态是造成缺口试样或构件早期断裂的主要原因。

缺口的第二效应：缺口改变了缺口前方的应力状态，使平板中材料所受的应力由原来的单向拉伸应力状态改变为两向或三向拉伸应力状态(应力状态软性系数 $\alpha<0.5$)。

缺口的这两种效应解释了材料表现为脆性、低塑性的原因，脆性、低塑性材料的缺口处难以通过塑性变形释放应力集中，使其断裂强度降低。

2. 缺口在塑性状态下的应力分布

以厚板为例，塑性好的金属可以通过缺口根部产生的塑性变形，使缺口截面上的应力重新分布(塑性区)，如图 3.17 所示。

【缺口的第三效应】

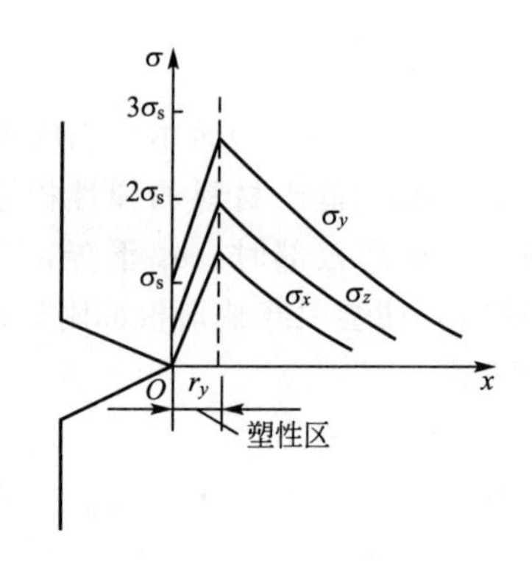

图 3.17　缺口尖端屈服后的应力分布

根据屈雷斯加判据，塑性材料屈服时 $\sigma_{max}=\sigma_y-\sigma_x=\sigma_s$。在缺口根部，$\sigma_x=0$，$\sigma_{max}=\sigma_y=\sigma_s$。随着外载荷的增加，纵向应力 σ_y 增加，而当 σ_y 达到 σ_s 时，缺口根部最先屈服，根部一旦屈服，σ_y 便松弛而降低到材料的 σ_s 值。但在缺口内侧，$\sigma_x\neq0$，故要满足屈雷斯加判据的要求，必须使 σ_y 不断增大，当满足 $\sigma_y=\sigma_s+\sigma_x$ 才能屈服，塑变向心部扩展，即 σ_x 快速增加，横向收缩大，与此同时 σ_y、σ_z 随 σ_x 的增加而增大。

以上分析说明了缺口的第三效应：在有缺口的条件下出现了三向应力状态，材料的屈服应力 σ_s 比单向拉伸时要高，即产生了所谓“缺口强化”现象。“缺口强化”是三向应力抑制了塑变，金属内在性能并没变化，不是强化金属的手段，相反，由于塑性变形被约束，材料塑性降低，材料脆化，即缺口使材料强度升高，塑性降低。

总之，无论脆性还是塑性材料，有缺口时会出现两向或三向应力状态，并造成应力应变集中，产生变脆倾向，降低了安全使用性。材料因存在缺口造成三向应力状态和应力应变集中而变脆的倾向称为缺口敏感性。

评定金属材料缺口变脆倾向的常用实验为缺口静载力学性能实验。压、扭试验方法显示不出缺口敏感性，因而常选用拉伸、弯曲试验方法。

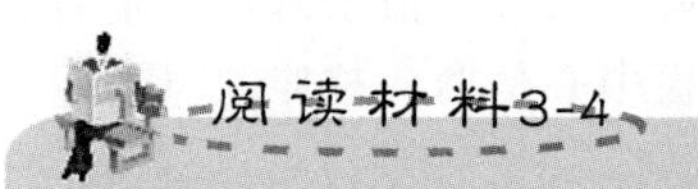

断裂力学的分类

根据所研究的裂纹尖端附近材料塑性区的大小，断裂力学可分为线弹性断裂力学和弹塑性断裂力学。

线弹性断裂力学的研究内容：当裂纹尖端塑性区的尺度远小于裂纹长度时，可应用线弹性理论研究物体裂纹扩展规律和断裂准则。线弹性断裂力学可用来解决脆性材料的平面应变断裂问题，适用于大型构件(如发电机转子、较大的接头、车轴等)和脆性材料(陶瓷材料)的断裂分析。实际上，裂纹尖端附近总是存在塑性区，若塑性区很小(远小于裂纹长度)，则可采用线弹性断裂力学方法进行分析。

弹塑性断裂力学的研究内容：当裂纹尖端塑性区域的尺度不限于“小范围屈服”，而是呈现适量的塑性时，就可应用弹性力学、塑性力学研究物体裂纹扩展规律和断裂准则。由于直接求裂纹尖端附近塑性区断裂问题的解析十分困难，因此多采用 J 积分法、

COD(裂纹张开位移)法、R(阻力)曲线法等近似或试验方法进行分析。通常对薄板平面应力断裂问题的研究，也要采用弹塑性断裂力学。弹塑性断裂力学在焊接结构的缺陷评定、核电工程的安全性评定、压力容器和飞行器的断裂控制，以及结构物的低周疲劳和蠕变断裂的研究等方面起着重要作用。弹塑性断裂力学的理论迄今仍不成熟，弹塑性裂纹的扩展规律还有待进一步研究。

根据所研究的引起材料断裂的载荷性质，断裂力学可分为断裂静力学和断裂动力学。断裂动力学采用连续介质力学方法，考虑物体惯性，研究固体在高速加载或裂纹高速扩展下的断裂规律。断裂动力学已在冶金学、地震学、合成化学及水坝工程、飞机和船舶设计、核动力装置和武器装备等方面得到一些实际应用，但理论尚不够成熟。

按研究的结构层次可分为宏观断裂力学和微观断裂力学。宏观断裂力学着眼于裂纹尖端应力集中区域的应力场和应变场分布，研究裂纹生长、扩展，最终导致断裂的过程和规律性，以及抑制裂纹扩展，防止断裂的条件。它为工程设计、合理选材及质量评价提供了有力判据，然而宏观断裂力学把材料当作各向同性的均质弹性体或弹塑性体，用连续介质力学方法，从单一结构层次处理问题，有一定局限性。微观断裂力学更关心材料显微结构与断裂之间的关系，实际上裂纹的生长和扩展与材料显微结构(位错、晶界、第二相等)密切相关，尤其是陶瓷，由于显微结构的复杂性与不均匀性，对断裂影响更突出，一种特征参数往往伴随其他参数的变化。为此，应从不同层次结构进行断裂微观过程及能量分析，找出材料断裂韧性与传统力学性能及微观结构间的关系，从而探讨提高韧性和克服脆性的途径。

按照裂纹扩展速度来分，断裂力学可根据静止的裂纹、亚临界裂纹扩展及失稳扩展和止裂这3个领域来研究。亚临界裂纹扩展和失稳扩展的主要区别在于，前者不但扩展速度较慢，而且如果除去裂纹扩展的因素(如卸载)，则裂纹扩展可以立即停止，因而零构件仍然是安全的；失稳扩展则不同，扩展速度往往高达每秒数百米以上，就是立即卸载也不一定来得及防止最后的破坏。在静止的裂纹方面，可以对裂纹问题作应力分析，即计算表征裂纹尖端应力场强度的参量，如计算应力强度因子、能量释放率等力学参量。

3.3.2 线弹性条件下的断裂韧性

线弹性断裂力学认为在脆性断裂过程中，裂纹体各部分的应力和应变处于线弹性阶段，只有裂纹尖端极小区域处于塑性变形阶段。它处理问题有两种方法：一种是应力应变分析方法，研究裂纹尖端附近的应力应变场，提出应力场强度因子及对应的断裂韧性和K判据；另一种是能量分析方法，研究裂纹扩展时系统能量的变化，提出能量释放率及对应的断裂韧性和G判据。

1. 裂纹尖端的应力场及应力场强度因子

裂纹扩展总是从尖端开始的，所以应该分析裂纹尖端的应力应变状态，建立裂纹扩展的力学条件。Irwin等人运用线弹性理论研究了裂纹体尖端附近的应力应变分布情况。

裂纹体尖端附近的应力应变分布

如图 3.18 所示，设有一承受均匀拉应力的无限大板，含有长为 $2a$ 的Ⅰ型穿透裂纹，其尖端附近(r,θ)处应力、应变和位移分量可以近似地表达。

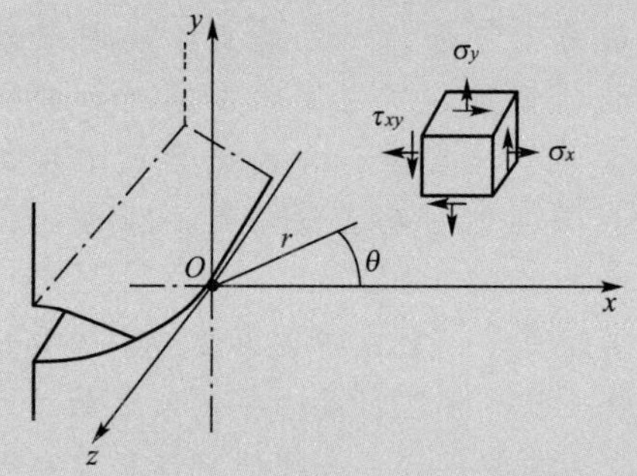

图 3.18　阅读材料 3-5 图

应力分量为

$$\sigma_x=\frac{K_{\mathrm{I}}}{\sqrt{2\pi r}}\cos\frac{\theta}{2}\left(1-\sin\frac{\theta}{2}\sin\frac{3\theta}{2}\right)$$

$$\sigma_y=\frac{K_{\mathrm{I}}}{\sqrt{2\pi r}}\cos\frac{\theta}{2}\left(1+\sin\frac{\theta}{2}\sin\frac{3\theta}{2}\right)$$

$$\tau_{xy}=\frac{K_{\mathrm{I}}}{\sqrt{2\pi r}}\sin\frac{\theta}{2}\cos\frac{\theta}{2}\cos\frac{3\theta}{2} \tag{3-12}$$

若裂纹尖端沿板厚方向(即 z 方向)的应变不受约束，因而有 $\sigma_z=0$，此时，裂纹尖端处于两向拉应力状态，即平面应力状态。

若裂纹尖端沿 z 方向的应变受到约束，$\varepsilon_z=0$，则裂纹尖端处于平面应变状态。此时，裂纹尖端处于三向拉伸应力状态，应力状态软性系数小，因而是危险的应力状态。

平面应变状态应变分量为

$$\left.\begin{aligned}
\varepsilon_x&=\frac{(1+\nu)K_{\mathrm{I}}}{E\sqrt{2\pi r}}\cos\frac{\theta}{2}\left(1-2\nu-\sin\frac{\theta}{2}\sin\frac{3\theta}{2}\right)\\
\varepsilon_y&=\frac{(1+\nu)K_{\mathrm{I}}}{E\sqrt{2\pi r}}\cos\frac{\theta}{2}\left(1-2\nu+\sin\frac{\theta}{2}\sin\frac{3\theta}{2}\right)\\
\lambda_{xy}&=\frac{2(1+\nu)K_{\mathrm{I}}}{E\sqrt{2\pi r}}\sin\frac{\theta}{2}\cos\frac{\theta}{2}\cos\frac{3\theta}{2}
\end{aligned}\right\} \tag{3-13}$$

平面应变状态位移分量为

$$\left.\begin{aligned}
u&=\frac{(1+\nu)}{E}K_{\mathrm{I}}\sqrt{\frac{2r}{\pi}}\cos\frac{\theta}{2}\left(1-2\nu+\sin^2\frac{\theta}{2}\right)\\
v&=\frac{(1+\nu)}{E}K_{\mathrm{I}}\sqrt{\frac{2r}{\pi}}\cos\frac{\theta}{2}\left(2-2\nu-\cos^2\frac{\theta}{2}\right)
\end{aligned}\right\} \tag{3-14}$$

式中，ν 为泊松比；E 为拉伸弹性模量。

由式(3-12)、式(3-13)和式(3-14)可以看出，裂纹尖端任意一点的应力、应变和位移分量取决于该点的坐标(r,θ)、材料的弹性模量 E 及参量 K_{I}。对于图 3.18 所示的情况，K_{I} 可用式(3-15)表示

$$K_{\mathrm{I}}=\sigma\sqrt{\pi a} \tag{3-15}$$

若裂纹体的材料一定，并且裂纹尖端附近某一点的位置(r,θ)给定，则该点的各应力、应变和位移分量唯一取决于 K_{I} 值。K_{I} 值越大，则该点各应力、应变和位移分量值越高，因此，K_{I} 反映了裂纹尖端区域应力场的强度，称为应力场强度因子。K_{I} 综合反映了外加应力和裂纹位置、长度对裂纹尖端应力场强度的影响，其一般表达式为

$$K_{\mathrm{I}}=Y\sigma\sqrt{a} \tag{3-16}$$

式中，Y 为裂纹形状系数，取决于裂纹的类型。对于不同类型的裂纹，K_{I} 和 Y 的表达式不同。

K_{I}的角标表示Ⅰ型裂纹，同理，K_{II}、K_{III}分别表示Ⅱ型和Ⅲ型裂纹的应力场强度因子。

对于实际金属，当裂纹尖端附近的应力等于或大于屈服强度时，金属就要发生塑性变形，改变裂纹尖端的应力分布。因此计算应力场强度因子 K_{I} 时。

当 $\sigma/\sigma_s>0.6\sim0.7$ 时，就需要修正 K_{I}。修正后的 K_{I} 值为

$$K_{\mathrm{I}}=\frac{Y\sigma\sqrt{a}}{\sqrt{1-0.16Y^2(\sigma/\sigma_s)^2}} \quad (平面应力) \tag{3-17}$$

$$K_{\mathrm{I}}=\frac{Y\sigma\sqrt{a}}{\sqrt{1-0.056Y^2(\sigma/\sigma_s)^2}} \quad (平面应变) \tag{3-18}$$

2. 断裂韧性 K_{Ic}和断裂 K 判据

【断裂韧性与断裂 K 判据】

K_{I} 是描述裂纹尖端应力场强度的一个力学参量，单位为 $\mathrm{MPa\cdot m^{1/2}}$ 或 $\mathrm{kN\cdot m^{-3/2}}$，当应力 σ 和裂纹尺寸 a 单独或同时增大时，K_{I} 也增大。当应力 σ 或裂纹尺寸 a 增大到临界值时，也就是在裂纹尖端足够大的范围内，应力达到了材料的断裂强度，裂纹便失稳扩展导致材料的断裂，这时 K_{I} 也达到一个临界值，这个临界或失稳状态的 K_{I} 记为 K_{Ic}或 K_c，称为**断裂韧度**，单位为 $\mathrm{MPa\cdot m^{1/2}}$ 或 $\mathrm{kN\cdot m^{-3/2}}$。

材料的 K_{Ic}或 K_c 越高，则裂纹体断裂时的应力或裂纹尺寸就越大，表明越难断裂。所以，K_{Ic}或 K_c 表示材料抵抗断裂的能力。

K_{Ic}为平面应变断裂韧度，表示材料在平面应变状态下抵抗裂纹失稳扩展的能力；而 K_c 为平面应力断裂韧度，表示材料在平面应力状态下抵抗裂纹失稳扩展的能力。显然，同一材料的 $K_c>K_{\mathrm{Ic}}$。

裂纹失稳扩展的临界状态所对应的平均应力，称为断裂应力或裂纹体的断裂强度，记为 σ_c，对应的裂纹尺寸称为**临界裂纹尺寸**，记为 a_c，则

$$K_{\mathrm{Ic}}=Y\sigma_c\sqrt{a_c} \tag{3-19}$$

K_{I} 和 K_{Ic}是两个不同的概念，K_{I} 是一个力学参量，表示裂纹体中裂纹尖端的应力应变场强度的大小，决定于外加应力、试样尺寸和裂纹类型，而与材料无关。但 K_{Ic}是材料的力学性能指标，决定于材料的成分、组织结构等内在因素，而与外加应力及试样尺寸等外在因素无关。K_{I} 和 K_{Ic}的关系与 σ 和 σ_s 的关系相同，K_{I} 和 σ 都是力学参量，而K_{Ic}和 σ_s 都是材料的力学性能指标。

根据应力场强度因子 K_{I} 和断裂韧度 K_{Ic}的相对大小，可以建立**裂纹失稳扩展脆断的断裂 K 判据**，即

$$K_{\mathrm{I}}\geqslant K_{\mathrm{Ic}}$$

发生脆性断裂，反之，即使存在裂纹，也不会发生断裂，这种情况称为**破损安全**。

3. 裂纹扩展能量释放率 G_{I} 和断裂 G 判据

Griffith 最早用能量方法研究了玻璃、陶瓷等脆性材料的断裂强度及其受裂纹的影响，从而奠定了线弹性断裂力学的基础。他还提出，驱使裂纹扩展的动力是弹性能的释放

率，即

$$-\frac{\partial U}{\partial a}=\frac{\sigma^2\pi a}{E}$$

令

$$G_{\mathrm{I}}=-\frac{\partial U}{\partial a}=\frac{\sigma^2\pi a}{E} \tag{3-20}$$

式中，G_{I} 为最早的断裂力学参量，单位为 $\mathrm{J/mm^2}$ 或 kN/mm，称为裂纹扩展的能量释放率。式(3-20)是平面应力的能量释放率表达式，对于平面应变，G_{I} 的表达式为

$$G_{\mathrm{I}}=\frac{(1-\nu^2)\sigma^2\pi a}{E} \tag{3-21}$$

可见，G_{I} 和 K_{I} 相似，也是应力 σ 和裂纹尺寸 a 的复合参量，是一个力学参量。

由于 G_{I} 是以能量释放率表示的应力 σ 和裂纹尺寸 a 的复合力学参量，是裂纹扩展的动力，因此，采用类似于应力场强度因子的方法，可由 G_{I} 建立材料的断裂韧度的概念和裂纹失稳扩展的力学条件。

由式(3-20)、式(3-21)可知，随着 σ 和 a 的单独或共同增大，都会使 G_{I} 增大，当 G_{I} 增大到某一临界值 G_{Ic}时，裂纹便失稳扩展而断裂。**G_{Ic}又称断裂韧度**，单位为 $\mathrm{J/mm^2}$ 或 kN/mm，它**表示材料阻止裂纹失稳扩展时单位面积所消耗的能量**。

根据 G_{I} 和 G_{Ic}的相对大小，也可建立裂纹失稳扩展的力学条件，即断裂 G 判据

$$G_{\mathrm{I}}\geqslant G_{\mathrm{Ic}} \tag{3-22}$$

尽管 G_{I} 和 K_{I} 的表达式不同，但它们都是应力和裂纹尺寸的复合力学参量，都取决于应力和裂纹尺寸，其间必有相互联系。如对于具有穿透裂纹的无限大板，比较式(3-15)和式(3-21)可得

$$G_{\mathrm{I}}=\frac{1-\nu^2}{E}K_{\mathrm{I}}^2 \tag{3-23}$$

所以，K_{I} 不仅可以度量裂纹尖端的应力场强度，而且可以度量裂纹扩展时系统势能的释放率。

3.3.3 弹塑性条件下的断裂韧性

1. J 积分和断裂 J 判据

Rice 于 1968 年提出了 J 积分理论，它可定量地描述裂纹体的应力应变场的强度，定义明确，有严格的理论依据。

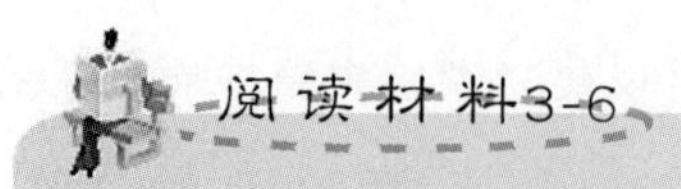

J 积分理论

如图 3.19 所示，设有一单位厚度的Ⅰ型裂纹体，逆时针取一回路 Γ，其所包围体积内的应变能密度为 ω，Γ 上任一点的作用力为 T。

在弹性状态下，Γ 所包围体积的系统势能 U 等于弹性应变能 U_e 与外力功 W 之差。可以证明，线弹性条件下 G_{I} 的能量线积分的表达式为

$$G_{\mathrm{I}}=-\frac{\partial U}{\partial a}=\int_{\Gamma}\left(\omega\mathrm{d}y-\frac{\partial u}{\partial x}T\mathrm{d}s\right)$$

在弹塑性条件下，如果将弹性应变能密度改成弹塑性应变能密度，也存在上式等号右端的能量线积分，Rice将其定义为J积分。

$$J_{\mathrm{I}}=\int_{\Gamma}\left(\omega\mathrm{d}y-\frac{\partial u}{\partial x}T\mathrm{d}s\right)$$

式中，J_{I}为Ⅰ型裂纹的能量线积分。

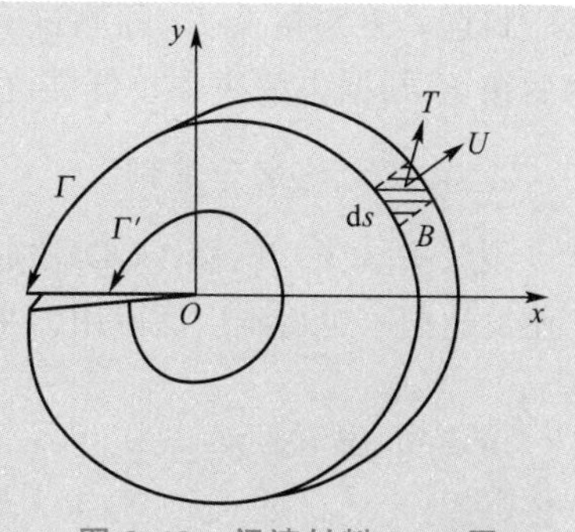

图3.19 阅读材料3-6图

在线弹性条件下，$J_{\mathrm{I}}=G_{\mathrm{I}}$。

Rice还证明，在小应变条件下，J积分和路径Γ无关，即J的守恒性。不管路径Γ还是路径Γ'，其J积分值是不变的。这样就可将路径取得很小，小到仅包围裂纹尖端。此时，积分回路因裂纹表面$T=0$，则$J_{\mathrm{I}}=\int_{\Gamma}\omega\mathrm{d}y$。因此，$J$积分反映了裂纹尖端区的应变能，即应力应变的集中程度。

为了测试材料J积分值的需要，J积分也可用能量率的形式来表达。在线弹性条件下

$$J_{\mathrm{I}}=G_{\mathrm{I}}=-\frac{1}{B}\left(\frac{\partial U}{\partial a}\right)$$

同样可以证明在弹塑性小应变条件下，也可用能量率来表示，即

$$J_{\mathrm{I}}=-\frac{1}{B}\left(\frac{\partial U}{\partial a}\right)$$

这就是测定J_{I}的理论基础。

需要指出，塑性变形是不可逆的，所以在弹塑性条件下，J_{I}不能像G_{I}那样理解为裂纹扩展时系统势能的释放率，应当理解为裂纹相差单位长度的两个等同试样，加载到等同位移时，势能差值与裂纹面积差值的比率，即所谓形变功差率。正因为如此，通常**J积分不能处理裂纹的连续扩展问题，其临界值只是开裂点，不一定是失稳断裂点。**

与G_{I}和K_{I}一样，J_{I}也是一个力学参量，表示裂纹尖端附近应力应变场的强度。在平面应变条件下，当外力达到破坏载荷时，即应力应变场的能量达到使裂纹开始扩展的临界状态时，J_{I}积分值也达到相应的临界值J_{Ic}。**J_{Ic}又称断裂韧度，但它表示材料抵抗裂纹开始扩展的能力。**J_{I}和J_{Ic}的单位同G_{I}和G_{Ic}。

根据J_{I}和J_{Ic}的相互关系，可以建立断裂J判据，即

$$J_{\mathrm{I}}\geqslant J_{\mathrm{Ic}} \tag{3-24}$$

只要满足式(3-24)，裂纹就会开裂。

实际生产中很少用J积分判据计算裂纹体的承载能力，主要原因：①各种实用的J积分数学表达式并不清楚，即使知道材料的J_{Ic}值，也无法用来计算；②中、低强度钢的断裂机件大多是韧性断裂，裂纹往往有较长的亚稳扩展阶段，J_{Ic}对应的点只是开裂点。

用J判据分析裂纹扩展的最终断裂，需要建立裂纹亚稳扩展的R阻力曲线，即建立用J积分表示的裂纹扩展阻力J_R与裂纹扩展量a之间的关系曲线。这种曲线能描述裂纹体从开裂到亚稳扩展以至失稳断裂的全过程，因此近年来得到了发展。

目前，J 判据及 J_{Ic} 的测试目的，主要是期望用小试样测出 J_{Ic} 以代替大试样的 K_{Ic}，然后按 K 判据去解决中、低强度钢大型件的断裂问题。

2. 裂纹尖端张开位移

裂纹尖端张开位移(COD)法起源于英国，在英国、日本等国首先得到发展，其后在其他工业发达国家也得到广泛应用，主要用于压力容器、管道和焊接结构等产品的安全分析上。

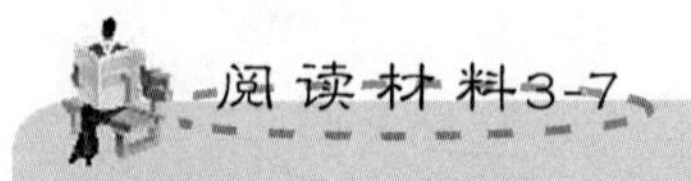

裂纹尖端的张开位移理论

对于大量使用的中、低强度钢构件，如船体和压力容器，曾发生不少低应力脆断事故，断裂构件的断口具有90%以上的结晶状特征，而从这些断裂构件上制取的小试样，却在整体屈服后发生纤维状的韧断。由此推断，是由于构件承受多向应力，使裂纹尖端的塑性变形受到约束，当应变量达到某一临界值时，材料就发生断裂，这就是断裂的应变判据的实践基础。不过，这个应变量很小，难以准确测量，于是人们提出用裂纹尖端的张开位移(Crack Opening Displacement，COD)来间接表示应变量的大小，用临界张开位移 δ_c 来表征材料的断裂韧度。

所谓裂纹尖端张开位移，是裂纹受载后，在裂纹尖端沿垂直裂纹方向所产生的位移。试验证明，对于一定材料和厚度的板材，不论其裂纹尺寸如何，当裂纹张开位移 δ 达到同一临界值 δ_c 时，裂纹就开始扩展。因此，可将 δ 看作一种裂纹扩展的动力。临界值 δ_c 又称为材料的断裂韧度，表示材料阻止裂纹开始扩展的能力。

根据 δ 和 δ_c 的相对大小的关系，可以建立断裂 δ 判据

$$\delta \geqslant \delta_c$$

δ 判据和 J 判据一样，都是裂纹开始扩展的断裂判据，而不是裂纹失稳扩展的断裂判据，按这种判据设计构件是偏于保守的。对于大范围屈服，G_I 和 K_I 已不适用，但COD法仍不失其使用价值。

3.3.4 影响断裂韧性的因素

断裂韧性是评价材料抵抗断裂的能力的力学性能指标，是材料强度和塑性的综合表现，取决于材料的化学成分、组织结构等内在因素，同时也受到温度、应变速率等外部因素的影响。

1. 化学成分、组织结构对断裂韧度的影响

对于金属材料、非金属材料、高分子材料和复合材料，化学成分、基体相的结构和尺寸、第二相的大小和分布都将影响其断裂韧度，并且影响的方式和结果既有共同点，又有差异之处。除金属材料外，对其他材料的断裂韧度的研究还比较少。

对于金属材料，化学成分对断裂韧度的影响类似于对冲击韧度的影响。其大致规律：细化晶粒的合金元素因提高强度和塑性，可使断裂韧度提高；强烈固溶强化的合金元素因大大降低塑性而使断裂韧度降低，并且随合金元素浓度的提高，降低的作用越明显；形成金属间化合物并呈第二相析出的合金元素，因降低塑性有利于裂纹扩展而使断裂韧度降低。

对于陶瓷材料，提高材料强度的组元都将提高断裂韧度。

对于高分子材料，增强结合键的元素都将提高断裂韧度。

2. 基体相结构和晶粒尺寸的影响

基体相的晶体结构不同，材料发生塑性变形的难易和断裂的机理不同，断裂韧度也发生变化。**一般来说，基体相晶体结构易于发生塑性变形，产生韧性断裂，材料断裂韧度就高。**

如钢铁材料，基体可以是面心立方固溶体，也可以是体心立方固溶体。面心立方固溶体容易发生滑移塑性变形而不产生解理断裂，并且形变硬化指数较高，其断裂韧度较高，故奥氏体钢的断裂韧度高于铁素体钢和马氏体钢。对于陶瓷材料，可以通过改变晶体类型调整断裂韧度的高低。

基体的晶粒尺寸也是影响断裂韧度的一个重要因素。一般来说，细化晶粒既可以提高强度，又可以提高塑性，那么断裂韧度也可以得到提高。但是，某些情况下，粗晶粒的 K_{Ic} 反而较高。

细化晶粒对强度和断裂韧性的影响

通常人们认为 K_{Ic} 是塑性、韧性一类指标，与强度类指标的变化规律相反。

对多晶材料，试验证明，断裂强度 σ_{f} 与晶粒直径 d 的平方根成反比，这一关系可表示为

$$\sigma_{\mathrm{f}}=\sigma_0+k_1 d^{-\frac{1}{2}}$$

式中，σ_0、k_1 为材料常数。如果起始裂纹受晶粒限制，其尺度与晶粒度相当，则脆性断裂与晶粒度的关系可表示为

$$\sigma_{\mathrm{f}}=k_2 d^{-\frac{1}{2}}$$

对这一关系的解释如下：由于晶界比晶粒内部弱，所以多晶材料破坏多是沿晶界断裂。细晶材料晶界比例大，沿晶界破坏时，裂纹的扩展要走迂回曲折的道路，晶粒越细，此路程越长。此外，多晶材料中初始裂纹尺寸与晶粒度相当，晶粒越细，初始裂纹尺寸就越小，这样就提高了临界应力。所以，晶粒越小，强度越高，因此微晶陶瓷就成为陶瓷发展的一个重要方向。

一般来说，细化晶粒既可以提高强度，又可以提高塑性，那么断裂韧度也可以得到提高。例如，En24 钢的奥氏体晶粒度从 5～6 级细化到 12～13 级，可使 K_{Ic} 由 $44.5\mathrm{MPa\cdot m^{1/2}}$ 增至 $84\mathrm{MPa\cdot m^{1/2}}$。

但是，在某些情况下，粗晶粒的 K_{Ic} 反而较高。如 40CrNiMo 钢经 1200℃超高温度淬火后，晶粒度可达 1 级，K_{Ic} 为 $56\mathrm{MPa\cdot m^{1/2}}$；而 870℃正常淬火后，晶粒度较细为 7～8 级，但 K_{Ic} 仅为 $36\mathrm{MPa\cdot m^{1/2}}$。该钢经两种不同的热处理后，塑性和冲击功与 K_{Ic} 的变化正好相反。组织分析认为，1200℃ 淬火形成位错型马氏体，板条间有残余奥氏体薄膜，而且碳化物夹杂物充分溶入残余奥氏体薄膜，使材料的断裂韧性提高。此时，K_{Ic} 与强度指标变化规律一致，与塑性指标相反。因此，基体晶粒大小对 K_{Ic} 的影响与对常规力学性能的影响不一定相同。

3. 夹杂和第二相的影响

夹杂物和第二相的形貌、尺寸和分布不同，将导致裂纹的扩展途径不同、消耗的能量不同，从而影响断裂韧度。

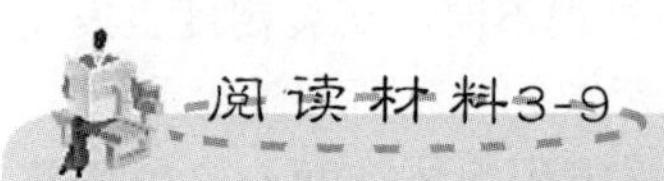

金属材料夹杂物和第二相对断裂韧性的影响

对于金属材料，非金属夹杂物和第二相的存在对断裂韧度的影响可以归纳如下：第一，非金属夹杂物往往使断裂韧度降低；第二，脆性第二相随着体积分数的增加，使得断裂韧度降低；第三，韧性第二相当其形态和数量适当时，可以提高材料的断裂韧度。非金属夹杂物和脆性第二相存在于裂纹尖端的应力场中时，本身的脆性使其容易形成微裂纹，而且它们易于在晶界或相界偏聚，降低界面结合能，使界面易于开裂，这些微裂纹与主裂纹连接加速了裂纹的扩展，或者使裂纹沿晶扩展，导致沿晶断裂，降低断裂韧度。

第二相的形貌、尺寸和分布不同，将导致裂纹的扩展途径不同、消耗的能量不同，从而影响断裂韧度，如碳化物呈粒状弥散分布时的断裂韧度就高于呈网状连续分布时。尤其是对于韧性第二相，其塑性变形可以松弛裂纹尖端的应力集中，降低裂纹扩展速率，提高断裂韧度，所以，只要韧性第二相的形貌和数量适当，材料的断裂韧度就可提高。如马氏体基体上存在适量的条状铁素体时，断裂韧度就高于单一马氏体组织。

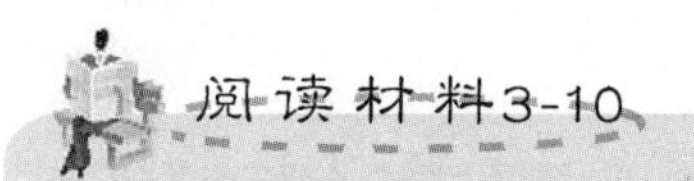

陶瓷材料和复合材料的断裂韧性

对于陶瓷材料和复合材料，目前常利用适当的第二相提高其断裂韧度，第二相可以是添加的，也可以是在成形时自蔓延生成的。如在SiC、SiN陶瓷中添加碳纤维，或加入非晶碳，烧结时自蔓延生成碳晶须，可以使断裂韧度提高。但杂质会由于应力集中而降低强度，当存在弹性模量较低的第二相时，也会使强度降低。

大多数陶瓷材料的强度和弹性模量都随着气孔率的增加而降低，这是因为气孔不仅减小了载荷面积，而且在气孔邻近区域产生应力集中，减弱材料的载荷能力。断裂强度与气孔率 p 的关系可由下式表示

$$\sigma_f = \sigma_0 \cdot e^{-np}$$

式中，n 为常数，一般为4～7；σ_0 为没有气孔时的强度。

从式(3-18)可知，当气孔率约为10%时，强度将下降为没有气孔时的强度的一半，这样大小的气孔率在一般陶瓷中是常见的。

除气孔率外，气孔的形状及分布也很重要。通常气孔多存在于晶界上，这是特别有害的，它往往成为裂纹源。气孔除了有害的一面外，在特定情况下也有有利的一面，如当存在高的应力梯度时(如由热震引起的应力)，气孔能起到阻止裂纹扩展的作用。

4. 显微组织的影响

显微组织的类型和亚结构对材料的断裂韧度有重要影响。

钢铁材料组织对断裂韧性的影响

钢铁材料中，相同强度条件下，低碳钢中的回火马氏体的断裂韧度高于贝氏体，而在高碳钢中，回火马氏体的断裂韧度高于上贝氏体，但低于下贝氏体。这是由于低碳钢中，回火马氏体呈板条状，而高碳钢中，回火马氏体呈针状，上贝氏体由贝氏体铁素体和片层间断续分布的碳化物组成，下贝氏体由贝氏体、铁素体和其中弥散分布的碳化物组成，可见组织类型的不同导致材料的断裂韧度不同。

板条马氏体主要是位错亚结构，具有较高的强度和塑性，裂纹扩展阻力较大，呈韧性断裂，因而断裂韧度较高；针状马氏体主要是孪晶亚结构，硬度高而脆性大，裂纹扩展阻力小，呈准解理或解理断裂，因而断裂韧度较低。

5. 温度

对于大多数材料，温度降低通常会降低断裂韧度，大多数结构钢就是如此，但是，不同强度等级的钢材，变化趋势有所不同。一般中、低强度钢都有明显的韧脆转变现象：在韧脆转变温度以上，材料主要是微孔聚集型的断裂机制，发生韧性断裂，K_{Ic}较高；而在韧脆转变温度以下，材料主要是解理型断裂机制，发生脆性断裂，K_{Ic}较低。随着材料强度水平的提高，K_{Ic}随温度的变化趋势逐渐缓和，断裂机理不再发生变化，温度对断裂韧度的影响减弱。

6. 应变速率

应变速率对断裂韧度的影响类似于温度。增加应变速率相当于降低温度，也可使K_{Ic}下降。一般认为应变速率每增加一个数量级，K_{Ic}约降低10%。但是，当应变速率很大时，形变热量来不及传导，造成绝热状态，导致局部温度升高，K_{Ic}又回升，如图3.20所示。

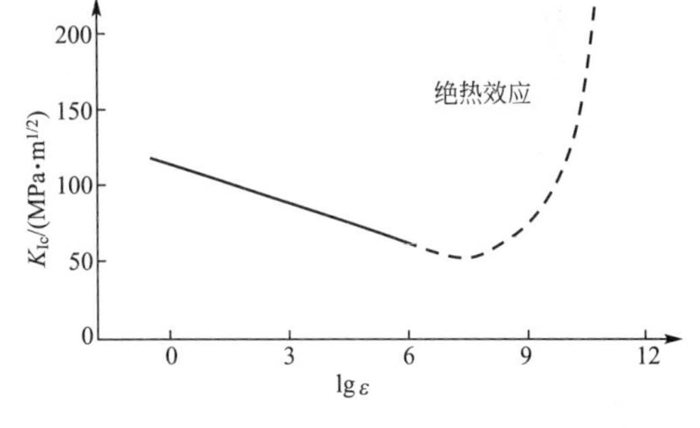

图 3.20 钢的K_{Ic}随应变速率的变化曲线

金属(韧性材料)断裂韧度K_{Ic}的测量方法

【断裂韧度的实验方法】

20世纪以来，曾发生多起容器、桥梁、舰船、飞机等脆性断裂事故，事故分析查明，断裂大多起源于小裂纹。为解决金属脆性断裂问题，美国在1958年组成ASTM断裂试验专门委员会，目的是建立有关测定材料断裂特性的试验方法，并于1967年首次制定了用带疲劳裂纹的3点弯曲试样测定高强度金属材料平面应变断裂韧性操作规程草案，于1970年颁发了世界第一个断裂韧性试验标准 ASTME 399－70T。此后，断裂韧性试验受到世界各国的普遍重视并蓬勃发展。我国于1968年前后开始这方面的试验研究。

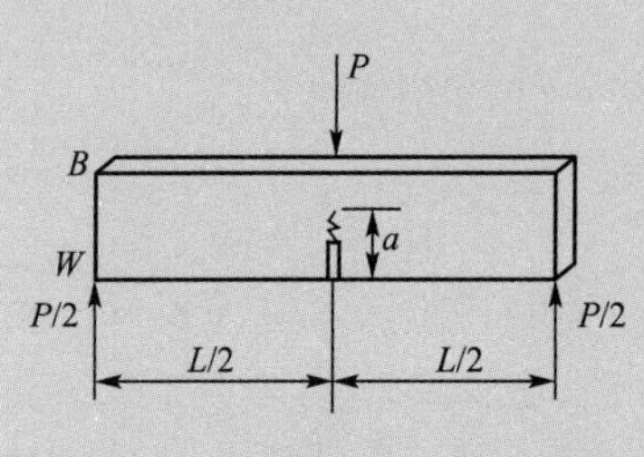

图 3.21　3点弯曲(TPB)试样

弯曲试样为一具有矩形截面的长柱状(图 3.21)，试样受拉面中部垂直于长度方向的人工裂纹通常采用机加工的方法引进。由于在这一构型中存在着从拉伸到压缩的应力梯度及边缘效应，因而很难获得应力场强度精确的理论解，一般情况下只能通过数值方法获得其近似解。对于陶瓷材料力学研究中常用的3点弯曲SENB试样，在试样高宽比 $W/B=2$、高跨度比 $W/L=1/4$ 的条件下，由边界配位法得到的 K_{I} 近似表达式为

$$K_{\mathrm{I}}=\frac{PL}{BW^{3/2}}\cdot f\left(\frac{a}{w}\right) \tag{3-25}$$

单边切口弯曲梁法是金属材料断裂韧性测试的一种常用的标准方法，20世纪70年代初移植到陶瓷材料领域。由于尚未形成统一的测试标准，因此对测定陶瓷材料断裂韧性所用的单边切口梁试样的尺寸没有明确规定，只是为了满足平面应变条件和尖端小范围屈服条件，对试样高度 W、试样宽度 B 及切口深度 a 的取值范围一般有如下限制条件。

$$\begin{cases} B\geqslant 2.5\left(\dfrac{K_{\mathrm{Ic}}}{\sigma_{\mathrm{ys}}}\right)^2 \\ a\geqslant 2.5\left(\dfrac{K_{\mathrm{Ic}}}{\sigma_{\mathrm{ys}}}\right)^2 \\ W-a\geqslant 2.5\left(\dfrac{K_{\mathrm{Ic}}}{\sigma_{\mathrm{ys}}}\right)^2 \end{cases}$$

对于陶瓷材料而言，满足这一限制条件是很容易的。

压痕法(IM)测量断裂韧度 K_{Ic}

测试试样表面先抛光成镜面，在显微硬度仪上，用硬度计的锥形金刚石压头产生一压痕，这样在压痕的四个顶点就产生了预制裂纹。根据压痕载荷 P 和压痕裂纹扩展长度 C 计算出断裂韧性数值(K_{Ic})。日本的工业标准所规定的计算陶瓷断裂韧性的公式为

$$K_{\mathrm{Ic}}=0.018\left(\frac{E}{H}\right)^{\frac{1}{2}}\left(\frac{P}{C^{\frac{3}{2}}}\right)$$

式中，E 为弹性模量；H 为维氏硬度。

K_{Ic}与冲击韧性 a_{k}

K_{Ic}与冲击韧性 a_{k}：一般变化趋势一致，但某些情况下变化趋势相反。

a_k：缺口根部较钝，应力集中小。

冲击功 A_k 中包括裂纹形成功和扩展功，不一定满足平面应变条件。高 ε 冲击载荷作用下，对组织缺陷很敏感。

K_{Ic}：裂纹相当尖锐，应力集中更大。已预制裂纹，不需要裂纹形成功。试样必须满足平面应变条件，在静载下受力。

3.4 断裂韧性在工程中的应用

断裂力学就是把弹性力学和弹塑性力学的理论应用到含有裂纹的实际材料中，从应力和能量的角度，研究裂纹的扩展过程，建立裂纹扩展的判据，引出与之相对应的一个材料力学性能指标——断裂韧度，从而进行结构设计、材料选择、载荷校核、安全性检验等。所以，断裂力学从其问世起就与工程实际相结合，特别是线弹性断裂力学在工程中获得了广泛应用。

断裂韧度在工程中的应用可以概括为 3 个方面。第一是设计，包括结构设计和材料选择。可以根据材料的断裂韧度，计算结构的许用应力，针对要求的承载量，设计结构的形状和尺寸；可以根据结构的承载要求、可能出现的裂纹类型，计算可能的最大应力强度因子，依据材料的断裂韧度进行选材。第二是校核，可以根据结构要求的承载能力、材料的断裂韧度，计算材料的临界裂纹尺寸，与实测的裂纹尺寸相比较，校核结构的安全性，判断材料的脆断倾向。第三是材料开发，可以根据对断裂韧度的影响因素，有针对性地设计材料的组织结构，开发新材料。

3.4.1 材料选择

【例 3-1】 有一构件，实际使用应力 σ 为 1.3GPa，有下列两种钢材待选。

甲钢：$\sigma=1950\text{MPa}$，$K_{Ic}=45\text{MPa}\cdot\text{m}^{1/2}$

乙钢：$\sigma=1560\text{MPa}$，$K_{Ic}=75\text{MPa}\cdot\text{m}^{1/2}$

据计算，$y=1.5$，设最大裂纹尺寸为 $a=1.0\text{mm}$，试从传统设计的安全系数观点和断裂力学观点两个角度分别进行选择。

解： 传统设计要求 σn(安全系数)$\leqslant\sigma_s$。

甲钢：$n=\sigma_s/\sigma=1950\div1300=1.5$

乙钢：$n=1560\div1300=1.2$

由于甲钢安全系数比乙钢更高，所以更安全。

断裂力学观点认为，构件的断裂判据为 $\sigma\leqslant\sigma_c$。

甲钢：$\sigma_c=\dfrac{K_{Ic}}{Y\sqrt{a_c}}=\dfrac{45\times10^6}{1.5\times\sqrt{0.001}}\text{MPa}=1000\text{MPa}<1300\text{MPa}$，不安全。

乙钢：$\sigma_c=\dfrac{K_{Ic}}{Y\sqrt{a_c}}=\dfrac{75\times10^6}{1.5\times\sqrt{0.001}}\text{MPa}=1670\text{MPa}>1300\text{MPa}$，安全。

综合考虑，尽管甲钢安全系数更高，但会由于裂纹扩展，产生断裂。而乙钢安全系数足够，也不会由于裂纹扩展产生断裂，所以应选乙钢。

3.4.2 安全校核

【例 3-2】 有一大型板件，材料的 $\sigma_{0.2}=1200\text{MPa}$，$K_{\text{Ic}}=115\text{MPa}\cdot\text{m}^{1/2}$，探伤发现有 20mm 长的横向穿透裂纹。若在平均轴向应力 900MPa 下工作，该构件是否安全?

解：由于 $\sigma/\sigma_{0.2}=900\div1200=0.75$，所以需要塑性区修正。

$$K_{\text{I}}=\frac{Y\sigma\sqrt{a}}{\sqrt{1-0.056Y^2(\sigma/\sigma_s)^2}}\quad(\text{平面应变})$$

将 $a=10\text{mm}$，$Y=\sqrt{\pi}=\sqrt{3.14}$，$\sigma_{0.2}=1200\text{MPa}$，$\sigma=900\text{MPa}$ 代入上式可得

$$K_{\text{I}}=\frac{900\times10^6\times\sqrt{3.14\times0.01}}{\sqrt{1-0.056\times3.14\times0.75^2}}\text{MPa}\cdot\text{m}^{1/2}=168\text{MPa}\cdot\text{m}^{1/2}$$

$K_{\text{I}}>K_{\text{Ic}}$，该板件会在低应力下，由于裂纹扩展产生断裂，所以不安全。

3.4.3 材料开发

断裂力学在材料开发方面的应用是较早开拓的领域。人们在解释固体的强度与理论值之间的差异时，早就注意到裂纹的影响，而且发现了最大裂纹起着关键性的作用。

在材料中设置裂纹扩展过程中的附加能量耗损机制，或设置裂纹扩展的势垒等是提高 K_{Ic} 的有效措施，为开发高断裂韧度的材料指明了道路，几种裂纹类型及 K_{I} 表达式见表 3-1。

表 3-1 几种裂纹类型及 K_{I} 表达式

裂纹类型	K_{I} 表达式		
无限大板穿透裂纹 σ 2a σ	$K_{\text{I}}=\sigma\sqrt{\pi a}$		
有限宽板穿透裂纹 σ 2a 2b σ	$K_{\text{I}}=\sigma\sqrt{\pi a}\cdot f\left(\frac{a}{b}\right)$	a/b	$f(a/b)$
		0.074	1.00
		0.207	1.03
		0.275	1.05
		0.337	1.09
		0.410	1.13
		0.466	1.18
		0.535	1.25
		0.592	1.33

续表

裂纹类型	K_{I} 表达式		
有限宽板单边直裂纹	$K_{\mathrm{I}}=\sigma\sqrt{\pi a}\cdot f\left(\frac{a}{b}\right)$ 当 $2b\gg a$ 时， $K_{\mathrm{I}}=1.12\sigma\sqrt{\pi a}$	0.1	1.15
		0.2	1.20
		0.3	1.29
		0.4	1.37
		0.5	1.515
		0.6	1.68
		0.7	1.89
		0.8	2.14
		0.9	2.46
		1.0	2.89

在陶瓷材料的增韧过程中，通过添加韧性相、设置微裂纹区增加裂纹扩展过程中的附加能量耗损，开发了 ZrO_2-TaW 和 $(Cr\cdot Al)_2O_3-Cr\cdot Mo\cdot W$ 等金属-陶瓷系材料；通过添加纤维相设置裂纹扩展的势垒，常用的纤维有钨丝、铂丝、碳纤维和石墨纤维，以及 B、BN、SiC、Al_2O_3 等纤维，如碳纤维补强石英玻璃复合材料、碳纤维或石墨纤维补强硼硅酸盐玻璃或锂铝硅酸盐微晶玻璃、碳纤维增韧氮化硅复合材料等。

自然界中的韧性断裂

材料本身的断裂韧性问题是在工程设计中需要重点考虑的因素。令人惊奇的是，自然界中存在巧妙的结构避免脆性断裂的产生，如人的牙齿是常温下形成的有机无机自组装材料，独特的层状结构保证了人一生中能上千万次地反复使用牙齿而不导致断裂；竹子不仅很轻而且具有很高的抗弯强度，人们常用它作为运载工具，更重要的是竹子的断裂韧性好，一旦断裂总是上表面张力最大部位先裂开，随后逐层撕裂，这归功于竹子内部天然的高度取向纤维结构。所以现在材料学家们都在向大自然学习，力求在实验室里制备出这些神奇微观形貌的人工材料。

金属间化合物基叠层复合材料是受自然界中贝壳结构的启发而设计的一种新型高温结构材料。自然界中贝壳虽然是由脆性层和有机质交互重叠构成的，但其强度和韧性却非常高。因此，人们模仿生物材料设计了“叠层复合材料”。这种仿生结构设计建立在能量耗散机制的基础上，其结构设计的原理是尽量减小材料的力学性能对原始裂纹缺陷的依赖性，使材料发展成为一种对缺陷不敏感的材料。同时，仿生结构设计不像其他强韧化方法那样以牺牲部分强度来换取较高韧性，而是使材料的强度和韧性同时得到提高。在这方面陶瓷基叠层复合材料已有很大的进展。

一、填空题

1. 材料中裂纹的______和______的研究是微观断裂力学的核心问题。
2. 材料的断裂过程大都包括______与______两个阶段。

3. 按照断裂前材料宏观塑性变形的程度，断裂分为______与______。

4. 按照材料断裂时裂纹扩展的途径，断裂分为______和______。

5. 按照微观断裂机理，断裂分为______和______。

6. 对于无定型玻璃态聚合物材料，其断裂过程是______产生和发展的过程。

7. 韧性断裂断口一般呈______状，断口特征三要素由______、______和______ 3 个区域组成。

8. 根据外加应力及其与裂纹扩展面的取向关系，裂纹扩展的基本方式有______、______、______ 3 种，其中，以______裂纹扩展最危险。

9. Griffith 裂纹理论是为解释______材料________________________现象而提出的。

10. 线弹性断裂力学处理裂纹尖端问题有______和______两种方法。

二、名词解释

韧性断裂　脆性断裂　剪切断裂　解理断裂　断裂韧度 K_{Ic}　韧度　韧性　σ_c

三、简答题

1. 材料断裂的过程包括哪些?

2. 非晶态高分子材料的塑变与断裂过程主要是什么过程?

3. 低碳钢典型拉伸断口的宏观特征是什么? 对应的微观断口特征是什么?

4. 晶粒的形状、大小及分布对材料强度与韧性的影响。

5. 说明 K_{I} 与 K_{Ic}的关系。

6. 影响材料断裂韧性的因素有哪些?

7. 刚拉制的玻璃棒弯曲强度为 6GPa，在空气中放置几小时后强度为 0.4GPa；石英玻璃纤维的长度为 12cm 时，强度为 275MPa，当其长度为 0.6cm 时，强度可达 760MPa；纯铁的理论计算断裂强度为 40GPa，实际断裂应力大约为 200MPa。请分别解释以上 3 种现象。

四、计算题

1. 某晶体 A 的 $\gamma_s=2.7\mathrm{J/m^2}$，$E=4.9\times10^5\mathrm{MPa}$，$a_0=2.4\times10^{-10}\mathrm{m}$，一块薄 A 板内有一条长 3mm 的裂纹。求：

(1) 完美纯 A 晶体的理论断裂强度 σ_m；

(2) 含裂纹的薄 A 板的脆性断裂应力 σ_c。

2. A 材料 $E=2\times10^5\mathrm{MPa}$，$\gamma_s=8\mathrm{J/m^2}$，试计算在 70MPa 的应力作用下，该材料的临界裂纹长度。

3. 现有一大型板件，材料的$\sigma_s=1150\mathrm{MPa}$，$K_{\mathrm{Ic}}=105\mathrm{MPa\cdot m^{1/2}}$，构件内有一横向穿透裂纹，长 20mm，现在平均轴向应力 850MPa 下工作。计算 K_{I}，构件是否安全?

五、文献查阅及综合分析

1. 查阅近期的科学研究论文，任选一种材料，以材料的断裂性能指标（σ_c、K_{Ic}等）为切入点，分析材料的断裂变形性能指标与成分、结构、工艺之间的关系（给出必要的图、表、参考文献）。

2. 查阅近期的科学研究论文，任选一种材料，给出材料在单向拉伸应力作用下的变形行为过程，画出其应力-应变（$\sigma-\varepsilon$）曲线，在曲线上标出其特征力学性能指标，并解释各指标的物理本质和意义。

【第 3 章习题答案】

【第 3 章自测试题】

【第 3 章试验方法-国家标准】

【第 3 章工程案例】

第二篇

材料在其他状态下的力学性能

材料在实际工程应用中的载荷状态、温度及环境介质条件复杂多样，以机车(图Ⅱ.1和图Ⅱ.2)的工作状态分析为例，其传动轴、齿轮、弹簧等基本组成零件承受着拉伸、扭转、弯曲、压缩及持续变动的载荷作用；汽车快速通过道路上的凹坑、发动机中活塞和连杆间经历冲击和摩擦磨损过程，车轮的摩擦磨损，金属外壳和零件的冲压和锻造加工等过程中，材料承受多种复杂应力状态和冲击载荷的作用；发动机气缸、火花塞等部件在高温条件和腐蚀介质中服役。汽轮机、柴油机、化工设备、航空发动机、高压蒸汽锅炉等的很多机件是在高温条件和腐蚀介质中服役的，其高温力学性能和抗腐蚀性能是必须考虑的，而在低温下运转的零件和构件就必须考虑其低温脆性对安全性的影响。据统计，在各类构件的断裂破坏中，有80%～90%是低应力下的疲劳断裂，全世界有1/3～1/2的能量消耗在摩擦上，60%～80%的零件损坏由磨损引起。全世界每年因腐蚀造成的直接经济损失约为7000亿美元，是地震、水灾、台风等自然灾害总和的6倍，占各国国民生产总值(GNP)的2%～4%。我国腐蚀损失占国民生产总值的4%，钢铁腐蚀破坏数量占当年产量的25%～30%。

因此，机器零件或构件失效破坏的形式除了有过量弹性变形、过量塑性变形、拉伸断裂外，还有冲击断裂、疲劳断裂、磨损失效、腐蚀失效、低温脆性断裂、高温变形断裂等多种失效破坏形式。在实际生产和研究过程中，为充分揭示材料的力学行为和性能特点，对材料的力学性能评价除了进行单向静拉伸试验外，还常采用模拟材料在实际应用时承受的扭转、弯曲、压缩、冲击、疲劳、低温冲击、高温强度等不同加载方式和环境下的试验方法，以充分反映材料在不同应力状态和环境下的力学行为和性能特点，作为材料在相应使用条件下的选材及设计依据，为合理选材，提高现有材料性能，延长设备寿命，降低成本，提高劳动生产率都有着非常重要的意义。

本部分将介绍不同材料在扭转、弯曲、压缩、冲击、疲劳、低温、高温等不同加载方式和环境下的力学性能特点及其基本力学性能指标的物理概念和工程意义，讨论材料复杂力学行为的基本规律及其与材料组织结构的关系，探讨提高材料性能指标的途径和方向。这些性能指标既是材料的工程应用、构件设计和科学研究等方面的计算依据，也是材料评定和选用及加工工艺选择的主要依据。

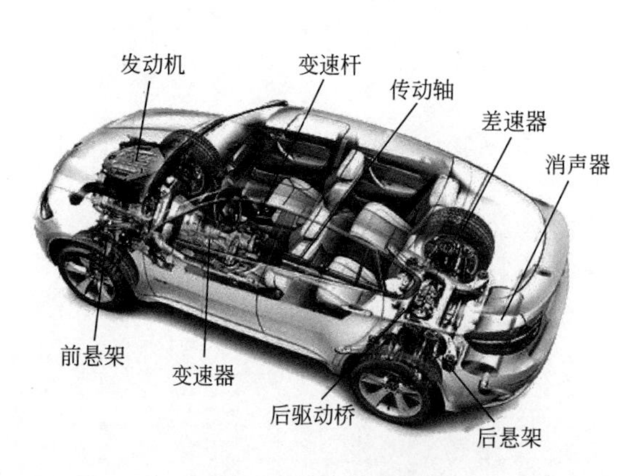

图Ⅱ.1　汽车结构图解

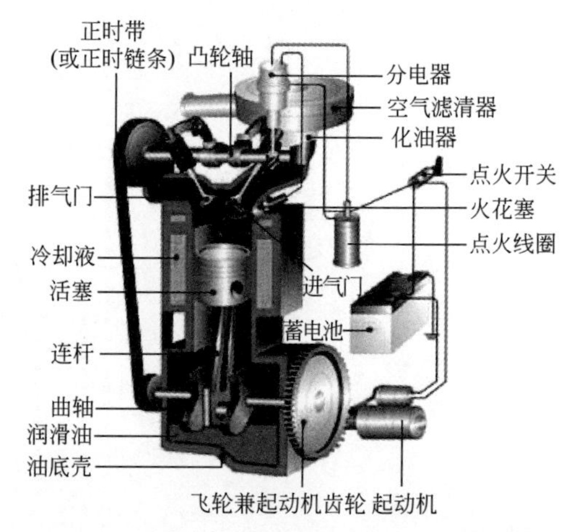

图Ⅱ.2　发动机结构图

第4章 材料的扭转、弯曲、压缩性能

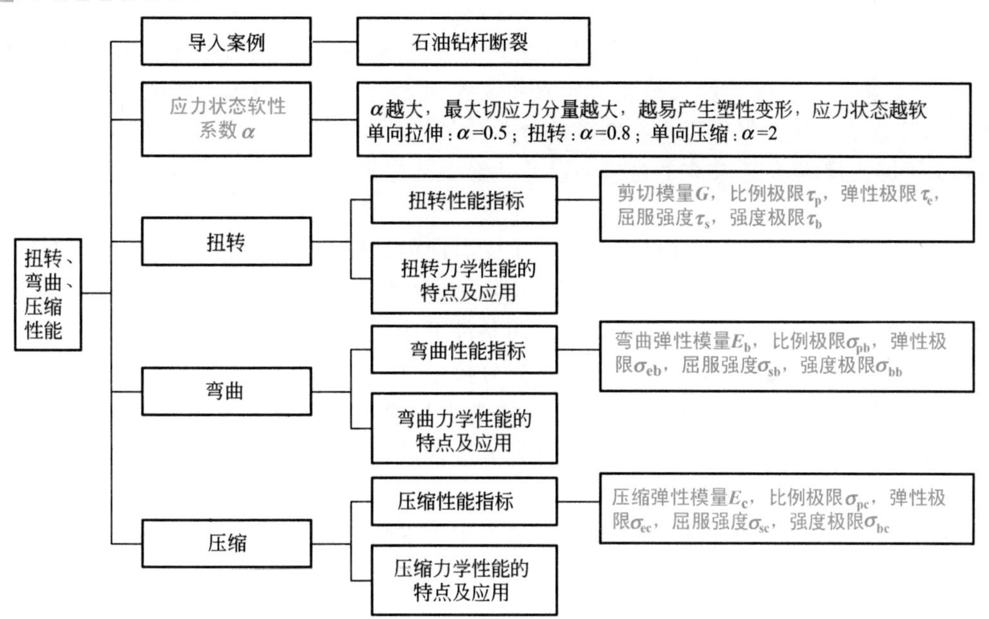

导入案例

随着现代工业的快速发展，当今社会对石油资源的需求越来越大。伴随着浅部油气层的长期开采，各大主力油田现大多进入了开发的中后期，浅层勘探很难发现大型的油气资源，因此，在今后的油气勘探中，深井和超深井将成为国内外各大油气田增产的主要手段。钻具失效在石油钻井界是普遍存在的，在深井、超深井钻井过程中，钻具的受力情况和井下环境异常恶劣，在内、外充满钻井液的狭长井眼里工作，通常承受扭转、弯曲、压缩等载荷。在钻井过程中，钻具在任何部位断裂都会造成严重的后果，甚至使井报废。图 4.01 所示为石油钻杆。

图 4.01　石油钻杆

美国的统计和估算表明，钻杆断裂事故在 14%的钻井上发生，平均每发生一次损失 106000 美元。据统计，我国各油田每年发生钻具失效事故约五六百起，经济损失巨大。我国每年必须花费数亿元人民币进口各种规格的钻杆和钻铤。随着浅层资源的不断枯竭，今后越来越多的深井、超深井钻具的安全可靠性就成为一个十分突出的问题。

在实际的工程应用中，材料除了可能承受单向静拉伸作用力外，有些构件(如传动轴、齿轮等)还可能承受扭转、弯曲、压缩等作用力。因此，研究材料在扭转、弯曲、压缩作用下的力学行为，可以作为材料在相应使用条件下的选材及设计依据。

在实际生产和材料研究过程中，为了充分揭示材料的力学行为和性能特点，对材料的力学性能评价除了进行静拉伸试验外，还常常采用模拟材料在实际应用时承受扭转、弯曲、压缩等非静拉伸等不同加载方式的试验方法，以充分反映材料在不同应力状态下的力学行为和性能特点。

本章主要介绍材料在扭转、弯曲、压缩作用力下的力学行为。

4.1　应力状态软性系数

材料的塑性变形和断裂方式主要与应力状态有关。一般地，切应力使材料发生塑性变形和韧性断裂，正应力易使材料发生脆性解理断裂。而实际材料的承载条件和应力状态比较复杂，其最大正应力 σ_{max} 与最大切应力 τ_{max} 的相对大小是不同的。因此，为正确估计材料的塑性变形和断裂方式，须对不同加载条件下材料中的最大切应力 τ_{max} 和最大正应力 σ_{max} 分布及其相对大小进行研究。

根据材料力学知识，任何复杂的应力状态都可用 3 个主应力 σ_1、σ_2 和 σ_3 ($\sigma_1 > \sigma_2 > \sigma_3$) 表示，最大切应力可以按“最大切应力理论”计算，即 $\tau_{max} = (\sigma_1 - \sigma_3)/2$，最大正应力按“相当最大正应力理论”计算，即 $\sigma_{max} = \sigma_1 - \nu(\sigma_2 + \sigma_3)$，$\nu$ 为泊松比。**τ_{max} 和 σ_{max} 的比值称为应力状态软性系数**，用 α 表示，则有

$$\alpha=\frac{\tau_{max}}{\sigma_{max}}=\frac{\sigma_1-\sigma_3}{2[\sigma_1-\nu(\sigma_2+\sigma_3)]} \tag{4-1}$$

α 越大，最大切应力分量越大，材料越易产生塑性变形，则应力状态越软；反之，α 越小，最大切应力分量越小，材料越易产生脆性断裂，则应力状态越硬。不同的静载试验方法和加载方式，具有不同的应力状态软性系数，见表 4-1。

表 4-1　不同加载方式的应力状态软性系数(ν=0.25)

加载方式	σ_1	σ_2	σ_3	软性系数 α
三向等压缩	$-\sigma$	-2σ	-2σ	∞
三向不等压缩	$-\sigma$	$-7\sigma/3$	$-7\sigma/3$	4
单向压缩	0	0	$-\sigma$	2
二向等压缩	0	$-\sigma$	$-\sigma$	1
扭转	σ	0	$-\sigma$	0.8
单向拉伸	σ	0	0	0.5
三向不等拉伸	σ	$8\sigma/9$	$8\sigma/9$	0.1
三向等拉伸	σ	σ	σ	0

三向等拉伸时切应力分量为零，应力状态最硬，材料最易发生脆性断裂。因此对于塑性很好的材料，可采用应力状态硬的三向不等拉伸试验，以充分研究材料的脆性倾向。材料的硬度试验属于三向不等压缩应力状态，应力状态非常软，适用于各种材料。

单向拉伸时，$\sigma_2=\sigma_3=0$，只有 σ_1，则 $\alpha=0.5$。此时，正应力分量较大，切应力分量较小，应力状态较硬，一般适用于塑变与切断抗力较低的塑性材料。

扭转和压缩时应力状态较软，材料易产生塑性变形。例如，对于灰铸铁、淬火高碳钢和陶瓷材料等脆性材料，单向拉伸时易发生脆断，可采用扭转或压缩试验方法，以充分反映其客观存在的塑性性能。

总之，对于应力状态较软的加载方式(扭转、压缩等)，由于易于显示材料的塑性行为，主要用于考查脆性材料的塑性指标。而应力状态较硬的加载方式(如拉伸等)，可用于考查塑性材料的脆性倾向。

4.2 扭　　转

机械零件中有许多都会受扭转作用，比如常见的传动轴、弹簧、钻杆等。在扭转时，材料处于纯剪切应力状态，是除拉伸以外的又一重要应力状态。工程上，常用扭转试验研究材料在纯剪切时的力学性能，而不用剪切试验。这是因为剪切试验只能测到材料的抗剪强度，对于高塑性材料，由于常伴随弯曲变形而不能得到正确的结果，扭转试验则能较全面地了解材料在剪应力作用下的反应。

扭转试验可以较完整地研究材料在扭矩作用下的力学性能，如抗扭强度、抗扭刚度及塑性变形能力等。这些研究对工程结构材料的应用来说，无论是从材料力学、弹塑性理论和实验应力分析的角度来看，都是十分必要的。

4.2.1 扭转性能指标

扭转试验是材料力学试验中最基本的试验之一。扭转试验一般采用圆柱形试样在扭转试验机上进行。试验过程中可读出扭矩 T 和对应的扭转角 φ。图 4.1 所示的是测得的低碳钢材料试样的扭矩-扭转角曲线(扭转曲线)，它与材料的拉伸曲线图很相似。

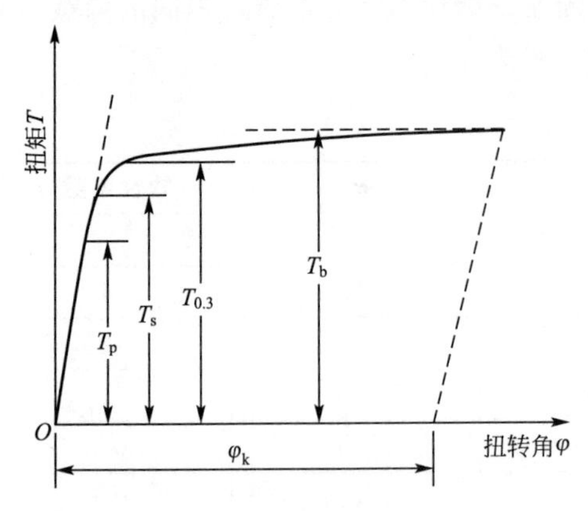

图 4.1 低碳钢的扭转曲线示意图

试样在扭转时其表面的应力状态如图 4.2(a)所示。材料的应力状态为纯剪切，切应力分布在纵向与横向两个垂直的截面上。材料在与试样轴线成 45°的方向上承受最大正应力，与试样轴线平行和垂直的截面上承受最大的切应力。

从图 4.2 可以看出，材料在扭转过程中同样存在弹性变形和塑性变形阶段。在弹性变形阶段，试样横截面上的切应力和切应变沿半径方向呈线性分布，中心处切应力为零，表面处最大［图 4.2(b)］。当表层产生塑性变形后，切应变的分布仍保持线性关系，切应力则因塑性变形而呈非线性变化［图 4.2(c)］。随着扭转塑性变形的增大，试样将最终断裂。如果扭转沿横截面断裂，则为切应力下的切断；如果扭转断口与轴线成 45°，则为最大正应力下的脆性断裂。

【金属的扭转试验】

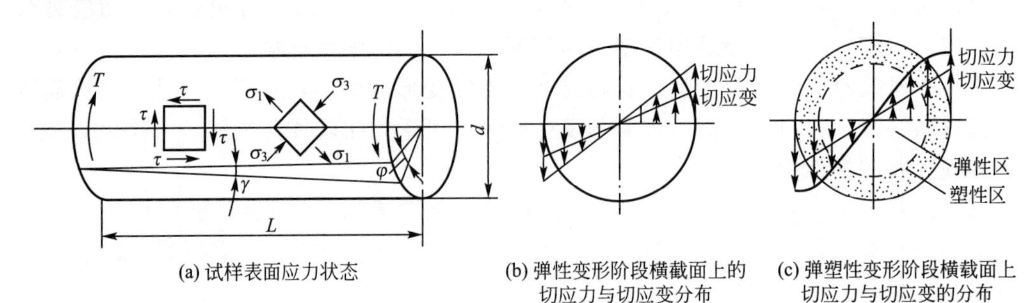

(a) 试样表面应力状态　(b) 弹性变形阶段横截面上的切应力与切应变分布　(c) 弹塑性变形阶段横载面上切应力与切应变的分布

图 4.2 扭转试样中的应力与应变

扭转试验可以测定材料的下列主要力学性能指标。

(1) 切变模量 G。在弹性范围内，切应力与切应变之比称为切变模量，表征材料抵抗切应变的能力。测出扭矩增量 ΔT 和相应的扭转角增量 $\Delta\varphi$，求出切应力、切应变，即可得到材料的切变模量。

(2) 扭转比例极限 τ_p 和扭转屈服强度 τ_s。在扭转曲线或试验机扭矩度盘上读出相应的扭矩 T 后，可按式(4-2)分别计算出材料的扭转比例极限 τ_p 和扭转屈服强度 τ_s。如果扭转屈服时，扭矩有波动现象，则需测定上屈服点和下屈服点。

$$\tau_p=\frac{T_p}{W} \text{ 和 } \tau_s=\frac{T_s}{W} \tag{4-2}$$

式中，W 为试样抗扭截面系数，对圆柱试样为 $\pi d^3/16$；T_p 为扭转曲线开始偏离直线时的扭矩；T_s 为材料发生屈服时的扭矩。

倘若扭转曲线上不存在明显的扭转屈服，可通过规定残余切应变(如0.3%)或非比例切应变的方法定义屈服扭矩 $T_{0.3}$，进而计算出材料的扭转屈服强度。

(3) 抗扭强度 τ_b。从试验机上读出试样在扭断前承受的最大扭矩(T_b)后，按式(4-3)计算出的切应力称为抗扭强度，它反映的是材料的最大抗扭矩能力。式中 W 意义同式 (4-2)。

$$\tau_b = \frac{T_b}{W} \tag{4-3}$$

必须指出，τ_b 是按弹性变形状态下的公式计算的，由图4.2(c)可知，它比真实的抗扭强度大，因此称为条件抗扭强度。只有陶瓷等很脆的材料，在扭转时没有明显塑性变形时，计算的结果才比较真实。

4.2.2 扭转力学性能的特点及应用

扭转试验是重要的力学性能试验方法之一，具有如下特点。

(1) 扭转可用于测定在拉伸时表现为脆性或低塑性材料的性能。如淬火低碳钢、工具钢、灰铸铁等。

(2) 扭转试验能较敏感地反映出材料表面缺陷及表面硬化层的性能。可利用这一特征对表面强化工艺进行研究或对构件热处理质量进行检验。

(3) 圆柱形试样扭转时，整个试样长度上的塑性变形是均匀的，试样的标距长度和截面面积基本保持不变，不会出现静拉伸时试件上发生的颈缩现象。所以，可以利用扭转试验精确测定高塑性材料的变形抗力，而这在单向拉伸或压缩试验时是难以做到的。

(4) 扭转时试样中的最大正应力与最大切应力在数值上大体相等，而生产上所使用的大部分金属材料的正断强度 σ_k 大于切断强度 τ_k，所以，扭转试验是测定材料切断强度最可靠的方法。

(5) 扭转实验可以明确地区分材料的断裂方式是正断还是切断。

① 塑性材料的断裂面与试样轴线垂直，断口平整，有回旋状塑性变形的痕迹，如图4.3(a)所示，这是切应力造成的切断。

② 脆性材料的断口呈螺旋状［图4.3(b)］，断裂面与试样的轴线成45°，这是在正应力作用下产生的正断。

如果试样存在着非金属夹杂物偏析或金属及合金的碾压锻造、拉拔方向与试样轴线一致，造成试样轴线方向上材料抗切能力降低，在扭转过程中可能会出现图4.3(c)所示的木质纤维状断口。这种断裂的特点是顺着试样的轴线成纵向剥层或裂纹，甚至因夹杂物的存在出现两处以上的断口。

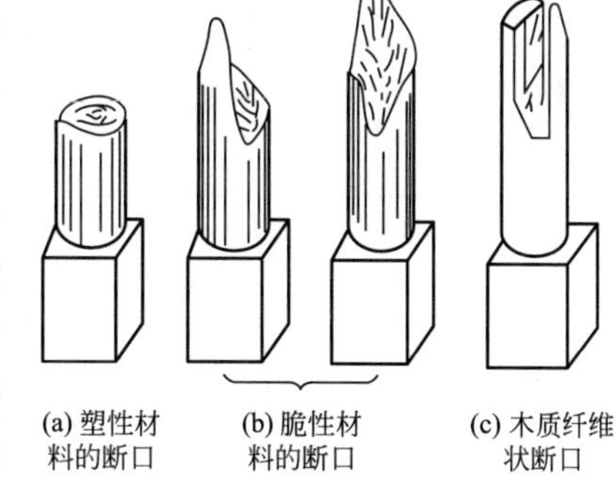

图4.3 扭转断口特征

4.3 弯　　曲

工程应用中，有些构件(如轴、板式弹簧等一些杆式构件)是在承受弯矩作用的服役条件下工作的。这些构件在工作时，其内部应力主要为正应力，应力分布特点为表面最大，

心部为零，而且应力方向也发生变化。

材料在弯曲加载下所表现的力学行为与单纯拉应力或压应力作用下的不完全相同。例如，在拉伸或压缩载荷下产生屈服现象的金属，在弯曲载荷下可能显示不出来。因此，对于承受弯曲载荷的构件，我们常用弯曲试验的方法来测定其力学性能，以作为选材和设计的依据。

4.3.1 弯曲性能指标

弯曲试验可在材料万能试验机上进行。弯曲试验时采用圆柱形或方形试样，弯曲表面不得有划痕。方形和长方形试样的棱边应锉圆，其半径不应大于 2mm。试验时将试样放在有一定跨度的支座上(图 4.4)，施加一集中载荷(三点弯曲)或二等值载荷(四点弯曲)。

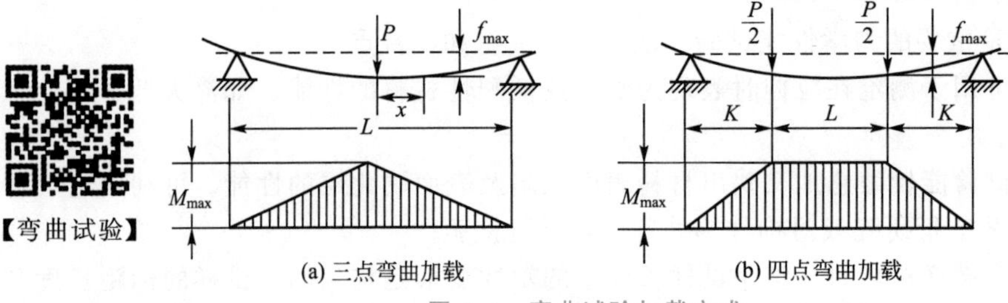

图 4.4 弯曲试验加载方式

三点弯曲时，试样总是在最大弯矩附近断裂。四点试验试样通常在具有组织缺陷的位置发生断裂，能较好地反映材料的性质，试验结果也较精确，但要注意加载的均衡。相比于四点试验，三点弯曲试验方法简单，较常用。

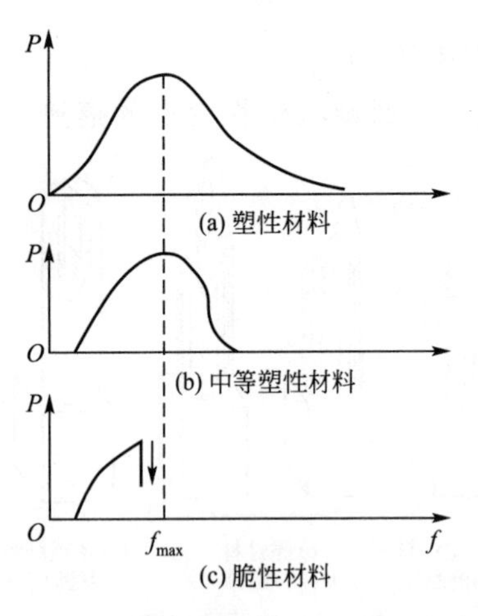

图 4.5 典型材料的弯曲力-挠度曲线

材料的弯曲变形大小用 f 表示，其值可用百分表或挠度计直接读出。通常用弯曲试样的最大挠度 f_{max} 表征材料的变形性能。在弯曲试验过程中，将载荷 P 和最大挠度 f_{max} 之间的关系绘制成曲线图，即为材料的弯曲力-挠度曲线。

图 4.5 列出了塑性不同的 3 种材料的弯曲力-挠度曲线。弯曲试验可以测定脆性材料或低塑性材料在弯曲力作用下的力学性能。

脆性材料可根据弯曲图 4.5(c)和抗弯强度的定义，用式(4-4)求得抗弯强度 σ_{bb}。

$$\sigma_{bb}=\frac{M_b}{W} \tag{4-4}$$

式中，M_b 为试样断裂时的弯矩，其值对于三点加载方式为 $M_b=P_bL/4$(P_b 为弯曲图上的最大载荷)，对于四点加载方式为 $M_b=P_bK/2$；W 为截面抗弯系数，对于直径为 d 的圆柱试样，$W=\pi d^3/32$，对于宽度为 b、高为 h 的矩形截面试样，$W=bh^2/6$。

除了 σ_{bb} 外，从弯曲力-挠度曲线上还可以测出材料的弯曲弹性模量 E_b、断裂挠度 f_b 及断裂能量 U(曲线下所包围的面积)等性能指标。

4.3.2 弯曲力学性能的特点及应用

弯曲试验主要有以下特点。

(1) 从试样的拉伸侧看，其应力状态与拉伸试验类似，但从整体上比拉伸试样的几何外形简单，所以适用于测定加工不方便的脆性材料，如铸铁、工具钢、硬质合金、某些陶瓷材料等。对于高分子材料，也常用于测定其弯曲强度及模量。

(2) 对于高塑性材料，由于弯曲试验不能使试件发生断裂，因此，难以测定其强度，高塑性材料强度的测定应尽量采用拉伸试验方法。

(3) 弯曲试验时，截面上的应力分布也是表面上应力最大。因此，可以灵敏地反映材料的表面缺陷，可用来比较和评定材料表面处理层的质量。

结合弯曲试验的特点，其主要有以下几方面的应用。

(1) 测定灰铸铁的抗弯强度。灰铸铁的抗弯性能要优于其抗拉性能。抗弯强度σ_{bb}是灰铸铁的重要力学性能指标。灰铸铁的弯曲试样一般采用铸态毛坯圆柱试样。

(2) 测定硬质合金的抗弯强度。硬质合金由于硬度高，难以加工成拉伸试样，因此常常用弯曲试验评价其性能和质量。另外，由于硬质合金一般价格昂贵，试样一般采用方形或矩形截面的小尺寸试样，常用的规格为5mm×5mm×30mm，跨距为24mm。

(3) 测定陶瓷材料、工具钢的抗弯强度。由于陶瓷材料、工具钢脆性大，测定抗拉强度较困难，而且和硬质合金一样，试样加工困难，费用高，因此也常用弯曲试验来评价其性能的优劣。这类材料也常用方形或矩形截面形的试样。

另外，由于弯曲性能对材料的表面缺陷很敏感，因此，弯曲试验也常用于检验和比较材料表面热处理层的质量和性能。

4.4 压　　缩

结构件也有很多是在压缩载荷下工作的，这就需要对它们的材料进行抗压性能试验评定。因此，压缩试验也是常用的一种试验方法。

压缩试验大多用来测定脆性材料或低塑性材料(如铸铁、铸铝合金、建筑材料等)的抗压强度。对于塑性较高的材料，由于只能压扁不能压破，所以得不到压缩强度极限。

4.4.1 压缩性能指标

【金属的压缩试验】

压缩试验是对试样施加轴向压力，在其变形和断裂过程中测定材料的强度和塑性等力学性能指标的试验方法。在拉伸、扭转和弯曲试验时不能显示的脆性材料力学行为，在压缩时有可能获得。因此，压缩试验也得到了广泛应用。压缩试验可在万能试验机上进行，也可在专用的压缩试验机上进行。

压缩可以看作反向拉伸。因此，在拉伸试验时所定义的各个力学性能指标和相应的计算公式，在压缩试验中基本上都能应用。

压缩试验用的试样其横截面为圆形或正方形，试样长度一般为直径或边长的2.5～3.5倍。在有侧向约束装置可以防止试样压缩过程弯曲的条件下，也可采用板状试样。另外，

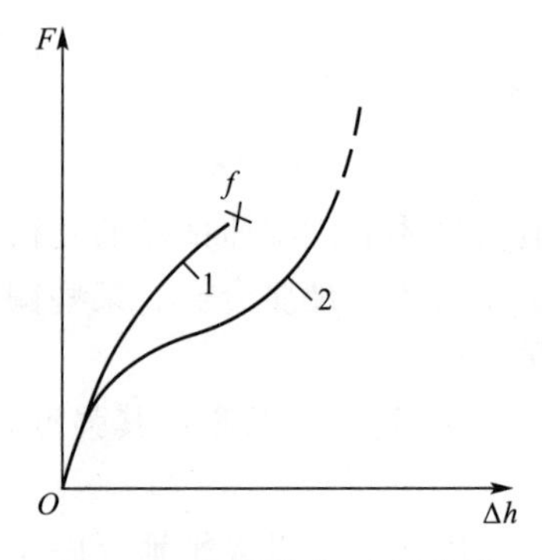

图 4.6　压缩载荷-变形曲线
1—脆性材料；2—塑性材料

试样的高径比 h_0/d_0 对试验结果有很大影响，为使多个试样的试验结果能互相比较，必须保证试样的 h_0/d_0 值相等。

压缩试验时，用来表示材料压力和变形关系的曲线，称为压缩曲线，如图 4.6 所示。根据压缩曲线，可以求出材料的压缩强度和塑性指标。对于低塑性和脆性材料，一般只测抗压强度 $\boldsymbol{\sigma}_{bc}$、相对压缩率 e_{cf}和相对断面扩展率 $\boldsymbol{\varphi}_{cf}$。

抗压强度：　$\sigma_{bc}=F_{bc}/A_0$　(4-5)

相对压缩率：　$e_{cf}=(h_0-h_f)/h_0\times100\%$　(4-6)

相对断面扩展率：　$\varphi_{cf}=(A_f-A_0)/A_0\times100\%$　(4-7)

式中，F_{bc}为试样压缩断裂时的载荷；h_0 和 h_f 分别为试样的原始高度和断裂时的高度；A_0 和 A_f 分别为试样的原始截面积和断裂时的截面积。

【参考视频】

压缩试验也可以测定材料的压缩弹性模量 E_c。对于在压缩时产生明显屈服现象的材料，还可测定其压缩屈服点 $\boldsymbol{\sigma}_{sc}$。

压缩试验时，由于试样端部的摩擦阻力对试验结果影响很大，这个摩擦力发生在上下压头与试样端面之间。为减少摩擦阻力的影响，试样端面必须光滑平整，并涂润滑油或石墨粉等，进行润滑。

4.4.2　压缩力学性能的特点及应用

压缩试验的特点及应用如下。

(1) 脆性材料的压缩强度一般高于其抗拉强度，尤其是陶瓷材料的压缩强度约高于其抗拉强度一个数量级。

(2) 单向压缩的应力状态系数 $\alpha=2$，比拉伸、扭转、弯曲的应力状态都软。因此，压缩试验主要用于在拉伸载荷下呈现脆性断裂的材料的力学性能测定。

(3) 压缩与拉伸的受力不仅方向相反，两种试验所得的载荷-变形曲线、塑性及断裂形态也有较大差别，特别是压缩试验不能使塑性材料断裂，故塑性材料一般不采用压缩方法进行性能评定。

(4) 对于在接触表面处承受多向压缩的构件，如滚柱与滚珠轴承的套圈，可以采用多向压缩试验进行评定。

扭转、弯曲、压缩和单向拉伸性能指标间的对应关系见表 4-2。

表 4-2　不同应力状态下的力学性能指标

应力状态	模量	比例极限	弹性极限	屈服强度	强度极限
拉伸	弹性模量 E	σ_p	σ_e	σ_s	σ_b
扭转	剪切模量 G	τ_p	τ_e	τ_s	τ_b
弯曲	弯曲弹性模量 E_b	σ_{pb}	σ_{eb}	σ_{sb}	σ_{bb}
压缩	压缩弹性模量 E_c	σ_{pc}	σ_{ec}	σ_{sc}	σ_{bc}

一、填空题

1. 单向拉伸、扭转和压缩试验方法中，应力状态最软的加载方式是__________，该方法易于显示材料的____________(塑性/脆性)行为，可用于考查____________(塑性/脆性)材料的____________(塑性/脆性)指标。

2. 要测试灰铸铁和陶瓷材料的塑性指标，在常用的单向拉伸、扭转和压缩试验方法中，可选择__________试验方法。

二、名词解释

应力状态软性系数　抗扭强度

三、简答题

1. 扭转试验可以测得材料的哪些力学性能指标?

2. 根据扭转试样的断口特征，如何判定断裂的性质和引起断裂的应力类型?

3. 抗弯试验的加载方式有哪两种? 各有什么特点?

4. 试综述扭转、弯曲和压缩试验的特点及应用。

四、文献查阅及综合分析

1. 查阅近期的科学研究论文，任选一种材料，以材料的弯曲、扭转、压缩应力作用下的变形行为过程性能指标(τ_p、τ_s、τ_b、σ_{bb}、σ_{bc}等)为切入点，分析应力状态对材料变形行为的影响（给出必要的图、表、参考文献）。

2. 查阅近期的科学研究论文，任选一种材料，比较其在单向拉伸、弯曲、扭转、压缩应力作用下的变形行为过程，画出其应力-应变曲线，在曲线上标出其特征力学性能指标，并解释各指标的物理本质和意义。

【第 4 章习题答案】

【第 4 章自测试题】

【第 4 章试验方法-国家标准】

第5章 材料的硬度

本章知识构架

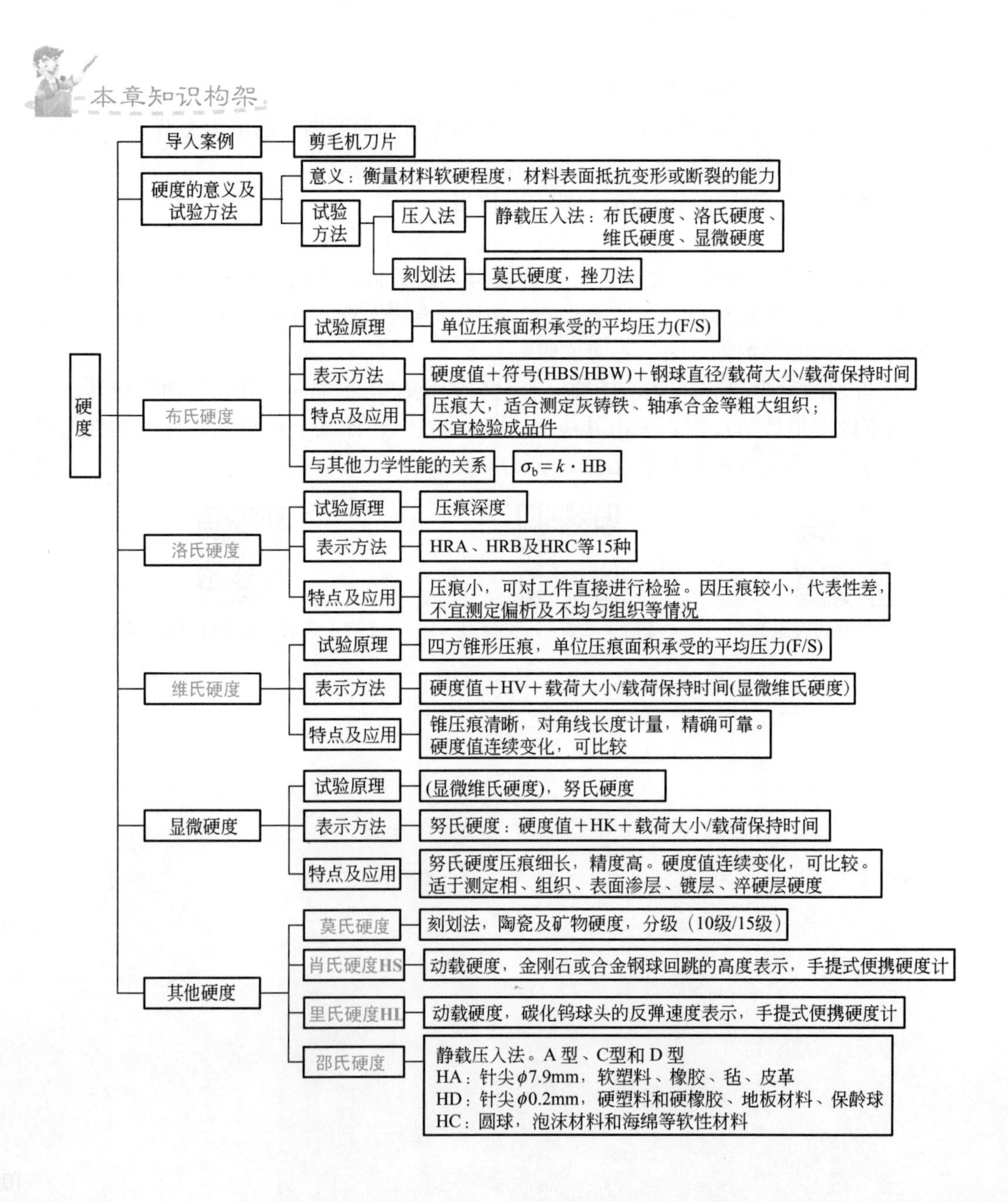

导入案例

每年一次的剪羊毛是畜牧业生产的重要环节，是养羊业中一项繁重而季节性强的工作，剪毛适宜期一般为20天左右。刀片(图5.01)是剪毛机械的关键件和易损件。刀片主要受夹杂毛中高硬度砂粒的磨料磨损而变钝失效。标准规定上刀片硬度为61～65HRC，下刀片硬度为60～64HRC。

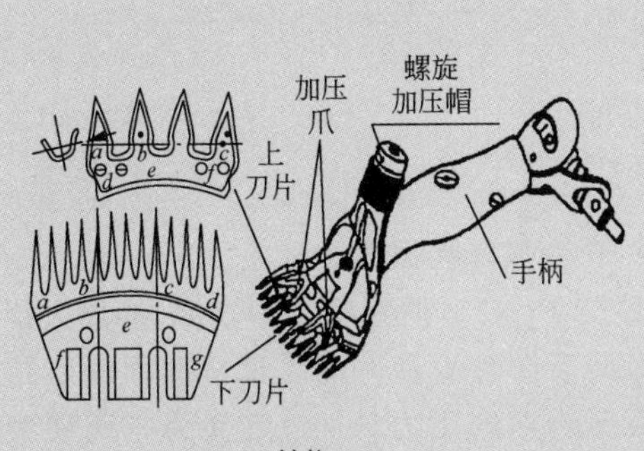

(a) 结构

(b) 实物

图5.01 剪毛机刀片

剪毛机刀片存在两大难以处理的矛盾：①硬度与韧性的矛盾，刀片软了，刃口易卷，刃面易划伤，太硬又会崩刃，甚至刀齿折断；②耐磨性与利磨性的矛盾，刀片用钝后在专用磨盘上磨刀，在现场须在几十秒内磨利，若刀片剪毛时很耐磨，磨刀时必然利磨性差，反之亦然。20世纪60年代初曾试用CrW5钢制造刀片，但因利磨性差而放弃。渗硼刀片曾出现刃磨一次剪羊216头的特高纪录，但这是花了一个多小时精心研磨的结果，这个刀片磨了4次就报废。其他渗硼刀片刃磨后，因刃口未磨利，呈锯齿状，每次剪羊头数均不高，加之渗硼刀片断齿率高，在剪毛机刀片生产上终未被采用。

我国科技工作者对一些承受冲击和接触疲劳磨损的零件的长期研究，找出了最佳硬度值(表5-1)，为剪毛机刀片硬度设计提供借鉴。

表5-1 材料与最佳硬度

材料	GCr15 滚动轴承	T10V 凿岩机活塞	20CrMnMo渗碳钢， 石油钻机牙轮钻头	80Cr1.5钢 水稻秸秆还田机刀片
硬度	62HRC	59～61HRC	58～60HRC	62～62.5HRC

资料来源：黄建洪．剪毛机刀片的硬度设计与热处理工艺．热处理．2005，20(1)：29～35

5.1 硬度的意义及试验方法

【硬度的意义及试验方法(分类)】

硬度是衡量材料软硬程度的一种力学性能，是指材料表面上不大体积内抵抗变形或破裂的能力。

硬度试验方法有十几种，按加载方式基本上可分为压入法和刻划法两大类。在压入法中，根据加载速率的不同分为动载压入法和静载压入法（弹性回跳法）。超声波硬度、肖氏硬度和锤击式布氏硬度属于动载试验法；布氏硬度、洛氏硬度、维氏硬度和显微硬度属于静载压入法。刻划法包括莫氏硬度顺序法和挫刀法等。

硬度值的物理意义随试验方法的不同，其含义不同，压入法的硬度值是材料表面抵抗另一物体局部压入时所引起的塑性变形能力；刻划法硬度值表征材料表面对局部切断破坏的抗力。

5.2 布氏硬度

5.2.1 原理

布氏硬度是在1900年由瑞典J. B. Brinell工程师提出的。

布氏硬度的测定原理是用一定大小的载荷F(N)，把直径为D(mm)的淬火钢球或硬质合金球压入试样表面(图5.1)，保持规定时间后卸除载荷，测量试样表面的残留压痕直径d，求压痕的表面积S。将单位压痕面积承受的平均压力(F/S)定义为布氏硬度，符号用HB表示，一般不标出单位，硬度值越高，表示材料越硬。

布氏硬度值的计算式见式(5-1)。

$$HB=\frac{F}{S}=\frac{2F}{\pi D(D-\sqrt{D^2-d^2})} \tag{5-1}$$

由于材料有软有硬，工件有薄有厚，如果只采用一种标准载荷F和钢球直径D，就会出现对硬的材料合适，而对软的材料发生钢球大部分陷入材料内的现象；若对厚的材料合适，而对薄的材料可能发生压透的现象。

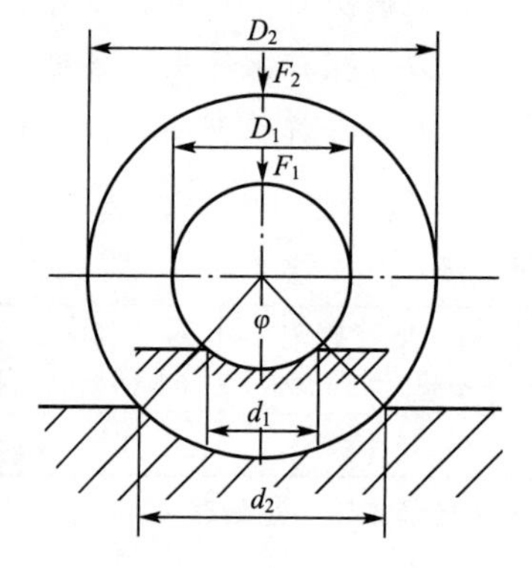

【布氏硬度测试】

图5.1 压痕相似原理

因此在生产实际中进行布氏硬度检验时，需要使用大小不同的载荷F和压头直径D。问题在于当对同一种材料采用不同的F和D进行试验时，能否得到同一布氏硬度值？

从图5.1中可以看出d和压入角φ的关系，即$d=D\sin\frac{\varphi}{2}$，代入式(5-1)得

$$HB=\frac{F}{D^2}\frac{2}{\pi\left(1-\sqrt{1-\sin^2\frac{\varphi}{2}}\right)} \tag{5-2}$$

由式(5-2)可知，要保持在不同的试验条件下测得同一材料的布氏硬度值相同，必须同时满足两个条件：一是使形成的压入角φ为常数，即要获得几何形状相似的压痕；二是保证F/D^2为常数。大量试验结果表明，当F/D^2等于常数时，所得压痕的压入角φ保持不变。因此，为了使同一材料用不同F和D测得的HB值相同，应使F/D^2保持常数，这是F与D的选配原则。

5.2.2 表示方法

压头材料不同，表示布氏硬度值的符号也不同。当压头为硬质合金球时，用符号HBW表示，适用于布氏硬度值为450～650的材料；当压头为淬火钢球时，用符号HBS

表示，适用于布氏硬度值低于450的材料。

布氏硬度值的表示方法，一般记为“数字＋硬度符号(HBS或HBW)＋数字/数字/数字”的形式，符号前面的数字为硬度值，符号后面的数字依次表示钢球直径、载荷大小及载荷保持时间等试验条件。例如，当用10mm淬火钢球，在3000N载荷作用下保持30s时测得的硬度值为280，则记为280HBS10/3000/30。当保持时间为10～15s时可不标注。如50HBS/750表示用直径为5mm的硬质合金球，在750N载荷作用下保持10～15s测得的布氏硬度值为50。

5.2.3 特点及应用

布氏硬度试验的优点是压痕面积较大，其硬度值能反映材料在较大区域内各组成相的平均性能。因此，布氏硬度检验最适合测定灰铸铁、铜合金等材料的硬度。压痕大的另一优点是试验数据稳定，重复性高。

布氏硬度试验的缺点是因压痕直径较大，一般不宜在成品件上直接进行检验；此外，对硬度不同的材料需要更换压头直径 D 和载荷 F，同时压痕直径的测量也比较麻烦。

5.3 洛氏硬度

5.3.1 原理

1919年，美国Rockwell提出了洛氏硬度的表示方法。洛氏硬度是以测量压痕深度值的大小来表示材料的硬度值。

在规定条件下，将洛氏硬度计压头(金刚石圆锥、钢球或硬质合金球)分两个步骤压入试样表面(图5.2)。载荷分先后两次施加，先加初载荷 F_1，压入深度 h_1；再加主载荷 F_2，压入深度 h_2；其总载荷为 F ($F=F_1+F_2$)。卸除主试验力后，弹性回复深度 h_3；在保持初试验力下测量压痕残余深度 h。以压痕残余深度 h 代表硬度的高低。h 越大，硬度越低。为适应人们数值越大硬度越高的概念，规定用压痕残余深度 h 及常数 N 和 S 按式(5-3)计算洛氏硬度。

$$HR=N-\frac{h}{S} \tag{5-3}$$

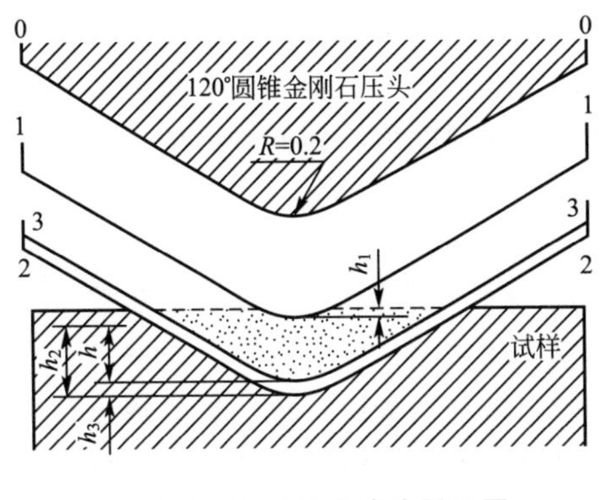

图5.2 洛氏硬度试验原理图

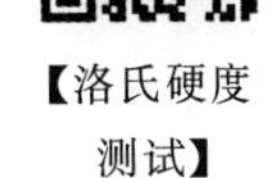

【洛氏硬度测试】

式中，N 为常数，对于 A、C、D、N、T 标尺，$N=100$，其他标尺，$N=130$；h 为残余压痕深度（mm）；S 为常数，对于洛氏硬度，$S=0.002\text{mm}$，对于表面洛氏硬度，$S=0.001\text{mm}$。

5.3.2 表示方法

为了能用一种硬度计测定不同软硬材料的硬度，常采用不同的压头与总载荷组合成几种不同的洛氏硬度标尺。根据总载荷的大小，洛氏硬度试验一般分为两种，一种是普通洛氏硬度试验，另一种是表面洛氏硬度试验。

洛氏硬度试验采用 120°金刚石圆锥和直径为 1.587mm、3.175mm 钢球 3 种压头，采用 60kg、100kg、150kg 3 种试验力。

洛氏硬度计量有 15 种标尺，分别适用不同软硬程度的材料，标尺由所用压头和试验力两个因素决定，见表 5-2。常用标尺是 HRA、HRB 及 HRC 3 种。

表 5-2 洛氏硬度测量标尺及选用

标尺	压头	试验力/kgf（初始试验力均为 10kgf）	硬度范围	用途
HRA	金刚石	60	20～88	硬质合金、浅表面硬化钢
HRD		100	40～77	中等表面硬化钢、珠光体可锻铸铁等
HRC		150	20～70	淬火钢、调质钢、硬铸钢等
HRF	直径 1/16″钢球	60	60～100	退火铜合金、软质薄板合金
HRB		100	20～100	铜合金、软钢、铝合金
HRG		150	30～94	可锻铁、铜-镍-锌合金
HRH	直径 1/8″钢球	60	80～100	铝、锌、铅等
HRE		100	58～100	铸铁、铝及镁合金、轴承合金
HRK		150	40～100	青铜、铍青铜
HRL	直径 1/4″钢球	60	50～115	轴承合金及其他极软的金属如铝、锌、铅、锡等，塑料（不适用塑料薄膜、泡沫塑料），硬纸板等
HRM		100	50～115	
HRP		150	100～120	
HRR	直径 1/2″钢球	60	50～115	
HRS		100		
HRV		150		

注：1kgf=9.80665N。

表面洛氏硬度试验采用 120°金刚石圆锥和直径为 1.587mm 钢球两种压头，采用 15kg、30kg、45kg 3 种试验力，它们共有 6 种组合，对应于表面洛氏的 6 个标尺，即 HR15N、HR30N、HR45N、HR15T、HR30T、HR45T。

实际检测洛氏硬度时，在硬度计的压头上方装有百分表，可直接测出压痕深度，并按上述 3 种洛氏硬度标尺标出相应的硬度值，因而硬度值可直接读出，无需用公式计算。

在一定条件下，HB 与 HRC 可以查表互换，关系为 1HRC≈1/10HB。

5.3.3 特点及应用

洛氏硬度试验的优点是操作简便迅速，压痕小，可对工件直接进行检验；采用不同标尺，可测定各种软硬不同和薄厚不一试样的硬度。它的缺点是因压痕较小，代表性差，尤其是材料中的偏析及组织不均匀等情况，使所测硬度值的重复性差、分散度大，用不同标尺测得的硬度值既不能直接进行比较，又不能彼此互换。

5.4 维氏硬度

5.4.1 原理

维氏硬度是1925年由英国的R. L. Smith和G. E. Sandland提出的，第一台维氏硬度计由Vickers公司研制。

维氏硬度是根据压痕单位面积所承受的载荷来计算硬度值，所用的压头是两相对面夹角α为136°的金刚石四棱锥体。试验原理如图5.3所示，在载荷F的作用下，试样表面被压出一个四方锥形压痕，测量压痕的对角线长度分别为d_1和d_2，取其平均值d，用以计算压痕的表面积S，F/S即为试样的硬度值，用符号HV表示。

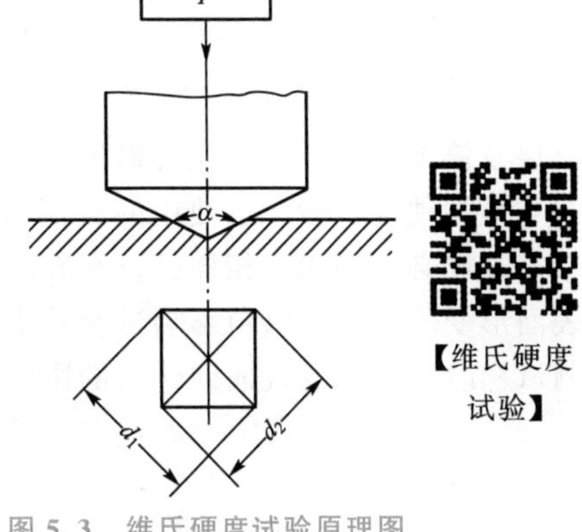

图5.3 维氏硬度试验原理图

当载荷单位为N，压痕对角线长度单位为mm时，HV为

$$HV=1.8544\frac{F}{d^2} \tag{5-4}$$

5.4.2 表示方法

维氏硬度值的表示式为“数字＋HV＋数字/数字”的形式，HV前面的数字表示硬度值，HV后面的数字表示试验所用载荷和载荷持续时间。例如，640HV30/20表明在载荷30N作用下，持续20s测得的维氏硬度为640。若载荷持续时间为10～15s,可不标出持续时间。

维氏硬度试验的载荷有49.1N(5kgf)、98.1N (10kgf)、196.2N(20kgf)、294.3N(30kgf)、490.5N(50kgf)、981N(100kgf) 共6种。根据硬化层深度、材料的厚度和预期的硬度，尽可能选用较大载荷，以减少测量压痕对角线长度的误差。当测定薄件或表面硬化层硬度时，所选择的载荷应保证试验层厚度大于1.5d。

5.4.3 特点及应用

维氏硬度试验角锥压痕清晰，采用对角线长度计量，精确可靠；压头为四棱锥体，当载荷改变时，压入角恒定不变，可以任意选择载荷，数值连续变化，可比较。不存在布氏硬度那种载荷F与压球直径D之间的关系约束。维氏硬度也不存在洛氏硬度那种不同标尺的硬度。如果采用小载荷测量，可以得到显微维氏硬度。

5.5 显微硬度

常用的显微硬度除了显微维氏硬度外，还有努氏硬度，压头与压痕如图5.4所示。测量出压痕长对角线的长度l(μm)，按式(5-5)计算努氏硬度值(用HK表示)。

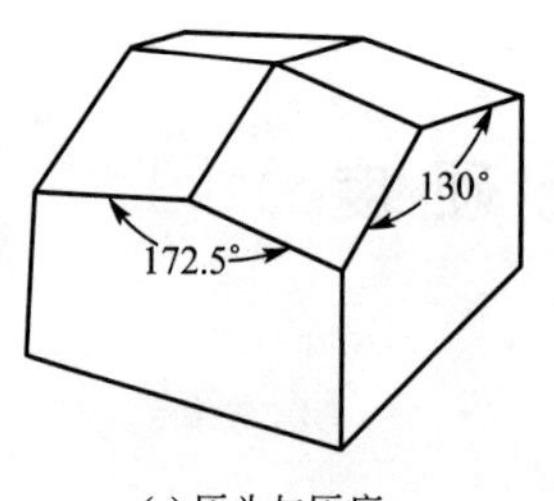

(a) 压头与压痕

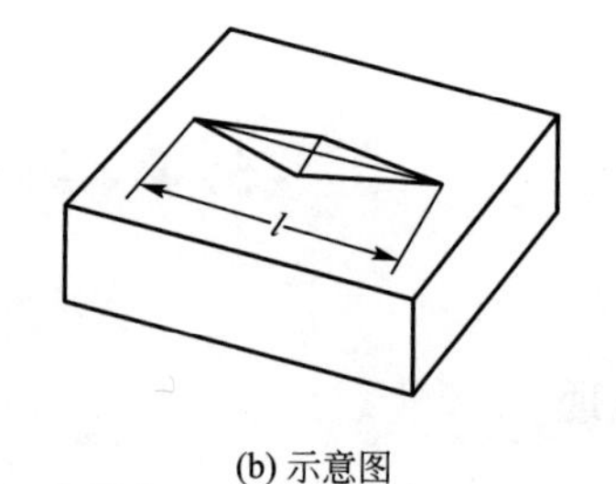

(b) 示意图

图 5.4 努氏硬度

$$HK = 0.102 \times 14.23 \frac{F}{l^2} = 1.451 \frac{F}{l^2} \tag{5-5}$$

努氏硬度压痕细长，而且只测量长对角线长度，故精确度较高；适于测定表面渗层、镀层及淬硬层的硬度，还可以测定渗层截面上的硬度分布等。

显微硬度试验一般使用的载荷为 2gf、5gf、10gf、50gf、100gf 及 200gf，由于压痕微小，试样必须制成金相样品，在磨制与抛光试样时应注意，不能产生较厚的金属扰乱层和表面形变硬化层，以免影响试验结果。在可能范围内，尽量选用较大的载荷，以减少因磨制试样时所产生的表面硬化层的影响，从而提高测量的精确度。

显微硬度主要用于测量各组成相的硬度，研究成分组织状态与性能的关系。

5.6 其他硬度

5.6.1 莫氏硬度

【莫氏硬度顺序详图】

1824 年，德国矿物学家莫斯(Frederich Mohs)提出了陶瓷及矿物材料常用的划痕硬度表示法，称为莫氏硬度。它只表示硬度从小到大的顺序，不表示软硬的程度，序号大的材料可以划破序号小的材料表面。莫氏硬度为分 10 级，后来因为出现了一些人工合成的高硬度材料，故又将莫氏硬度分为 15 级。表 5-3 所列为两种莫氏硬度分级的顺序。

表 5-3 莫氏硬度顺序

序号	材料	主要成分	序号	材料	主要成分
1	滑石	$3MgO \cdot 4SiO \cdot 2H_2O$	1	滑石	$3MgO \cdot 4SiO \cdot 2H_2O$
2	石膏	$CaSO_4 \cdot 2H_2O$	2	石膏	$CaSO_4 \cdot 2H_2O$
3	方解石	$CaCO_3$	3	方解石	$CaCO_3$
4	萤石	CaF_2	4	萤石	CaF_2
5	磷灰石	$CaO \cdot P_2O_3$	5	磷灰石	$CaO \cdot P_2O_3$
6	正长石	$SiO_2 \cdot Al_2O_3 \cdot K_2O$	6	正长石	$SiO_2 \cdot Al_2O_3 \cdot K_2O$
7	石英	SiO_2	7	SiO_2 玻璃	SiO_2
8	黄玉	$SiO_2 \cdot Al_2O_3$	8	石英	SiO_2

续表

序号	材料	主要成分	序号	材料	主要成分
9	刚玉	Al_2O_3	9	黄玉	$SiO_2 \cdot Al_2O_3$
10	金刚石	C	10	石榴石	$A_3B_2(SiO_4)_3$
—	—	—	11	熔融氧化锆	ZrO_2
—	—	—	12	刚玉	Al_2O_3
—	—	—	13	碳化硅	SiC
—	—	—	14	碳化硼	B_4C
—	—	—	15	金刚石	C

5.6.2 肖氏硬度

1906年，美国人肖尔(Albert F. Shore)首先提出肖氏硬度。肖氏硬度试验是一种动载试验法，其原理是将具有一定质量的带有金刚石或合金钢球的重锤从一定高度落向试样表面，根据重锤回跳的高度来表征材料硬度值大小。肖氏硬度用符号HS表示。一般用来表征金属的硬度。

标准重锤从一定高度落下，以一定的动能冲击试样表面，使其产生弹性变形与塑性变形。其中一部分冲击能转变为塑性变形功被试样吸收，另一部分以弹性变形功形式储存在试样中。当弹性变形回复时能量被释放，使重锤回跳至一定高度。材料的屈服强度越高，塑性变形越小，则储存的弹性能越高，重锤回跳得越高，材料越硬。因此，肖氏硬度试验只有在材料弹性模量相同时才可进行比较。

图5.5　便携式肖氏硬度计

肖氏硬度计一般为手提式，使用方便，便于携带(图5.5)，可测现场大型工件的硬度。缺点是试验结果的准确性受人为因素影响较大，测量精度较低。

5.6.3 里氏硬度

里氏硬度用符号HL表示。里氏硬度测试技术是由瑞士狄尔马·里伯(Leeb)博士发明的。它是用一定质量的装有碳化钨球头的冲击体，在一定力的作用下冲击试件表面，根据撞击后的反弹速度表示里氏硬度值(图5.6)。一般用来表征金属的硬度。

里氏手提式硬度计测量方便，利用冲头在距试样表面1mm处的回弹速度 v_B 与冲击速度 v_A 的比值计算里氏硬度HL，公式为

$$HL = 1000 \times \frac{v_B}{v_A} \tag{5-6}$$

便携式里氏硬度计用里氏(HL)测量后可以转化为布氏(HB)、洛氏(HRC)、维氏(HV)、肖氏(HS)硬度，或用里氏原理直接用布氏(HB)、洛氏(HRC)、维氏(HV)、里氏(HL)、肖氏(HS)测量硬度值。

【里氏硬度测试】

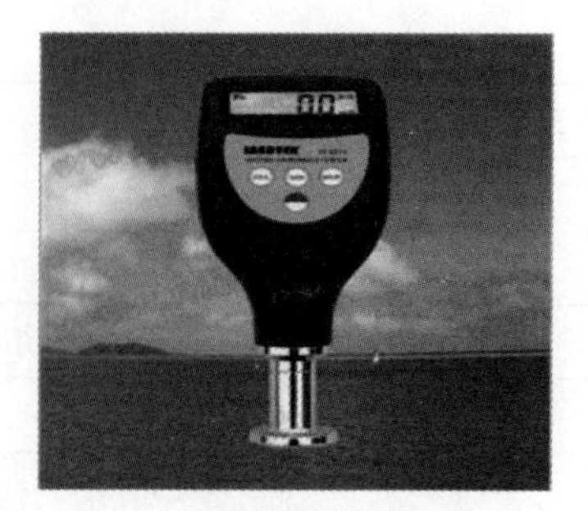

图 5.6　便携式里氏硬度计

5.6.4　邵氏硬度

邵氏硬度计的测量原理是把具有一定形状的钢制压针，在试验力作用下垂直压入试样表面，当压足表面与试样表面完全贴合时，压针尖端面相对压足平面有一定的伸出长度 L，以 L 值的大小来表征邵氏硬度的大小，L 值越大，表示邵氏硬度越低，反之越高，如图 5.7所示。

【邵氏硬度试验】

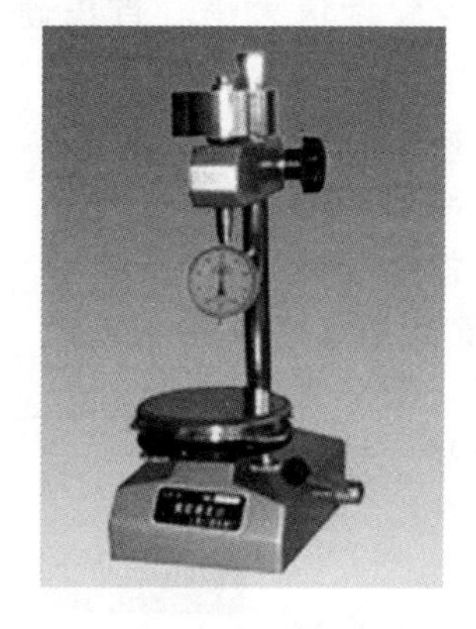

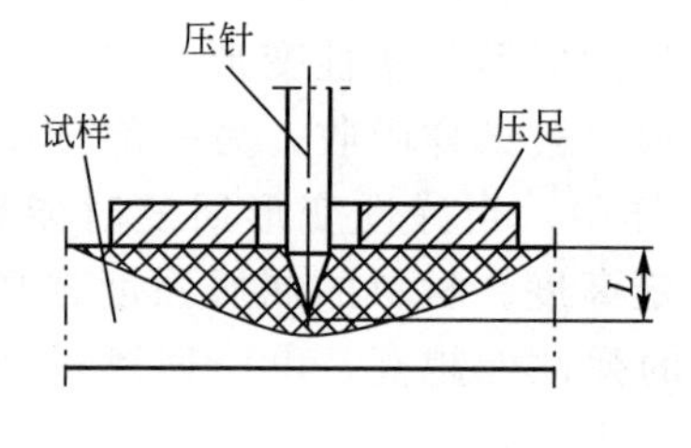

图 5.7　邵氏硬度计及试验原理

邵氏硬度计的单位是“度”，计算公式为

$$H=100-\frac{L}{0.025} \tag{5-7}$$

邵氏硬度与压针位移量有关。通过测量压针的位移量，即可计算出邵氏硬度值。

邵氏硬度一般用来测量橡胶和塑料的硬度，分为 A 型、C 型和 D 型 3 类。它们的测量原理完全相同，所不同的是测量针的尺寸不同。其中 A 型的针尖直径为 7.9mm，用来测量软塑料、橡胶、合成橡胶、毡、皮革、打印胶辊的硬度；D 型的针尖直径为 0.2mm，用来测量包括硬塑料和硬橡胶的硬度，例如热塑性塑料、硬树脂、地板材料和保龄球等，特别适合于现场对橡胶和塑料成品的硬度测量；C 型的测针是一个圆球，用来测量泡沫材料和海绵等软性材料。

A 型邵氏硬度试验方法是使用历史最为悠久、应用最广泛和最方便的橡胶硬度测量手段。我国目前使用的橡胶硬度计绝大多数是 A 型邵氏硬度计，占目前国内橡胶硬度计的 90%以上。邵氏硬度计携带及操作方便、测量迅速、结果简单，特别适合于现场的硬度测定，长期以来，一直用于成品和半成品硬度性能的测定及控制橡胶产品的质量。

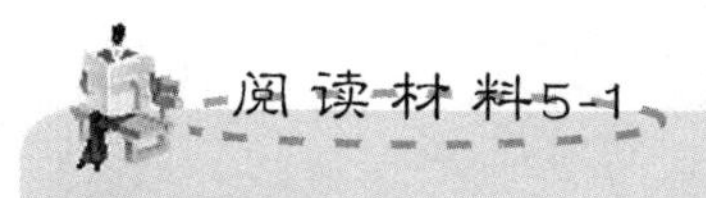

硬度标尺的选择

通过硬度测试可以判定材料的成分和耐磨性，推导材料的强度极限，进行淬透性或硬化层深度分析等。硬度试验进行标尺选择时，应该考虑以下两个原则。

(1) 合理范围原则。每个硬度标尺都有自己所适用的硬度范围。例如，对于铸铁及有色金属这些较软的金属，一般常采用布氏硬度标尺或洛氏B、E等采用球型压头的标尺；而对于调质钢及其他较硬的材料，一般都需要采用洛氏C、A等金刚石压头的标尺进行硬度试验。

(2) 载荷和压头宁大勿小原则。载荷越大，压入的深度就越大，对样品的表面粗糙度要求就越低；压头尺寸越大，对组织局部的不均匀性的敏感度就越低，反映材料综合硬度指标的真实性就越高。

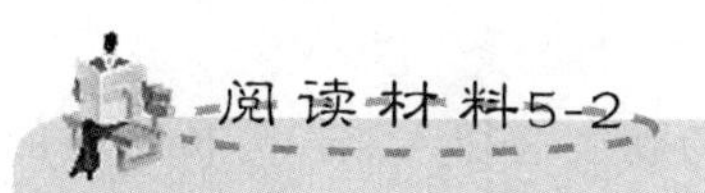

文物的硬度测试

1965年出土于湖北省江陵望山的一号墓的越王勾践剑，剑长55.7cm；1983年出土于湖北省江陵马山五号墓的吴王夫差矛，全长29.5cm。勾践剑和夫差矛是青铜合金制成的，锋利无比，制作极其精美。如何测量它们的硬度呢？

目前的材料硬度测试往往用冲击和施压法获得近似值，对于较为珍贵的文物和工艺品是不适宜的，容易给目标物造成难以修复的损伤。可采用纳米材料硬度测试法：一是利用纳米压痕方法得到载荷-位移曲线，并用相关算法得到接触面积和硬度值；二是可通过原子力显微镜测出压痕残余面积，由残余面积和最大载荷得到材料的硬度值。

一、填空题

1. 硬度表征材料的____________________。
2. 常用硬度试验方法有________、________和________等。
3. 测45钢调质后的硬度，可选用________硬度试验方法。
4. 要鉴别淬火钢中马氏体组织的硬度，可用________硬度试验方法。
5. 测量灰铸铁的硬度，可用________硬度试验方法。
6. 石膏和金刚石的硬度可用________表示。
7. 测橡胶垫的硬度可用________表示。

二、简答题

1. 试比较布氏硬度与维氏硬度实验原理的异同，并比较布氏硬度、洛氏硬度、维氏硬度实验的优缺点及应用范围。

2. 现有如下工作需测定硬度，试说明选用何种硬度实验法为宜。

（1）渗碳层的硬度分布；

（2）淬火钢；

（3）灰铸铁；

（4）硬质合金；

（5）鉴别钢中的隐晶马氏体与残余奥氏体；

（6）仪表小黄铜齿轮；

（7）龙门刨床导轨；

（8）氮化层；

（9）火车用圆弹簧；

（10）高速钢具。

3. 在用压入法测量硬度时，试讨论如下情况的误差。

（1）压入点过于接近试样端面；

（2）压入点过于接近其他测试点；

（3）试样太薄。

三、文献查阅及综合分析

1. 查阅近期的科学研究论文，任选一种材料，以材料的硬度为切入点，分析材料的硬度与成分、结构、工艺之间的关系（给出必要的图、表、参考文献）。

2. 查阅近期的科学研究论文，试述目前材料硬度的机理有哪些理论？天然材料和人工合成材料中硬度最大的是什么材料？

【第 5 章习题答案】

【第 5 章自测试题】

【第 5 章试验方法-国家标准】

第6章
材料的冲击韧性及低温脆性

本章知识构架

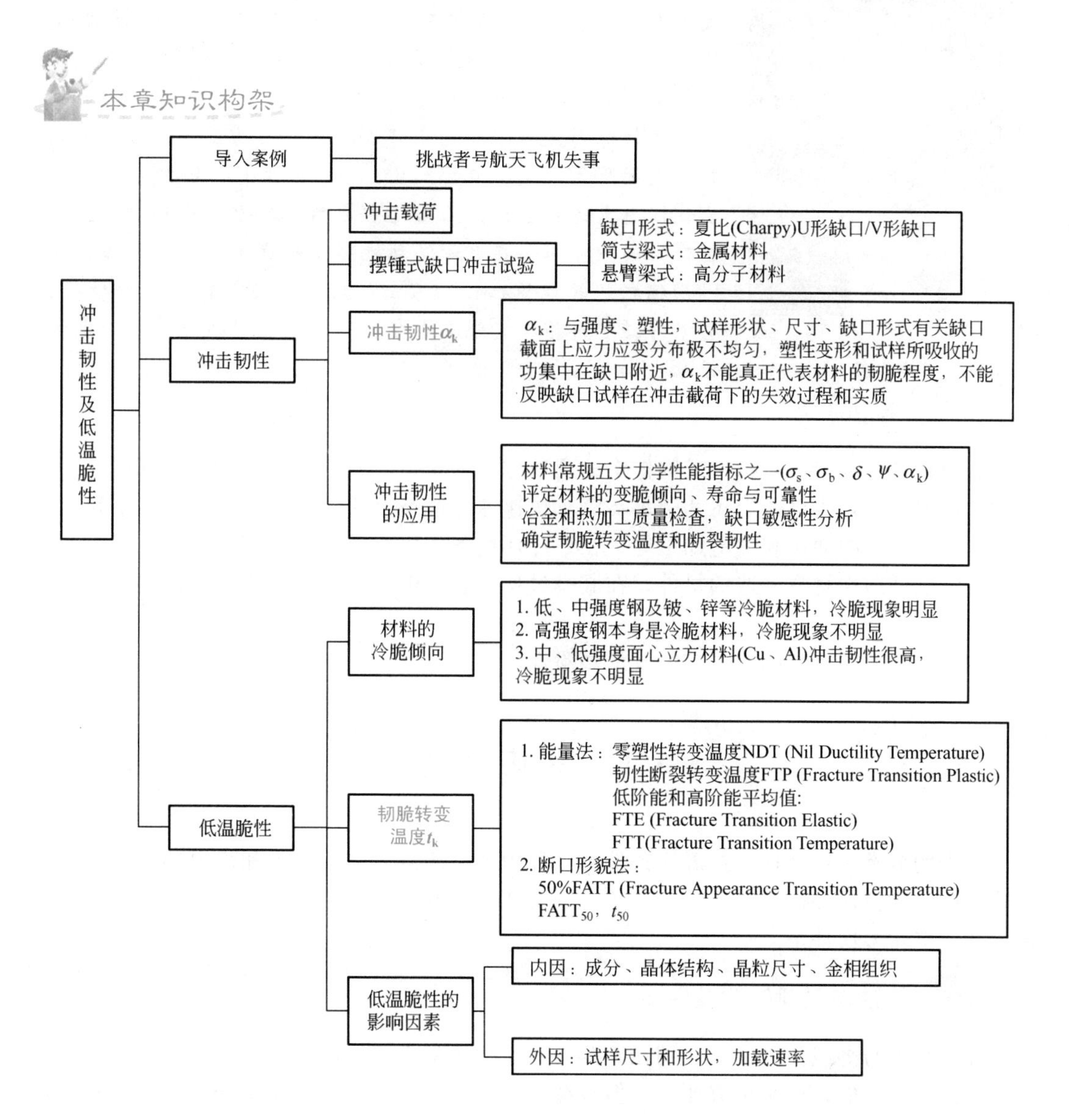

导入案例

都是低温惹的祸

【低温脆性相关视频】

1986年1月28日，肯尼迪宇航中心，挑战者号航天飞机（图6.01）进行第10次太空任务发射。在离发射现场6.4km的看台上，聚集了1000多名观众，其中有19名中学生代表，他们的老师麦考利夫也参加航天飞行并计划在太空为全国中小学生讲授有关太空和飞行的科普课。

挑战者号航天飞机顺利上升50s时，地面有人发现航天飞机右侧固体助推器侧部冒出一丝丝白烟，但没有引起注意。第72s，高度16600m时，航天飞机突然闪出一团亮光，外挂燃料箱凌空爆炸，价值12亿美元的航天飞机变成一团大火，7名机组人员全部遇难，震惊世界。

图6.01 挑战者号航天飞机

事故原因是助推器两个部件之间的接头因为低温变脆破损。发射那天，气温低至−5℃，发射台上已经结冰，造成右侧固态火箭推进器上面固定右副燃料舱的O形环硬化，失去弹性伸缩性能。在火箭发动机燃烧过程中，燃气从插裙和U形槽之间的缝隙逸出，喷出的燃气烧穿了助推器的外壳，引燃外挂燃料箱，液氢液氧在空气中剧烈燃烧爆炸，造成机毁人亡。

载荷以高速度作用于机件或物体上的现象称为冲击，如建筑工地上的打桩机打桩，风钻凿破水泥路面，飞机的起飞和降落，汽车快速通过道路上的凹坑，发动机中活塞和连杆间的冲击，金属的冲压和锻造加工等。在寒冷环境下工作及受冲击载荷作用的机件，特别是用高强度低塑性材料制造的机件，在服役过程中会发生无预兆的突然断裂，引发重大安全事故。

本章主要介绍材料的冲击韧性及低温脆性。

6.1 冲击韧性

冲击的分类有很多种，按温度条件可以分为低温冲击、室温冲击和高温冲击；按受力形式可以分为拉伸冲击、弯曲冲击、扭转冲击和剪切冲击等；按能量又可分为大能量一次冲击和小能量多次冲击。

6.1.1 冲击载荷的能量性质

冲击载荷与静载荷的主要区别在于两者的加载速率不同。承受静载荷的机件，进行强度计算是很容易的，也是很方便的。但是在冲击载荷下，因为其本身是冲击功，因此必须设法测量出冲击载荷作用的时间及载荷在作用瞬间的速率变化情况，才能按式(6－1)计算

出作用力 F。

$$F\Delta t=m(v_2-v_1) \tag{6-1}$$

但这些数据是很难准确测量的，并且在 Δt 时间内，F 是一个变力。因此，我们通常总是把冲击载荷作为能量来处理，而不是作为作用力来处理。

机件在冲击载荷下所受的应力，通常是先假定作用在机件上的冲击能全部转换为机件内的弹性能，再根据能量守恒法进行计算求得。

6.1.2 缺口冲击试验

静载荷下零件所受的应力取决于载荷和零件的最小断面面积。而冲击载荷具有能量特性，因此在冲击载荷下，冲击应力不仅与零件的断面面积有关，而且与其形状和体积有关。如果机件没有缺口，则冲击能被机件的整个体积均匀地吸收，从而应力和应变也是均匀分布的；但如果机件含有缺口，则缺口根部单位体积吸收的能量最多，这一部位的应变和应变速率也会最大。缺口越深、越尖锐，冲击吸收功越低，材料的脆化倾向越严重，因此，**常用带缺口试样的冲击试验来评定材料的缺口敏感性和冷脆倾向。**

工程上通常采用摆锤式冲击试验装置对缺口试样进行冲击弯曲试验来测定材料抗冲击载荷的能力(图 6.1)。其中简支梁式常用来检测金属材料，悬臂梁式常用来检测高分子材料。

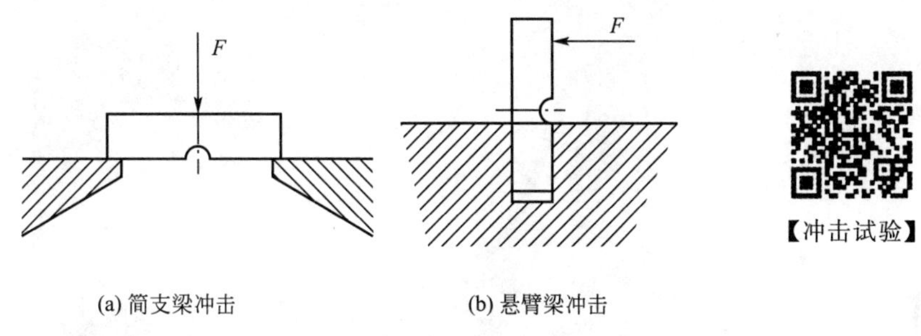

图 6.1 常用冲击试验形式示意图

摆锤式冲击试验装置的原理及试样的放置形式如图 6.2 和图 6.3 所示。将试样以试样缺口与冲击方向相反的形式水平放置在试验机支座上，然后将具有一定重量 G 的摆锤举至(可手动也可自动，视试验机而定)一定高度 H_1，使其有一定的势能 GH_1，然后释放摆锤，摆锤在下落至最低位置时，冲断试样，冲断试样后摆锤仍将摆起一定高度 H_2，此时，摆锤的势能为 GH_2，根据能量守恒的原理可知，摆锤在冲断试样的过程中消耗的能量为 GH_1-GH_2，即为**试样在冲击过程中从变形至断裂所消耗的功，称为冲击吸收功，用 A_k 表示，单位为 J。**

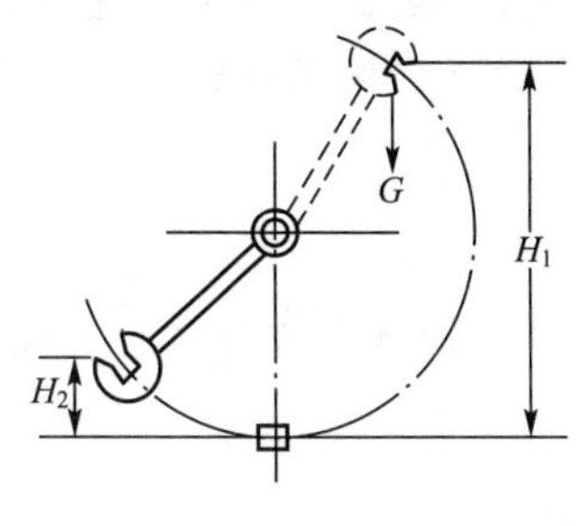

图 6.2 冲击试验原理

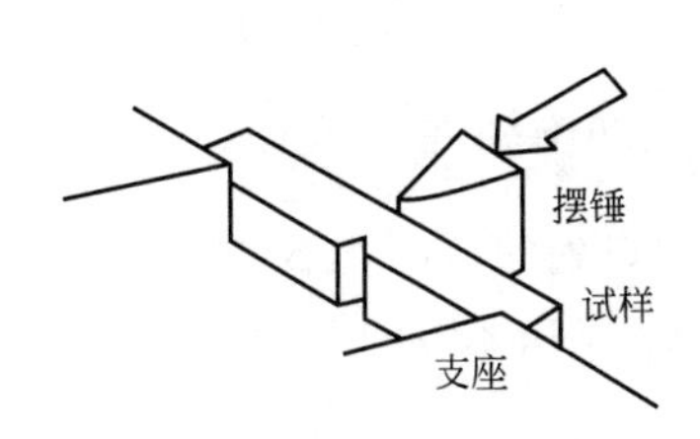

图 6.3 冲击试样的安放

冲击弯曲试验标准试样的缺口形式为U形或V形，分别称为夏比(Charpy)U形缺口试样和夏比V形缺口试样，用不同缺口试样测得的冲击吸收功分别记作 A_{ku} 和 A_{kv}。

由能量守恒可知，试验测得的冲击吸收功 A_k 的大小并不能真正反映材料的韧脆程度，因为摆锤在冲断试样的过程中消耗的能量(GH_1-GH_2)包括两部分，一部分为试样的变形和破坏所需的能量；另一部分为试样断裂后飞出、机身振动、空气阻力及转动摩擦损耗等。对于金属材料冲击试验，第二部分功相对较小，可以忽略(注意：如果摆锤轴线与缺口中心线不一致，上述功耗比较大，不可忽略)。对于高分子材料，由于飞出功会很大，甚至能达到总能量的50%，因此，大多数高分子材料的冲击试验结果必须加以修正。

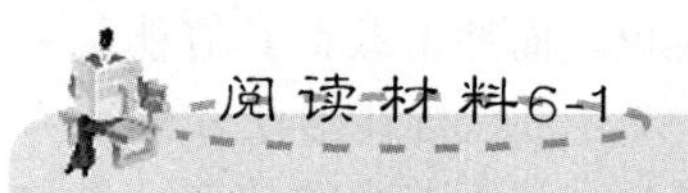

阅读材料6-1

冲击试验

冲击试验机有手动摆锤式冲击试验机(图6.4)、半自动冲击试验机、非金属冲击试验机、数显半自动冲击试验机(图6.5)、微机控制冲击试验机、数显全自动冲击试验机等。

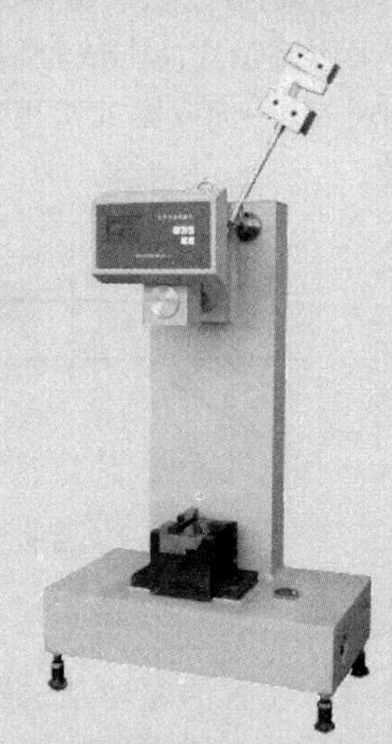

图6.4 手动摆锤式冲击试验机

图6.5 数显半自动冲击试验机

常温冲击试验的一般方法：选择合适的摆锤，冲击试验机一般在摆锤最大打击能量的10%～90%范围内使用。摆锤空打时指针偏离零刻度的示值(即回零差)不应超过最小分度值的1/4。否则调整主动针位置，直至空打从动针指零。用专用对中块，使试样贴紧支座安放，缺口处于受拉面，并使缺口对称面位于两支座对称面上，其偏差不应大于0.5mm。将摆锤举高挂稳后下落冲断试样。待摆锤回落至最低位置时，进行制动。记录从动针在度盘上的指示值或数显装置的显示值，即为冲断试样所消耗的功。

6.1.3 冲击韧性

用试样缺口处的截面积 S_N 去除 A_k(A_{kv} 或 A_{ku})，可得到试样的**冲击韧性**或**冲击值**，记作 $\boldsymbol{\alpha}_k$($\boldsymbol{\alpha}_{kv}$ 或 $\boldsymbol{\alpha}_{ku}$)，单位为 J/cm^2。

$$\alpha_{kv}(\alpha_{ku})=\frac{A_{kv}(A_{ku})}{S_N} \tag{6-2}$$

α_k是一个综合的力学性能指标，它不仅与材料的强度和塑性有关，而且与试样的形状、尺寸、缺口形式等有关。人们一直将 α_k 视为材料抵抗冲击载荷作用的力学性能指标，用来评定材料的韧脆程度，作为保证机件安全设计的指标。但 α_k 只表示单位面积的平均冲击功值，是一个数学平均量。

前面已谈及，冲击试样在承受弯曲载荷时，缺口截面上的应力应变分布极不均匀，塑性变形和试样所吸收的功主要集中在缺口附近，因此，α_k 并不能真正代表材料的韧脆程度。在实际应用中，将冲击吸收功除以试件截面积定义为冲击韧性是经验性的，并不能反映缺口试样在冲击截荷下的失效过程和实质。但是，由于缺口冲击韧性对材料内部组织的变化十分敏感，而且冲击试验又简便易行，因此，在生产和研究工作中仍被广泛地采用，并被列为材料常规力学性能的五大力学性能指标之一（σ_s，σ_b，δ，ψ，α_k）。

断裂韧性 $K_{\mathrm{I}c}$与冲击韧性 α_k 的区别见表 6－1。

表 6－1　断裂韧性 $K_{\mathrm{I}c}$与冲击韧性 α_k 的区别

项目	断裂韧性 $K_{\mathrm{I}c}$	冲击韧性 α_k
载荷条件	静载下受力	冲击载荷
应力条件	满足平面应变条件	不一定满足平面应变条件
裂纹	尖锐裂纹	缺口根部较钝
应力集中程度	大	小
能量	预制裂纹，不包括裂纹形成功	包括裂纹形成功和扩展功
意义	表征材料阻止裂纹失稳扩展和脆性破坏的的能力	表征材料在冲击载荷作用下抵抗变形和断裂的能力，揭示材料的变脆倾向

6.1.4 冲击力学性能的应用

缺口冲击试验的主要用途是揭示材料的变脆倾向，评定材料在复杂受载条件下的寿命与可靠性，其用途主要表现在以下几个方面。

（1）用于控制原材料的冶金质量和热加工后的产品质量。通过测定冲击韧性和断口分析，可以揭示原材料中的夹渣、气泡、偏析、严重分层等冶金缺陷和过热、过烧、回火脆性等锻造或热处理缺陷。

（2）用于确定材料的冷脆倾向及韧-脆转变温度(运用低温冲击试验)，供低温设计时的选材和防脆断设计。

（3）对于 σ_b 相同的材料，用冲击韧性可以反映材料对一次或少数次大能量冲击载荷下破坏的缺口敏感性。如对炮管、防弹甲板等承受较大能量冲击的构件，冲击韧性具有特殊的参考价值。

（4）利用冲击试验试样加工方便、操作简单、试验速度快的特点，通过建立冲击功与其他力学性能指标间的联系，代替较复杂的试验。例如，可以用冲击功来估算材料的断裂韧性，以代替断裂韧性试验。

6.2 低温脆性

温度对材料性能的影响是十分显著的。当材料的应用温度低于某一温度时，材料会出现由韧性状态变为脆性状态，冲击韧性明显下降的现象。例如，高强度合金结构钢 30CrMnSiA 在正常调质处理状态下，在常温(20℃左右)进行冲击试验时，α_k 为90～100J/cm²，而在 0℃左右进行冲击试验时，其冲击韧性 α_k 只有 5～10J/cm²。**随着温度的降低，材料由韧性状态转变为脆性状态的现象称为低温脆性转变。**

据统计，在历年来发生的断裂事故中，有 30%～40%是由于低温的影响造成的。因此，在低温下工作的一些构件，如高压电输送铁塔、寒带地区的运输车辆及轮船、储藏低温液体的一些压力容器等，在设计时都应考虑到温度对材料冲击韧性的影响，避免造成一些重大事故。

6.2.1 材料的冷脆倾向

金属材料在冷脆温度区间时冲击韧性和温度的关系大致可以分为 3 种类型，如图 6.6 所示。

(1) 对于中、低强度的面心立方金属材料(如 Cu、Al)和大部分密排六方金属材料，其冲击韧性很高，随着温度的降低，其冲击韧性变化不大，可以认为其冲击性能不受应用温度的影响，因此，在实际工程应用时，可以不考虑低温脆性和冷脆转变问题。

(2) 对于高强度的金属材料，如高强度钢、超高强度钢、高强度的铝合金及钛合金等，其本身在室温下的冲击韧性就很低，由图 6.6 可以看出，其冲击值受温度的影响也不大，可以理解为这类材料本身就是脆性材料，冷脆现象也不明显。

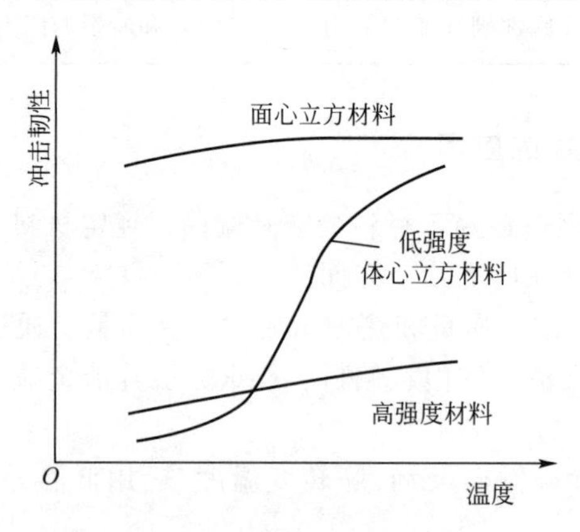

图 6.6 金属材料的冷脆倾向

(3) 对于低、中强度的钢及铍、锌等材料，其冲击韧性随温度的变化很明显，在低温时表现为解理断裂，而在高温时则呈现为韧性断裂。在某一温度范围内，其冲击韧性对温度很敏感，这些材料称为冷脆材料。

与金属材料一样，许多高分子材料如 PVC(聚氯乙烯)、PS(聚苯乙烯)、ABS(丙烯腈-丁二烯-苯乙烯)等，当使用温度降低时也存在冷脆现象，发生从韧性到脆性的转变，冲击功明显降低。

6.2.2 韧脆转变温度

研究材料低温脆性的主要问题是确定其韧脆转变温度 t_k。脆性转变温度 t_k 反映了温度对材料韧脆性的影响，是从韧性角度选材的重要依据之一，用于材料的抗脆断设计。利用 t_k 值可以直接或间接地估计材料的最低使用温度。机件的安全使用温度必须在 t_k 以上 20～60℃，并且越高越安全。

但是，由于同一种材料的 t_k 有不同的定义方法，t_k 也必有差异，即使使用同一种定义方法，由于外界因素的改变(如机件尺寸、缺口尖锐度和加载速率等)，t_k 也要变化。所以，在一定条件下，用某一试样测得的 t_k，因为与实际结构工况之间无直接的联系，不能说明用该材料制成的机件一定会在该温度下断裂，但可以用作参考。

目前，虽然用其他试验方法也可以研究材料的低温性能，但冲击试验简便，仍然是应用较多的一种研究材料低温脆性及韧脆转变温度 t_k 的方法。低温冲击试验方法与前面所述的常温冲击试验相似，只是多了一套用于冷却试样的低温装置(图 6.7)。

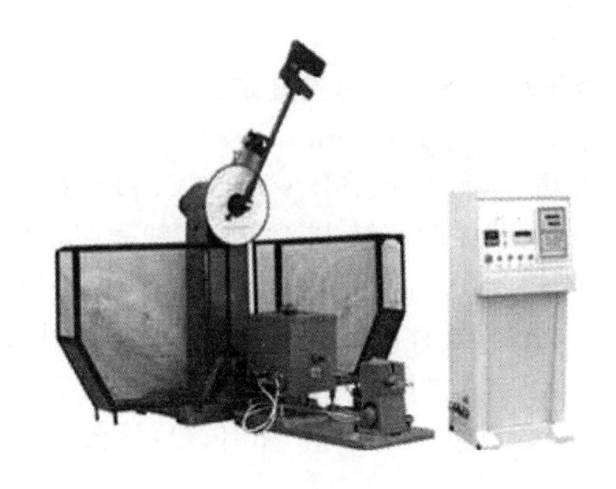

图 6.7 全自动低温冲击试验机

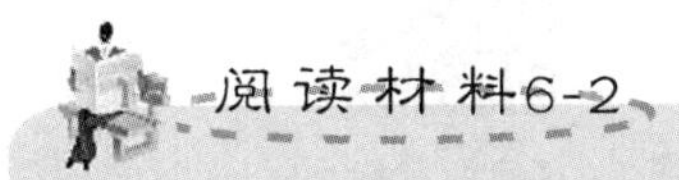

如何利用常温试验机进行低温冲击试验

可先将试样放入低温罐降温后再放置于常温试验机上进行试验。低温罐中的制冷剂可以是干冰(熔点－78.5℃，适用于试验温度高于－70℃)或液氮(熔点－209.8℃，适用于试验温度低于－70℃)。把试样放入低温罐中，等试样温度达到规定的温度后，保温 5～10min，然后打开盖子，用长柄手钳从罐中取出样品，迅速放置于常温冲击机上进行测试。

注意：为防止手温影响试样温度及发生冻伤危险，在操作过程中不要用手拿试样。

韧性表示材料塑性变形和断裂全过程吸收能量的能力，是材料强度和塑性的综合表现，因此，在特定的条件下，能量、强度和塑性是可以用来表示韧性的，这也是可以用冲击试验的方法来测定 t_k 的根本原因所在。

用冲击试验测定 t_k 的方法，是先将试样冷却到不同的温度，然后测定出冲击功 A_k、断口形貌特征与温度的关系曲线，根据曲线再按一定的方法确定韧脆转变温度。

根据能量、塑性变形或断口形貌随温度的变化来确定 t_k 的途径有两种：①能量法，依照试样断裂消耗的功及断裂后塑性变形的大小来确定 t_k；②断口形貌分析法，因为断口形貌反映了断裂结果，也反映出了材料的韧性，所以测出不同温度下的断口形貌也可以确定 t_k。图 6.8 所示的即为各种确定韧脆转变温度的判据及所确定的韧脆转变温度。根据这些曲线即可求出 t_k。

1. 按能量法定义 t_k

(1) 当低于某一温度，试样吸收的冲击能量基本不随温度变化，形成一个平台(下平台)，该能量称为“低阶能”，**将低阶能开始上升的温度定义为 t_k，记为 NDT**(Nil Ductility Temperature)，**称为零塑性转变温度。是无预先塑性变形断裂对应的温度，是最易确定 t_k 的判据**。在 NDT 以下，断口由 100%结晶区(解理区)组成，试样断裂前无塑性变形，完全处于脆性状态，韧性断裂不会发生。

(2) 当高于某一温度，试样吸收的能量也基本不变，形成一个新平台(上平台)，称为“高阶能”。**将高阶能相对应的温度定义为 t_k，记为 FTP(Fracture Transition Plastic)**。高于 FTP 的断裂，将得到 100%的纤维状断口(零解理断口)，**试样不会产生脆性断裂，是完全的韧性断裂**。

(3) **将低阶能和高阶能平均值所对应的温度定义为 t_k，记为 FTE**(Fracture Transition Elastic)或 FTT(Fracture Transition Temperature)。

(4) 将某一固定的冲击功［如 A_{kv}=15ft·lbf(20.3J)］对应的温度定义为 t_k，记为 **V_{15}TT**。这个规定是根据大量实践经验总结出来的。实践表明，低碳钢船用钢板服役时若冲击韧性大于 15ft·lbf(20.3J)或在 V_{15}TT 以上温度工作时就不至于发生脆性断裂。但是需注意的是这一标准的提出，仅仅是针对低碳钢船用钢板的脆性破坏而言的，对其他构件的破坏没有指导意义，而且这是 20 世纪 50 年代提出的指标。随着低合金高强度钢逐渐代替低碳钢，这一标准值也相应地提高到了 20ft·lbf(27J)甚至 30ft·lbf(40J)。

2. 按断口形貌定义 t_k

冲击试样冲断后，其断口形貌如图 6.9 所示。

【冲击试样端口形貌图】

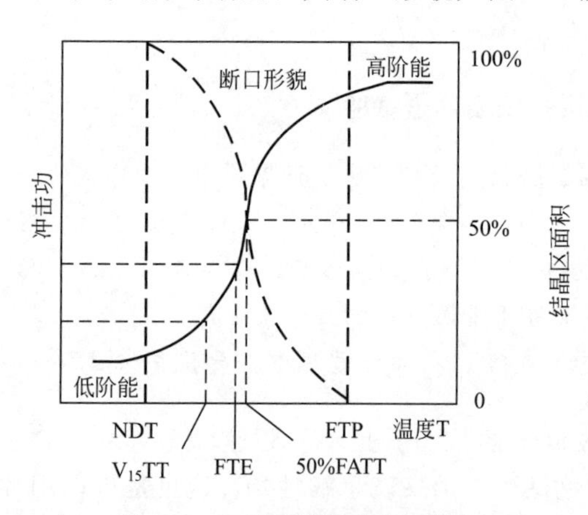

图 6.8 各种韧脆转变温度判据

缺口
脚跟形纤维状区
放射形结晶状区
底部及边缘剪切唇区
Δa
a

图 6.9 冲击试样的断口形貌示意图

冲击试样的断口形貌与拉伸试样一样，也可以分为 3 种不同的区域，即纤维区、放射区(结晶区)和剪切唇区，各区面积占整个断面的比例与材料的塑性有直接关系。如果材料的塑性很好，则放射区可完全消失，整个断面上只存在纤维区和剪切唇区。反之，如果材料的塑性很差，则纤维区及剪切唇区变得很小，全部断口几乎全为放射区。

在不同试验温度下，3个区之间的相对面积也是不同的。温度下降，纤维区面积突然减少，放射区面积则突然增大，材料由韧变脆。

通常我们取放射区面积占整个断口面积50%时的温度为t_k，记为**50%FATT**（Fracture Appearance Transition Temperature）、**$FATT_{50}$或t_{50}**。**$FATT_{50}$反映了裂纹扩展变化特征，可以定性地评定材料在裂纹扩展过程中吸收能量的能力。**$FATT_{50}$与断裂韧度K_{Ic}开始急速增加的温度有较好的对应关系，因此得到了广泛应用。但此种方法需要评定各区所占面积，人为因素影响较大，要求测试人员有较丰富的经验。

6.2.3 低温脆性的影响因素

1. 材料内在因素

1）晶体结构

体心立方金属及其合金，部分密排六方金属，以及低、中强度的钢等都有冷脆现象。而面心立方金属及其合金、高强度及超高强度的金属等，一般认为无冷脆现象(图6.4)。

体心立方金属的低温脆性和迟屈服现象有密切关系。迟屈服是指当用高于材料屈服极限的载荷以高加载速度作用于体心立方结构材料时，材料瞬间并不屈服，需在该应力下保持一定时间后才发生屈服。低、中强度钢的基体是体心立方结构的铁素体，因此都有明显的低温脆性。

2）化学成分

合金元素的加入对材料的韧脆转变温度产生显著影响(图6.10)。

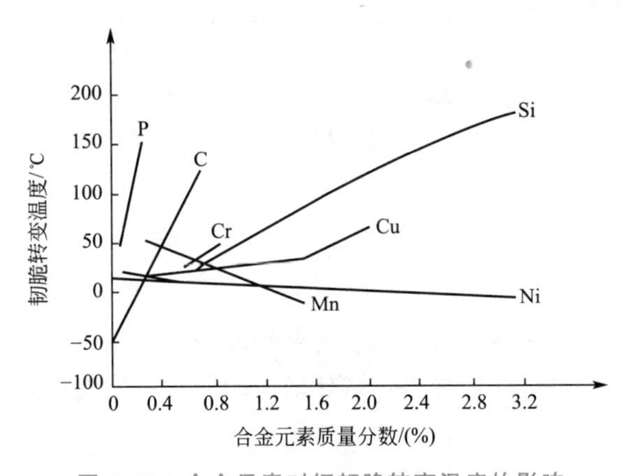

图6.10 合金元素对钢韧脆转变温度的影响

间隙溶质元素溶入钢的基体中，偏聚在位错线附近，阻碍位错的运动，使材料的σ_s升高，韧脆转变温度提高。例如，在$\alpha-Fe$中加入能形成间隙固溶体的碳、氮、氢等元素，韧脆转变温度显著提高。$\alpha-Fe$中的含碳量每增加0.1%，脆性转变温度升高约14℃。

在钢中加入形成置换固溶体的元素，能提高钢的韧脆转变温度，但镍和锰除外。镍可减小低温时位错运动的摩擦阻力，还可增加层错能，可以提高材料的低温韧性，使材料韧脆转变温度降低。

钢中存在的杂质元素，如磷、硫、锑、锡等，会偏聚在晶界上，降低晶界的表面能，产生沿晶断裂倾向，从而降低钢的韧性，使材料韧脆转变温度升高。

3）晶粒尺寸

细化晶粒可以提高材料的韧性，使脆性转变向低温推移。细化晶粒可以提高韧性的原因包括：晶粒细化时，晶界增多，而晶界能够阻碍裂纹扩展；晶界增多，晶界前塞积的位错数减少，有利于降低应力集中；晶界总面积增加，使晶界上杂质浓度减少，可以避免材料出现沿晶脆性断裂。

4）金相组织

金相组织也是影响材料韧脆转变温度的一个重要因素。以钢为例，钢中各种组织的韧脆转变温度满足如下规律。

当钢处于较低强度水平时(如高温回火后)，强度相同的钢，冲击吸收功和韧脆转变温度以回火索氏体(高温回火组织)最佳；贝氏体回火组织次之；片状珠光体组织最差。球化处理能改善钢的韧性，其影响机理类似于晶粒尺寸的影响。

当钢处于较高强度水平时，中、高碳钢经等温淬火获得下贝氏体组织，其冲击吸收功和韧脆转变温度优于同强度的淬火并回火组织。

在相同强度水平时，典型上贝氏体的韧脆转变温度高于下贝氏体的韧脆转变温度。但低碳钢低温上贝氏体的韧脆转变温度却低于回火马氏体的韧脆转变温度。这是由于上贝氏体中 Fe_3C 沿晶界的析出受到抑制，减少了晶界裂纹倾向所致。

在低碳钢中，获得下贝氏体和马氏体的混合组织时韧性比单一的马氏体或贝氏体要好。这是因为裂纹在混合组织内扩展要多次改变方向，能量消耗增大，因此，韧性较高。对于中碳合金钢中的马氏体和贝氏体混合组织的韧性，则只有当贝氏体先于马氏体形成时韧性才可以改善。

当某些马氏体钢中存在着奥氏体或稳定的残余奥氏体时，可以抑制解理断裂，显著改善钢的韧性。

钢中的夹杂物、碳化物等第二相质点对钢的脆性也有重要影响。第二相质点的大小、形状、分布不同，对脆性的影响程度也不一样。一般情况下，第二相尺寸越大，韧性下降越明显，韧脆转变温度越高。

2. 外部因素

1）试样尺寸和形状

试样尺寸增大，材料的韧性下降，韧脆转变温度升高。当不改变缺口形式，只增加试样宽度时，韧脆转变温度也升高。另外，试样缺口的形状对脆性有很大的影响，缺口尖锐度增加，t_k 也显著升高。

2）加载速率

外加冲击速率增加，材料脆性增大，韧脆转变温度升高。加载速率的影响与钢的强度水平有关，一般情况下，中、低强度钢较敏感，而高强度钢、超高强度钢则敏感性较小。

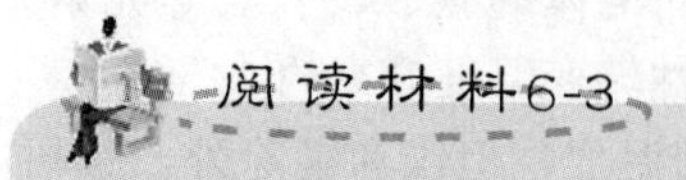

冷脆与热脆的区别

冷脆：磷元素在钢中有强烈的固溶强化作用，可以使钢的强度、硬度增加，但同时也引起塑性、冲击韧性显著降低。特别是在低温时，它使钢材显著变脆，这种现象称冷脆。冷脆使钢材的冷加工及焊接性变坏，含磷越高，冷脆性越大，故钢中对含磷量控制较严。一般要求，高级优质钢：$w_P<0.025\%$；优质钢：$w_P<0.04\%$；普通钢：$w_P<0.085\%$。由于20世纪初的冶炼水平限制，著名的泰坦尼克号所用的钢板根本无法达到此标准，钢板在低温下变得很脆，稍一碰撞，钢板就四分五裂，连接处的铆钉大多裂开，海水迅速灌入船舱，使原设计一旦被撞后能漂浮3天的“永不沉没”巨轮在3小时内就葬身海底。

热脆：在冶金过程中，当钢铁中含有较高的硫时，硫化物聚集到晶界处。由于硫化物的熔点较低，在温度升高时，会使晶粒易于沿晶界发生相对滑动，好像金属变脆了一样，这就是冶金工业中的热脆现象。热脆现象是一种有害现象，降低了金属的高温性能。这也就是冶金工业中严格控制硫含量的原因之一。此外，钢中微量低熔点金属元素，如锡、砷、锑及铜等，在晶界偏析也能产生热脆现象。

综合习题

一、填空题

1. 测定W18Cr4V高速钢、20钢、灰铸铁、陶瓷材料、聚乙烯板的冲击韧性，要开缺口的是____________________，不需开缺口的是____________________。

2. 同一材料分别采用拉伸和扭转试验方法，测得的 t_k 较低的是____________；若试样分别制成光滑试样和缺口试样，都采用拉伸试验，测得的 t_k 较低的是____________。

二、名词解释

冲击吸收功　冲击韧性　低温脆性　韧脆转变温度

三、简答题

1. 什么是冲击韧性？用于测定冲击韧性的试样有哪两种主要形式？测定的冲击韧性如何表示？

2. 什么是低温脆性？在哪些材料中容易发生低温脆性？

3. 说明下列力学性能指标的意义。

(1) A_{ku}、A_{kv}　(2) α_{ku}、α_{kv}　(3) $FATT_{50}$　(4) NDT　(5) FTE　(6) FTP

4. 简述影响冲击韧性和韧脆转变温度的内在因素与外在因素。

四、文献查阅及综合分析

1. 查阅近期的科学研究论文，任选一种材料及其产品，以材料的冲击韧性为切入点，分析材料的冲击韧性指标的应用领域及该性能与成分、结构、工艺之间的关系（给出必要的图、表、参考文献）。

2. 查阅近期的科学研究论文，任选一种材料及其产品，以材料的低温脆性为切入点，分析材料的低温脆性的应用领域及该性能与成分、结构、工艺之间的关系（给出必要的图、表、参考文献）。

【第6章习题答案】

【第6章自测试题】

【第6章试验方法-国家标准】

【超级LNG船-殷瓦钢】

第7章 材料的疲劳性能

本章知识构架

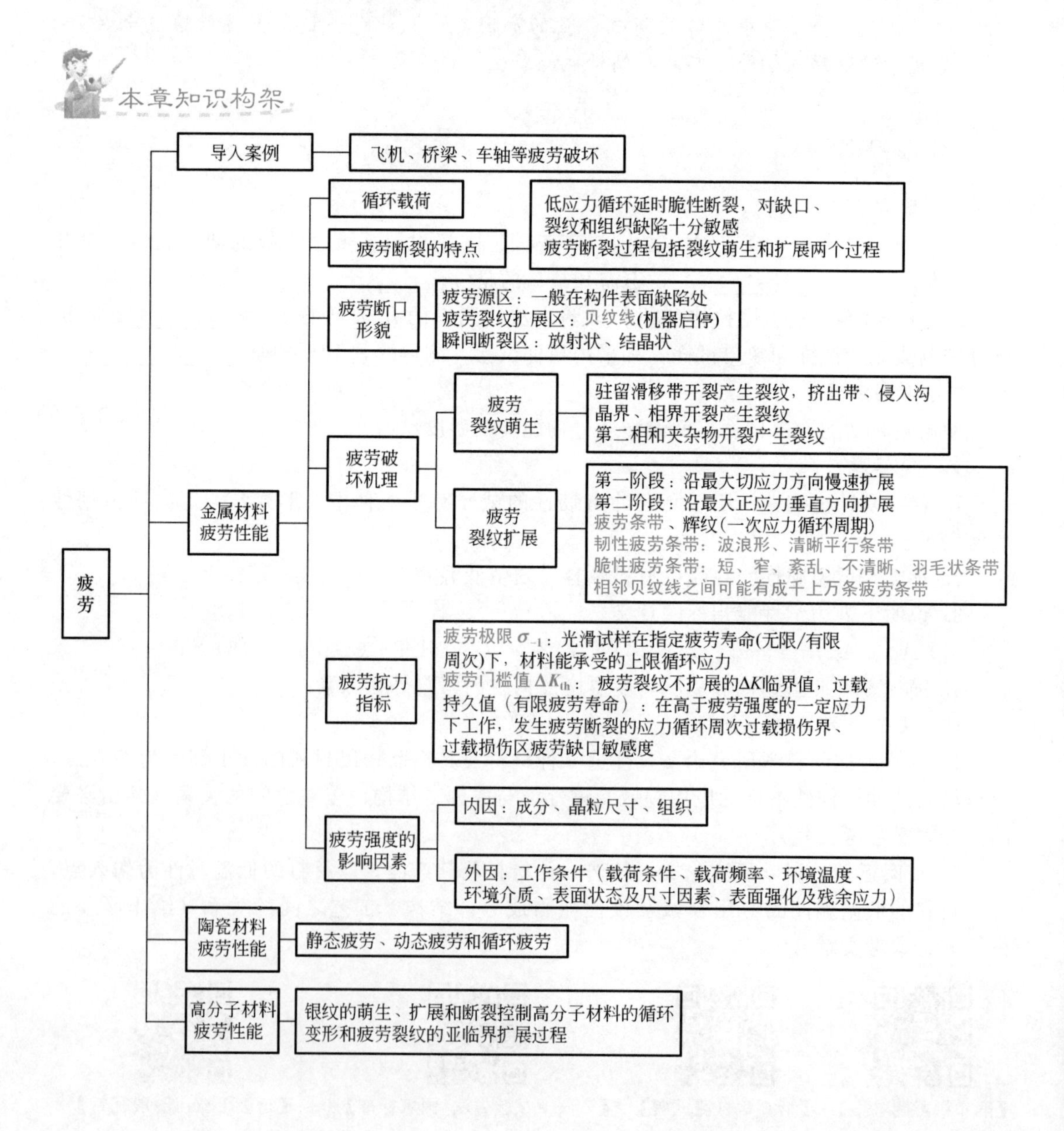

导入案例

人累了会有疲劳的感觉，那么材料会疲劳吗？答案是肯定的，材料也会疲劳。而且材料的疲劳会造成更大的伤害！大桥断裂、房屋倒塌、车祸、飞机失事（图7.01），可能就是由材料的疲劳断裂引起的。

1998年6月3日，德国一列高速列车在行驶中突然出轨，100多人遇难，导致惨重的铁路事故。事后调查发现，惨剧是由一节车厢的车轮疲劳断裂引起的。

2001年11月7日，四川宜宾南门大桥一断为三，造成两死两伤。断桥是多种因素共同作用的结果：落后的工艺无法杜绝吊索生锈，而过度的金属疲劳加速了大桥夭折。宜宾大桥设计每日车辆流量是7760辆，而倒塌前已达到47000多辆。在长年超载荷运营下，吊索强度急剧下降，直到突然断裂。

2002年5月25日，台湾“中华航空”一架机龄超过22年的波音747客机坠毁，机上225人全部罹难。经过5个多月调查，确认机尾下方蒙皮和左五号门的金属疲劳及中油箱下方主结构体出现变形是造成机体空中解体的最大因素。

【疲劳断裂】

据不完全统计，自第二次世界大战结束以来，全球发生过几千艘船舶、几十座桥梁毁于金属疲劳破坏，几百起因铁轨或机车车轮、车轴疲劳引起的火车翻车事故，有过数千起因汽车车轴、车架疲劳破坏而使司机、乘客惨死，几万名拖拉机手因前梁、车架或操纵杆疲劳破坏而受伤的记录。人类把人造卫星送上天的历史不过半世纪，但也出现过卫星因金属疲劳引发坠毁的意外。

图7.01 飞机失事抢救现场

找一把铝合金汤匙，从汤匙柄的根部将汤匙微微弯曲数次，汤匙会因过度疲劳而断裂。这说明，金属在反复交变的外力作用下，它的强度要比在不变的外力作用下小得多。曾经有一些所谓的“气功大师”用这个实验显示他们的“特异功能”，然而这是人人都能做的事情，只是需要一些遮人耳目的小技巧罢了。

材料为什么会疲劳呢？当材料所受的外力超过一定的限度时，在材料的内部存在缺陷或者是相互间作用最弱的地方，会出现极微细裂纹。如果材料所受的外力不是交变的，这些微细裂纹不会扩展，材料就不会损坏。但若材料所受的是方向或大小不断重复变化的外力，这些微细裂纹的边缘就会时而张开，时而相压闭合，彼此研磨，使得裂纹逐渐扩大和发展。当裂纹发展到一定的程度，材料被削弱到不能承担外力时，材料就会发生断裂破坏。

工程构件在交变载荷作用下，裂纹萌生并不断扩展，最终导致构件断裂的过程称为疲劳过程，简称疲劳。

工程上，有很多构件是在交变载荷下工作的，如常见的轴、齿轮、弹簧、桥梁等，其失效形式主要是疲劳断裂。研究材料的疲劳机理，预测构件的疲劳寿命对材料的工程应用来说具有重要意义。据统计，在各类构件的断裂破坏中，有80%～90%

是疲劳断裂，而且大部分的断裂是在应力远低于抗拉强度，甚至低于屈服强度的情况下，瞬间突然断裂。正是由于疲劳断裂在发生前往往没有明显预兆，所以，它造成的危害是特别巨大的。

本章主要介绍材料疲劳破坏的特点、疲劳破坏机理、疲劳抗力指标及影响材料疲劳性能的因素等。

7.1 金属材料的疲劳性能

根据疲劳的定义可知，疲劳是在交变载荷的长期作用下发生的。交变载荷是指载荷大小和方向随时间按一定规律变化或呈无规则随机变化的载荷，前者称为循环载荷(应力)，后者称为随机交变载荷。虽然实际应用中的构件所承受的载荷多为后者，但就工程材料的疲劳特性分析和评定而言，为简化讨论，主要还是针对循环载荷进行的。因此，本章主要介绍金属材料在循环载荷(应力)下的疲劳性能。

7.1.1 循环载荷及疲劳断裂的特点

1. 循环载荷

机器设备中有许多零件承受的应力为循环交变应力，如活塞式发动机的曲轴、传动齿轮、飞机螺旋桨、涡轮发动机的主轴、涡轮盘与叶片及各种轴承等。据统计，这些零件的失效 60%～80%属于疲劳断裂失效。

循环载荷的应力-时间关系曲线如图 7.1 所示。

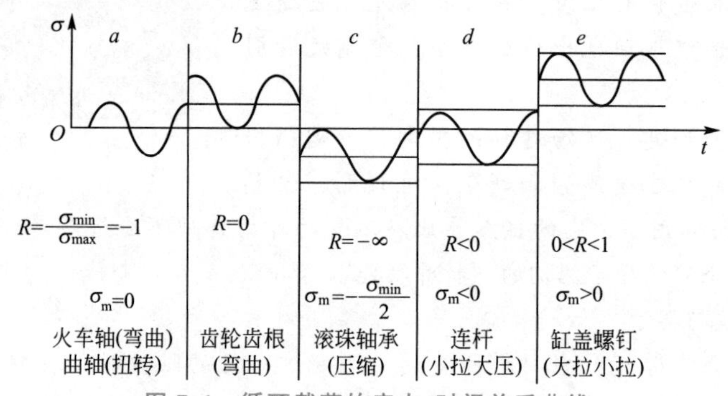

图 7.1 循环载荷的应力-时间关系曲线

a、e—交变应力；b、c、d—循环应力

循环应力是周期性变化的应力，变化的波形多为正弦波，其他常见的还有三角波、梯形波等。表征循环应力特征的参量如下。

① 最大应力 σ_{max} 和最小应力 σ_{min}。

② 平均应力 σ_m 和应力半幅 σ_a，计算式为

$$\sigma_m=\frac{\sigma_{max}+\sigma_{min}}{2} \tag{7-1}$$

$$\sigma_a=\frac{\sigma_{max}-\sigma_{min}}{2} \tag{7-2}$$

③ 应力比 R(表征应力的不对称度)，计算式为

$$R=\frac{\sigma_{\min}}{\sigma_{\max}} \tag{7-3}$$

根据应力幅和平均应力的相对大小，可以将导致材料疲劳断裂的循环应力分为以下几种类型。

(1) 对称循环：$\sigma_m=0$，$R=-1$，大多数轴类构件承受此类循环应力，此类应力可能是弯曲应力或扭转应力。

(2) 不对称循环：$\sigma_m\neq0$，$-1<R<1$，结构件中某些支撑件承受此类循环应力。

(3) 脉动循环：$\sigma_m=\sigma_a$，$R=0$，齿轮的齿根和某些压力容器承受此类循环应力。

(4) 波动循环：$\sigma_m>\sigma_a$，$0<R<1$，发动机气缸盖、预紧螺栓等承受此类循环应力。

2. 疲劳的分类及特点

疲劳的分类方法很多，按照应力状态不同，可分为弯曲疲劳、扭转疲劳、拉压疲劳及复合疲劳；按照环境和接触情况不同，可分为大气疲劳、腐蚀疲劳、高温疲劳、接触疲劳；按照断裂寿命和应力高低不同，可分为高周疲劳和低周疲劳，高周疲劳的断裂寿命一般大于 10^5 周次，低周疲劳的断裂寿命一般为 $10^2\sim10^5$ 周次。

疲劳断裂是危害很大的失效形式之一，具有以下特点。

(1) 疲劳断裂是低应力循环延时断裂，是具有寿命的断裂。疲劳断裂应力水平往往低于材料抗拉强度，甚至屈服强度。断裂寿命随应力不同而变化，应力高则寿命短，应力低则寿命长。当应力低于某一临界值时，材料可能承受无限次应力循环作用而不发生破坏。

(2) 疲劳断裂是低应力脆性断裂，一般在低于屈服应力之下发生，而且往往是突然断裂，并且机件在断裂前无明显塑性变形，不用特殊探伤设备，无法检测损伤痕迹。除定期检查外，很难防范偶发性事故，危害较大。

(3) 疲劳断裂对缺口、裂纹和组织缺陷十分敏感。疲劳往往从表面和局部开始，缺口和裂纹导致的应力集中会加快疲劳的产生和发展。

(4) 疲劳断裂过程包括裂纹萌生和扩展两个过程，断口上有明显的疲劳源和疲劳扩展区，在裂纹失稳时才形成最后的瞬时断裂区。

7.1.2 疲劳断口形貌及疲劳破坏机理

1. 疲劳断口形貌

疲劳断裂和其他断裂形式一样，其断口保留着整个断裂过程的所有痕迹，其中包含着许多关于材料性质、应力状态、环境因素等影响断裂的信息。因此，研究疲劳断口是研究疲劳过程和分析疲劳断裂原因的重要方法之一。

典型的疲劳断口具有3个形貌不同的区域，即疲劳源区、疲劳裂纹扩展区和瞬间断裂区。图7.2所示为典型的金属疲劳断裂断口形貌。

1) 疲劳源区

疲劳源区是疲劳裂纹策源地，是疲劳破坏的起点。疲劳源一般出现在机件表面存在应力集中的地方(如缺口、裂纹、蚀坑等)。当机件内部存在严重的冶金缺陷(如缩孔、夹杂、偏析或微裂纹等)时，由于这些部位强度较低，在应用时也可能成为材料内部的疲劳源。一个机件在发生疲劳断裂时，其疲劳源可能不止一个，具体数目与机件的组织、应力状态

【疲劳与静载断裂对比】

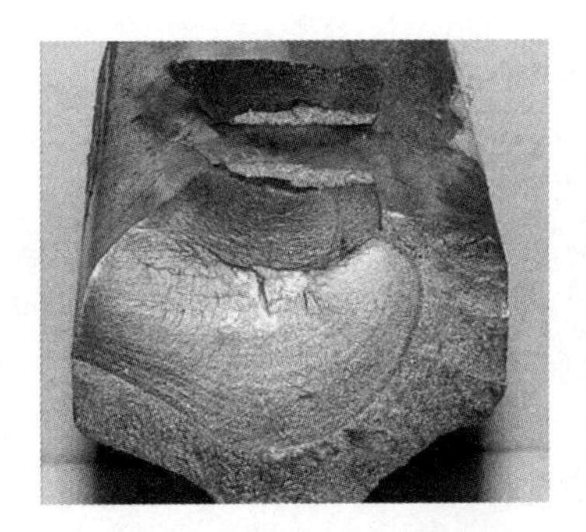

图 7.2　典型的金属疲劳断裂断口形貌

和过载程度有关。

疲劳源区表面是整个断口中光亮度最大的。因为这里在整个裂纹扩展过程中断面不断摩擦挤压，因此表面显示光亮平滑。

2）疲劳裂纹扩展区

疲劳裂纹扩展区是疲劳裂纹亚稳扩展所形成的断口区域，是判断断裂是否为疲劳断裂的重要证据。疲军裂纹扩展区的典型特征是具有“贝壳”一样的花纹，称为贝纹线，如图 7.2 所示。一个疲劳源的贝纹线是以疲劳源为中心的近于平行的一簇向外凸的同心圆，它们是疲劳裂纹扩展时前沿线的痕迹。

一般认为，贝纹线是由于载荷大小或应力状态的变化、频率的变化或者机器运行中的启停等原因，致使裂纹的扩展产生相应微小变化造成的。所以，这种贝纹特征总是出现在实际机件的疲劳断口中，而在实验室的疲劳试样断口中，因为载荷较平稳，很难看到明显的贝纹线。通常，在疲劳源附近，贝纹线密集，而在远离疲劳源的区域，由于有效面积减少，实际应力增加，裂纹扩展速率增大，贝纹线较稀疏。

3）瞬间断裂区

瞬间断裂区是疲劳裂纹快速扩展直至断裂的区域。在应力循环过程中，疲劳裂纹扩展区不断增大，当裂纹尺寸达到一定的临界值时，裂纹失稳快速扩展，导致机件瞬间断裂，形成瞬间断裂区。

这一区域断口比较粗糙。若材料为脆性材料，则断口形貌为结晶状断口；若为韧性材料，则中间平面应变区为放射状断口，边缘处为剪切唇。

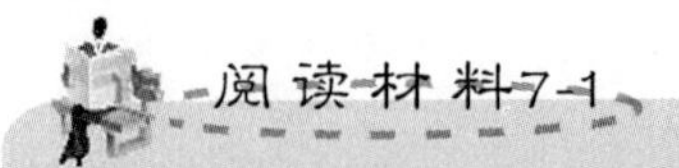

常见的 3 种断裂形式的区别

轴类零件常见的断裂原因有以下 3 种：①拉断，②扭断，③疲劳断裂。那么，3 种断裂的断口形貌有何区别呢？

3 种断裂方式各有特点，主要表现：①拉断时，断裂面粗糙，如果材料塑性较好，断裂处会有比较明显的颈缩现象；②扭断时，断裂面与轴的截面会有一个小于 45°的夹角，断裂面粗糙；③疲劳断裂时，其过程一般是在轴表面(因为轴表面承受的交变载荷最大)的缺陷处先出现微裂纹，裂纹慢慢扩展，当裂纹扩展到一定程度时，因为承受不了载荷而发生突然断裂。疲劳断面特点是一部分光亮一部分粗糙，光亮的原因是轴在传动的过程中裂纹两边的材料相互摩擦。

2. 疲劳破坏机理

1）疲劳裂纹的萌生

疲劳过程中的宏观裂纹由微观裂纹的形成、长大及连接而成的。大量试验表明，疲劳微裂纹都是由不均匀的局部滑移和显微开裂引起的，具体的方式有表面滑移带开裂、相界和晶界开裂等，如图 7.3 所示。

图 7.3 疲劳微裂纹的形成形式

阅读材料7-2

疲劳裂纹在表面萌生，可能有 3 个位置：①对纯金属或单相合金，尤其是单晶体，裂纹多萌生在表面滑移带处，即所谓驻留滑移带的地方；②当经受较高的应力-应变幅时，裂纹萌生在晶界处，特别是在高温下更为常见；③对一般的工业合金，裂纹多萌生在夹杂物或第二相与基体的界面上。

(1) 滑移带开裂产生裂纹。材料在循环应力作用下，即使应力小于屈服强度，在材料表面某些薄弱区域或高应力集中区域，也会发生极不均匀的塑性变形，成为循环滑移并形成循环滑移带。这种循环滑移带具有持久驻留性，用电解抛光法也很难去除，或即使去除了，再重新循环加载后，也会在原处再现，因此，又称驻留滑移带。随加载循环次数的增加，循环滑移带不断加宽，当加宽到一定程度时，由于位错的塞积和交割作用，在驻留滑移带处形成微裂纹。

当材料表面驻留滑移带形成以后，由于不可逆的反复变形，还会在表面形成“挤出带”和“侵入沟”，通常认为其中的侵入沟将发展成为疲劳裂纹的核心。关于“挤出带”和“侵入沟”的形成机理有很多模型，较常见的有 A. H. Cottrel－D. Hull(柯垂尔-赫尔)模型和 Wood 模型等。

【A. H. Cottrel－D. Hull 模型】

图 7.4 所示为 Wood 模型示意图。由图可见，在循环的加载阶段是在择优取向的滑移

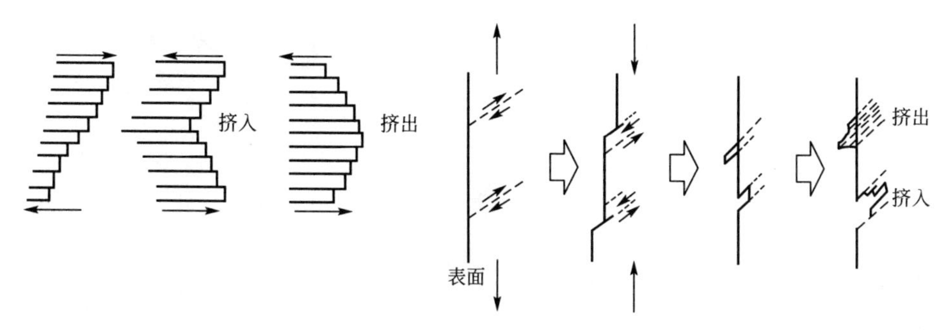

图 7.4 Wood 模型示意图

面上产生滑移；在卸载阶段，第一个滑移面上的滑移被应变硬化及新形成的自由表面的氧化所阻碍，因此在平行的滑移面上将产生方向相反的滑移。第一个循环的滑移会在金属表面产生一个“挤出”或“挤入”。当两个滑移系交替动作时，经过一个循环后，分别形成挤出带和侵入沟。随循环周次的增加，挤出带更凸起，侵入沟更凹进，产生应力集中和空洞，形成微裂纹并发育为一条疲劳裂纹。

(2) 晶界、相界开裂产生裂纹。多晶体材料由于晶界的存在(相邻晶粒的取向不同)，位错运动时会受到晶界的阻碍作用，在晶界处发生位错塞积和应力集中现象。当循环应力不断加载时，应力峰会越来越高，当超过晶体强度时就会在晶界处产生裂纹。

另外，当多晶体材料的晶界上存在着夹杂物或第二相时，由于第二相和夹杂物等破坏了材料的连续性，造成晶界结合力减弱，也容易产生裂纹，并最终成为疲劳裂纹源。

2) 疲劳裂纹的扩展

疲劳裂纹扩展分为两个阶段。

(1) 疲劳裂纹扩展的第一个阶段。第一个阶段是从个别侵入沟处开始，沿最大切应力的方向(和主应力成45°)向内扩展；裂纹扩展速率很慢，每一个应力循环大约只有0.1μm数量级。对于大多数合金来说，第一阶段裂纹扩展的深度很浅，在2～5个晶粒之内。这些晶粒断面都是沿着不同的结晶平面延伸，与解理面不同。疲劳裂纹第一阶段的显微形貌取决于材料类型、应力水平与状态及环境介质等因素。

(2) 疲劳裂纹扩展的第二个阶段。疲劳裂纹沿着与最大正应力相垂直的方向扩展(图7.5)，裂纹穿晶扩展，扩展速率较快，每一个应力循环大约扩展微米数量级。形成疲劳条带，又称疲劳辉纹(图7.6)。

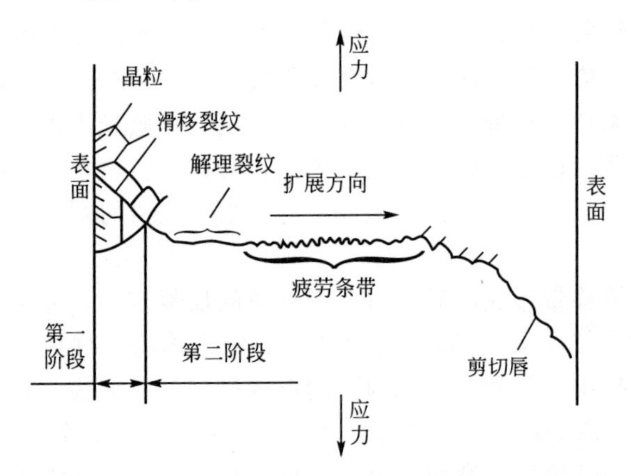

图7.5 疲劳裂纹扩展的两个阶段

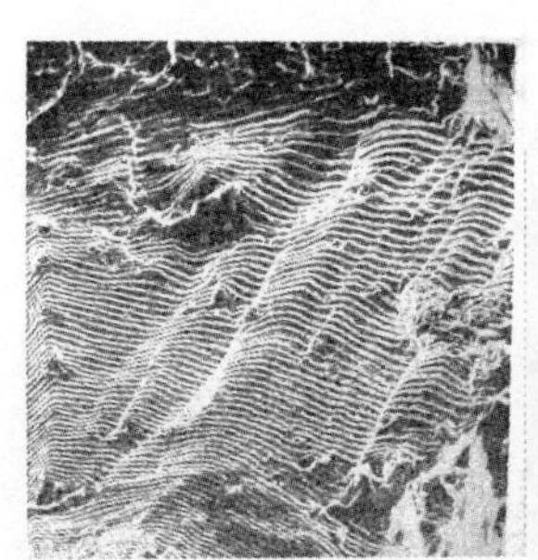  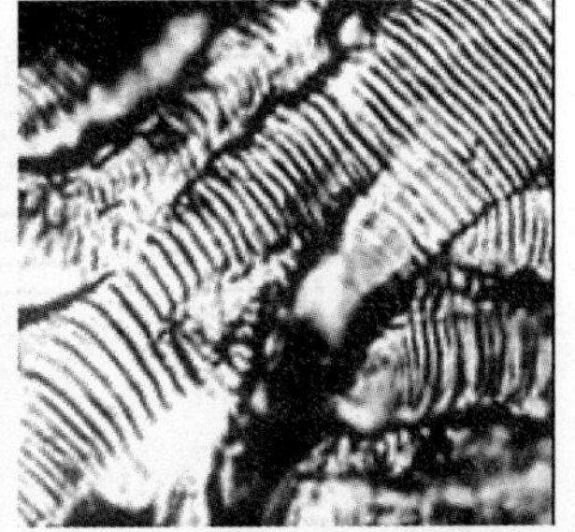

图7.6 疲劳条带

疲劳条带的主要特征如下。

(1) 疲劳条带是一系列基本上相互平行的、略带弯曲的波浪形条纹，与裂纹局部扩展方向相垂直。

(2) 每一条疲劳条带代表一次应力循环，在理论上疲劳条带的数量与应力循环次数相等。

(3) 疲劳条带间距(或宽度)随应力强度因子幅的变化而变化。

(4) 疲劳断面通常由许多大小不等、高低不同的小断块组成，各个小断块上的疲劳条带并不连续，而且不平行。

疲劳条带分为韧性和脆性两种。两种疲劳条带示意图如图7.7所示。其中，韧性材料中的疲劳条带只有相互平行的弧形条纹；而脆性条带则除此之外，还有解理台阶的河流花样，大致垂直于疲劳条带线。

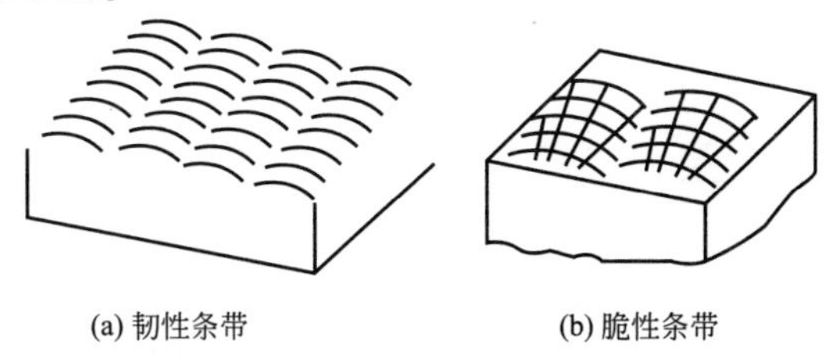

(a) 韧性条带　　(b) 脆性条带

图7.7　两种疲劳条带示意图

关于疲劳条带的形成机理，可以用Laird和Smith提出的模型(简称为L-S模型)加以解释。该模型认为，高塑性的材料(如Al、Ni)在变动循环应力作用下，裂纹尖端的塑性张开钝化和闭合锐化，会使裂纹不断向前延续扩展，如图7.8所示。

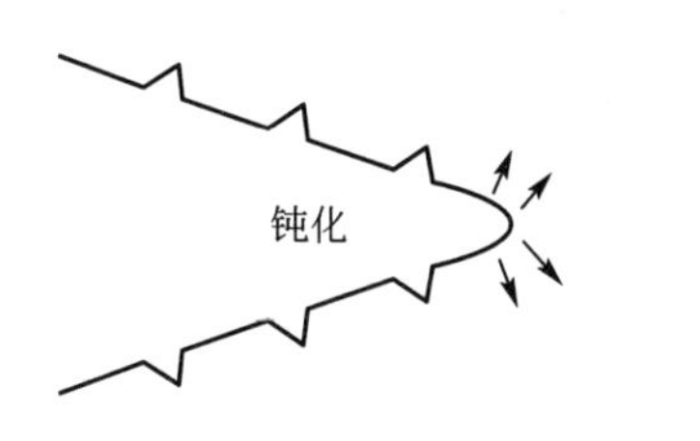

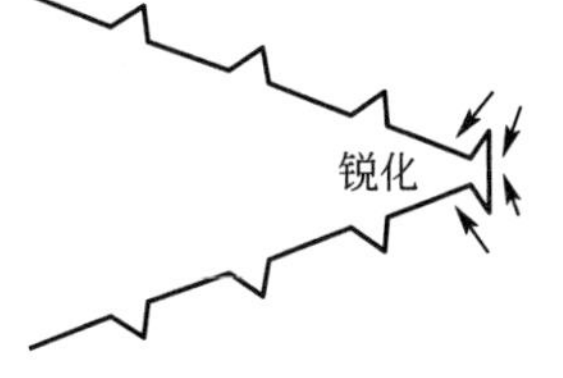

(a) 裂纹张开，产生滑移　　(b) 裂纹表面被压拢，锐化

图7.8　疲劳裂纹扩展模型

在疲劳断口上肉眼看到的贝纹线和在电子显微镜下看到的疲劳条带不是一回事，相邻贝纹线之间可能有成千上万条疲劳条带。贝纹线是交变应力作用下，在宏观断口上遗留的裂纹前沿痕迹，是疲劳断口的宏观特征。有时，在宏观断口上看不到贝纹线，但在显微镜下却可以看到疲劳条带。疲劳条带是疲劳断口的主要微观特征，是用来判断材料是否是由疲劳引起断裂的依据之一。

7.1.3 疲劳抗力指标

材料的疲劳抗力指标包括疲劳极限、疲劳裂纹扩展门槛值、过载持久值和疲劳缺口敏感度等。

1. $S-N$ 曲线与疲劳强度

在交变载荷下，材料承受的最大交变应力 σ_{max} 越大，则致断裂的应力交变次数 N 越低；反之，σ_{max} 越小，则 N 越高。如果将材料所承受的应力 σ_{max} 和对应的断裂周次 N 绘成图，便得到图 7.9 所示的曲线，称为 $S-N$ 曲线(即疲劳曲线)。它是德国人 Wholer(维勒)在 1860 年提出的，因此又称 Wholer 曲线。

从图 7.9 可以看出，当应力低到某值时，材料或构件承受无限多次应力循环或应变循环而不发生断裂，这一应力值称为材料或构件的疲劳极限(强度)，通常以 σ_r 表示。r 表示应力比，$r=-1$ 时，σ_r 用 σ_{-1} 表示。从开始承受应力直至断裂所经历的循环次数称为疲劳寿命，以 N_f 表示。

【疲劳曲线的绘制】

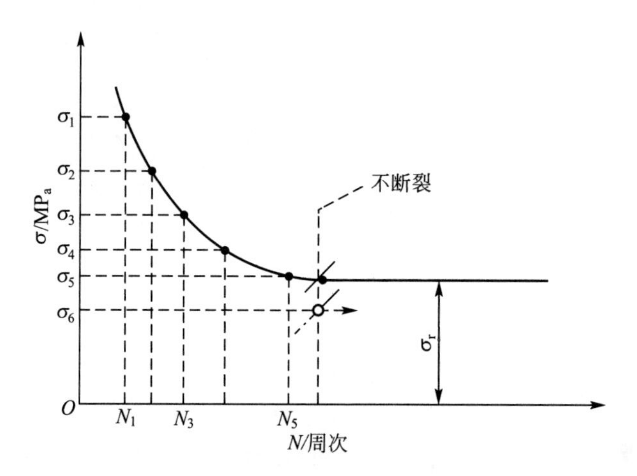

图 7.9 $S-N$ 疲劳曲线

疲劳极限是指光滑试样在指定疲劳寿命(无限/有限周次)下，材料能承受的上限循环应力。疲劳极限是保证机件疲劳寿命的重要性能指标。

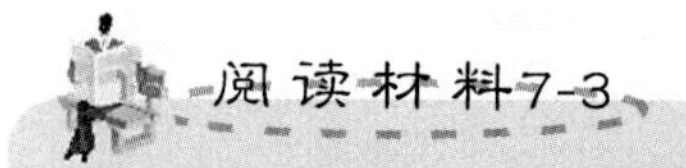

国家标准规定了材料疲劳极限与 $S-N$ 曲线的测定方法：准备至少 10 个材料和尺寸相同的试样，参考材料的抗拉强度 σ_b，在 $0.7\sigma_b$ 至 $0.4\sigma_b$ 之间从高到低选择几个应力水平 σ_1、σ_2、$\sigma_3 \cdots \sigma_n$，其中低应力的数值间距小一些，高应力的数值间距大一些，然后将这些应力分别施加在各个试样上循环试验(即每个应力水平下做一个试样)，测出它们的疲劳寿命断裂周次 N_i。当 $N_i \geqslant 10^7$ 次，且断裂试样所加应力水平 σ_n 和未断试样 σ_{n-1} 所加应力水平之差小于 10MPa 时，则可认为疲劳极限在 σ_n 和 σ_{n-1} 之间，可取二者的平均值。将试验中的每个试样所得数据采用曲线拟合的方法绘出应力和断裂循环次数曲线，即得到 $S-N$ 曲线。

在众多疲劳试验机之中，旋转弯曲疲劳试验机是最为常用的试验机之一，其装置图如图 7.10 所示。

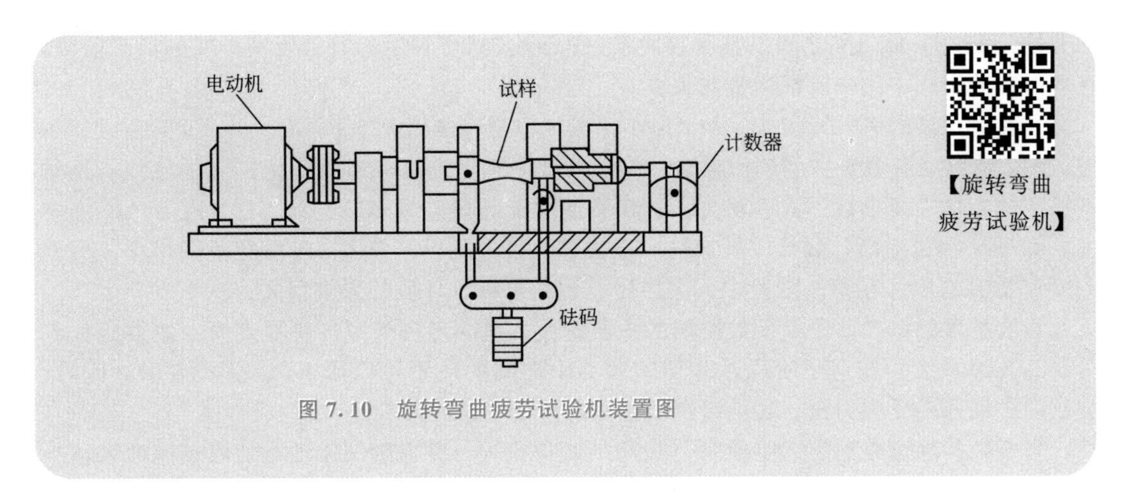

图7.10 旋转弯曲疲劳试验机装置图

2. 疲劳裂纹扩展速率及裂纹扩展门槛值

疲劳过程包括裂纹萌生、裂纹亚稳扩展和最终失稳断裂3个阶段。其中，裂纹亚稳扩展占有很大比例，是决定机件整个疲劳寿命的重要组成部分，因此，研究疲劳裂纹的扩展规律、扩展速率有非常重要的意义。

疲劳裂纹在亚稳扩展阶段内，每一个应力循环裂纹沿垂直于拉应力方向扩展的距离，称为疲劳裂纹扩展速率。

通常用三点弯曲单边切口试样，在固定应力条件下测定疲劳裂纹扩展速率。先对试样表面进行抛光，然后在疲劳试验机上读出经过一定循环周次 N 时的裂纹长度 a，绘出 a 和 N 的关系曲线，称为疲劳裂纹扩展曲线。曲线的斜率即表示疲劳裂纹扩展速率，用 $\mathrm{d}a/\mathrm{d}N$ 表示。裂纹扩展速率不仅和应力水平有关(应力水平越高，裂纹扩展越快)，而且与当时的裂纹长度有关(裂纹尺寸越大，裂纹扩展越快)。随着循环周次的增加，裂纹长度 a 也不断增长。同时，曲线的斜率也越来越大，说明裂纹扩展速率越来越大。当循环次数达到一定周次时，裂纹长度长大到临界裂纹尺寸，裂纹扩展速率增大到无限大，裂纹失稳，试样最终断裂。

1963年，Paris(帕里斯)首先把断裂力学引入了疲劳裂纹的扩展理论，并认为扩展速率受控于裂纹尖端的应力强度因子幅度 ΔK，$\Delta K=K_{\max}-K_{\min}$。Paris 得出 $\mathrm{d}a/\mathrm{d}N$ 和 ΔK 的关系式为

$$\frac{\mathrm{d}a}{\mathrm{d}N}=c(\Delta K)^m \tag{7-4}$$

式中，c 与 m 均为与材料有关的常数，m 通常在 2～4 之间，如对于马氏体钢 $m=2.25$，铁素体-珠光体钢 $m=3.0$。

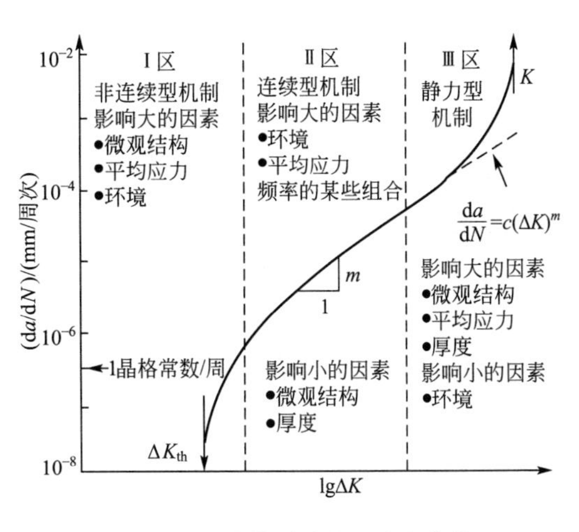

图7.11 疲劳裂纹扩展速率曲线

Paris的这一发现，在随后许多学者的重复试验中得到了验证。学者们通过进一步研究疲劳裂纹扩展速率，发现 $\mathrm{d}a/\mathrm{d}N$ 和 ΔK 的关系曲线可分成3个阶段，如图7.11所示。在Ⅰ、Ⅲ段，ΔK 对 $\mathrm{d}a/\mathrm{d}N$ 影响较大；

在Ⅱ段，ΔK 与 da/dN 之间呈幂函数关系。Paris 公式所表示的只是裂纹扩展的第二阶段，在双对数的坐标中这一阶段为直线关系。

在裂纹扩展的第一阶段中，当 ΔK 小于某一临界值 ΔK_{th} 时，$da/dN=0$，疲劳裂纹不扩展，ΔK_{th} 称为疲劳裂纹扩展的门槛值。ΔK_{th} 表示材料阻止疲劳裂纹开始扩展的性能，是材料重要的力学性能指标，其值越大，材料疲劳性能越好。当 $\Delta K>\Delta K_{th}$ 后，随着 ΔK 的增加，da/dN 快速提高，裂纹扩展加快，很快进入第二阶段。但因 ΔK 变化范围很小，所以 da/dN 提高有限。在第一阶段中，应力比、显微组织、环境的影响很大。

裂纹扩展的第二阶段是裂纹扩展的主要阶段，是决定疲劳裂纹扩展寿命的主要组成部分，da/dN 较大。在这一阶段，da/dN 和 ΔK 之间的关系可以用 Paris 公式表示。此时，裂纹的扩展速率受应力比、显微组织类型和环境的影响很小。

当裂纹扩展过渡到第三阶段时，da/dN 变得很大，并且随 ΔK 的增加而迅速增大，当应力场尖端附近的最大应力场强度因子 $K_{\mathrm{I}max}$ 达到 **K_{Ic}（平面应变断裂韧性，它反映材料阻止裂纹扩展的能力）**时，裂纹迅速失稳扩展，并引起最后断裂。这一阶段受应力比、显微组织和断裂韧性的影响较大。

实际在测定材料 ΔK_{th} 时很难做到 $da/dN=0$ 的情况，因此常规定**在平面应变条件下 $da/dN=10^{-7}\sim10^{-6}$ mm/周次时，它所对应的 ΔK 作为 ΔK_{th}，称为工程(或条件)疲劳门槛值。**

大多数金属材料的 ΔK_{th} 值都很小，为(5%～10%)K_{Ic}，如钢的 $\Delta K_{th}\leqslant 9\mathrm{MPa}\cdot\mathrm{m}^{1/2}$，而铝的则更小，$\Delta K_{th}\leqslant 4\mathrm{MPa}\cdot\mathrm{m}^{1/2}$。表 7－1 所列的是几种金属材料的 ΔK_{th} 测定值。实际工程应用中，一般的机械零件和工程构件不以 ΔK_{th} 作为设计指标，因为 ΔK_{th} 数值很低，以 ΔK_{th} 作为设计标准，就要求工作应力很低或者容许的裂纹尺寸很小。

表 7－1　几种金属材料的 ΔK_{th} 测定值($R=0$)

材料	$\Delta K_{th}/\mathrm{MPa}\cdot\mathrm{m}^{1/2}$	材料	$\Delta K_{th}/\mathrm{MPa}\cdot\mathrm{m}^{1/2}$
低合金钢	6.6	纯铜	2.5
18－8 不锈钢	6.0	60/40 黄铜	3.5
纯铝	1.7	纯镍	7.9
4.5 铜铝合金	2.1	镍基合金	7.1

【疲劳强度和疲劳门槛值的比较】

疲劳强度 σ_{-1} 与疲劳门槛 ΔK_{th} 的比较如下。

(1) 疲劳强度 σ_{-1} 是指光滑试样在指定疲劳寿命（无限、有限周次）下，材料能承受的上限循环应力，用于传统的疲劳强度设计和校核，是保证寿命、选材、设计、制订工艺的重要依据。

(2) 疲劳门槛 ΔK_{th} 是疲劳裂纹不扩展的 ΔK_{I} 临界值即疲劳裂纹扩展门槛值，表示材料阻止裂纹开始疲劳扩展的性能，是裂纹试样的无限寿命疲劳性能，用于裂纹件的无限寿命设计校核。

3. 过载持久值

实际服役过程中的机件不可避免要受到偶然的过载作用，如汽车的紧急制动、突然起动等。另外有些设备不要求无限寿命，而是在高于 σ_{-1} 的应力水平下进行有限寿命服役。因此，仅依据材料的疲劳强度并不能全面评定材料的抗疲劳性能，为此提出了过载持久值和过载损伤界的概念。

1）过载持久值

材料在高于疲劳强度的一定应力下工作，发生疲劳断裂的应力循环周次称为材料的过载持久值，又称有限疲劳寿命。

过载持久值表征了材料对过载疲劳的抗力，该值可由疲劳曲线倾斜部分确定。曲线倾斜的越陡直，则持久值越高，表明材料在相同过载条件下能经受的应力循环周次越多，材料对过载的抗力越高。

2）过载损伤界

对于一定的材料，在每一过载应力下，只有过载运转超过某一周次后才会引起过载损伤。材料抵抗疲劳过载损伤的能力，用过载损伤界表示，如图7.12所示。把在每个过载应力下运行能引起损伤的最少循环周次（图7.12中的 a、b、c）连接起来即可得到该材料的过载损伤界。

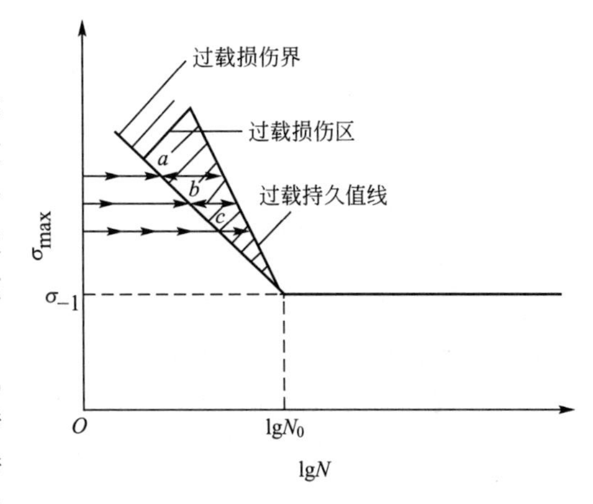

图7.12　过载损伤界

过载损伤界到过载持久值之间的区域，称为材料的过载损伤区。凡是机件过载运转到这个区内都会不同程度地降低材料的疲劳寿命。离持久值线越近，降低越厉害。过载应力越大，开始发生过载损伤的循环周次越少，能造成过载损伤区的周次范围就越广。

材料的过载损伤界越陡直，损伤区越窄，则其抵抗疲劳过载能力就越强。工程上在过载疲劳机件选材时，有时宁可选 $\boldsymbol{\sigma}_{-1}$ 低些，而疲劳损伤区窄的材料。

4. *疲劳缺口敏感度*

由于使用环境及设备要求，机件常常包含台阶、拐角、键槽、螺纹等，类似于缺口，造成局部应力集中，缩短机件的疲劳寿命，降低材料的疲劳强度。因此，了解缺口引起的应力集中对疲劳性能的影响也很重要。常用疲劳缺口敏感度 q_f 来评定材料的缺口敏感性，q_f 的定义是

$$q_f=\frac{K_f-1}{K_t-1} \tag{7-5}$$

式中，K_t 为理论应力集中系数，取决于缺口的几何形状与尺寸；K_f 为有效应力集中系数，$K_f=\sigma_{-1}/\sigma_{-1N}$，$\sigma_{-1}$ 和 σ_{-1N} 分别为光滑与缺口试样的疲劳极限，显然 $K_f>1$，K_f 的大小既和材料的缺口尖锐度有关，又和材料因素有关。

7.1.4 影响材料疲劳强度的因素

疲劳断裂一般是从机件表面的某些部位或表面缺陷造成的应力集中处开始，有时也从内部缺陷处开始，因而材料的疲劳强度不仅对材料的组织结构很敏感，而且对材料的工作

条件、加工处理状态等外因也很敏感。影响疲劳强度的因素归纳于表7-2中。

表7-2　影响材料疲劳强度的因素

影响因素	详细内容
工作条件	载荷条件、载荷频率、环境温度、环境介质
表面状态及尺寸因素	尺寸效应、表面粗糙度、缺口效应
表面处理及残余内应力	表面喷丸及滚轧、表面热处理、表面化学热处理、表面涂层
材料因素	化学成分、组织结构、纤维方向、内部缺陷

1. 工作条件的影响

机件在不同条件工作时，其疲劳抗力不同。工作条件主要包括载荷条件、载荷频率、环境温度及环境介质等。

1）载荷条件

载荷条件包括以下几个方面。

(1) 应力状态和平均应力，这部分内容在前面已经述及。

(2) 过载情况，在过载损伤区内的过载将降低材料的疲劳强度或寿命。

(3) 次载锻炼，低于疲劳强度的应力称为次载。材料在低于疲劳强度的应力下运转一定次数后，疲劳强度即得到提高，这种次载强化作用称为次载锻炼。次载应力大小越接近材料的疲劳强度，锻炼效果越明显。新设备常常运用这一原理进行空载磨合。

2）载荷频率

不同机件在工作时具有不同的载荷频率。频率高，材料所受总损伤少，因此，疲劳强度提高。载荷交变频率高于170Hz时，随频率增加，疲劳强度提高。载荷交变频率在50～170Hz范围内变化，频率对疲劳强度没有明显影响。频率低于1Hz时，疲劳强度有所降低。

3）间歇

大多数机件是非连续、间歇式工作的。试验表明，在应力接近或低于疲劳强度的情况下，间歇式工作可以显著提高疲劳强度。在一定过载范围内间歇对寿命无明显影响。

4）环境温度

一般情况下，温度升高，材料的疲劳强度下降，温度降低，疲劳强度升高。但也有些材料有反常现象。图7.13所示为0.58%碳钢的疲劳强度与温度的关系。由图可见，在100℃以下，随着温度提高，疲劳强度降低，但在350℃左右，存在一个疲劳强度极大值，这种现象与碳钢的时效硬化有关。

5）环境介质

腐蚀性的环境介质会使材料表面产生微观腐蚀，微观腐蚀在交变应力作用下，逐渐发展为裂纹，从而降低材料的疲劳强度，产生腐蚀疲劳。在断口上既有腐蚀破坏特征，又有疲劳破坏特征。材料或零件在交变应力和腐蚀介质的共同作用下造成的失效称为腐蚀疲劳。腐蚀疲劳曲线无水平段，因此不存在无限寿命的疲劳极限，只有条件疲劳极限。

2. 表面状态及尺寸因素

1）表面状态

在循环载荷作用下，材料的不均匀滑移主要集中在材料的表面，疲劳裂纹也常常在材

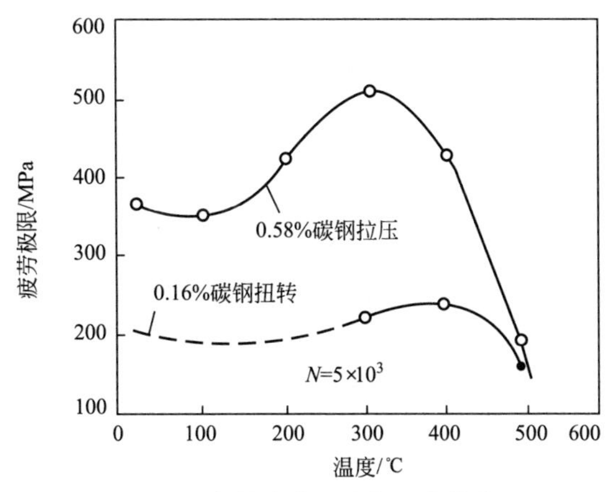

图 7.13　钢的疲劳强度与温度的关系

料表面发生。如果材料表面存在由于缺口引起的应力集中，疲劳强度将显著下降(具体原因请参见 7.1.3 节)。因此，受循环应力作用的机件，对其加工过程中的表面粗糙度是有明确要求的。表面粗糙度越低，疲劳强度越高。

2) 尺寸因素

弯曲疲劳和扭转疲劳试验时，随试样尺寸增加，疲劳极限下降，这种现象称为疲劳强度尺寸效应。机件尺寸增大使表面缺陷概率增加，故增大疲劳裂纹产生概率；同时，机件尺寸增大将降低弯曲、扭转机件截面的应力梯度，增大表层高应力区，因而降低疲劳强度。缺口试样比光滑试样的尺寸效应更明显。

3. 表面强化及残余应力的影响

表面强化处理可在机件表面产生有利的残余压应力，同时还能提高机件表面的强度和硬度。表面强化及残余压应力都能提高材料疲劳强度。材料的表面强化作用如图 7.14 所示。

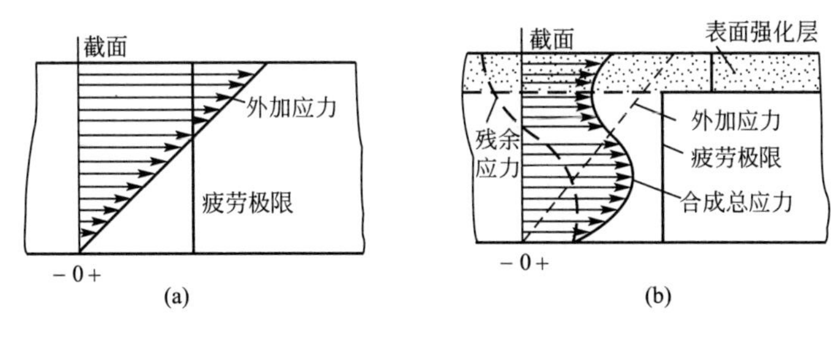

图 7.14　表面强化提高疲劳极限示意图

图 7.14(a)表示当材料表面层应力大于疲劳极限时的情况。可以看出，在表面层相当深度内，应力大于材料的疲劳极限，因此，在这些区域材料会产生疲劳裂纹。

图 7.14(b)表示当材料表面层应力(合力)小于疲劳极限的情况。可以看出，表面强化不仅提高了材料表面层的疲劳极限，同时由于表面残余应力和外加载荷的合成应力使材料所受总应力减小，致使材料表面的总应力低于强化层的疲劳极限，因而不会出现疲劳裂纹。

目前常用的表面强化方法有喷丸、滚压、表面淬火及表面化学热处理等，其中喷丸处理在金属材料中使用最广。

【喷丸与滚压】

4. 材料成分及组织的影响

1）成分

成分是决定材料组织结构和性能的主要因素。因此，材料的疲劳裂纹及疲劳极限和材料成分也有着密切关系。比如在结构钢中，碳不仅可以形成间隙原子，起到固溶强化作用，而且可以形成碳化物，起到弥散强化作用，阻止疲劳裂纹的产生，从而提高材料的疲劳强度。钢中的合金元素，主要是通过提高钢的淬透性和改善钢的强韧性来影响疲劳性能的。

2）显微组织

有研究表明，对于低碳钢和钛合金来说，晶粒大小与疲劳强度之间也存在类似 Hall-Petch 公式的关系，即

$$\sigma_{-1}=\sigma_i+kd^{-1/2} \tag{7-6}$$

式中，σ_{-1}为材料的疲劳强度；σ_i为位错在晶格中运动的摩擦阻力；k 为材料常数；d 为晶粒平均直径。

可以看出，对于多晶体材料来说，细化晶粒可以提高材料的疲劳强度。原因在于，细化晶粒后，在交变应力下，可以减少不均匀滑移的程度，从而推迟疲劳裂纹的形成；另外，当疲劳裂纹扩展到晶界时会被迫改变其扩展方向，晶界又可以起到阻碍裂纹扩展的作用。因此，材料中晶粒越细小，晶界越多，阻碍作用越明显，疲劳强度越高。

在结构钢热处理组织中，回火马氏体疲劳强度最高，回火屈氏体次之，回火索氏体最低。淬火组织中若含有由于加热或保温不足而残留的未熔铁素体，或者由于热处理不当而存在过多的残余奥氏体 A′，都将使钢的σ_{-1}降低。例如，当钢中含有 10%的 A′时，可使σ_{-1}降低 10%～15%。这是因为这些组织是交变应力下容易产生集中滑移的区域，因而容易过早形成裂纹。

此外，组织中的一些非金属夹杂物或冶金缺陷，由于易成为疲劳裂纹源，也会降低材料的疲劳性能。

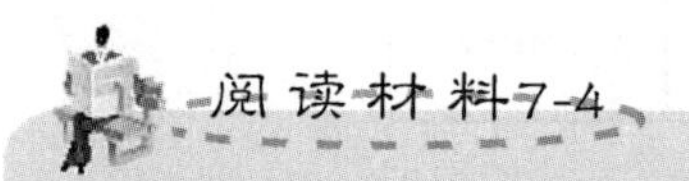

提高疲劳强度的“金属免疫疗法”

受到人类服用维生素增强抵抗力的启迪，冶金专家在金属材料中添加少量稀土金属（ⅢB 元素），如含有锆和稀土金属的镁合金，不但抗疲劳性能佳，而且在高温下仍有很高的强度，并且质量只有铝合金的 3/4，是制造喷气式飞机的优良材料。在金属材料中添加各种“维生素”是增强金属抗疲劳的有效办法。在钢铁和有色金属里，加进万分之几或千万分之几的稀土元素，也可大大延长其使用寿命。必要时，采取防震措施也可减轻金属疲劳。

7.2 陶瓷材料的疲劳性能

随着工程结构陶瓷研究领域的不断发展和陶瓷在工程应用方面的日益扩大，陶瓷工程构件的疲劳行为和可靠性研究已成为陶瓷工程应用的重要课题。

和金属相比，陶瓷材料有两大特点：一是由于致密性低和加工困难，往往存在许多先天缺陷或裂纹；二是由于其脆性大、韧性低，陶瓷材料失稳时，临界裂纹尺寸很小。因此，陶瓷材料小裂纹扩展在其疲劳寿命中所占比例较大。研究表明，陶瓷材料的小裂纹现象普遍存在于其各种疲劳断裂过程中。

金属疲劳主要指在长期交变应力作用下，材料耐用应力下降及破坏的行为。而陶瓷疲劳的含义与金属有所不同，陶瓷疲劳含义更广，可分为静态疲劳、动态疲劳和循环疲劳。下面主要介绍陶瓷材料的静态疲劳和循环疲劳。

7.2.1 静态疲劳

静态疲劳是指在持久载荷作用下，陶瓷材料发生失效断裂。相当于金属中的延迟断裂，即在一定载荷作用下，材料的耐用应力随时间下降的现象，对应于金属材料中的应力腐蚀和高温蠕变断裂。当外加应力低于断裂应力时，陶瓷材料也可能出现亚临界裂纹扩展。这一过程与温度、应力和环境介质诸因素密切相关。

陶瓷材料的亚临界裂纹扩展速率与应力强度因子之间的关系如图7.15所示。可见，陶瓷材料的疲劳行为和金属材料有相同之处，疲劳破坏过程也包含裂纹萌生、裂纹扩展和瞬间断裂3个过程。陶瓷材料的疲劳裂纹扩展速率也可以用Paris公式描述，但式中的指数m要比金属材料的大得多。

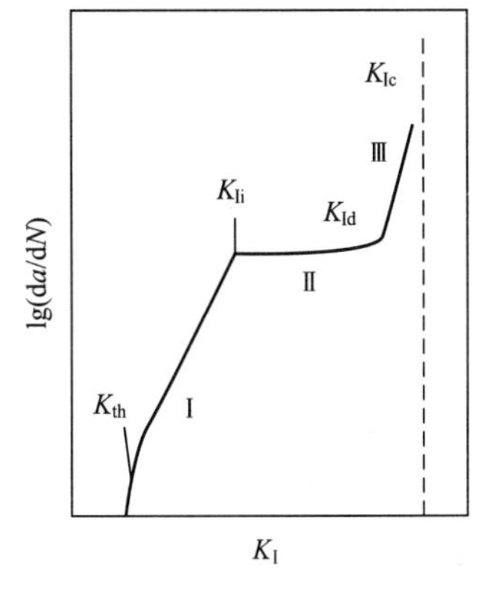

图7.15 陶瓷材料的裂纹扩展速率曲线

通常将陶瓷材料的亚临界裂纹扩展速率与应力强度因子之间的关系曲线分为4个区。

(1) 孕育期，即 da/dN 低于应力强度因子门槛值 k_{th} 时，裂纹不扩展。

(2) 低速区，此时裂纹开始扩展，da/dN 随着 K_I 值的增大而增大。材料与环境介质之间的化学反应不是裂纹扩展速率的控制因素。

(3) 中速区，此时裂纹扩展速率变化仅与环境介质有关，与 K_I 值无关。

(4) 高速区，此时 da/dN 随 K_I 值的增大而呈指数关系增大，裂纹快速扩展，这一阶段的速率取决于材料的成分、结构和显微组织，与环境介质无关。直到最后应力强度因子 K_I 达到材料断裂韧性 K_{Ic}时，陶瓷材料发生突然断裂。

7.2.2 循环疲劳

循环疲劳与金属材料的疲劳概念相同，即在循环应力下的材料失效。循环载荷对陶瓷材料造成的损伤是由裂纹尖端的微裂纹、蠕变，以及沿晶和界面滑动等因素引起的。但陶瓷断口不易观测到疲劳条纹，呈现脆性断口特征。

由于陶瓷是脆性材料，其裂纹尖端塑性区很小，人们曾质疑陶瓷材料在受低于静强度的交变载荷作用时是否也发生疲劳破坏。后来，Ewart 和 Suresh 发现，单相陶瓷、相变增韧陶瓷及陶瓷基复合材料缺口试样，在室温循环压缩载荷作用下也有疲劳裂纹萌生和扩展现象。

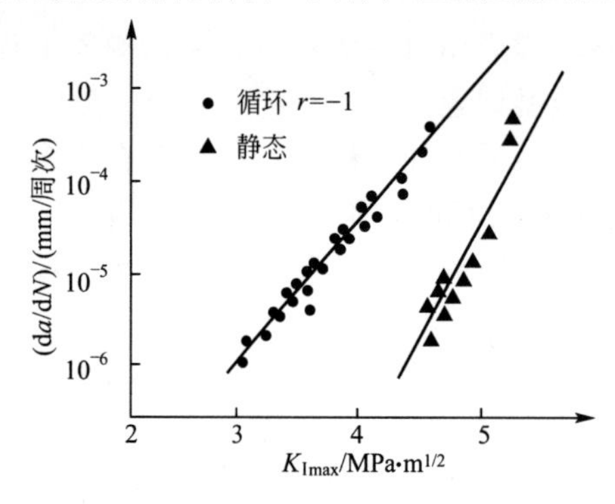

图 7.16　多晶 Al_2O_3 疲劳裂纹扩展速率曲线

图 7.16 所示为多晶 Al_2O_3（晶粒尺寸 10μm）在室温空气环境对称循环加载($f=5$Hz)及在静载下裂纹扩展特征。da/dN 依赖于最大应力强度因子 $K_{\mathrm{I\,max}}$。由图可见，陶瓷材料在循环载荷作用下的裂纹扩展速率远远高于静载荷下(静疲劳)的裂纹扩展速率。循环加载的 da/dN 比静载裂纹扩展速率大约快两个数量级。这表明，循环载荷对陶瓷材料造成了损伤。这种疲劳裂纹的扩展与金属材料的疲劳裂纹一样，也受应力比、裂纹闭合效应的影响。

7.2.3　陶瓷材料疲劳特性评价

与金属材料相比，陶瓷材料的 $\Delta K_{th}/K_{\mathrm{I}c}$的比值很低，只有金属的十分之一至几十分之一。因此，陶瓷材料的裂纹扩展曲线非常陡峭，裂纹一旦开始扩展，则速度极快，比金属要快几个数量级。

另外，由于陶瓷材料的静强度值分散性很大，所以其疲劳强度值的分散性更大，如图 7.17 所示。因此，在试验方法上，应增大测量时间范围；在数据处理上，则必须考虑试验数据的概率分布。

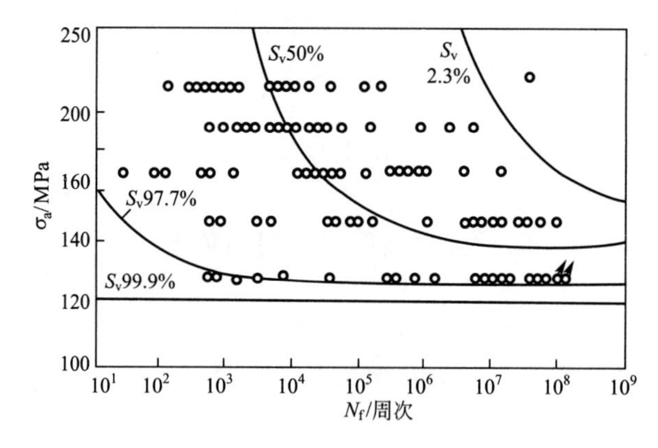

图 7.17　Al_2O_3 陶瓷不同存活率的疲劳曲线

7.3　高分子材料的疲劳性能

在循环载荷作用下，高分子材料与金属材料类似，也表现出疲劳现象。但是，由于高分子材料的结合键为共价键、范德瓦尔斯键和氢键，其力学性能表现为玻璃态、高弹态和黏流态，内阻大，因此，高分子材料的疲劳具有特殊的机理和宏观规律。

7.3.1 高分子材料的疲劳特点

高分子材料的动态局部不可逆变形以形成银纹、形成剪切带、分子链沿外力方向取向等方式开始，其中形成银纹和剪切流变是高分子材料疲劳过程中最普遍的变形方式。

银纹总是位于垂直于最大主应力的方向，高度取向的原纤维构成的银纹质的密度相当于基体密度的40%～60%。银纹的萌生、扩展和断裂往往控制着高分子材料的循环变形和疲劳裂纹的亚临界扩展过程。

多数高分子材料的疲劳强度为其抗拉强度的20%～50%。但增强热固性高分子材料的疲劳强度与抗拉强度的比值比较高，如聚甲醛(POM)和聚四氟乙烯(PTFE)的比值为40%～50%。

高分子材料的疲劳强度随相对分子质量增大而提高，随结晶度增加而降低。能够使高分子强度增大的因素，一般也能使疲劳寿命增加。因此，相对分子质量增加到某一临界相对分子质量以前，疲劳寿命也随着增加。平行于外加应力的分子取向可以减少裂纹，增加疲劳寿命。

图7.18所示是高分子材料的$S-N$曲线。由图可见，高分子材料的疲劳寿命曲线可以分为3个区。

Ⅰ区的存在与否以及该区曲线的斜率取决于银纹形成的倾向，对于容易形成银纹的高分子材料(如PS和PMMA)有明显的Ⅰ区存在；如果最大循环拉应力不足以形成银纹，则Ⅰ区可能不存在。

Ⅱ区中，多种高分子材料室温疲劳试验表明，$\Delta\sigma$每变化14MPa，相应的N_f约变化一个数量级。

Ⅲ区对应着高分子材料的疲劳极限，其值为材料抗拉强度的0.2～0.5。

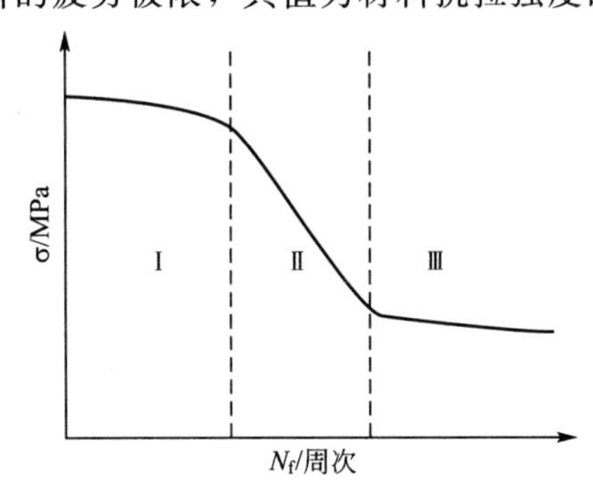

图7.18 高分子材料的$S-N$曲线

高分子材料的疲劳破坏不仅有由于疲劳裂纹生成和扩展至最后断裂的机械疲劳，还有疲劳热破坏。高分子材料的疲劳热破坏主要是由于每次加载循环产生的弹性滞后能不能及时以热的形式散失于周围环境中，使高分子材料发热变软失去承载能力而破坏。高分子材料的疲劳寿命可用式(7-7)表示，即

$$\lg N_f = A + B/T \tag{7-7}$$

式中，N_f为疲劳寿命；A和B为常数；T为热力学温度。

不同的高分子材料在不同频率的疲劳载荷作用下，温度升高的倾向差别也很大。例如，聚苯乙烯在28次/s循环下疲劳试验发热并不严重，而聚乙烯在此相同频率下试验则

很快软化而熔融。而且，聚乙烯即使在 2 次/s 循环下进行疲劳试验，在通常的应力水平下其温度也将升高 5℃以上。图 7.19 所示是聚四氟乙烯试验的 $S-N$ 曲线和相应不同应力水平下估算的 $T-N$ 曲线。

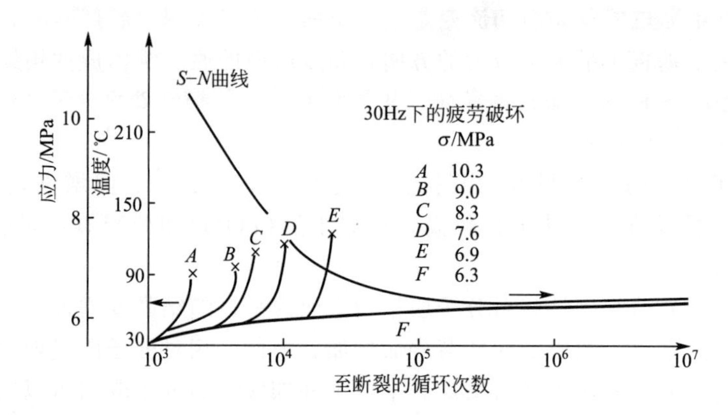

图 7.19 聚四氟乙烯试验的 $S-N$ 曲线和相应不同应力水平下估算的 $T-N$ 曲线

由图 7.19 可以看出，应力水平高于疲劳极限的所有试验都可使高分子材料加热到熔点(如温升曲线 A、B、C、D、E)，这相当于试样发热比环境散热要快。当应力水平低于疲劳极限时，试样温度升高到热破坏温度以下的某个温度而趋于稳定(如温升曲线 F)，这些试样经 10^7 次循环都不破坏。因此，限制外加应力、降低试验频率、允许周期的停歇或冷却试样，以及增加试样表面积对体积的比值，均可抑制高分子材料的疲劳热破坏。

7.3.2 高分子材料的疲劳断口

高分子材料的疲劳断口也有特殊的形貌。在高 ΔK 水平下，$\mathrm{d}a/\mathrm{d}N$ 超过 5×10^{-4} mm/次，断口上也出现疲劳条带，与金属材料中看到的相似，相邻疲劳条带之间的间距与疲劳裂纹宏观扩展速率有很好的对应关系。但在较低 ΔK 水平下，许多高分子材料的断口上出现不连续扩展增长带(DGB)，其形态与疲劳条带类似，也垂直于疲劳裂纹扩展方向，但其间距远大于 $\mathrm{d}a/\mathrm{d}N$。这表明，疲劳裂纹不是每个循环都向前扩展，而是经过几十或几百次循环后才向前跃迁一次。

一、填空题

1. 疲劳断裂的过程包括__________、__________和__________ 3 个阶段。

2. 低碳钢典型的疲劳断口上有__________、__________和__________断裂特征区。

3. 疲劳裂纹一般发源于构件的__________处。

4. 贝纹线是__________区的__________特征；疲劳条带是__________区的__________特征。

二、名词解释

疲劳　疲劳贝纹线　疲劳条带　疲劳极限　疲劳裂纹扩展门槛值　过载持久值　过载损伤界

三、简答题

1. 疲劳断裂的特点有哪些？

2. 疲劳断口包括哪些区域？各有何特征？

3. 材料疲劳裂纹扩展的两个阶段各有什么特征？

4. 材料的疲劳抗力指标有哪些？

5. 影响材料疲劳强度的因素有哪些？各自对疲劳强度有何影响？

四、文献查阅及综合分析

给出任一材料（器件、产品、零件等）疲劳破坏的案例，分析疲劳失效的原因（给出必要的图、表、参考文献）。

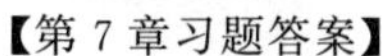

【第7章习题答案】

【第7章自测试题】

【第7章试验方法-国家标准】

第8章 材料的磨损性能

本章知识构架

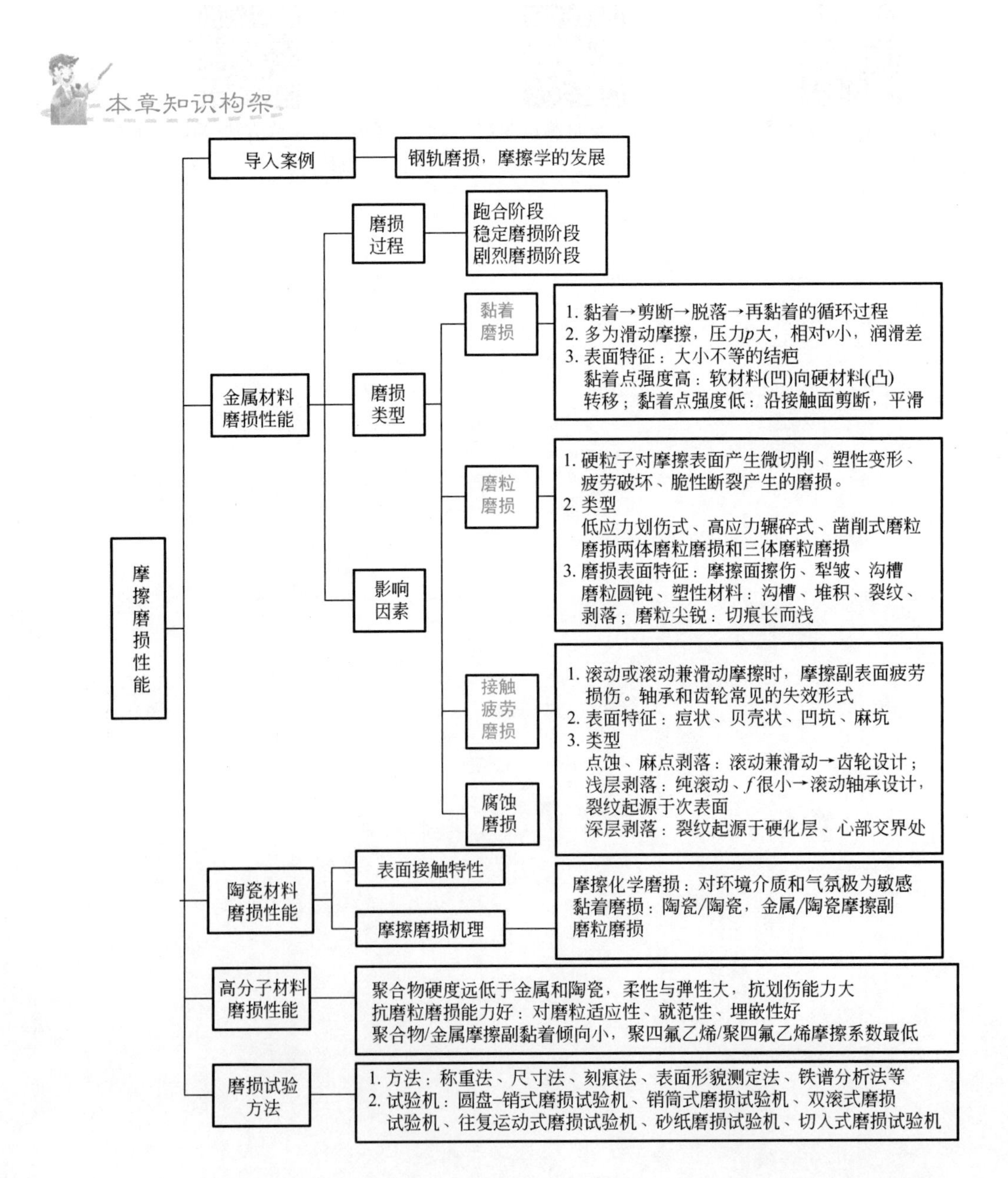

导入案例

钢轨的接触疲劳磨损是普遍存在的缺陷。某铁路局一条线路上使用仅一年多的U71Mn热轧钢轨就有数十公里出现严重的裂纹和脱落损伤。在半径为600m的曲线路段，上股钢轨的轮轨作用面出现鱼鳞纹和剥离损伤，并且有1～2mm的飞边(图8.01)。该钢轨的这种损伤特征表明，属于接触疲劳磨损。

图8.01　磨损的钢轨

对钢轨进行化学成分、拉伸性能、冲击韧性、硬度、裂纹形貌、组织、夹杂物分析，钢轨质量符合U71Mn热轧钢轨技术条件标准要求。

对裂纹区及轨头里层的夹杂物进行分析，发现在裂纹缝中和裂纹末端缝充满了夹杂物，能谱分析表明夹杂物的成分主要为氧、铝、硅、钙、锰、磷、硫，有的还含有钾、钠、镁、氯等，这是钢轨表面的油腻类物质被挤压进入裂纹缝中而形成的。当钢轨涂油量过大，油浸入裂纹缝中，起到油契作用，增大了裂纹尖端应力，促进了裂纹扩展，加速了钢轨的接触疲劳磨损。

【磨损的钢轨】

当轮轨接触应力超过钢轨的屈服强度时，表层金属塑性变形，疲劳裂纹在表面塑性变形层萌生和扩展。当表层或次表层处存在非金属夹杂物时，将会加速剥离裂纹的形成和发展，钢轨表面剥离脱落。

【摩擦学的发展】

摩擦磨损是工业领域和日常生活中常见的现象，当两个物体在接触状态下相对运动（滑动、滚动或滑动＋滚动）时都会产生摩擦。摩擦造成接触材料表面的损耗，使机件尺寸发生变化、表面材料逐渐损失并造成表面损伤，这就是磨损。磨损是摩擦的结果。凡是相互作用、相对运动的两表面之间，都有摩擦与磨损存在。

工程应用上，摩擦磨损既有有利的方面也有不利的方面。人们可以利用摩擦原理使人和车辆在陆地行走；离合器和制动器就是分别利用摩擦进行动力的传递或制动；利用磨损还可以对材料进行磨削加工。但是，磨损又可能造成机件工作效率下降、准确度降低、缩短零件的使用寿命甚至报废，它是造成材料和能源浪费的重要原因之一，也是零件失效的4大原因(过量变形、断裂、磨损、腐蚀)之一。例如，气缸套的磨损(图8.1)超过允许值时，将引起功率下降，耗油量增加，产生噪声和振动等，最终不得不更换。

【气缸套
磨损照片】

【赛车车轴
磨损断裂视频】

图 8.1　气缸套的磨损照片

本章重点介绍几种常见的磨损类型，并阐述其磨损机理和影响因素。

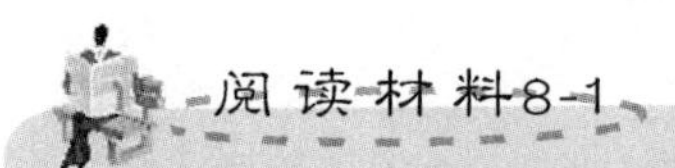

磨损过程是一个渐进的过程，正常情况下磨损直接的结果也并非灾难性的，因此，人们容易忽视对磨损失效重要性的认识。实际上，机械设备的磨损失效造成的经济损失是巨大的。美国曾有统计，每年因磨损造成的经济损失占其国民生产总值的4%以上。

2004年年底由中国工程院和国家自然科学基金委共同组织的北京摩擦学科与工程前沿研讨会的资料显示，磨损损失了世界一次能源的1/3，机电设备的70%损坏是由于各种形式的磨损引起的；我国的GDP只占世界的4%，却消耗了世界30%以上的钢材；我国每年因摩擦磨损造成的经济损失在1000亿人民币以上，仅磨料磨损每年就要消耗300多万吨金属耐磨材料。可见减摩及抗磨工作具有节能节材、资源充分利用和保障安全的重要作用，越来越受到国内外的重视。因此，研究磨损失效的原因，制订抗磨对策、减少磨损耗材、提高机械设备和零件的安全寿命有很大的社会和经济效益。

8.1　金属材料的磨损性能

8.1.1　磨损过程

机件正常运行的磨损过程可分为3个阶段，如图8.2所示。

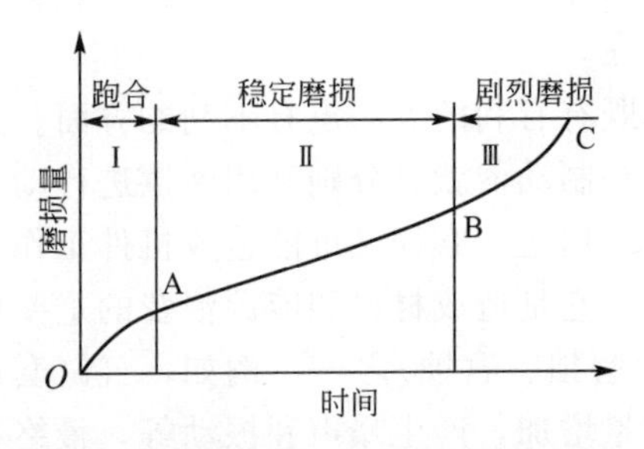

图 8.2　磨损量与时间的关系曲线

(1) 跑合阶段，又称为磨合阶段。在整个磨损过程中所占比例很小，其特征是磨损速率随时间的增加逐渐降低。机件刚开始工作时，接触表面总是有一定的粗糙度，真实接触面积较小，磨损速率很大，附着表面被逐渐磨平，真实接触面积逐渐增大，磨损速率减缓。对于新机件来讲，进行适当的跑合，有助于提高其耐磨损性能。

(2) 稳定磨损阶段。该阶段占整个磨损过程的比例较大，其特征是磨损速率几乎保持不变。大多数机件都在此阶段服役。此阶段时间越长，机件使用寿命越长。跑合阶段磨合得越好，此阶段的磨损速率就越小。

(3) 剧烈磨损阶段。随机件工作时间增加，机件间的接触间隙增大，机件表面质量下降，润滑条件恶化，磨损速率随时间而迅速增大，服役条件迅速下降，导致机件很快失效。

机件工作在摩擦服役条件下时，都将经历上述3个阶段，不同的只是在程度上和不同阶段所占的时间上有所区别。

8.1.2 磨损的基本类型

磨损主要是力学作用引起的，并伴随着物理和化学过程。材料种类、润滑条件、加载方式和大小、相对运行速度及工作温度等诸多因素，均将影响磨损量的大小，因此，磨损是一个多因素共同影响的复杂综合过程。磨损的类型有多种分类方法。

按环境和介质，可分为流体磨损、湿磨损、干磨损等。

按表面接触性质，可分为金属-流体磨损、金属-金属磨损、金属-磨粒磨损等。

1957年，Burwell 按磨损的失效机制，即摩擦面的损伤和破坏形式，认为磨损分为4大基本类型：黏着磨损、磨粒磨损、腐蚀磨损和接触疲劳磨损。

实际工程应用上，上述磨损机制很少单独出现，通常是几种形式的磨损同时存在，而且往往一种磨损发生后会诱发其他形式的磨损。如疲劳磨损的磨屑会导致磨粒磨损，而磨粒磨损所形成的新净表面又将引起腐蚀磨损或黏着磨损。

1. 黏着磨损

【发生黏着磨损的材料表面形貌】

当摩擦副表面相对滑动时，由于黏着结点发生剪切断裂，被剪切的材料或脱落成磨屑，或由一个表面迁移到另一个表面，此类磨损统称为黏着磨损。发生黏着磨损的材料表面形貌如图8.3所示。

实际应用中，机件即使经过抛光加工，表面仍然是凹凸不平的。当两机件接触时，实际只是接触面上的某些位置发生局部接触。因此即使载荷不是很大，真实接触面上的局部应力仍足以引起塑性变形，两接触面的原子就会因原子的键合作用而产生黏着(冷焊)。随后在相对滑动时黏着点又被剪切而断掉，黏着点的形成和破坏就造成了黏着磨损。

图8.3 发生黏着磨损的材料表面形貌

黏着磨损是一种常见的磨损形式。汽车、机床、刀具、铁轨等的失效，都与黏着磨损有关。当摩擦件之间缺乏润滑油，摩擦表面无氧化膜，单位法向载荷很大时，易发生黏着磨损。

1）黏着磨损机理

材料表面实际上是极粗糙的，当两机件接触时，摩擦表面的实际接触面积只有名义面积的 10^{-4}～10^{-2}，接触点的压力有时可高达 500MPa，并产生 1000℃以上的瞬时温度。正是由于这么大的压力或温度，足以使材料的表面产生塑性变形，结果使这部分表面上的润滑油、氧化膜被挤破，从而出现金属表面的直接接触而发生黏着。

由于摩擦面不断地相对移动，形成的黏着点被不断破坏，但在另一些地方又形成新的黏着点。当压力或温度较大时，黏着磨损速率可达 10～15μm/h。这一过程可用 Archard（艾查德）模型加以解释，如图 8.4 所示。

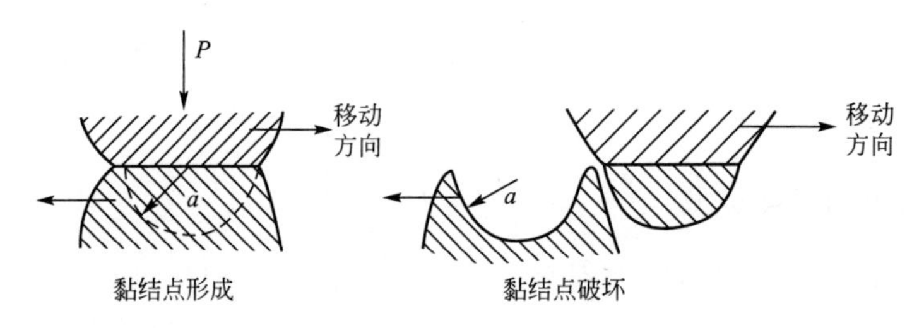

图 8.4　黏着磨损模型

假设材料表面在压力 P 的作用下发生黏着，假设凸起间的黏着概率为 K，材料表面硬度为 H，当材料表面间滑动距离 L 后，材料的磨损量 W 可用式(8－1)表示，即

$$W=K\frac{PL}{H} \tag{8-1}$$

由式(8－1)可见，材料的黏着磨损量与所加法向载荷、摩擦距离成正比，与材料的硬度（或强度）成反比，而与接触面积大小无关。

黏着概率 K 实际上反映了配对材料抗黏着能力的大小，所以又称黏着磨损系数。实验发现 K 值远小于 1，如 60－40 黄铜/工具钢的 $K=6\times10^{-4}$，工具钢/工具钢的 $K=1.3\times10^{-4}$，这说明在所有的黏着结点中只有极少数发生磨损，而大部分黏结点并不产生磨屑。

2）黏着磨损的影响因素

黏着磨损的影响因素主要有材料结构与特性、载荷、滑动速度及温度、接触面粗糙度及润滑状态等。

（1）材料结构与特性的影响。

① 从点阵结构看，体心立方和面心立方结构的金属发生黏着磨损的倾向高于密排六方结构，塑性材料大于脆性材料。

② 从材料的互溶性看，互溶性大的材料（相同金属或晶格类型、晶格间距、电子密度、电化学性质相近的金属）组成的摩擦副黏着倾向大。

③ 从组织结构看，单晶体的黏着性大于多晶体，固溶体大于化合物，材料的晶粒尺寸越大，黏着磨损量越大。

（2）接触压力的影响。在摩擦速度一定时，黏着磨损量随法向力增加而增大。当接触压力超过材料硬度的 1/3 时，黏着磨损量急剧增加，有时甚至出现咬死现象。因此，设计中的许用压应力必须低于材料硬度的 1/3，以防止产生严重的黏着磨损。

（3）滑动速度及温度的影响。当接触压力一定时，黏着磨损量随滑动速度增加而增大，但达到一定数值后，又随滑动速度的增加而减少。这可能是因为滑动速度增加时，温度升高使材料强度下降，导致磨损量增加；另一方面塑性变形不能充分进行而使磨损量减少，两者同时作用使曲线出现极大值后又开始下降。

另外，滑动速度对磨损类型也有直接影响。随滑动速度的变化，磨损类型可能由一种类型变为另一种类型。

(4) 粗糙度及润滑状态的影响。机件表面的粗糙度及润滑状态等对黏着磨损量也有较大影响。接触面粗糙度值小，可以增加抗黏着磨损能力。但是，由磨损的原理可知，在摩擦面内保持良好的润滑状态能显著降低黏着磨损量。因此，材料的表面粗糙度值也不宜过小，过小反而会因润滑剂不能储存在摩擦面内而促进黏着。

2. 磨粒磨损

机体表面与硬质颗粒或硬质凸出物(包括硬金属)相互摩擦引起表面材料损失的现象，称为磨粒磨损(abrasive wear)，又称磨料磨损。其特征是在摩擦副对偶表面沿滑动方向形成划痕。硬颗粒或凸出物一般为非金属材料，如石英砂、矿石等，也可能是金属，如落入齿轮间的金属屑等。发生磨粒磨损的材料表面如图 8.5 所示。

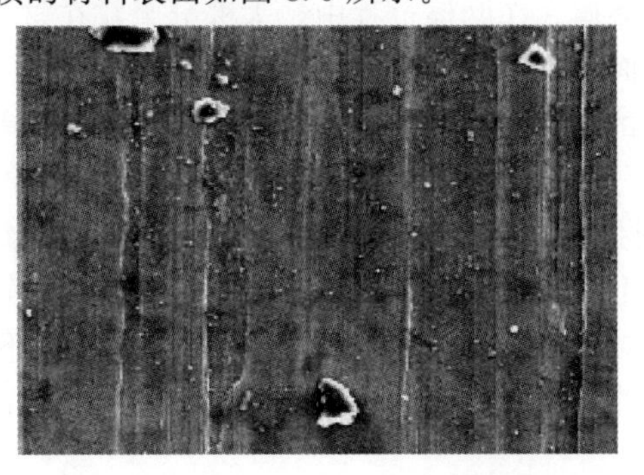

【发生磨粒磨损的机械】

图 8.5 发生磨粒磨损的材料表面

磨粒磨损也是一种常见的磨损形式。在工业领域中的磨粒磨损，约占零件磨损失效的 50%。仅冶金、电力、建筑、煤炭和农机 5 个部门的不完全统计，我国每年因磨粒磨损所消耗的钢材就达百万吨以上。

磨粒磨损有多种分类方法，根据磨粒所受应力大小不同可分为低应力划伤式磨粒磨损、高应力辗碎式磨粒磨损和凿削式磨粒磨损。

【参考图文】

(1) 低应力划伤式磨粒磨损。低应力划伤式磨粒磨损的特点是磨粒作用于零件表面的应力不超过磨粒的压溃强度，磨粒不破碎，材料表面被轻微划伤，如犁铧及煤矿机械中的刮板输送机溜槽磨损。

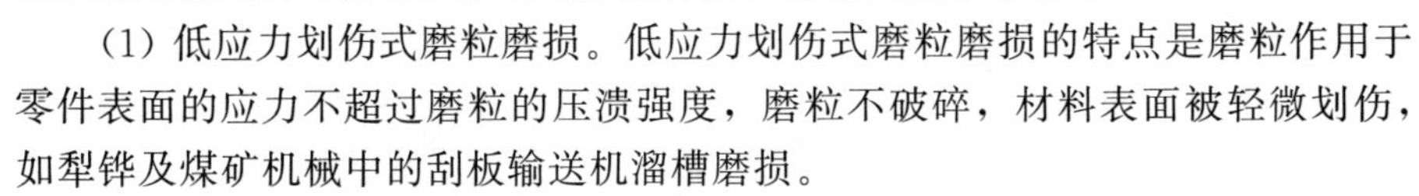

(2) 高应力辗碎式磨粒磨损。高应力辗碎式磨粒磨损的特点是磨粒与零件表面接触处的最大压应力大于磨粒的压溃强度，磨粒破碎，如球磨机衬板与磨球，破碎式滚筒的磨损。

(3) 凿削式磨粒磨损。凿削式磨粒磨损的特点是磨粒对材料表面有大的冲击力，从材料表面凿下较大颗粒的磨屑，如挖掘机斗齿及颚式破碎机的齿板的磨损。

根据磨损接触物体的表面分类，磨粒磨损又可以分为两体磨粒磨损和三体磨粒磨损。

(1) 两体磨粒磨损。当摩擦副一方的硬度比另一方硬度大得多时，出现两体磨粒磨损。两体磨损的情况是，磨粒与一个机件表面接触，磨粒为一物体，机件表面为另一物体，如犁铧。

（2）三体磨粒磨损。当摩擦副接触面之间存在着硬质粒子时，出现所谓的三体磨粒磨损。三体磨损的特点是其磨损料介于两个滑动零件表面，或者介于两个滚动物体表面，前者如活塞与汽缸间落入磨粒，后者如齿轮间落入磨粒。

根据磨粒与被磨材料的相对硬度，磨粒磨损又可分为硬磨粒磨损和软磨粒磨损。当磨粒硬度高于被磨材料时，属于硬磨粒磨损；反之属于软磨粒磨损。通常所说的磨粒磨损是指硬磨粒磨损。

1）磨粒磨损机理

磨粒磨损过程和磨粒的性质和形状有关。目前用来解释磨粒磨损的机理主要有以下几种。

（1）微量切削磨损机理。磨损是从材料表面上切下微量切屑而造成的，磨屑呈螺旋形、弯曲形等。

当塑性材料与被固定的磨粒摩擦时，在材料表面内发生两个过程：①塑性挤压、形成擦痕；②切削材料，形成磨屑。在摩擦过程中，大部分磨粒在材料表面上只留下两侧突起的擦痕，小部分磨粒的棱面切削材料，形成切屑。

微观切削磨损是常见的一种磨粒磨损，特别在固定磨粒磨损和凿削式磨损中，是材料表面磨损的主要机理。

（2）疲劳磨损机理。材料磨粒摩擦时，材料的同一显微体积经多次塑性变形，使材料疲劳破坏，小颗粒从表层上脱落。同时存在磨粒直接切下材料的过程。

（3）压痕磨损机理。对塑性较大的材料，磨粒在压力作用下犁耕材料表面，形成沟槽，使材料表面受到严重的塑性变形，压痕两侧的材料受到破坏而脱落。该机理与微量切削磨损机理有相似之处。

（4）微观断裂(剥落)磨损机理。该机理主要针对脆性材料，以脆性断裂为主。当磨粒压入和划擦材料表面时，压痕处的材料产生变形，当磨粒压入深度达到临界深度时，随压力而产生的拉伸应力足以使裂纹产生。裂纹主要有两种形式，一种是垂直于表面的中间裂纹，另一种是从压痕底部向表面扩展的横向裂纹。在这种压入条件下，横向裂纹相交或扩展到表面时，材料微粒便产生脱落，形成磨屑。由于裂纹能超过擦痕的边界，所以断裂引起的材料迁移率可能比塑性变形引起的材料迁移率大得多。

实验证明，对于脆性材料，如果磨粒棱角尖锐、尺寸大，且施加载荷高时，以断裂过程产生的磨损占主要地位，因此，这种机制造成的材料损失率也最大。

在实际磨粒磨损过程中，往往是几种机制同时存在，但以某一种机制为主。当工作条件发生变化时，磨损机制也随之变化。

2）磨损量

磨粒磨损量与材料硬度之间的关系用图 8.6 解释。

在接触压力 P 的作用下，硬材料的凸起部分(或圆锥形磨粒)压入软材料中。若 θ 为凸出部分的圆锥面与软材料表面间夹角，摩擦副相对滑动了 L 长的距离时，软材料即被犁出一道沟槽。假定材料的硬度为 H，则有

$$W=\frac{\tan\theta}{\pi}\frac{PL}{H} \tag{8-2}$$

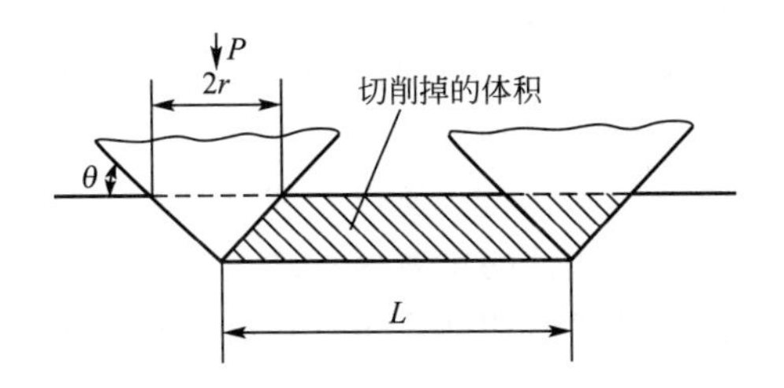

图 8.6 磨粒磨损模型示意图

可见，磨粒磨损量 W 与接触压力 P、滑动距离 L 成正比，与材料的硬度 H 成反比，同时与磨粒或硬材料凸出部分尖端形状有关。

3）磨粒磨损的影响因素

影响磨粒磨损的因素主要有材料性能、磨粒性能及工作条件。

（1）材料性能的影响。材料性能对磨粒磨损的影响主要包括材料硬度、断裂韧性和显微组织3个方面。

① 材料硬度。一般情况下，材料硬度越高，其抗磨粒磨损能力也越高。纯金属和各种成分未经热处理的钢，耐磨性与材料的硬度成正比关系，并且直线通过原点，如图8.7(a)所示。经过热处理的钢，其耐磨性也与硬度呈线性关系，但直线的斜率比纯金属要小，如图8.7(b)所示。这表明，在相同硬度下，经过热处理的钢，其抗磨粒磨损能力反不及纯金属。这可能是由于钢经过热处理后，因为其组织为非平衡组织，其中存在多种冶金缺陷，加速了切削过程，所以磨损量增加。

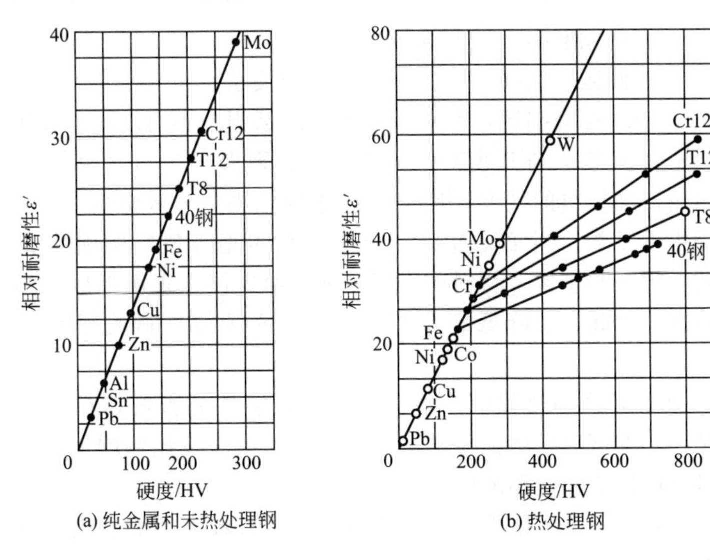

图 8.7 磨粒磨损中的相对耐磨性与材料硬度的关系

另外，由图8.7可以看出，在硬度相同时，钢中含碳量越高，碳化物形成元素越多，则耐磨性越好。

② 断裂韧性。图8.8所示是耐磨性、硬度与断裂韧性关系示意图。在Ⅰ区，磨损受断裂过程控制，耐磨性随断裂韧性提高而提高；在Ⅱ区，存在一个峰值区间，当硬度与断裂韧性配合最佳时，耐磨性最高；在Ⅲ区，由于磨损过程受塑性变形控制，因而耐磨性和硬度均降低。

③ 显微组织。钢的耐磨粒磨损性能按铁素体、珠光体、贝氏体和马氏体的顺序递增。在相同硬度下，下贝氏体比回火马氏体具有更高的耐磨性。贝氏体中保留一定数量的残余奥氏体，这对于提高材料的耐磨性是有利的。

由于细化晶粒能提高屈服强度和硬度，所以也可以提高材料的耐磨性。

另外，钢中碳化物也是影响耐磨性的重要因素之一。高硬度的碳化物相，可以起到阻止磨粒磨损的作用。为阻止磨粒的显微切削作用，在材料基体中设计存在一些高硬度的碳化物将十分有效。

(2) 磨粒性能的影响。磨粒性能的影响主要包括以下几个方面。

① 磨粒硬度。磨粒硬度 H_0 与材料硬度 H 之间的相对值不同，磨损机理也不同。磨损量与磨粒硬度 H_0 和材料硬度 H 之比的关系如图 8.9 所示，曲线分 3 个区域。

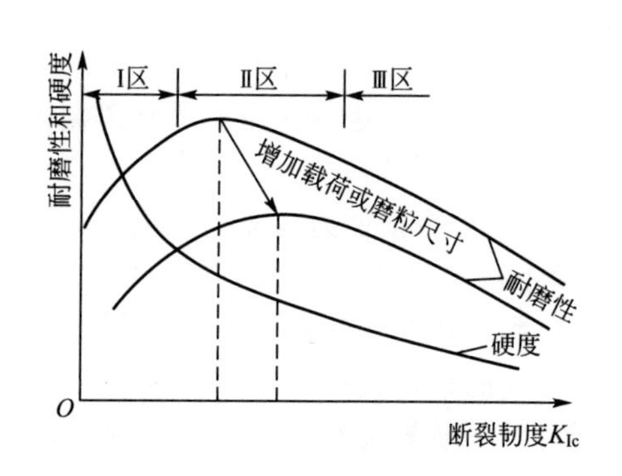

图 8.8 耐磨性、硬度与断裂韧性的关系示意图

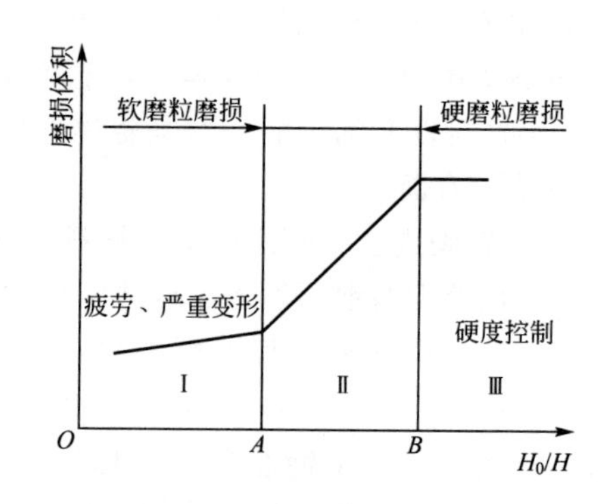

图 8.9 磨损量与 H_0/H 的关系

Ⅰ区：$H_0<H$，软磨粒磨损区，磨损量最小；

Ⅱ区：$H_0\approx H$，过渡区，磨损量与硬度比呈直线关系；

Ⅲ区：$H_0>H$，硬磨粒磨损区，磨损量较大，但磨损量不再随磨粒硬度而变化。

图 8.9 中的两个转折点 A 与 B 所对应的硬度比分别为 0.7～1.1 和 1.3～1.7。

可以看出，如能提高材料的硬度，使 H_0/H 下降，则磨损量将减小。在Ⅰ区，增加材料硬度，磨损量变化不显著。当 $H_0/H\geqslant 1.3\sim 1.7$ 后再增加材料的硬度 H，磨损量也不再变化。在磨粒硬度较高的Ⅲ区，材料的磨损是通过磨粒嵌入表面形成沟槽而发生的，此时，硬度是控制因素。因此，要降低磨粒磨损速率，必须使材料的硬度高于磨粒硬度的 1.3 倍。

② 磨粒尺寸。在磨粒磨损过程中，磨粒大小对耐磨性的影响存在一个临界尺寸。当磨粒的大小在临界尺寸以下时，磨损量随磨粒尺寸的增大而按比例增加；当磨粒尺寸超过临界尺寸时，磨损量增加的幅度明显降低。

(3) 工作条件的影响。载荷和滑动距离对耐磨性也有较大影响。载荷越大，滑动距离越长，磨损越严重。

3. 接触疲劳

接触疲劳是工件(如齿轮、滚动轴承、钢轨和轮箍、凿岩机活塞等)在纯滚动或滚动兼滑动摩擦时，表面在接触压应力的长期、反复作用下引起的一种表面疲劳破坏现象，兼有一般疲劳和磨损的特征。接触疲劳表现为在接触表面出现许多针状或痘状的凹坑，称为麻点，因此，接触疲劳又称点蚀、麻点磨损、表面疲劳磨损，如图 8.10 所示。有的凹坑很深，呈“贝壳”状，有疲劳裂纹发展线的痕迹存在。

图 8.10 发生接触疲劳的材料表面

【参考图文】

1）接触应力的分布特点

在纯滚动摩擦条件下，摩擦副间无论是线接触还是点接触，根据材料力学的知识可知，正应力(包括三向正应力)均在表面处最大，而切应力在距表面 0.786b (b 代表接触圆半径)处最大(图 8.11)。

在滚动兼滑动摩擦条件下，最大综合切应力移到材料表面，使表面产生接触疲劳裂纹。滑动摩擦 f 越大，τ_{max}越移向表面(图 8.12)。

阅读材料8-2

黏着磨损和磨粒磨损都起因于机件表面间的直接接触。如果摩擦副两对偶表面被一层连续不断的润滑膜隔开，而且中间没有磨粒存在，黏着磨损和磨粒磨损则不会发生。但对于接触疲劳磨损来说，即使有良好的润滑条件，磨损也仍可能发生。因此，可以说这种磨损一般是难以避免的。

当材料表面刚出现少量麻点时，一般仍能继续工作，但随着工作时间的延续，麻点剥落现象将不断增多和扩大，如齿轮，此时啮合情况恶化，磨损加剧，发生较大的附加冲击力，噪声增大，甚至引起齿根折断。

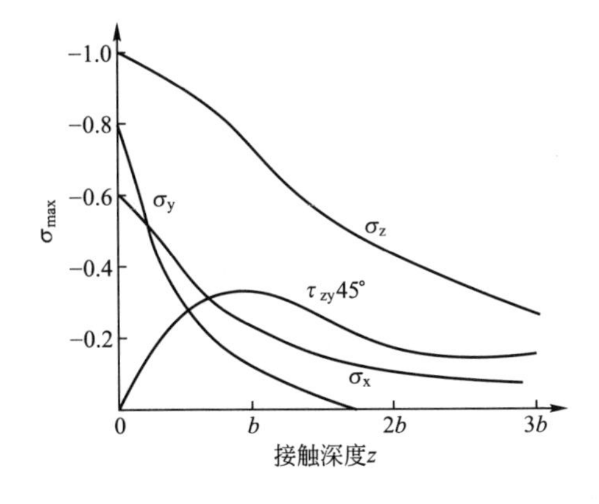

图 8.11 沿接触深度的应力分布

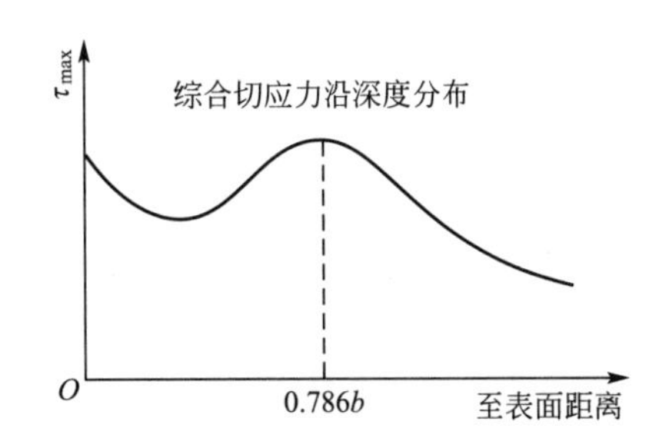

图 8.12 滚动兼滑动摩擦副中的切应力分布

2）接触疲劳机理

按照疲劳裂纹产生的位置，常将接触疲劳分为以下几种机制。

(1) 表面麻点剥落。裂纹起源于表层(0.1～0.2mm 深，小块剥落)，裂纹形成很慢，但扩展速度十分迅速。表面麻点剥落易发生在滚动兼滑动尤其是以滑动为主的摩擦副中(如齿轮)。当表面接触应力小，滑动摩擦 f 大，材料表面质量差、抗剪强度低时易发生表面麻点剥落，如图 8.13 所示。

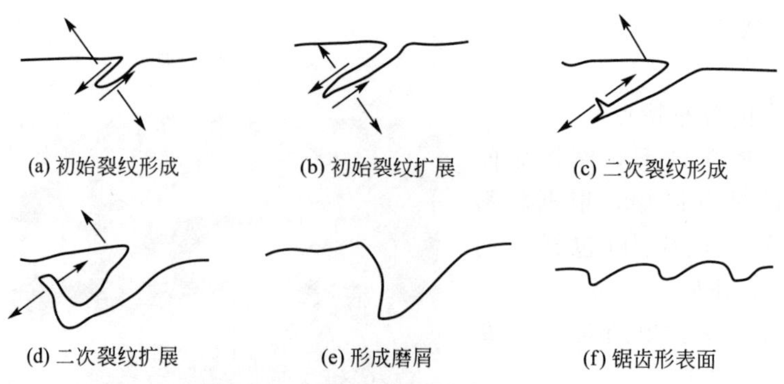

图 8.13 麻点剥落形成过程示意图

阅读材料8-3

表面麻点剥落主要包括两个过程。

(1) 滑移带开裂过程：摩擦副两对偶表面在接触过程中，受到法向应力和切应力的反复作用，引起表层材料塑性变形而导致表面硬化，在表面的应力集中源(如切削痕、腐蚀或其他磨损的痕迹等处)出现初始裂纹。该裂纹源以与滚动方向小于45°的倾角由表向内扩展。

(2) 润滑剂气蚀过程：在润滑油楔入已形成的裂纹中后，若滚动体的运动方向与裂纹方向一致，当接触到裂口时，裂口封住，裂纹中的润滑油则被堵塞在裂纹内，因滚动使裂纹内的润滑油产生很大压力将裂纹扩展，在该处产生二次裂纹。二次裂纹与初始裂纹垂直，其中也有润滑油。二次裂纹在高压油的作用下不断向表面扩展。当二次裂纹扩展到表面时，剥落一块金属而在表面形成扇形的疲劳坑。

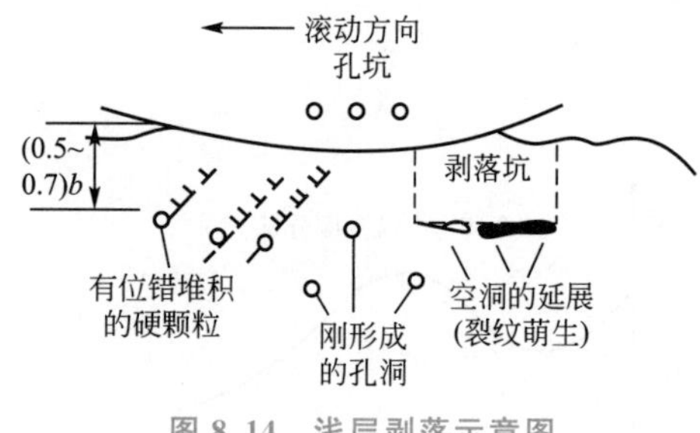

图 8.14 浅层剥落示意图

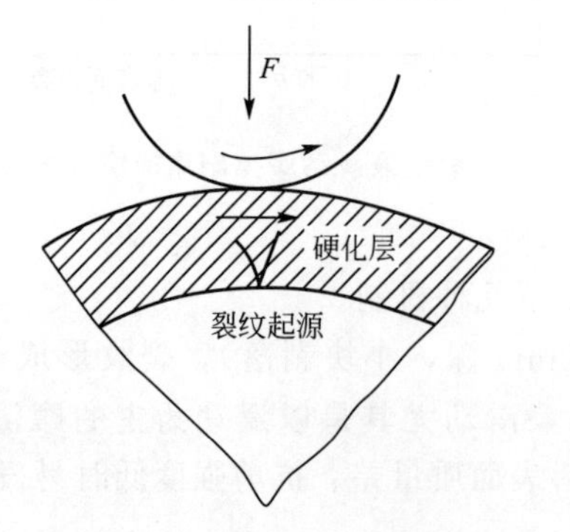

图 8.15 深层剥落示意图

(2) 浅层剥落。浅层剥落常发生在纯滚动或滑动摩擦 f 很小的条件下(如滚动轴承)。裂纹起源于次表面[0.2～0.4mm，即(0.5～0.7)b深]，该处切应力最大，塑性变形最剧烈，使材料局部弱化，形成裂纹。此外，裂纹常出现在非金属夹杂物附近。裂纹底部大致先沿与表面平行的方向扩展，然后垂直扩展直到材料表面，如图 8.14 所示，最终形成盆状浅层剥落。

(3) 深层剥落。深层剥落一般发生在表面强化的材料，如渗碳钢中。经过表面强化处理的机件，裂纹往往起源于硬化层与心部的交界处。当硬化层深度不足、心部强度过低，以及过渡区存在不利的应力时，都易在过渡区产生裂纹，如图 8.15 所示。裂纹形成后，先平行表面扩展，然后沿过渡区扩展，而后垂直于表面扩展，最后形成较深(大于 0.4mm)的剥落坑。

3）接触疲劳的影响因素

接触疲劳与一般疲劳一样，也分裂纹源的形成和扩展两个阶段。因此，所有影响裂纹源形成和扩展的因素都将影响材料的接触疲劳性能。

（1）载荷的影响。影响滚动元件寿命的主要因素之一是载荷。一般认为，轴承的寿命与载荷的立方成反比，即 $N \cdot P^3 =$ 常数，其中，N 为轴承的寿命(循环次数)，P 是外加载荷。

（2）材料的冶金质量。钢中的非塑性夹杂物等冶金缺陷，对疲劳磨损有严重的影响。如钢中的氮化物、氧化物、硅酸盐等带棱角的质点，在受力过程中，其变形不能与基体协调而形成空隙，构成应力集中源，在交变应力作用下出现裂纹并扩展，最后导致疲劳磨损早期出现。因此，选择含有害夹杂物少的钢(如轴承常用净化钢)，对提高摩擦副抗接触疲劳磨损能力有重要意义。

（3）材料的硬度。在一定的硬度范围内，疲劳磨损抗力随硬度的升高而增大，但也不能无限地提高，否则韧性太低也容易产生裂纹，如图 8.16 所示。

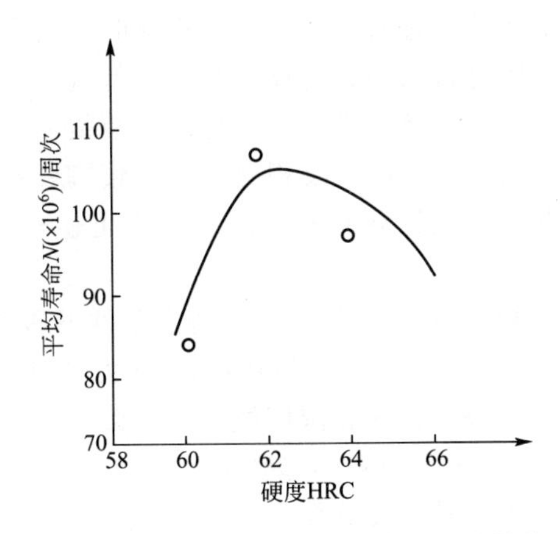

图 8.16 轴承钢的接触疲劳寿命与硬度的关系

齿轮副的硬度选配，一般要求大齿轮硬度低于小齿轮，这样有利于跑合，使接触应力分布均匀和对大齿轮齿面产生冷作硬化作用，从而有效地提高齿轮副寿命。

（4）表面粗糙度。在接触应力一定的条件下，表面粗糙度值越小，抗疲劳磨损能力越高，但当表面粗糙度值小到一定值后，对抗疲劳磨损能力的影响减小。如果接触应力太大，则无论表面粗糙度值多么小，其抗疲劳磨损能力都低。

（5）润滑的影响。润滑油的黏度越高，抗疲劳磨损能力也越高；在润滑油中适当加入添加剂或固体润滑剂，也能提高抗疲劳磨损能力；润滑油的黏度随压力变化越大，其抗疲劳磨损能力也越大。特别的，温度升高，将使润滑剂的黏度降低，油膜厚度减小，导致接触疲劳磨损加剧。

另外，腐蚀性环境、使用温度等也都会对材料的抗疲劳磨损性能产生影响，在材料设计时应加以考虑。

4. 腐蚀磨损

【腐蚀磨损类型】

腐蚀磨损（Corrosive Wear）是指摩擦副对偶表面在相对滑动过程中，材料表面与周围介质发生化学或电化学反应，并伴随机械作用而引起的材料损失现象。腐蚀磨损有氧化磨损和特殊介质腐蚀磨损。

8.2 陶瓷材料的磨损性能

陶瓷材料具有硬度高、耐磨性高、高温稳定性和抗氧化性好、密度低、摩擦因数低、传热系数低及热膨胀系数低等优良性能，越来越多地被用作耐磨材料。工程上常用的耐磨陶瓷材料包括 Al_2O_3、SiC、ZrO_2 和 Si_3N_4 等。

陶瓷材料之间滑动接触时，摩擦表面也有塑性流动，影响材料机械性能的诸多结构因素如位错、空位、堆垛层错及晶体结构等也将会影响陶瓷材料的摩擦和磨损性能。

陶瓷材料的摩擦学特性，与对磨件的材料种类和性能、摩擦条件、环境，以及陶瓷材料自身的性能和表面状态等诸多因素有关。陶瓷磨损通常包括黏着磨损与磨粒磨损两种形式。

陶瓷材料表面处于完全清洁状态时，当两固体接触时，将会发生很强的黏着键合。在大气或者润滑的条件下，陶瓷材料的黏着磨损率是非常低的。

陶瓷材料在滑动摩擦条件下的磨损机理主要是以微断裂方式导致的磨粒磨损。陶瓷材料横向裂纹形成并扩展至表面或与其他裂纹相交，即导致陶瓷材料碎裂、剥落和流失。横向裂纹的形成是由于接触点下方在卸载时塑性区变形不可逆，导致弹-塑性边界上存在残余拉伸应力所致。

由于陶瓷材料对环境介质和气氛极为敏感，在特定条件下形成摩擦化学磨损。这是陶瓷材料特有的磨损机理。这种磨损涉及表面、材料结构、热力学与化学共同作用的摩擦化学问题。如对非氧化物陶瓷 Si_3N_4 和 SiC，水和湿度能有效地降低摩擦因数和磨损体积；而对氧化物陶瓷 Al_2O_3 和 ZrO_2，水可能增加或降低摩擦因数和磨损体积，取决于试验条件。

陶瓷与陶瓷材料配对的摩擦副，其黏着倾向很小；金属与陶瓷的摩擦副比金属配对的摩擦副黏着作用也小。陶瓷材料这种优良的耐磨性能，使其在要求极小磨损率的机件上得到了广泛应用。

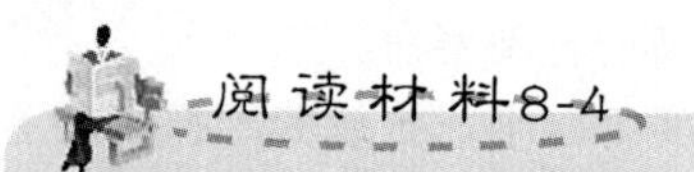

切削刀具在高速切削时，造成刀具损坏的主要原因是在切削力和切削温度作用下因机械摩擦、黏结、化学磨损、崩刃、破碎及塑性变形等的引起的磨损和破损。因此，对高速切削刀具材料最主要的性能要求是耐热性、耐磨性、化学稳定性、抗热震性及抗涂层破裂性能等。陶瓷刀具材料具有良好的耐热性和耐磨性，当其韧性得到改善后，非常适合用于高速切削。

陶瓷刀具具有硬度高、耐磨性能及高温力学性能优良、化学稳定性好、不易与金属发生黏结等特点。陶瓷刀具的最佳切削速度通常可比硬质合金刀具高 3～10 倍，适用于高速切削钢、铸铁及其合金等。陶瓷刀具用于高速切削时，切削温度可高达 800～1000℃，甚至更高，切削压力也很大。因此，陶瓷刀具的磨损是机械磨损与化学磨损综合作用的结果。

陶瓷刀具的磨损与切削条件密切相关，在高速切削时其磨损机制主要包括磨粒磨损、黏着磨损、扩散磨损和氧化磨损等。

8.3 高分子材料的磨损性能

高分子材料具有最低摩擦因数，有较高的化学稳定性，表面不与环境发生反应而保持稳定，有抑制振动的能力。因此，高分子材料可作为较好的减摩耐磨材料使用。常用的具有优良耐磨性能的高分子材料有超高相对分子质量聚乙烯(UHMWPE)、尼龙(PA)、聚四氟乙烯(PTFE)等。

高分子材料的硬度很低，磨损率常高于普通金属材料。

高分子材料有较大的柔性和弹性，较高的抗划伤能力。高分子材料的化学组成和结构与金属相差很大，因此两者的黏着倾向很小。对于磨粒磨损而言，高分子材料对磨粒具有较好的适应性，其特有的高弹性，可使接触表面产生变形而不是切削犁沟损伤，如同用细锉刀锉削一块橡皮一样，故具有较好的抗磨粒磨损能力。但在凿削式磨粒磨损情况下，高分子材料的耐磨性比较差，不及普通钢的耐磨性能好。

表8-1列出了一些具有优良耐摩擦性能的工程塑料的动摩擦因数。表8-2所列是部分塑料磨损的质量减少率。

表8-1 部分具有优良耐摩擦性能的工程塑料的动摩擦因数

名称	动摩擦因数		
	无润滑	水润滑	油润滑
超高相对分子质量聚乙烯	0.10～0.20	0.05～0.10	0.05～0.08
尼龙66	0.15～0.40	0.14～0.19	0.06～0.11
聚四氟乙烯	0.04～0.25	0.04～0.08	0.04～0.05
聚甲醛	0.15～0.35	0.10～0.20	0.05～0.10
聚碳酸酯	0.15～0.38	0.13～0.18	0.02～0.10
聚苯乙烯	0.16～0.41	0.14～0.20	0.03～0.12

表8-2 部分塑料磨损的质量减少率 (%)

名称	质量减少率	名称	质量减少率
尼龙	1	ABS树脂	9
聚甲醛	2～5	聚甲基苯烯酸甲酯	2～5
聚苯乙烯	9～26	酚醛树脂	4～12

实际应用中，几乎没有一种单独的高聚物能够同时满足摩擦因数低而且磨损率又小的要求。如果在一个较大的温度范围内主要要求具有低的摩擦因数，聚四氟乙烯是最好的选择；如果在室温下使用，低磨损率是主要要求，可选择尼龙。尼龙是一种具有优良耐磨性和润滑性能的高分子材料，可以做成轴承、齿轮等摩擦零件，小载荷下可以在无

润滑剂情况下使用。尼龙无油润滑的摩擦因数通常为0.1～0.3，约为酚醛塑料的1/4，巴氏合金的1/3。

尼龙的种类不同，摩擦因数也不一样。结晶度增大，摩擦因数变小，耐磨性提高。为了提高结晶度可以采用热处理，还可以添加二硫化钼和石墨等固体润滑剂，不仅起润滑剂作用，而且起结晶核心的作用，可以得到细密结晶的良好制品。尼龙可用在机械、汽车、化工、电子电工等领域，用来制造轴承、齿轮、涡轮、螺钉、螺母、输油管等。

超高相对分子质量聚乙烯(UHMWPE)是一种线形结构的具有优异综合性能的热塑性工程塑料，具有很好的自润滑性能，摩擦因数小，不黏附异物。即使是在无润滑剂存在时，与钢或黄铜的表面滑动也不会引起发热胶着现象。其耐磨性与其分子质量有关。在相对分子质量小于10^6时，耐磨性随相对分子质量的增大而迅速提高；但当相对分子质量大于10^6时，耐磨性不再随相对分子质量的增大而发生变化。超高相对分子质量聚乙烯的耐磨性能居塑料之首，比碳钢、黄铜还耐磨数倍或数十倍。因此，它的应用十分广泛，遍布于建筑、机械、煤炭、冶金、食品工程等多个领域。

8.4 磨损试验方法

磨损试验是测定材料抵抗磨损能力的一种材料试验。磨损试验方法可分为零件磨损试验和试样磨损试验两类。前者是以实际零件在机器实际工作条件下进行试验，具有真实性和可靠性；后者是将试验的材料加工成试样，在规定的试验条件下进行试验，多用于研究性试验，优点是可以针对产生磨损的某一具体因素进行研究，探讨磨损机制及其影响规律，具有时间短、成本低、易控制等优点，缺点是试验结果常常不能直接反映实际情况。

8.4.1 磨损试验机

磨损试验机种类很多，图8.17所示的是常见的几种实验机工作原理示意图。图8.17(a)

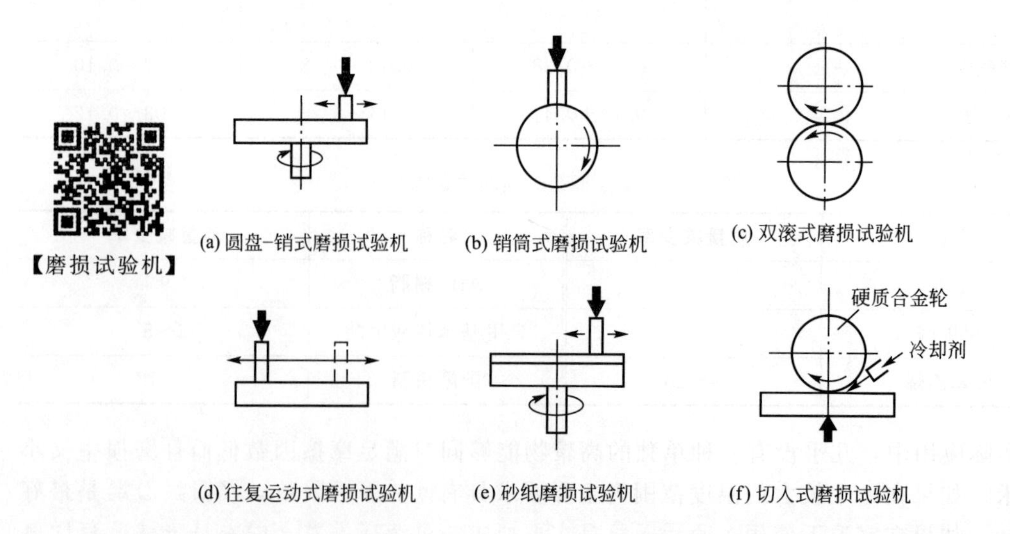

图8.17 常见磨损试验机的工作原理示意图

所示为圆盘-销式磨损试验机，是将试样加上载荷压紧在旋转圆盘上，该方法摩擦速度可调，试验精度较高，在抛光机上加一个夹持装置和加载系统即可制成此种试验机；图 8.17(b)所示为销筒式磨损试验机；图 8.17(c)所示为双滚式(MM 式)磨损试验机，可用来测定金属材料在滑动摩擦，滚动摩擦、滚动-滑动复合摩擦及间歇接触摩擦情况下的磨损量，以比较各种材料的耐磨性能；图 8.17(d)所示为往复运动式磨损试验机，试件在静止平面上做往复运动，适用于试验导轨、缸套、活塞环等做往复运动的零件的耐磨性；图 8.17(e)所示为砂纸磨损试验机原理图，与圆盘-销式磨损试验机类似，只是对磨材料为砂纸；图 8.17(f)所示为切入式磨损试验机，能较快地评定材料的组织和性能及处理工艺对耐磨性的影响。

8.4.2 磨损量的测量与评定

1. 磨损量的测定方法

磨损量的测定通常有称重法、尺寸法、刻痕法、表面形貌测定法及铁谱分析法等。

(1) 称重法是根据试样在试验前后的质量变化，用精密分析天平测量来确定磨损量。称重法适用于形状规则和尺寸较小的试样及在摩擦过程中不发生较大塑性变形的材料。称重前需对试样进行清洗和干燥。这种方法灵敏度不高，测量精度为 0.1mg。

(2) 尺寸法是根据表面法向尺寸在试验前后的变化来确定磨损量。这种方法主要用于磨损量较大，用称重法难以实现的情况。

(3) 刻痕法是采用专门的金刚石压头，在磨损零件或试样表面上预先刻上压痕，测量磨损前后刻痕尺寸的变化，以此确定磨损量。如可以用维氏硬度的压头预先压出压痕，然后测量磨损前后压痕对角线的变化，换算成深度变化，以表示磨损量。

(4) 表面形貌测定法常用于磨损量非常小的超硬材料的磨损量测定。表面形貌测定法是利用触针式表面形貌测量仪测量磨损前后机件表面粗糙度的变化来标定磨损量。

(5) 铁谱分析法通过观察磨屑的形状、尺寸与数量，用以判别表面磨损类型和程度。其工作原理如图 8.18所示，它是先将磨屑分离出来，然后借助显微镜对磨屑进行研究。工作时，先用泵将油样低速输送到处理过的透明衬底(磁性滑块)上，磨屑即在衬底上沉积下来。磁铁能在孔附近形成高密度的磁场。沉淀在衬底上的磨屑近似按尺寸大小分布。然后借助于光学显微镜观察，如果磨屑数量保持稳定，则可断定机器运转正常，磨损缓慢。如果磨屑数量或尺寸有了很大变化，则表明机器开始剧烈磨损。

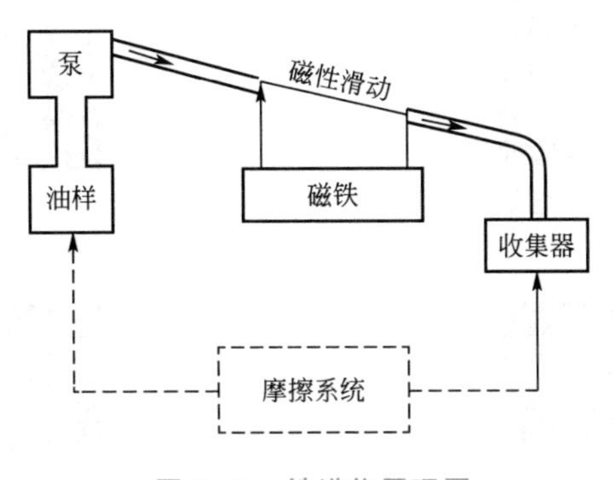

图 8.18 铁谱仪原理图

2. 磨损量的表示方法

磨损试验结果分散性很大，所以试验试样数量要足够，一般试验需要有4～5对摩擦副，数据分散度大时还应酌情增加。处理试验结果时，一般情况下取试验数据的平均值，分散度大时需用均方根值来处理。

材料和机械构件的磨损量，目前还没有统一的标准，常用质量损失、体积损失或尺寸损失来表示，分别对应质量磨损量、体积磨损量和线磨损量3种表示法。以上3种磨损量，都是利用材料磨损前后相应数据的差值来进行标定，并没有考虑磨程和摩擦磨损时间等因素的影响。

为便于不同材料和试验条件下的比较，目前较广泛采用的是磨损率，即单位磨程单位时间内的磨损量，总磨程和测试时间内的平均磨损率等。

一、填空题

1. 按磨损的机理即摩擦面损伤和破坏形式，磨损一般分为__________、__________、__________和__________。

2. 滚动轴承在纯滚动的条件下常发生的磨损失效形式是__________；一般齿轮摩擦副在滚动兼滑动的条件下常发生的磨损失效形式是__________。

二、名词解释

黏着磨损　磨粒磨损　接触疲劳磨损　跑合

三、简答题

1. 磨损有哪些类型？如何对磨损进行分类？
2. 机件的磨损过程可分为哪3个阶段？每个阶段各有什么特征？
3. 试述黏着磨损的产生机理及影响黏着磨损的因素。
4. 磨粒磨损可分为几种类型？影响磨粒磨损的因素有哪些？
5. 接触疲劳磨损包括哪几种类型？试述其影响因素。
6. 试述陶瓷材料的磨损机理。

四、文献查阅及综合分析

给出任一材料（器件、产品、零件等）磨损失效的案例，分析磨损失效的原因（给出必要的图、表、参考文献）。

【第8章习题答案】

【第8章自测试题】

【第8章试验方法-国家标准】

【铁轨磨损与焊接】

第9章 材料的高温蠕变性能

本章知识构架

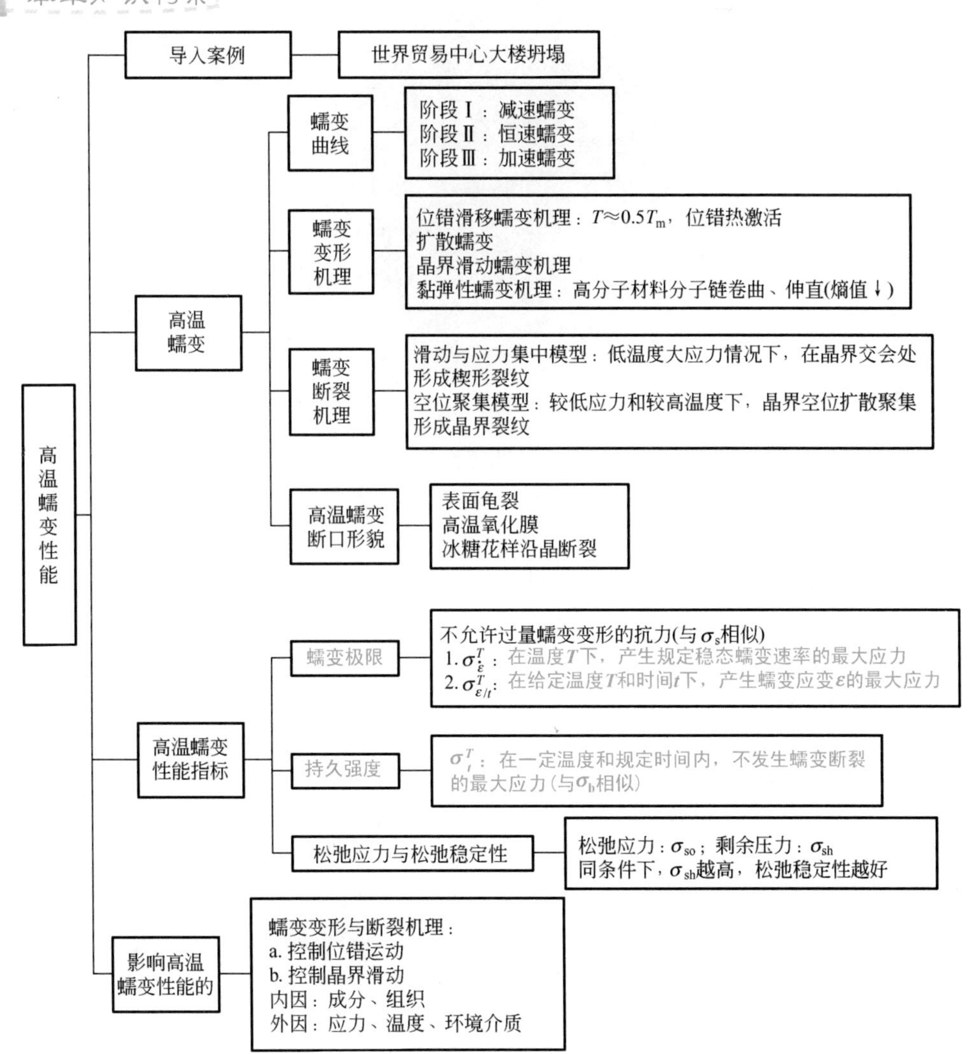

导入案例

110层的纽约世界贸易中心大楼高411m，由5幢建筑物组成，主楼呈双塔形，采用钢结构，用钢7.8×10^4t，楼的外围有密置钢柱，墙面由铝板和玻璃窗组成。

【纽约世界贸易中心大楼坍塌】

2001年9月11日，一架起飞质量达160t的波音767型飞机，直接撞击纽约世界贸易中心北塔；18min后，又一架起飞质量为100t的波音757型飞机，几乎拦腰撞击世界贸易中心南塔。在高达1000℃的烈焰下，撞击后的一个半小时内，两幢塔楼发生坍塌(图9.01)。

图9.01 “9·11”事件

“9·11”恐怖袭击发生后，美国联邦紧急事务管理局和美国民用工程师协会曾联合发表了一份调查报告。报告认为，大楼的最终倒塌是飞机冲撞和随后引发的大火的共同作用。喷气燃料燃烧发出的热量本身的温度似乎并不能使大楼崩塌，但是，在撞击过程中没有燃尽的喷气燃料向双塔各层扩散，燃烧起来并引着了众多的楼内物品，钢架构表面的保护层绝缘面板随之脱落，钢架构因此完全暴露于大火之中。据宾夕法尼亚州立大学的秦德·库朗萨玛教授推测，大火的温度已接近钢的软化点，燃烧的喷气燃料的温度高达1000～3000℉(537～1649℃)。而钢在1000℉下就会失去近一半的强度而弯曲变形，在1400℉，只能剩下10%～20%的强度，楼层重力加速度作用使双塔崩塌。

在工业应用中，很多机件是在高温条件下服役的，如汽轮机、柴油机、化工设备、航空发动机、高压蒸汽锅炉等。**在高温下(高温是相对材料的熔点而言的，当环境温度大于(0.4～0.5)T_m时称为高温，其中T_m表示材料的熔点，单位为K)，材料内部组织和力学性能会产生很大变化，明显不同于室温。**

高温下的载荷持续时间对材料的力学性能也有很大影响。例如，20钢在450℃时的瞬时抗拉强度为330MPa，但若在此温度下持续工作300h，能承受的最大应力仅为230MPa。因此，对于材料在高温下的力学性能，不能只简单地用应力、应变关系来评定，还需要加入温度与时间两个因素。

材料在高温长时应力作用下会出现如蠕变、应力松弛、持久断裂、氧化和腐蚀及热疲劳损坏等一系列高温失效现象。这些现象在常温状态下是没有或不显著的，只有在高温下才显示出来。

本章将重点讨论材料在高温长时载荷作用下的蠕变现象，讨论蠕变变形和断裂机理，介绍材料的高温力学性能指标及影响因素。

9.1 高温蠕变

材料在高温时力学行为的一个重要特点就是会产生蠕变。材料在一定温度和恒应力作用下，随时间的增加慢慢地发生塑性变形的现象称为蠕变，由这种变形引起的断裂称为蠕变断裂。1910年，安德雷德等人发表了他们关于金属发生蠕变的研究报告，之后，越来越多的科研工作者开始把他们的研究领域扩展到材料的蠕变上。

蠕变在低温下也会产生，只是由于温度太低，蠕变现象不明显，一般认为，只有当温度高于 $0.3T_m$（T_m 为材料熔点，单位为 K）时，蠕变现象才较为明显。由于不同材料的 T_m 不同，不同材料出现明显蠕变的温度也不同。如碳素钢要超过 350℃；合金钢要超过 400℃；低熔点的金属（如 Pb、Sn）和许多高分子材料在室温下即可出现蠕变；而高熔点的陶瓷材料（如 Si_3N_4）在 1100℃以上也不会发生明显蠕变。

9.1.1 蠕变曲线

材料在一定温度和应力下的蠕变过程常用伸长率与时间之间的关系曲线来描述，这样的曲线称为蠕变曲线。材料的蠕变曲线可在如图 9.1 所示的蠕变试验机上测得。

金属和陶瓷材料蠕变特征类似，其典型蠕变曲线如图 9.2 所示。Oa 段是在 T 温度下承受恒定拉应力时所产生的瞬间伸长，其应变为 δ_0，是由外加载荷引起的一般变形过程。蠕变曲线 $abcd$，包括 ab、bc、cd 3 个蠕变阶段，曲线任意一点的斜率表示该点的蠕变速率。

【材料蠕变试验机】

图 9.1 材料蠕变试验机

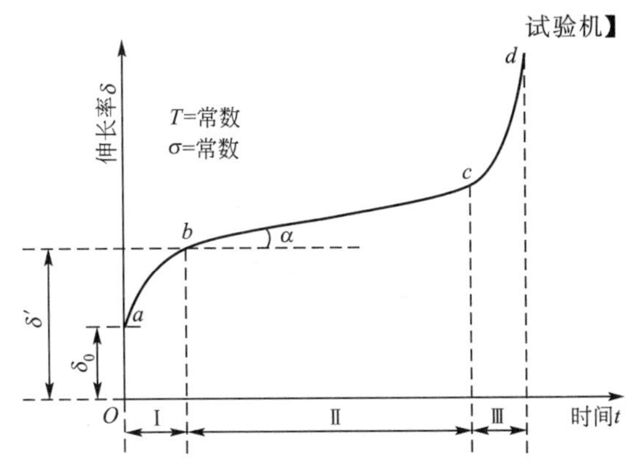

图 9.2 典型的金属、陶瓷材料蠕变曲线

(1) ab 段——第Ⅰ阶段。蠕变第Ⅰ阶段是减速蠕变阶段，又称过渡蠕变阶段。在这一阶段，开始时蠕变速率很大，随着时间的延长，蠕变速率逐渐减小，到 b 点蠕变速率达到最小值。

(2) bc 段——第Ⅱ阶段。蠕变第Ⅱ阶段是恒速蠕变阶段，这一阶段的特点是蠕变速率几乎保持不变，又称稳态蠕变阶段。通常所指的蠕变速率 ε 就是以这一阶段曲线的斜率表示，此时的蠕变速率称为最小蠕变速率。

金属材料的设计、使用、蠕变变形的测量，都是依据这一阶段进行的。

(3) cd 段——第Ⅲ阶段。蠕变第Ⅲ阶段是加速蠕变阶段，这一阶段的特点是随着时间的延长，蠕变速率逐渐增加，直至 d 点断裂。主要特征是机件出现颈缩，或者在材料内部产生空洞、裂纹等，从而使蠕变速率激增。

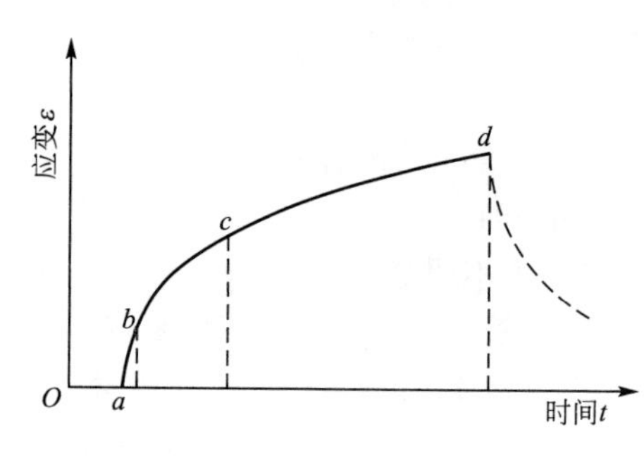

图 9.3　高分子材料的蠕变曲线

高分子材料的黏性使之具有与金属和陶瓷材料不同的蠕变特征，其蠕变曲线如图 9.3 所示。高分子材料的蠕变曲线也可分为 3 个阶段。

(1) ab 段，此段为可逆形变阶段，是普通的弹性变形，应力和应变成正比。

(2) bc 段，此段为推迟的弹性变形阶段，又称高弹性变形发展阶段。

(3) cd 段，此段为不可逆变形阶段，材料以较小的恒定应变速率产生变形，并最终产生颈缩，发生蠕变断裂。

高分子材料的蠕变是由弹性变形引起的蠕变。当载荷去除后，这种蠕变可以发生回复，称为蠕变回复。这是高分子材料与金属、陶瓷材料的不同之处。

同一材料在恒定的温度、不同应力和恒定应力、不同温度下的蠕变曲线分别如图 9.4(a)、图 9.4(b)所示。由图可见，若改变温度或应力，蠕变曲线的形状将发生改变。温度恒定改变应力或者应力恒定改变温度，对曲线的影响是等效的，其蠕变曲线有以下特点。

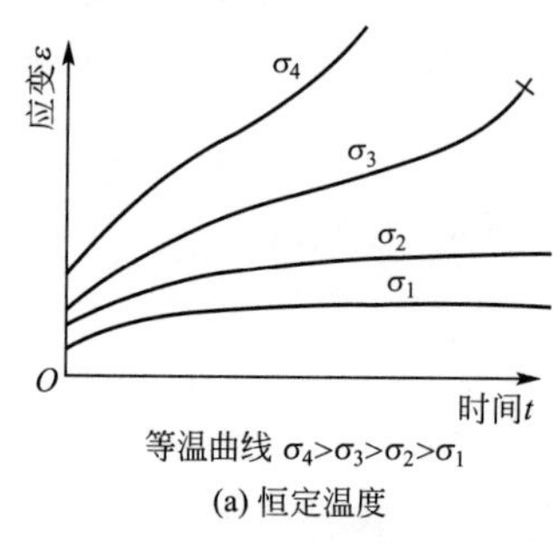

等温曲线 $\sigma_4>\sigma_3>\sigma_2>\sigma_1$

(a) 恒定温度

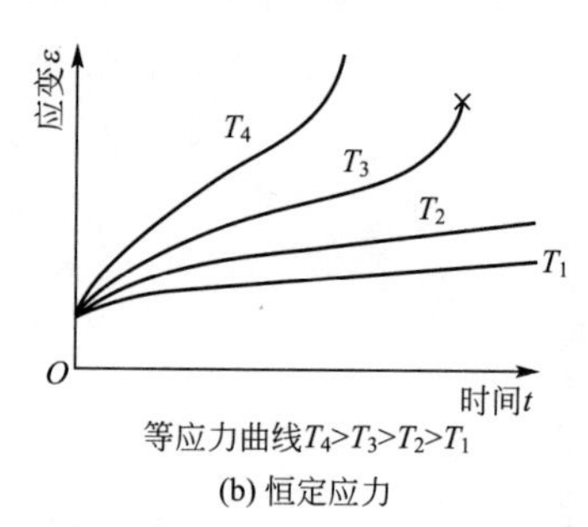

等应力曲线 $T_4>T_3>T_2>T_1$

(b) 恒定应力

图 9.4　应力和温度对蠕变曲线的影响

(1) 曲线仍然基本保持 3 个阶段的特点。

(2) 各阶段的持续时间不同。当应力较小或温度较低时，第二阶段的持续时间长，甚至无第三阶段；相反，当应力较大或温度较高时，第二阶段持续时间很短，甚至完全消失，试样将在很短时间内进入第三阶段而断裂。

9.1.2　蠕变变形机理

材料蠕变变形机理包括位错滑移蠕变、扩散蠕变和晶界运动蠕变 3 种。

1. 位错滑移蠕变机理

在常温下，当位错受到各种障碍阻滞产生塞积，滑移不能继续进行，材料硬化。但在高温下，位错可以借助外界提供的热激活能来克服短程障碍，使变形继续进行，这就是动态回复(又称软化)过程。

在蠕变过程中，硬化和软化是相伴进行的。在蠕变第一阶段，硬化作用较为显著，蠕变速率不断降低，即减速蠕变阶段；在蠕变第二阶段，硬化不断发展，同时促进了动态回复的进行，材料软化过程加速；当硬化和软化达到平衡时，进入恒速蠕变阶段，此时蠕变速率取决于位错的攀移速率。

位错的热激活机制有多种，例如，螺型位错的交滑移、刃型位错的攀移、位错环的分解及带割阶位错的运动等。并不是所有热激活机制同时对蠕变起作用，在蠕变的某一阶段可能只有某一形变机制起主要作用。

图 9.5 所示为刃型位错攀移克服障碍的几种模型。由图可见，由于热激活运动，位错塞积数量减少，对位错源的反作用力减小，位错源可重新开动，位错增殖和运动，产生蠕变变形。

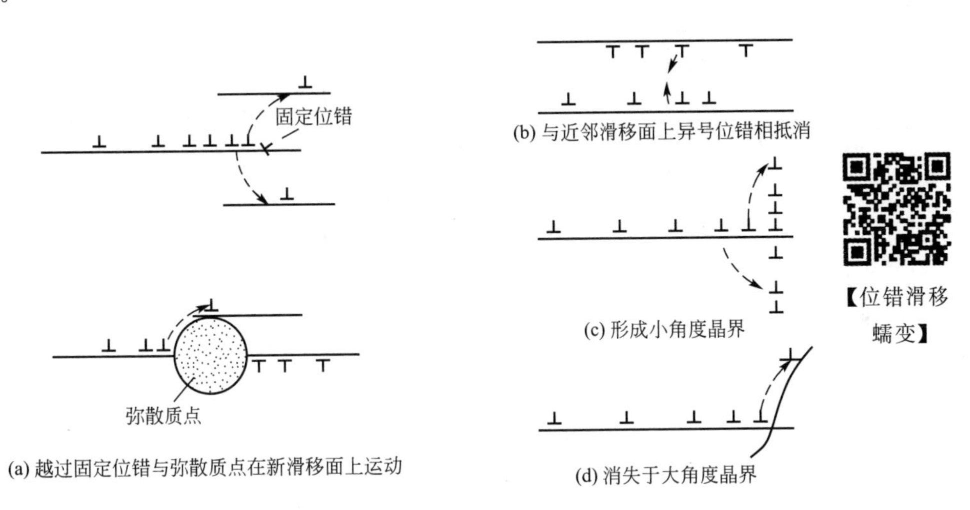

图 9.5 刃型位错攀移克服障碍的几种模型

2. 扩散蠕变机理

在蠕变温度高、蠕变速度又较低的情况下，会发生以原子或空位做定向移动为主的扩散蠕变，如图 9.6 所示。在不受外力的情况下，原子和空位的移动没有方向性，宏观上不显示塑性变形。当存在应力时，多晶体内产生不均匀应力场。对承受拉应力的晶界(如图 9.6 中的 A、B 晶界)空位浓度增加；对于承受压应力的晶界(如图 9.6 中的 C、D 晶界)，空位浓度减少。因此，材料中的空位将从受拉晶界向受压晶界迁移，原子则向反方向移动，从而使材料逐渐产生蠕变变形。

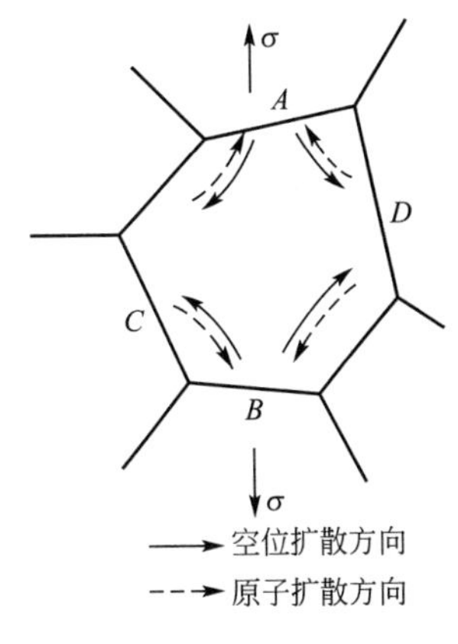

图 9.6 晶粒内部扩散蠕变示意图

3. 晶界运动蠕变机理

当温度较高时，晶界运动也是蠕变的一个组成部分。晶界运动主要有两种方式：一种是晶界滑动，即晶界两边晶粒沿晶界相互错动；另一种是晶界沿着它的法线方向迁移。晶界滑动引起的硬化可通过晶界迁移得到回复。应该注意的，晶界滑动不是一种独立的机制，其一定是和晶内的滑移变形配合进行的，否则将破坏晶界的连续性，从而导致在晶界上产生裂纹。

【晶界运动蠕变机理】

晶界运动所引起的变形占总蠕变量的比例并不大，即便在温度较高时，晶界滑移引起的变形占总蠕变量的比例也仅为10%左右。

9.1.3 蠕变断裂机理

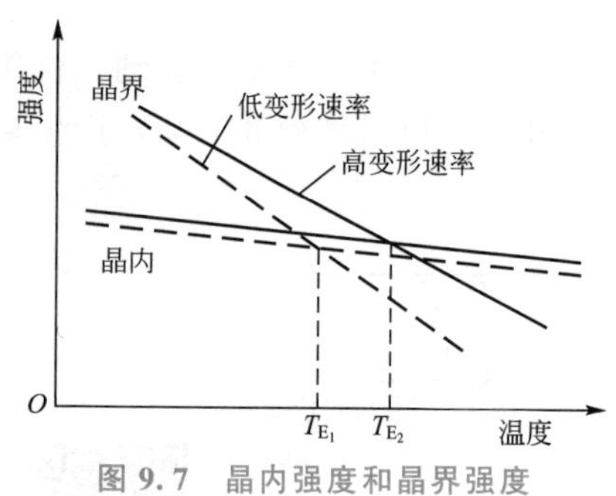

图 9.7 晶内强度和晶界强度随温度变化的趋势

在高温蠕变中，特别是在应力较小时，沿晶断裂比较普遍。一般认为，这是由于多晶体中晶内和晶界强度随温度的变化不一致造成的。图 9.7 所示是晶内强度和晶界强度随温度变化的趋势。由图可见，在低温时，晶界强度高于晶内强度。随着温度的升高，晶内和晶界的强度均下降，但晶界强度比晶内强度下降得快，在某一温度，晶内强度等于晶界强度，这个温度称为等强温度 T_E。当温度高于等强温度时，晶内强度大于晶界强度，发生沿晶断裂。当温度低于等强温度时则恰恰相反。

另外，由图 9.7 可以看出，应变速率对晶粒的强度及等强温度也有影响。应变速率下降，晶粒强度及等强温度均下降，晶界断裂的倾向增大。

在不同的应力和温度条件下，**晶界裂纹形成机理**有两种。

(1) **低温度大应力情况下，在晶界交会处形成楔形裂纹。**在低温度大应力情况下，由于沿晶滑移与晶内变形不协调，在晶界附近形成能量较高的畸变区，晶界滑动在此受阻，这种情况在高温下可以消除，但在低温大应力下，变形不能协调，当应力集中达到晶界的结合强度时，便在 3 个相邻晶粒交界间发生开裂，形成楔形裂纹，如图 9.8 所示。

(2) **高温度小应力情况下，空位聚集形成晶界裂纹。**这种裂纹发生在垂直于拉应力的那些晶界上。一般出现在晶界上的突起部位和细小的第二相质点附近，由于晶界滑动而产生空洞。空洞核心一旦形成，在应力作用下，空位由晶内和沿晶界继续向空洞处扩散，使空洞不断长大并互相连接形成裂纹，如图 9.9 所示。

【晶界形成空洞裂纹】

【楔形裂纹形成】

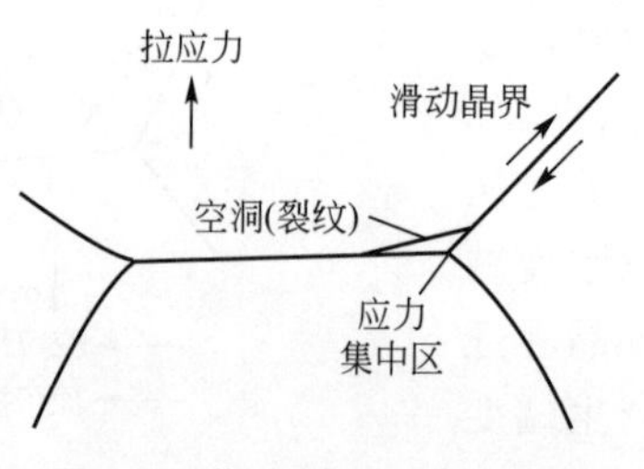

图 9.8 楔形裂纹形成示意图

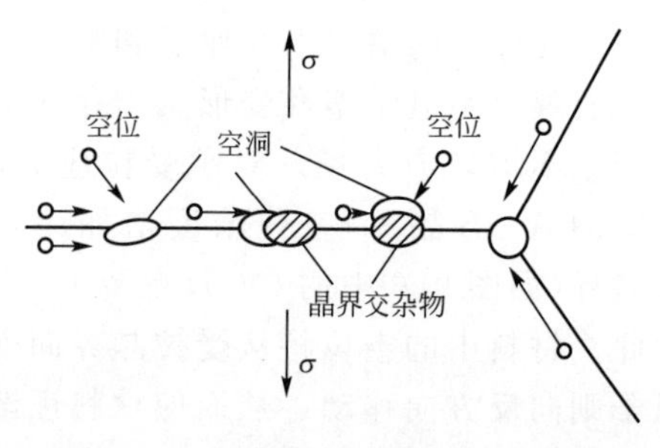

图 9.9 晶界形成空洞裂纹示意图

由于蠕变断裂主要在晶界上产生，因此，晶界的形态、晶界上的析出物和杂质偏聚、晶粒大小等，对蠕变断裂均会产生较大影响。

9.1.4 蠕变断口形貌

蠕变断裂断口的宏观特征包括：①在断口附近产生塑性变形，在变形区附近有许多裂纹，使断裂机件表面出现龟裂现象。②由于高温氧化，断口往往被一层氧化膜所覆盖，其微观断口特征主要是冰糖状花样的沿晶断裂形貌。金属材料的高温蠕变断口形貌如图9.10所示。

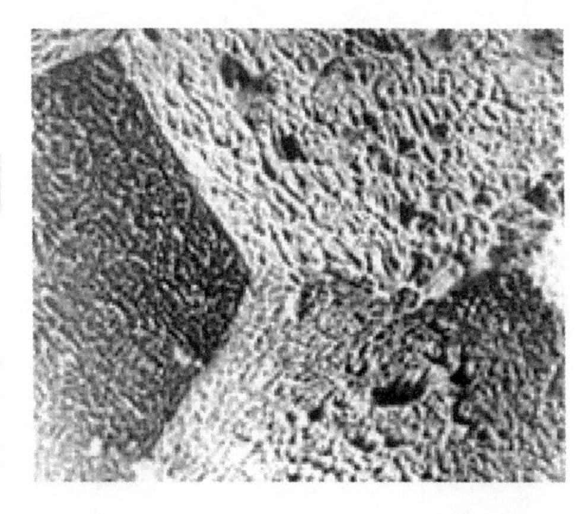

图9.10 金属材料的高温蠕变断口形貌

在陶瓷材料中，由于位错在陶瓷晶体内的运动需要克服较高的阻力(其键合力强)，所以晶界蠕变对蠕变的贡献相对更为重要。而高分子材料发生蠕变的机理，一般认为是分子链在外力长时间作用下发生了构象变化或位移而引起的。

【金属材料的高温蠕变断口形貌】

9.2 高温蠕变性能指标及其影响因素

9.2.1 高温蠕变性能指标

【材料的其他高温力学性能指标】

描述材料的高温蠕变性能常采用蠕变极限、持久强度和松弛稳定性等力学性能指标。

1. 蠕变极限

蠕变极限是材料在长期高温载荷作用下抵抗塑性变形的能力，其含义与材料常温下的屈服强度相似。为了保证材料在长期高温载荷作用下的安全，要求材料具有一定的蠕变极限。

蠕变极限一般有两种表示方法：一种是在规定温度 T 下，使试样产生规定稳态蠕变速率 $\dot{\varepsilon}$ 的最大应力值，用符号 $\sigma_{\dot{\varepsilon}}^{T}$(MPa)表示。例如，$\sigma_{1\times10^{-5}}^{650}=500\text{MPa}$，表示在650℃的温度条件下，蠕变速率为 1×10^{-5}%/h的蠕变极限为500MPa。另一种是在规定温度 T 和规定试验时间 t(h)下，使试样产生一定蠕变总伸长率(δ，%)的最大应力值，用符号 $\sigma_{\delta/t}^{T}$表示。例如，$\sigma_{1/10^5}^{650}=100\text{MPa}$，表示在650℃的温度下，10万小时后伸长率为1%的蠕变极限为100MPa。具体的试验时间及蠕变总伸长率数值应根据机件的工作条件来规定。

在蠕变时间短而蠕变速率又较大的情况下，一般采用第二种方法。因为对于短时蠕变试验，第一阶段的蠕变变形量所占比例较大，第二阶段的蠕变速率又不易测定，所以用总蠕变变形量作为测量对象比较合适。

2. 持久强度

蠕变极限表征了材料在长期高温载荷作用下对塑性变形的抗力，但不能反映断裂时的强度及塑性。与常温下的情况一样，材料在高温下的变形抗力与断裂抗力是两个不同的性能指标。持久强度极限是指在规定温度 T 下，达到规定的持续时间 t 而不发生断裂的应力

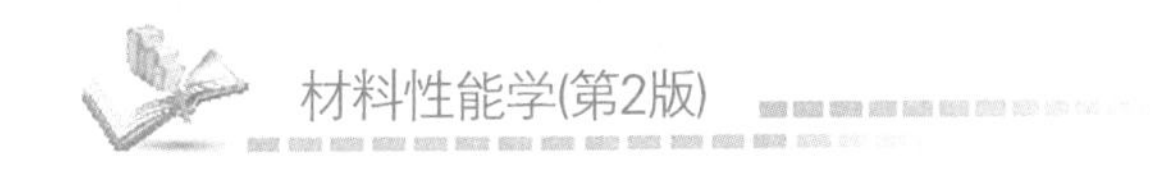

值，用 $\boldsymbol{\sigma}_t^T$(MPa)表示。例如，$\sigma_{1000}^{600}=200$MPa，表示某材料在600℃下，受200MPa应力作用1000h不发生断裂，或者说在600℃下工作1000h的持久强度为200MPa。若 $\sigma>$ 200MPa或 $t>$ 1000h，材料就会发生断裂。

对于某些在高温下运转过程中不考虑变形量的大小，而只考虑在承受给定应力下使用寿命的机件来说，材料的持久强度是极其重要的性能指标。

有些耐热钢有缺口敏感性。缺口所造成的应力集中对持久强度的影响取决于温度、缺口的几何形状、钢的持久塑性、热处理工艺及钢的成分等因素。

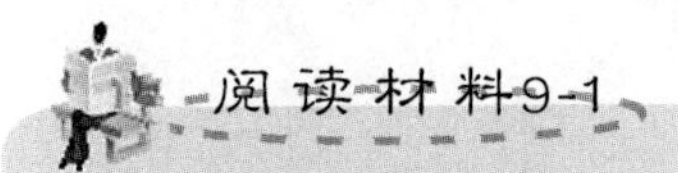

材料的持久强度是试验测定的，持久强度试验时间通常比蠕变极限试验要长得多，根据设计要求，持久强度试验最长可达几万至几十万小时(许多实际中应用的工程构件要求材料的持久强度需要这么长的时间，如飞机发动机)。可以想象，如果进行几万小时的持久强度试验是比较困难的，因此，实际应用中常采用短时间的持久强度试验数据，然后按照经验公式推算出或按直线外推法求得材料长时间的持久强度。

3. 松弛应力与松弛稳定性

材料在恒变形的条件下，随着时间的延长，弹性应力逐渐降低的现象称为应力松弛，材料抵抗应力松弛的能力称为松弛稳定性。例如，一些在高温下工作的紧固零件(如汽轮机缸盖或法兰盘上的紧固螺栓等)，经过一段时间后紧固应力不断下降，从而产生泄漏。图9.11所示是通过松弛试验测定的应力松弛曲线。σ_0 为初始应力，随着时间的延长，试样中的应力不断减小，在任一时间试样上所保持的应力称为剩余应力 $\boldsymbol{\sigma}_{sh}$。试样上所减少的应力，即初始应力与剩余应力之差称为松弛应力 $\boldsymbol{\sigma}_{so}$。

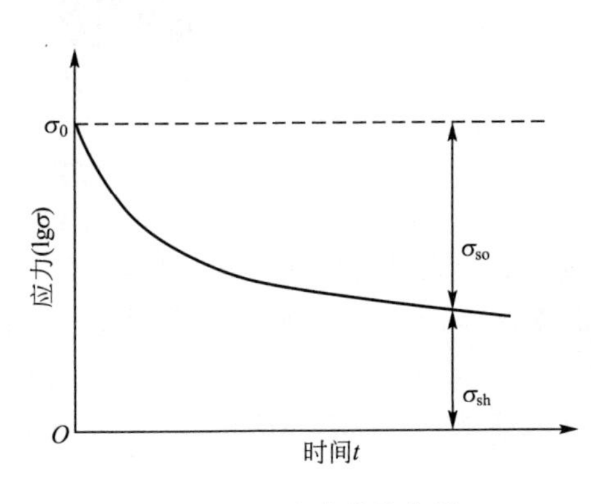

图9.11　应力松弛曲线

松弛稳定性可以用来评价材料在高温下的预紧能力，对于那些在高温状态下工作的紧固件，在选材和设计时，就应考虑材料的松弛稳定性。如果松弛稳定性差，随着工作时间的延长，材料的剩余应力越来越小，当小于需要的预紧工作应力时，就会造成机械故障。

9.2.2　影响材料高温蠕变性能的因素

根据蠕变变形和断裂机理可知，蠕变是在一定的应力条件下，材料的热激活微观过程的宏观表现。要降低蠕变速率提高蠕变极限，必须控制位错攀移的速率；要提高持久强度，必须抑制晶界的滑动和空位的扩散。

影响材料高温力学性能的因素主要包括材料的化学成分、冶炼及热处理工艺状态和晶粒尺寸等。

1. 化学成分及组织结构

材料的成分不同，蠕变的热激活能也不相同。热激活能高的材料，蠕变变形困难，蠕变极限及持久强度较高。

对于金属材料，如在设计耐热钢及耐热合金时，一般选用熔点高、自扩散激活能大和层错能低的元素及合金。这是因为在一定温度下，熔点越高的金属，自扩散激活能越大，自扩散越慢；层错能越低的金属越易产生扩展位错，使位错难以产生割阶、交滑移和攀移，有利于降低蠕变速率。另外，在金属基体中加入一些可以形成单相固溶体的合金元素，如铬、钼、钨、铌等，产生固溶强化作用，降低层错能，从而提高蠕变极限。加入形成弥散相的合金元素，由于弥散相能强烈阻碍位错的滑移，从而提高材料的高温强度。弥散相粒子硬度越高、弥散度越大、稳定性越高，则强化作用越好。加入硼、稀土金属等可以增加晶界激活能的元素，则既能阻碍晶界滑动，又能增大晶界裂纹面的表面能，对提高蠕变极限，特别是持久强度也是非常有效的。

陶瓷材料本身即具有较好的抗高温蠕变性能。共价键结构的陶瓷材料，由于价键的方向性，使之拥有较高的抵抗晶格畸变、阻碍位错运动的派-纳力；离子键结构的陶瓷材料，由于静电作用力的存在，晶格滑移不仅遵循晶体几何学的原则，而且受到静电吸力和斥力的制约，这些内在因素都可以提高陶瓷材料的高温蠕变性能。

具有不同黏弹性的高分子材料也具有不同的蠕变性能。如玻璃纤维增强尼龙的蠕变性能反而低于未增强的，这是因为，在许多纤维增强的塑料中，基体的黏弹性取决于时间和温度，并在恒定应力下呈现蠕变，而玻璃纤维增强比未增强基体对时间的依赖性要小得多，因此，在较短的时间内断裂，并显示出低的蠕变性能。

2. 冶炼及热处理工艺状态

耐热合金对冶炼工艺要求极严格，因为即使杂质元素(如 S、P、Pb、Sn 等)含量只有十万分之几，也会使热强性下降及加工塑性变坏。金属材料通过热处理改变组织结构，从而改变热激活运动的难易程度。如珠光体耐热钢，采用正火加高温回火工艺，使碳化物较充分而均匀地溶解在奥氏体中；回火温度高于使用温度 100～150℃以上，提高其在使用温度下的组织稳定性。奥氏体耐热钢进行固溶处理和时效，得到适当的晶粒度，改善强化相的分布状态。

陶瓷材料第二相的组织，形态不同蠕变机理不同，特别是当第二相分布在晶界时，晶界是处于微晶状态，还是处于液相或近液相状态，蠕变机理就有是以晶界扩散和晶界滑动为主，还是以牛顿黏性流动为主的区别。

3. 晶粒度的影响

晶粒大小对金属材料性能的影响很大。当使用温度低于等强温度时，细晶粒钢有较高的强度；当使用温度高于等强温度时，粗晶粒钢及合金有较高的蠕变抗力与持久强度。但是晶粒太大会使持久塑性和冲击韧性降低。对耐热钢及合金，随合金成分及工作条件不同有一最佳晶粒度范围。例如，奥氏体耐热钢及镍基合金，一般以 2～4 级晶粒度较好。

对于陶瓷材料，不同的晶粒尺寸决定了控制其蠕变速率的蠕变机理也不同。当晶粒尺寸很大时，蠕变速率受位错开动和晶内扩散的控制；当晶粒尺寸较小时，蠕变速率受晶界扩散、晶界滑动机制所控制，也可能是所有机制的混合控制。

综合习题

一、填空题

1. $\sigma_{\dot{\varepsilon}}^{T}$表示____。

2. $\sigma_{\delta/t}^{T}$表示____。

3. σ_{t}^{T}表示____。

二、名词解释

蠕变　蠕变极限　持久强度　应力松弛　松弛稳定性

三、简答题

1. 典型金属材料的蠕变曲线可以分为哪几个阶段？各有什么特点？
2. 试述材料的蠕变变形机理。
3. 请问蠕变断裂机理有哪两种具体的形式？请简述之。
4. 描述材料高温力学性能的指标有哪些？各有何意义？
5. 影响材料高温力学性能的因素有哪些？

四、文献查阅及综合分析

给出任一材料（器件、产品、零件等）在高温条件下工作的案例，分析材料的成分设计、工艺是如何满足高温工作要求的（给出必要的图、表、参考文献）。

【第9章习题答案】

【第9章自测试题】

【第9章试验方法-国家标准】

【第9章工程案例】

第10章 材料在环境介质作用下的腐蚀

本章知识构架

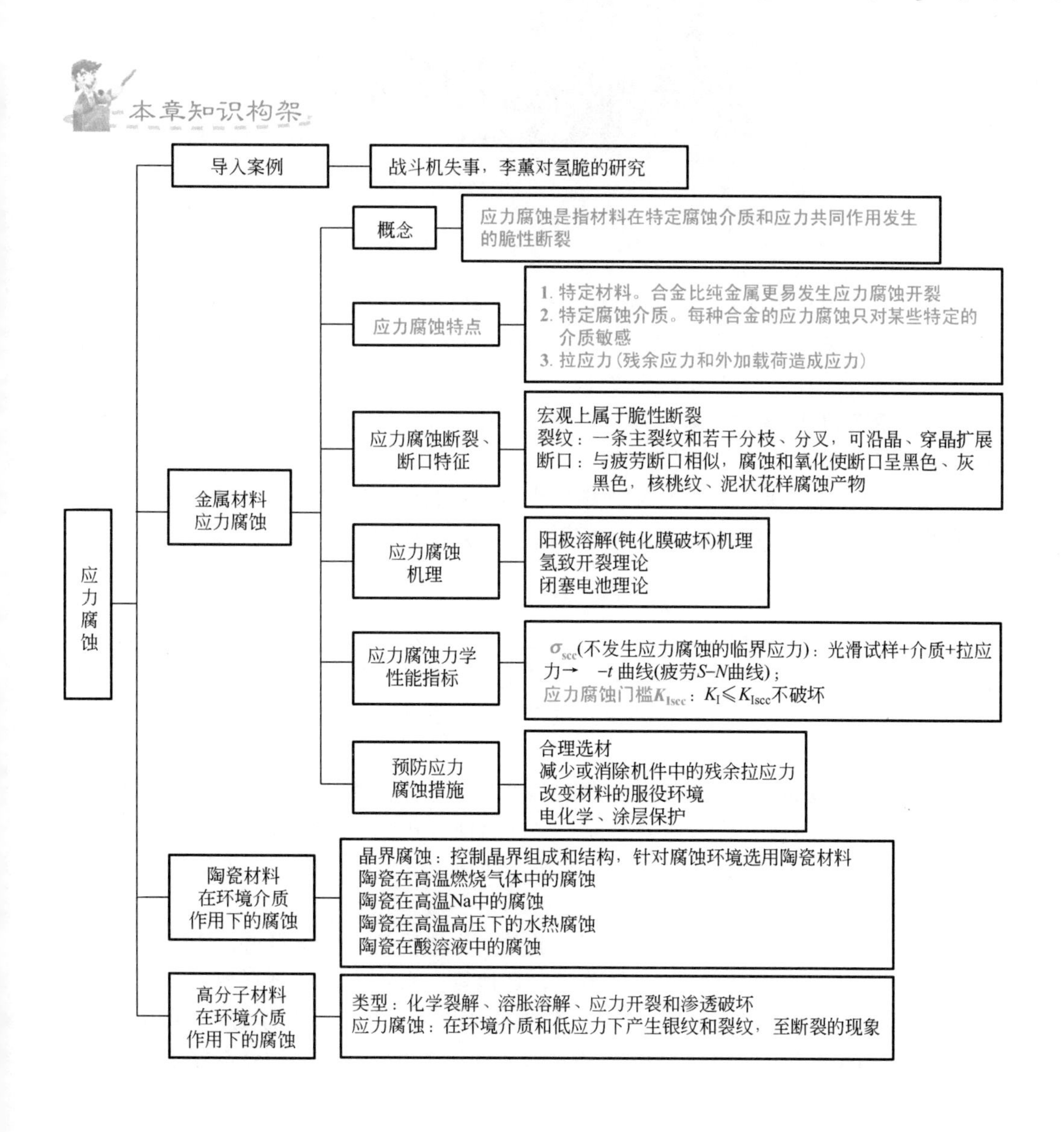

导入案例

1938 年，英国一架“斯皮菲尔”式战斗机（参考图 10.01）在特技飞行时失事，驾驶员死于这场空难。英国空军调查飞机失事原因时发现，飞机发动机主轴断成了两截，主轴内部有大量头发丝细的裂纹，冶金学中称这种裂纹为“发裂”。为什么在发动机主轴里会出现大量的“发裂”呢？怎样才能防止这种裂纹造成的断裂现象呢？难题交给了时年 27 岁的圣菲尔德大学华人学者李薰。

图 10.01　战斗机

李薰对发动机轴的钢进行了跟踪调查，并用显微镜进行了仔细的金相组织检查，发现钢中的“发裂”是由钢在冶炼过程中混入的氢原子引起的。氢原子混入钢中后就像潜伏在人体中的病毒一样，刚开始并不“兴风作浪”，但一旦“气候”变化，它就会跑出来变成小的“氢气泡”，像“定时炸弹”一样，在外力作用下就会一触即发，使钢脆裂。这种脆裂就是“氢脆”。

1950 年，李薰回到祖国，在沈阳创建了中国科学院金属研究所。由于他对氢在钢中的影响的研究有卓越成就，1956 年被国家授予自然科学奖。

材料腐蚀是材料受周围环境介质（水、空气、酸、碱、盐、溶剂等）的作用，发生有害的物理变化、化学变化或电化学变化，产生损耗与破坏而失去其固有性能的过程。例如，金属的腐蚀破坏，涂料和橡胶由于阳光或者化学物质的作用引起变质，炼钢炉衬的熔化等。腐蚀要满足两个条件：一是材料受介质作用部分发生状态变化，转变成新相；二是整个腐蚀体系自由能降低。

腐蚀种类众多，按腐蚀方式分为化学腐蚀（非离子导体介质）和电化学腐蚀（离子导电性介质）；按腐蚀破坏特点分为均匀腐蚀、局部腐蚀（孔蚀、缝隙腐蚀、晶间腐蚀）和选择性腐蚀（合金组分的电化学差异引起）；按腐蚀环境分为大气腐蚀、土壤腐蚀、海洋腐蚀、微生物腐蚀和高温腐蚀等。

材料在环境介质作用下的腐蚀是全世界面临的一个严重问题。据报道，全世界每年因腐蚀造成的直接经济损失大约在 7000 亿美元，是地震、水灾、台风等自然灾害总和的 6 倍，占各国国民生产总值的 2%～4%。我国腐蚀损失占国民生产总值的 4%，钢铁因腐蚀而报废的数量占当年产量的 25%～30%。生产设备的腐蚀经常导致工厂停产停车，劳动生产率低、成本上升，甚至发生火灾、爆炸等安全事故。所有的材料，尤其是金属，都存在着腐蚀与防护的问题。可见，研究材料在环境介质作用下的腐蚀行为，无论是为材料应用中的合理选材，还是研究和改进现有材料的耐蚀性能、延长设备寿命、降低成本、提高劳动生产率都有着非常重要的意义。

应力腐蚀是材料（机械零件或构件）在静态应力（主要是拉应力）和腐蚀介质的共同作用下产生的失效现象。它常出现于锅炉用钢、黄铜、高强度铝合金和不锈钢中，凝汽器管、矿山用钢索、飞机紧急制动用高压气瓶内壁等所产生的应力腐蚀也很显著。氧化物陶瓷（Al_2O_3，ZrO_2等）在室温下的潮湿空气或水中也会发生应力腐蚀。

10.1 金属材料的应力腐蚀

10.1.1 应力腐蚀概述

应力腐蚀(Stress Corrosion Cracking，SCC)是指金属材料在特定腐蚀介质和应力共同作用下发生的脆性断裂。

应力腐蚀是普遍而历史悠久的现象。公元前1世纪至公元1世纪间，古代波斯王国青铜少女头像上具有脆性开裂裂纹及裂纹大量分支的应力腐蚀特征，19世纪下半叶发现的黄铜弹壳开裂(由于不了解真正的原因，因其易发生在夏季，当时给了个不恰当的名字“季裂”)，19世纪末发现的蒸汽机车的锅炉(低碳钢和低合金钢)碱脆，20世纪20年代发现的铝合金在潮湿大气中的脆裂现象，20世纪30年代发现的奥氏体不锈钢在含有氯离子介质中发生的“氯脆”现象，20世纪40年代发现的含硫(S)的油、气设备出现的开裂事故，20世纪50年代发现的航空用钛合金存在应力腐蚀现象等。可见，应力腐蚀的现象是普遍存在的，而且有些又是“灾难性的腐蚀”。因此在满足新兴工业对材料要求的同时，不能不考虑应力腐蚀对设备安全的威胁。

应力腐蚀广泛涉及国防、化工、电力、石油、航空航天、海洋开发等部门。表10-1列出了美国和日本关于应力腐蚀占总腐蚀破坏事故比例的调查结果。

表10-1 应力腐蚀占总腐蚀破坏事故的百分比

调查范围	材料	调查年限	占总腐蚀破坏/(%)
美国杜邦化学公司	各种材料	3年	23
日本三菱化工机械公司	各种材料	10年	45.6
日本国内综合调查	不锈钢	10年	35.3
日本石油工厂	各种材料	10年	42.2
美国原子能站	各种材料	10年	18.7

我国有关应力腐蚀所造成的破坏事故未做系统的统计和估算，但问题也是严重的，例如，2.5×10^4kW汽轮机末级叶轮由于应力腐蚀而造成的叶轮开裂事故，原子反应堆的热交换管由于应力腐蚀而发生严重泄漏事故等。由应力腐蚀造成的经济损失是相当巨大的，因此对材料的应力腐蚀研究已成为腐蚀领域的重要课题。

10.1.2 应力腐蚀特点

1. 应力腐蚀发生的条件

一般认为金属材料发生应力腐蚀断裂需要具备以下3个基本条件。

(1) 特定的材料。合金比纯金属更易发生应力腐蚀开裂。一般认为纯金属不会发生应力腐蚀断裂。例如，纯度达99.999%的铜在含氨介质中不会发生腐蚀断裂，但当含磷量达到0.004%时，则发生应力腐蚀开裂；钢中含碳量在0.12%时，应力腐蚀敏感性最大。

(2) 特定的腐蚀介质。对于某种合金，能发生应力腐蚀断裂与其所处的特定的腐蚀介质有关，每种合金的应力腐蚀只对某些特定的介质敏感，不是任何介质都能引起应力腐蚀，介质中能引起应力腐蚀的物质浓度一般都很低，如在核电站高温水介质中仅含质量分数为百万分之几的 Cl^- 和 O_2 时，奥氏体不锈钢就可发生应力腐蚀开裂。另外，在无应力作用时，单纯介质作用可在金属表面形成保护膜，只有在介质与应力的同时作用下，才产生强烈的应力腐蚀。表10-2列举了一些易产生应力腐蚀断裂的合金和特定的敏感环境介质。

表10-2 常用金属材料产生应力腐蚀的敏感系统

材 料	敏感介质
低碳钢和低合金钢	氢氧化钠、热硝酸盐溶液、过氧化氢、碳酸盐溶液、氢氰酸、海水、H_2S溶液
奥氏体不锈钢	(含 Cl^-、Br^-、I^-)水溶液、H_2S溶液、NaOH溶液
镍合金	NaOH溶液、高纯水蒸气
镁合金	硝酸、NaOH溶液、蒸馏水、海洋大气、含 SO_2 的大气
高强度钢	蒸馏水、H_2O、氯化物溶液、H_2S
铜合金	氨蒸气、含 SO_2 的大气、氨溶液、三氯化铁、硝酸溶液
铝合金	氯化钠水溶液、海水、水蒸气、含 SO_2 的大气
钛合金	(含 Cl^-、Br^-、I^-)水溶液、N_2O_4、甲醇、三氯乙烯、有机酸

(3) 拉应力。拉应力是产生应力腐蚀开裂的必要条件。拉应力有两个来源：一是残余应力，可能由加工、冶炼、装配过程中产生，也可能是由温差产生的热应力及相变产生的相变应力；二是材料承受外加载荷造成的应力。据统计，在应力腐蚀开裂事故中，由残余应力所引起的占80%以上，而由工作应力引起的则不足20%。残余应力中又以焊接应力为主。产生应力腐蚀破坏的应力通常很小，在腐蚀介质不存在的条件下，这样小的应力是不会使材料和零件发生机械破坏的。但在腐蚀介质环境下，材料往往在没有预兆的情况下发生突然断裂，其危害是十分严重的。

2. 应力腐蚀断裂特征

应力腐蚀断裂从宏观上属于脆性断裂，与疲劳断口颇为相似，也有亚稳扩展区和最后瞬间断裂区，即使塑性很高的材料也无颈缩现象。由于腐蚀介质作用，断口表面特别是亚稳扩展区颜色常呈黑色或灰黑色。应力腐蚀断口微观特征较复杂，显微断口上往往可见腐蚀坑及二次裂纹。断裂方式有穿晶断裂、沿晶断裂、混合型断裂等，一般以沿晶断裂较多，断裂的途径与具体的材料-环境有关。沿晶断裂呈冰糖块状，穿晶断裂具有河流花样等特征。应力腐蚀宏观裂纹一般沿着与拉应力垂直的方向扩展，裂纹一般呈树枝状。腐蚀裂缝的纵深比其宽度要大几个数量级。图 10.1 所示为应力腐蚀裂纹的扩展形式。

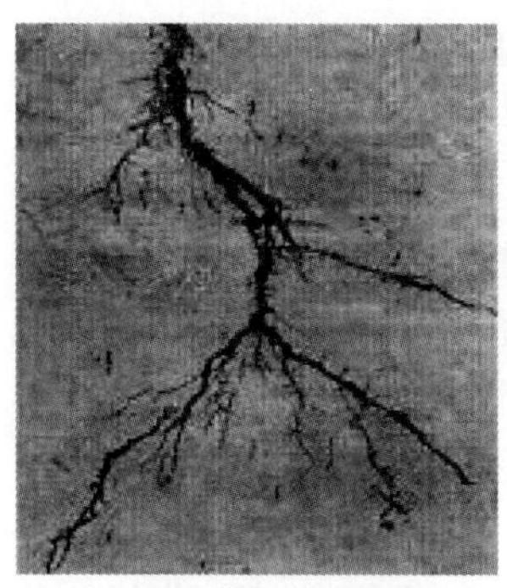

【参考图文】

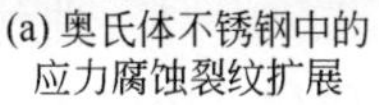

(a) 奥氏体不锈钢中的应力腐蚀裂纹扩展　(b) 沿晶应力腐蚀裂纹　(c) 沿晶应力腐蚀断口(核桃纹)

图 10.1　应力腐蚀裂纹的扩展形式

3. 金属应力腐蚀断裂过程

应力腐蚀断裂是一种典型的滞后破坏，金属材料在应力和环境共同作用下，经过孕育期产生裂纹，然后裂纹逐渐扩展，达到临界尺寸。当裂纹尖端的应力强度因子达到材料断裂韧性时，金属材料失稳，发生断裂。应力腐蚀断裂过程可分为 3 个阶段。

(1) 孕育期。孕育期是在无预制裂纹或金属无裂纹、无蚀孔和缺陷时，裂纹的萌生阶段，即裂纹源形成所需要的时间。因此又称为潜伏期、引发期或诱导期。孕育期的长短取决于合金的性能、腐蚀环境及应力大小，少则几天，长则几年，几十年，一般占总断裂时间的 90%左右。

(2) 裂纹扩展期。裂纹扩展期是指裂纹成核后直至发展到临界尺寸所经历的时间。这一阶段裂纹扩展速度与应力强度因子大小无关。裂纹扩展主要由裂纹尖端的电化学过程控制。试验证明，在这一阶段裂纹扩展速度介于没有应力下腐蚀破坏速度和单纯的力学断裂速度之间。

(3) 失稳断裂。这一阶段，裂纹的扩展由纯力学因素控制。扩展速度随应力增大而加快，直至断裂。在有预制裂纹和蚀坑的情况下，应力腐蚀断裂过程只有裂纹扩展和失稳快速断裂两个阶段。

10.1.3 应力腐蚀断裂指标

1. 应力腐蚀门槛

金属与合金所承受的拉应力越小，断裂时间越长。应力腐蚀可在极低的应力下(如屈服强度的 5%～10%或更低)产生。一般认为当拉伸应力强度因子 K_{I} 低于某一个临界值时，材料不再发生应力腐蚀断裂破坏，这个临界值称为应力腐蚀应力强度因子门槛值，用 K_{ISCC} 表示。对于大多数金属材料，在特定的化学介质中 K_{ISCC} 是一定的。因此，K_{ISCC} 可以作为金属材料在应力腐蚀条件下的断裂判据。需要指出，对某些材料(如高强度钢或钛合金)来说，K_{ISCC} 即是其真正的应力腐蚀门槛值，但有些材料(如铝合金)没有明显的门槛

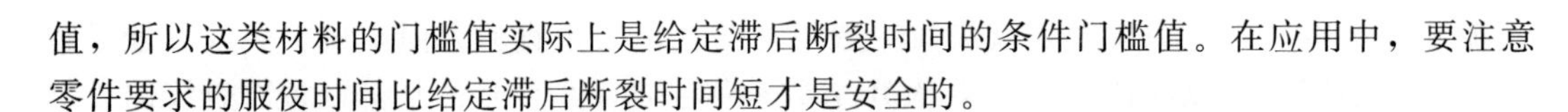

值，所以这类材料的门槛值实际上是给定滞后断裂时间的条件门槛值。在应用中，要注意零件要求的服役时间比给定滞后断裂时间短才是安全的。

2. 应力腐蚀裂纹扩展速率

当裂纹尖端的应力强度因子 $K_{\mathrm{I}}>K_{\mathrm{ISCC}}$ 时，裂纹就会不断扩展。**单位时间内裂纹的扩展量叫作应力腐蚀裂纹扩展速率**，用 $\mathrm{d}a/\mathrm{d}t$ 表示。实验证明，$\mathrm{d}a/\mathrm{d}t$ 与 K_{I} 有关，即

$$\mathrm{d}a/\mathrm{d}t=f(K_{\mathrm{I}}) \tag{10-1}$$

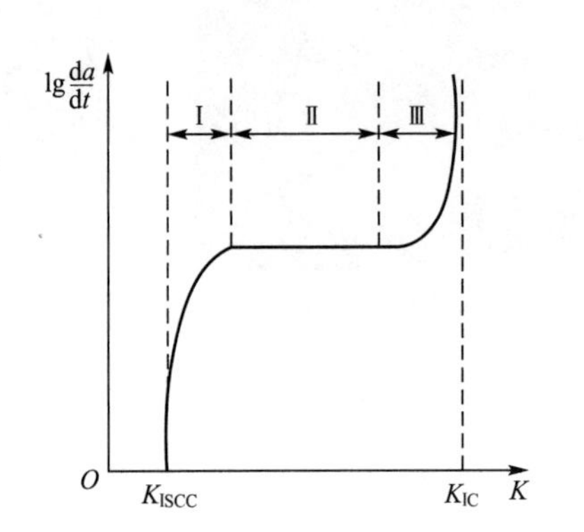

图 10.2　应力腐蚀裂纹 $\mathrm{d}a/\mathrm{d}t$ 与 K_{I} 的关系

在应力腐蚀断裂过程中，裂纹的扩展速率 $\mathrm{d}a/\mathrm{d}t$ 随着应力强度因子 K_{I} 而变化的关系曲线如图 10.2 所示，称为 $\mathrm{d}a/\mathrm{d}t-K_{\mathrm{I}}$ 曲线。由图可见曲线上存在 3 个不同区域。

(1) 区域Ⅰ。当 K_{I} 稍大于 K_{ISCC} 时，裂纹经过一段孕育突然加速发展，$\mathrm{d}a/\mathrm{d}t-K_{\mathrm{I}}$ 曲线几乎与纵坐标轴平行。可见在此阶段，裂纹生长速率对 K_{I} 值较敏感。

(2) 区域Ⅱ。$\mathrm{d}a/\mathrm{d}t$ 与 K_{I} 无关，曲线出现水平线段，通常说的应力腐蚀裂纹扩展速率就是指该区速率，因为它主要由电化学过程控制，较强烈地依赖于溶液的 pH、黏度和温度。

(3) 区域Ⅲ。失稳断裂区，裂纹深度已接近临界尺寸，超过这个值后，$\mathrm{d}a/\mathrm{d}t$ 随 K_{I} 增大而急剧增大，当应力强度因子达到 K_{IC} 时，裂纹发生失稳扩展而断裂。

阅读材料10-1

应力腐蚀开裂的试验方法，可根据施加应力的方法不同，分为恒载荷试验和恒应变试验；根据试样的种类和形状，可分为光滑试样、缺口试样和预裂纹试样。在恒载荷试验和恒应变试验中，虽然可用应力腐蚀开裂的临界应力、临界应力强度因子、应力腐蚀裂纹扩展速率、断裂时间等指标来评价，但均存在时间周期过长的缺点。

慢应变速率拉伸试验(Slow Strain Rate Testing，SSRT)，是在恒载荷拉伸试验方法的基础上发展而来的。由于试样承受的恒载荷被缓慢恒定的延伸速率(塑性变形)所取代，加速了材料表面膜的破坏，使应力腐蚀过程得以充分发展，因而试验的周期较短，常用于应力腐蚀破裂的快速筛选试验。试样可用光滑试样，也可用缺口试样和预裂纹试样。

工程上，常用慢应变速率法来快速测定金属材料的应力腐蚀敏感性。评价金属材料应力腐蚀敏感性的参数可用应力腐蚀敏感系数 ε_{f} 来表示

$$\varepsilon_{\mathrm{f}}=\frac{E_{\mathrm{fh}}}{E_{\mathrm{fk}}} \tag{10-2}$$

式中，E_{fh} 为金属材料在腐蚀介质中的塑性应变率；E_{fk} 为金属材料在空气中的塑性应变率。

ε_f值越大，金属材料越耐应力腐蚀。表 10－3 列出了部分金属材料在不同体系中应力腐蚀的应变速率。

表 10－3 不同体系应力腐蚀的应变速率

体 系	应变速率/s^{-1}	体 系	应变速率/s^{-1}
铝合金，氯化物溶液	10^{-4}	钢，碳酸盐、硝酸盐溶液	10^{-6}
钢合金，含氨和硝酸盐溶液	10^{-6}	不锈钢，氯化物溶液	10^{-6}
不锈钢，高温高压水溶液	10^{-7}	钛合金，氯化物溶液	10^{-5}

10.1.4 应力腐蚀机理

实际中，人们提出了多种不同的机理来解释应力腐蚀现象，但迄今尚无公认的统一机理。导致材料破裂的因素非常复杂，所以不能企图用某一种机理解释众多的应力腐蚀断裂问题。**目前应用较多的 3 种解释应力腐蚀破坏的机理是钝化膜破裂理论、闭塞电池理论和氢致开裂理论。**

1. 钝化膜破裂理论

钝化膜破裂理论认为，在发生应力腐蚀的环境中，金属表面通常是由钝化膜覆盖，并不直接与介质接触，金属处于钝化状态，可以阻止金属的进一步腐蚀（图 10.3）。但在拉应力的作用下，由于应力破坏而使钝化膜破裂，露出活性的金属表面。这个新鲜表面在电解质溶液中成为阳极，而其余具有完整钝化膜的金属表面便成为阴极，从而构成了腐蚀微电池。在此过程中，拉应力一方面促进钝化膜的破坏，另一方面在裂纹顶端产生应力集中区，降低阳极电位，加速阳极金属的溶解。

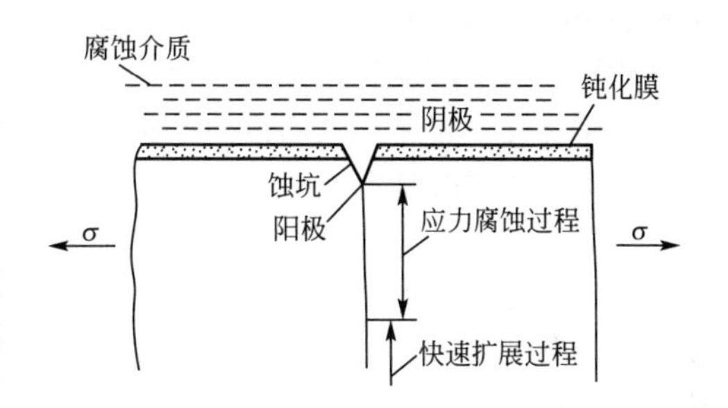

图 10.3 钝化膜破裂理论解释应力腐蚀示意图

对于穿晶应力腐蚀断裂用钝化膜破裂理论可以这样解释：在应力作用下，位错沿滑移面运动，并在表面形成滑移台阶，使金属产生塑性变形。若金属表面保护膜不能随此台阶产生相应的变形，而且滑移台阶的高度又比保护膜的厚度大，则该处保护膜即遭破坏，从而产生应力腐蚀。

对于沿晶应力腐蚀断裂用钝化膜破裂理论可以这样解释：金属在所有腐蚀性介质中，都将在大角度晶界处受到侵蚀。但在无应力的情况下，侵蚀很快被腐蚀产物所阻止。当有拉应力存在时，在侵蚀形成的晶界处，造成应力集中，破坏了晶界上的钝化膜，从而使裂纹不断沿晶界发展，最终断裂。

2. 闭塞电池理论

闭塞电池理论认为：①在应力和腐蚀介质的共同作用下，金属表面的缺陷处形成微蚀孔或裂纹源。②微蚀孔和裂纹源的通道非常窄小，孔隙内外溶液不容易对流和扩散，形成所谓“闭塞区”。③在闭塞区，理论上阳极反应与阴极反应应共存，一方面金属原子变成离子进入溶液($Me \longrightarrow Me^{2+}+2e$)；另一方面电子和溶液中的氧结合形成氢氧根离子$\left(\frac{1}{2}O_2+H_2O+2e \longrightarrow 2OH^-\right)$。但在闭塞区，氧迅速耗尽，得不到补充，最后只能进行阳极反应。④缝内金属离子水解产生H^+离子，$Me^{2+}+2H_2O \longrightarrow Me(OH)_2+2H^+$，使环境pH下降。由于缝内金属离子和$H^+$增多，为了维持电中性，缝外的$Cl^-$阴离子可移至缝内，形成腐蚀性极强的盐酸，使缝内腐蚀以自催化方式加速进行，直到裂纹扩展到一定程度，金属破坏发生。

这一理论可以很好地说明一些耐蚀性强的合金，如不锈钢、铝合金和钛合金等在海水中为什么不耐蚀，并能说明氯化物易使金属产生点蚀和应力腐蚀的原因。

【氢致开裂理论】

3. 氢致开裂理论

氢致开裂理论认为进入晶格中的氢原子和应力的共同作用导致金属材料产生脆性断裂，称为氢脆断裂，简称氢脆。该理论认为，在应力作用下，金属腐蚀生成的氢被金属吸收后，生成氢应变铁素体或高活化氢化物，使金属材料脆化而出现裂纹，并沿氢脆部位向前扩展，导致破裂。该理论是从一些塑性很好的合金在发生应力腐蚀开裂时具有脆性断裂的特征提出来的。氢致开裂是应力腐蚀断裂的一种机理。

原子氢进入金属的方式可以通过应力腐蚀中的阴极反应过程，还可以由冶炼(以杂质的形式)、焊接(以水分的形式)、酸洗(以水分的形式)等其他过程引入。因此，氢脆可包括两大类，一类为内部氢脆，另一类为环境氢脆。一般来说，内部氢脆只涉及把晶格中过饱和的氢原子通过扩散输送到裂纹前端，使金属脆化；而环境氢脆则需要把环境介质中的氢通过物理吸附、化学吸附、氢分子分解、氢原子溶解及氢在晶格中的扩散等过程，才能达到裂纹前端，引起金属脆化。

阅读材料10-3

广义的应力腐蚀裂纹有时又区分为狭义的应力腐蚀裂纹和氢脆裂纹。狭义的应力腐蚀裂纹和氢脆裂纹虽然同属广义的应力腐蚀裂纹，但两者之间实质上有很大区别。狭义的应力腐蚀裂纹指的是，金属材料在特定的腐蚀环境中，受到应力作用，沿着金属内微观路径在有限范围内发生腐蚀而出现裂纹的现象。而氢脆裂纹指的则是，金属材料受到应力作用，由于腐蚀反应产物氢被金属吸收，产生氢蚀脆化，出现裂纹的现象。

狭义的应力腐蚀裂纹和氢脆裂纹，两者可以用腐蚀环境和应力再现的方法或电化学方法进行鉴别。在实际应用中，应力腐蚀裂纹非常复杂，在大多数情况下对两者不加区别，一律看作广义的应力腐蚀裂纹。

10.1.5 预防应力腐蚀的措施

根据应力腐蚀的机理及产生条件可知，防止应力腐蚀的措施主要包括根据环境条件合理选择金属或合金、尽量减少或消除机件中的残余拉应力、改变材料的服役环境、控制金属材料的电极电位及采取有效的涂层保护等。

(1) 合理选材。尽量避免金属或合金在易发生应力腐蚀的环境介质中使用(参见表10-2)。如接触海水的热交换器，采用普通软钢比不锈钢更好。双相钢抗应力腐蚀性能最好，如用1Cr21Ni5Ti双相钢的弯曲试样在含氯化镁42%的沸腾溶液中进行试验，试样经2000h仍未破裂。

(2) 控制应力。引起应力腐蚀的拉应力主要是由于金属机件的设计和加工工艺不合理而产生的。因此，在制造和装配金属构件时，应尽量使结构具有最小的应力集中系数，并使与介质接触的部分具有最小的残余拉应力。热处理退火可以有效地消除残余应力。如碳钢构件在650℃退火1h，可消除焊接引起的残余应力；如果能采用喷丸等工艺，使机件表层产生一定的残余压应力，则更为有效。

(3) 改变环境。这一途径可以通过采取措施除去环境中危害较大的介质组分，也可通过控制环境的温度、pH，添加适量的缓蚀剂等，达到改变环境的目的。例如，汽轮机发电机组用水，需要预先处理，降低NaOH的含量；核反应设备的不锈钢热交换器中，需将水中Cl^-及O_2的含量降低到10^{-6}以下等，都是防止应力腐蚀的有效措施。

(4) 电化学保护。根据应力腐蚀机理可知，金属(合金)发生应力腐蚀与其电极电位有关。有些体系存在一个临界断裂电位值，因此，可以采用外加电位的方法，使金属在化学介质中的电位远离应力腐蚀敏感电位区域，从而起到良好的保护作用。一般采用阴极保护法。

(5) 涂层保护。良好的镀层(涂层)可使金属表面和环境隔离开，从而避免应力腐蚀。如输送热溶液的不锈钢管外表面用石棉层绝热，由于石棉层中有Cl^-离子渗出，可引起不锈钢表面破裂，当不锈钢外表面涂上有机硅涂料后就不再破裂了。

10.2 陶瓷材料在环境介质作用下的腐蚀

由于陶瓷材料具有优异的耐热性和耐腐蚀性，在腐蚀性环境中很少发生化学反应，材料外形变化极小，即使在高温下，陶瓷材料的特性也能充分发挥出来。如我们常见的氮化硅、碳化硅陶瓷就常被用于环境恶劣的能源系统开发中。因此长期以来，人们一直从材料的电学、磁学、光学、热学、机械学等方面来评价陶瓷，而对腐蚀反应、特别是在恶劣环境条件下是否会由于腐蚀而引起的陶瓷功能的变化却研究较少。实际上，陶瓷在某些恶劣环境下，仍可能会被环境介质腐蚀。如非氧化物陶瓷材料在酸性条件下就是不稳定的，当环境中存在酸时，非氧化物陶瓷材料的机械强度会明显下降，导致材料失效。

常见陶瓷的腐蚀几乎都是晶界腐蚀。要提高陶瓷的耐蚀性，一是要严格控制晶界的组成和结构，二是要针对不同的腐蚀环境选用合适的陶瓷材料。例如，在非氧化物陶瓷中存在大量晶界，而且晶界又是腐蚀的快速通道，所以其腐蚀速度远远大于高纯度的SiC或Si_3N_4粉体；SiC陶瓷与Si_3N_4陶瓷相比，SiC陶瓷中晶界数量大大低于Si_3N_4，因而SiC陶瓷的耐蚀性优于Si_3N_4陶瓷。

1. 陶瓷在高温燃烧气体中的腐蚀

当陶瓷材料处于高温燃烧气体中时，陶瓷表面生成以氧化硅为主要成分的氧化层，这个氧化层在高温下气化且滞留于材料表面附近。

当气体不流动时，氧化层的气化和凝聚处于动态平衡，所以在燃烧气体相对静止时，试样表面存在玻璃层；当燃烧气体流动时，氧化层的气化、凝聚的动态平衡受到破坏，气化的氧化物被流动气体带走，因此材料表面不存在光滑的玻璃层，陶瓷被腐蚀。

2. 陶瓷在高温 Na 中的腐蚀

Al_2O_3 等氧化物陶瓷在高温 Na 环境中，表面会呈现灰褐色或黑褐色，并且颜色随温度的升高或时间的延长而加深，材料的质量随温度的升高或时间的延长而减少，但 ZrO_3 陶瓷相反。单晶材料和 CVD 材料在高温 Na 环境中表面不变色，质量变化也只有多晶材料的 1/10 左右。Si_3N_4、SiC 等硅系陶瓷在高温 Na 中表面变色，其质量随温度的升高或时间的延长而减少，腐蚀程度比氧化物陶瓷严重。

陶瓷在高温 Na 中的腐蚀来自两个方面，一是 Na 沿晶界扩散引起晶界腐蚀；二是陶瓷本身不耐 Na 腐蚀。腐蚀过程中，高温中的 Na 沿陶瓷的晶界扩散，使晶界上的硅—氧键断裂，发生如下反应

$$4Na+3SiO_2 \longrightarrow 2Na_2SiO_3+Si$$

$$2Na+[O]+SiO_2 \longrightarrow Na_2SiO_3$$

式中，[O] 表示游离氧。接触 Na 液的晶界上的骨架元素溶解析出，使晶界活化能增加，导致反应不断进行。由于 Na 具有选择性，所以 Na 的腐蚀作用是局部的，结果往往在材料中形成很深的腐蚀孔，晶界上非晶态成分越多，杂质含量越高，这种腐蚀越严重。

3. 陶瓷在高温高压下的水热腐蚀

对金属材料和陶瓷材料来说，水都是最强烈的腐蚀性物质。其中水对陶瓷的腐蚀只在高温高压下发生，使非氧化物变为氧化物或氧化物变为氢氧化物。氧化物陶瓷在高温高压环境中，即使存在极少量的水或水蒸气，也会龟裂而使强度下降。原因如下。

(1) 陶瓷表面的氧与水中 H 发生化学吸附，使桥氧转变为非桥氧，产生 OH^- 离子，这些 OH^- 离子通过表面扩散及体积扩散进入晶格中，使晶体结构发生畸变和变形而产生相变。

(2) 由于陶瓷中存在一定量的结构缺陷，它们成为水的渗透通道，以致水能够使陶瓷的部分成分溶解析出。

4. 陶瓷在酸溶液中的腐蚀

陶瓷材料的耐酸蚀性与陶瓷的组成成分紧密相关。例如，氧化铝陶瓷中铝和氧之间存在很大的键合力，因此氧化铝陶瓷的耐酸蚀性很强；氮化硅陶瓷的耐酸蚀性较差，温度越高腐蚀越快。由于氢氟酸溶解氮化硅的能力特别强，无论氢氟酸浓度大小，氮化硅陶瓷在氢氟酸中的腐蚀都很严重。

当在陶瓷材料中加入烧结助剂钇和铝时，陶瓷耐蚀性显著提高，并且与焙烧的加热方式和酸的浓度无关，其原因在于材料的腐蚀主要集中在材料表面，而烧结助剂往往浓缩于表面，抑制了酸向材料内部的扩散。特别是当环境中存在金属硝酸盐时，含烧结助剂钇和铝的陶瓷材料的耐蚀性显著提高，共存的金属硝酸盐的浓度越高，耐蚀性越好。

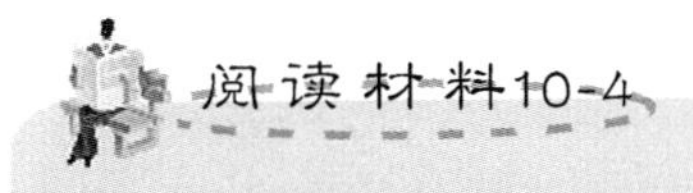

混凝土中的腐蚀

【混凝土中的腐蚀】

混凝土在实际服役过程中受温度、湿度、二氧化碳渗透、有害物质的侵蚀等各种环境的作用，外观及内部特征会发生一定变化，力学性能不断降低，使用寿命缩短。环境因素引起的腐蚀主要包括硫酸盐、氯化镁等盐类对混凝土基体的腐蚀破坏、淡水的腐蚀、碱集料腐蚀破坏、二氧化碳腐蚀、钢筋腐蚀等化学腐蚀破坏及物理形式的冻融破坏。

例如，盐类和水泥的水化产物发生化学变化生成具有膨胀性质的物质，破坏结构混凝土基体；流动的淡水使混凝土中的钙离子流失，使水化产物逐渐分解失去强度；钢筋腐蚀主要是由于二氧化碳或氯离子的侵入破坏了钢筋表面的钝化膜导致钢筋不断锈蚀、膨胀，破坏混凝土结构。

冻融破坏是在某一冻结温度下，水结冰产生体积膨胀，过冷水发生迁移，引起各种压力，当压力超过混凝土能承受的应力时，混凝土内部孔隙及微裂缝逐渐增大，扩展并互相连通，强度逐渐降低，造成混凝土破坏。对于混凝土的冻融破坏，目前提出的相关理论主要有静水压理论、渗透压理论、微冰棱镜理论、临界饱水度理论和变形理论等。

对结构混凝土的防腐措施主要从施工工艺和原材料角度来考虑。如在结构混凝土表面增加防腐涂层；优化混凝土的配合比，选择有利于抗氯离子渗透性的原材料，如粉煤灰能有效改善混凝土的孔结构，减少自由氯离子的侵入；在钢筋表面施加阻锈剂等防腐涂层，提高钢筋的耐腐蚀性能。

10.3 高分子材料在环境介质作用下的腐蚀

高分子材料一般具有优良的耐腐蚀性能，在酸、碱和盐的水溶液中具有较好的耐腐蚀性，但在复杂多变的腐蚀介质中，高分子材料也会产生腐蚀。例如，尼龙只能耐较稀的酸、碱溶液，而在浓酸、浓碱中则会被腐蚀。

10.3.1 高分子材料的腐蚀类型

高分子材料的腐蚀与金属有本质的差别。金属是导体，的腐蚀行为多数以电化学过程来进行，常以离子的形式溶解。高分子材料一般不导电，也不以离子形式溶解，其腐蚀过程难以用电化学规律阐明。高分子材料的腐蚀形式主要包括化学裂解、溶胀溶解、应力开裂和渗透破坏等。

(1) 化学裂解。在活性介质作用下，渗入高分子材料内部的介质分子可能与大分子发生化学反应，使大分子主价键发生破坏、裂解。

(2) 溶胀溶解。溶剂分子渗入材料内部破坏大分子间的次价键，与大分子发生溶剂化作用，使高分子材料出现溶胀、软化，强度显著降低。

(3) 应力开裂。在应力(外加的或内部的残余应力)与某些介质(如表面活性物质)共同作用下，不少高分子材料会出现银纹，并进一步生长成裂缝，直至发生脆性断裂。

(4) 渗透破坏。对于衬里设备来说，一旦介质透过衬里层接触到基体，就会引起基体材料的腐蚀，使设备损坏。

另外，高分子材料中的某些成分，如增塑剂、稳定剂等添加剂或低分子量组分，也会从固体内部向外扩散、迁移，溶入环境介质中，从而使高分子材料发生变质。

关于化学裂解、溶胀溶解、渗透破坏请参看相关的专业书籍，这里我们主要介绍一下高分子材料的应力腐蚀开裂。

10.3.2 高分子材料的应力腐蚀

当高分子材料处于某种环境介质中时，往往会在比空气中的断裂应力或屈服应力低得多的应力下产生银纹、裂纹，甚至断裂的现象，称为高分子材料的环境应力腐蚀开裂。这种应力包括外加应力和材料内的残余应力；环境介质包括液体、蒸气和固体介质。部分结晶的塑料，如聚乙烯、聚丙烯、聚苯醚及聚全氟乙丙烯树脂等，均会在相应的介质，尤其是表面活性介质中产生环境应力腐蚀开裂。

介质渗入高分子材料内部会使材料表面增塑和屈服强度降低，在应力作用下，材料表面层产生塑性变形和大分子链的定向排列，形成由一定量物质和浓度空穴组成的疏松纤维状结构，称为银纹；在更大的应力作用下，使一部分大分子链与另一部分大分子链完全断开，成为裂纹。与银纹不同，裂纹不再是疏松的纤维结构，而完全为穴隙。银纹和裂纹是由介质的渗入和应力共同作用形成的，而银纹和裂纹的出现则有利于介质向材料内部的进一步渗透和扩散，导致银纹和裂纹的不断扩展，直至断裂。

1. 高分子材料应力腐蚀开裂的特点

(1) 高分子材料环境应力腐蚀开裂是一种从表面开始发生破坏的物理现象，从宏观上看呈脆性破坏，但若用电子显微镜观察，则属于韧性破坏。

(2) 不论负载应力是单轴或多轴方式，它总是在比空气中的屈服应力更低的应力下发生龟裂滞后破坏。

(3) 在裂缝的尖端部位存在着银纹区。

(4) 与应力腐蚀破裂不同，材料并不发生化学变化。

(5) 在发生开裂的前期状态中，屈服应力不降低。

研究高分子材料在特定介质中产生的环境应力开裂行为，可检测材料的内应力和耐开裂性能，用以对材料性能进行评价及质量管理。

2. 高分子材料应力腐蚀开裂的机理

各种介质与高分子材料发生反应的情况不一样，从而引起不同形式的应力腐蚀。有的应力腐蚀开裂过程出现银纹、裂纹及裂纹扩展几个阶段；有的在开裂之前只是形成很少量的银纹，有的甚至完全不出现银纹。按照介质的特性，可以将应力腐蚀开裂分为以下几种机理。

(1) 介质是表面活性物质。包括醇类和非离子型表面活性剂等。这类介质对高分子材料的溶胀作用不严重。介质能渗入材料表面层中的有限部分，产生局部增塑作用。于是在较低应力下被增塑的区域产生局部取向，形成较多的银纹。这种银纹初期几乎是笔直的，末端尖锐，介质进一步侵入，使应力集中处的银纹末端进一步增塑，链段更易取向、解缠。于是银纹逐步发展成长、汇合，直至开裂，是一种典型的环境应力开裂。有人用表面能降低的理论来解释这种现象。

(2) 介质是溶剂型介质。这类介质与高分子材料有相近的溶解度参数，因此对高分子材料有较强的溶胀作用。这类介质进入大分子之间起到增塑作用，使链段易于相对滑移，从而使材料强度严重降低，在较低的应力作用下可发生应力开裂。在开裂之前产生的银纹很少，强度降低是由于溶胀或溶解引起的。

(3) 介质为强氧化性介质。如浓硫酸、浓硝酸等。这类介质与高聚物发生化学反应，使大分子链发生氧化裂解，在应力作用下，就会在少数薄弱环节处产生银纹。银纹中的空隙又会进一步加快介质的渗入，继续发生氧化裂解。最后在银纹尖端应力集中较大的地方使大分子断裂，造成裂缝，发生开裂。这类开裂产生的银纹极少，甚至比溶剂型的还少，但在较低的应力作用下可使极少的银纹迅速发展，导致脆性断裂。

3. 影响高分子材料应力腐蚀开裂的因素

(1) 高分子材料的性质。高分子材料的性质是最主要的影响因素。不同的高聚物具有不同的耐环境应力开裂能力；同一高聚物也因分子量、结晶度、内应力的不同而有很大差别。

分子量小而分子量分布窄的材料，发生开裂所需时间短。这是因为分子量越大，在介质作用下的解缠越困难。高聚物的结晶度高，容易产生应力集中，而且在晶区与非晶区的交界处，容易受到介质的作用，因此易于产生应力开裂。

材料中存在的杂质、缺陷、黏结不良的界面、表面刻痕及微裂纹等应力集中体，也会促进环境应力开裂。

另外，由于加工不良引起的内应力，或者材料热处理条件不同产生的内应力，均对环境应力开裂有很大影响。

(2) 环境介质的性质。介质对环境开裂的影响，主要取决于它与材料间的相对表面性质，或溶度参数差值 $\Delta\delta$。若 $\Delta\delta$ 很小，即介质对材料浸湿性能很好，则易溶胀，不是典型的环境应力开裂。若 $\Delta\delta$ 很大，即介质不能浸湿材料，介质的影响也极小。只有当 $\Delta\delta$ 在某一范围内时，才易引起局部溶胀，导致环境应力开裂。

(3) 试验条件。试样的厚度对应力开裂有一定的影响，在某临界厚度以下，材料不产生环境应力开裂。施加应力的作用方向如果与大分子取向垂直，开裂易在大分子取向方向上出现。一般来说，温度高易于开裂，但如果高到已接近材料的熔点，则开裂将不会再发生。另外，浸渍时间、外加应力的大小等也都会对高分子材料环境应力开裂产生影响。

综合习题

一、填空题

1. 材料发生应力腐蚀断裂的 3 个基本条件是________________、________________和________________。

2. 应力腐蚀断裂过程可分为__________、__________和__________ 3 个阶段。

3. 材料发生应力腐蚀时的应力来源于__________和__________。

二、名词解释

应力腐蚀　氢脆　应力腐蚀强度因子门槛值　应力腐蚀裂纹扩展速率

三、简答题

1. 试述金属材料产生应力腐蚀的条件。

2. 金属的应力腐蚀过程可分为哪3个阶段？

3. 试述金属材料发生应力腐蚀的机理。

4. 防止金属发生应力腐蚀的措施有哪些？

5. 陶瓷材料在环境介质作用下易发生哪些腐蚀行为？

6. 高分子材料在环境介质作用下有哪些腐蚀类型？

7. 试述高分子材料应力腐蚀的特点及影响因素。

四、文献查阅及综合分析

给出任一材料（器件、产品、零件等）应力腐蚀破坏的案例，分析应力腐蚀失效的原因（给出必要的图、表、参考文献）。

【第10章习题答案】

【第10章自测试题】

【第10章试验方法-国家标准】

【第10章工程案例】

第11章

材料的强韧化

本章知识构架

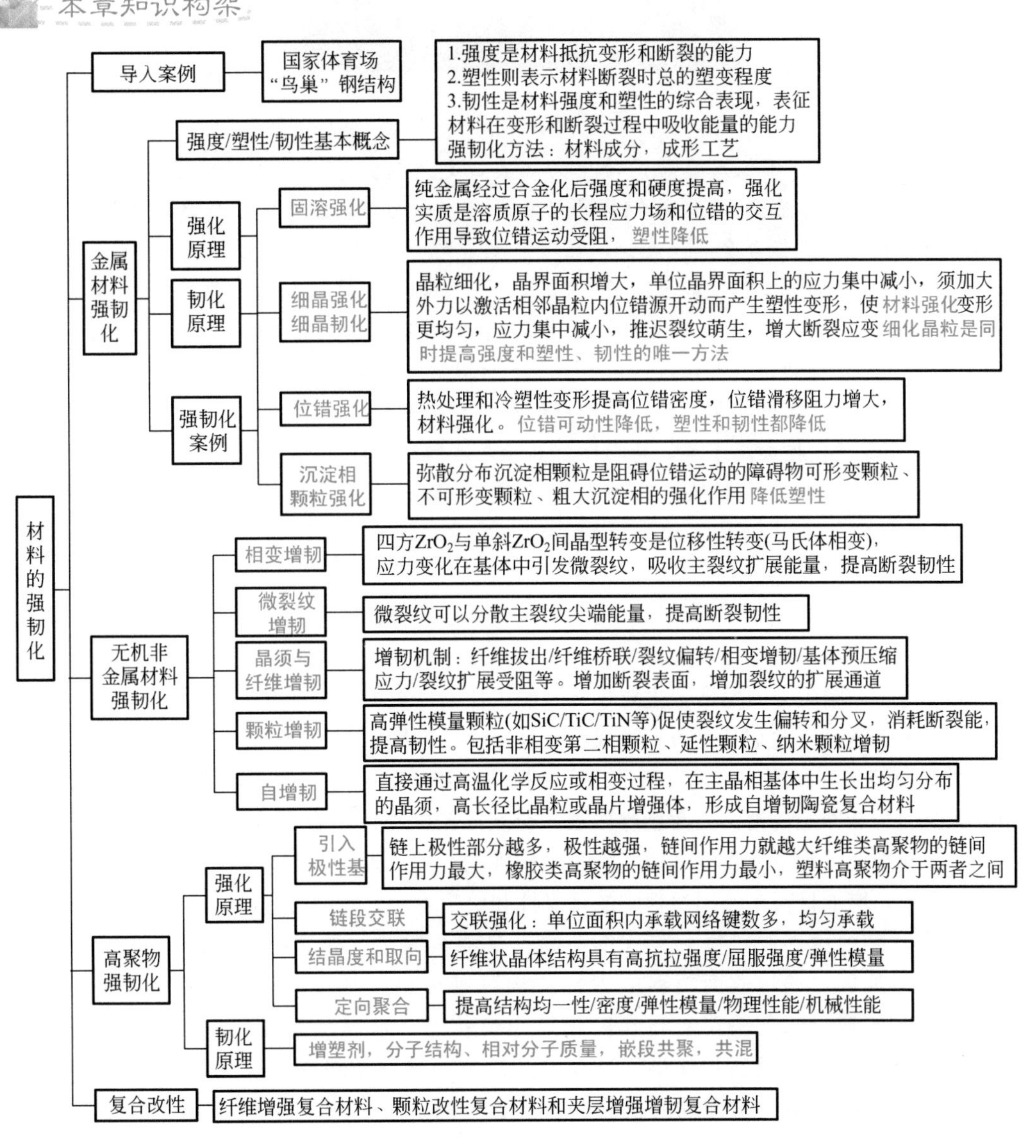

材料的强韧化
导入案例
国家体育场“鸟巢”钢结构
金属材料强韧化
强度/塑性/韧性基本概念
1.强度是材料抵抗变形和断裂的能力
2.塑性则表示材料断裂时总的塑变程度
3.韧性是材料强度和塑性的综合表现，表征材料在变形和断裂过程中吸收能量的能力
强韧化方法：材料成分，成形工艺
强化原理
韧化原理
强韧化案例
固溶强化
纯金属经过合金化后强度和硬度提高，强化实质是溶质原子的长程应力场和位错的交互作用导致位错运动受阻，塑性降低
细晶强化 细晶韧化
晶粒细化，晶界面积增大，单位晶界面积上的应力集中减小，须加大外力以激活相邻晶粒内位错源开动而产生塑性变形，使材料强化变形更均匀，应力集中减小，推迟裂纹萌生，增大断裂应变 细化晶粒是同时提高强度和塑性、韧性的唯一方法
位错强化
热处理和冷塑性变形提高位错密度，位错滑移阻力增大，材料强化。位错可动性降低，塑性和韧性都降低
沉淀相颗粒强化
弥散分布沉淀相颗粒是阻碍位错运动的障碍物可形变颗粒、不可形变颗粒、粗大沉淀相的强化作用 降低塑性
无机非金属材料强韧化
相变增韧
四方ZrO2与单斜ZrO2间晶型转变是位移性转变(马氏体相变)，应力变化在基体中引发微裂纹，吸收主裂纹扩展能量，提高断裂韧性
微裂纹增韧
微裂纹可以分散主裂纹尖端能量，提高断裂韧性
晶须与纤维增韧
增韧机制：纤维拔出/纤维桥联/裂纹偏转/相变增韧/基体预压缩应力/裂纹扩展受阻等。增加断裂表面，增加裂纹的扩展通道
颗粒增韧
高弹性模量颗粒(如SiC/TiC/TiN等)促使裂纹发生偏转和分叉，消耗断裂能，提高韧性。包括非相变第二相颗粒、延性颗粒、纳米颗粒增韧
自增韧
直接通过高温化学反应或相变过程，在主晶相基体中生长出均匀分布的晶须，高长径比晶粒或晶片增强体，形成自增韧陶瓷复合材料
高聚物强韧化
强化原理
引入极性基
链上极性部分越多，极性越强，链间作用力就越大纤维类高聚物的链间作用力最大，橡胶类高聚物的链间作用力最小，塑料高聚物介于两者之间
链段交联
交联强化：单位面积内承载网络键数多，均匀承载
结晶度和取向
纤维状晶体结构具有高抗拉强度/屈服强度/弹性模量
定向聚合
提高结构均一性/密度/弹性模量/物理性能/机械性能
韧化原理
增塑剂，分子结构、相对分子质量，嵌段共聚，共混
复合改性
纤维增强复合材料、颗粒改性复合材料和夹层增强增韧复合材料

导入案例

我国的国家体育场(图 11.01)坐落在奥林匹克公园中心区平缓的坡地上，网络状外观即为建筑的主体结构，与立面达成了完美的统一。它形象简洁、典雅，犹如一个颇具象征意义的鸟巢，孕育着人类的生命与梦想。

图 11.01 国家体育场

“鸟巢”的成功，不仅是建筑设计中的经典，更是材料学上的国际尖端科技成果。如果没有承担主要负重任务的 Q460 钢材的研发成功，一切都只能存留于想象与图纸之上。

Q460 钢材是一种低合金高强度钢，屈服强度达到 460MPa。一般情况下，材料的强度越高，塑性、韧性及加工工艺性能会降低。“鸟巢”——国内在建筑结构上首次使用 Q460 规格的钢材，钢板厚度达 110mm，不仅要求材料具有高的强度，而且兼有高的塑性、韧性和焊接性能。如何解决材料的强度和韧性、焊接性能的矛盾，科研人员开始了长达半年多的攻关之路，通过调整成分、改进轧制工艺，在保证低碳当量的基础上，适当地增加微合金元素的含量。降低轧制温度，增加压下量，从而细化晶粒，达到高强度、高韧性的配合。

几百吨自主创新、具有知识产权的国产 Q460 钢材，为孕育人类生命与梦想的“鸟巢”撑起了骄傲的铁骨钢筋，向全世界展示了宝贵的奥运建筑奇迹。

一般情况下，材料的强度与塑性、韧性是一对互为消长的矛盾性能指标，材料的强度越高，塑性、韧性及加工工艺性能会降低。随着科学技术与工业生产的发展，机器装备日益向大型化、复杂化、高精尖方向发展，主要零部件的工作条件更为严酷和复杂，对材料强度与塑性、韧性的要求越来越高，尤其是对兼有高强度和高塑性、韧性配合的材料的需求持续增长。

韧性是材料强度和塑性的综合表现，表征材料在变形和断裂过程中吸收能量的能力；强度是材料抵抗变形和断裂的能力，而塑性则表示材料断裂时总的塑变程度。因此，可以用材料在塑性变形和断裂全过程中吸收能量的多少表示韧性的高低。提高材料的强度和韧性可以节约材料，降低成本，增加材料在使用过程中的可靠性和服役寿命，对国民经济具有重大意义。

一方面，结合键和原子排列方式的不同，是金属材料、陶瓷材料、高分子材料力学性能不同的根本原因，通过改变材料的内部结构可以达到控制材料性能的目的；另一方面，材料不同的加工成形工艺决定着材料的最终组织状态，从而决定材料的性能与使用性能。因此，可以从材料成分控制和成形工艺改进两大方面进行材料的强韧化改进。不同种类的材料，提高其强度与塑性、韧性的机理和方法也不同。

11.1 金属材料强韧化

11.1.1 金属材料的强化原理

1. 固溶强化

【固溶强化】

纯金属经过适当的合金化后强度和硬度提高的现象，称为固溶强化。固溶强化的实质是溶质原子的长程应力场和位错的交互作用导致位错运动受阻。固溶体可分为无序固溶体和有序固溶体，其强化机理也不相同。

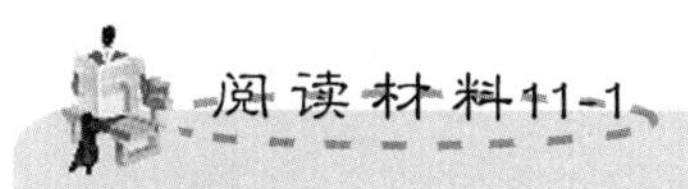

固溶强化铁基变形高温合金

中国的固溶强化铁基变形高温合金可以成功地在700～900℃(最高到950℃)温度范围内使用，这在国际高温合金的应用上是独具特色的。添加合金元素使基体得到强化的铁基变形高温合金是从Fe-Cr-Ni型奥氏体不锈钢的基础上发展起来的，使用温度较高，所受应力较低，能适应各种复杂成形的加工，广泛应用于航空工业制成燃烧室和火焰筒等部件。

根据使用温度区分，中国典型的固溶强化铁基变形高温合金基本上有三大类。

(1) 700℃以下：主要是GH13和GH139。GH139以6%锰代替一部分镍，并辅以氮进行固溶强化。这是成分简单、最经济的合金。

(2) 800℃以下：主要是GH1040合金，以20Cr35Ni-40Fe为基，加入适量钨、钼作为固溶强化的主要手段，再辅以少量铝和钛增强固溶强化，具有良好的综合性能，在800℃以下应用的铁基板材高温合金中占有统治地位。

(3) 900℃以下：有GH1131、GH138、GH1015和GH1016等多种合金。这类合金主要用大量的钨、钼和铌(总量高达10%)进行固溶强化，有的合金还添加少量氮(<0.30%)来增强固溶强化效果。

2. 细晶强化

【细晶强化】

多晶体金属相邻的不同取向的晶粒受力产生塑性变形时，部分施密特因子大的晶粒内位错源先开动，并沿一定晶面产生滑移和增殖。滑移至晶界前的位错被晶界阻挡，造成塑变晶粒内位错塞积。在外力作用下，晶界上的位错塞积产生一个应力场，当应力场作用于位错源的作用力等于位错开动的临界应力时，相邻晶粒内的位错源开动、滑移与增殖，造成塑性形变。

所以，当晶粒细化时，晶界面积增大，单位晶界面积上的应力集中减小，必须加大外力以激活相邻晶粒内位错源开动而产生塑性变形。因此，细晶粒产生塑性变形要求更高的外加作用力，细化晶粒使金属材料强化。

3. 位错强化

金属晶体的缺陷理论指出，晶体中的位错密度ρ达到一定值后可以有效地

【位错强化】

提高金属的强度。位错间的弹性交互作用可造成位错运动的阻力，表现为强度的增高。通过热处理和冷塑性变形以提高位错密度是钢材强化的重要手段之一。

金属的强度和塑性，是受位错的可动性控制的。位错的可动性降低引起位错密度增加。只要能阻碍位错滑移，就能提高金属材料的强度，同时也就降低了金属的塑性。

4. 沉淀相颗粒强化

多相合金的高强度基础是由位错与沉淀析出相的交互作用而产生的。弥散分布的沉淀相颗粒是阻碍位错运动的最有效的障碍物，其强化效果视颗粒在钢材屈服时本身可否塑变而定，另外，第二相的形态与分布方式也可有不同的强化效应。

1）可形变颗粒的强化作用

可形变颗粒是指沉淀相通常处于与母相共格状态，颗粒尺寸小(＜15nm)，可为运动的位错所切割。

可变形颗粒的强化效应与以下几个方面有关：①第二相颗粒具有不同于基体的点阵结构和点阵常数，当位错切过共格颗粒时，在滑移面不造成错配的原子排列，因而增大位错运动的做功；②沉淀相颗粒的共格应力场与位错的应力场之间产生弹性交互作用，位错通过共格应变区时，会产生一定的强化效应；③位错切过颗粒后形成滑移台阶，增加界面能，加大位错运动的能量消耗；④当颗粒的弹性切变模量高于基体时，位错进入沉淀相便增大位错自身的弹性畸变能，引起位错的能量和线张力变大，位错运动遇到更大的阻力。

因此，与基体相完全共格的沉淀相颗粒具有显著的强化效应。

2）不可形变颗粒的强化作用

不可变形颗粒具有较高硬度和一定尺寸并与母相部分共格或非共格的沉淀相颗粒。位错遇到这类颗粒无法切过颗粒，只能沿着颗粒围绕，绕过的最大角 θ 可达到 π，每一条位错绕过颗粒后留下一个位错环，而后恢复平直状态，继续向前推移。位错的能量是正比于其长度的，因此位错遇到颗粒，滑移受到阻碍面发生弯曲时，必须增高外加切应力以克服位错弯曲而引起的位错线张力的加大。不可变形颗粒的强化作用反比于颗粒尺寸，而正比于其数目。

3）粗大的沉淀相群体的强化作用

当两个相所组成的组织是一种不同晶粒尺寸的多晶体时，一个相晶粒的预先形成可以明显地影响另一个相晶粒的成长，可以规定另一个相的生长范围，并有可能引起另一个相晶粒细化。沉淀相的作用大小与沉淀相的形态、分布和数量，以及每一沉淀物承受外力的能力有关。

由两个相混合组成的组织的强化方法主要有：①纤维强化；②一个相对另一个相起阻碍塑性变形的作用，从而导致另一个相更大的塑性形变和加工硬化，直到未形变的相开始形变为止；③在沉淀相之间颗粒可由不同的位错增殖机制效应引入新的位错。

11.1.2 金属材料的韧化原理

韧性是断裂过程的能量参量，是材料强度与塑性的作用综合表现。通常以裂纹形核和扩展的能量消耗或裂纹扩展抗力来标志材料韧性。

裂纹形核前的塑性形变、裂纹的扩展是与金属组织结构密切相关的，从而反映出不同的断裂方式，以及不同的断裂机制；它涉及位错的运动，位错间弹性交互作用，位错与溶质原子和沉淀相弹性交互作用，以及组织形态，其中包括基体、沉淀相和晶界的作用。这些作用结果体现了组织结构对裂纹的形核和扩展的促进或缓和，显示为材料的韧化或脆化。

改善金属材料韧性断裂的途径：①减少诱发微孔的组成相，如减少沉淀相数量；②提高基体塑性，从而可增大在基体上裂纹扩展的能量消耗；③增加组织的塑性形变均匀性，这主要为了减少应力集中；④避免晶界的弱化，防止裂纹沿晶界的形核与扩展；⑤金属材料的各种强化方法都会对其韧性产生影响。

1. 位错强化与塑性和韧性

金属材料的位错密度 ρ 对其塑性和韧性的影响是双重的。一般地，位错密度提高，位错间的交互作用增强，使位错的可动性降低，材料的流变应力提高，塑性和韧性都降低。可动的未被锁住的位错对韧性损害小于被沉淀物或固溶原子锁住的位错，位错遭到钉扎，塑性变形受到抑制。

2. 固溶强化与塑性

在保证强度的前提下，提高塑性，可以提高材料的韧性。在合金元素中，通常以硅和锰对铁的塑性损害较大，而且置换固溶量越多，塑性应变越低。

体心立方点阵金属的强化与韧化

体心立方点阵 α-Fe 中置换固溶镍成为改善塑性的主要手段，镍改善塑性的原因是促进交滑移。另外加入铂、铑、铱和铼也可优化塑性。其中铂的作用尤具吸引力，它不但改善塑性，也有相当大的强化效应。

α-Fe 固溶碳量低于 0.2%，如低碳马氏体的 $a/c\approx1$，不出现点阵正方度的畸变，全部溶质原子偏聚于刃型位错线附近($\rho=10^{11}\sim10^{12}\,cm^{-2}$)。严格地说，低碳位错型马氏体并不是真实的间隙固溶体，只有当 $w_C>0.2\%$时才出现 α-Fe 点阵的间隙固溶。因此低碳位错型马氏体中位错可带着气团在基体中运动，表现出良好的塑性。

间隙固溶的固溶度和错配度是影响间隙强化的两个主要因素。马氏体组织充分利用了间隙固溶强化作用。当马氏体间隙固溶碳量增至 0.4%时，硬度提高到 60HRC，断面收缩率 ψ（新国家标准 Z）降低到 10%，碳含量为 1.2%时，硬度为 68HRC，而 $\psi(Z)$ 低于 5%。

3. 细化晶粒与塑性

细化晶粒是既能提高强度又能优化塑性和韧性的唯一方法。当晶粒尺寸较小时，晶粒内的空位数目和位错数目都比较少，位错与空位及位错间的弹性交互作用的机遇相应减少，位错将易于运动，表现出好的塑性；另外，位错数目少，位错塞积数目减少，造成的应力集中减小，从而推迟微孔和裂纹的萌生，增大断裂应变。此外，细晶粒为同时在更多的晶粒内开动位错和增殖位错提供了机遇，使塑性变形更为均匀，表现出较高的塑性。

4. 沉淀相颗粒与塑性

总的来说，析出相沉淀强化降低塑性。这是因为沉淀相颗粒常以本身的断裂，或颗粒与基体间界的脱开作为诱发微裂纹的地点，从而降低塑性应变，引发断裂。研究表明：①沉淀颗粒越多，提高流变应力越显著，而塑性越低；②呈片状的沉淀相对塑性损害大，呈球状的析出相对塑性损害小；③均匀分布的沉淀相对塑性削弱小；④沉淀相沿晶界的连续分布，特别是网状析出降低晶粒间的结合力，明显降低塑性。

不可形变的沉淀相与基体的间界面可出现位错或位错环，造成应力集中，极易形成裂纹源，引起断裂韧性降低，提高冷脆转变温度，而且沉淀相颗粒尺寸越大(当碳化物厚度大于 4μm 时，冷脆转变温度明显升高)，韧性降低越明显。

粗大的析出相或群集体如珠光体和夹杂物对钢的塑性和韧性的影响是显著的。珠光体明显降低钢的塑性和韧性，提高冷脆转变温度。碳化物及硫化物均降低塑性。

11.1.3 金属材料的强韧化常用方法举例

金属材料的强韧化必须是在提高其强度的同时兼顾其韧性。

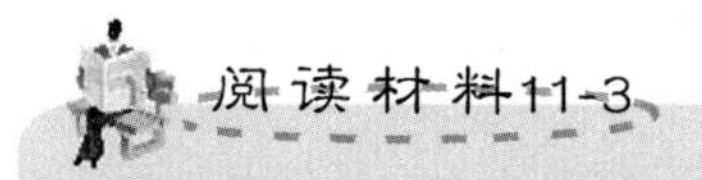

低碳马氏体钢的强韧化

低碳马氏体钢具有良好的强韧配合，其 σ_b 和 $\sigma_{0.2}$ 在 w_C=0.1%～0.29%的范围内保持线性的函数关系，证明低碳马氏体的强化主要依赖于碳的固溶强化。在通常的淬火条件下，低碳钢马氏体发生自回火。自回火碳化物颗粒小而又分布均匀，从而产生粒子沉淀强化作用。低碳马氏体具有高密度位错，提高马氏体屈服强度。

低碳马氏体板条的亚结构是位错缠结的胞状结构，亚结构内位错有较大的可动性。由于位错运动能缓和局部地区的应力集中，从而延缓了裂纹的萌生。另外马氏体条间位错存在着 10nm 厚的稳定的奥氏体薄膜，奥氏体是一个高塑性相，裂纹扩展遇到奥氏体将受到阻挡。因此低碳的板条状马氏体也具有很好的塑性和韧性。

因此，位错在低碳马氏体钢中既起到了强化作用，又因其可运动性对韧性做出了贡献；奥氏体虽然强度低，但因其在低碳马氏体钢中占有很小的体积分数，不会降低其强度，而且因其在马氏体板条间的薄膜状分布提高了低碳马氏体的韧性。

淬火获得马氏体是钢的强化方法中重要的手段，因此提高钢的淬透性尤为重要。位错型马氏体钢中加入碳、硅、铬、锰、钼、硼等元素，能有效提高其淬透性。

图 11.1 低碳马氏体钢钻杆

低碳马氏体强韧性优良的配合，使其获得了广泛的应用。常用的牌号有 16Mn、20Cr 和 20CrMnTi 等，我国研制的适合我国资源条件的两类低碳马氏体型钢为 15MnVB(15MnB)和 20SiMn2MoVA，特别适合严寒地带、要求高强度和高韧性的机件，如石油机械产品的重要零件——钻杆（图 11.1）及汽车中的高强度螺栓等。又如汽车轮胎螺栓，原来使用 40Cr 调质钢，改用低碳马氏体强化的20Cr后，产品质量和寿命均得到提高。40Cr与20Cr热处理后的性能对比见表11-1。

表11-1 40Cr调质钢与低碳马氏体钢20Cr性能对比

钢的类别	热处理工艺	σ_b/MPa	σ_s/MPa	ψ_k/(%)	α_k/(kJ/m^2)
40Cr	850℃淬火，500℃回火	1100	1050	57	600
20Cr	880℃淬火，200℃回火	1500	1200	49	700

马氏体时效钢的强韧化

马氏体时效钢不依靠碳强化，因为当碳含量超出0.03%时钢的冲击韧性急剧下降。马氏体时效钢的强韧化思路：以高塑性的超低碳位错型马氏体和具有高沉淀硬化作用的金属间化合物作为组成相，将这两个在性能上相互对立的组成相组合起来构成具有优异强韧配合的钢种。马氏体时效钢典型代表为Ni18，按屈服强度可分为3个级别(表11-2)。

表11-2 Ni18马氏体时效钢的化学成分

屈服强度级别/MPa	化学成分 w/(%)							
	C	Mn	Si	Ni	Co	Mo	Al	Ti
1350	<0.03	<0.01	<0.10	17～19	8～9	3～3.5	0.10	0.20
1650	<0.03	<0.01	<0.10	17～19	7～8.5	4.6～5.1	0.15	0.40
1950	<0.03	<0.01	<0.10	17～19	8.5～9.5	4.7～5.2	0.15	0.40

马氏体时效钢加入镍、钼、钛和铝等元素，可形成AB_3型的η-Ni_3Mo或Ni_3Ti，γ-Ni_3(Al、Ti)和Ni_3Nb等金属间化合物。在时效过程中沉淀析出，起到强化作用。加入钴有利于促进沉淀相形成，而且能够细化沉淀相颗粒，减小沉淀相颗粒间距。由于低碳，马氏体时效钢消除了C、N间隙固溶对韧性的不利影响，可使基体保持固有的高塑性的性质。镍能使螺型位错不易分解，保证交滑移，提高塑性。同时镍降低位错与杂质间交互作用的能量，这意味着马氏体将存在着更多的可动位错，从而改善塑性，降低解理断裂倾向。

马氏体时效钢的热处理一般为850～870℃加热，随后空冷或水淬，再加热到480℃时效3h，表11-3所列为Ni18钢热处理后的力学性能。

表11-3 Ni18钢热处理后的力学性能

屈服强度级别/MPa	$\sigma_{0.2}$/MPa	σ_b/MPa	δ/(%)	ψ/(%)	20℃时冲击值/J	K_{Ic}/(MPa·m$^{1/2}$)
1350	1290～1430	1350～1500	14～16	65～70	81～149	88～176
1650	1650～1850	1730～1900	10～12	48～52	24～35	88～163
1950	1950～2080	2040～2100	12	60	14～27	64～115

马氏体时效钢主要应用于航空器航天器构件、冷挤冷冲模具及要求高强度高韧性的构件，如用于制造火箭发动机壳体和零件、飞机起落架部件、高压容器，以及压铸模和塑料模等。

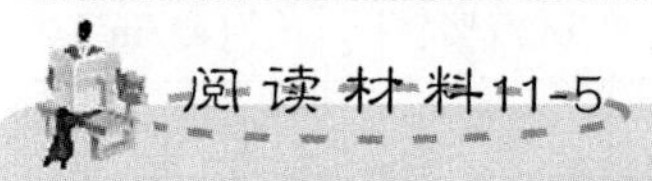

利用纳米尺度共格界面强化材料

提高材料的强度是几个世纪以来材料研究的核心问题。迄今为止强化材料的途径的实质是通过引入各种缺陷(点缺陷、线缺陷、面缺陷及体缺陷等)阻碍位错运动，使材料难以产生塑性变形而提高强度。但材料强化的同时往往伴随着塑性或韧性的急剧下降，造成高强度材料往往缺乏塑性和韧性，而高塑韧性材料的强度往往很低。

中国科学院金属研究所沈阳材料科学国家(联合)实验室卢柯研究员、卢磊研究员与美国麻省理工学院 S. Suresh 教授在过去大量研究工作的基础上提出了用纳米尺度共格界面强化材料的方法。2009 年 4 月 17 日出版的 *Science* 周刊上刊登了他们的特约综述论文，详细阐述了这项重要研究成果。

卢柯等人研究发现，纳米尺度孪晶界面具备上述强化界面的 3 个基本结构特征。他们成功地制备出具有高密度纳米尺度的孪晶结构(孪晶层片厚度小于 100nm)。当高密度纳米尺度的孪晶结构的孪晶层片厚度为 15nm 时，拉伸屈服强度接近 1.0GPa(是普通粗晶铜的 10 倍以上)，拉伸均匀延伸率可达 13%。当孪晶层片在纳米尺度时，位错与大量孪晶相互作用，使强度不断提高。同时，在孪晶界上产生大量可动不全位错，它们的滑移和储存为样品带来高塑性和高加工强化。由此可见，利用纳米尺度孪晶可使金属材料强化的同时提高韧塑性。

利用纳米尺度共格界面强化材料已成为一种提高材料综合性能的新途径。尽管在纳米尺度共格界面的制备技术、控制生长，以及各种理化性能、力学性能和使役行为探索等方面仍然存在诸多挑战，但这种新的强化途径在提高工程材料综合性能方面表现出巨大的发展潜力和广阔的应用前景。

11.2 无机非金属材料的强韧化

11.2.1 无机非金属材料的韧化机理

一般情况下，陶瓷受载时不发生塑性变形就在较低的应力下断裂，因此韧性极低，这是阻碍陶瓷作为结构材料广泛应用的主要原因。陶瓷材料中发生相变也会引起内应力而造成开裂。因此，陶瓷工艺中往往将相变视为不利因素，应尽量避免。但在某些情况下，可以利用相变提高陶瓷材料的韧性和强度。

陶瓷的增韧机制主要有相变增韧、微裂纹增韧、晶须与纤维增韧、颗粒增韧和自增韧等。

1. 相变增韧

【相变增韧】

常压下纯氧化锆有三种晶型，低温(1170℃)下为单斜晶系(monoclinic)，密度为 5.65g/cm^3，高温(2370℃)下为四方晶系(tetragonal)，密度为 6.10g/cm^3，更高温(2700℃)下为立方晶系(cubic)，密度为 6.27g/cm^3。处于陶瓷基体内的 ZrO_2 存在着

$m-ZrO_2 \rightleftharpoons t-ZrO_2$的可逆相变特性，晶体结构的转变伴有 3%～5%的体积膨胀。加热时，单斜 ZrO_2(斜锆石)向四方相转化温度在 1100～1200℃，冷却时，由于新相晶核形成困难，四方相向单斜相的转变温度滞后为 950～1000℃。四方 ZrO_2 与单斜 ZrO_2 之间的晶型转变是位移性转变，这一转变与碳素钢中的奥氏体与马氏体之间的转变相似，也称马氏体相变。

ZrO_2 颗粒弥散分布于陶瓷基体中，由于两者具有不同的热膨胀系数，烧结完成后，在其冷却过程中，ZrO_2 颗粒周围则有不同的受力情况，当 ZrO_2 粒子受到基体压抑时，其相变也将受到压制。ZrO_2 还有一个特性，其相变温度随着颗粒尺寸的减小而下降，一直可降到室温。当基体对 ZrO_2 颗粒有足够的压应力，并且 ZrO_2 的颗粒又足够小时，其相变温度可降至室温以下，在室温下 ZrO_2 仍可保持四方相结构。当材料受到外应力作用时，基体对 ZrO_2 的压抑作用得到松弛，ZrO_2 颗粒即发生四方相到单斜相的转变，并在基体中引发微裂纹，吸收主裂纹扩展的能量，达到提高断裂韧性的效果。

在陶瓷烧结的冷却过程中，颗粒大的 ZrO_2 优先由四方相转变为单斜相，即 ZrO_2 的相变起始温度 M_s 是随着 ZrO_2 的颗粒减小而降低的。若 ZrO_2 颗粒小则足以使相变温度偏移到常温下，即 $t-ZrO_2$ 一直保持到常温，陶瓷基体中就储存了相变弹性压应变能(UT)，只有当基体受到了适量的外加张应力，使 ZrO_2 的束缚得以解除，才能发生四方相 ZrO_2 向单斜相 ZrO_2 的转化，所以小颗粒弥散分布的 ZrO_2 有利于相变增韧。

2. 微裂纹增韧

【微裂纹增韧】

在大多数情况下，陶瓷体内存在有裂纹。当受外力时，或存在应力集中时，裂纹会迅速扩展，致使陶瓷体破坏。因此，如何防止裂纹扩展，消除应力集中，是解决问题的关键。

ZrO_2 中的陶瓷在由四方相向单斜相转变过程中，相变出现体积膨胀而产生微裂纹。无论是陶瓷冷却过程中产生的 ZrO_2 相变激发微裂纹，还是裂纹扩展过程中在其尖端区域形成的应力激发 ZrO_2 相变导致的微裂纹，都起着分散主裂纹尖端能量的作用，提高断裂能，称为微裂纹增韧。

不同尺寸的 ZrO_2 颗粒的相变起始温度 M_s 是不同的，并有其相应的膨胀程度，即 ZrO_2 颗粒越大，相变温度越高，膨胀也越大。

当 ZrO_2 颗粒的相变温度低于室温，陶瓷基体中储存着相变弹性压应变能。如果 ZrO_2 颗粒的相变温度高于室温，则 ZrO_2 颗粒会自发地由四方相转化为单斜相，在基体中会激发出微裂纹，在有微裂纹韧化作用的情况下，主裂纹尖端的应力将重新分布，如图 11.2 所示。一般来说，为了阻止主裂纹的扩展，在主裂纹尖端应有一个较大范围的相变诱导微裂纹区，如图 11.3 所示。而主要途径是减少 ZrO_2 的颗粒度，并控制 ZrO_2 的颗粒度分布状态和颗粒直径范围。

总之，在相变未发生之前，裂纹尖端区域诱导出的局部压应力，起着提高抗张强度的作用；一旦相变发生诱导出微裂纹带，就能在裂纹扩展过程中吸收能量，起到提高 K_{Ic} 值的作用。

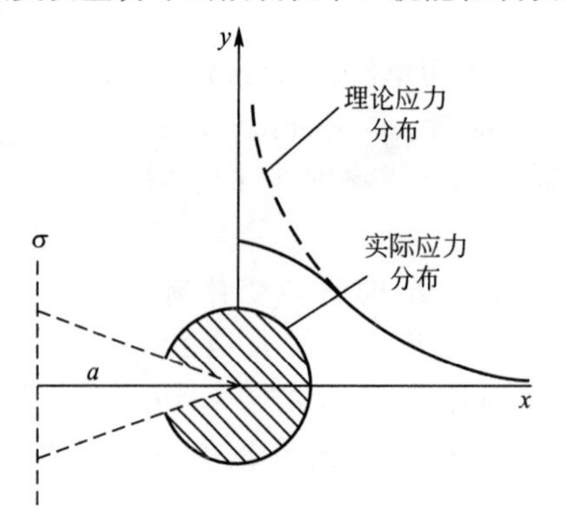

图 11.2　微裂纹区导致主裂纹尖端应力重新分布

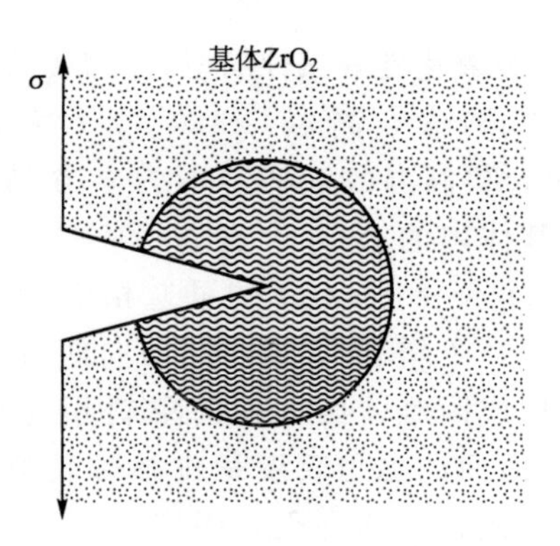

图 11.3　含 ZrO_2 陶瓷基体主裂纹尖端相变诱导微裂纹区

【晶须与纤维增韧】

3. 晶须与纤维增韧

晶须是具有一定长径比(直径 0.1～1.8μm，长 35～150μm)，而且缺陷少的陶瓷单晶。晶须具有很高的强度，是一种非常好的陶瓷基复合材料的增韧增强体；纤维长度较陶瓷晶须长数倍，可与纤维复合使用。用 SiC、Si_3N_4 等晶须或 C、SiC、硅酸铝等长纤维对氧化铝陶瓷进行复合增韧。

晶须或纤维的加入可以增加断裂表面，即增加了裂纹的扩展通道。当裂纹扩展的剩余能量渗入到晶须(纤维)，发生晶须(纤维)的拔出、脱粘和断裂时，导致断裂能被消耗或裂纹扩展方向发生偏转等，从而使复合材料韧性得到提高。晶须或纤维的引入不仅提高了陶瓷材料的韧性，更重要的是使陶瓷材料的断裂行为发生了根本性变化，由原来的脆性断裂变成了非脆性断裂。但当晶须或纤维含量较高时，由于其拱桥效应而使致密化变得困难，从而引起密度的下降和性能下降。

纤维增强陶瓷基复合材料的增韧机制包括基体预压缩应力、裂纹扩展受阻、纤维拔出、纤维桥联、裂纹偏转、相变增韧等。纤维拔出是纤维复合材料的主要增韧机制，通过纤维拔出过程的摩擦耗能，使复合材料的断裂功增大，纤维拔出过程的耗能取决于纤维拔出长度和脱粘面的滑移阻力。晶须增韧机制包括晶须拔出、裂纹偏转、晶须桥联，其增韧机理与纤维增韧陶瓷基复合材料相类似。晶须增韧效果不随温度而变化，是高温结构陶瓷复合材料的主要增韧方式，包括外加晶须法和原位生长晶须法。

【颗粒增韧】

4. 颗粒增韧

颗粒增韧是用高弹性模量的颗粒(如 SiC、TiC、TiN 等)作为增韧剂，在材料断裂时促使裂纹发生偏转和分叉，消耗断裂能，从而提高韧性。纳米颗粒复相陶瓷是在陶瓷基体中引入纳米级的第二相增强粒子，通常小于 0.3μm，可使材料的室温和高温性能大幅度提高，特别是强度值，上升幅度更大。颗粒增韧陶瓷基复合材料原料的均匀分散及烧结致密化都比短纤维及晶须复合材料简便易行。因此，尽管颗粒的增韧效果不如晶须与纤维，但如颗粒种类、粒径、含量及基体材料选择得当，仍有一定的韧化效果，同时会带来高温强度、高温蠕变性能的改善。颗粒增韧从增韧机理上可分为非相变第二相颗粒增韧、延性颗粒增韧、纳米颗粒增韧。

【自增韧】

5. 自增韧

加入可以生成第二相的原料，控制生成条件和反应过程，直接通过高温化学反应或者相变过程，在主晶相基体中生长出均匀分布的晶须、高长径比的晶粒或晶片的增强体，形成陶瓷复合材料，称为自增韧。这样可以避免两相不相容、分布不均匀问题，强度和韧性都比外来第二相增韧的同种材料高。例如，加入助溶剂使Al_2O_3晶粒在烧结中原位发育成具有较高长径比的柱状晶粒，并呈网状分布，获得晶须增韧的效果。自增韧陶瓷的增韧机理类似于晶须对材料的增韧机理，有裂纹的桥接增韧、裂纹的偏转和晶粒的拔出，其中桥接增韧是主要的增韧机理。

11.2.2 无机非金属材料的强韧化方法举例

ZrO_2对陶瓷的韧性、强度都有增强作用。目前增韧效果最好的有两个系统，一个是氧化锆增韧氧化铝；另一个是氧化锆增韧氧化锆，即相变韧化氧化锆，也称为部分稳定氧化锆(PSZ)。

这类陶瓷具有很高的韧性和强度。稳定氧化锆，平均抗弯强度已达2400MPa，达到了高强度合金钢的水平；而断裂韧性可达$17MPa \cdot m^{1/2}$，相当于铸铁和硬质合金的水平。这种陶瓷制品甚至可抵抗住铁锤的敲击，因此有陶瓷钢的美称。

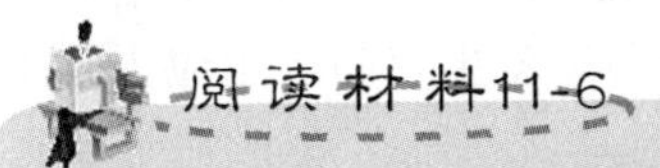

氧化锆韧化氧化铝(ZTA)和氧化锆(PSZ)

在ZrO_2中添加2%的Y_2O_3可以得到较多的四方相ZrO_2，而且可以使四方相ZrO_2的相变临界尺寸增大。所谓相变临界尺寸是在高温时能保证ZrO_2四方结构的最大颗粒尺寸。而且Y_2O_3还有抑制ZrO_2颗粒长大的作用。因此人们研制了$Al_2O_3-ZrO_2$(加2%的Y_2O_3)系列增韧陶瓷。实验证明，Al_2O_3经增韧后其断裂韧性K_{Ic}可由$4.89MPa \cdot m^{1/2}$提高到$8.12MPa \cdot m^{1/2}$。

氧化锆陶瓷基体内部分氧化锆在烧结降温中不发生马氏体相变，而在使用中因外界张应力诱发马氏体相变，起到微裂纹增韧的作用，这样的氧化锆陶瓷称为部分稳定氧化锆增韧陶瓷(PSZ)。研究发现对Y-PSZ中添加20%的Al_2O_3，可使Y-PSZ的平均抗弯强度达到2400MPa，而断裂韧性K_{Ic}达到$17MPa \cdot m^{1/2}$，是目前陶瓷中的最高水平。

部分稳定氧化锆具有低的热导率(比氮化硅低80%)，绝热性好，热膨胀系数接近于发动机中使用的金属，因而与金属部件的连接比较简易。部分稳定氧化锆在常温下具有卓越的力学性能，如抗弯强度和断裂韧性。但随着温度的增高Y-PSZ的强度和韧性显著降低。在Mg-PSZ和从$Al_2O_3-ZrO_2$中也观察到了这一现象。根据相变韧化理论，高温强度低是由于应力诱发相变的韧化效果在高温下减小的缘故，实验发现加入大量的氧化铝可以大大提高Y-PSZ的高温强度。例如，在ZrO_2中加入$w=20\%$的Y_2O_3和$w=40\%$的Al_2O_3可使其在1000℃以上保持1000MPa的强度。虽然其原因尚不清楚，但是给Y-PSZ的高温应用打开了光明前景。将韧化陶瓷应用于绝热发动机，还有诸如Y-PSZ高温稳定性等许多问题需要解决，但部分稳定氧化锆增韧陶瓷已成为主要候选材料。

11.3 高聚物的强韧化

11.3.1 高聚物的强化原理

对高分子材料机械强度的研究表明，大分子链的主价键力、分子间力和大分子的柔顺性是决定其机械强度的主要因素。单个大分子无法承受机械力的作用，只有当无数大分子链靠分子间力(氢键力、范德瓦尔斯力)聚集起来时，才显示其强度特性。因此，在研究高分子材料的机械性能时，必须充分注意分子间作用力的影响，并且还应注意聚集状态、结构不均一性等对分子间作用力的影响。

高分子材料受外力作用时，主价链和次价链必然都是负载的承担者。从构成大分子链的化学链的强度和大分子链相互作用力的强度，可以估算出高分子材料的理论强度。但实际上，高分子材料的强度一般仅为其理论强度的 0.1%～1% 。高分子材料实际强度比理论强度小得多的原因，是实际材料的结构具有缺陷。此外，还由于分子链不能同时承载和同时断裂，尤其是次价链更不会同时发生。一般情况下是链段间次价键先断裂，并使负载逐渐地转移到处于薄弱环节的主价键上，这时尽管主价键的强度比分子间力大 10 倍，但因应力的过分集中而断裂。试验温度低，速度高，链段不易运动，就更容易产生应力集中使主价键断裂，脆性断裂的特征也越明显。

高分子材料的缺陷和薄弱环节包括裂纹、银纹、表面刻痕、空孔和杂质等。高分子材料常包含着自然发生的裂纹，长度为 10^{-4}～10^{-3}cm ，宽度接近分子大小。因此在裂纹的末端集中着非常大的应力，可能超过分子断裂的理论强度。高分子材料的不均一性还导致裂纹的产生。所以，高分子材料的强化主要有以下几个方面。

1. 引入极性基

链间作用力对高聚物的机械强度有着很大的影响。对不同的高聚物，为了比较它们分子链间的作用力的大小，一般取长度为 0.5nm，配位数为 4 时计算出来的作用能数值。其数据见表 11 - 4。

表 11 - 4　几种聚合物的链间作用能

聚合物	聚乙烯	聚异戊二烯	聚氯丁二烯	聚苯乙烯	聚氯乙烯	聚醋酸乙烯	三醋酸纤维素	聚酰胺	纤维素
链间作用能/(J/mol)	1.0	1.3	1.6	2.0	3.2	4.2	4.8	5.8	6.2

表 11 - 4 数据表明：链上极性部分越多，极性越强，链间作用力就越大。有意思的是，上面数据依次递增的次序，刚好是橡胶、塑料、纤维 3 类物质的序列(聚乙烯例外)。据此可以看出，纤维类高聚物的链间作用力最大，橡胶类高聚物的链间作用力最小，塑料高聚物介于两者之间，而它们之间并无严格界限。因此，如能改变它们的链间作用力就能改变它们的强度。在大分子链中引入极性基团的办法，增加链间作用力，可以改善高聚物的力学性能。例如，在聚丁二烯的大分子链上引入适当的极性基(羧基)，增强了链间作用力，得到了强度较高的羧基橡胶。

【链段交联】

2. 链段交联

在环境温度高于玻璃温度 T_g 时，随着交联程度的增加，交联键的平均距离缩短，高分子材料的断裂强度将会进一步增大，屈服强度和弹性模量也会大幅度提高。交联使单位面积内承载的网络键数目增多，并且可以均匀承载，这是交联强化的基本原因。

3. 结晶度和取向

【结晶度和取向】

结晶性高分子材料的结晶度和大分子取向对其强度有着明显的影响。实际的结晶性高聚物中存在着晶区和非晶区，一个大分子链可以贯穿好几个晶区和非晶区。在非晶区分子链是卷曲和互相缠结的，因而当结晶性高聚物受力时，可使应力分散并导致分子微晶取向化，使强度得到提高。结晶度的增大使高分子的密度增大，而且微晶还会起到物理交联的作用，使应力均匀分布，断裂强度上升。

试验表明：使高聚物熔体在高压下结晶，或高度拉伸结晶性高聚物，可以获得由伸直链形成的纤维状晶体结构，可以获得高的抗拉强度、屈服强度和弹性模量。

4. 定向聚合

【定向聚合】

定向聚合是提高高分子材料结构均一性的有效方法。在聚合过程中，三乙基铝和四氯化钛型催化剂对大分子的空间排列有一种特殊的定向作用，可以使 α-烯烃单体生成空间排列规整的大分子链，使聚乙烯的密度、拉伸弹性模量和物理性能、机械性能都有了提高。定向聚合的出现，在高分子合成和结构研究方面是个重大的突破，它开辟了改性高分子材料的新途径。

11.3.2 高聚物的韧化原理

高聚物在拉伸中由于内部结构的不均一性导致裂纹尖端应力集中，产生塑性应变，引发大量银纹，称为银纹化。银纹首先在与应力垂直的方向上增厚，增厚的银纹进一步演变成裂缝。这个过程加快了裂纹尖端区域弹性应变能的释放，即应变能释放率 g_c 加大。对于韧性高分子材料 g_c 有一临界值，当 $g_c > g_{ic}$ 时，材料会发生韧—脆转变。材料的韧性是拉伸试验速率的函数，裂纹尖端的有效应变速率往往比标称应变速率高得多。随着应变速率的增加，g_{ic} 减小，即越容易出现 $g_c > g_{ic}$，导致材料发生韧—脆转化。在银纹化过程中 g_{ic} 主要消耗在银纹的形成和变形上。

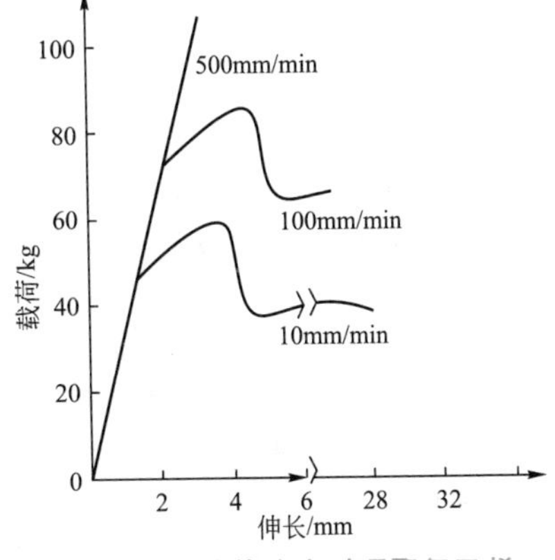

图 11.4 拉伸速度对硬聚氯乙烯应力-应变曲线的影响

材料经不同拉伸速度拉伸后所得到的应力-应变曲线如图 11.4 所示，曲线下的面积是材料的冲击韧性值。拉伸速度增大应力应变曲线向纵轴靠近，断裂强度增大，伸长率减小，曲线下的总面积减小，即冲击韧性下降。如果提高温度，使试验温度高于 T_g，则断裂强度下降，断裂伸长率增大。断裂伸长率的大小往往对材料的冲击韧性起着更大的作用，通常材料冲击韧性随着伸长率增大而增大。非晶态高分子链越柔顺，相对分子质量越大，在外力作用下，能将较多的外加动能变为热能(由分子内摩擦产生)，则其冲击韧性越高。

试验温度升高，冲击韧性增加。硬聚氯乙烯的冲击韧性与温度关系见表 11-5。当温度上升至材料的玻璃化温度附近或更高时，非晶态高聚物的冲击韧性急增。大多数结晶性高分子材料，温度在 T_g 以上时比在 T_g 以下时具有更大的冲击韧性。温度在 T_g 附近时应力集中可以缓和，分子运动较易，外力所做的功在冲击短时间内也能变成分子间的内摩擦热而散逸。

表 11-5　硬聚氯乙烯的冲击韧性与温度的关系

温度/℃	−20	−10	−5	0	5	10	20
冲击强度/(kJ/m^2)	30	34	40	42	48	58	150

1. 增塑剂与冲击韧性

添加增塑剂使分子间作用力减小，链段及大分子易于运动，使高分子材料的冲击韧性提高。但某些增塑剂在添加量较少时，有反增塑作用，而使冲击韧性下降。如图 11.5所示，当增塑剂含量小于 10%时，聚氯乙烯等材料的冲击韧性随增塑剂含量的增加而明显下降；越过最低点后，冲击韧性随增塑剂含量的增加而迅速上升。

2. 分子结构、相对分子质量与冲击韧性

热塑性塑料的大分子结构及分子间力是决定材料性能的主要因素。这两个因素若使堆砌密度小，玻璃化温度低，则冲击韧性就高。大分子链的柔顺性好，可提高结晶性高分子材料的结晶能力，而结晶度高，常使冲击韧性下降，如图 11.6 所示。

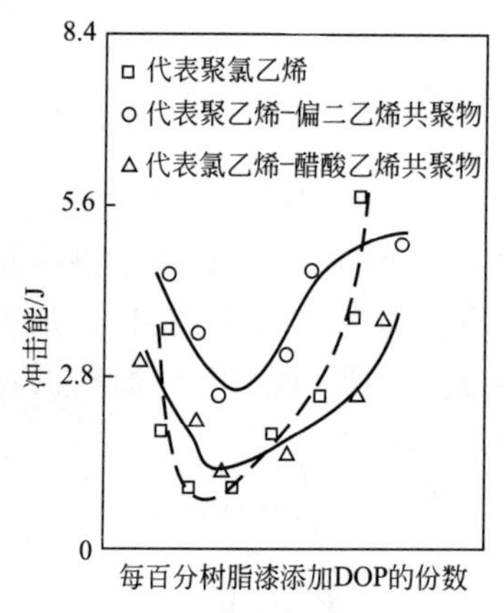

图 11.5　增塑剂邻苯二甲酸辛酯(DOP)对冲击强度的影响

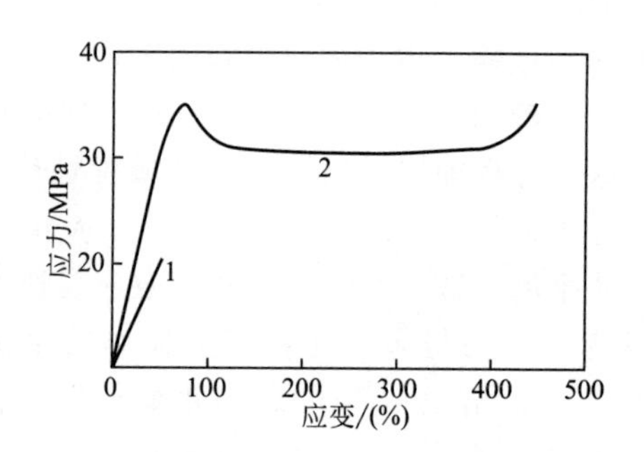

图 11.6　球晶大小对聚丙烯应力-应变的影响
1—大球晶；2—小球晶

非晶态高聚物的脆化温度比玻璃化温度低得多，如聚氯乙烯等均可在 T_g 以下时常使用并能承受一定的冲击载荷。链柔性大的非晶态高聚物 T_g 低，耐冲击性较好。

分子结构以玻璃化温度与结晶结构两方面影响着冲击韧性。晶态高聚物温度在 T_g 以上抗冲击性较好，在 T_g 以下脆性骤增。热固性塑料中的交联键与晶粒一样，起着束缚链段运动的作用，交联密度较大时，抗冲击性能下降。

相对分子质量增大使分子键的构象和缠结点均增多，有利于伸长率及强度的提高，而伸长率和强度的提高都使冲击韧性获得改善，所以冲击韧性随相对分子质量的增大而上升。如图 11.7所示，相对分子质量达数百万的超高相对分子质量聚乙烯具有极其优越的抗冲击性能。相对分子质量对晶态高聚物冲击韧性的影响还与结晶度有关。相对分子质量降低使结晶度提高，冲击韧性就降低，同时使冲击韧性对温度的敏感性也降低。

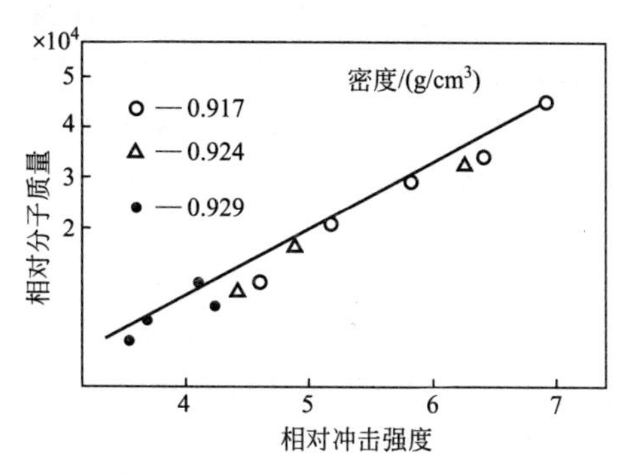

图 11.7 平均相对分子质量对低密度聚乙烯冲击强度的影响

提高相对分子质量对高聚物冲击韧性的作用会因长分子链的缠结而削弱，因为分子链的缠结、交联会降低其柔性。在温度和拉伸速率一定的条件下，高聚物的相对分子质量有一临界值 M_c，当相对分子质量大于 M_c 时高聚物为韧性，反之为脆性。高聚物长分子链上部分发生缠结，缠结部分相对分子质量为 M_e，那么当$M_c>2M_e$时，应变能释放率 g_c 下降，材料的韧性上升。高聚物中相对分子质量的平均值 M_n 称为数均相对分子质量，只要满足 $M_n>M_c$，就会使韧性增加。

3. 嵌段共聚与冲击韧性

采用多元嵌段是增加高分子材料韧性的有效方法。在玻璃化温度高的链段中间嵌入玻璃化温度低的链段。在使用中刚性高的链段发挥保证硬度、强度的作用，而具有低的玻璃化温度和高度柔性的软链段可保证共聚物的韧性，如加入少量聚乙烯嵌段的聚丙烯和韧化效果更为明显的加入无定型乙烯-丙烯共聚物嵌段的聚丙烯。

4. 共混与冲击韧性

共混增韧聚合物的发展十分令人瞩目，其中最重要的是与橡胶态的高聚物掺混在一起的玻璃态或接近玻璃态的树脂，当配合适宜时能得到高度的韧性。成功的产品有抗冲聚苯乙烯、ABS 和改良型抗冲聚氯乙烯等。橡胶是以不太相容的微滴形式存在的，当银纹发生在橡胶微滴周围时，应力导致橡胶颗粒的体积膨胀要吸收能量，限制了树脂内部裂纹的进一步扩展。

应选择与玻璃相树脂半相容半不相容的橡胶颗粒才能获得良好的增韧效果。橡胶颗粒越多，增韧效果越明显。但橡胶颗粒的直径尺寸不宜过小。如高冲聚苯乙烯的银纹宽度为 2μm，试验观察到橡胶颗粒的最佳直径在 1～10μm 之间。对 ABS 来说，这两个值分别为 0.5μm 和 0.1～1.0μm。

11.3.3 高分子材料的强韧化方法举例

高分子材料的强韧化途径主要为填料增强、共混共聚、添加增塑剂和成核剂及淬火等方法。

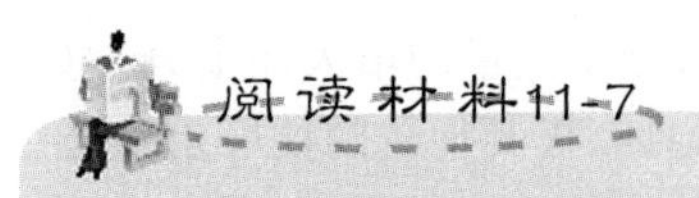

高分子材料的强韧化方法

1. 填料增强

高度交联的热固性树脂脆性很大，无太多用处。加入纤维类填料(如石棉、玻璃纤维)之后，即成为广泛应用的玻璃钢。这种改性酚醛的伸长率增加不多，但抗冲性能却大大提高。将长玻璃纤维与聚丙烯树脂直接挤出，切成粒料再回挤，制得增强聚丙烯，其抗冲性能提高1.5～4.5倍，而抗拉强度也提高2～5倍。

2. 共混与共聚

高聚物用机械混炼等手段加工成兼具二者优点的新材料称为共混。最成功的共混实例是聚苯乙烯的改性。脆性的聚苯乙烯因为添加了橡胶成分，可以变为高耐冲击的材料。塑料与橡胶共混提高抗冲击性能的原因是橡胶颗粒能够给出较大的形变，这种能量可变成热能散逸；橡胶颗粒也可起到应力集中体的作用，在其上生成很多放射状银纹，将冲击能转变成表面能和弹性能储存起来。这样能将冲击强度提高几倍乃至几十倍。为了得到耐冲击的聚合物共混体，至少应满足下列3个条件：①橡胶的玻璃化温度必须低于使用温度；②橡胶应作为第二相存在，而不能溶解在刚硬性高聚物中；③两种高聚物既有一定的互容性，又不能充分互容，即部分互容。

例如，将聚苯乙烯和丁苯橡胶按80/20(质量比)混炼，在双滚筒混炼机上，温度控制在150℃左右，时间约20min，其抗冲强度可提高2倍以上。近年来，有人研究用S-B-S热塑性弹性体(苯乙烯-丁二烯-苯乙烯嵌段共聚物)与增韧改性的聚苯乙烯进行第二次共混改性，以得到超高抗冲性的聚苯乙烯产品。抗冲聚苯乙烯除韧性卓越外，还具备聚苯乙烯的大多数优点，如刚度、易加工性、易染性等。抗冲聚苯乙烯的加工性较好，可用注射成型法生产各种仪表外壳、纺织用器材(纱管等)、电器零部件；也可用挤出成型法生产管、板，以及由板材二次加工制取容器、杯盘等。

3. 增塑剂和成核剂

增塑剂的加入能减少分子间作用力，使T_g下降，有效地提高抗冲性能，如在环氧树脂中加入邻苯二甲酸二丁酯，作为黏接剂使用；丁腈橡胶氯丁橡胶改性的酚醛树脂既有较高的强度，又极耐冲击。

4. 淬火

淬火是提高结晶性高分子材料冲击韧性的有效方法，如三氟氯乙烯是极优良的耐腐蚀衬里材料。但如将喷涂三氟氯乙烯的制品从塑化温度270℃缓慢冷却，尤其是在其最佳结晶温度(190～200℃)长时间停留的话，只会得到大晶粒(球晶)和结晶度高(可达80%～90%)的浑浊体，其性质硬而脆，冲击强度仅为4～6kJ/m²。如将熔融状态的涂层迅速投入水中，使之尽快通过最佳结晶温度区域，就能得到结晶度低(25%～30%)及晶粒小的透明体，这种涂料坚韧而且富于弹性，冲击强度甚至可达100～200kJ/m²。

【复合改性】

11.4 复合改性

将两种或两种以上的不同性质或不同组织的物质，以微观或宏观的形式组合而成的材料称为复合材料。复合材料以它的优越性能被广泛地应用在航天、航空、交通运输及日常生活等各个领域。人们熟悉的钢筋混凝土、玻璃钢、金属陶瓷和橡胶轮胎等均属于复合材料的范畴。

复合材料的结构通常是一个基体相为连续相，而另一增强相是以独立的形态分布于整个连续相中的分散相。与独立的连续相相比，这种分散相的存在，会使材料的性能发生显著的变化。因此，可以按分散相对复合改性材料进行分类，主要有纤维增强复合材料、颗粒改性复合材料和夹层增强复合材料等。这里我们简单介绍纤维复合材料的强化与韧化。

11.4.1 纤维的增强作用

在纤维增强的复合材料中，纤维起着骨架的作用，基体材料仅起着传递力的作用，即利用金属、水泥、橡胶、塑料等基体相的塑性流动，将应力传递给纤维。在纤维增强的复合材料中，材料的强度主要是由纤维的强度、纤维与基体界面的黏接强度及基体的剪切强度决定的。纤维的长短和纤维在基体相中的排列方式对复合材料的力学性能影响是不一样的。

对单向排列的连续纤维，其力学性能明显地有各向异性，载荷平行于纤维时力学性能最高，而载荷垂直于纤维时力学性能最低。无论是金属基体或塑料基体的复合材料都如此。

11.4.2 纤维的增韧作用

在树脂基或金属基复合材料中，纤维的弹性模量 E_f 远大于基体的弹性模量 E_m，E_f/E_m 很高，而陶瓷的 E_f/E_m 很低，所以在陶瓷基复合材料中，纤维增强作用不显著。在金属基或热塑性塑料基体的材料中，基体的断裂应变大于纤维，在拉伸中通常是纤维先发生断裂，纤维断裂控制着整个复合材料的断裂过程。但是，对于陶瓷复合材料来说，断裂先发生于基体，说明纤维在陶瓷基材料中主要不是起增强作用，而是起增韧作用，克服了单纯材料的固有脆性。

表 11 - 6 所示是纤维增韧陶瓷基的复合材料。可以看出热压 Si_3N_4/SiC 晶须和 SiC - SiC 纤维的韧性已进展到可与金属材料相比的阶段。为什么纤维和基体两者本身都是脆性的，变成复合材料之后会使材料韧性有很大的改善呢？这主要是因为裂纹在基体中扩展时，假如纤维与基体的结合不是很强，纤维和基体将在界面上脱开，在裂纹到达界面时，就改变了裂纹的扩展方向，扩展方向不是垂直于纤维，而是沿着脱开的界面扩展，这使裂纹的传播路程大大增加，因而需消耗更多的断裂功(图 11.8)。应该指出，这种纤维与基体界面的结合力不能太强。如果界面的结合很强，裂纹将垂直纤维横贯整个截面，在这种情况下材料的韧性也不高。因此，陶瓷基复合材料只要求有适中的界面强度，而并不要求像树脂基或金属基材料那样具有高的界面结合强度，这是控制陶瓷基材料韧性的关键。

表 11 - 6　纤维增韧陶瓷基的复合材料

材　料	抗弯强度/MPa	断裂韧性 K_{Ic}/($MPa \cdot m^{1/2}$)	材　料	抗弯强度/MPa	断裂韧性 K_{Ic}/($MPa \cdot m^{1/2}$)
Al_2O_3 - SiC 晶须	800	8.7	玻璃-陶瓷	200	2.0
SiC - SiC 纤维	750	25.0	玻璃-陶瓷- SiC 纤维	830	17.0
ZrO_2 - SiC 纤维	450	22.0	热压 Si_3N_4/SiC 晶须	800	56.0

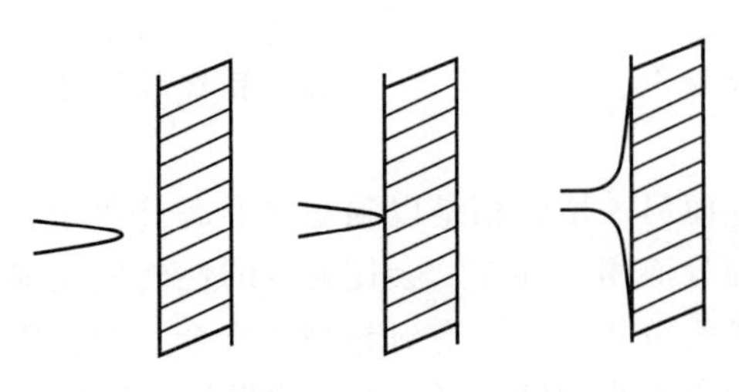
图 11.8 复合材料中裂纹停止扩展示意图

对以塑料或金属为基体的复合材料，纤维不仅有增强作用，还有增韧作用，例如，玻璃纤维或碳纤维增强的塑料韧性可达 50kJ/m^2，这比基体(5kJ/m^2)和纤维(0.1kJ/m^2)的韧性高得多。所以纤维增韧作用也是普遍的。**纤维对塑料基复合材料增韧机制是纤维拔出机制。**纤维受力断裂时，它们的断口不可能都出现在一个平面上，这样，欲使材料整体断裂，必定有许多根纤维要从基体中被拔出，因而必须克服基体对纤维的黏结力，所以材料断裂过程中，会消耗更多的能量。对于以高分子为基体的纤维增强复合材料，纤维与基体之间应该有高得适当的结合强度。结合强度高，有利于整体的强度，便于将基体所受的载荷传递给纤维，以充分发挥其增强作用。但过高的结合强度也不利，它会使材料断裂时失去纤维从基体中拔出的过程，降低韧性导致危险的脆性断裂。

综合习题

一、简答题

1. 位错在金属晶体中运动可能会受到哪些阻力?

2. Ni 在钢的合金化中为一重要的合金元素，它既可以提高钢的强度，又有韧化作用，为什么?

3. 塑料中的填料和固化剂有什么作用?

4. 金属纤维陶瓷中纤维增强剂为钨丝、钼丝，它们与氧化铝、氧化锆结合成复合材料。试验表明，它们之间并没有化学反应，结合紧固，试验样品断口有纤维拔出痕迹，请预计这些材料的韧化情况。

5. 聚丙烯熔体缓冷或在 138℃左右充分退火后，材料的强度得到提高，请简述原因。

6. 马氏体比铁素体强度高得多，分析马氏体的强化原理。

7. 钢的淬火与结晶性高分子淬火有何不同?

8. 喷丸处理使用高速弹丸冲击工件表面，这种工艺提高了工件的疲劳强度，延长了使用寿命，简述喷丸处理强化机理。

二、文献查阅及综合分析

给出任一材料(器件、产品、零件等)提高强度和韧性的方法(给出必要的图、表、参考文献)。

【第 11 章习题答案】

【第 11 章自测试题】

【第 11 章工程案例】

第三篇

材料的物理性能

根据材料的应用领域，常把材料分为结构材料和功能材料。结构材料主要以材料的强度、刚度、塑性、韧性、疲劳强度、耐磨性等力学性能为主要衡量指标，应用于机械制造、交通运输、航空航天和建筑工程等领域，用于制造各类机械、工具、车辆、房屋和桥梁等。功能材料是以材料的物理性能为主要衡量指标，要求材料具有优良的热学、磁学、电学、光学、声学、生物化学等性能及其相互间转化的功能，应用于能源、计算机技术、通信、电子、激光和空间科学等现代技术领域，用于各类具有特殊功能元器件的制备。

功能材料的使用和结构材料的历史一样悠久，但在1965年才由美国贝尔研究所的Morton博士首先提出功能材料的概念。随着科学技术的高速发展，功能材料成为新材料研究领域的核心，是国民经济、社会发展及国防建设的基础和先导。功能材料种类繁多，用途广泛，涉及信息技术、生物工程技术、能源技术、纳米技术、环保技术、空间技术、计算机技术、海洋工程技术等现代高新技术，形成一个规模宏大的高技术产业群。而且当前国际功能材料及其应用技术正面临新的突破，诸如超导材料、微电子材料、光子材料、信息材料、能源转换及储能材料、生态环境材料、生物医用材料及材料的分子、原子设计等成为世界各国新材料研究发展的热点和重点，在全球新材料研究领域中，功能材料约占85%。我国国家高技术研究发展计划(863计划)、国家重大基础研究发展计划(973计划)及国家自然科学基金等重大研究项目中的功能材料技术项目约占新材料领域的70%。发展功能材料技术正在成为国家强化经济及军事优势的重要手段。

材料的物理性能主要研究的是材料的热学、磁学、电学、光学、声学、生物化学及其相互间转化的性能，目的是通过材料的设计，从原子、分子、量子级去组建材料，并通过物性分析和测量，使材料达到特殊的使用性能，为功能材料的研究和发展提供理论基础。

本部分内容立足于大材料，重点介绍金属材料、无机非金属材料和高分子材料共有的基本物理性能，主要包括材料的热学、磁学、电学、光学及其相互转换性能，阐述材料物理性能的基本概念、基本原理和本质，分析材料成分、组织结构与性能的关系和基本规律，并简单介绍常用材料物理性能的测试方法及其在材料研究中的应用。

第12章 材料的热学性能

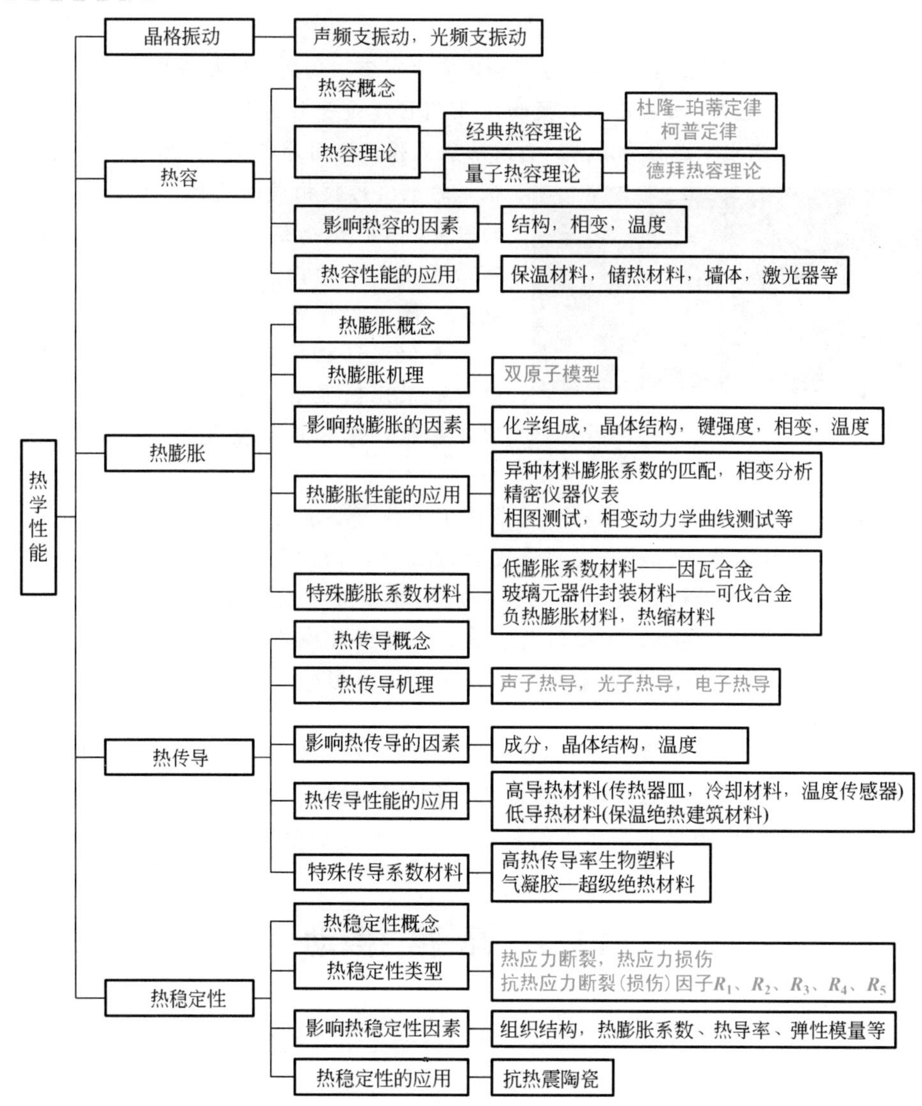

导入案例

为什么南极的气温要比北极更冷一些呢？这是因为南极地区是一块大陆，储藏热量的能力较弱；北极地区陆地面积小，大部分为北冰洋，海水的热容量大，能吸收较多的热量，能够在冬天的时候利用夏天储存的热能为北极加热，那里的年平均气温比南极要高8℃左右。

建筑物隔热保温是节约能源、改善居住环境和使用功能的一个重要方面，主要是选择质轻中空、热阻大、并具有良好反射性和辐射性填料，与成膜基料一起构成低辐射传热层，有效隔断热量传递。如薄层隔热反射涂料、水性反射隔热涂料、隔热防晒涂料和陶瓷绝热涂料等，可用于建筑物、车船、石化油罐设备、粮库、冷库、集装箱、管道等不同场所的涂装。太空绝热反射涂料采用被誉为空间时代材料的极细中空陶瓷颗粒为填料，对400～1800nm的可见光和近红外区的太阳热进行高反射，同时在涂膜中引入导热系数极低的空气微孔层来隔绝热能的传递，可使屋面温度最高降低20℃，室内温度降低5～10℃。

国家游泳中心（图12.01）“水立方”和国家体育场“鸟巢”遥相呼应，首次采用外围形似水泡的ETFE膜(乙烯-四氟乙烯共聚物)。ETFE膜是一种透明膜，耐腐蚀性、保温性俱佳，可以利用自然雨水完成自身清洁，自清洁能力强，使用寿命15至20年，厚度仅如同一张纸的ETFE膜构成的气枕，可以承受一辆汽车的重量。气枕根据摆放位置的不同，外层膜上分布着密度不均的镀点，可有效屏蔽日光，起到遮光、降温的作用。

图12.01　国家游泳中心

全铝发动机已在大量的车型上应用，铝的热传效果比铁显著，更有利于散热。空气在高温下膨胀，膨胀后的空气进入气缸后会降低压缩比。

航空航天零件往往在超高温的极端条件下工作，要求材料具有低的热传导率、低的热膨胀系数和高热容量等。神舟飞船在飞行过程中，向阳面舱外温度超过100℃，背阳面为－100℃。飞船最外面是聚四氟乙烯和玻璃纤维防护层，玻璃纤维耐热性好，聚四氟乙烯具有超强的耐气候性，不受湿气、霉、菌及紫外线的影响，保证了飞船在飞行过程中，隔热层及金属壳体在聚四氟乙烯的保护下不受影响，保障舱内温度。

材料的热学性能包括热容、热膨胀、热传导、热稳定性等。本章就这些热学性能和材料的宏观、微观本质关系加以探讨，以便为我们选择材料、合理地使用材料、改善材料的性能，以及开发研制出满足使用要求的新材料打下理论基础。

12.1 晶格振动

构成晶体的质点总是在各自的平衡位置附近做微小的振动，称为晶体的晶格振动或点阵振动。固体材料的比热容、热膨胀、热传导等热性能都直接与晶格振动有关。

晶格振动也称为热振动，是固体中离子或分子的主要运动形式。温度的高低反映了晶格振动的强烈程度。温度高时动能加大，晶格振动的振幅和频率均加大。

由于材料质点间有着很强的相互作用力，因此一个质点的振动会影响邻近点的振动，使相邻质点间的振动存在一定的位相差，并形成弹性波(又称格波)且以弹性波的形式在整个材料内传播，即晶格质点(原子、离子)的三维热振动以波的形式传播，形成弹性波。弹性波是多频率振动的组合波。

如图12.1(a)所示，如果晶格振动的频率较低(弹性波频率低)，则振动质点间的位相差较小，弹性波类似于弹性体中的应变波，称为“声频支振动”，声频支可以看作相邻原子具有相同的振动方向。如果晶格振动的频率较高(弹性波振动频率高)，如图12.1(b)所示，则振动质点间的位相差很大，邻近质点的运动几乎相反，振动频率往往在红外光区，称为“光频支振动”，光频支可以看作相邻原子振动方向相反。

如果晶格中有两种不同的具有独立振动频率的原子，即使它们的振动频率与晶格振动频率一致，但由于两种原子的质量不同，振幅也不同，所以两原子间会有相对运动。对于离子晶体，正、负离子间产生相对振动，当异号离子间有反向位移时，便构成了一个偶极子，其偶极矩在振动过程中周期性变化。

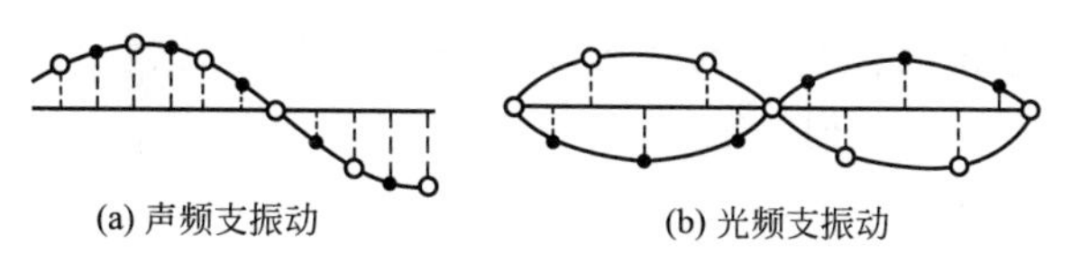

图12.1 一维双原子点阵中的格波

12.2 热　　容

固体的热容是晶格振动在宏观性质上的一个最直接的表现。本节将热容和晶格振动联系起来，用晶格振动解释实验现象。

12.2.1 热容的基本概念

当物质吸收热量温度升高时，温度每升高1K所吸收的热量称为该物质的热容(符号为C，单位为J/K)。

单位质量材料的热容称为比热容或质量热容，单位为J/(kg·K)；1mol材料的热容则称为摩尔热容，单位为J/(mol·K)，又称为原子热容。

不同种类的材料，热容量不同。同一种材料在不同温度时的比热容也往往不同，通常工程上所用的平均比热容是指单位质量的材料从温度T_1到T_2所吸收的热量的平均值，即

$$C_{均}=\frac{Q}{T_2-T_1}\cdot\frac{1}{m} \tag{12-1}$$

平均比热容是比较粗略的，T_1到T_2的范围越大，精确性越差，应用时还特别要注意它的适用范围(T_1到T_2)。

热容是一个广度量，当加热过程在恒压条件下进行时，所测定的比热容称为比定压热容(C_p)；当加热过程是在保持物体容积不变的条件下进行时，所测定的比热容称为比定容

热容(C_V)。由于恒压加热过程中，物体除温度升高外，还要对外界做功(膨胀功)，所以温度每提高1K需要吸收更多的热量，即$C_p>C_V$，因此它们可表达为

$$C_p=\left(\frac{\partial Q}{\partial T}\right)_p\cdot\frac{1}{m}=\left(\frac{\partial H}{\partial T}\right)_p\cdot\frac{1}{m} \tag{12-2}$$

$$C_V=\left(\frac{\partial Q}{\partial T}\right)_V\cdot\frac{1}{m}=\left(\frac{\partial E}{\partial T}\right)_V\cdot\frac{1}{m} \tag{12-3}$$

式中，Q为热量；E为内能；H为焓。

从实验的观点看，C_p的测定要方便得多，但从理论上讲，C_V更有意义，因为它可以直接从系统的能量增量来计算，根据热力学第二定律还可以导出C_p和C_V的关系

$$C_p-C_V=\frac{a_V^2V_mT}{\beta} \tag{12-4}$$

式中，$a_V=\frac{\mathrm{d}V}{V\mathrm{d}T}$为容积热膨胀系数；$\beta=\frac{-\mathrm{d}V}{V\mathrm{d}p}$为三向静力压缩系数；$V_m$为摩尔容积。

12.2.2 经典热容理论

固体的热容主要由晶格热容(晶格振动)和电子热容(电子的热运动)组成的，若发生相变，还有相变热容。

有两个经验定律描述固体材料的热容：一个是元素的热容定律——杜隆-珀蒂定律，另一个是化合物热容定律——柯普定律。

1. 杜隆-珀蒂定律

“大多数固态单质的原子热容几乎都相等”是1819年法国科学家P. L. 杜隆和A. T. 珀蒂测定了许多单质的比热容之后，发现的定律。

经典热容理论是把理想气体热容理论引用于固态晶体材料，其基本假设是将晶态固体中的原子看作彼此孤立地做热振动，把晶态固体原子的热振动近似地看作和气体分子的热运动相类似。并认为原子振动的能量是连续的，有任何频率的振动(声频支、光频支)。

杜隆简介

杜隆(Dulong，Pierre Louis)法国化学家。1785年2月12日生于塞纳-马恩的鲁昂；1838年7月18日卒于巴黎。杜隆原是一位医生。他认为免费施药是他的本分，对穷苦人连诊费也不收。他同样是一位富有献身精神的化学家，为购置实验设备花光了家当。1811年，他发现了三氯化氮是一种非常不稳定的烈性炸药，在研究时被炸瞎了一只眼睛，还炸坏了一只手，但他还是继续研究下去。1820年，杜隆在巴黎工艺学院任物理教授，1830年成为该院院长。

杜隆最重要的工作是和物理学家珀蒂合作研究热学。1818年，他们指出：一个元素的比热容和它的原子量存在着相逆的关系。因此，如果测得一个新元素的比热容(测定比热容比较容易)就可以粗略地求得它的原子量(直接测定原子量比较困难)。杜隆-珀蒂定律在测定原子量方面非常有用。

1826年，杜隆被选为英国皇家学会的外国会员。

晶态固体原子的热运动不像气体分子的热运动那么自由，每一个原子只在其平衡位置附近振动，可用谐振子来代表每一个原子在一个自由度的振动。根据经典理论，能量按自由度均分原理，每一个自由度的总能量是 kT，其中 $\frac{1}{2}kT$ 是平均势能，$\frac{1}{2}kT$ 是平均动能。每个原子有 3 个振动自由度，1mol 固体有 N_A 个原子，则总平均能量为

$$E=3N_A\left(\frac{1}{2}kT+\frac{1}{2}kT\right)=3N_AkT=3RT \tag{12-5}$$

式中，$N_A=6.023\times10^{23}/\text{mol}$，为阿伏伽德罗常数；$T$ 为热力学温度(K)；k 为玻耳兹曼常数，$k=R/N_A=1.38\times10^{-23}\text{J/K}$；$R=8.314\text{J/(mol·K)}$，为气体常数。

根据热力学理论，固体的定容热容为

$$C_V=\left(\frac{\partial E}{\partial T}\right)_V=\left(\frac{\partial(3N_AkT)}{\partial T}\right)_V=3N_Ak=3R=24.91\approx25\text{J/(mol·K)} \tag{12-6}$$

由式(12-6)可知，固体的热容是一个与温度无关的常数，近似于 **25J/(mol·K)**，这就是元素的热容经验定律——杜隆-珀蒂定律。

在室温下，这个定律对大多数金属和一些非金属是正确的，对有些物质如硼、铍、硅和金刚石等则在高温下才比较正确。此外，轻元素的热容不能用 25J/(mol·K)，其值见表 12-1。

表 12-1 轻元素的原子热容 [单位：J/(mol·K)]

元素	H	B	C	O	F	Si	P	S	Cl
C_p	9.6	11.3	7.5	16.7	20.9	15.9	22.5	22.6	20.4

在低温时，热容随温度下降而减小，杜隆-珀蒂定律只适用于高温区。这是由于经典理论把原子的振动能看作连续的，模型过于简单。而实际原子的振动能是不连续的，是量子化的。要克服经典理论的弱点，需要用晶格振动的量子理论来解释。

2. 柯普定律

1864 年，化学家柯普(1817—1892 年，德国)将杜隆-珀蒂定律推广到化合物，解释了 1832 年纽曼(1798—1895 年，德国)的分子热定律，即化合物分子热容等于构成此化合物各元素原子热容之和，称为纽曼-柯普定律。化学式为 $A_aB_bC_c$ 的化合物，其分子热容量等于

$$C=aC_A+bC_B+cC_C+\cdots \tag{12-7}$$

式中，C_A、C_B、C_C…分别为不同元素 A、B、C…的原子热容。

【量子力学理论发展】

12.2.3 量子热容理论

普朗克在研究黑体辐射时，提出振子能量的量子化理论。他认为在某温度 T 时，物质质点热振动时所具有的能量是量子化的，都是以 $h\nu$ 为最小单位，其中，h 为普朗克常量，ν 为振动频率。$h\nu$ 成为量子能阶，通过实验测得 h 为 $6.626\times10^{-34}\text{J·s}$。所以各个质点的能量只能是 ν，$h\nu$，$2h\nu\cdots nh\nu$。$n=0$，1，2…，称为量子数。

根据麦克斯韦-玻耳兹曼分配定律，可推导出在温度为 T 时一个振子的平均能量 $\overline{E}$，可以简化描述为

$$\overline{E}=\frac{h\nu}{\exp\left(\frac{h\nu}{kT}\right)-1} \tag{12-8}$$

在高温时，$kT \gg h\nu$，所以，$\overline{E}=kT$，即每个振子单向振动的总能量与经典理论一致。室温时，$kT > h\nu$，因此 $\overline{E}$ 与 kT 相差较大。所以，只有当温度较高时，可按经典理论计算热容。

由于 1mol 固体中有 N 个原子，把每个原子的振动看成是在三维方向上的独立振动的叠加，每个原子的热振动的自由度是 3，因此 1mol 固体的振动可看成 $3N$ 个振动的合成振动，则 1mol 固体的平均能量为

$$\overline{E}=\sum_{i=1}^{3N}\frac{h\nu}{\exp\left(\frac{h\nu}{kT}\right)-1} \tag{12-9}$$

因而根据量子理论，固体的摩尔热容为

$$C_V=\left(\frac{\partial \overline{E}}{\partial T}\right)_V=\sum_{i=1}^{3N}k\left(\frac{h\nu_i}{kT}\right)^2=\frac{\exp\left(\frac{h\nu_i}{kT}\right)}{\left[\exp\left(\frac{h\nu_i}{kT}\right)-1\right]^2} \tag{12-10}$$

但是，由于用式(12-10)计算热容必须知道谐振子的频谱，这是非常困难的。热容的量子理论是基于即使在同一温度下，物质中不同质点的热振动频率不尽相同和同一质点其振动所具有的能量也时大时小，并不一致，而且振动能量是量子化的这一假设提出来的。爱因斯坦和德拜分别提出了简化的热容量子理论。

1906 年，爱因斯坦通过引入晶格振动能量量子化的概念，提出了新的热容理论。爱因斯坦模型认为：晶体中每一个原子都是一个独立的振子，原子之间彼此无关，所有原子都以相同的频率振动，适当地选取频率，可以使理论与实验吻合。但该模型计算结果表明，$C_{V,m}$ 依指数规律随温度变化，与试验中得出的 T^3 变化规律不符，而且在低温区域，爱因斯坦模型计算出的 $C_{V,m}$ 值比实验值小(图 12.2)。导致这一差异的原因是爱因斯坦采用了过于简化的假设，这是因为实际晶体中各原子的振动不是彼此独立地以单一的频率振动着的，原子振动间有耦合作用，当温度很低时，这一耦合效应尤其显著。因此，忽略振动之间频率的差别是此模型在低温时不准确的原因。德拜模型在这一方面作了改进。

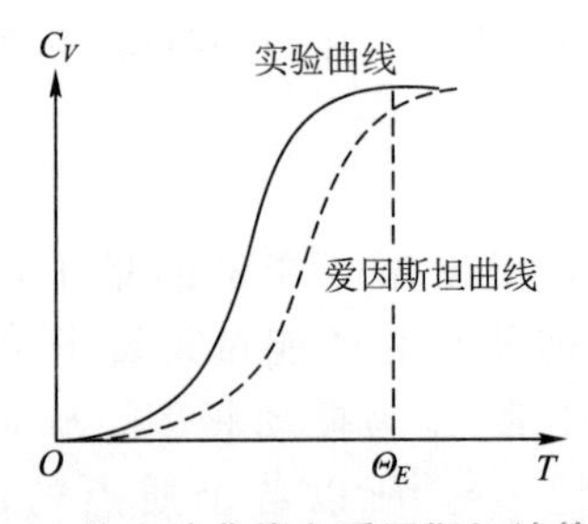

图 12.2 Cu 的实验曲线和爱因斯坦计算热容曲线

德 拜

德拜(Peter Joseph Wilhelm Debye，1884—1966年)，1905年毕业于德国亚琛工业大学，获电机工程师学位，随后转学物理，赴慕尼黑大学做A. 索末菲的助手，1910年获博士学位。1911年，德拜继爱因斯坦之后在苏黎世联邦工业大学任理论物理学教授。1939年纳粹政府命令他加入德国籍，他拒绝并回到荷兰。1946年加入美国籍，担任了康奈尔大学化学教授和化学系系主任的职务。

德拜一生在物理化学领域开展了广泛的研究。1911年提出了分子的偶极矩公式和物质比热容的立方定律(德拜公式)。

1916年，德拜和他的研究生P. 谢乐发展了M. von劳厄用X射线研究晶体结构的方法，推进了布喇格父子的研究工作，证明X射线分析不仅能适用于完整的晶体而且适用于固体粉末，创立了X射线粉末法(德拜-谢乐法)。他采用粉末状的晶体代替较难制备的大块晶体，粉末状晶体样品经X射线照射后在照相底片上可得到同心圆环的衍射图样(德拜-谢乐环)，用以鉴定样品的成分和决定晶胞大小，适用于多晶样品的结构测定。

1918年，德拜和他的助手E. 休克尔开始研究强电解质理论，并于1923年成功地得出了强电解质溶液的当量电导表达式(德拜-休克尔公式)。

1926年，德拜提出用顺磁盐绝热去磁制冷的方法，用这一方法可获得1K以下的超低温。1929年，德拜提出了极性分子理论，确定了分子偶极矩的测定方法，为测定分子结构、确定化学键的类型提供数据。人们把偶极矩的单位定为德拜。1930年后，德拜致力于光线在溶液中散射的研究，发展了测定高分子化合物分子量的技术。

1936年，德拜因利用偶极矩、X射线和电子衍射法测定分子结构而获得诺贝尔化学奖。他一生中获得过16所大学的名誉学位，成为20多个国家和地区科学院的院士，曾获吉布斯、尼科尔斯、普里斯特利等重要奖章。其主要著作收入《德拜全集》(1954年)中。他的学生L.C. 鲍林和L. 翁萨格也先后获得诺贝尔奖。

德拜热容理论考虑到了晶体中原子的相互作用，晶体近似为连续介质，主要考虑声频支振动和原子间的相互作用。由于晶体中对热容的主要贡献是弹性波的振动，也就是波长较长的声频支振动，在低温下占主导地位。由于声频波的波长远大于晶体的晶格常数，就可以**把晶体近似视为连续介质**，所以**声频支振动也近似地看作是连续的**，具有频率从0到ν_{max}的谱带，高于ν_{max}的不在声频支振动范围而在光频支振动范围，对热容的贡献很小，可以略而不计。ν_{max}可由分子密度及声速决定。由这样的假设导出的热容表达式为

$$C_{V,m}=3Rf_D\left(\frac{\theta_D}{T}\right) \tag{12-11}$$

式中，$\theta_D=\frac{h\nu_{max}}{k}\approx 4.8\times 10^{11}\nu_{max}$为**德拜特征温度**；$f_D\left(\frac{\theta_D}{T}\right)=3\left(\frac{T}{\theta_D}\right)\int_0^{\frac{\theta_D}{T}}\frac{e^x x^4}{(e^x-1)^2}dx$为**德拜比热容函数**；$x=\frac{h\nu}{kT}$。

当温度较高时，即$T\gg\theta_D$，$C_{V,m}\approx 3R$，这就是杜隆-珀蒂定律。

当温度很低时，即 $T \ll \theta_D$，则经计算

$$C_{V,m}=\frac{12\pi^4 R}{5}\left(\frac{T}{\theta_D}\right)^3 \tag{12-12}$$

这表明当 T 趋于 0K 时，$C_{V,m}$ 与 T^3 成比例地趋于零，这就是著名的德拜 T 立方定律，它和实验结果十分符合，温度越低，近似越好。

在德拜热容理论中，德拜温度 θ_D 是个重要参数，不同材料的 θ_D 是不同的，如石墨约为 1970 K，BeO 约为 1173 K，Al_2O_3 约为 923 K 等。θ_D 与键的强度、材料的弹性模量、熔点等有关，可以通过测定声速或热容量，间接由实验来确定。

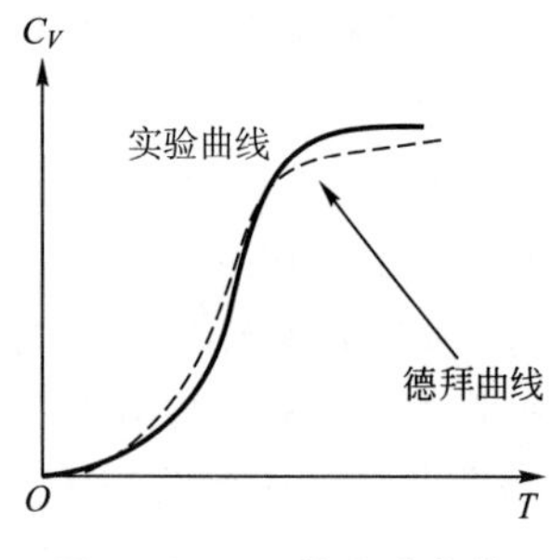

图 12.3　Cu 的实验曲线和德拜计算热容曲线

德拜理论的不足：如图 12.3 所示，随着科学的发展，实验技术和测量仪器不断完善，人们发现德拜理论在低温和高温下还不能完全符合实验结果。

德拜理论仅讨论了晶格振动引起的热容变化，实际上电子运动能量的变化对热容也有贡献，只是在温度不太低时，这一部分的影响远小于晶格振动能量的影响，一般可以略去；当温度极低时，晶格振动被冻结，振动能量急剧减小，电子运动引起的热容所占比例增大，电子热容就成为不可忽略的因素；同时当温度较高时，电子运动能力加强，电子热容值增大，电子热容的贡献明显，也不能忽略。

量子热容理论，对于金属晶体和部分较为简单的离子晶体，如 Al、Cu、C、KCl 等，在较宽温度范围内与实验相符，但并不完全适用于其他化合物。另外，由于晶体不是一个连续体，实际材料往往为多相结构，并有晶界、杂质等缺陷的存在，情况就更加复杂，理论计算误差就会更大。此外，德拜理论也解释不了超导现象。

12.2.4　影响热容的因素

对于固体材料，热容与材料的组织结构关系不大，如图 12.4 所示的 CaO 和 SiO_2(石英)的体积比为 1∶1 的混合物与 $CaSiO_3$(硅灰石)的热容-温度曲线基本重合。

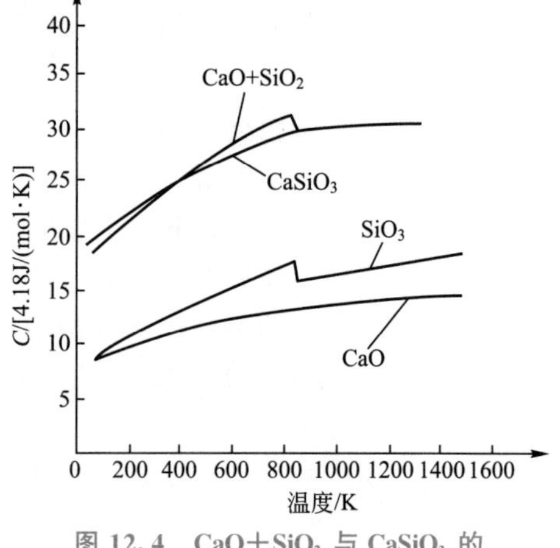

图 12.4　CaO+SiO_2 与 $CaSiO_3$ 的热容-温度曲线

相变时，由于热量的不连续变化，所以热容也出现了突变，如图 12.4 中石英 α 型转化为 β 型时所出现的明显变化。其他所有晶体在熔化与凝固、多晶转化、铁电转变、铁磁转变、有序—无序转变等相变情况下都会发生类似的情况。

固态的多型性转变，如铁的 $\alpha \to \gamma$ 转变，在临界点，热焓出现跃变，热容发生不连续变化，热容为无限大。

虽然固体材料的摩尔热容不是结构敏感的，但是单位体积的热容却与气孔率有关。多孔材料因为质量轻，所以比热容小，因此提高轻质隔热砖的温度所需要的热量远低于致密的耐火砖。

材料热容与温度的关系应由实验来精确测定，根据某些实验结果加以整理可得如下的经验公式［单位为J/(mol·K)］

$$C_p = a + bT + cT^{-2} + \cdots \tag{12-13}$$

式中一些无机非金属材料的系数见表12－2。表12－3所列为某些材料在27℃的比热容。在较高温度下固体的热容具有加和性，可以计算多相合金和复合材料的热容。

表12－2 某些无机材料的热容-温度关系经验方程式系数

名　　称	a	$b(\times 10^{-3})$	$c(\times 10^{+5})$	适用的温度范围/K
氮化铝(AlN)	2287	32.6	—	298～900
刚玉($\alpha-Al_2O_3$)	114.66	12.79	−35.41	298～1800
莫来石($3Al_2O_3\cdot 2SiO_2$)	365.96	62.53	−111.52	298～1100
碳化硼(B_4C)	96.10	22.57	−44.81	298～1373
氧化铍(BeO)	35.32	16.72	−13.25	298～1200
氧化铋(Bi_2O_3)	103.41	33.44	—	298～800
氮化硼($\alpha-BN$)	7.61	15.13	—	273～1173
硅灰石($CaSiO_3$)	111.36	15.05	−27.25	298～1450
氧化铬(Cr_2O_3)	119.26	9.20	−15.63	298～1800
钾长石($K_2O\cdot Al_2O_3\cdot 6SiO_2$)	266.81	53.92	−71.27	298～1400
碳化硅(SiC)	37.33	12.92	−12.83	298～1700
α-石英(SiO_2)	46.82	34.28	−11.29	298～848
β-石英(SiO_2)	60.23	8.11	—	848～2000
石英玻璃(SiO_2)	55.93	15.38	−14.96	298～2000
碳化钛(TiC)	49.45	3.34	−14.96	298～1800
金红石(TiO_2)	75.11	1.17	−18.18	298～1800
氧化镁(MgO)	42.55	7.27	−6.19	298～2100

表 12-3 某些材料在27℃的比热容

材料	比热容/[J/(kg·K)]	材料	比热容/[J/(kg·K)]
Al	0.215	Ti	0.125
Cu	0.092	W	0.032
B	0.245	Zn	0.093
Fe	0.106	水	1.0
Pb	0.038	He	1.24
Mg	0.243	N	0.249
Ni	0.106	聚合物	0.20～0.35
Si	0.168	金刚石	0.124

12.2.5 热容性能的应用

生活中热容性能应用的一个典型例子是墙体材料，选用热容较大的材料作为墙体材料，当室外热量传导进室内而引起室内温度变化时候，室内温度变化会很小，有利于保温节能。

具有高平均输出功率的固体激光器在工业、科学和军事领域都有着非常诱人的应用前景。选取密度大且高热容的材料作为激光器工作物质，可以降低其温度升高，并将废热储存于工作介质，提高了激光器的品质因子。作为固体热容激光器的典型激光工作物质是掺钕钆镓石榴石。

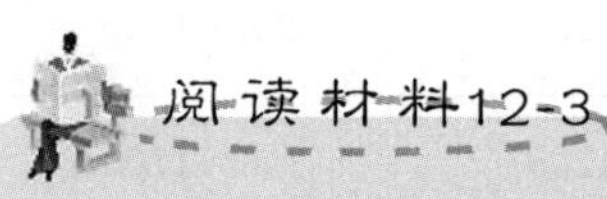

CZ-1型隔热保温防水材料技术在屋面的应用

在国内，应用于屋顶的传统隔热保温材料是炉渣，由于这种材料目前资源量减少，取而代之的是用聚苯板(EPS板)直接铺于屋顶代替炉渣。尽管聚苯板的导热系数较低，但其隔热性能较差，在夏季易被晒透，顶层屋面温度较高，顶楼住户会感到很不舒适。

相比较聚苯板材料来说，CZ隔热保温防水浆料的导热系数、比热容及材料干密度都要比聚苯板高，相对地蓄热系数要比聚苯板高，在同样达到屋顶热阻要求的条件下，热惰性指标要比聚苯板高得多，从而采用CZ隔热保温防水浆料做隔热层的屋面温度的最高值要低于采用聚苯板材料做隔热层的屋面温度，可以大幅度改善顶楼住户的居住条件。采用CZ隔热保温防水浆料进行屋面保温隔热施工，不仅可应用新建平屋面，而且可以施工一些难以采用聚苯板的工程，如大坡度斜屋面及既有建筑的屋面等。

在既有建筑屋面进行改造的工程中，CZ隔热保温防水浆料可在不铲去原防水层的条件下进行施工，由于良好的粘贴性、可塑性，该材料还可以做顶层天花板的内保温施工。

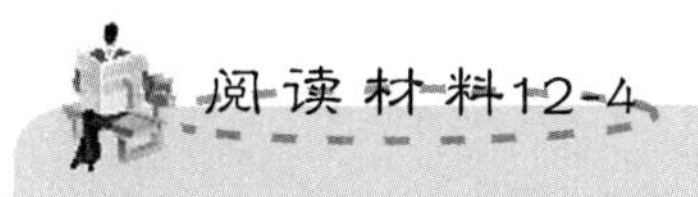

固体热容激光器的发展

独特的脉冲T工作模式使固体热容激光器成为世界上平均功率最高的固体激光器。与其他脉冲固体激光器相比，固体热容激光器在一次猝发中的平均功率比那些重复模式的激光器高10倍以上，而与最大功率的非脉冲式固体激光器相比，固体热容激光器的平均功率则高2倍。1995年，Waiters等人发表了关于固体热容激光器的研究文章，1996年6月，劳伦斯利弗莫尔实验室的Albrecht等人申请了“高能量促发固体热容激光器”的专利。1998年Albrecht详细介绍了固体热容盘片激光的概念和理论计算。美国军方在里弗莫尔实验室的支持下，推进了基于掺钕钆镓石榴石(Nd：GGG)晶体的固体热容激光器的研究，平均输出功率达到100kW级，每秒200个脉冲。固体激光器的热容运转方式是发展大功率、紧凑型，更重要的是可以升级为定向能武器应用的固体激光器系统的一种新方法。

12.3 热 膨 胀

12.3.1 热膨胀的基本概念

物体的体积或长度随温度升高而增大的现象称为热膨胀。通常是指外压强不变的情况下，大多数物质在温度升高时，其体积增大，温度降低时体积缩小。在相同条件下，气体膨胀最大，液体膨胀次之，固体膨胀最小。少数物质在一定的温度范围内，温度升高时，其体积反而减小。

通常物体的伸长和温度之间存在下述关系

$$L_2=L_1[1+\bar{a}(T_2-T_1)] \tag{12-14}$$

式中，L_1，L_2 分别代表 T_1 和 T_2 温度下试样的长度；$\bar{a}$ 为由 T_1 上升到 T_2 温度区间的平均线膨胀系数，即

$$\bar{a}=\frac{L_2-L_1}{T_2-T_1}\cdot\frac{1}{L_1}=\frac{\Delta L}{\Delta T}\cdot\frac{1}{L_1} \tag{12-15}$$

当 ΔT 和 ΔL 趋近于0时，则得到

$$a_T=\frac{\mathrm{d}L}{\mathrm{d}T}\cdot\frac{1}{L_T} \tag{12-16}$$

式中，a_T 为 T 温度下的线性膨胀系数，膨胀系数的单位为 K^{-1}。

实际上固体材料的 a_T 值并不是一个常数，而随温度变化，通常随温度升高而加大，如图12.5所示。无机非金属材料的线膨胀系数一般较小，为 $10^{-5}\sim10^{-6}K^{-1}$。各种金属和合金在0～100℃的线膨胀系数也为 $10^{-5}\sim10^{-6}$ K^{-1}，钢的线膨胀系数多为(10～20)×

$10^{-6}\ K^{-1}$。材料的线膨胀系数一般用平均线膨胀系数表征。物体体积随温度的增长可表示为

$$V_T = V(1 + a_V \Delta T) \tag{12-17}$$

式中，a_V 为体积膨胀系数，相当于温度升高 1K 时物体体积的相对增大。对于各向同性的立方体材料，a_V 可以近似为 a 的 3 倍。对于各向异性的晶体，各晶轴方向的线膨胀系数不同，假如分别设为 a_a、a_b、a_c，则 $a_V = a_a + a_b + a_c$。

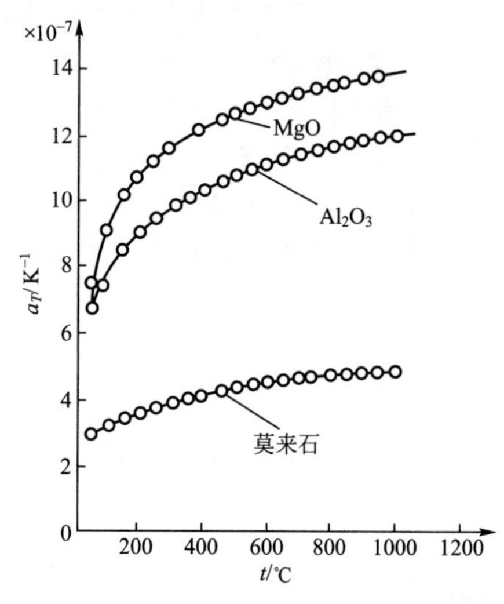

图 12.5　固体材料的膨胀系数与温度的关系

12.3.2　热膨胀的机理

在晶格振动理论中，晶格振动中相邻质点间的作用力是非线性的，由图 12.6 可以看到，质点在平衡位置两侧时受力不对称，合力曲线斜率不等。当 $r<r_0$ 时，曲线斜率较大，$r>r_0$ 时，斜率较小，所以 $r<r_0$ 时，斥力随位移变化得很快，$r>r_0$ 时，引力随位移的增加减弱得要慢些，因此，质点振动时的平均位置就不在 r_0 处而要向右移动，因此相邻质点间平均距离增加。温度越高，振幅越大，质点在 r_0 两侧受力不对称情况越显著，平衡位置向右移动得越多，相邻质点间平均距离也就增加得越多，以致晶胞参数增大，晶体膨胀。

从位能曲线的非对称性同样可以得到较具体的解释，由图 12.7 作平行横轴的水平线 ab 和 cd，则它们与横轴间距离分别代表了温度 T_1、T_2…下质点振动的总能量 $E_1(T_1)$ 和 $E_2(T_2)$。当温度为 T_1 时，质点的振动位置相当于在 E_1 线的 ab 间变化，相应的位能是按 aAb 的曲线变化，位置在 A 时，即 $r=r_0$，位能最小，动能最大。在 $r=r_a$ 和 $r=r_b$ 时，分别表示相邻原子最接近和最远离的位置，动能为零，位能即为总能量，而 aA 曲线和 Ab 曲线的非对称性，使得平均位置不在 r_0 处，而是 $r=r_1$。同理，当温度升高到 T_2 时，平均位置移到了 $r=r_2$ 处，结果平均位置随温度的不同沿 AB 曲线变化，所以温度越高，平均位置移得越远，晶体就越膨胀。即热膨胀是由于质点在平衡位置两侧受力不对称的热振动引起的。

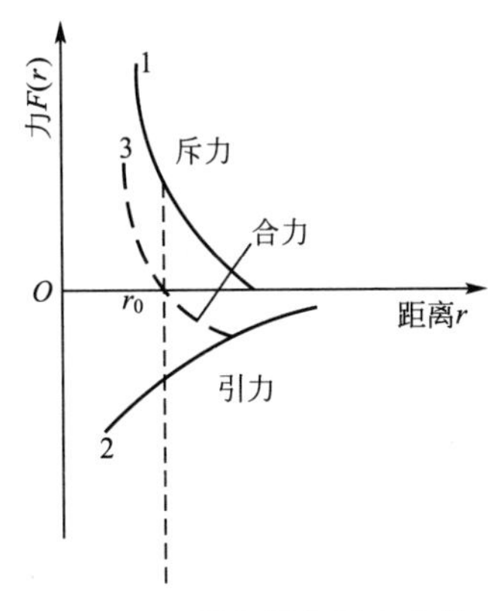

图 12.6 质点间作用力曲线

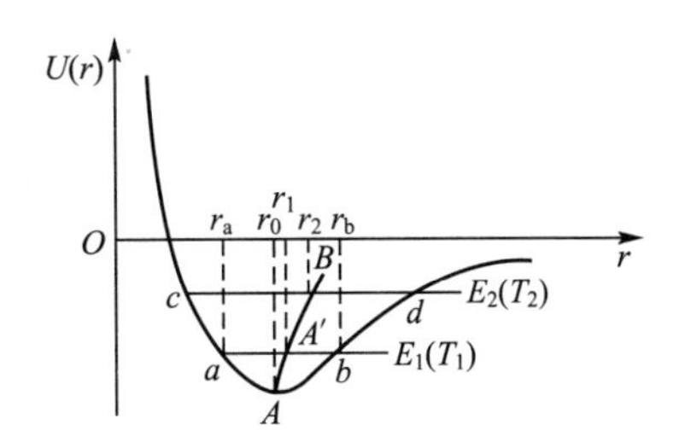

图 12.7 晶体中质点振动的非对称

此外，晶体中各种热缺陷的形成将造成局部晶格的畸变和膨胀。随温度升高热缺陷浓度按指数关系增加，在高温时对某些晶体影响很大。

12.3.3 影响热膨胀的因素

材料热膨胀系数主要与其化学组成、晶体结构和键强度等密切相关。键强度高的材料，如 SiC 具有低的热膨胀系数。对于成分相同而结构不同的材料，热膨胀系数也不同。通常结构紧密的晶体热膨胀系数都较大，结构比较松散的材料往往有较小的热膨胀系数。如多晶石英的热膨胀系数为 $12\times10^{-6}\ K^{-1}$，而无定形的石英玻璃则只有 $0.5\times10^{-6}\ K^{-1}$。

对于非等轴晶系的晶体，各晶轴方向的膨胀系数不等，最显著的是层状结构材料，如石墨，因为层片内接合强度高，而层片间的结合强度低，所以层片内膨胀系数为 $1\times10^{-6}\ K^{-1}$，层片间膨胀系数达 $27\times10^{-6}\ K^{-1}$。表 12-4～表 12-6 分别列出一些材料的平均线膨胀系数和某些各向异性晶体的主膨胀系数。

表 12-4 几种无机材料的平均膨胀系数(273～1273K)

材料名称	$\bar{a}(\times10^{-6})/K^{-1}$	材料名称	$\bar{a}(\times10^{-6})/K^{-1}$
Al_2O_3	8.8	石英玻璃	0.5
BeO	9.0	钠钙硅玻璃	9.0
MgO	13.5	电瓷	3.5～4.0
莫来石	5.3	刚玉瓷	5～5.5
尖晶石	7.6	硬质瓷	6
SiC	4.7	滑石瓷	7～9
ZrO_2	10.0	金红石瓷	7～8
TiC	7.4	钛酸钡瓷	10
B_4C	4.5	董青石瓷	1.1～2.0
TiC 金属陶瓷	9.0	黏土质耐火砖	5.5

表 12-5　金属的平均线膨胀系数(273～373K)

金属	$\bar{a}(\times10^{-6})/K^{-1}$	金属	$\bar{a}(\times10^{-6})/K^{-1}$	金属	$\bar{a}(\times10^{-6})/K^{-1}$
Li	58	Ni	13.3	Sb	10.8
Be	10.97(293K)	Cu	17.0	Te	17.0
B	8.0	Zn	38.7	Cs	97.0
Na	71.0	Ga	18.3	Ba	17～21(273～573K)
Mg	27.3	Ge	6.0	Ta	6.57
Al	23.8	As	4.70(293K)	W	4.4
Si	6.95	Rb	40.0	Re	12.45(293K)
K	84.0	Zr	5.83	Os	5.7～6.6
Ca	20(273～573K)	Nb	7.20	Ir99.5	8.42(293K)
Ti99.94	8.40(293K)	Mo99.95	5.09(273K)	Pt	8.9
V99.8	8.70(293K)	Rn	7.0	Au	14.0(273K)
Cr99.95	5.60(273K)	Rh	8.5	Hg	181.79(273K)

表 12-6　某些各向异性晶体的主膨胀系数

晶体	主膨胀系数 $a(\times10^{-6})/K^{-1}$		晶体	主膨胀系数 $a(\times10^{-6})/K^{-1}$	
	垂直 C 轴	平行 C 轴		垂直 C 轴	平行 C 轴
Al_2O_3	8.3	9.0	$CaCO_3$(方解石)	−6	25
Al_2TiO_5	−2.6	11.5	SiO_2(石英)	14	9
$3Al_2O_3\cdot2SiO_2$	4.5	5.7	$NaAlSi_3O_8$(钠长石)	4	13
TiO_2(金红石)	6.8	8.3	ZnO(红锌矿)	6	5
ZrS_4(锆英石)	3.7	6.2	C(石墨)	1	27

影响金属材料热膨胀系数的还有相变、合金成分和组织、晶体结构。材料发生相变时热膨胀系数曲线上出现拐折(图 12.8)。

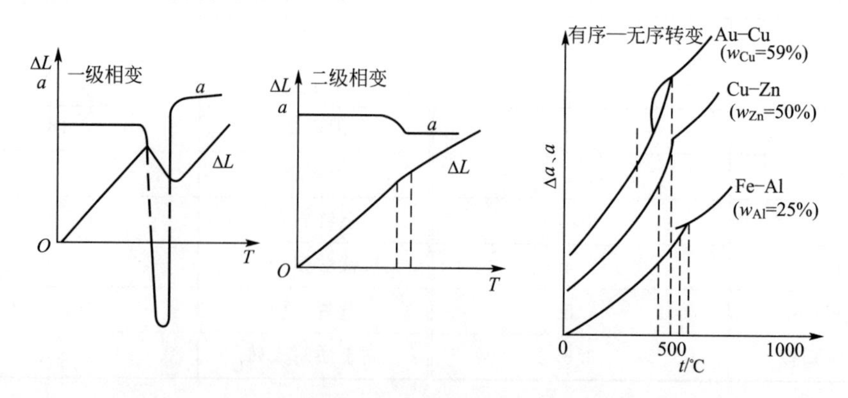

图 12.8　相变时的热膨胀曲线

12.3.4 热膨胀性能的应用

热膨胀系数是材料的一项重要热学性能，如普通陶瓷坯膨胀系数和釉的膨胀系数相适应是很重要的。当釉的膨胀系数适当地小于坯的膨胀系数时，制品的机械强度得到提高。釉的膨胀系数比坯的小，则烧成后的制品在冷却过程中，表面釉层的收缩比坯的小，使釉层中存在着压应力，抑制釉层的微裂纹产生及发展，能明显地提高脆性材料的强度；反之，若釉层的膨胀系数比坯的大，则在釉层中形成拉应力，过大的拉应力使釉层龟裂，对强度不利。同样釉层的膨胀系数也不能比坯的小得太多，否则会使釉层剥落。在电子管生产中，为了封接得严密可靠，除考虑陶瓷材料与焊料的结合性能外，还应使陶瓷和金属的膨胀系数尽可能接近。精密仪器仪表的零件也希望有较小的膨胀系数，以提高仪器、仪表的精度。

在材料科学研究中，膨胀分析也是一种非常重要的分析手段。例如，钢组织转变产生的体积效应要引起材料膨胀、收缩，并叠加在加热或冷却过程中单纯因温度改变引起的膨胀和收缩上。在组织转变的温度范围内，由于附加的膨胀效应，导致膨胀曲线偏离一般规律，在组织转变开始和终了时，曲线出现拐折，拐折点即对应转变的开始及终了温度。因此，通过膨胀曲线分析可以测定相变温度和相变动力学曲线(TTT 图和 CCT 曲线)。

低膨胀系数材料——因瓦合金

1896 年，瑞士物理学家夏尔·爱德华·纪尧姆(Charles - Edouard Guillaume，1861 年 2 月 15 日—1938 年 6 月 13 日)发现了一种奇妙的合金。这种合金在磁性温度，即居里点附近热膨胀系数显著减少，出现所谓的反常热膨胀现象(负反常)，从而可以在室温附近很宽的温度范围内，获得很小的甚至接近零的膨胀系数，依据法语“Invar”(意思是体积不变)的音译，称为因瓦合金(也称为“不变钢”“不胀钢”“殷钢”)。纪尧姆为此获得 1920 年的诺贝尔物理学奖，在历史上他是第一位、也是唯一的一位因一项冶金学成果而获诺贝尔奖的科学家。

因瓦合金是一种铁基高镍合金，它的热膨胀系数极低，平均膨胀系数一般为 1.5×10^{-6}℃，含镍 36%时平均膨胀系数达到 0.018×10^{-6}℃，且在－80～＋100℃时均不发生变化，称为低膨胀合金。

因瓦合金含有 60%左右的 Fe，32%～36%的 Ni，还含有少量的 S、P、C 等元素。由于 Ni 为扩大奥氏体区元素，故高镍使奥氏体转为马氏体的相变降至室温以下(－120～－100℃)，经退火后，在室温及室温以下一定温度范围内，因瓦合金具有 Ni 溶于γ-Fe中形成的面心立方晶格结构(fcc)的奥氏体组织，因而具有膨胀系数小、热导率低［0.026～0.032cal/(cm·s·℃)，仅为 45 钢导热系数的 1/4～1/3］、强度、硬度低(抗拉强度约为 517MPa，屈服强度约为 276MPa)、塑性、韧性高(延伸率 δ=25%～35%)的特点。

因瓦合金主要用来制造标准尺、测温计、测距仪、钟表摆轮、块规、微波设备的谐振腔、重力仪构件、热双金属组元材料、光学仪器零件等，适用于电器元件与硬玻璃、软玻璃、陶瓷匹配封接的玻封合金，广泛用于无线电、精密仪器仪表等行业。

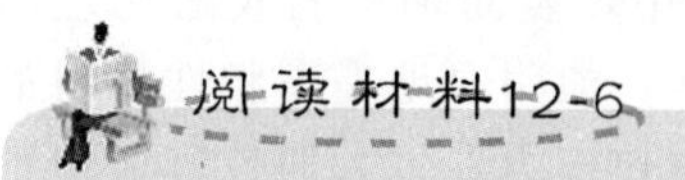
阅读材料12-6

可伐合金

图 12.9 玻璃封装后镀金的可伐合金零件

可伐合金(kovar alloy)也称铁镍钴合金，含Ni 28.5%～29.5%，含Co 16.8%～17.8%。可伐合金在20～450℃具有与硬玻璃相近的线膨胀系数和相应的膨胀曲线，与硬玻璃能进行有效封接匹配，为硬玻璃铁基封接合金(图 12.9)。可伐合金居里点较高，低温组织稳定性良好，合金的氧化膜致密，容易焊接和熔接，有良好的可塑性，可切削加工，耐磨性好。广泛用于制作电真空元件、发射管、显像管、开关管、晶体管，以及密封插头和继电器外壳等。可伐合金工件表面一般要求镀金。

阅读材料12-7

负热膨胀材料

负热膨胀(Negative Thermal Expansion，NTE)材料是指在一定温度范围内平均线膨胀系数或体膨胀系数为负值的材料。负热膨胀材料可与一般的正热膨胀材料按一定成分配比和工艺复合制备可控热膨胀系数或零膨胀系数的材料。

1951年，Hummel首次报道β-锂霞石($Li_2O \cdot Al_2O_3 \cdot 2SiO_2$)的结晶聚集体在温度超过1000℃后，出现随温度的升高体积缩小的现象。1995年，美国俄勒冈州立大学的Korthuis研究小组发现$ZrV_{2-x}P_xO_7$系列各向同性负热膨胀材料。Sleight研究小组发现了立方晶体结构的ZrW_2O_8($-9\times10^{-6}℃^{-1}$)负热膨胀材料。被《发现》杂志评为1996年100项重大发现之一。随后，以ZrW_2O_8为代表的各向同性和以$Sc_2W_3O_{12}$为代表的各向异性氧化物负热膨胀材料的发现(表12-7和表12-8)，极大地推动了负热膨胀材料的发展，已开发出AM_2O_7/AM_2O_8/ $A_2M_3O_{12}$(A=Zr、Hf、Y；M=V、P、Mo、W)，沸石系列和$Cd(CN)_2$、$Zn(CN)_2$系列等负热膨胀材料。材料的热胀冷缩是机械电子、光学、医学、通信等领域面临的普遍问题之一。因此，负热膨胀材料可广泛用于精密光学和机械器件、航空航天材料、发动机部件、集成电路板、热工炉衬、传感器、牙齿填充材料、家用电器和炊具等。

表 12-7　各向同性负热膨胀材料

化学组成	平均线性热膨胀系数($\times10^{-6}$/℃)	t/℃	化学组成	平均线性热膨胀系数($\times10^{-6}$/℃)	t/℃
ZrW_2O_8	−8.8	−273～777	ThP_2O_7	−8.1	300～1200
HfW_2O_8	−8.7	−273～777	UP_2O_7	−6.3	600～1500
ZrV_2O_7	−10.8	100～800			

表 12-8　各向异性负热膨胀材料

化学组成	平均线性热膨胀系数($\times10^{-6}$/℃)	t/℃	化学组成	平均线性热膨胀系数($\times10^{-6}$/℃)	t/℃
$Sc_2W_3O_{12}$	−2.2	−263～977	SiO_2(石英)	−12	1100～1500
$Lu_2W_3O_{12}$	−6.8	127～627	$KAlSi_2O_6$(天然)	−20.8	800～1200
$Y_2W_3O_{12}$	−7.0	−258～1100			
$CuLaO_2$	−6.4	−243～323	$PbTiO_3$	−5.4	100～600
$NaZr_2P_3O_{12}$	−0.4	2～1000	$AlPO_4$−17	−11.7	−255～27

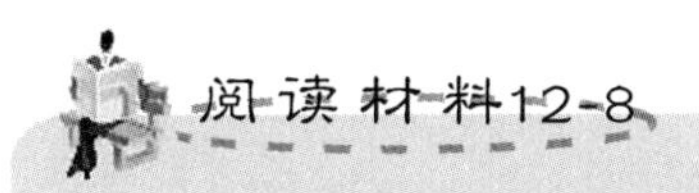

热缩材料

热缩材料又称高分子形状记忆材料，是高分子材料与辐射加工技术交叉结合的一种智能型材料。20世纪50年代Dole和Charlesby发现高能辐射可使聚乙烯交联并改善性能，Charlesby发现交联的结晶聚合物具有“形状记忆效应”，奠定了开发热收缩高分子材料的基础。1959年瑞凯(Raychem)公司申请了第一个聚乙烯热收缩管的专利权。热缩材料的生产工艺包括混配、成型、辐照、扩张、涂胶等。聚烯烃基材经辐照发生交联反应，具有不溶不熔特点。当升温至熔融温度后结晶消失，将材料扩张并迅速冷却至结晶熔点以下，高分子结晶态恢复，形变被“冻结”，再次加热后会收缩到原来形态，具有“记忆效应”。

热缩材料的径向收缩率可达50%～80%，可用于制作热收缩管材、膜材和异形材，起到绝缘、防潮、密封、保护和接续等作用，广泛用于高铁、军事工业、电子工业、汽车工业、电力系统、通信、石油化工、交通、工矿等领域，制备热缩通信电缆附件、热缩电力电缆附件、电子系统热缩套管、热缩包覆片、复合绝缘热缩带等(图12.10)。

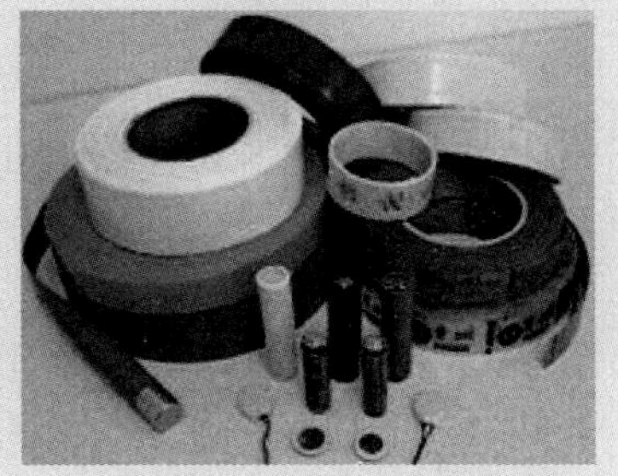

图 12.10　热缩材料制品

12.4 热 传 导

12.4.1 热传导基本概念

热从物体温度较高的一部分沿着物体传到温度较低的部分的方式称为热传导。

各种物体都能够传热，但是不同物质的传热本领不同。容易传热的物体称为热的良导体，不容易传热的物体称为热的不良导体。金属都是热的良导体。瓷、木头和竹子、皮革、水都是不良导体。金属中最善于传热的是银，其次是铜和铝。最不善于传热的是羊毛、羽毛、毛皮、棉花，石棉、软木和其他松软的物质。

若材料垂直于 x 轴方向的截面积为 ΔS，沿 x 轴方向的温度变化率为 $\mathrm{d}T/\mathrm{d}x$，在 Δt 时间内沿 x 轴正方向传过 ΔS 截面上的热量为 ΔQ，则实验表明，对于各向同性的物质，在稳定传热状态下有如下傅里叶(Fourier)定律

$$\Delta Q=-k_{\mathrm{t}}\frac{\mathrm{d}T}{\mathrm{d}x}\Delta S\Delta t \tag{12-18}$$

式中，k_{t} 为热导率(或称导热系数)，单位为 J/(m·s·K)，其物理意义是在单位梯度温度下单位时间内通过材料单位垂直面积的热量。由此定义能流密度 J 为

$$J=\frac{\Delta Q}{\Delta S\Delta T}=-k_{\mathrm{t}}\frac{\mathrm{d}T}{\mathrm{d}x} \tag{12-19}$$

12.4.2 热传导的微观机理

固体材料的热传导主要是由晶格振动的格波(声子)来实现，高温时还有光子热传导。而金属材料中由于有大量自由电子，电子导热是主要传热机理。

1. 声子热传导

温度不太高时，光频支振动的能量很微弱，因此在讨论热容时就忽略了它的影响。同样，在导热过程中，温度不太高时，也主要考虑声频支振动格波的作用。

当材料中某一质点处于较高温度时，其热振动较强烈，振幅较大，而邻近质点温度较低，热振动较弱；由于质点间有相互作用力，振动较弱的质点在振动较强的质点影响下，振动加剧，热运动能量增加，由此热量就能转移和传递，从温度较高处传向温度较低处，从而产生热传导现象。

【热传导微观机理——声子的碰撞】

由于晶格振动的能量是量子化的，晶格振动的量子称为“声子”。弹性波的传播可看成是质点(声子)的运动，弹性波与物质的相互作用，可理解为声子和物质的碰撞，把弹性波在晶体中传播时遇到的散射，看作声子同晶体中质点的碰撞，把理想晶体中热阻的来源，看成声子同声子的碰撞。因此，可以用气体中热传导的概念来处理声子热传导问题，因为气体热传导是气体分子(质点)碰撞的结果，晶体热传导是声子碰撞的结果。它们的热导率也就具有相同形式的数学表达式。

根据气体分子运动理论，理想气体的导热公式为

$$\lambda=\frac{1}{3}C\,\bar{v}l \tag{12-20}$$

式中，C 为气体容积热容；$\bar{v}$ 为气体分子平均速度；l 为气体分子平均自由程。

将上述结果引申到晶体材料上，式(12－20)中的参数就可看成 C 是声子的热容，$\bar{v}$ 是声子的速度，l 是声子的平均自由程。

声子的速度可以看作仅与晶体的密度和弹性力学性质有关，而与频率无关的参量。但是热容 C 和自由程 l 都是声子振动频率的函数。所以固体热导率的普遍形式可写成

$$\lambda = \frac{1}{3}\int C(v)vl(v)\mathrm{d}v \tag{12-21}$$

晶格振动并非是线性的，弹性波间的耦合作用导致声子产生碰撞，这会使声子的平均自由程 l 减小。弹性波间相互作用越大，也就是声子间碰撞概率越大，相应的平均自由程越小，热导率也就越低，因此这种声子间碰撞引起的散射是晶体中热阻的主要来源。

2. 光子热传导

材料除了声子热传导外，在高温时还有明显的光子热传导。这是因为材料中分子、原子和电子的振动、转动等运动状态的改变，会辐射出频率较高的电磁波频谱，其中波长在0.4～40μm 的可见光和近红外光具有较强的热效应，称其为热射线，其传递过程为热辐射。考虑到黑体的辐射能 E_{T} 为

$$E_{\mathrm{T}}=4\sigma_0 n^3 T^4/v \tag{12-22}$$

式中，σ_0 为斯特藩-玻耳兹曼常量；n 为折射率；v 为光速。则辐射热容量为

$$C_{\mathrm{T}}=\left(\frac{\partial E}{\partial T}\right)=16\sigma_0 n^3 T^3/v \tag{12-23}$$

由于光子在材料中的速度 $v_{\mathrm{T}}=\dfrac{v}{n}$，则光子的热导率为

$$k_{\mathrm{t}}^{\mathrm{r}}=\frac{1}{3}C_{\mathrm{r}}V_{\mathrm{r}}\lambda_{\mathrm{r}}=\frac{16}{3}\sigma_0 n^2 T^3\lambda_{\mathrm{r}} \tag{12-24}$$

式中，λ_{r} 为光子的平均自由程。

3. 电子热传导

由于金属中电子不受束缚，电子间的相互作用或者碰撞是金属中导热的主要机制，即电子导热机制。

对于纯金属，电子对导热的贡献远远大于声子对导热的贡献。随着温度的降低在低温下声子导热对金属总的导热的贡献将略有增大，半导体陶瓷由于含有弱束缚的电子，电子热导机制对其也有贡献。

与声子热导类似，金属中电子热导的贡献也可表示为

$$\lambda=\frac{1}{3}C_V\bar{v}\bar{l} \tag{12-25}$$

式中，C_V 为单位体积电子的热容；$\bar{v}$ 为电子的平均速度；$\bar{l}$ 为电子的平均自由程。式(12－25)还可以写成

$$\lambda=\frac{1}{3}nC_V^0\bar{v}\bar{l} \tag{12-26}$$

式中，n 为单位体积的电子数；C_V^0 为每个电子的热容。

可见金属材料中热传导主要依靠电子。不过，合金材料的情况与纯金属不同——在合金材料中电子的散射主要是杂质原子的散射，电子的平均自由程 $\overline{l}$ 与杂质浓度 N_i 成反比，当 N_i 很大时，$\overline{l}$ 与声子平均自由程有相同的数量级，因此合金材料的热传导由声子导热和电子导热共同贡献。

12.4.3 影响热传导性能的因素

1. 温度对热导率的影响

在温度不太高时，材料中主要以声子热导为主，其热导率由式(12－21)给出。决定热导率的因素有材料的热容 C、声子的平均速度 $\overline{v}$ 和声子的平均自由程 $\overline{l}$。其中 $\overline{v}$ 通常可以看作常数，只有在温度较高时，介质的弹性模量下降导致 $\overline{v}$ 减小。材料声子热容 C 在低温下与温度 T^3 成正比。声子平均自由程 $\overline{l}$ 随温度的变化类似于气体分子运动中的情况，随温度升高而降低。实验表明在低温下 l 值的变化不大，其上限为晶粒的线度，下限为晶格间距。

在极低温度时，声子平均自由程接近或达到其上限值——晶粒的直径；声子的热容 C 则与 T^3 成正比；在此范围内光子热导可以忽略不计。因此晶体的热导率与温度的三次方成正比关系。

在较低温度时(德拜温度以下)，声子的平均自由程 $\overline{l}$ 随温度升高而减小，声子的热容 C 仍与 T^3 成正比；光子热导仍然极小，可以忽略不计。此时与 $\overline{l}$ 相比，C 对声子热导率的影响更大，因此在此范围内热导率仍然随温度升高而增大，但变化率减小。

在较高温度下(德拜温度以上)，声子的平均自由程 $\overline{l}$ 随温度升高继续减小，而声子热容 C 趋近于常数，材料的热导率由 $\overline{l}$ 随温度升高而减小决定。

随着温度升高，声子的平均自由程逐渐趋近于其最小值，声子热容为常数，光子平均自由程有所增大，故此光子热导逐步提高。因此高温下热导率随温度升高而增大。

一般来说，对于晶体材料，在常用温度范围内，热导率随温度的上升而下降。图 12.11 给出了氧化铝单晶的热导率随温度的变化。

2. 微观结构对热导率的影响

声子传导与晶格振动的非谐性有关。晶体结构越复杂，晶格振动的非谐性程度越大，格波受到的散射越大，因此，声子平均自由程较小，热导率较低。例如，镁铝尖晶石的热导率比 Al_2O_3 和 MgO 的热导率都低。莫来石的结构更复杂，所以热导率比尖晶石还低得多。

非等轴晶系的晶体热导率呈各向异性。石英、金红石、石墨等都是在膨胀系数低的方向热导率最大。温度升高时，不同方向的热导率差异减小。这是因为温度升高，晶体的结构总是趋于对称。

对于同一种物质，多晶体的热导率总是比单晶小，图 12.12 给出了几种单晶体和多晶体热导率与温度的关系。由于多晶体中晶粒尺寸小，晶界多，缺陷多，晶界处杂质也多，声子更易受到散射，它的平均自由程小得多，所以热导率小。另外还可以看到，低温时多晶的热导率与单晶的平均热导率一致，但随着温度升高，差异迅速变大。这也说明了晶界、缺陷、杂质等在较高温度下对声子传导有更大的阻碍作用，同时也使单晶体在温度升高后比多晶在光子传导方面有更明显的效应。

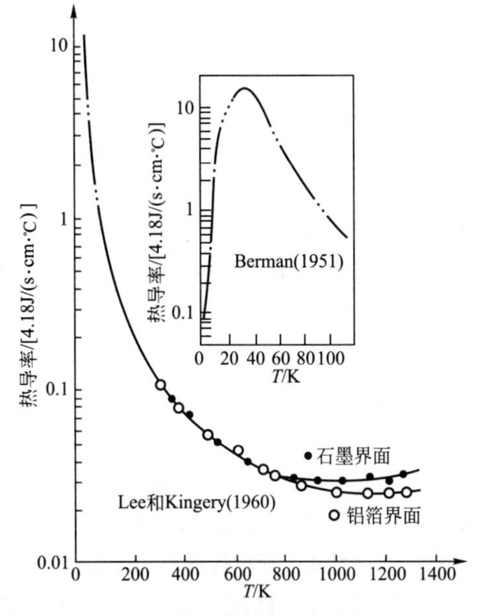

图12.11 氧化铝单晶的热导率随温度的变化

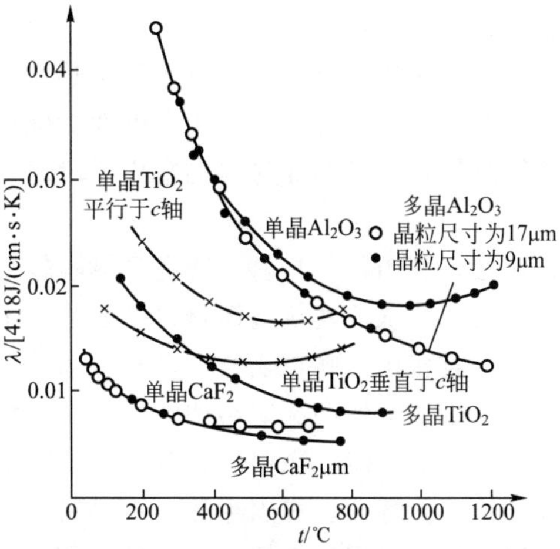

图 12.12 不同晶型无机材料热导率

非晶态材料的热导率较小，并且随着温度升高，热导率稍有增大，这是因为非晶态为近程有序结构，可以近似地把它看成是晶粒很小的晶体来讨论，因此它的声子平均自由程就近似为一常数，即等于 n 个晶格常数，而这个数值是晶体中声子平均自由程的下限(晶体和玻璃态的热容值是相差不大的)，所以热导率就较小，石英玻璃的热导率可以比石英晶体低 3 个数量级(图 12.13)。

3. 成分对热导率的影响

不同组成的晶体，热导率往往有很大差异。这是因为构成晶体的质点的大小、性质不同，它们的晶格振动状态不同，传导热量的能力也就不同。一般来说，质点的原子量越小，密度越小，杨氏模量越大，德拜温度越高，则热导率越大。图 12.14 表示某些氧化物和碳化物中阳离子的原子量与热导率的关系。轻元素的固体和结合能大的固体热导率较大，如金刚石的 $\lambda=1.7\times10^{-2}$ W/(m·K)，较轻的硅、锗的热导率分别为 1.0×10^{-2} W/(m·K) 和 0.5×10^{-2} W/(m·K)。

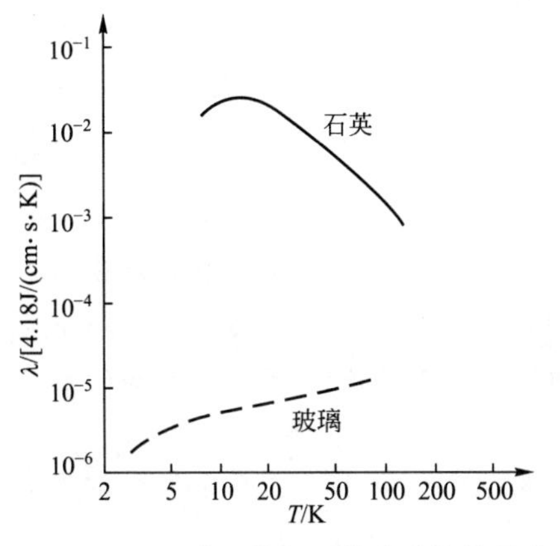

图 12.13 石英晶体与石英玻璃的热导率

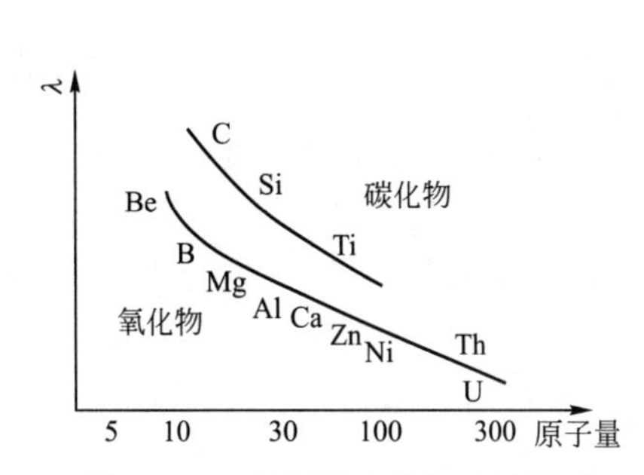

图 12.14 原子量对热导率的影响

12.4.4 热传导性能的应用

热传导在生活及工业生产中的应用非常广泛。人们很早就开始使用金属制作炊具，如青铜器、铁器、铜器、银器等，这是因为金属具有很大的电子热导，从而可以快速地将局部受到的热量传递到整个器具，利于热量的收集利用并防止局部过热。

工业生产和器件设计。用导电性能优良的铜质磨具作为快速冷却材料，制备纳米颗粒或者纳米带是制备非晶材料的常用手段之一。利用材料的热传导性质还可制作出多种温度传感器。

反之，利用某些材料如陶瓷等热容较大而热导率很低的特点，获得各种保温隔热甚至绝热材料。传统的建筑墙体材料一般是黏土、石灰、水泥烧制而成，热容较大而热导率很低，再配合多层、颗粒复合、多孔或者中空结构等设计，能够有效地起到保温隔热的作用。工业生产中的高温熔窑如浮法玻璃熔窑中，更是广泛采用耐高温的陶瓷材料作为保温材料，如锆刚玉砖、高铝砖、普镁砖、镁铝砖及硅砖等，从而起到蓄热和节能的效果，还可以延长窑体寿命。我国绝热材料品种达 30 类，几千个规格尺寸，石棉保温制品、膨胀珍珠岩制品、岩棉矿渣棉制品、玻璃棉制品、硅酸铝纤维制品、硅酸钙制品、泡沫玻璃、泡沫硅酸铝、泡沫岩矿棉、泡沫石膏、泡沫混凝土、泡沫橡胶、泡沫橡塑制品、泡沫粉煤灰制品、硅酸复合绝热涂料及制品等，适用温度在－180～1350℃。绝热材料在国民经济发展、国防建设和人民生活中起着重要作用。

新型高热传导率生物塑料

日本电气公司新开发出以植物为原料的生物塑料，其热传导率与不锈钢不相上下。该公司在以玉米为原料的聚乳酸树脂中混入长数毫米、直径 0.01mm 的碳纤维和特殊的黏合剂，制得新型高热导率的生物塑料。如果混入 10％的碳纤维，生物塑料的热导率与不锈钢相当；加入 30％的碳纤维时，生物塑料的热导率为不锈钢的 2 倍，密度只有不锈钢的 1/5。

这种生物塑料除导热性能好外，还具有质量轻、易成形、对环境污染小等优点，可用于生产轻薄型的计算机、手机等电子产品的外框。

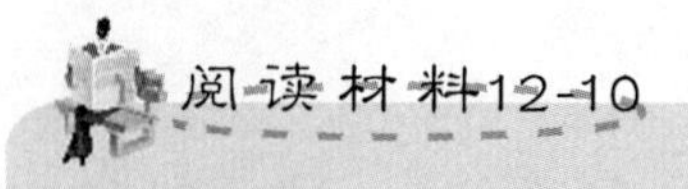

气凝胶-超级绝热材料

气凝胶(aerogel)又称为干凝胶、“冻结的烟”“蓝烟”“固体烟”，具有纳米多孔结构(1～100nm)、低密度(0.003～0.25g/cm^3)、低热导率［0.013～0.025W/(m·K)］、高孔隙率(80％～99.8％)、高比表面积(500～1000m^2/g)等特点，是目前已知的最轻的固体材料，入选吉尼斯世界纪录，保温性能极佳。

气凝胶的种类很多，有硅系、碳系、硫系、金属氧化物系、金属系等。常见的气凝胶为硅气凝胶，最早由美国科学工作者 S. Kistler 在 1931 年制得并命名。

气凝胶的制备通常由溶胶凝胶过程和超临界干燥处理构成。在溶胶凝胶过程中，通过控制溶液的水解和缩聚反应条件，在溶体内形成不同结构的纳米团簇，团簇之间的相互粘连形成凝胶体，而在凝胶体的固态骨架周围则充满化学反应后剩余的液态试剂。为防止凝胶干燥过程中微孔洞内的表面张力导致材料结构的破坏，采用超临界干燥工艺处理或后来发展的常压干燥工艺，把凝胶置于压力容器中加温升压，使凝胶内的液体发生相变成超临界态的流体，气液界面消失，表面张力不复存在，将这种超临界流体从压力容器中释放，即可得到多孔、无序、具有纳米量级连续网络结构的低密度气凝胶材料。因此，气凝胶的结构特征是拥有高通透性的圆筒形多分枝纳米多孔三维网络结构，拥有极高孔洞率、极低的密度、高比表面积、超高孔体积率，其体密度在 0.003～0.500g/cm^{3}范围内可调(空气的密度为 0.0129 g/cm^3)。

由于气凝胶颗粒非常小(纳米量级)，可见光经过时散射较小(瑞利散射)，就像阳光经过空气一样。因此，它也和天空一样发蓝，如果对着光看有点发红。气凝胶中一般80%以上是空气，有非常好的隔热效果，一寸厚的气凝胶相当 20～30 块普通玻璃的隔热功能。即使把气凝胶放在玫瑰与火焰之间(图 12.15)，玫瑰也会丝毫无损。

2011 年，美国 HRL 实验室、加州大学欧文分校和加州理工学院合作制备了一种镍构成的气凝胶，密度为 0.9×10^{-3} g/cm^3，把这种材料放在蒲公英花朵上(图 12.16)，柔软的绒毛几乎没有变形。

图 12.15　气凝胶隔热火焰和花朵

图 12.16　气凝胶悬浮于花瓣上

2013 年，中国浙江大学制备出了一种超轻“全碳气凝胶”，密度为 0.16×10^{-3} g/cm^3，仅是空气密度的 1/6，拥有高弹性和强吸油能力。现有吸油产品一般只能吸收自身质量 10 倍左右的有机溶剂，而“全碳气凝胶”的吸收量可高达自身质量的 900 倍。有望在海上漏油、净水、净化空气等环境污染治理上发挥重要作用。

气凝胶是纳米孔超级绝热材料，广泛应用在航空、航天、电力、石化、化工、冶金、建筑建材行业及日常生活领域，如：制作火星探险宇航服；用于收集彗星微粒；制作防弹不怕被炸的住所和军车；作为油墨添加剂，扩大油墨微粒表面张力，增强吸附能力，使打印图案更清晰逼真；气凝胶为“超级海绵”，可强力吸附污染物，是处理生态灾难的绝好材料；可用于服装、鞋、睡袋等一系列户外御寒用具。用于网球拍，击球能力更强。

12.5 热稳定性

12.5.1 热稳定性的定义

热稳定性，又称抗热震性，是指材料承受温度的急剧变化而不致破坏的能力。材料在加工和使用中的抗温度起伏的热冲击破坏有两种类型：一种是抵抗材料在热冲击下发生瞬时断裂的抗热冲击断裂性，称为热应力断裂，或热震断裂；另一种是抵抗材料在热冲击循环作用下开裂、剥落直至碎裂或变质的抗热冲击损伤性，称为热应力损伤，或热损伤。

材料在未改变外力作用状态时，仅因热冲击而在材料内部产生的内应力称为热应力。具有不同热膨胀系数的多相复合材料，由于各相膨胀或收缩的相互牵制会产生热应力；各相同性材料由于材料中存在温度梯度也会产生热应力。

1. 材料的热应力断裂

对于脆性材料，从热弹性力学出发，采用应力-强度判据，可以分析材料热冲击断裂的热破坏现象。一般材料在热冲击作用时，受到三维方向的热应力，三个方向都会有热膨胀或热收缩，而且会互相影响。下面分析薄板型材料的热应力状态，如图 12.17 所示，材料受冷时，由于薄板 y 方向厚度小，y 方向温度很快平衡，y 方向可自由收缩($\sigma_y=0$)。垂直于 y 轴的截面有相同的温度，但在 x 和 z 方向上，材料的各截面层温度不同，表面温度低中间温度高，使得这两个方向来不及收缩($e_x=e_z=0$)，因而产生热应力$+\sigma_x$ 和$+\sigma_z$。

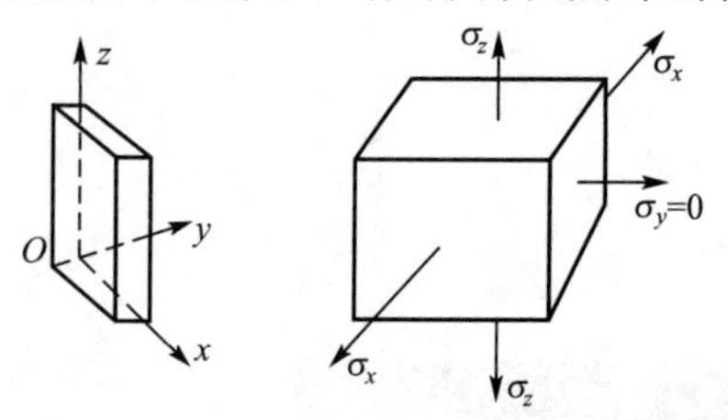

图 12.17 薄板型材料的热应力状态

根据广义胡克定律得

$$\sigma_x=\sigma_z=\frac{aE}{1-\mu}\Delta T \tag{12-27}$$

材料冷却瞬间，若正好达到断裂强度 σ_f，则材料将开裂破坏，此时温度差为

$$\Delta T_{max}=\frac{\sigma_f(1-\mu)}{aE} \tag{12-28}$$

其他形状的材料，式(12-28)右端需乘以形状因子 S 才能使用。可见，ΔT_{max}越大，材料能承受的温度变化越大，热稳定性也就越好。由此定义表征材料热稳定性的第一抗热应力断裂因子 R_1(单位为 K)为

$$R_1=\frac{\sigma_f(1-\mu)}{aE} \tag{12-29}$$

式中，μ 为泊松比；a 为热膨胀系数；E 为弹性模量。

实际材料受到热冲击时，会由于散热等因素，使滞后发生并缓解热应力，可见材料的热导率越大，传热越快，散热越好，对材料的热稳定性越有利。因此定义表征材料热稳定性的第二抗热应力断裂因子 R_2 为

$$R_2=k_t\cdot\frac{\sigma_f(1-\mu)}{aE}=k_tR_1 \tag{12-30}$$

式中，R_2 的单位为 J/(m·s)；k_t 为热导率。

在实际使用场合，材料所能允许的最大冷却或加热速率 $\mathrm{d}T/\mathrm{d}t$ 很重要，对于厚度为 $2b$ 的无限大平板材料，可推得其允许的最大冷却速率为

$$-\left(\frac{\mathrm{d}T}{\mathrm{d}t}\right)_{\max}=\frac{k_t}{\rho C_p}\cdot\frac{\sigma_f(1-\mu)}{aE}\cdot\frac{3}{r_m} \tag{12-31}$$

式中，ρ 为材料密度(单位 $\mathrm{kg/m^3}$)；C_p 为材料定压热容量。由此定义表征材料热稳定性的第三抗热应力断裂因子 R_3 为

$$R_3=\frac{k_t}{\rho C_p}\cdot\frac{\sigma_f(1-\mu)}{aE}=\frac{k_t}{\rho C_p}\cdot R_1=\frac{R_2}{\rho C_p} \tag{12-32}$$

可见，R_3 越大，则允许的最大冷却速率越大，热稳定性就越好。若材料表面热导率为 k_t，则最大允许温差为

$$\Delta T_{\max}=\frac{k_t\sigma_f(1-\mu)}{aE}\times\frac{1}{0.31r_m h_t} \tag{12-33}$$

2. 材料的热应力损伤

对于含微孔的材料和非均质的金属陶瓷等材料，从断裂力学出发，采用应变能-断裂能作为判据，可以更好地分析材料热冲击损伤的热破坏现象。

根据断裂力学的观点，材料的损坏不仅与裂纹的产生有关，而且与应力作用下裂纹的扩展有关，若能将裂纹抑制在一个细小范围内，则可使材料不致完全破坏。而裂纹的产生和扩展与材料中积存的弹性应变能和裂纹扩展所需的断裂表面能有关。当弹性应变能小或断裂表面能大时，裂纹不易扩展，材料的热稳定性就好。材料的抗热应力损伤性正比于断裂表面能，反比于弹性应变能释放率。

只考虑材料的弹性应变能时，可定义表征材料稳定性的第四抗热应力损伤因子 R_4 为

$$R_4=\frac{E}{\sigma_f^2(1-\mu)} \tag{12-34}$$

式(12-34)实际上是材料的弹性应变能释放率的倒数，用来比较具有相同断裂表面能的材料。

同时考虑材料的弹性应变能和断裂表面能时，可定义表征材料热稳定性的第五抗热应力损伤因子 R_5 为

$$R_5=\frac{Er}{\sigma_f^2(1-\mu)} \tag{12-35}$$

式中，r 为断裂表面能(单位为 $\mathrm{J/m^2}$)。R_5 用来比较具有不同断裂表面能的材料，R_5 越大，材料的抗热应力损伤性也越好。

表征材料热稳定性的抗热应力损伤因子 R_4 和 R_5 与材料的弹性模量 E 成正比，而与断裂强度 σ_f 成反比，这与抗热应力断裂因子 R_1、R_2 和 R_3 的情形恰好相反，原因在于两者的判据不同。抗热应力损伤从阻止裂纹扩展来避免材料的热应力损伤破坏，适用于疏松型材料；抗热应力断裂从避免裂纹产生来防止材料的热应力断裂破坏，适用于致密型材料。

对于表面具有较多孔隙的材料，主要应提高抗热应力损伤性，着重抑制已有微裂纹的扩展。材料中的微裂纹也可以有意识地加以利用，在抗张强度要求不高的使用场合，可利

用各向异性的热收缩而引入微裂纹，使得因材料表面撞击引起的尖锐初始裂纹钝化，从而提高材料的热稳定性，抵抗灾难性的热应力破坏。

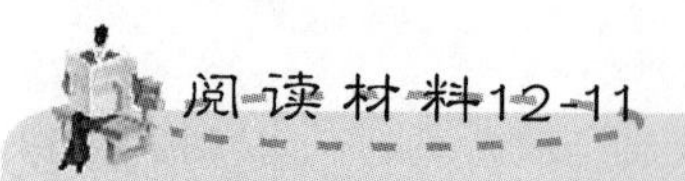

实际材料的热稳定性

实际材料或制品的热稳定性，一般采用直接测定方法，例如，对于高电压绝缘瓷子等复杂形状制品，一般在比使用条件更严格的条件下，直接采用制品进行测验；日用瓷常用一定规格的试样，加热到某一温度，然后置于常温下的流动水中急冷，并逐次升高温度且重复急冷，直至观测到试样产生龟裂，则以龟裂前一次的加热温度来表征其热稳定性；对于高温陶瓷则在加热到一定温度后，在水中急冷，再测其抗弯强度的损失率来评价其热稳定性。

实际材料在使用中一般都希望其热稳定性好。对于有机高分子材料，由于软化温度和分解温度都较低，长时间使用时会出现降解老化现象，其热稳定性较差，一般在200～400℃开始热分解，所以允许的使用温度不高，通用的热塑性塑料允许的连续使用温度在100℃以下，工程塑料在100～150℃，热固性交联塑料在150～260℃，正在开发能稳定工作在300～400℃的高聚物材料。

对于金属材料，一般强度和热导率k_t较大，而弹性模量E较小，由第二抗热应力断裂因子R_2可知，金属材料的热稳定性较好，金属材料的熔点高，允许的使用温度明显高于高聚物材料。

对于无机非金属材料，一般断裂强度σ_f和弹性模量E都大，热导率k_t中等，容易产生热应力断裂破坏，但其熔点一般都很高，不易发生熔化或分解，允许的使用温度范围很宽，热稳定性较好。

高分子材料的热稳定性是指在加工过程中，承受热而不致使颜色和性能发生变化的程度。这种变化可能是由于化学分解、结晶改变或和聚合物内的其他添加物相互反应所致。热稳定性与承受的温度及时间有关，同时也可能只影响性能而不影响颜色。

当着色的聚丙烯树脂进行熔体纺丝时，其温度和时间的变化可从250℃经数分钟到300℃，再保温30min。此外，周围环境很少是化学惰性的，由于体系的热分解，可能使各种酸性的、氧化的或还原的条件存在或发展，而时间、温度和反应介质的综合影响，又常常导致有色物发生显著的颜色变化，甚至颜料被全部破坏。着色剂能经受上述情况的程度称为它对于加工的稳定性。

熔体纺丝时，由于加工温度高，要求颜料必须具有良好的耐热性，才能用于聚丙烯纤维的着色。许多有机颜料能够在短时间内经受250～300℃的高温，但是延长受热时间将导致颜料分解、变暗或升华。和大多数耐热性较差的有机颜料相反，无机颜料显示出优良的耐热性。高温纺丝限制了大多数有机颜料的使用，因此，能有效地用于聚丙烯纤维着色的颜料大多数是无机颜料。在聚丙烯的加工温度下，耐热稳定的有机颜料，最大量使用的是酞菁蓝、酞菁绿和咔唑紫，其次是喹吖啶酮、异吲哚酮和萘酐系颜料。在上述这些有机颜料中，最欠缺的是黄色和红色，这无疑应是有机颜料技术改进的一个方向。

12.5.2 影响热稳定性的主要因素

影响热稳定性的主要因素包括组织结构、几何形状和材料的特性，如热膨胀系数、热导率、弹性模量、材料固有强度、断裂韧性等。

一般地，材料组织相对疏松，有一定气孔率，有适当的微裂纹存在，可以提高断裂能，使材料在热冲击下不致被破坏。形状简单和外形均匀的构件抗热震性较好。热膨胀系数越小，材料因温度变化而引起的体积变化越小，相应产生的温度应力越小，抗热震性越好；热导率越大，材料内部的温差越小，由温差引起的应力差越小，抗热震性越好；材料固有强度越高，承受热应力而不致破坏的强度越大，抗热震性好；弹性模量越大，材料产生弹性变形而缓解和释放热应力的能力越强，抗热震性越好。

12.5.3 热稳定性的应用

常见的抗热震材料主要是陶瓷材料，根据陶瓷材料主晶相不同，抗热震陶瓷可以分为氮化物、碳化物、氧化物等，在耐火材料、高温结构陶瓷方面得到广泛应用。

在实际应用中往往涉及材料热学性质的多个方面，如航天飞机及运载火箭的材料选取时，需综合考虑其热容、热膨胀、热传导和热稳定性等多项指标。

综合习题

一、填空题

1. 材料的热学性能包括__________、__________、__________、__________等。

2. 固体材料的比热、热膨胀、热传导等热性能都直接与__________有关。

3. 德拜热容理论认为低温下固体热容按__________变化，高温下固体热容__________。

4. 固体材料的热传导机理包括__________、__________、__________等。

5. 热稳定性是指__________，包括__________和__________。

6. 热应力断裂是指__________，采用__________理论；热应力损伤是指__________，采用__________理论。

二、名词解释

热容　比热容　杜隆-珀蒂定律　德拜热容理论　热膨胀系数　热膨胀　热传导

三、简答题

1. 为什么聚合物材料的热容很高？如果按照单位体积的材料进行计算，其热容量与其他材料相比较时，结果又如何？

2. 如果想打开一个玻璃瓶上的“贴紧”的金属盖子，你会将玻璃瓶置于冷水中还是热水中？为什么？

3. 在冬天，即使在相同的温度下，接触汽车金属门把手要比接触塑料转向盘感觉冷得多，试解释其原因。

4. 请证明固体材料的热膨胀系数不因内含均匀分散的气孔而改变。

5. 为什么玻璃的热导率常常低于晶态固体几个数量级？

6. 厨房的台板可以用天然大理石制造，也可以用人造大理石制造。两者很容易从手感上区分，一种摸上去很冷，而另一种则感觉不太冷。请问哪一种手感较冷？为什么？

四、计算题

计算室温(298K)时莫来石瓷的摩尔热容值，并请和按杜隆-珀蒂定律计算的结果比较。

五、文献查阅及综合分析

1. 量子力学理论的核心观点有哪些？查阅文献，举例说明量子力学理论的发展及对热学理论发展的贡献。在量子力学研究领域做出突出贡献的科学家有哪些？任举三人说明他们的重要贡献。

2. 查阅近期的科学研究论文，任选一种材料，以材料的热学性能为切入点，论述构成材料科学与工程的五要素之间的关系(给出必要的图、表、参考文献)，重点分析材料的热学性能与成分、结构、工艺之间的关系。

【第 12 章习题答案】

【第 12 章自测试题】

【第 12 章试验方法-国家标准】

【第 12 章工程案例】

第13章 材料的磁学性能

本章知识构架

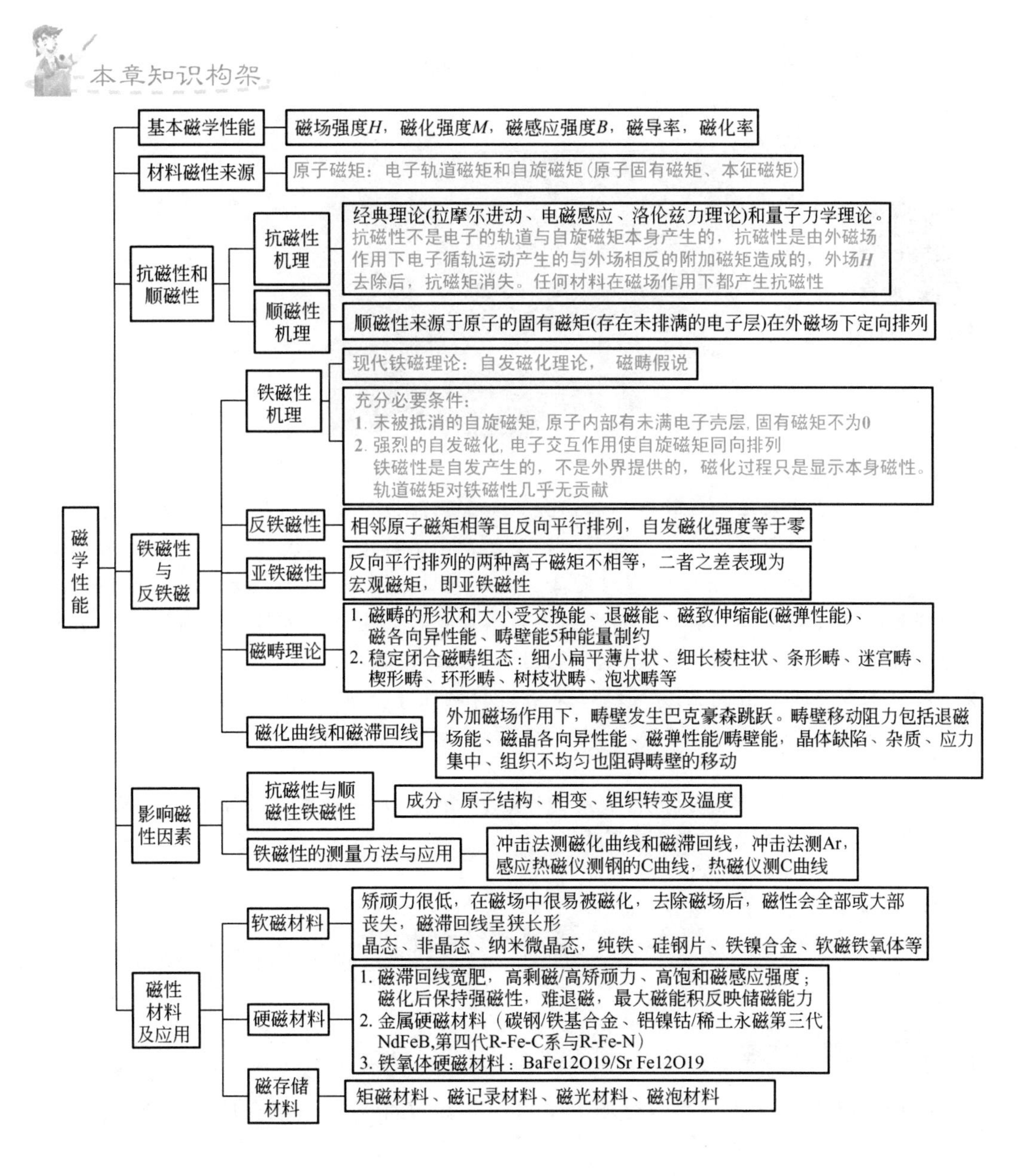

导入案例

磁性材料一直是国民经济、国防工业的重要支柱和基础，广泛应用于电信、自动控制、通信、家用电器等领域。而现代社会信息化发展的总趋势是向小、轻、薄及多功能方向发展，因而要求磁性材料向高性能、新功能方向发展。

钕铁硼永磁材是一类具有超强磁性的稀土永磁材料，广泛应用于能源、交通、机械、医疗、IT及家电等行业。如应用于直流电机及核磁共振成像，在磁悬浮列车(图13.01)上可以实现高速运输、安全可靠及噪声小等功能。

将纳米晶的金属软磁颗粒弥散镶嵌在高电阻非磁性材料中，构成两相组织的纳米颗粒薄膜，这种薄膜的电阻率高，被称为巨磁电阻效应材料，在100MHz以上的超高频段显示出优良的软磁特性。正是依靠巨磁阻材料，才使得存储密度每年的增长速度达到3～4倍。2007年，全球最大的磁盘厂商希捷科技(Seagate Technology)生产的第四代磁盘就达到1TB(1024GB)容量，2016年，达到10TB以上。

【磁悬浮列车】

图13.01　磁悬浮列车

由药物、磁性纳米粒子药物载体和高分子耦合剂组成的磁性药物，在外加磁场下具有磁导向性，可以靶向治疗肿瘤。目前磁性药物靶向治疗中的药物载体多采用纳米磁性脂质体。所承载的化疗药物已经有阿霉素、甲氨碟呤、丝裂霉素、顺铂、多西紫杉醇等。铁磁性微晶玻璃具有磁滞生热所需的强磁性和良好的生物兼容性。目前，用于磁感应治疗肿瘤的铁磁微晶玻璃主要有铁钙磷系统、锂铁磷系统和铁钙硅系统等，对于骨癌患者，在手术中将铁磁微晶玻璃材料作为填充材料回填于病灶后，在交变磁场的理疗下，埋入的铁磁性微晶玻璃产生热量，杀死残余的癌细胞。

本章主要介绍固体物质的抗磁性、顺磁性、铁磁性、反铁磁性的形成机理、磁性表征参量、磁化过程、磁性材料的类型及应用。

13.1　基本磁学性能

13.1.1　磁学基本量

磁场中的磁介质由于磁化影响磁场。在一外磁场 H 中放入一磁介质，磁介质受外磁

场作用，处于磁化状态，则磁介质内部的磁感应强度 B(T) 将发生变化，即

$$B=\mu H=\mu_0(H+M) \tag{13-1}$$

式中，H 为磁场强度(A/m)；μ_0 为真空磁导率，$\mu_0=4\pi\times10^{-7}$ H/m；μ 为介质的绝对磁导率，μ 只与介质有关；M 为磁化强度，表征物质被磁化的程度。

对于一般磁介质，无外加磁场时，其内部各磁矩的取向不一，宏观无磁性。但在外磁场作用下，各磁矩有规则地取向，使磁介质宏观显示磁性，即被磁化。磁化强度的物理意义是单位体积的磁矩。

$$M=\left(\frac{\mu}{\mu_0}-1\right)H=(\mu_r-1)H=\chi H \tag{13-2}$$

式中，$\mu_r=\mu/\mu_0$ 为介质的相对磁导率；$\chi=\mu_r-1$ 为介质的磁化率。其中 χ 仅与磁介质性质有关，它反映材料磁化的能力，没有单位。χ 可正、可负，决定于材料的不同磁性类别，表 13－1 所列为一些常见材料在室温时的磁化率。

表 13－1　一些常见材料在室温时的磁化率

材料名称	磁化率	材料名称	磁化率
氧化铝	-1.81×10^{-5}	锌	-1.56×10^{-5}
铜	-0.96×10^{-5}	铝	2.07×10^{-5}
金	-3.44×10^{-5}	铬	3.13×10^{-4}
水银	-2.85×10^{-5}	钠	8.48×10^{-6}
硅	-0.41×10^{-5}	钛	1.81×10^{-4}
银	-2.38×10^{-5}	锆	1.09×10^{-4}

磁介质在外磁场中的磁化状态，主要由磁化强度 M 决定。M 可正、可负，由磁体内磁矩矢量和的方向决定，因而磁化的磁介质内部的磁感应强度 B 可能大于也可能小于磁场。

13.1.2 物质的磁性分类

根据物质的磁化率，可以把物质的磁性大致分为 5 类。按各类磁体磁化强度 M 与磁场强度 H 的关系，可作出其磁化曲线，如图 13.1 所示。

1. 抗磁体

抗磁体的磁化率 χ 为甚小的负数，大约 10^{-6} 数量级。抗磁体在磁场中受微弱斥力。金属中约有一半简单金属是抗磁体。根据磁化率 χ 与温度的关系，抗磁体又可分为：①“经典”抗磁体，它的磁化率 χ 不随温度变化，如铜、银、金、汞、锌等；②反常抗磁体，它的磁化率 χ 随温度变化，而且其大小是前者的 10～100 倍，如铋、镓、锑、锡、铟、铜-锆合金等。

2. 顺磁体

顺磁体的磁化率 χ 为正值，为 $10^{-6}\sim10^{-3}$。顺磁体在磁场中受微弱吸力。顺磁体根据磁

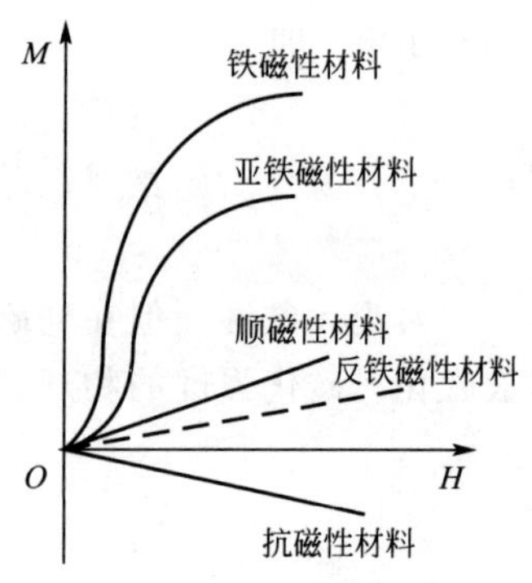

图 13.1 五类磁体的磁化曲线示意图

化率 χ 与温度的关系可分为：①正常顺磁体，其磁化率 χ 随温度变化符合 $\chi \propto 1/T$ 关系(T 为温度)，如金属铂、钯、奥氏体不锈钢、稀土金属等属于此类；②磁化率 χ 与温度无关的顺磁体，如锂、钠、钾、铷等金属。

3. 铁磁体

在较弱的磁场作用下，铁磁体就能产生很大的磁化强度，其磁化率 χ 是很大的正数，并且与外磁场呈非线性关系变化，具体金属有铁、钴、镍等。铁磁体在温度高于某临界温度后变成顺磁体，此临界温度称为居里温度或居里点，常用 T_c 表示。

4. 亚铁磁体

亚铁磁体有些像铁磁体，但磁化率 χ 值没有铁磁体那样大。通常所说的磁铁矿(Fe_3O_4)、铁氧体等属于亚铁磁体。

5. 反铁磁体

反铁磁体的磁化率 χ 是小的正数，在温度低于某温度时，反铁磁体的磁化率同磁场的取向有关；高于这个温度，其行为像顺磁体，具体材料有 α - Mn、铬、氧化镍、氧化锰等。

13.2 抗磁性和顺磁性

13.2.1 原子本征磁矩

材料的磁性来源于原子磁矩。原子轨道磁矩包括电子轨道磁矩、核磁矩。实验和理论都证明原子核磁矩很小，只有电子磁矩的几千分之一，通常在考虑它对原子磁矩贡献时可以略去不计。电子绕原子核运动，犹如一环形电流，此环形电流也在其运动中心处产生磁矩，环形电流产生磁矩如图 13.2 所示。

由于不同的原子具有不同的电子壳层结构，因而对外表现出不同的磁矩，所以当这些原子组成不同的物质时也要表现出不同的磁性来。必须指出的是，原子的磁性虽然是物质磁性的基础，但却不能完全决定凝聚态物质的磁性，这是因为原子间的相互作用(包括磁的和电的作用)对物质磁性往往起着更重要的影响。材料的宏观磁性是由原子中电子的磁矩引起的，电子产生的磁矩有电子轨道磁矩和自旋磁矩(图 13.3)。

1. 电子轨道磁矩

电子绕原子核的轨道运动，产生一个非常小的磁场，形成一个沿旋转轴方向的轨道磁矩，如图 13.3(a) 所示。设 r 为电子运动轨道的半径，L 为电子运动的轨道角动量，ω 为电子绕核运动的角速度，电子的电量为 e，质量为 m。根据磁矩等于电流与电流回路所包围的面积的乘积的原理，电子轨道磁矩的大小为

$$P_e = iS = e\left(\frac{\omega}{2\pi}\right)\pi r^2 = \frac{e}{2m}m\omega r^2 = \frac{e}{2m}L \tag{13-3}$$

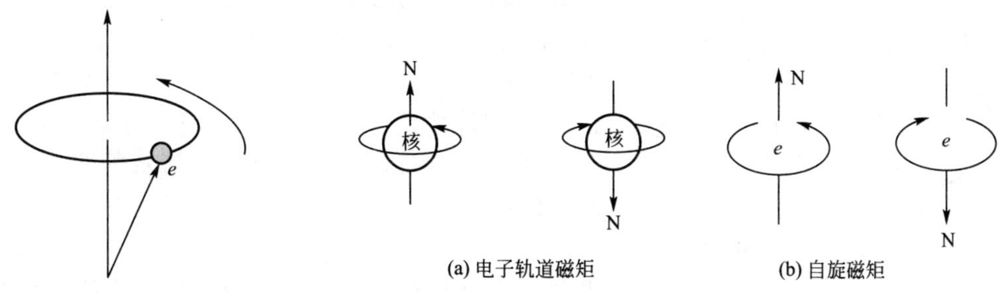

图 13.2 环形电流磁矩

图 13.3 电子运动产生磁矩

该磁矩的方向垂直于电子运动轨迹平面，并符合右手螺旋定则。它在外磁场方向上的投影，即电子轨道磁矩在外磁场方向上的分量，满足量子化条件

$$P_{ez}=m_l\mu_B(m_l=0,\ \pm1,\ \pm2,\ \cdots,\ \pm l) \tag{13-4}$$

式中，m_l 为电子运动状态的磁量子数；下角 z 表示外磁场方向；μ_B 为玻尔磁子，是电子磁矩的最小单位。

2. 自旋磁矩

每个电子本身做自旋运动，产生一个沿自旋轴方向的自旋磁矩。因此可以把原子中每个电子都看作一个小磁体，具有永久的轨道磁矩和自旋磁矩，如图 13.3(b) 所示。实验测定电子自旋磁矩在外磁场方向上的分量恰为一个玻尔磁子，即

$$P_{ez}=\pm\mu_B \tag{13-5}$$

其符号取决于电子自旋方向，一般取与外磁场方向 z 一致的为正，反之为负。因为原子核比电子重一千多倍，运动速度仅为电子速度的几千分之一，所以原子核的自旋磁矩仅为电子自旋磁矩的千分之几，因而可以忽略不计。

原子中电子的轨道磁矩和电子的自旋磁矩构成了原子固有磁矩，也称本征磁矩。如果原子中所有电子壳层都是填满的，由于形成一个球形对称的集体，则电子轨道磁矩和自旋磁矩各自相抵消，此时原子本征磁矩 $P=0$。

原子是否具有磁矩，取决于其具体的电子壳层结构。若有未被填满的电子壳层，其电子的自旋磁矩未被完全抵消(方向相反的磁矩可互相抵消)，则原子就具有永久磁矩。例如，铁原子的电子层分布为 $2s^2 2p^6 3s^2 3p^6 3d^6 4s^2$，除 3d 壳层外各层均被电子填满(其自旋磁矩相互抵消)，而根据洪特规则，3d 壳层的电子应尽可能填充不同的轨道，其自旋应尽量在一个平行方向上。因此，3d 壳层的 5 个轨道中除了 1 个轨道填有 2 个自旋相反的电子外，其余 4 个轨道均只有 1 个电子，并且这 4 个电子的自旋方向互相平行，使总的电子自旋磁矩为 $4\mu_B$。而诸如锌的某些元素，具有各壳层都充满电子的原子结构，其电子磁矩互相抵消，因此不显磁性。在磁性材料内部，B 与 H 的关系较复杂，二者不一定平行，矢量表达式为

$$B=\mu_0(H+M)=\mu_0 H+B_i \tag{13-6}$$

其中，B_i 为磁性材料内的磁偶极矩被 H 磁化而贡献的，而 H 只有在均匀且无限大的磁性材料中，才与无磁性材料时的外加磁场相同。

一般磁性材料的磁化，不仅对磁感应强度 $\boldsymbol{B}$ 有贡献，而且可能影响磁场强度 $\boldsymbol{H}$。

如图 13.4 (a)所示的闭合环形磁芯，其 $B=\mu_0(H+M)$，其中 H 等于外加磁场强度，

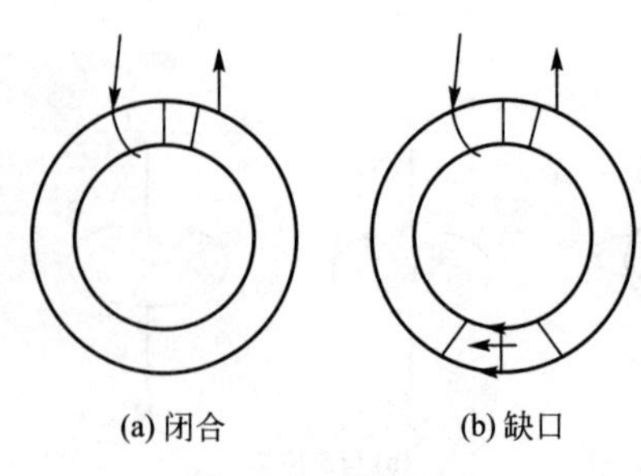
(a) 闭合　(b) 缺口

图 13.4　环形磁芯

而图 13.4(b)所示的缺口环形磁芯，由于在缺口处出现表面磁极，导致在磁芯中产生一个与磁化强度方向相反的磁场，称为退磁场，以 H_d 表示，只有在均匀磁化时，H_d 才是均匀的，其数值正比于磁化强度 M，而方向与 M 相反，因此，退磁场起着削弱磁化的作用，其表达式为

$$H_d = -NM \tag{13-7}$$

式中，N 为退磁因子，无量纲，与磁体的几何形状有关。

13.2.2　抗磁性

对于电子壳层已填满的原子，虽然其轨道磁矩和自旋磁矩的总和为零，但这仅是在无外磁场的情况下，当有外磁场作用时，即使对于总磁矩为零的原子也会显示出磁矩来。这是由于电子的循轨运动在外磁场的作用下产生了抗磁磁矩 ΔP 的缘故。

关于抗磁性的解释有经典物理理论和量子力学理论，其中经典物理理论包括拉摩尔进动(Larmor precession)、电磁感应(Electromagnetic induction)和洛伦兹力(Lorentz force)理论。现采用洛伦兹力理论解释如下。

如图 13.5 所示，取两个轨道平面与磁场 H 方向垂直而循轨运动方向相反的电子为例来研究。当无外磁场时，电子循轨运动产生的轨道磁矩为 $P_e = 0.5e\omega r^2$，电子受到的向心力为 $K = mr\omega^2$。当加上外磁场后，电子必将又受到洛伦兹力的作用，从而产生一个附加力 $\Delta K = Her\omega$。由于洛伦兹力 ΔK 使向心力 K 或增［图 13.5 (a)］或减［图 13.5 (b)］，对图 13.5(a)而言，向心力增为 $K + \Delta K = mr(\omega + \Delta\omega)^2$，一般认为 m 和 r 是不变的，故当 K 增加时，只能是 ω 变化，即增加一个 $\Delta\omega = eH/2m$(解上式并略去 $\Delta\omega$ 的二次项)，称为拉莫尔角频率，电子的这种以 $\Delta\omega$ 围绕磁场所做的旋转运动，称为电子进动，磁矩增量(附加磁矩)为

$$\Delta P = -\frac{1}{2e}\Delta\omega r^2 = -\frac{e^2 r^2}{4m} \cdot H \tag{13-8}$$

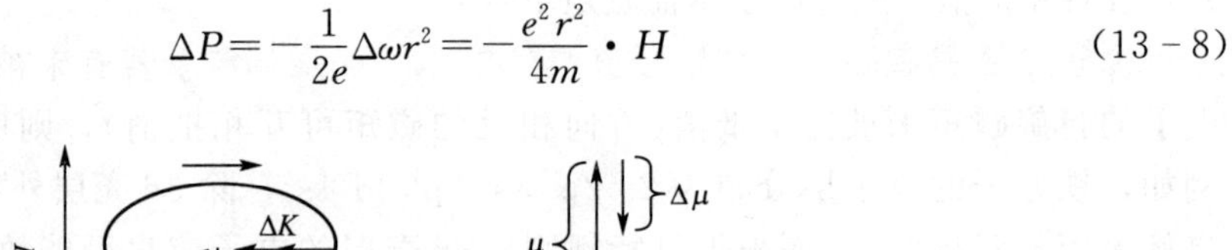
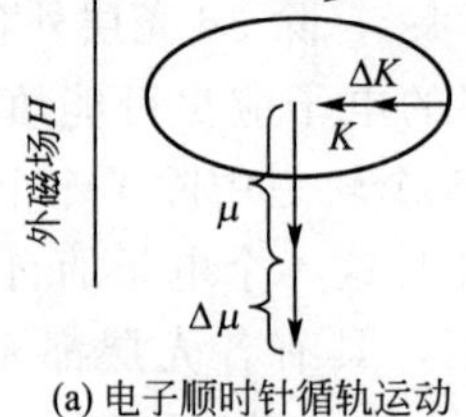

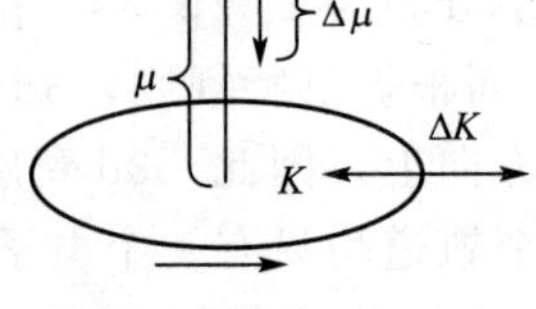

(a) 电子顺时针循轨运动　(b) 电子逆时针循轨运动

图 13.5　产生抗磁矩的示意图(沿圆周箭头指电流方向)

式中的负号表示附加磁矩 ΔP 总是与外磁场 H 方向相反，这就是物质产生抗磁性的原因。物质的抗磁性不是由电子的轨道磁矩和自旋磁矩本身所产生的，而是由外磁场作用下电子循轨运动产生的附加磁矩所造成的。由式(13-8)可看出，ΔP 与外磁场 H 成正比，这说明抗磁磁化是可逆的，即当外磁场去除后，抗磁磁矩即行消失。

既然抗磁性是电子的轨道运动产生的，而任何物质又都存在这种运动，故可以说任何物

质在外磁场作用下都要产生抗磁性。并不能说任何物质都是抗磁体，这是因为原子除了产生抗磁磁矩外，还有轨道磁矩和自旋磁矩产生的顺磁磁矩。抗磁性大于顺磁性的物质称为抗磁体。抗磁体的磁化率很小，约为-10^{-6}，而且与温度、磁场强度等无关或变化极小。凡是电子壳层被填满了的物质都属抗磁体，如惰性气体，离子型固体、共价键的碳、硅、锗、硫、磷等通过共有电子而填满了电子壳层，故也属抗磁体。

13.2.3 顺磁性

顺磁性来源于原子固有磁矩在外磁场作用下的定向排列。原子固有磁矩，是电子的轨道磁矩和自旋磁矩的矢量和，其源于原子内未填满的电子壳层(如过渡元素的 d 层，稀土金属的 f 层)，或源于具有奇数个电子的原子。但无外磁场时，由于热振动的影响，其原子磁矩的取向是无序的，故总磁矩为零，如图 13.6 (a)所示。当有外磁场作用，则原子磁矩便排向外磁场的方向，总磁矩便大于零而表现为正向磁化，如图 13.6 (b)所示。但在常温下，由于热运动的影响，原子磁矩难以有序化排列，故顺磁体的磁化十分困难，磁化率一般仅为 $10^{-6}\sim10^{-3}$。

在常温下，使顺磁体达到饱和磁化程度所需的磁场约为 8×10^{8} A/m，这在技术上是很难达到的。但若把温度降低到接近 0K，则达到磁饱和就容易多了。例如，$GdSO_4$ 在 1K 时，只需 $H=24\times10^{4}$ A/m，便可达磁饱和状态，如图 13.6(c)所示。总之，顺磁体的磁化仍是磁场克服热运动的干扰，使原子磁矩排向磁场方向的结果。

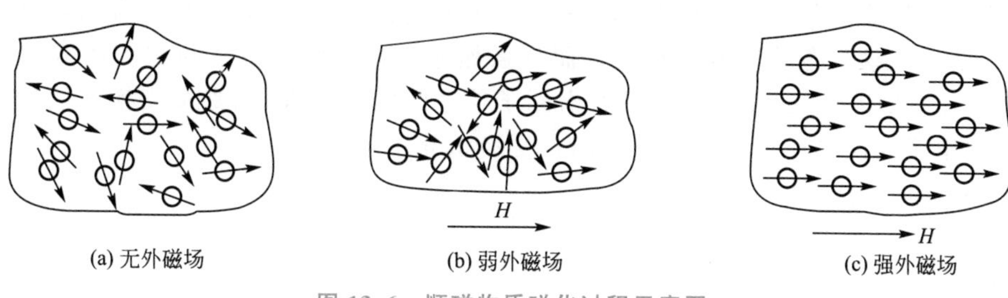

图 13.6 顺磁物质磁化过程示意图

13.3 铁磁性与反铁磁性

13.3.1 铁磁质的自发磁化

现代铁磁理论包括自发磁化理论和磁畴假说两方面。1907 年法国科学家外斯(Weiss Pierre，1865—1940 年)系统地提出了铁磁性假说，其主要内容有：铁磁物质内部存在很强的“分子场”，在“分子场”的作用下，原子磁矩趋于同向平行排列，即自发磁化至饱和，称为自发磁化；铁磁体自发磁化分成若干个小区域(自发磁化至饱和的小区域称为磁畴)，由于各个区域(磁畴)的磁化方向各不相同，其磁性彼此相互抵消，所以大块铁磁体对外不显示磁性。

外斯假说取得了很大成功，实验证明了它的正确性，并在此基础上发展了现代的铁磁性理论。在分子场假说的基础上，发展了自发磁化理论，解释了铁磁性的本质；在磁畴假说的基础上发展了技术磁化理论，解释了铁磁体在磁场中的行为。

铁磁性材料的磁性是自发产生的。磁化过程(又称感磁或充磁)只不过是把物质本身的磁性显示出来，而不是由外界向物质提供磁性的过程。实验证明，铁磁质自发磁化的根源是原子(正离子)磁矩，在原子磁矩中起主要作用的是电子自旋磁矩。与原子顺磁性一样，在原子的电子壳层中存在没有被电子填满的状态是产生铁磁性的必要条件。例如，铁的3d状态有四个空位，钴的3d状态有三个空位，镍的3d状态有两个空位。如果使充填的电子自旋磁矩按同向排列起来，将会得到较大磁矩，理论上铁有$4\mu_B$，钴有$3\mu_B$，镍有$2\mu_B$。

对另一些过渡族元素，如锰在3d状态上有五个空位，若同向排列，自旋磁矩应是$5\mu_B$，但它并不是铁磁性元素。因此，在原子中存在没有被电子填满的状态(d或f状态)是产生铁磁性的必要条件，但不是充分条件。故产生铁磁性不仅仅在于元素的原子磁矩是否高，而且还要考虑形成晶体时，原子之间相互键合的作用是否对形成铁磁性有利。这是形成铁磁性的第二个条件。

根据键合理论可知，原子相互接近形成分子时，电子云要相互重叠，电子要相互交换。对于过渡族金属，原子的3d状态与s态能量相差不大，电子云重叠，引起s、d状态电子的再分配，产生交换能E_{ex}(Exchange energy，与交换积分有关)，交换能使相邻原子内d层未抵消的自旋磁矩同向排列起来。

$$E=-2AS^2\cos\varphi \tag{13-9}$$

式中，A为交换能积分常数；φ为相邻原子电子自旋磁矩夹角。理论计算证明，交换积分A不仅与电子运动状态的波函数有关，而且强烈地依赖于原子核之间的距离R_{ab}(点阵常数)，如图13.7所示。由图可见，只有当原子核之间的距离R_{ab}与参加交换作用的电子距核的距离(电子壳层半径)r之比大于3时，交换积分才为正。

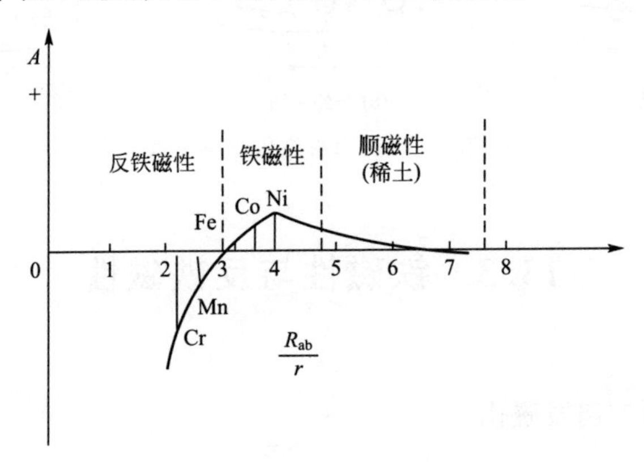

图13.7　交换积分A与R_{ab}/r的关系

R_{ab}—原子间距；r—未填满的电子层半径

量子力学计算表明，对Fe、Co和Ni，$R_{ab}/r>3$，相邻原子的电子交换积分常数$A>0$。当$\varphi=0°$时，E_{ex}最小，即相邻原子的自旋磁矩同向排列，产生自发磁化，是材料具有铁磁性的原因。这种相邻原子的电子交换效应，其本质仍是静电力迫使电子自旋磁矩平行排列，作用效果好像强磁场一样。外斯分子场就是这样得名的。

对Cr和Mn等，$R_{ab}/r<3$，$A<0$，当$\varphi=180°$时，E_{ex}最小，即自旋磁矩反向排列，未满电子层的电子云在两原子核间重叠，当重叠区过大时，具有反铁磁性。对稀土元素，

$R_{ab}/r>5$，$A>0$，但 A 值较小，原子核间距太大，电子云重叠少，静电交互作用弱，自发磁化倾向小，表现出顺磁性。

铁磁性产生的充分必要条件：原子内部要有未填满的电子壳层，有未被抵消的自旋磁矩；R_{ab}/r 之比大于 3，使交换积分 A 为正，产生强烈的自发磁化。前者指的是原子本征磁矩不为零；后者指的是要有一定的晶体结构要求。

注意：铁磁性是自发产生的，不是外界提供的。磁化过程只不过把它本身的磁性显示出来。轨道磁矩对铁磁性几乎无贡献，这是由于外层电子轨道受点阵周期场的作用，方向变动，不能产生联合磁矩。

根据自发磁化的过程和理论，可以解释许多铁磁特性。例如，温度对铁磁性的影响，当温度升高时，原子间距加大，降低了交换作用，同时热运动不断破坏原子磁矩的规则取向，故自发磁化强度 M_s 下降。直到温度高于居里点，以致完全破坏了原子磁矩的规则取向，自发磁矩就不存在了，材料由铁磁性变为顺磁性。同样，可以解释磁晶各向异性、磁致伸缩等。

13.3.2 反铁磁性和亚铁磁性

前面的讨论可知，邻近原子的交换积分 $A>0$ 时，原子磁矩取同向平行排列时能量最低，自发磁化强度 $M_s\neq 0$，从而具有铁磁性［图 13.8(a)］。如果交换积分 $A<0$ 时，则原子磁矩取反向平行排列能量最低。如果相邻原子磁矩相等，由于原子磁矩反平行排列，原子磁矩相互抵消，自发磁化强度等于零。这样一种特性称为反铁磁性。纯金属 α－Mn、Cr 等是属于反铁磁性，金属氧化物如 MnO、Cr_2O_3、CuO、NiO 等也属于反铁磁性。这类物质无论在什么温度下其宏观特性都是顺磁性的，χ 相当于通常强顺磁性物质磁化率的数量级。温度很高时，χ 很小，温度逐渐降低，χ 逐渐增大，降至某一温度，χ 升至最大值；再降低温度，χ 又减小。当温度趋于 0K 时，χ 值如图 13.8 (b)所示。χ 最大时的温度点称为尼尔点，用 T_N 表示。在温度大于 T_N 以上时，χ 服从居里-外斯定律，即$\chi=\dfrac{C}{T+\Theta}$。尼尔点是反铁磁性转变为顺磁性的温度(反铁磁物质的居里点 T_C)。

在尼尔点附近普遍存在热膨胀、电阻、比热、弹性等反常现象，使反铁磁物质成为有实用意义的材料。例如，用具有反铁磁性的 Fe－Mn 合金作为恒弹性材料。

亚铁磁性物质由磁矩大小不同的两种离子(或原子)组成，相同磁性的离子磁矩同向平行排列，而不同磁性的离子磁矩是反向平行排列。由于两种离子的磁矩不相等，反向平行的磁矩就不能恰好抵消，二者之差表现为宏观磁矩，这就是亚铁磁性。具有亚铁磁性的物质绝大部分是金属的氧化物，称为铁氧体(磁性瓷或黑瓷)，属于半导体，不易导电，电阻率高，应用于高频磁化过程，常作为磁介质。亚铁磁性的 $\chi-T$ 关系如图 13.8(c)所示。图 13.8 中还标出铁磁性、反铁磁性、亚铁磁性原子(离子)磁矩的有序排列。

13.3.3 磁畴

根据现代铁磁理论，铁磁性材料内部原子磁矩间相互作用，相邻原子的磁偶极子在一个较小的区域内排成一致的方向，形成一个较大的净磁矩，即通过自发磁化形成磁矩一致排列的小区域——磁畴(Domain)。

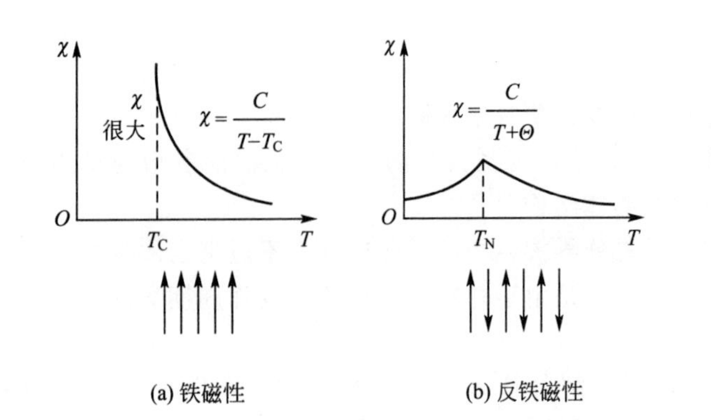

图 13.8　三种磁化状态示意图

磁畴的形状和大小受交换能(Exchange energy)、退磁能(Demagnetization energy)、磁致伸缩能或磁弹性能(Magnetostriction or Magnetoelastic energy)、磁各向异性能(Magnetic anisotropy energy)和畴壁能(Domain wall energy)5种能量制约。磁畴的存在是能量极小化的后果。这是物理大师列夫·朗道和叶津·李佛西兹(Evgeny Lifshitz)提出的磁畴结构理论观点。

交换能 E_{ex}使相邻原子的磁矩同向排列，假设一个铁磁性长方体自发磁化为一个单畴[图 13.9(a)]，则在长方体的顶面与底面产生很多正磁荷与负磁荷，产生磁极，使磁体有强烈的磁能，而且在铁磁体内产生与磁化强度方向相反的退磁场 H_d，增加了退磁能。

假设铁磁性长方体分为两个磁畴［图 13.9(b)］，其中一个磁畴的磁矩朝上，另一个朝下，则会有正磁荷与负磁荷分别形成于顶面的左右边，又有负磁荷与正磁荷相反地分别形成于底面的左右边，磁能较微弱，大约为图 13.9(a)中的一半，退磁能大大减少。

假设铁磁性长方体是由多个磁畴组成的，如图 13.9(c)所示，则由于磁荷不会形成于顶面与底面，只会形成于斜虚界面，所有的磁场都包含于长方体内部，磁能更微弱，这种组态称为“闭合磁畴”(Closure domain)。闭合磁畴的退磁能为零，但闭合磁畴中的磁化强度方向各异，将增加磁各向异性能。闭合磁畴中不同磁化方向引起的磁致伸缩不同，产生一定的磁致伸缩能(磁弹性能)，该能量与磁畴的方向和大小都有关，磁畴尺寸越大，磁致伸缩引起的尺寸变化越不易相互补偿，磁致伸缩能(磁弹性能)越高。因此，闭合磁畴结构需要较小的磁畴构成，才能降低弹性能。

然而，当多个小磁畴构成闭合磁畴结构时，还要考虑相邻磁畴交界处原子自旋磁矩的排列情况，即磁畴壁结构。如图 13.10(a)所示，为降低交换能，畴壁内自旋磁矩的方向是从一个磁畴逐渐过渡到另一个磁畴，但又使畴壁的自旋磁矩偏离了晶体的易磁化方向，增加了磁各向异性能和磁弹性能，所以形成畴壁需要一定的能量，即畴壁能。因此，当磁畴变小使磁致伸缩能减小和畴壁形成能相等时，达到能量最小的稳定闭合磁畴组态［图 13.9(d)］。

因此，磁畴结构的形成是为保持自发磁化的稳定性和能量最低。每一个磁畴中，各个电子的自旋磁矩定向一致排列，具有很强的磁性。每个磁畴体积大约为 $10^{-6}mm^3$，内含约 10^{17}～10^{20}个原子。各个磁畴之间彼此取向不同，首尾相接，形成闭合的磁路，对外不显现磁性。畴壁的厚度(10～1000 个原子间距)取决于交换能和磁结晶各向异性能平衡的结果。稳定闭合磁畴的组态是细小扁平薄片状或细长棱柱状，磁畴形态有条形畴、迷宫畴、楔形畴、环形畴、树枝状畴、泡状畴等(图 13.10)。

在没有外磁场时，铁磁体内各个磁畴的排列方向是无序的，所以铁磁体对外不显磁性。当铁磁体处于外磁场中时，各个磁畴的磁矩在外磁场的作用下都趋向于转向外磁场方向排列，产生的附加磁场强度 B' 比外磁场的磁场强度 H 在数值上一般要大几十倍到数万倍，材料被强烈磁化。铁磁体在外磁场中的磁化过程主要为畴壁的移动和磁畴内磁矩的转向过程，因此，铁磁体只需在很弱的外磁场中就能得到较大的磁化强度。

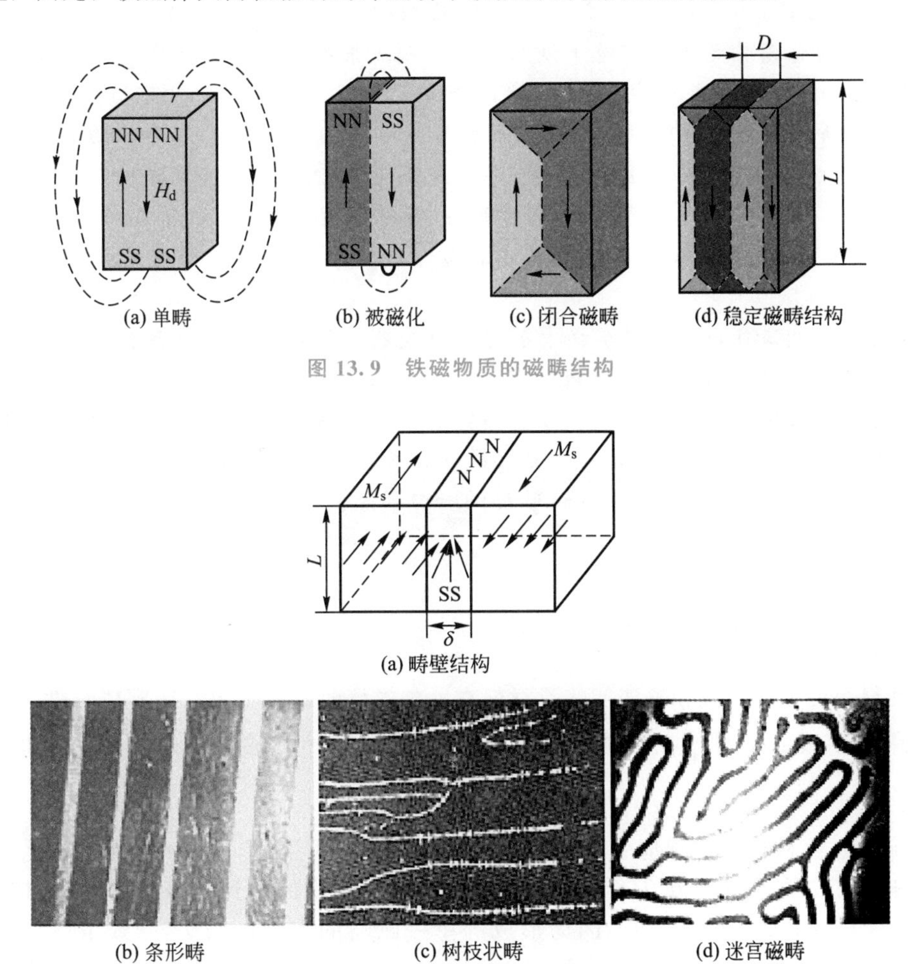

(a) 单畴 (b) 被磁化 (c) 闭合磁畴 (d) 稳定磁畴结构

图 13.9 铁磁物质的磁畴结构

(a) 畴壁结构

(b) 条形畴 (c) 树枝状畴 (d) 迷宫磁畴

图 13.10 磁畴形态

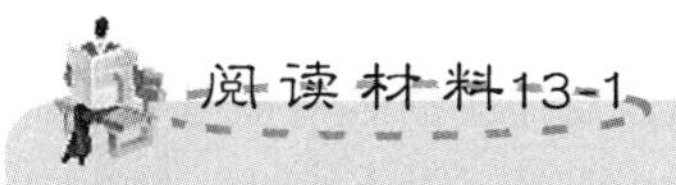

阅读材料13-1

朗 道

列夫·朗道(Lev Landau，1908—1968)，苏联犹太人，自称“世界上最后一个全能的物理学家(除 Fermi 外)”。

朗道是著名的神童，毕业于列宁格勒大学（圣彼得堡大学)，后周游欧洲，遍访物理学泰斗，1937 年春，他到莫斯科担任苏联科学院物理问题研究所的理论部负责人，并在莫斯科大学任教。朗道是20世纪最有个性的物理学家之一，是“简单化作风和民主作风，无限偏执和过分自信的奇妙混合体”。1938年冬，在当时的“大清洗”中，朗道突然以“德国间谍”的罪名被捕，并被判处十年徒刑，送到莫斯科最严厉的监狱。由于卡皮查等人的竭力营救，被关押一年，已经奄奄一息的朗道终于获释。朗道于1946年被选为苏联科学院院士，曾获斯大林奖金。

在朗道50寿辰之际，苏联学界把他对物理学的十大贡献刻在石板上作为寿礼，以先知一样的称谓称之为“朗道十诫”，这10项成果有：量子力学中的密度矩阵和统计物理学(1927年)；自由电子抗磁性的理论(1930年)；二级相变的研究(1936—1937年)；铁磁性的磁畴理论和反铁磁性的理论解释(1935年)；超导体的混合态理论(1934年)；原子核的概率理论(1937年)；氦Ⅱ超流性的量子理论(1940—1941年)；基本粒子的电荷约束理论(1954年)；费米液体的量子理论(1956年)；弱相互作用的CP不变性(1957年)。尤其是在量子液体(液态氦)的理论方面，他的贡献更为突出。

1962年，朗道在一场致命车祸中智力严重受损。诺贝尔奖评委会担心朗道可能不久于人世，便在1962年年底将物理学奖授予病床上的他，以表彰他在凝聚态特别是液氦超流态的先驱性理论方面所做出的重要贡献，由于朗道本人无法前往斯德哥尔摩领奖，诺贝尔奖基金会打破惯例，在历史上第一次不是在瑞典首都由国王授奖，而由瑞典驻苏联大使在莫斯科向他颁奖。朗道临终的一句话是：“我这辈子没有白活，总是事事成功。”

13.3.4 磁化曲线和磁滞回线

磁性材料的磁化曲线和磁滞回线是材料在外加磁场时表现出来的宏观磁特性。铁磁体具有很高的χ(或μ)，即使在微弱的磁场H作用下也可以引起激烈的磁化并达饱和。

1. 磁化曲线

对于铁磁性材料，磁感应强度B和磁场强度H不成正比，因为材料的磁化过程与磁畴磁矩改变方向有关。在$H=0$时，磁畴取向是无规则的，到磁感应强度饱和时($B=B_s$)再增大H也不能使B增加。因为形成的单一磁畴的方向已与H一致了。从退磁状态开始的铁磁物质的基本磁化曲线如图13.11所示，这种从退磁状态直到饱和之前的磁化过程称为技术磁化。它们之间的差别仅在于开始阶段的区间大小、M_s的大小及上升幅度的大小。

若把磁化曲线画成$B-H$的关系，则从曲线上各点与坐标原点连线的斜率即是各点的磁导率，因此可建立$\mu-H$曲线，由此可近似确定其磁导率$\mu=B/H$。因B与H非线性，故铁磁材料的μ不是常数，而是随H而变化，如图13.12所示。在实际应用中，常使用相对磁导率$\mu_r=\mu/\mu_0$(μ_0为真空中的磁导率)，铁磁材料的相对磁导率可高达数千乃至数万，这一特点是其用途广泛的主要原因之一。

当$H=0$时，$\mu_i=\lim\limits_{H\to 0}\dfrac{\Delta B}{\Delta H}$，$\mu_i$称为起始磁导率。对那些工作在弱磁场下的软磁材料，如信号变压器、电感器的铁心等，希望具有较大的μ_i，这样可在较小的H下产生较大的

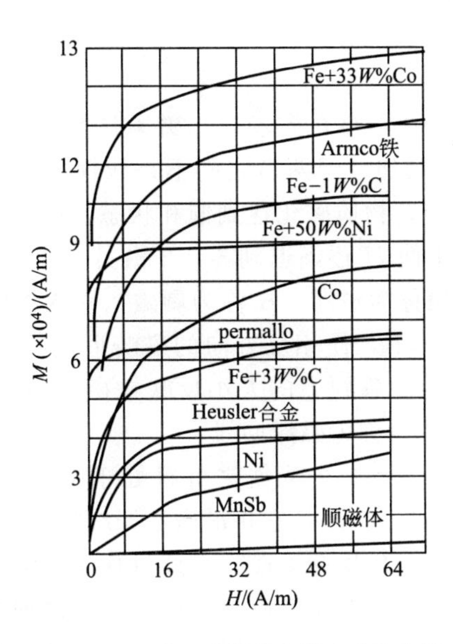

图 13.11 一些工业材料的基本磁化曲线

B，在弱磁场区 $\mu-H$ 曲线存在的极大值 μ_m 称为最大磁导率。对在强磁场下工作的软磁材料，如电力变压器、功率变压器等，则要求有较大的 μ_m。

图 13.13 表示磁畴壁的移动和磁畴的磁化矢量的转向及其在磁化曲线上起作用的范围。磁畴与外场 H 的交互作用的静磁能，起主导作用，是畴壁移动的原动力。可以看出，当无外施磁场，即样品在退磁状态时，具有不同磁化方向的磁畴的磁矩大体可以互相抵消，样品对外不显磁性。在外施磁场强度不太大的情况下，畴壁发生移动，使与外磁场方向一致的磁畴范围扩大，其他方向的相应缩小。这种效应不能进行到底，当外施磁场强度继续增至比较大时，与外磁场方向不一致的磁畴的磁化矢量会按外磁场方向转动。在磁化曲线最陡区域(图 13.13 中②)，畴壁发生跳跃式的不可逆位移过程，称为巴克豪森跳跃(Barkhausen jump)或巴克豪森效应(Barkhausen effect)。这样在每一个磁畴中，磁矩都向外磁场 H 方向排列，处于饱和状态，此时饱和磁感应强度用 B_m 表示，饱和磁化强度用 M_s 表示，对应的外磁场为 H_s。此后，H 再增加，B 增加极其缓慢，与顺磁物质磁化过程相似。其后，磁化强度的微小提高主要是由于外磁场克服了部分热骚动能量，使磁畴内部各电子自旋方向逐渐都和外磁场方向一致造成的。畴壁移动阻力包括退磁场能、磁晶各向异性能、磁弹性能和畴壁能，晶体缺陷、杂质、应力集中、组织不均匀也阻碍畴壁的移动。

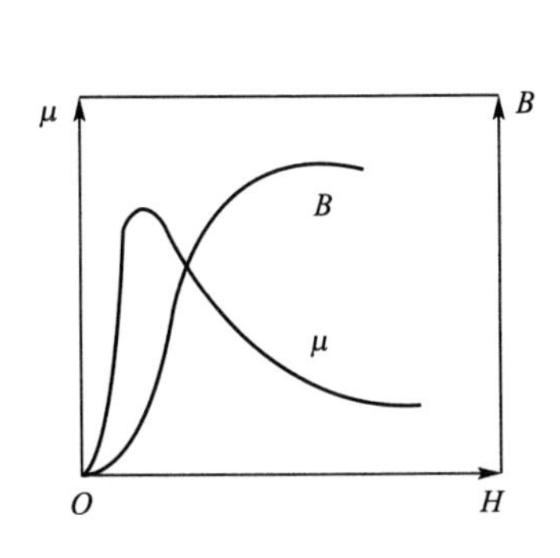

图 13.12 B、μ 与 H 关系曲线

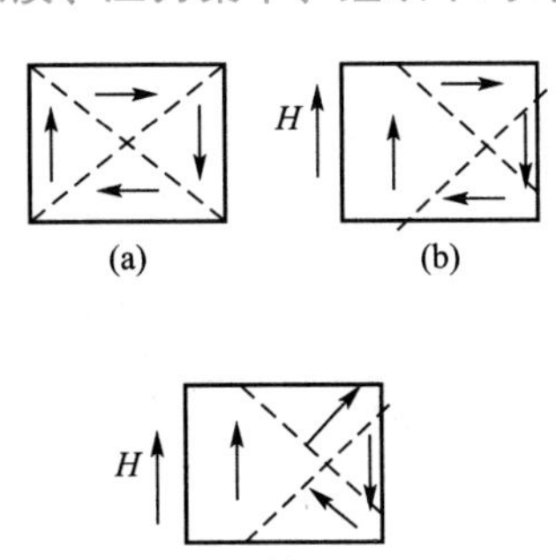

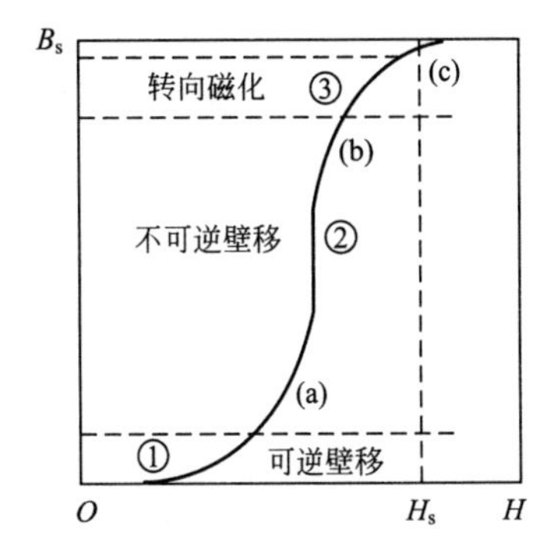

图 13.13 磁化曲线分布示意图

2. 磁滞回线

图 13.14 中，当铁磁物质中不存在磁场时，磁场强度 H 和磁感应强度 B 均为零（O 点）。随 H 的增加，B 也随之增加，但两者之间不是线性关系（Oab 曲线）。当 H 增加到一定值时，B 不再增加（b 点），物质磁化达到饱和状态，此时的 H_s 和 B_s 分别为饱和磁场强度和饱和磁感应强度。如果使 H 逐渐退到零，B 沿另一曲线 bc 下降到 B_r，铁磁物质中仍保留一定的磁性，这种现象称为磁滞，B_r 称为剩磁，铁磁物质成为永久磁铁。要消除剩磁，只有加反向磁场到 $H=-H_c$，使相反方向的磁畴形成并长大，磁畴重新呈现无规则状态，B 为零，H_c 称为矫顽力。矫顽力的大小反映铁磁材料保持剩磁状态的能力。B 随 H 的变化形成闭合 $B-H$ 曲线，称为磁滞回线。

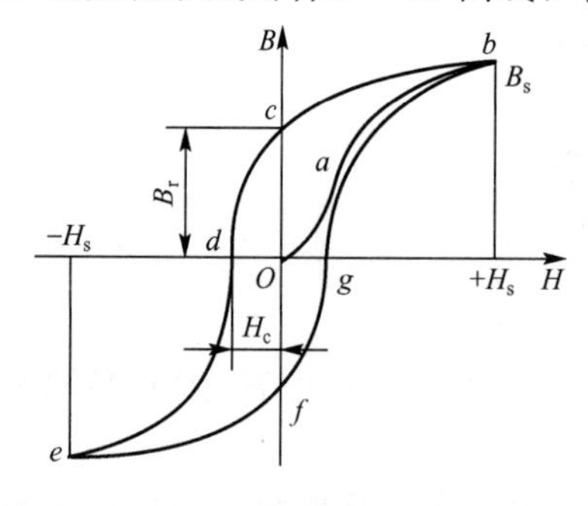

图 13.14 磁滞回线

当铁磁材料处于交变磁场中时(如变压器中的铁心)，它将沿磁滞回线反复被磁化→去磁→反向磁化→反向去磁。在此过程中要消耗额外的能量，并以热的形式从铁磁材料中释放，这种损耗称为磁滞损耗。磁滞回线表示铁磁材料的一个基本特征，磁滞损耗与磁滞回线所围面积成正比。

μ、M_r 和 H_c 都是对材料组织敏感的磁参数，它们不但取决于材料的组成(化学组成和相组成)，而且还受显微组织的粗细、形态和分布等因素的强烈影响，即与材料的制造工艺密切相关，是材料磁滞现象的表征。不同的磁性材料具有不同的磁滞回线，从而使它们的应用范围也不同。具有小 H_c 值、高 μ 的瘦长形磁滞回线的材料，适宜作**软磁材料**。而具有大的 M_r 和 H_c、低 μ 的短粗形磁滞回线的材料适宜作**硬磁(永磁)材料**。而 M_r/M_s 接近于 1 的矩形磁滞回线的材料，即矩磁材料则可作磁记录材料。总之，通过材料种类和工艺过程的选择可以得到性能各异、品种繁多的磁性材料。

从静态磁性来说，一般金属磁性材料要达到 $H_c>8\times10^4\,A/m$，是相当困难的，但铁氧体却可得到很高的 H_c。例如，钡铁氧体可得到 $H_c=11.5\times10^4\,A/m$；铁氧体的 M_s 较低，而金属磁性材料的 M_s 都较高。图 13.15 所示为铁氧体与金属磁性材料的磁滞回线的比较。

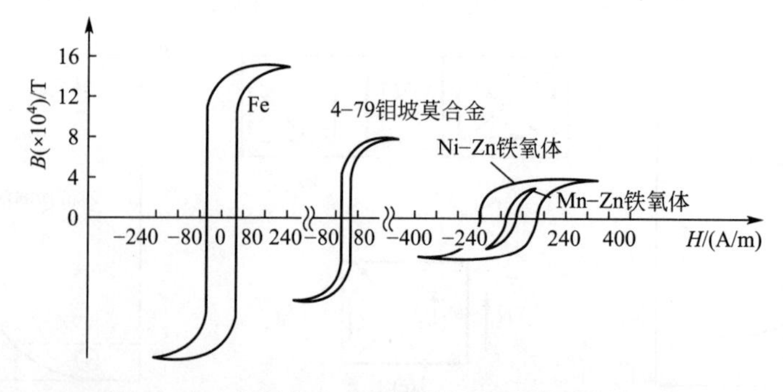

图 13.15 铁氧体与金属磁性材料磁滞回线的比较

13.4 影响材料磁性能的因素

13.4.1 影响材料抗磁性与顺磁性的因素

材料的成分、原子结构、相变、组织转变及温度等因素对材料的抗磁性和顺磁性有很大影响。

1. 原子结构

在磁场作用下电子的循轨运动要产生抗磁矩，而离子的固有磁矩则产生顺磁矩。此外，自由电子在磁场的作用下也产生抗磁矩和顺磁矩，不过它所产生的抗磁矩远小于顺磁矩，故自由电子的主要贡献是顺磁性。材料都是由原子和电子构成的，其内部既存在着产生抗磁性的因素，又存在着产生顺磁性的因素，属于哪种磁性材料，取决于哪种因素占主导地位。

【原子结构对磁性的影响】

惰性气体的原子磁矩为零，在外磁场作用下只能产生抗磁矩，是典型的抗磁性物质。对于其他大多数非金属元素，虽然原子具有磁矩，但形成分子时，由于共价键的作用，使外层电子被填满，它们的分子就不具有固有磁矩。因此，绝大多数非金属都是抗磁性物质，只有氧和石墨是顺磁性物质。

金属是由点阵离子和自由电子构成的。在磁场的作用下电子运动产生了抗磁矩，离子和自由电子产生顺磁矩。其中自由电子所引起的顺磁性比较小，故只有当内层电子未被填满，自旋磁矩未被抵消时，才能产生较强的顺磁性。

金属铜、银、金、镉、汞等，它们的离子所产生的抗磁性大于自由电子的顺磁性，因此是抗磁性的。

碱金属和碱土金属(除 Be 外)都是顺磁性的，在离子状态时都与惰性气体相似，具有相当的抗磁磁矩，但由于电子产生的顺磁性占主导地位，故表现为顺磁性。+3 价金属也是顺磁性的，主要是由自由电子或离子的顺磁性所决定的。稀土金属顺磁性较强，磁化率较大，主要是因为原子 $4f$ 层和 $5d$ 层没有填满，存在着未能全部抵消的自旋磁矩。

过渡族金属在高温基本都属于顺磁体，但其中有些存在铁磁转变(如 Fe、Co、Ni)，有些则存在反铁磁转变(如 Cr)。这类金属的顺磁性主要是由于它们的 $3d$～$5d$ 电子壳层未填满，d 和 f 态电子未抵消的自旋磁矩形成了离子的固有磁矩，产生了强烈的顺磁性，d 层和 f 层电子交互作用、产生强烈的自发磁化，呈现铁磁性。

2. 温度的影响

温度对抗磁性一般没有什么影响，但当金属熔化、凝固、同素异构转变及形成化合物时，由于电子轨道的变化和单位体积内原子数量的变化，使抗磁磁化率发生变化。

温度对顺磁性影响很大，顺磁物质的磁化是磁场克服原子和分子热运动的干扰，使原子磁矩排向磁场方向的结果。顺磁物质原子的磁化率与温度的关系，一般通过居里定律来表示，即

$$\chi=\frac{C}{T} \tag{13-10}$$

式中，C 为居里常数，等于 $nm_{at}^2/3k$，n 是单位体积里的原子数，m_{at} 是原子磁矩，k 是玻耳兹曼常数；T 是热力学温度。只有部分顺磁性物质符合这个定律，而相当多的固溶体顺磁物质，特别是过渡族金属元素，居里定律实际上是不适用的。过渡族金属元素的原子磁化率和温度的关系要用居里-外斯定律表达，即

$$\chi=\frac{C'}{T+\Delta} \tag{13-11}$$

式中，C' 是常数，Δ 对于某一种物质来说也是常数，对不同的物质其值可大于 0 或小于 0。铁磁性物质在居里点(居里温度)以上是顺磁性的，其磁化率大致服从居里-外斯定律，这时的 Δ 为 $-\theta$，θ 为居里温度，此时的磁化强度 M 和磁场强度 H 保持着线性关系。

3. 相变及组织转变的影响

当材料发生同素异构转变时，由于晶格类型及原子间距发生了变化，电子运动状态变化而导致磁化率的变化。例如，正方晶格的白锡转变为金刚石结构的灰锡时，磁化率明显变化。

加工硬化对金属的抗磁性影响很大。加工硬化使金属原子间距增大而密度减小，使材料的抗磁性减弱。例如，当高度加工硬化时，铜可以由抗磁性变为顺磁性。退火与加工硬化的作用相反，能使铜的抗磁性重新得到恢复。

4. 合金成分与结构的影响

合金成分和结构对磁性会有很大的影响，形成固溶体合金时磁化率因原子之间结合的改变而有较明显的变化。通常，由弱磁化率的两种金属组成固溶体时，其磁化率和成分按接近于直线的平滑曲线变化，如 Al-Cu 合金的 α 固溶体等。固溶体合金有序化时，溶剂和溶质原子呈现有规则的交替排列，改变原子间结合力，合金磁化率发生明显变化。

合金形成中间相(金属化合物)时，磁化率将发生突变。当 Cu-Zn 合金形成中间相 Cu_3Zn_5(电子化合物 γ 相)时，具有很高的抗磁磁化率，这是由于 γ 相的相结构中自由电子数减少了，几乎无固有原子磁矩，所以是抗磁性的。

13.4.2 影响材料铁磁性的因素

铁磁性的基本参数可以分为组织不敏感和组织敏感两类参数。凡是与自发磁化过程有关的参数属于组织不敏感参数，主要取决于金属与合金的成分、原子结构、晶体结构、组成相的性质与相对量，与材料的组织形态几乎无关。凡是与技术磁化过程有关的参数都属于组织敏感参数。具有实用价值的铁磁性纯金属有铁、钴、镍 3 种，其铁磁性的主要影响因素有温度、形变、晶粒大小、合金化及处理状态等。

1. 温度

温度升高使金属原子的热运动加剧，影响自发磁化过程和技术磁化过程，因而温度对两类铁磁性参量都会有影响。温度升高使铁磁性的饱和磁化强度 M_s 下降，当温度达到居里点时 M_s 降至零，使铁磁材料的铁磁性消失而变为顺磁性。这是由于温度升高使原子无

规则的热运动加剧，破坏了自旋磁矩同向排列的结果。温度升高使饱和磁感应强度 B_s、剩余磁感应强度 B_r 和矫顽力 H_c 减小。

2. 形变和晶粒度

冷塑性变形使金属中点缺陷和位错密度增高，点阵畸变加大和内应力升高，使组织敏感的铁磁性发生变化。图 13.16 所示是 $w_C=0.07\%$ 的退火铁丝经不同程度压缩形变后的磁性变化情况。随着形变度的增加，磁导率 μ_m 减小而矫顽力 H_c 增加。因为形变引起的点阵畸变和内应力的增高既使磁畴壁移动阻力加大，也使磁畴的转动困难，造成磁化和退磁过程困难。剩余磁感应强度 B_r 在临界变形度(5%～7%)之下随变形度增大急剧下降，而在临界变形度以上则随变形度增大而升高。在临界变形度以下，只有少数晶粒发生了塑性变形。在临界变形度以上，晶体中大部分晶粒参与形变。整个晶体的应力状态复杂，内应力增加严重，不利于磁畴在去磁后的反向可逆转动，使 B_r 随变形度增加而提高。冷塑性变形不影响饱和磁化强度。

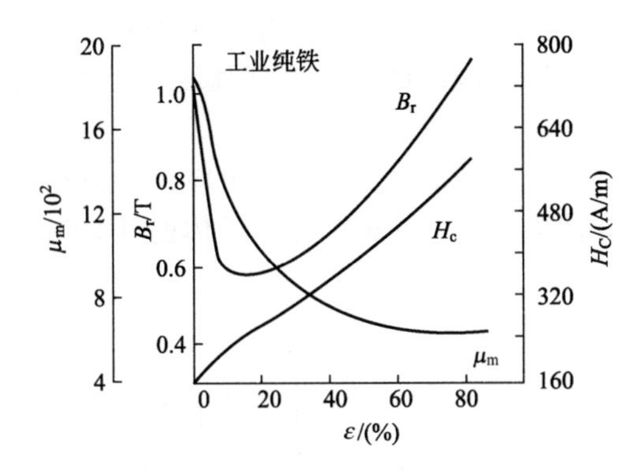

图 13.16 冷加工对工业纯铁磁性的影响

冷塑性变形的金属经再结晶退火后，形成了无畸变的新晶粒，点缺陷、位错密度及亚结构恢复到正常状态，内应力被消除，各磁性参数都恢复到形变前的状态。

晶粒大小和冷塑性变形的影响相似。晶界原子排列不规则，晶界附近位错密度较高，造成点阵畸变和应力场，阻碍磁畴壁的移动和转动。所以晶粒越细，晶界影响区越大，使磁导率越低，矫顽力越高。例如，经过真空退火的纯铁，当晶粒直径分别为 6.3mm、0.6mm、0.1mm 时，最大磁导率 μ_m 分别为 8200H/m、6970H/m、4090H/m。

3. 形成固溶体及多相合金

铁磁性金属溶入抗磁性元素或弱顺磁性元素时，固溶体的饱和磁化强度随溶质组元含量的增加而降低。铁磁性金属溶入强顺磁性元素时，如溶质组元含量较低时使 M_s 增加，而含量高时则使 M_s 降低。铁磁性金属间形成固溶体时，其饱和磁化强度通常随成分单调连续变化。

13.4.3 铁磁性的测量方法与应用

铁磁性的测量方法很多，应用也很广泛，下面举例说明其在材料研究中的应用。

1. 冲击法测磁化曲线和磁滞回线

通常采用环形试样冲击法测定材料的磁化曲线和磁滞回线(图 13.17)，这是由于环形

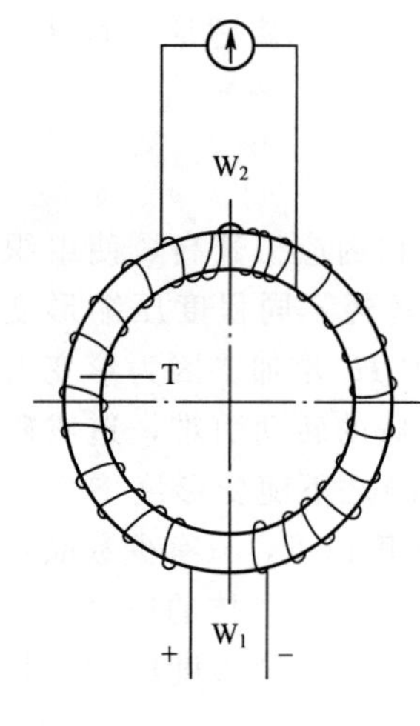

图 13.17　冲击法

试样无退磁场，漏磁通少；但不便于加工、更换，产生的磁场较弱，达不到 M_s。此种方法适于软磁材料的起始磁化部分，不适于硬磁材料。

2. 感应热磁仪测钢的 C 曲线

感应热磁仪（图 13.18）结构和原理与变压器类似。感应热磁仪的二次线圈 W_2 是由两个圈数相等而绕向相反的线圈串联而成的。当经过稳压的电流输入一次线圈 W_1 时，二次线圈 W_2 中产生的电动势大小相等，方向相反，回路中的总感应电动势为零。将经过奥氏体化的试样从加热炉移入等温炉中，当奥氏体发生转变时，其转变产物珠光体或贝氏体均为强铁磁性组织，相当于在线圈中增加了一个铁心，导致感应电动势 E_1 增大，回路中的总电动势为 $E_1-E_2>0$，毫伏计的指针开始偏转，奥氏体转变的数量越多，毫伏计的读数就越高。毫伏计的读数反映了奥氏体转变的趋势，从感应电动势的变化曲线可以确定奥氏体转变的开始及转变的终了时间。

钢中的奥氏体为顺磁相，珠光体 P、贝氏体 B 和马氏体 M 为强铁磁相，而且饱和磁化强度 M_s 与转变产物数量成正比。因此，磁性测量可应用于材料的相变研究。如测 Ar 转变量(M∝铁磁相量)，研究回火过程，分析过冷奥氏体的 TTT 图和 C 曲线，相图中最大固溶度曲线等。

3. 热磁仪测 C 曲线

热磁仪又称阿库洛夫仪，用于测定试样在外磁场中所产生的磁力矩大小，从而求出磁化强度。如图 13.19 所示，测试时将试样放在磁场中，并与磁场 H 方向成一定夹角 φ_0。此时，试样在磁场中磁化并受力矩 M_1，即

$$M_1=VHM\sin\varphi_0=M_2=C\Delta\varphi \tag{13-12}$$

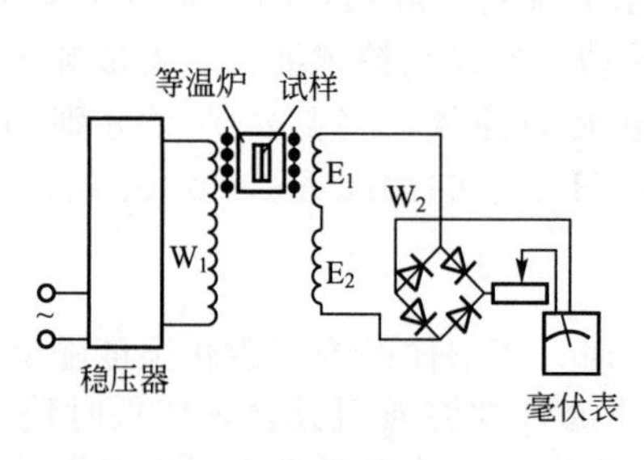

图 13.18　感应热磁仪

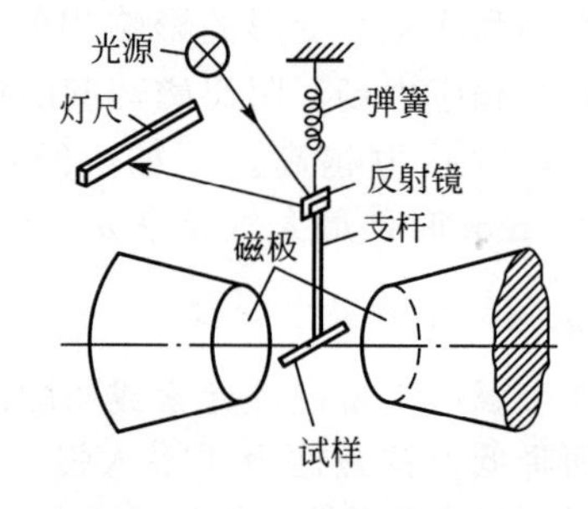

图 13.19　热磁仪测量原理

由于 $\Delta\varphi$ 值很小并正比于光尺读数 α，则式(13-11)可以写成

$$M=C\Delta\varphi/VH\sin\varphi_0=k\alpha \tag{13-13}$$

式(13-13)表明，测量所得的 α 越大，磁化强度就越大，当 $H>28\times10^3$ A/m 时，$M\approx M_s$。在实际研究中 α 可代表铁磁相的数量。但在磁路不闭合时，C、φ_0 不易精确测量，此方法主要用于相变过程中 M 的变化。

4. 冲击法测 Ar

冲击磁性仪结构原理如图 13.20 所示。冲击磁性仪有一对空心磁头，测量时将试样沿 x 方向迅速从磁极的间隙中放入或抽出。如存在铁磁相，线圈中的磁通发生变化。由于冲击磁性仪的磁场强度 H 很强，使试样达到了磁饱和，这样测出的磁化强度 M_s 与试样中的铁磁相的数量成正比。

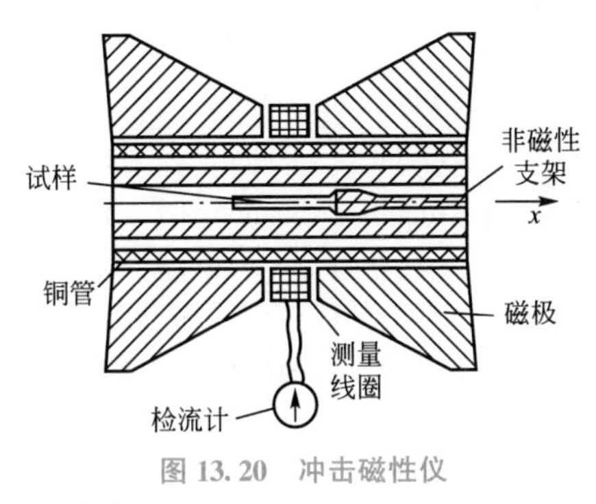

图 13.20 冲击磁性仪

铁磁性分析还可用于研究合金的时效，分析显微应力，验证双组元合金的成分、钢的回火转变，检测钢的组织与机械性能等。

13.5 磁性材料及其应用

磁性材料一直是国民经济、国防工业的重要支柱与基础，在信息存储、处理与传输中成为重要组成部分。

磁滞回线内的面积代表了单位体积磁性材料在一个磁化和退磁周期中的能量损耗，面积越大损耗越大。磁滞回线形状决定了磁性材料的特性，磁性材料分为软磁材料、硬磁材料和磁存储材料。

13.5.1 软磁材料

软磁材料是矫顽力很低(小于 0.8kA/m)的磁性材料，材料在磁场中被磁化，去除磁场后，磁性便会全部或大部丧失。软磁材料的磁滞回线呈狭长形。软磁材料的特点：①矫顽力和磁滞损耗低；②电阻率较高，磁通变化时产生的涡流损耗小；③高的磁导率，有时要求在低的磁场下具有恒定的磁导率；④高的饱和磁感应强度；⑤有些材料的磁滞回线呈矩形，要求高的矩形比。软磁材料外加很小的磁场就达到了磁饱和，适用于交变磁场的器件，如变压器的铁心。

任何能阻碍磁畴壁运动的因素都能增加材料的矫顽力。晶体缺陷，非磁化相的粒子或空位，都会阻碍磁畴壁的运动。故软磁材料中应该尽量减少这些缺陷和杂质含量。

软磁材料的发展经历了晶态、非晶态、纳米微晶态的历程。常用的软磁材料有纯铁、硅钢片、铁镍合金、软磁铁氧体等。表 13－2 列出了某些比较典型的软磁工程材料及其性能。

表 13-2 典型的软磁工程材料

名称	成分/(%)	相对磁导率		矫顽力 H_c/(A/m)	剩磁 B_r/T	最大磁感应强度/T	电阻率/(μΩ·cm)
		初始	最大				
工业纯铁	99.8Fe	150	5000	80	0.77	2.14	10
低碳钢	99.5Fe	200	4000	100	0.77	2.14	112
硅钢(无织构)	3Si 余 Fe	270	8000	60	0.77	2.01	47
硅钢(织构)	3Si 余 Fe	1400	50000	7	1.2	2.01	50
4750 合金	48Ni 余 Fe	11000	80000	2	1.2	1.55	48
4-79 坡莫合金	4Mo79Ni 余 Fe	40000	200000	1	0.80	1.20	58
含钼超磁导率合金	5Mo80Ni 余 Fe	80000	450000	0.4	0.78	1.20	65
帕明杜尔铁钴系高磁导率合金	2V49Co 余 Fe	800	80000	160	1.20	2.30	40
金属玻璃 2605-3	$Fe_{79}B_{16}Si_5$	800	30000	8	0.30	1.58	125
MnZn 铁氧体	H5C2(日本 TDK 公司)	10000	30000	7	0.09	0.40	15×10^6
NiZn 铁氧体	K5(西门子)	290	30000	80	0.25	0.33	20×10^{13}

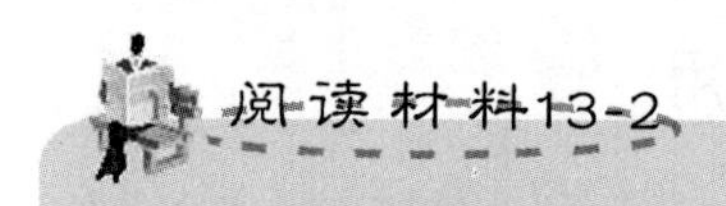

公元前的琥珀和磁石

希腊七贤中有一位名叫泰勒斯的哲学家。公元前 600 年左右，泰勒斯看到当年的希腊人通过摩擦琥珀吸引羽毛，用磁矿石吸引铁片的现象，曾对其原因进行过一番思考。据说他的解释是："万物皆有灵。磁吸铁，故磁有灵。"这里所说的"磁"就是磁铁矿石。希腊人把琥珀叫作"elektron"(与英文"电"同音)。他们从波罗的海沿岸进口琥珀，用来制作手镯和首饰。当时的宝石商们也知道摩擦琥珀能吸引羽毛，不过他们认为那是神灵或者魔力的作用。

在东方，中国人早在公元前 2500 年前后就已经具有天然的磁石知识。据《吕氏春秋》一书记载，中国在公元前 1000 年前后就已经有指南针，已经利用磁针来辨别方向了。

1. 纯铁和硅钢片

铁是最早应用的一种经典的软磁材料，降低含碳量可降低矫顽力；在铁中加 Si 以脱碳或在氢气气氛脱碳来降低矫顽力是较为经济的方法。在铁中加 Si 还可提高比电阻，降低涡流损失和磁滞损耗。

2. 磁性陶瓷材料

20 世纪 40 年代，磁性陶瓷材料已成为重要的磁性材料，具有强的磁性耦合，高的电阻率和低损耗。铁氧体磁性材料主要有两类：一类是具有尖晶石结构，化学结构式为

MFe_2O_4 的铁氧体材料(M 在锰锌铁氧体中代表 Mn、Zn 和 Fe 的结合，而在镍锌铁氧体中镍代替了锰)。铁氧体材料主要用于通信变压器、电感器、阴极射线管用变压器及制作微波器件等。另一类是石榴石结构，其化学式为 $R_3Fe_5O_{12}$(R 代表铱或稀土元素)，也用于制作微波器件，比尖晶石结构铁氧体的饱和磁化强度低，用于 1～5GHz 频率范围。在非磁性基片上外延生长薄膜石榴石铁氧体作为磁泡记忆材料。

3. 铁镍和铁铝合金

铁镍合金在低磁场中，具有高磁导率，低饱和磁感应强度，很低的矫顽力和低损耗，加工成形性能也比较好。这类合金的著名代表坡莫合金(79%Ni，21% Fe)具有很高的磁导率。虽然坡莫合金的饱和磁场强度不高，只有硅钢片的一半，但磁化率极高(150000 或更高)，矫顽力很低(约 0.4A/m)，反复磁化损失只有热轧硅钢片的 5%左右。

铁镍合金不仅可以通过轧制和退火获得，还可在居里点之下进行磁场冷却，强迫 Ni 和 Fe 原子定向排列，得到矩形磁滞回线的铁镍合金，一般含 Ni 量为 40%～90%，此时，合金成单相固溶体。原子有序化对合金的电阻率、磁晶各向异性常数、磁致伸缩系数、磁导率和矫顽力都有影响。要想得到较高的磁导率，含 Ni 必须在 76%～80%，为使磁晶各向异性常数和磁致伸缩系数趋近于零，铁镍合金热处理中必须急速冷却，在合金中加入钼、钴、铜等元素，以减缓合金有序化的速度，简化处理工序，改善磁性能。

铁铝合金(含 Al 一般在 16%以下)，热轧成板材、带材。铁铝合金的电阻率高、硬度高、耐磨性能好、密度小、对温度比较稳定，成本比较低，用途比较广泛。

4. 非晶态合金

非晶态软磁合金的出现，为软磁材料的应用开辟了新领域。例如，$Fe_{80}-P_{16}-C_3-B_1$ 相和 $Fe_{40}-Ni_{40}-P_{14}-B_6$ 的矫顽力及饱和磁化强度，虽然与 50Ni - Fe 合金相当，但含有质量比低于 20%的非金属成分，不但具有高的比电阻、交流损失很小，而且制造工艺简单，成本也低，还有高强度、耐腐蚀等优点。其中铁基非晶态软磁合金饱和磁感应强度高，矫顽力低，耗损特别小，但磁致伸缩大；钴基非晶态软磁合金饱和磁感应强度较低，磁导率高，矫顽力低，损耗小，磁致伸缩几乎为 0；铁镍基非晶态软磁合金基本上介于上述两者之间。

13.5.2 硬磁材料

硬磁材料的磁滞回线宽肥，具有高剩磁、高矫顽力和高饱和磁感应强度。磁化后，硬磁材料可长久保持很强磁性，难退磁，适于制成永久磁铁。因此，除高矫顽力外，磁滞回线包容的面积，即磁能积(BH)是硬磁材料重要的参数。最大磁能积$(BH)_{max}$反映硬磁材料储有磁能的能力。最大磁能积$(BH)_{max}$越大，则在外磁场撤去后，单位面积所储存的磁能也越大，性能也越好。矫顽力 H_c 是衡量硬磁材料抵抗退磁的能力，一般 $H_c > 10^3$ A/m。B_r 值要求也要大一些，一般不得小于 10^{-1}T。此外对温度、时间、振动和其他干扰的稳定性也要好。

硬磁材料可分为金属硬磁材料和硬磁铁氧体两大类。金属硬磁性材料按照生产方法的不同，分为铸造合金、粉末合金、微粉合金、变形合金和稀土合金等。按成分分为碳钢、铁基合金、铝镍钴和稀土永磁合金材料。

1. 硬磁铁氧体

硬磁铁氧体是 $CoFeO_4$ 与 Fe_3O_4 粉末烧结并经磁场热处理而成的。虽然出现得很早，但由于性能差，而且制造成本高，应用不广。到20世纪50年代，钡铁氧体($BaFe_{12}O_{19}$)出现，才使硬磁铁氧体的应用领域得到了扩展。钡铁氧体是用 $BaCO_3$ 和 Fe_3O_4 合成的。工艺简单，成本低；后来用锶代替钡得到锶铁氧体，其$(BH)_{max}$值提高很多。由于铁氧体磁性材料是以陶瓷技术生产，所以常称为陶瓷磁体。

硬磁铁氧体具有六方晶体结构，磁晶各向异性常数高($K_1=0.3MJ/m^3$)，饱和磁化强度($M_s=0.47T$)低，矫顽力高。由于居里温度只有450℃，远低于铝镍钴材料(铝镍钴5型的居里温度为850℃)，所以磁性能对温度十分敏感。减小粒子尺寸形成单畴和磁场模压处理皆可提高$(BH)_{max}$和B_r。

2. 铝镍钴硬磁合金

铝镍钴硬磁合金具有高的$(BH)_{max}$($40\sim70kJ/m^3$)，高剩余磁感应强度($B_r=0.7\sim1.35$ T)，适中的矫顽力($H_c=40\sim160kA/m$)，是含有 Al、Ni、Co 加上 3%Cu 的铁基系合金。AlNiCo 1～4型是各向同性的，而 AlNiCo5 型以上各型号通过磁场热处理可得到各向异性的硬磁材料。**AlNiCo5 型为该合金系中使用最广泛的合金**，该合金是脆性的，可以用粉末冶金方法生产。铝镍钴硬磁合金属于析出(沉淀)强化型磁体。通过增加钴含量或增加钛或铌，矫顽力可以增加到典型值的3倍，如 AlNiCo8～9 型。

铝镍钴系合金广泛用于电机器件上。例如，发电机、电动机、继电器和磁电机；电子行业中的应用如扬声器、行波管、电话耳机和受话器。此外，还可用于各种夹持装置。与铁氧体比较，价格较高，自20世纪70年代中期起逐渐被铁氧体代替。

3. 碳钢和铁基硬磁合金

碳钢通过热处理形成细化马氏体，是一种性能较差的硬磁材料；添加合金元素铬、钴、钒等后，磁性能优异，成形性能好，可以进行冲、压、弯、钻等切削加工，材料可制成片、丝、管、棒，使用方便，价格低。

铁基合金的磁能积一般在 8 kJ/m^3 左右；冷轧回火后的 Fe-Mn-Ti 合金性能与低钴钢相当；性能较好的是 $Fe_{38}-Co_{52}-V_{10}$，回火前必须冷变形，而且变形越大，性能就越好；含钒越高，性能就越佳；延伸性能较好，能压成薄片使用。Fe-Cr-Co 冷热塑性变形比较好，磁性能可以与 AlNiCo5 媲美，成本只有 AlNiCo5 的 1/5～1/3，可取代 AlNiCo 系合金。

4. 稀土永磁材料

稀土永磁材料是稀土元素(用 R 表示)与过渡族金属铁、钴、铜、锆等或非金属元素硼、碳、氮等组成的金属间化合物。自20世纪60年代开始至今，稀土永磁材料的研究与开发经历了4个阶段：第一代是20世纪60年代开发的**RCo5 型合金(1∶5)型**。这种类型的合金分单相和多相两种，单相是指单一化合物的 RCo5 永磁体，如 SmCo5、(SmPr) Co5 烧结永磁体；多相是指以1∶5相为基体，有少量2∶17型沉淀相的1∶5型永磁体。第一代稀土永磁合金于20世纪70年代初投入生产。**第二代稀土永磁合金为 R2TM 17型(2∶17型**，TM代表过渡族金属)。其中起主要作用的金属间化合物的组成比例是2∶17(R/TM原子数比)，也有单相、多相之分，第二代产品大约于1978年投入生产。**第三代为**

Nd－Fe－B 合金，于 1983 年研制成功，1984 年投入生产。烧结 Nd－Fe－B 的磁性能为永磁铁氧体的 12 倍。**第四代稀土永磁材料主要是 R－Fe－C 系与 R－Fe－N 系。**

磁王——钕铁硼

1982 年，日本住友特殊金属的佐川真人(Masato Sagawa)发现了当时磁能积(BH-max)最大的物质——四方晶系钕磁铁($Nd_2Fe_{14}B$)，被称为“磁王”，是现今磁性最强的永久磁铁，也是最常使用的稀土磁铁。

钕铁硼永磁材料的主要成分为稀土(Re)、铁(Fe)、硼(B)，是以金属间化合物 $Re_2Fe_{14}B$ 为基础的永磁材料。其中稀土元素钕(Nd)可用部分镝(Dy)、镨(Pr)等其他稀土金属替代，铁(Fe)可被钴(Co)、铝(Al)等其他金属部分替代，硼(B)的含量较小，却对形成四方晶体结构金属间化合物起着重要作用，使化合物具有高饱和磁化强度，高的单轴各向异性和高的居里温度。

钕铁硼分为烧结钕铁硼和粘结钕铁硼两种，粘结钕铁硼各个方向都有磁性。耐腐蚀；烧结钕铁硼一般分为轴向充磁与径向充磁，由于易腐蚀，表面需处理，方法有纳米(Royce3010)螯合薄膜无镀层处理、磷化、电镀、电泳、真空气相沉积、化学镀和有机喷塑等。钕铁硼的生产工艺流程主要包括：配料→熔炼制锭/甩带→制粉→压型→烧结回火→磁性检测→磨加工→销切加工→电镀等表面处理→成品。其中配料是基础，烧结回火是关键。

钕铁硼的牌号主要按最大磁能积和矫顽力设计，如 N35-N52，N50 表示最大磁能积为 50MGOe(400kJ/m^3)；NdFeB380/80 表示最大磁能积为 366～398kJ/m^3，矫顽力为 800kA/m 的烧结钕铁硼永磁材料。

钕铁硼具有极高的磁能积和矫顽力，广泛应用于电子、电力机械、医疗器械、玩具、包装、五金机械、航天航空、风电、新能源汽车、节能变频空调等领域，如永磁电机、扬声器、磁选机、计算机磁盘驱动器、磁共振成像设备仪表等(图 13.21)，使仪器仪表、电声电机等设备的小型化、轻量化、薄型化成为可能。

1998 年 6 月，“发现号”航天飞机携带了探寻太空反物质和暗物质的宇宙探测器“阿尔法磁谱仪”。“阿尔法磁谱仪”实验由华裔美国科学家、诺贝尔奖获得者丁肇中教授领导，美国、中国、德国等 10 多个国家和地区的科学家参加了研究与设计工作。其核

图 13.21　钕铁硼永磁铁材料制品

心部件是一块外径1.6m、内径1.2m、重2t的钕铁硼环状永磁体。若使用常规磁铁，因四处弥漫的磁场影响而无法在太空中运行，而使用超导磁体又须在超低温下运行，而钕铁硼永磁体为捕捉反物质和暗物质信息提供强大的磁力，探测灵敏度提高4～5个数量级，能够精确测量太空中反质子、正电子和光子的能量分布，寻找宇宙空间中的反碳核和反氢核。

13.5.3 磁存储材料

磁存储技术起源于1898年丹麦工程师波尔逊发明的钢丝录音机，经历了从钢丝录音机、磁带机、硬盘(Hard Disk Drive，HDD)的漫长发展历程，向高可靠性、高存储密度、高传输速率及低成本的非易失性信息存储系统发展。磁存储技术成为该领域备受关注的存储技术，其中关键的**磁存储材料可分为矩磁材料、磁记录材料、磁光材料和磁泡材料**。

磁存储器(Nonvolatile Digital Information Storage Device)一般是由磁存储材料所表现出的两种截然不同的稳定磁化取向(Magnetized direction)状态构成，这两种稳定状态的物理来源是材料的磁滞特性(Hysteresis)。

在磁滞回线(Hysteresis loop)中，铁磁材料的剩余磁感应强度 B_r 点(图13.14中 M 点)是磁存储的两个稳定状态之一。与此点对称，介质在反向磁场 H 逐渐减小为零的时候，介质的另一个剩磁状态点(图13.14中 N 点)是铁磁介质能够存储信息的另一个稳定状态，介质在此两点的磁化取向往往相反。

磁存储材料的剩余磁感应强度 B_r 及矫顽力 H_c 是磁存储中衡量磁存储材料特性的两个重要参数。剩余磁感应强度 B_r 表示该材料存储信息的强弱程度。B_r 越大，则磁头在读取信号时感受到的磁信号越强。剩余磁感应强度 B_r 小于饱和磁化强度 B_s，**B_r 与 B_s 的比值，称为矩形比 R_s，R_s 是衡量磁存储材料磁滞回线矩形程度的重要参数。对磁存储材料，矩形比越大越好**(一般 R_s 值为0.90～0.97)。**矫顽力 H_c 是衡量该材料保持记录信息的能力，H_c 越大，存储的信息越稳定，抗干扰能力越强。**

1) 矩磁材料

矩磁材料是磁滞回线接近于矩形的材料，主要用于计算机存储器、半固定存储器等。无触点式继电器、开关元件、逻辑元件也利用矩磁材料的两个剩磁状态来实现电路的“开”和“关”。矩磁材料主要有FeNi合金带及薄膜、冷轧Fe-Si合金带、复合铁氧体($M^{++}O \cdot Fe_2O_3$，M^{++}代表MgMn、NiMg、MnCu)。

2) 磁记录材料

磁记录材料主要包括磁头材料和磁记录介质，磁记录材料按形态分为颗粒状和连续薄膜材料两类，按性质又分为金属材料和非金属材料。广泛使用的磁记录介质是 $\gamma-Fe_2O_3$ 系材料，此外还有 CrO_2 系、Fe-Co系和Co-Cr系材料等。磁头材料主要有Mn-Zn系和Ni-Zn系铁氧体、Fe-Al系、Ni-Fe-Nb系及Fe-Al-Si系合金材料等。广泛使用的磁带、磁盘、磁卡就属于磁记录介质。

3）磁光材料

磁光材料的存储原理是以磁化矢量不同取向的两个磁状态来表示二进位制中的0和1状态。磁光存储是采用磁性介质的居里点或补偿温度写入信息，即不用磁头而采用光学头，依靠激光束加外部辅助磁场方法写入信息；利用磁光效应读出信息。第一代磁光存储材料是非晶稀土-过渡金属合金膜，其中以铽铁钴(Tb－Fe－Co)和钆铽铁(Gd－Tb－Fe)三元非晶合金薄膜的性能为最佳，但其热稳定性差，磁光优值小。第二代磁光存储材料有石榴石膜[$(Dy, Bi)_3(Fe, Ga)_5O_{12}$溅射膜] 及磁性多层膜，如钯-钴(Pd－Co)多层膜、掺杂的锰-铋(Mn－Bi)合金膜。

4）磁泡材料

磁泡存储器(Bubble memory)的存储原理是在磁性单晶膜中形成磁化向量与膜面垂直的圆柱状磁畴，形似水泡，称为磁泡。在某一位置上有磁泡和没有磁泡是两个稳定的物理状态，用以存储二进位制的数字信息。控制磁泡的发生、缩灭、传输就可实现信息的写入、清除和读出。美国贝尔实验室在20世纪60年代首先提出用磁泡实现固体化存储器的设想，20世纪80年代初，日本学者又提出利用石榴石单晶膜的条状磁畴壁中的垂直布洛赫线(Bloch lines)作为信息载体，提高存储密度。此类存储介质具有工作可靠、耐恶劣环境的优点，但其生长工艺较复杂，需要单晶基片，成本高。磁泡材料主要有钆钴系(Gd－Co)非晶薄膜、石榴石型铁氧体单晶薄膜。

综合习题

一、填空题

1. 材料的磁性来源于____________________。

2. 材料的抗磁性来源于____________________。

3. 材料的顺磁性来源于____________________。

4. 产生铁磁性的充要条件是____________________和____________________。

二、名词解释

磁性　磁化　磁介质　磁场　磁场强度　磁感应强度　磁矩　磁导率　抗磁性　顺磁性　铁磁性　磁化曲线　磁滞回线　自发磁化　磁畴

三、简答题

1. 为什么说所有的物质都是磁介质？

2. 如果将一块巨大的铁磁性单晶体放入一个磁场中，它的长度是否会发生能够实际测量出来的增加？再将其从磁场中移出来，又是否会明显缩短？

3. 物质为什么会产生抗磁性和顺磁性？

4. 试说明产生铁磁性的条件。哪些物质具有铁磁性？

5. 当你将信用卡存放在钱夹中时，将它们上面的磁条挨到一起不好，为什么？

6. 试说明软磁材料、硬磁材料的主要性能标志。

7. 工厂中常发生“混料”现象。假如某钢的淬火试样，又经不同温度回火后混在了一起，可用什么方法将各不同温度回火试样、淬火试样区分开来(不能损伤式样)？

四、文献查阅及综合分析

1. 查阅文献，举例说明量子力学理论对磁学性能的解释。在磁学研究领域做出突出贡献的科学家有哪些？任举三人说明他们的重要贡献。

2. 查阅近期的科学研究论文，任选一种材料，以材料的磁性能为切入点，分析材料的磁性能与成分、结构、工艺之间的关系(给出必要的图、表、参考文献)。

【第13章习题答案】

【第13章自测试题】

【第13章试验方法-国家标准】

【第13章工程案例】

第14章 材料的电学性能

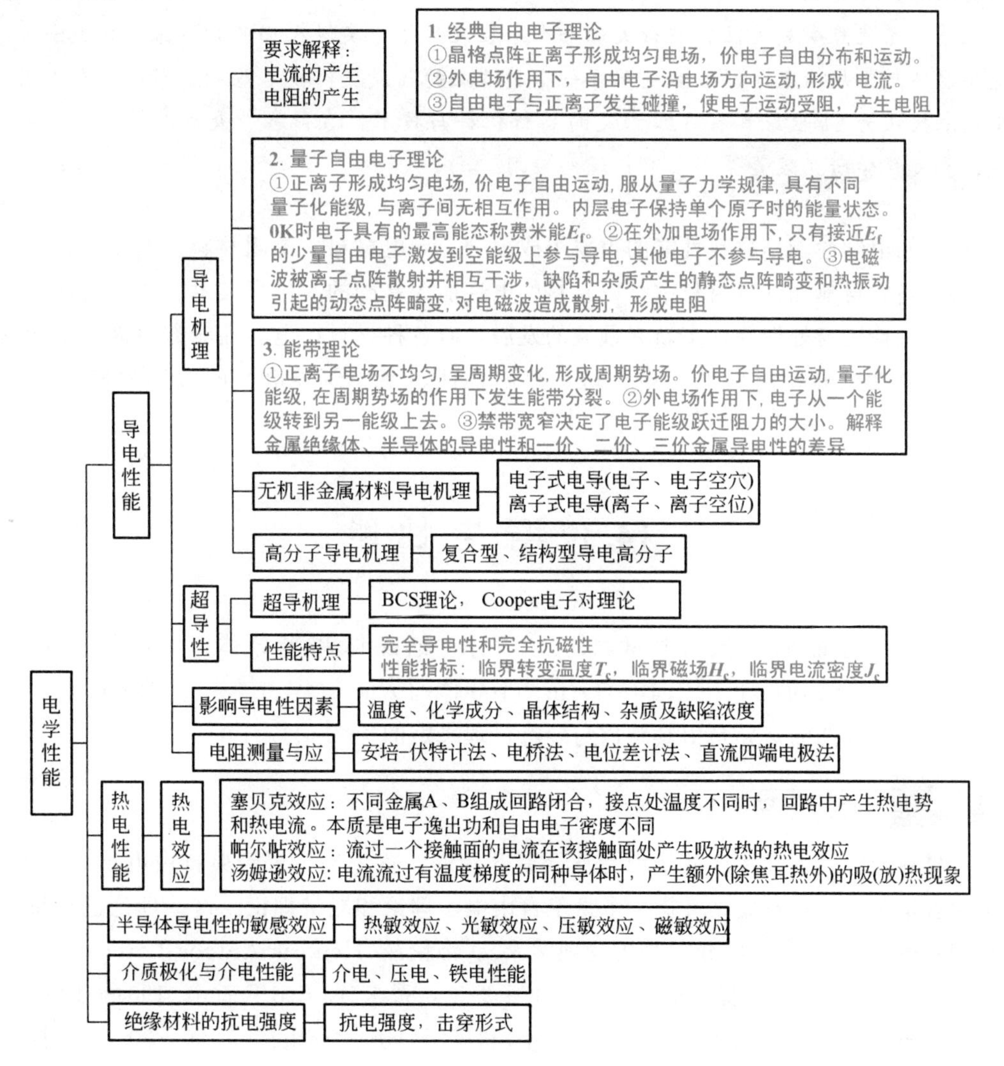

导入案例

电对人类文明的影响有两方面：① 能量的获取转化和传输；② 电子信息技术的基础。

不同材料的电学性能存在极大的差异，随着应用场合的不同，需要选择使用不同的材料。例如，导线需要有很高的导电性；而绝缘保护层，则需要高的电绝缘性；为了实现芯片的功能，导体、半导体、绝缘体需同时出现在一个电子芯片上。美国菲尼克斯(Phoenix)和亚利桑那州(Arizona)的莫托罗拉实验室的科学家们，在2001年9月宣布，他们借助在硅和砷化镓之间生长一个钛酸锶($SrTiO_3$)的界面层的方法，在大直径硅衬底上沉积高质量化合物半导体GaAs单晶薄膜获得成功。大直径GaAs/Si复合片材的研制成功不仅给以GaAs、InP为代表的化合物半导体(激光)产业带来挑战，而且以其廉价，可克服GaAs、InP大晶片易碎和导热性能差等缺点，以及与标准的半导体工艺兼容等优点受到关注。它最大的一个潜在应用是为实现人们长期以来的梦想——光电子器件与常规微电子器件和电路在一个芯片上的集成提供技术基础。超导材料及其应用技术被认为21世纪具有战略意义的高新材料与技术，在能源、交通、信息、医疗装置、重大科学研究装置等方面有广泛的应用。

材料的电学性能是材料性能的重要组成部分。导电材料、电阻材料、电热材料、半导体材料、超导材料和绝缘材料都是以材料的电性能为基础的。电子技术、传感技术、自动控制、信息传输与处理等许多新兴领域的发展，对各种材料在电学性能方面提出了新的要求。本章概括地介绍材料的导电性能、热电性能、半导体导电性的敏感效应和介电性能等。

14.1 导电性能

根据导电性能的高低，把材料分为导体、绝缘体和半导体。导体的ρ值小于$10^{-2}\Omega\cdot m$，绝缘体的ρ值大于$10^{10}\Omega\cdot m$，半导体的ρ值介于$10^{-2}\sim10^{10}\Omega\cdot m$之间。不同材料的导电性能的差异是由其结构与导电机理决定的。

14.1.1 导电机理

对材料导电性物理本质的认识是从金属开始的，首先提出了经典自由电子导电理论，后来随着量子力学的发展，又提出了量子自由电子理论和能带理论。这些理论包括特鲁德(Paul Drude，1863—1906年，德国物理学家)、洛伦兹(Hendrik Antoon Lorentz，1853—1928年，荷兰物理学家)提出的**经典自由电子理论**，费米(Enrico Fermi，1901—1954年)、索末菲(Arnold Sommerfeld，1868—1951年)和贝特(Hans Bethe，1906—2005年)提出的**量子自由电子理论**，费利克斯·布洛赫(Felix Bloch，1905—1983年，瑞士物理学家)、

L. N. 布里渊(Léon Nicolas Brillouin，1889—1969 年，法国物理学家)和威尔逊(Charles T. R Wilson，1869—1959 年，英国物理学家)提出的**能带理论**。

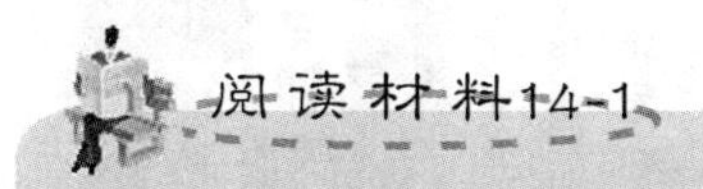

洛伦兹

洛伦兹(Hendrik Antoon Lorentz，1853—1928 年)是荷兰物理学家、数学家，1870 年进入莱顿大学学习数学、物理学，1875 年获博士学位。1878 年，25 岁的洛伦兹开始任莱顿大学理论物理学教授，达 35 年。

洛伦兹是经典电子论的创立者，把经典物理学推上了它所能达到的最后高度。1895 年，洛伦兹根据物质电结构的假说，成功地解释了许多物理现象，创立了经典电子论。他认为电具有“原子性”，电的本身是由微小的实体组成的。后来这些微小实体被称为电子。洛伦兹以电子概念为基础来解释物质的电性质。从电子论推导出运动电荷在磁场中要受到力的作用，即洛伦兹力。

洛伦兹把物体的发光解释为原子内部电子的振动产生的。当光源放在磁场中时，光源原子内电子的振动将发生改变，使电子的振动频率增大或减小，导致光谱线的增宽或分裂。1896 年 10 月，洛伦兹的学生塞曼发现，在强磁场中钠光谱的 D 线有明显的增宽，即产生塞曼效应，证实了洛伦兹的预言。因研究磁场对辐射现象的影响取得重要成果，洛伦兹和塞曼共同获得 1902 年诺贝尔物理学奖。

1904 年，洛伦兹证明，当把麦克斯韦的电磁场方程组用伽利略变换从一个参考系变换到另一个参考系时，真空中的光速将不是一个不变的量，从而导致对不同惯性系的观察者来说，麦克斯韦方程及各种电磁效应可能是不同的。为了解决这个问题，洛伦兹提出了另一种变换公式，即洛伦兹变换。用洛伦兹变换，将使麦克斯韦方程从一个惯性系变换到另一个惯性系时保持不变。后来，爱因斯坦把洛伦兹变换用于力学关系式，创立了狭义相对论。洛伦兹的理论是从经典物理到相对论物理的重要桥梁，他的理论构成了相对论的重要基础。

洛伦兹在语言方面有很高的天赋，通晓多种语言并善于驾驭最为紊乱的辩论，经常被邀请担任物理学界最重要的国际会议主席，是一位很受欢迎的主持人，1911—1927 年连续担任索尔维物理学会议(图 14.1)的固定主席，是世界上许多科学院的外国院士和科学学会的外国会员。洛伦兹为人热诚、谦虚，具有开放精神，受到爱因斯坦、薛定谔等理论物理学家们的尊敬。为了悼念这位荷兰近代文化的巨人，举行葬礼的那天，荷兰全国的电信、电话中止 3min。爱因斯坦在洛伦兹墓前致辞说：洛伦兹的成就“对我产生了最伟大的影响”，他是“我们时代最伟大、最高尚的人”。

图 14.1　1927 年第五届索尔维(布鲁塞尔)国际物理学会议的“全明星”合影
(参加会议的 29 人中有 17 人获诺贝尔奖)

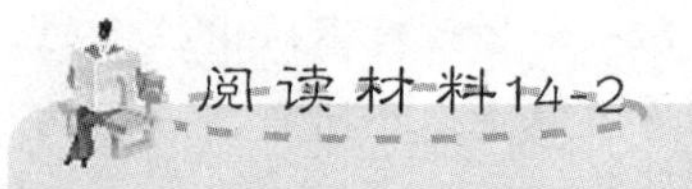

阅读材料14-2

费　米

恩利克·费米(Enrico Fermi，1901 年 9 月 29 日—1954 年 11 月 28 日)，生于意大利罗马，美籍意大利裔物理学家，1922 年获比萨大学博士学位，1923 年前往德国，在玻恩的指导下从事研究工作。1924 年到荷兰莱顿研究所工作，1926 年任罗马大学理论物理学教授，1929 年任意大利皇家科学院院士。

费米是量子力学和量子场论的创立者之一。费米在理论和实验方面都有第一流建树，朗道评价他是杰出的理论家和天才试验家，是现代物理学最后一位“文武双全”的大师。

费米被誉为“中子物理学之父”，与罗伯特·奥本海默共同被尊称为“原子弹之父”。1934 年研究用中子轰击原子核产生人工放射现象，发现“慢中子”更易引起核反应。在原先的辐射理论和泡利的中微子理论基础上首先提出了弱相互作用(β 衰变)的费米理论，并于 1938 年获诺贝尔物理奖。1941 年年底，费米在哥伦比亚大学主持建造世界上第一座自持续链式裂变原子反应堆，是曼哈顿计划的主要领导者。1949 年，费米揭示宇宙线中原粒子的加速机制，提出宇宙线起源理论。他与杨振宁合作，提出基本粒子的第一个复合模型。1952 年，费米发现了第一个强子共振——同位旋四重态。

为纪念费米对核物理学及和平利用核能做出的贡献，美国原子能委员会建立了“费米奖”，第100号化学元素镄就是为纪念费米而命名的，原子核物理学使用的“费米单位”（长度单位，1fm＝10^{-15}m）也是以费米命名的。以费米名字命名的还有费米能级、费米黄金定则、费米-狄拉克统计、费米子、费米面、费米液体、费米函数等。

索　末　菲

阿诺德·索末菲(1868—1951年)，德国物理学家，量子力学与原子物理学的开山鼻祖人物。他对原子结构及原子光谱理论有巨大贡献。他首先提出第二量子数(角量子数)和第四量子数(自旋量子数)，提出了关于电磁相互作用的精细结构常数，开创了X射线波动理论，劳厄对X射线的研究是在他的带动下进行的。

索末菲获得过马克斯·普朗克奖章、洛仑兹奖章(Lorentz Medal)、奥斯特奖章(Oersted Medal)等众多荣誉，唯独没有得到诺贝尔奖。他曾被提名诺贝尔奖81次，远多于其他物理学家。

索末菲还是一位杰出的老师，培养了大量优秀理论物理学家，是目前为止教导过最多诺贝尔物理学奖得主的人，学生P. J. W. 德拜、W. K. 海森堡、W. 泡利、H. 克勒默、L. C. 鲍林和H. A. 贝特六人获得了诺贝尔奖，几十人成为一流教授。

1. 金属及半导体的导电机理

1) 经典电子理论

经典电子理论认为，在金属晶体中，离子构成了晶格点阵，并形成一个均匀的电场，价电子是完全自由的，称为自由电子，它们弥散分布于整个点阵之中，就像气体分子充满整个容器一样，称为“电子气”。**它们的运动遵循经典力学气体分子的运动规律**，自由电子之间及它们与正离子之间的相互作用类似于机械碰撞。在没有外加电场作用时，金属中的自由电子沿各个方向运动的概率相同，因此不产生电流。**当对金属施加外电场时，自由电子沿电场方向做加速运动，从而形成了电流。在自由电子定向运动过程中，要不断与正离子发生碰撞，使电子受阻，这就是产生电阻的原因。**设电子两次碰撞之间运动的平均距离(自由程)为l，电子平均运动的速度为$\bar{v}$，单位体积内的自由电子数为n，则电导率为

【经典电子理论——金属导电】

$$\sigma=\frac{ne^2 l}{2m\bar{v}}=\frac{ne^2}{2m}\bar{t} \tag{14-1}$$

式中，m为电子质量；e为电子电荷；$\bar{t}$为两次碰撞之间的平均时间。

从式(14-1)中可以看到，金属的导电性取决于自由电子的数量、平均自由程和平均运动速度。自由电子数量越多导电性应当越好。但事实却是＋2、＋3价金属的价电子虽然比＋1价金属的多，但导电性反而比＋1价金属还差。另外，按照气体动力学的关系，

ρ应与热力学温度T的平方根成正比，但实验结果ρ与T成正比。这些都说明这一理论还不完善。此外，这一理论也不能解释超导现象的产生。

2）量子自由电子理论

量子自由电子理论认为金属中正离子形成的电场是均匀的，价电子与离子间没有相互作用，为整个金属所有，可以在整个金属中自由运动。但金属中每个原子的内层电子基本保持着单个原子时的能量状态，所有价电子却按量子化规律具有不同的能量状态，即具有不同的能级。

如图14.2所示，图中的“+”和“-”表示自由电子运动的方向。从粒子的观点看，$E-K$曲线表示自由电子的能量与速度(或动量)之间的关系，而从波动的观点看，$E-K$曲线表示电子的能量和波数之间的关系。电子的波数越大，则能量越高。曲线清楚地表明金属中的价电子具有不同的能量状态，有的处于低能态，有的处于高能态，根据泡利不相容原理，每一个能态只能存在沿正反方向运动的一对电子，自由电子从低能态一直排到高能态，0K时电子所具有的最高能态称费米能E_{f}，同种金属费米能是一个定值，不同金属费米能不同。

没有加外加电场时，金属沿正、反方向运动的电子数量相同，没有电流产生。在外加电场的作用下，向着电场正向运动的电子能量降低，反向运动的电子能量升高，从而使正反向运动的电子数不等，使金属导电。如图14.3所示。不是所有的自由电子都参与了导电，而是只有处于较高能态的自由电子参与导电。电磁波在传播过程中被离子点阵散射，然后相互干涉而形成电阻。量子力学证明，对于理想完整晶体，0K时，电子波的传播不受阻碍，形成无阻传播，电阻为零，导致超导现象。而实际金属内部存在着缺陷和杂质。缺陷和杂质产生的静态点阵畸变和热振动引起的动态点阵畸变，对电磁波造成散射，这是金属产生电阻的原因。

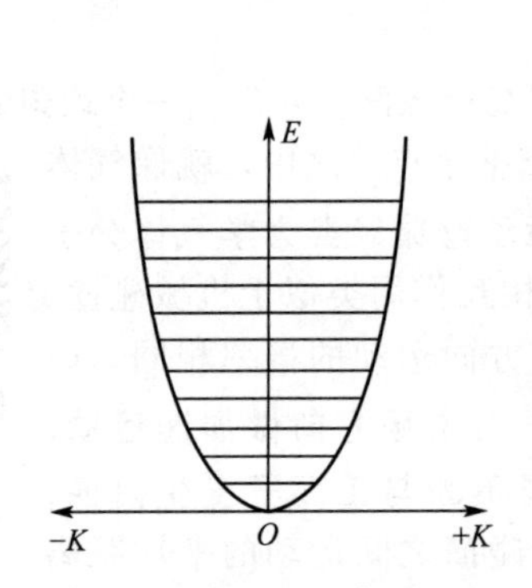

图14.2 自由电子的$E-K$曲线

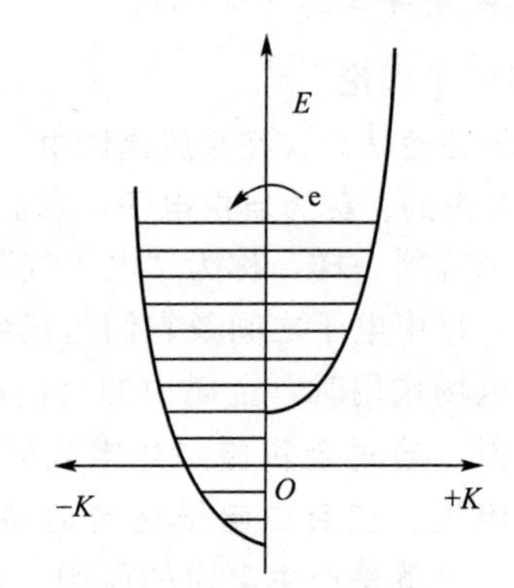

图14.3 电场对$E-K$曲线的影响

量子自由电子理论较好地解释了金属导电的本质，但它假定金属中的离子所产生的势场是均匀的，显然这与实际情况有一定差异。

3）能带理论

晶体中电子能级间的间隙很小，能级的分布可以看成是准连续的，称为能带。能带理论认为金属中的价电子是公有化和能量是量子化的，由离子所造成的势场不均匀，呈周期变化。

能带理论就是研究金属中的价电子在周期势场作用下的能量分布问题的。电子在周期势场中运动时，随着位置的变化，它的能量也呈周期变化，即接近正离子时势能降低，离开时势能增高。价电子在金属中的运动受到周期场的作用。以不同能量状态分布的能带发生分裂，某些能态电子不能取值，如图 14.4(a)所示。

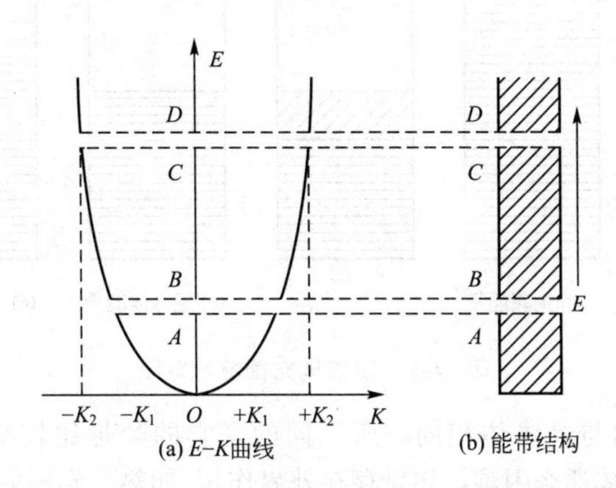

图 14.4 周期场中电子运动的 $E-K$ 曲线及能带结构

从能带分裂以后的曲线可以看到：当 $-K_1<K<K_1$ 时，$E-K$ 曲线按照抛物线规律连续变化。当 $K=\pm K_1$ 时，只要波数稍有增大，能量便从 A 跳到 B，A 和 B 之间存在着一个能隙 ΔE_1，同样，当 $K=\pm K_2$ 时，能带也发生分裂，存在能隙 ΔE_2。能隙的存在意味着禁止电子具有 A 和 B 与 C 和 D 之间的能量，能隙所对应的能带称为禁带，电子可以具有的能级所组成的能带称为允带，允带与禁带相互交替，形成了材料的能带结构。如图 14.4(b)所示。

电子可以具有允带中各能级的能量，但允带中每个能级只能允许有两个自旋反向的电子存在。在外电场的作用下电子有没有活动的余地，即能不能转向电场正端运动的能级上去而产生电流，这要取决于物质的能带结构。而能带结构与价电子数、禁带的宽窄及允带的空能级等因素有关。空能级是指允带中未被填满电子的能级，具有空能级的允带中的电子是自由的，在外电场的作用下参与导电，这样的允带称为导带。禁带宽窄取决于周期势场的变化幅度，变化越大，则禁带越宽。若势场没有变化，则能带间隙为零，此时的能量分布情况如图 14.3 所示的 $E-K$ 曲线。

能带理论不仅能够很好地解释金属的导电性，还能够很好地解释绝缘体、半导体等的导电性。

如果允带内的能级未被填满，允带之间没有禁带或允带相互重叠，如图 14.5(a)所示，在外电场的作用下电子很容易从一个能级转到另一个能级上去而产生电流。有这种能带结构的材料就是导体。所有金属都属于导体。一个允带所有的能级都被电子填满，这种能带称为满带。

若一个满带上面相邻的是一个较宽的禁带，如图 14.5(b)所示，由于满带中的电子没有活动的余地，即使禁带上面的能带完全是空的，在外电场的作用下电子也很难跳过禁带。也就是说，电子不能趋向于一个择优方向运动，即不能产生电流。有这种能带结构的材料是绝缘体。

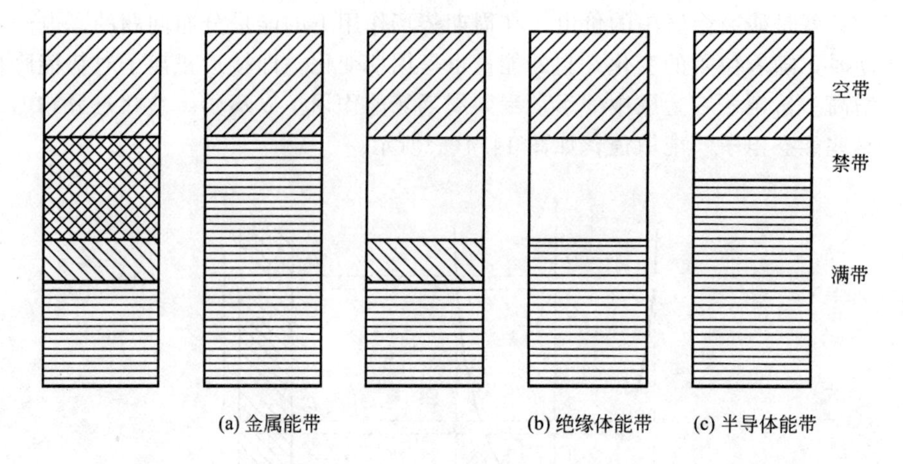

图 14.5　能带填充情况示意图

半导体的能带结构与绝缘体相同，所不同的是它的禁带比较窄。如图 14.5(c)所示，电子跳过禁带不像绝缘体那么困难，如果存在外界作用(如热、光辐射等)，则价带中的电子就有能量可能跃迁到导带中去。这样，不仅在导带中出现导电电子，而且在价带中出现了电子留下的空穴。在外电场作用下，价带中的电子可以逆电场方向运动到这些空穴中，而本身又留下新的空穴，电子的迁移等于空穴顺电场方向运动，所以称这种导电为**空穴导电**。**空带中的电子导电和价带中的空穴导电同时存在的导电方式称为本征电导。本征电导的特点是参加导电的电子和空穴的浓度相等。具有本征电导特性的半导体称为本征半导体。**本征半导体的电子-空穴对是由热激活产生的，其浓度与温度成指数关系。

杂质对半导体的导电性能影响很大，如在单晶硅中掺入十万分之一的硼原子时，可使其导电能力增加一千倍。按杂质的性质不同，掺杂半导体可分为 N 型和 P 型两种，N 型半导体的载流子主要是导带中的电子，而 P 型半导体的载流子主要是空穴。

一价金属导电性分析：如图 14.6(a)所示，对于一价金属(一价碱金属和贵金属，如ⅠB族的铜、银、金，ⅠA 族锂、钠、钾等)，如金属钠，每个原子有 11 个电子，其中 3S 状态可有 2 个电子，所以当 N 个原子组成晶体时，3S 能级过渡成能带，能带中有 N 个状态，可以容纳 $2N$ 个电子。但钠只有 N 个 3S 电子，价电子只填满 S 能带的一半，即价带是半满的。同时 S 能带扩展很宽，和 P 能带有相当宽的重叠区，因此在电场的作用下，电子不仅能在自己的 S 价带中有充分的活动余地，而且很容易跃迁到 P 带中去，电子能被加速的程度大，故一价金属具有很好的导电性。

二价金属导电性分析：如图 14.6(b)所示，二价金属价带上的 $2N$ 个电子正好填满了 S 价带，这似乎和绝缘体的情况相类似，但 S 价带与 P 导带有重叠区，价电子并未填满它的能带，有一部分电子进入 P 区，占有了较高的能带，因此仍有电子在不满的带。电子发生 S→P 跃迁，但毕竟因进入 P 带的电子数较少，因此其导电性比一价金属要差。

三价金属导电性分析：如图 14.6(c)所示，三价金属外电子层有 $3N$ 个价电子，其中 $2N$ 个价电子属于 S 带，并填满 S 带；另外 N 个价电子属于 P 带，P 带有 $3N$ 个能级，因此，电子只填充了 P 带的一部分。因此，电子易发生 P→P 能级的跃迁，同时其 S 带与 P 带也有重叠，三价金属 P 能带中的电子数要比二价金属 P 能带中的电子数为多，故其导电性比二价金属好。

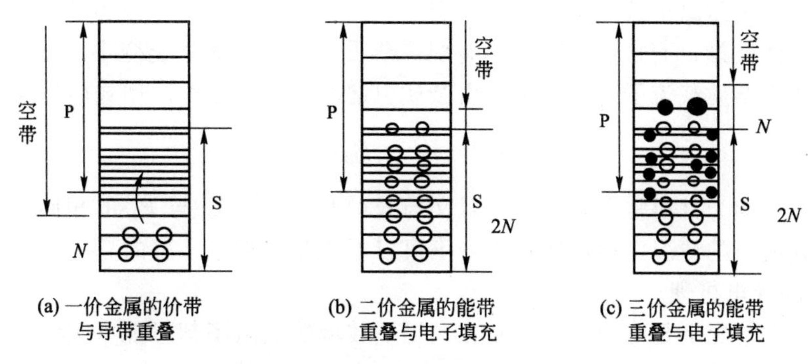

图 14.6 金属导体的能带结构示意图

2. 无机非金属导电机理

自由电子导电的能带理论可以解释金属和半导体材料的导电现象，却难以解释如陶瓷、玻璃及高分子材料等非金属材料的导电机理。无机非金属材料的种类很多，导电性及导电机制相差也很大，它们中多数是绝缘体，但也有一些是导体或半导体，即使是绝缘体，在电场作用下也会产生漏电电流(或称为电导)。对材料来说，只要有电流通过就意味着有带电粒子的定向运动，这些带电粒子称为**载流子**。**金属材料电导的载流子是自由电子，而无机非金属材料电导的载流子可以是电子、电子空穴或离子、离子空位**。载流子是电子或电子空穴的电导称为**电子式电导**，载流子是离子或离子空位的称为**离子式电导**。

非金属材料按其结构状态可以分为晶体材料与玻璃态材料，导电机理也有所不同。

1) 离子晶体的导电机理

离子晶体(如 NaCl、AgBr、MgO 等)都是电解质导体，在这些晶体中能产生离子迁移。例如，在卤化银中，一些银离子从其晶体中的正常位置离开留下一些空位，之后它们却占据在立方点阵中其他离子间的一些小空隙，即间隙位置。在外加电场的影响下，移位的间隙银离子从一个空位位置到另一个空位连续不断地运动产生了电流。在一些晶体中空位本身可以存在，而不需要等量的间隙原子与之配合，这种情况可以认为空位中这些消失了的原子或离子，已经移到晶体表面的正常位置。当一个与失去的离子有同样极性的离子从一个相邻的位置移入这个空位时，空位则从它的初始位置移出。离子晶体中空位的迁移涉及离子运动，因此，这一过程提供了产生电流传导的另一个机理。

晶体的离子电导可以分为两大类，第一类源于晶体点阵中基本离子的运动，称为离子固有电导或本征电导，这种离子自身随着热振动的加剧而离开晶格阵点，形成热缺陷。热缺陷的浓度随温度的升高而增大，因此本征电导率与温度的关系可用式(14-2)表示。

$$\sigma_s = A_s \exp(-E_s/kT) \tag{14-2}$$

式中，A_s 与 E_s 均为材料的特性常数；k 为玻耳兹曼常数；T 为热力学温度。E_s 与可迁移的离子从一个空位跳到另一个空位的难易程度有关，通常称为离子激活能，而 A_s 取决于可迁移的离子数，即离子从一个空位到另一个空位的距离以及有效的空位数目。

一般情况下本征离子电导率可以简化为

$$\sigma = A_1 \exp(-E/kT) = A_1 \exp(-B_1/T) \tag{14-3}$$

式中，A_1 为常数；B_1 为 E/k。

第二类离子电导是结合力比较弱的离子运动造成的，这些离子主要是杂质离子，因而称为杂质电导。杂质离子载流子的浓度决定于杂质的数量和种类。因为杂质离子的存在不仅增加电流载体数量，而且使点阵发生畸变，杂质离子离解活化能变小。在低温下离子晶体的电导主要由杂质载流子浓度决定。由杂质引起的电导率也可以用式(14－4)表示。

$$\sigma = A_2\exp(-B_2/T) \quad (14-4)$$

式中，A_2 与 B_2 均为材料常数，它们的意义与式(14－3)中 A_1 与 B_1 的相同。对于材料中存在的多种载流子的情况，材料的总电导率可以看成是各种电导率的总和。

2）玻璃的导电机理

玻璃在通常情况下是绝缘体，但是在高温下玻璃的电阻率却可能大大降低，因此在高温下有些玻璃成了导体。

玻璃的导电是由于某些离子在结构中的可动性所导致，玻璃也是一种电解质的导体。例如，在钠玻璃中，钠离子在二氧化硅网络中从一个间隙跳到另一个间隙，造成电流流动。这与离子晶体中的间隙离子导电类似。

玻璃的组成对玻璃的电阻影响很大，影响方式也很复杂。例如，电阻率是硅酸盐玻璃的物理参数之一，它明显地随玻璃的组成而变化，玻璃工艺师能控制组成使制成的玻璃电阻率在室温下处于 $10^{15}\sim10^{17}\Omega\cdot m$ 范围内，但是这一过程很大程度上仍然是基于经验或是通过试探法来达到的。

目前一些新型的半导体玻璃，室温电阻率在 $10^{2}\sim10^{6}\Omega\cdot m$ 范围内，其中存在着电子导电，但这些玻璃不是以二氧化硅为基础的氧化物玻璃。

【高分子导电材料】

3. 高分子导电材料

高分子导电材料(导电高聚物)是具有导电功能(包括半导电性、金属导电性和超导电性)、电导率在 10^{-6}S/m 以上的聚合物材料，通常分为复合型和结构型两大类。

1）复合型高分子导电材料

复合型高分子导电材料由通用的高分子材料与各种导电性物质通过填充复合、表面复合或层积复合等方式而制得。常用的导电填料有炭黑、金属粉、金属箔片、金属纤维、碳纤维等。复合型高分子导电材料主要有导电塑料、导电橡胶、导电纤维织物、导电涂料、导电胶粘剂及透明导电薄膜等，其性能与导电填料的种类、用量、粒度和状态及它们在高分子材料中的分散状态有很大的关系。

2）结构型高分子导电材料

结构型高分子导电材料是指高分子结构本身或经过掺杂之后具有导电功能的高分子材料。根据电导率的大小又可分为高分子半导体、高分子金属和高分子超导体。按照导电机理可分为电子导电高分子材料和离子导电高分子材料。

电子导电高分子材料的结构特点是具有线型或面型大共轭体系，当聚合物之单体重复连接时，π 电子轨域相互影响，使能带变小，在热或光的作用下通过共轭 π 电子的活化而进行导电，可以达到半导体甚至导体的性质。当高分子结构拥有延长共轭双键，离域 π 键电子不受原子束缚，能在聚合链上自由移动，经过掺杂后，可移走电子生成空穴，或添加电子，使电子或空穴在分子链上自由移动，从而形成导电分子。采用掺杂技术可使这类材料的导电性能大大提高。如在聚乙炔中掺杂少量碘，电导率可提高 12 个数量级，成为

"高分子金属"。经掺杂后的聚氮化硫，在超低温下可转变成高分子超导体。

第一个高导电性的高分子材料是经碘掺杂处理的聚乙炔，其后又相继开发了聚苯胺、聚吡咯、聚噻吩、聚苯硫醚、聚酞菁类化合物和聚对苯乙烯及它们的衍生物(图 14.7)。

(a) 聚乙炔

(b) 聚对苯乙烯

(X=NH/N,S)

(c) 聚吡咯(X=NH),聚噻吩(X=S)

(X=NH,S)

(d) 聚苯胺(X=NH/N),聚苯硫醚(X=S)

图 14.7 导电聚合物

所有的导电高分子都属于"共轭高分子"。共轭高分子最简单的例子是聚乙炔。它由长链的碳分子以 sp2 键链接而成，每一个碳原子有一个价电子未配对，且在垂直于 sp2 面上形成未配对键，相邻原子未配对键的电子云互相接触，使未配对电子很容易沿着长链移动。然而，未配对电子很容易和邻居配对而形成"单键—双键"交替出现的结构。为使共轭高分子导电，必须掺杂。这和半导体掺杂后提高导电性类似。

1977 年，白川英树(Hideki Shirakawa，1936—，日本科学家)、艾伦·麦克德尔米德(Alan. G. MacDiarmid，1927—2007 年，美国科学家)和艾伦·黑格(Alan J. Heeger，1936—，美国科学家)利用碘蒸气来氧化聚乙炔，发现其导电性增高了十亿倍，他们因此而共同获得 2000 年诺贝尔化学奖。以碘或其他强氧化剂 [如五氟化砷(AsF_5)]部分氧化聚乙炔可大大增强其导电性，聚合物会失去电子，生成具有不完全离域的正离子自由基"极化子"，此过程被称为 P 型掺杂。氧化作用也使聚乙炔生成"双极化子"及"孤立子"，使聚乙炔导电。

导电聚合物可应用于轻质塑料蓄电池，太阳电池、传感器件、微波吸收材料、半导体元器件、手机显示屏、电动汽车等，如电池中的电极、电解电容器及电子感应器、有机发光二极管(OLED)和平面显示器，也可成为安装在纳米电子装置内的"高分子电线"。

14.1.2 超导电性

卡茂林·昂尼斯 1911 年在实验中发现：在 4.2K 温度附近，汞的电阻突然下降到无法测量的程度，或者说电阻为零。在一定的低温条件下材料突然失去电阻的现象称为超导电性。超导态的电阻小于目前所能检测的最小电阻，可以认为超导态没有电阻。材料有电阻的状态称为正常态。因为没有电阻，超导体中的电流将继续流动。超导体中有电流而没有电阻，说明超导体是等电位的，超导体内没有电场。材料由正常状态转变为超导状态的温度称为临界温度，以 T_c 表示。

【汞的超导电性】

阅读材料14-4

卡茂林·昂内斯

卡茂林·昂内斯(Heike Kamerlingh-Onnes, 1853—1926 年), 荷兰物理学家, 1879 年获格罗宁根大学博士学位, 1882 年任莱顿大学实验物理学教授, 并创建了闻名世界的低温研究中心——莱顿实验室(后为纪念他而改名为卡茂林·昂内斯实验室)。1877 年, 昂内斯从液化气体(空气)开始了在低温物理领域的研究, 1906 年成功地液化了氢气, 1908 年又进一步地液化了当时被认为是永久气体的氦气。此后, 他把研究转向测量金属电阻随温度的变化关系。1911 年, 他发现汞在 4.22～4.27K 的低温下的电阻完全消失, 接着又发现其他一些金属也具有以上特性。他称这种现象为超导电性, 由此开辟了崭新的低温物理学领域。后来他又发现了超导体的临界电流和临界磁场。由于对低温物理做出的突出贡献, 昂内斯获得 1913 年的诺贝尔物理学奖。

【超导体】

超导体有完全导电性和完全抗磁性两个基本特性。在室温下把超导体做成圆环放在磁场中, 并冷却到低温使其转入超导态。这时把原来的外磁场突然去掉, 则通过磁感应作用, 沿着圆环将产生感生电流。由于圆环的电阻为零, 感生电流将永不衰竭, 称为**永久电流**。环内感应电流使环内的磁通保持不变, 称为冻结磁通。

完全抗磁性是处于超导状态的金属, 内部磁感应强度 B 为零。迈斯纳和奥克森菲尔德 1933 年发现, 不仅是外加磁场不能进入超导体的内部, 而且原来处于磁场中的正常态样品, 当温度下降使其变成超导体时, 也会把原来在体内的磁场完全排出去。完全抗磁性通常称为**迈斯纳效应**, 说明超导体是一个完全抗磁体。因此超导体具有屏蔽磁场和排除磁通的性能, 当用超导体制成球体并处在常导态时, 磁通通过球体, 如图 14.8(a)所示。当它处于超导态时, 进入球体内部的磁通将被排出球外, 使内部磁场为零, 如图 14.8(b)所示, 实际上, 磁场还是能穿透到超导样品表面上一个薄层。薄层的厚度称穿透深度, 它与材料的温度有关, 典型的大小有几十纳米。

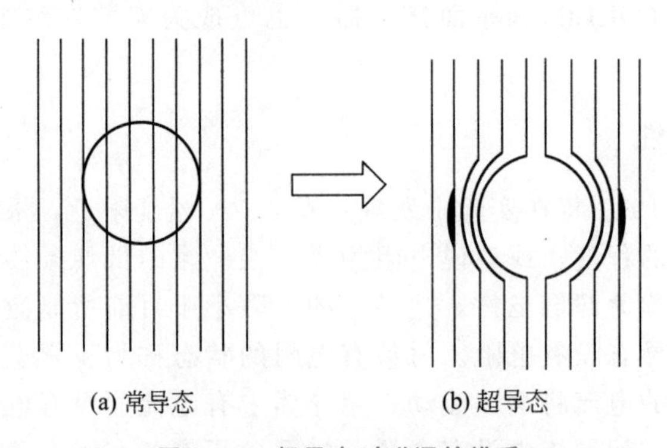

图 14.8 超导态对磁通的排斥

超导体有 3 个重要性能指标。其一就是**临界转变温度** T_c, 超导体温度低于临界转变温度时，便出现完全导电和迈斯纳效应等基本特征。超导材料的临界转变温度越高越好，越有利于应用。

临界磁场 H_c 是超导体的第二个性能指标，当 $T<T_c$ 时，将超导体放入磁场中，如果磁场强度高于临界磁场强度，则磁力线穿入超导体，超导体被破坏而成为正常态。H_c 值随温度降低而增加。不少超导体的这个关系是抛物线关系，即

$$H_{c(T)}=H_{c(0)}\left[1-\left(\frac{T}{T_c}\right)^2\right] \tag{14-5}$$

式中，$H_{c(0)}$ 是温度为 0K 时超导体的临界磁场。临界磁场就是能破坏超导态的最小磁场。H_c 与超导材料的性质有关，不同的材料 H_c 变化范围很大。

临界电流密度 J_c 是超导体的第三个性能指标。如果输入电流所产生的磁场与外磁场之和超过临界磁场，则超导态被破坏。这时输入的电流为临界电流 I_c，相应的电流密度称为临界电流密度 J_c。随着外磁场的增加，J_c 必须相应地减小，以使它们磁场的总和不超过 H_c 值而保持超导态，故临界电流就是材料保持超导态的最大输入电流。

1957 年，美国物理学家巴丁(John Bardeen，1908—1991 年)、库珀(Leon Neil Cooper，1930—)和施里弗(John Robert Schrieffer，1931—)提出了解释超导微观机理的 BCS(Bardeen - Cooper - Schriffer)理论，并因此共同获得 1972 年的诺贝尔物理学奖。

BCS 理论认为：晶格的低频振动，称为声子(Phonon)。电子和声子发生交互作用(电声子交互作用)，某一电子 e_1 的运动使周围正离子被吸引而向其靠拢，导致晶格局部畸变，该区域正电荷密度增加，吸引临近的电子 e_2，克服静电斥力，使 e_1、e_2 结成电子对，即 **Cooper 电子对**。因此，Cooper 电子对是通过晶格点阵振动的格波相互作用，而不是正常态的静电斥力。Cooper 电子对的波长很长，可以绕过杂质和晶格缺陷，从而无阻碍地形成电流。一个 Cooper 电子对的能量比它的两个单独正常态的电子能量低。超导态电子对在运动中的总能量保持不变，电子间的吸引力最大、最稳定。晶格散射使 e_1 电子能量改变时，e_2 能量产生相反的等量变化，电阻为零。

BCS 理论的提出也引发了激烈争论，BCS 理论只能对部分超导现象进行有限的解释，如解释低温超导，但无法解释高温超导和第二类超导现象。对于高温超导氧化物的超导机理，至今还没有被人完全接受的超导理论。

根据材料对磁场的响应，超导材料分为第一类超导体和第二类超导体。第一类超导体只存在一个临界磁场；第二类超导体有两个临界磁场值，在两个临界值之间，材料允许部分磁场穿透材料。根据临界温度，超导材料分为高温超导体和低温超导体。临界温度大于液氮温度(77K)的称为高温超导体。根据材料成分，超导材料分为单质超导体(Pb、Hg 等)、**合金超导体**(NbTi、Nb_3Ge、Nb - Ti - Zr 等)、**氧化物超导体**(Y - Ba - Cu - O，La - Ba - Cu - O，Bi - Sr - Ca - Cu - O，Tl - Ba - Ca - Cu - O，Hg - Ba - Ca - Cu - O 等)和**有机超导体**［氧化聚丙烯、$(BEDT-TTF)_2ClO_4$(1，1，2- 三氯乙烷)、$(BEDT-TTF)_2ReO_4$、碳纳米管］等，如表 14 - 1、图 14.9 所示。高温超导体铜氧基超导体包括四大类：90K 的稀土系、110K 的铋系、125K 的铊系和 135K 的汞系，它们具有类似的层状结晶结构，铜氧层是超导层。

表 14－1 超导材料的分类及特性

铜氧化物超导体		铁基超导体		金属低温超导体	
材料	临界温度/K	材料	临界温度/K	材料	临界温度/K
$Hg_{12}Tl_3Ba_{30}Ca_{30}Cu_{45}O_{127}$	138	SmFeAs(O，F)	43	Nb3Sn	18
$Tl_2Ba_2Ca_2Cu_3O_{10}$	125	CeFeAs(O，F)	41	NbTi	10
$YBa_2Cu_3O_7$	92	LaFeAs(O，F)	26	Hg (汞)	4.2

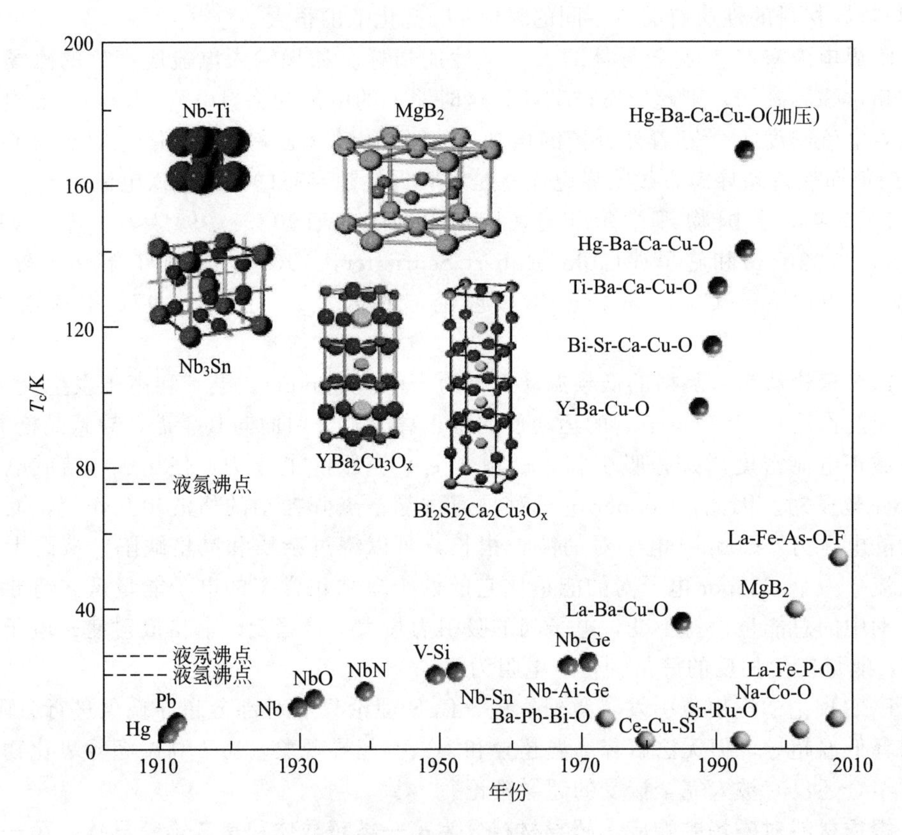

图 14.9 超导材料的发展

超导材料的优异特性预示了其巨大的应用前景，但又受到临界参量、工艺性等问题的影响(如脆性)。超导材料的应用主要有电机、高能粒子加速器、磁悬浮运输、受控热核反应、储能磁体等；电力电缆、无摩擦陀螺仪和轴承，精密测量仪表及辐射探测器、微波发生器、逻辑元件、计算机逻辑和存储元件等。高温超导体已经取得了实际应用，例如，钇钡铜氧超导体和铋系超导体已制成了高质量的超导电缆，铊钡钙铜氧超导薄膜安装在移动电话的发射塔中，增加容量，减少断线和干扰。

14.1.3 影响材料导电性的因素

影响材料导电性能的因素主要有温度、化学成分、晶体结构、杂质及缺陷的浓度及其迁移率等，以自由电子为机理的金属材料，电导率随温度的升高而下降。以离子电导为机理的离子晶体型陶瓷材料，电导率随温度的升高而上升。

1. 温度的影响

金属电阻率随温度升高而增大。温度对有效电子数和电子平均速度几乎没有影响，但温度升高使离子振动加剧，热振动振幅加大，原子的无序度增加，周期势场的涨落加大，使电子运动的自由程减小，散射概率增加而导致电阻率增大。

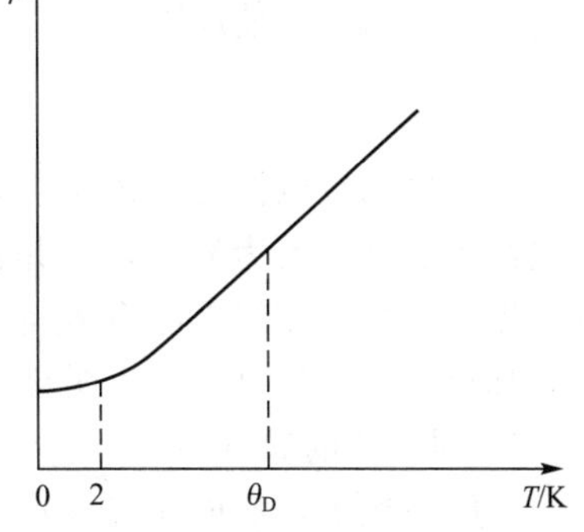

图 14.10 金属电阻率与温度的关系

金属的电阻率随温度变化的一般规律如图 14.10 所示。在德拜温度以上，认为电子是完全自由的，原子的振动彼此无关，电子的平均自由程与晶格振动振幅平方成反比。所以，在理想完整的晶体中电子的散射取决于温度所造成的点阵畸变，金属的电阻取决于离子的热振动。此时，纯金属的电阻率与温度关系为

$$\rho_t=\rho_0(1+\alpha\Delta T) \tag{14-6}$$

式中，α 为电阻温度系数；ρ_0 为标准态(通常为 20℃)的电阻率；ΔT 为环境温度与标准温度的温差。

当温度较低(低于 θ_D)时，则应考虑振动原子与导电电子之间的相互作用，电阻率与温度的关系为

$$\rho = AT^5\int_0^{\theta_D/T}\frac{4x^2\,dx}{e^x-1} \tag{14-7}$$

式中，A 为系数；$x=h\nu_m/kT$ 为积分变量。低温时，积分值趋于常数，则 $\rho\propto T^5$。类似于热容的德拜三次方定律。当温度接近于 0K 时($T<2K$)，电子的散射主要是电子与电子间的相互作用，而不是电子与离子之间的相互作用，以 $\rho\propto T^2$ 的规律趋于零，但对大多数金属，此时的电阻率表现为一常数，$\rho=\rho'$，这是点阵畸变造成的残留电阻所引起的，即 ρ' 为残留电阻率。有些金属，在接近 0K 以上的某一临界温度时，电阻率突然降为零，产生超导现象。

通常对金属导电性的研究均在德拜温度以上，可应用式(14－6)计算电阻率。对大多数金属，电阻温度系数 $\alpha\approx10^{-3}K^{-1}$。而过渡族金属，特别是铁磁性金属，$\alpha$ 高一些。

大多数金属在熔化成液态时，其电阻率会突然增大 1～2 倍。这是由于原子长程排列被破坏，加强了对电子的散射所引起的。但也有些金属如锑、铋、镓等，在熔化时电阻率反而下降。锑在固态时为层状结构，具有小的配位数，主要为共价键型晶体结构，在熔化时共价键被破坏，转为以金属键结合为主，使电阻率下降，铋和镓在熔化时电阻率的下降也是由近程原子排列的变化引起的。

2. 冷塑性变形和应力的影响

冷塑性变形使金属的电阻率增大。这是由于冷塑性变形使晶体点阵畸变和晶体缺陷增加，特别是空位浓度的增加，造成点阵电场的不均匀而加剧对电磁波散射的结果。此外，冷塑性变形使原子间距有所改变，也会对电阻率产生一定影响。回复

过程可以显著降低点缺陷浓度，因此使电阻率有明显的恢复。而再结晶过程可以消除形变时造成的点阵畸变和晶体缺陷，所以再结晶退火可使电阻率恢复到冷变形前的水平。

由于淬火可以保留高温时形成的点缺陷，因而可使金属的电阻率升高。拉应力使金属原子间距增大，点阵动畸变增大，使电阻率上升；压应力则相反，使金属离子间距减小，点阵动畸变减小，使电阻率下降。

3. 合金化对导电性的影响

纯金属的导电性与其在元素周期表中的位置有关，由不同的能带结构决定。而合金的导电性则表现得更为复杂，这是因为金属元素之间形成合金后，其异类原子引起点阵畸变，组元间相互作用引起有效电子数的变化、能带结构的变化以及合金组织结构的变化等，都对合金的导电性产生明显的影响。

1）固溶体的导电性

一般情况下，形成固溶体时合金的电导率降低，电阻率增高，即使是溶质的电导率比溶剂的电导率高时也是如此。固溶体电阻率比纯金属高的主要原因是溶质原子的溶入引起溶剂点阵的畸变，增加了电子的散射，使电阻增大。同时由于组元间化学相互作用的加强使有效电子数减少，也会造成电阻率的增长。

当溶质浓度较小时，固溶体的电阻率 ρ_s 的变化规律符合马基申定律，即

$$\rho_s = \rho_{s1} + \rho_{s2} = \rho_{s1} + r_c \zeta \tag{14-8}$$

式中，ρ_{s1} 为溶剂的电阻率；ρ_{s2} 为溶质引起的电阻率，等于 $r_c\zeta$；r_c 为溶质的量比；ζ 为百分之一溶质量比的附加电阻率。

马基申定律指出，合金电阻由两部分组成：一是溶剂的电阻，它随着温度升高而增大；二是溶质引起的附加电阻，它与温度无关，只与溶质原子的浓度有关。

固溶体有序化对合金的电阻有显著的影响。异类原子使点阵的周期场遭到破坏而使电阻增大，而固溶体的有序化则有利于改善离子电场的规整性，从而减少电子的散射，因此使电阻降低。

在有些合金中，可形成不均匀固溶体，即固溶体中的溶质原子产生偏聚，使电子散射增加，电阻加大。

冷变形使固溶体电阻增大，形变对固溶体合金电阻的影响比纯金属大得多。

2）金属化合物的导电性

金属化合物的导电能力都比较差，电导率比各组元的要小得多。是因为组成化合物后原子间的金属键部分地转化为共价键或离子键，使导电电子数减少。由于键合性质发生变化，还常因为形成化合物而变成半导体，甚至完全失掉导体的性质。

3）多相合金的电阻率

多相合金的导电性不仅与组成相的导电性及相对量有关，还与组成相的形貌有关，即与合金的组织形态有关。

由于电阻率是一个组织结构敏感的物理量，所以对于多相合金的电阻率很难定量计算，退火态的二元合金组织为两相机械混合物时，如合金组成相的电阻率接近，则电阻率和两组元的体积分数呈线性关系。通常可近似认为多相合金的电阻率为各相电阻率的加权平均值。

14.1.4 电阻测量与应用

由于材料组织结构变化引起的电阻变化较小，要测其电阻必须采用精密测量方法。除常用的安培-伏特计法、电桥法和电位差计法外，对半导体电阻可采用直流四端电极法(图 14.11)。

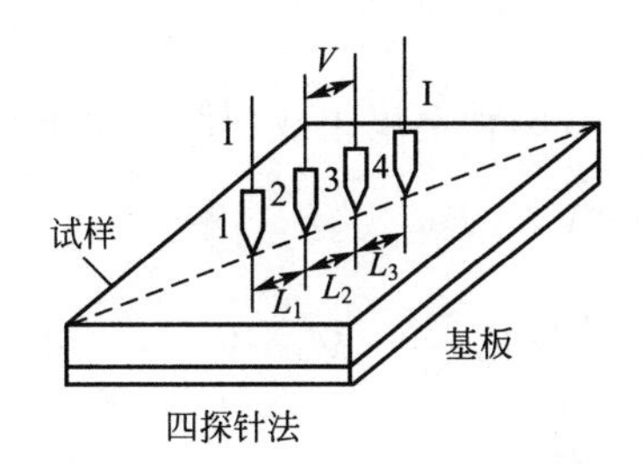

图 14.11 直流四端电极法测电阻

由于材料的电阻率对组织结构变化敏感，因此常用测量电阻率的变化来研究金属与合金的组织结构变化，如固溶体溶解度曲线、TTT 曲线、回火转变、回复与再结晶过程、合金时效及有序无序转变等。

14.2 热电性能

材料中存在电位差时会产生电流，存在温度差时会产生热流。从电子论的观点来看，在金属和半导体中，不论是电流还是热流都与电子的运动有关系，故电位差、温度差、电流、热流之间存在着交叉联系，构成了热电效应。

14.2.1 热电效应

金属的热电现象可以概括为 3 个基本热电效应。

1. 赛贝克效应

当两种不同的金属或合金 A、B 联成闭合回路，并且两接点处温度不同，则回路中将产生电流，这种现象称为赛贝克效应，如图 14.12 所示。相应的电动势称为热电势，其方向取决于温度梯度的方向。

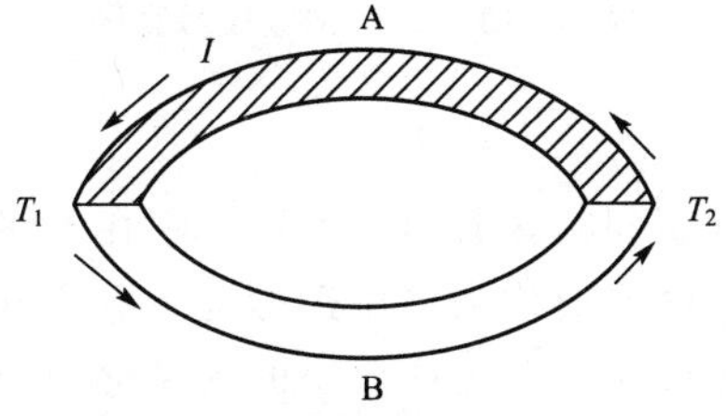

图 14.12 赛贝克效应示意图

赛贝克效应的实质在于两种金属接触时会产生接触电势差 V_{AB}。这种接触电势差的产生是两种金属中电子逸出功不同及两种金属中电子浓度不同所造成的。

$$V_{AB}=V_B-V_A+\frac{kT}{e}\ln\frac{N_A}{N_B} \tag{14-9}$$

式中，V_A、V_B 分别为金属A和金属B的逸出电势(V)；N_A、N_B 分别为金属A和金属B的有效电子密度(m^{-3})，它们都与金属本质有关；k 为玻耳兹曼常数；T 为热力学温度；e 为电子电量。

由式(14-9)可以得出A和B两种金属组成回路的热电势 E_{AB}，即

$$\begin{aligned}E_{AB}&=V_{AB}(T_1)-V_{AB}(T_2)\\&=V_B-V_A+\frac{kT_1}{e}\ln\frac{N_A}{N_B}-V_B+V_A-\frac{kT_2}{e}\ln\frac{N_A}{N_B}\\&=(T_1-T_2)\frac{k}{e}\ln\frac{N_A}{N_B}\end{aligned} \tag{14-10}$$

回路的热电势与两金属的有效电子密度有关，并与两接触端的温差有关。

2. *帕尔帖效应*

不同金属中，自由电子具有不同的能量状态。如图14.13所示，在某一温度下，当两种金属A和B相互接触时，若金属A的电子能量高，则电子要从A流向B，使A的电子减少，而B的电子增多，由此导致金属A的电位变正，B的电位变负。于是在金属A与B之间产生一个静电势 V_{AB}，称为**接触电势**。由于接触电势的存在，若沿AB方向通以电流，则接触点处要吸收热量；若从反方向通以电流，则接触点处要放出热量，这种现象称为**帕尔帖效应**。吸收或放出的热量 Q_P 称为帕尔帖热，即

$$Q_P=P_{AB}It \tag{14-11}$$

式中，P_{AB}为帕尔帖系数或帕尔帖电势，与金属的本性和温度有关；I 为电流；t 为电流通过的时间。帕尔帖热可以用实验法确定，通常帕尔帖热和焦耳热总是叠加在一起的，由于**焦耳热与电流方向无关，帕尔帖热与电流方向有关**，利用此特点可用正反通电法将其测出。

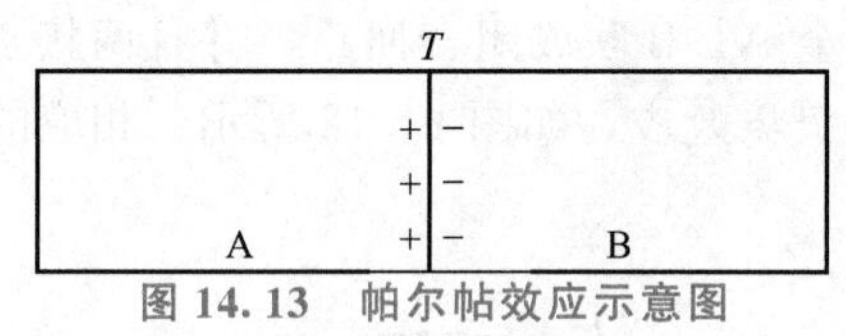

图14.13　帕尔帖效应示意图

3. *汤姆逊效应*

当一根金属导线两端温度不同时，若通以电流，则在导线中除产生焦耳热外，还要产生额外的吸放热现象，这种热电现象称为**汤姆逊效应**。电流方向与导线中热流方向一致时产生放热效应，反之产生吸热效应。吸收或放出的热量称为汤姆逊热 Q_T，即

$$Q_T=SIt\Delta T \tag{14-12}$$

式中，S 为汤姆逊系数；I 为电流；t 为通电时间；ΔT 为导线两端温差。Q_T 也可用正反通电法测出。

这3种热电效应中，应用较多的是赛贝克效应。

帕 尔 帖

帕尔帖现象最早是在1821年，由一位德国科学家Thomas Seeback首先发现的，不过他当时做了错误的推论，并没有领悟到背后真正的科学原理。到了1834年，一位法国表匠，同时也是兼职研究这现象的物理学家Jean Peltier，才发现背后真正的原因，帕尔帖发现这样一种现象：用两块不同的导体连接成电偶，并接上直流电源，当电偶上流过电流时，会发生能量转移现象，一个接头处放出热量变热，另一个接头处吸收热量变冷，这种现象称为帕尔帖效应。这个现象直到近代随着半导体的发展才有了实际的应用，也就是制冷器的发明(半导体制冷器)。

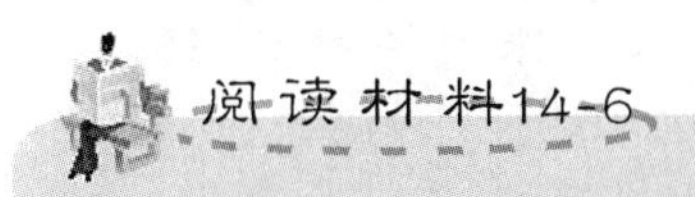

汤 姆 逊

威廉·汤姆逊1824年生于爱尔兰，父亲詹姆士是贝尔法斯特皇家学院的数学教授，后因任教格拉斯哥大学，全家迁往苏格兰的格拉斯哥。汤姆逊十岁便入读格拉斯哥大学(那时爱尔兰的大学会录取最有才华的小学生)，约在14岁开始学习大学程度的课程，15岁时凭一篇题为“地球形状”的文章获得大学的金奖章。

1846年，汤姆逊在格拉斯哥大学担任自然哲学(即现在的物理学)教授，直到1899年退休。汤姆逊在格拉斯哥大学创建了第一所现代物理实验室；24岁时发表一部热力学专著，建立温度的“绝对热力学温标”；27岁时发表《热力学理论》一书，建立热力学第二定律，成为物理学基本定律；与焦耳共同发现气体扩散时的焦耳-汤姆逊效应；历经9年建立欧美之间永久大西洋海底电缆，由此获得“开尔文勋爵”的贵族称号。

汤姆逊一生研究范围相当广泛，他在数学物理、热力学、电磁学、弹性力学、以太理论和地球科学等方面都有重大的贡献。

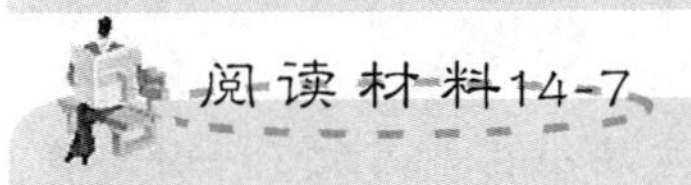

塞 贝 克

托马斯·约翰·塞贝克1770年生于塔林(当时隶属于东普鲁士，现为爱沙尼亚首都)。塞贝克的父亲是一个具有瑞典血统的德国人，他鼓励儿子在他曾经学习过的柏林大学和哥廷根大学学习医学。1802年，塞贝克获得医学学位。他所选择的方向是实验医学中的物理学，一生中多半时间从事物理学方面的教育和研究工作。

毕业后，塞贝克进入耶拿大学，在那里结识了歌德，此后长期与歌德一起从事光色效应方面的理论研究。塞贝克的研究重点是太阳光谱，在1806年揭示了热量和化学对太阳光谱中不同颜色的影响，1808年首次获得了氨与氧化汞的化合物。

1818年，塞贝克返回柏林大学，独立开展电流通过导体时对钢铁的磁化研究。当时，阿雷格(Arago)和大卫(Davy)才发现电流对钢铁的磁化效应，塞贝克对不同金属进行了大量的实验，发现了磁化的炽热的铁的不规则反应，也就是我们现在所说的磁滞现象。在此期间，塞贝克还曾研究过光致发光、太阳光谱不同波段的热效应、化学效应、偏振，以及电流的磁特性等。

【温差发电】

19世纪20年代初期，塞贝克通过实验方法研究了电流与热的关系。1821年，塞贝克将两种不同的金属导线连接在一起，构成一个电流回路。他将两条导线首尾相连形成一个结点，他突然发现，如果把其中的一个结加热到很高的温度而另一个结保持低温的话，电路周围存在磁场。他实在不敢相信，热量施加于两种金属构成的一个结时会有电流产生，这只能用热磁电流或热磁现象来解释他的发现。在接下来的两年里(1822—1823年)，塞贝克将他的持续观察报告给普鲁士科学学会，把这一发现描述为“温差导致的金属磁化”。

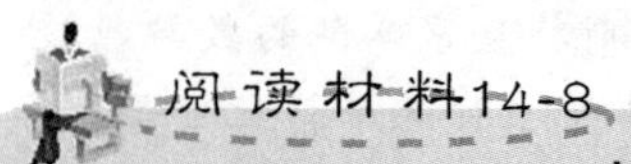

自然界热电效应明显的物质：明矾石

明矾石［$KAl_3(OH)_6(SO_4)_2$］为含氢氧根的钾、钠、铝硫酸盐矿物，六方晶系，硬度3.5～4，相对密度为2.58～2.75，具有强烈的热电效应。选用具有明显的热电效应的稀有矿物石为原料，加入墙体材料中，在与空气接触中，可发生极化，并向外放电，起到净化室内空气的作用。

生物的热电效应：鲨鱼

鲨鱼最敏锐的器官是嗅觉，它们能闻出数海里外的血液等极细微的物质，并追踪出来源。美国科学家发现，鲨鱼鼻子里的一种胶体能把海水温度的变化转换成电信号，传送给神经细胞，使鲨鱼能够感知细微的温度变化，从而准确地找到食物。美国旧金山大学的一位科学家在《自然》杂志上报告说，他从鲨鱼鼻子的皮肤小孔里提取了一种与普通明胶相似的胶体，发现它对温度非常敏感，0.1℃的温度变化都会使它产生明显的电压变化。鲨鱼鼻子的皮肤小孔布满了对电流非常敏感的神经细胞，海水的温度变化使胶体内产生电流，刺激神经，使鲨鱼感知到温度差异。科学家认为，借助这种胶体，鲨鱼能感知到0.001℃的温度变化，这有利于它们在海水中觅食。

哺乳动物靠细胞表面的离子通道感知温度：外界温度变化导致带电的离子进出通道，产生电流，刺激神经，从而使动物感知冷暖。与哺乳动物的这种方式不同，鲨鱼利用胶体，不需要离子通道也能感知温度变化。

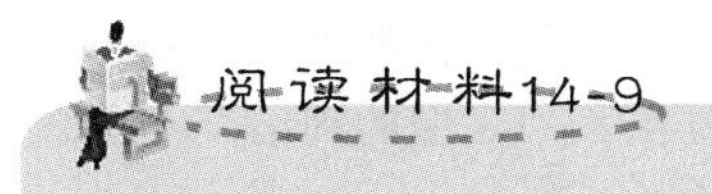

半导体制冷

半导体制冷又称热电制冷，或温差电制冷，是利用半导体材料的“帕尔帖效应”的一种制冷方法，与压缩式制冷和吸收式制冷并称为世界三大制冷方式。20世纪90年代，原苏联科学家约飞(A·F·Joffe，1880—1960年)发现碲化铋Bi_2Te_3为基的化合物是最好的热电半导体材料(Thermo-Electric-cooling，TEC)。P型半导体(Bi_2Te_3-Sb_2Te_3)和N型半导体(Bi_2Te_3-Bi_2Se_3)的热电势差最大，既可致冷又可加热，使用温度5～65℃。

半导体制冷属电子物理制冷，不需制冷工质和机械运动部件，彻底解决了介质污染和机械振动等机械制冷存在的问题，如家用小型冰箱、车载冰箱/USB冰箱、饮水机、胰岛素冷藏设备等。

【半导体制冷】

14.2.2 影响热电势的因素

1. 金属本性的影响

不同金属的电子逸出功和自由电子密度不同，热电势也不相同。纯金属的热电势可按以下次序排列，其中任一后者的热电势相对于前者为负：Si、Sb、Fe、Mo、Cd、W、Au、Ag、Zn、Rh、Ir、Tl、Cs、Ta、Sn、Pb、Mg、Al、Hg、Pt、Na、Pd、K、Ni、Co、Bi。

如在两根不同的金属丝之间串联另一种金属，只要串联金属两端的温度相同，则回路中产生的总热电势只与原有的两种金属的性质有关，而与串联的中间金属无关。这称为中间金属定律。

将两种不同金属的一端焊在一起，作为热端，而将另一端分开，并保持恒温，这就构成了一支简单的**热电偶**。应用中可通过冷端测量热电偶的热电势来研究金属。

2. 温度的影响

由式(14-12)可以看出，热电势与两接点处的温差成正比，如果保持冷端温度不变，则热电势应与热端温度成正比。而实际上，热电势还受其他一些因素的影响，使这种正比关系只能近似成立，实用中常用经验公式表示热电势E与温度的关系，即

$$E = at + bt^2 + ct^3 \tag{14-13}$$

式中，t为热端温度(冷端为0℃)；a、b、c为表征形成热电偶金属本质的常数。

3. 合金化的影响

目前对合金的热电势还研究得不够。在形成连续固溶体时，热电势与浓度关系呈悬链式变化。但过渡族元素往往不符合这种规律。当合金的某一成分形成化合物时，其热电势会发生突变(增高或降低)。若化合物具有半导体性质时，由于共价结合的加强，其热电势显著增加，多相合金的热电势处于组成相的热电势之间。如两相的电导率相近，则热电势与体积浓度几乎呈直线关系。

4. 含碳量对钢热电势的影响

钢的含碳量和其组织状态对热电势有显著影响。纯铁和钢组成热电偶时，其热电势纯

铁为正钢为负，而且钢中的含碳量越高热电势越负，铁与钢组成的热电偶的热电势就越大。含碳量相同时，淬火态比退火态的热电势要高，这表明碳在 $\alpha-Fe$ 中的固溶所引起的热电势的变化要比形成碳化物强烈得多。

14.3 半导体导电性的敏感效应

半导体的禁带宽度比较小，数量级在 1eV 左右，在通常温度下已有不少电子被激发到导带中去，所以具有一定的导电能力。半导体的导电性受环境的影响很大，产生了一些半导体敏感效应，下面将作简要介绍。

14.3.1 热敏效应

半导体的导电，主要是由电子和空穴造成的。温度增加，使电子动能增大，造成晶体中自由电子和空穴数目增加，因而使电导率升高。通常情况下电导率与温度的关系为

$$\sigma=\sigma_0 e^{-\frac{B}{T}} \tag{14-14}$$

电阻率与温度的关系为

$$\rho=\rho_0 e^{\frac{B}{T}} \tag{14-15}$$

式中，B 为与材料有关的常数，表示材料的电导活化能。某些材料的 B 值很大，它在感受微弱温度变化时电阻率的变化十分明显。

还有一些半导体材料，在某些特定的温度附近电阻率变化显著。如“掺杂”的 $BaTiO_3$(添加稀土金属氧化物)在其居里点附近，当发生相变时电阻率剧增 $10^3\sim10^6$ 数量级。具有热敏特性的半导体可以制成各种热敏温度计、电路温度补偿器、无触点开关等。

【光敏效应】

14.3.2 光敏效应

光的照射使某些半导体材料的电阻明显下降，这种用光的照射使电阻率下降的现象称为光电导。光电导是由于具有一定能量的光子照射到半导体时把能量传给它，在这种外来能量的激发下，半导体材料产生大量的自由电子和空穴，促使电阻率急剧下降。值得强调的是光子的能量必须大于半导体禁带宽度才能产生光电导。把光敏材料制成光敏电阻器，广泛应用于各种自动控制系统，如利用光敏电阻可以实现照明自动化等。

14.3.3 压敏效应

压敏效应包括电压敏感效应和压力敏感效应。

1. 电压敏感效应

某些半导体材料对电压的变化十分敏感，如半导体氧化锌陶瓷，通过它的电流和电压之间不呈线性关系，即电阻随电压而变，用具有压敏特征的材料可以制成压敏电阻器。往往用非线性系数来描述压敏电阻器的灵敏性，即

$$\alpha=\lg\frac{I_2}{I_1}\Big/\lg\frac{U_2}{U_1} \tag{14-16}$$

压敏电阻可用于过电压吸收、高压稳压、避雷器等。

2. 压力敏感效应

对一般材料施加应力时，会产生相应的变形，从而使材料的电阻发生改变，但不改变材料的电阻率。对半导体材料施加应力时，除产生变形外，能带结构也要相应地发生变化，因而使材料的电阻率(或电导率)发生改变，这种由于应力的作用使电阻率发生改变的现象称为压力敏感效应。

应力对半导体电阻的影响比较复杂，简单来说，半导体的压阻效应和应力的关系为

$$\frac{\Delta\rho}{\rho_0}=\beta T \tag{14-17}$$

式中，ρ_0 为未加应力时的电阻率；$\Delta\rho=\rho-\rho_0$，为施加应力后电阻率的变化量；T 为施加的应力，拉应力为正，压应力为负；β 为压阻系数。严格来说，β 值是各向异性的，它与应力、晶体的取向、电流的方向有关，这里不详细讨论。

14.3.4 磁敏效应

半导体在电场和磁场中发生的效应主要包括霍尔效应和磁阻效应。

1. 霍尔效应

将通有电流的半导体放在均匀磁场中，设电场沿 x 方向，电场强度为 E_x；磁场方向和电场垂直，沿 z 方向，磁感应强度为 B_z，则在垂直于电场和磁场的 $+y$ 或 $-y$ 方向将产生一个横向电场 E_y，这个现象称为霍尔效应。霍尔电场 E_y 与电流密度 J_x 和磁感应强度 B_z 成正比，即

$$E_y=R_{\mathrm{H}}J_xB_z \tag{14-18}$$

式中，R_{H} 称为霍尔系数，是一个比例系数。

根据霍尔效应所制成的霍尔器件在测量技术、自动化及信息处理等方面得到广泛应用。

2. 磁阻效应

半导体中，在与电流垂直的方向施加磁场后，使电流密度降低，即由于磁场的存在使半导体的电阻增大，这种现象称为磁阻效应。通常用电阻率的相对改变来表示磁阻。

除上述半导体的霍尔效应和磁阻效应外，在半导体中还存在着气敏效应、光磁效应、热磁效应、热电效应等。

14.4 介质极化与介电性能

14.4.1 极化的基本概念

在真空平行板电容器的电极板间嵌入介质并在电极之间加外电场时，会发现在介质表面上感应出了电荷，即正极板附近的介质表面感应出负电荷，负极板附近的介质表面感应

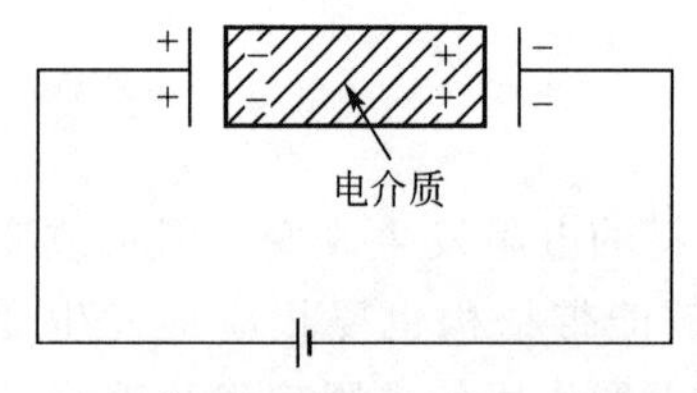

图 14.14 电介质极化示意图

出正电荷，如图 14.14 所示。这种感应电荷不会跑到对面极板上形成电流，因此也称它们为束缚电荷。介质在电场作用下产生感应电荷的现象称为介质的极化，这类材料称为电介质。

14.4.2 极化的基本形式

介质的极化是由电子极化、离子极化和偶极子转向极化组成的，这些极化的基本形式大致可以分为两大类，即位移式极化和松弛极化。

位移式极化是一种弹性的、瞬时完成的极化，极化过程不消耗能量，电子位移极化和离子位移极化属于这种类型。经典理论认为，在外电场作用下原子外围的电子云相对于原子核发生位移，形成的极化称为电子位移极化。电子位移极化的性质具有一个弹性束缚电荷在强迫振动中所表现出来的特性。离子位移极化和电子位移极化的表达式都具有弹性偶极子的极化性质。

松弛极化与热运动有关，完成这种极化需要一定的时间，属于非弹性极化，极化过程需要消耗一定的能量。电子松弛极化和离子松弛极化属于这种类型。电子松弛极化是由弱束缚电子引起的。晶格的热振动、晶格缺陷、杂质、化学成分的局部改变等因素，都能使电子能态发生变化，出现位于禁带中的局部能级，形成弱束缚电子。晶格热振动时，这些弱束缚电子吸收一定的能量，由较低的局部能级跃迁到较高的能级，连续地由一个阴离子结点转移到另一个阴离子结点。外电场力图使这种弱束缚电子运动具有方向性，形成极化状态。电子松弛极化建立的时间为 $10^{-13}\sim10^{-12}$s，当电场频率高于 10^9Hz 时，这种极化形式就不存在了。离子松弛极化是由弱联系离子产生的。在玻璃态材料、结构松散的离子晶体中及晶体的缺陷和杂质区域，离子本身能量较高，易被活化迁移，称为弱联系离子。弱联系离子的极化可以从一个平衡位置到另一个平衡位置。这种迁移的过程可与晶格常数相比较，因而比弹性位移距离大。但离子松弛极化的迁移又和离子电导不同，松弛极化粒子仅作有限距离的迁移，它只能在结构松散区或缺陷区附近移动。

偶极子转向极化主要发生在极性分子介质中。无外加电场时，各极性分子的取向在各个方向的概率是相等的。就介质整体来看，偶极矩为零。当外电场作用时，偶极子发生转向，趋于和外电场一致。但热运动抵抗这种趋势，所以体系最后建立一个新的平衡。在这种状态下，沿外场方向取向的偶极子比和它反向的偶极子的数目多，所以整个介质出现宏观偶极矩。转向极化一般需要较长时间，为 $10^{-13}\sim10^{-12}$s。

14.4.3 介电常数

介电常数是综合反映电介质材料极化行为的一个主要宏观物理量。介电常数表示电容器(两极板间)在有电介质时的电容与在真空状态(无电介质)时的电容相比较时的增长倍数。

假设在平行板电容器的两极板上充一定的自由电荷，当两极板存在电介质时，两板的电位差总是比没有电介质存在时(真空)低。这是由于介质的电极化，在表面上出现了感应电荷，部分屏蔽了极板上的电荷所产生的静电场的缘故。根据静电场理论，电容器极板上的自由电荷面密度称为电位移，其方向从自由正电荷指向自由负电荷，单位与极化强度 P 一致。电介质中与极化有关的宏观参数(χ，ε_r，E)与微观参数(α，n_0，E_{loc})之间的关系为

$$P=\chi\varepsilon_0 E=(\varepsilon_r-1)\varepsilon_0 E=n_0\alpha E_{loc} \tag{14-19}$$

$$\varepsilon_r = 1 + \frac{n_0 \alpha E_{loc}}{\varepsilon_0 E} \tag{14-20}$$

式中，ε_0为真空介电常数；χ为电介质材料的极化率；E为介质中的宏观平均电场强度；α为粒子的极化率；E_{loc}为作用在粒子上的局部电场；n_0是单位体积中的偶极子数。

ε_r为电介质的相对介电常数(也简称介电常数，量纲为1)，恒大于1。一些常用材料的相对介电常数见表14-2。

表14-2 常用材料的相对介电常数

材料	ε_r	材料	ε_r	材料	ε_r
石蜡	2.0～2.5	石英晶体	4.27～4.34	TiO_2 晶体	86～170
聚乙烯	2.26	Al_2O_3 陶瓷	9.5～11.2	TiO_2 陶瓷	80～110
聚氧乙烯	4.45	NaCl 晶体	6.12	$CaTiO_3$ 陶瓷	130～150
天然橡胶	2.6～2.9	LiF 晶体	9.27	$BaTiO_3$ 晶体	1600～4500
酚醛树脂	5.1～8.6	云母晶体	5.4～6.2	$BaTiO_3$ 陶瓷	1700

14.4.4 影响介电常数的因素

材料的介电常数与它的电极化强度有关，因此影响电极化的因素对它都有影响。

(1) 极化类型对介电常数的影响。电介质极化过程是非常复杂的，其极化形式也是多种多样的，根据产生极化的机理不同，有以下一些常见的极化形式：弹性位移极化、偶极子转向极化、松弛极化、高介晶体中的极化、谐振式极化、夹层式极化与高压式极化、自发极化等。介质材料以哪种形式极化，与它们的结构紧密程度相关。

(2) 环境对介电常数的影响。首先是温度的影响，根据介电常数与温度的关系，电介质可分为两大类，一类是介电常数与温度成强烈非线性关系的电介质，对于这一类材料很难用介电常数的温度系数来描述其温度特性。另一类是介电常数与温度呈线性关系，这类材料可以用介电常数的温度系数$TK\varepsilon$来描述其介电常数与温度的关系。介电常数温度系数是温度变动时介电常数ε的相对变化率，即

$$TK\varepsilon = \frac{1}{\varepsilon}\frac{d\varepsilon}{dT} \tag{14-21}$$

不同的材料具有不同的极化形式，而极化情况与温度有关，有的材料随温度升高极化程度增高；而有的材料随温度的升高其极化程度反而降低，因此，有些材料的$TK\varepsilon$为正值，有些却是负值。经验表明，一般介电常数ε很大的材料其$TK\varepsilon$为负值，介电常数较小的材料其$TK\varepsilon$值为正值。

14.4.5 压电性能

压电性是居里兄弟在1880年发现的。当对石英晶体在一定方向上施加机械应力时，在其两端表面上会出现数量相等、符号相反的束缚电荷；作用力反向时，表面荷电性质也相反，而且在一定范围内电荷密度与作用力成正比。反之，石英晶体在一定方向的电场作用下，则会产生外形尺寸的变化，在一定范围内，其形变与电场强度成正比。前者称为**正压电效应**，后者称为**逆压电效应**，统称为**压电效应**。具有压电效应的物体称为**压电体**。

压电陶瓷发展较快，在不少场合已经取代了压电单晶，它在电、磁、光、声、热和力等交互效应的功能转换器件中得到了广泛的应用。

1. 压电机理与压电常数

晶体的压电效应的本质是因为机械作用(应力与应变)引起了晶体介质的极化，从而导致介质两端表面内出现符号相反的束缚电荷，其机理可用图 14.15 加以解释。

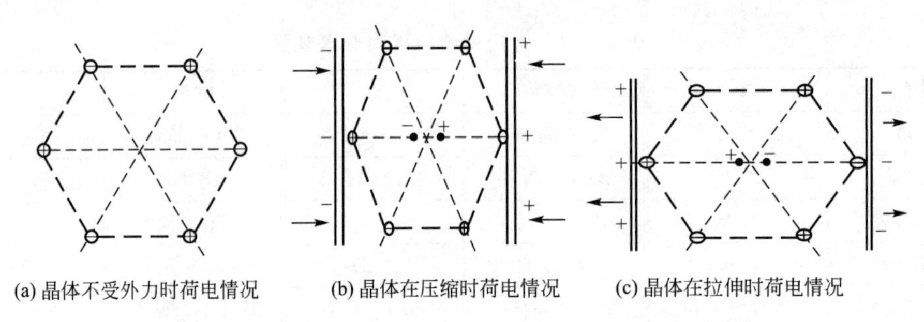

(a) 晶体不受外力时荷电情况　(b) 晶体在压缩时荷电情况　(c) 晶体在拉伸时荷电情况

图 14.15　压电效应机理示意图

图 14.15(a)表示压电晶体中质点在某方向上的投影。此时晶体不受外力作用，正电荷重心与负电荷重心重合，整个晶体总电矩为零(这是简化的假定)，因而晶体表面不荷电。但是当沿某一方向对晶体施加机械力时，晶体由于形变导致正、负电荷重心不重合，即电矩发生变化，从而引起晶体表面荷电；图 14.15(b)所示为晶体在压缩时荷电的情况；图 14.15(c)所示为晶体在拉伸时的荷电情况。在后两种情况下，晶体表面电荷符号相反。如果将一块压电晶体置于外电场中，由于电场作用，晶体内部正、负电荷重心产生位移。这一位移又导致晶体发生形变，产生逆压电效应。

压电效应与晶体的对称性有关。**压电效应的本质是对晶体施加应力时，改变了晶体内的电极化，这种电极化只能在不具有对称中心的晶体内才可能发生。具有对称中心的晶体都不具有压电效应，**这类晶体受到应力作用后内部发生均匀变形，仍然保持质点间的对称排列规律，并无不对称的相对位移，正、负电荷重心重合，不产生电极化，没有压电效应。如果晶体不具有对称中心，质点排列并不对称，在应力作用下，受到不对称的内应力，产生不对称的相对位移，形成新的电矩，呈现压电效应。

在正压电效应中，电荷 D(C/m^2)与应力 T(N/m^2)成正比；在逆压电效应中，应变 S 与电场强度 E(V/m)成正比。比例常数 d 在数值上是相同的，称为压电常数(C/N)。

$$d=\frac{D}{T}=\frac{S}{E} \tag{14-22}$$

表征压电效应的主要参数，除介电常数、弹性常数和压电常数，还包括谐振频率、频率常数、机电耦合系数等。

2. 典型的压电陶瓷材料

钛酸钡是首先发展起来的压电陶瓷，至今仍然得到广泛的应用，其晶体结构示意图如图 14.16 所示。由于钛酸钡的机电耦合系数较高，化学性质稳定，有较大的工作温度范围，因而应用广泛。早在 20 世纪 40 年代末已在拾音器、换能器、滤波器等方面得到应用，后来的大量试验工作是掺杂改性，以改变其居里点，提高温度稳定性。

钛酸铅的结构与钛酸钡相类似，其居里温度为495℃，居里温度以下为四方晶系。其压电性能较低，纯钛酸铅陶瓷很难烧结，当冷却通过居里点时，就会碎裂成为粉末，少量添加物可抑制开裂，因此目前测量只能用不纯的样品。如含 Nb^{5+} 4%(原子)的材料，d_{33} 可达 40×10^{-12} C/N。

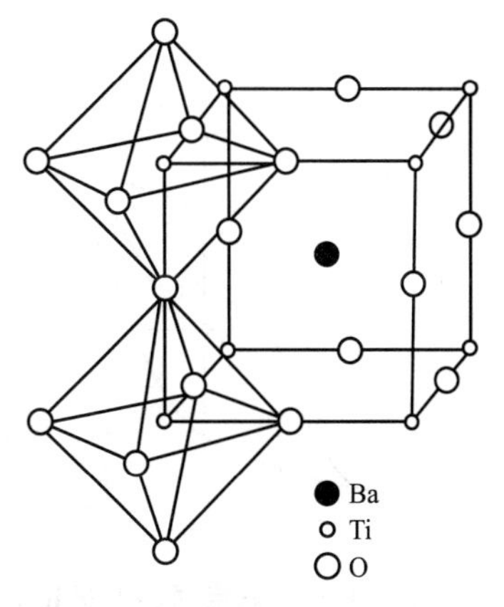

图 14.16 $BaTiO_3$ 晶体的结构

锆酸铅为反铁电体，具有双电滞回线，居里温度为230℃，居里点以下为斜方晶系。$PbTiO_3$ 和 $PbZrO_3$ 的固溶体陶瓷具有优良的压电性能。

20世纪60年代以来，人们对复合钙钛矿型化合物进行了系统的研究，这对压电材料的发展起了积极作用。锆钛酸铅(PZT)为二元系压电陶瓷，$Pb(Ti,Zr)O_3$ 压电陶瓷在四方晶相(富钛边)和菱形晶相(富锆一边)的相界附近，其耦合系数和介电常数是最高的。这是因为在相界附近，极化时更容易重新取向。相界大约在 $Pb(Ti_{0.465}Zr_{0.535})O_3$ 的地方，其组成的机电耦合系数 k_{33} 可到0.6，d_{33} 可到 200×10^{-12}C/N。

其他还有钨青铜型、含铋层状化合物、焦绿石型和钛铁矿型等非钙钛矿压电材料。这些材料具有很大的潜力。此外硫化镉、氢化锌、氮化铝等压电半导体薄膜也得到了研究与发展，20世纪70年代以来，为了满足光电子学发展需要又研制出掺镧锆钛酸铅(PLZT)透明压电陶瓷，用它制成各种光电器件。

14.4.6 铁电性能

晶体因温度均匀变化而发生极化强度改变的现象称为晶体的热释电效应。在热释电晶体中，有些晶体有两个或多个自发极化取向，随电场改变，出现电滞回线(图14.17)，**这种特性称为铁电性，具有铁电性的晶体称为铁电体。**

铁电性是1921年J·瓦拉塞克首先发现的，**铁电体中存在固有的自发极化电畴结构**，当晶体足够大时，不同电畴的电矩因取向不同而互相抵消，不显露宏观极化。在外电场作用下，自发极化电矩改变方向。若在交变外电场 E 的作用下，极化强度 P 随外电场 E 增大而增大，如图14.17中 OA 段曲线所示。最后使晶体只具有单个的铁电畴，晶体的极化强度达到饱和；若电场自 C 处降低，P 随之减小，但在零电场时，仍存在剩余极化强度(D 点)。当电场反向达到矫顽电场强度时(F 点)，剩余极化全部消失，反向电场的值继续增大时，极化强度反向。如果矫顽电场强度大于晶体的击穿场强，那么在极化反向之前晶体已被电击穿，晶体失去铁电性。**铁电体的宏观极化强度 P 与 E 的关系出现回线，与铁磁性十分相似，故称铁电性。**

当温度高于某一临界温度时，晶体的铁电性消失，晶格也发生转变，这一温度是**铁电体的居里点**。铁电相中自发极化强度和晶体的自发电致形变相关，所以铁电相的晶格结构的对称性要比非铁电相(顺电相)的低。

具有热释电效应的晶体一定是具有自发极化(固有极化)的晶体。与压电体的要求一致，具有对称中心的晶体不可能有热释电效应，但具有压电性的晶体不一定就具有热释电性。介电体、压电体、热电体和铁电体的关系如图14.18所示。

在晶体的32种宏观对称类型中，不具有对称中心的有21种，其中有一种(点群43)压电常数为零，其余20种都具有压电效应。**含有固有电偶极矩的晶体叫极性晶体**，在21种无对称中心的晶体中，有10种是极性晶体，它们都具有热释电效应。

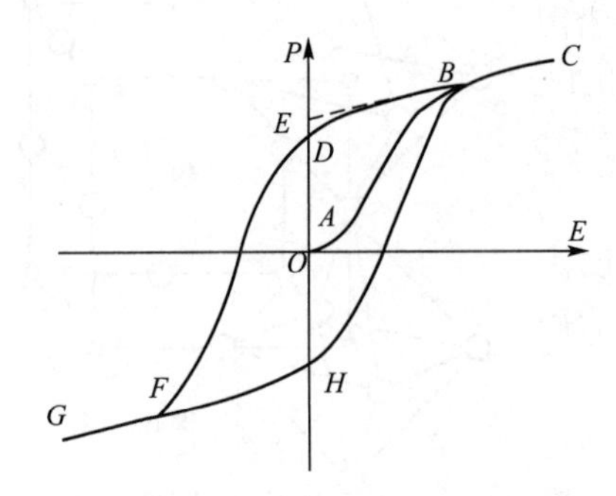

图 14.17　铁电材料的极化曲线

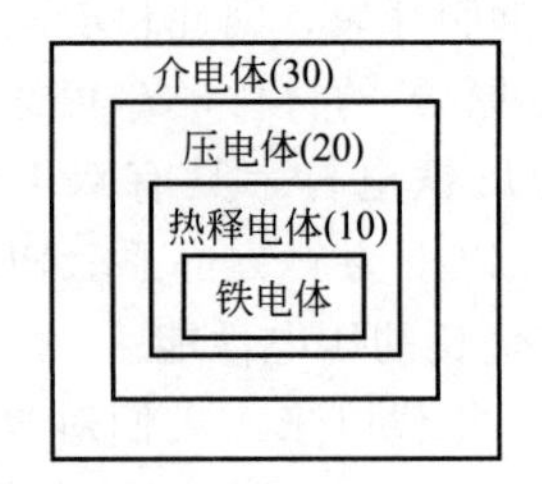

图 14.18　介电体、压电体、热电体和铁电体的关系

铁电体是一种极性晶体，属于热电体。它的结构是非中心对称的，因而也一定是压电体。压电体必须是介电体。

铁电体中并不一定含有铁的成分。最早发现的铁电体是酒石酸钾钠，它是药剂师P. 赛格涅特在法国罗谢耳地方最早制造出来的，又称为罗谢耳盐(简称RS)，也称为赛格涅特电体。具有铁电性的晶体很多，但概括起来可以分为两大类：一类是以磷酸二氢钾KH_2PO_4(简称KDP)为代表的氢键型铁电材料，在居里温度以上，质子沿氢键对称分布。在低于居里温度时，质子分布较集中且靠近氢键的一端。另一类是以钛酸钡为代表，自发极化的出现是由于正离子的子晶格与负离子的子晶格发生相对位移。

铁电体的压电性和热电性使其具有越来越广泛的应用。利用其高介电常数，可以制作大容量的电容器、高频用微型电容器、高压电容器、叠层电容器和半导体陶瓷电容器等，电容量可高达$0.45\mu F/cm^2$。利用其介电常数随外电场呈非线性变化的特性，可以制作介质放大器和相移器等。利用其热释电性，可以制作红外探测器等。此外，还有一种透明铁电陶瓷，如氧化铅(镧)、氧化锆(钛)系透明陶瓷，具有电光效应(即其电畴状态的变化，伴随有光学性质的改变)。通过外加电场对其电畴状态的控制、产生电控双折射、电控光散射、电诱相变和电控表面变形等特性。可用于制造光阀、光调制器、光存储器、光显示器、光电传感器、光谱滤波器、激光防护镜和热电探测器等。

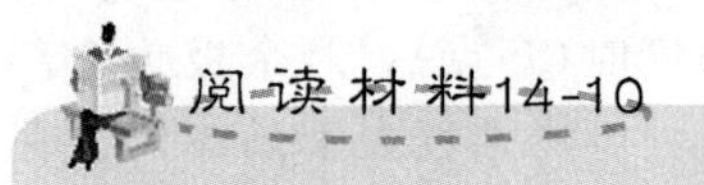

压电陶瓷的应用

1880年法国人居里兄弟发现了“压电效应”。1942年，第一个压电陶瓷材料——钛酸钡先后在美国、苏联和日本制成。1947年，第一个压电陶瓷器件——钛酸钡拾音器诞生，20世纪50年代初，又一种性能大大优于钛酸钡的压电陶瓷材料——锆钛酸铅研制成功。从此，压电陶瓷的发展进入了新的阶段。20世纪60年代到70年代，压电陶瓷不断改进，逐趋完美。如用多种元素改进的锆钛酸铅二元系压电陶瓷，以锆钛酸铅为基础的三元系、四元系压电陶瓷也都应运而生。

压电陶瓷材料性能优异，制造简单，成本低廉，应用广泛。例如，利用压电陶瓷将外力转换成电能的特性，可以制造出压电点火器、移动X光电源、炮弹引爆装置；用两个直径3mm、高5mm的压电陶瓷柱取代普通的火石，可以制成连续打火几万次的气体电子打火机；用于电声器件中的扬声器、送话器、拾音器等；用压电陶瓷把电能转换成超声振动，用于水下通信和探测的水声换能器和鱼群探测器等，可以用来探寻水下鱼群的位置和形状，对金属进行无损探伤，以及超声清洗、超声医疗，还可以做成各种超声切割器、焊接装置及烙铁，对塑料甚至金属进行加工。用于导航中的压电加速度计和压电陀螺等；用于通信设备中的陶瓷滤波器、陶瓷鉴频器等；用于精密测量中的陶瓷压力计、压电流量计、压电厚度计等；用于红外技术中的陶瓷红外热电探测器，用于超声探伤、超声清洗、超声显像中的陶瓷超声换能器，用于高压电源的陶瓷变压器等。

14.5 绝缘材料的抗电强度

14.5.1 强电场作用下绝缘材料的破坏

在强电场中工作的绝缘材料，当所承受的电压超过一临界值$V_{穿}$时便丧失了绝缘性能而击穿，这种现象称为电介质的击穿，$V_{穿}$称为击穿电压(V)。通常采用相应的击穿场强来比较各种材料的耐击穿能力。材料所能承受的最大电场强度称为材料的抗电强度或介电强度，其数值等于相应的击穿场强(V/m)，即

$$E_{穿}=\frac{V_{穿}}{d} \tag{14-23}$$

式中，d为击穿处试样的厚度。

固体介质的击穿同时伴随着材料的破坏，而气体及液体介质被击穿后，随着外电场的撤销仍然能恢复材料性能。

材料的击穿电压除与材料本身的性质有关外，还与一系列的外界因素有关，如试样和电极的形状、外界的媒介、温度、压力等。因此$E_{穿}$不仅表示材质的优劣，而且反映材料进行击穿试验时的条件。

电介质的击穿形式有电击穿、热击穿和化学击穿3种。对于任一种材料，这3种形式的击穿都可能发生，主要取决于试样的缺陷情况及电场的特性(交流和直流、高频和低频、脉冲电场等)及器件的工作条件。

介质在电场中击穿现象相当复杂，一个器件的击穿可能有多种击穿形式，但往往有一种是主要形式。

14.5.2 击穿形式

1. 电击穿

材料的电击穿是一个“电过程”，即仅有电子参加。在强电场的作用下原来处于热运动状态的少数“自由电子”将沿反电场方向定向运动，在其运动过程中不断撞击介质内的离子，同时将其部分能量传给这些离子。当外加电压足够高时，自由电子定向运动的速度

超过一定临界值(即获得一定电场能)可使介质内的离子电离出一些新的电子——次级电子。无论是失去部分能量的电子还是刚冲击出的次级电子都会从电场中吸取能量而加速，有了一定的速度又撞击出第三级电子。这样连锁反应，将造成大量自由电子形成电子潮，这个现象也叫“雪崩”，它使贯穿介质的电流迅速增长，导致介质的击穿。这个过程大概只需要 $10^{-8} \sim 10^{-7}$ s 的时间，因此电击穿往往是瞬息完成的。

能带理论认为：电场强度增大时电子能量增加，当有足够的电子获得能量越过禁带进入上层导带时，绝缘材料就会被击穿而导电。

2. 热击穿

绝缘材料在电场下工作时由于各种形式的损耗，部分电能转变成热能，使介质被加热。若外加电压足够高，将出现器件内部产生的热量大于器件散发出去的热量的不平衡状态，热量就在器件内部积聚，使器件温度升高，升温的结果又进一步增大损耗，使发热量进一步增多。这样恶性循环的结果使器件温度不断上升。**当温度超过一定限度时介质会出现烧裂、熔融等现象而完全丧失绝缘能力，这就是介质的热击穿。**

3. 化学击穿

长期运行在高温、潮湿、高电压或腐蚀性气体环境下的绝缘材料往往会发生化学击穿。化学击穿和材料内部的电解、腐蚀、氧化、还原、气孔中气体电离等一系列不可逆变化有很大的关系，并且需要相当长时间，材料被“老化”，逐渐丧失绝缘性能，最后导致被击穿而破坏。

化学击穿有两种主要机理，一种是在直流和低频交变电压下，由于离子式电导引起电解过程，材料中发生电还原作用，使材料的电导损耗急剧上升，最后由于强烈发热成为**热化学击穿**。另一种化学击穿是当材料中存在着封闭气孔时，由于气体的游离放出的热量使器件温度迅速上升，变价金属氧化物(如 TiO_2)在高温下金属离子加速从高价还原成低价离子，甚至还原成金属原子，使材料电子式电导大大增加，电导的增加反过来又使器件强烈发热，导致最终击穿。

14.5.3 影响抗电强度的因素

材料的抗电强度主要用材料的耐电强度来表示，其数值等于相应的击穿场强 $E_{穿}$。它除取决于材料的组成与结构外，主要受外界环境的影响。

首先是温度的影响，温度对电击穿影响不大，因为在电击穿过程中，电子的运动速度、粒子的电离能力等均与温度无关，因此在电击穿的范围内温度的变化对 $E_{穿}$ 没有什么影响。

温度对热击穿影响较大，首先温度升高使材料的漏导电流增大，这使材料的损耗增大，发热量增加，促进了热击穿的产生。此外，环境的温度升高使元器件内部的热量不容易散发，进一步加大了热击穿的倾向。

温度升高使材料的化学反应加速，促使材料老化，从而加快了化学击穿的进程。

频率对介质的损耗有很大影响，而介质损耗是热击穿产生的主要原因，因此频率对热击穿有很大的影响。在一般情况下，如果其他条件不变，则 $E_{穿}$ 与频率 ω 的平方根成反比，即

$$E_{穿}=\frac{A}{\sqrt{\omega}} \tag{14-24}$$

式中，A 为取决于试样形状和大小、散热条件及 ω 等因素的常数。

此外，器件的大小和形状、散热条件都对击穿有很大的影响。例如，为了提高热击穿场强，防止器件被击穿，可以采取强制制冷等散热措施，来增加器件的抗击穿能力。

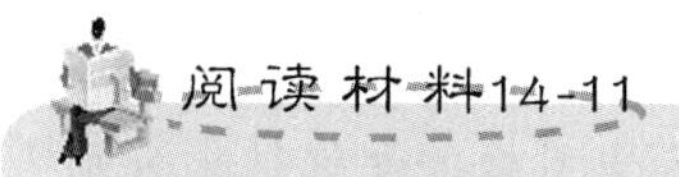

绝缘材料发展概况

最早使用的绝缘材料为棉布、丝绸、云母、橡胶等天然制品。在20世纪初，工业合成塑料酚醛树脂首先问世，其电性能好，耐热性高。以后又相继出现了性能更好的脲醛树脂、醇酸树脂。三氯联苯合成绝缘油的出现使电力电容器的比特性出现了一次飞跃(但因有害人体健康，后已停止使用)。同期还合成了六氟化硫。

20世纪30年代以来人工合成绝缘材料得到了迅速发展，主要有缩醛树脂、氯丁橡胶、聚氯乙烯、丁苯橡胶、聚酰胺、三聚氰胺、聚乙烯及性能优异称之为塑料王的聚四氟乙烯等。20世纪40年代以后不饱和聚酯、环氧树脂问世。粉云母纸的出现使人们摆脱了片云母资源匮乏的困境。20世纪50年代以来，合成树脂为基的新材料得到了广泛应用，如不饱和聚酯和环氧等绝缘胶可供高压电机线圈浸渍用。聚酯系列产品在电机槽衬绝缘、漆包线及浸渍漆中使用，发展了E级和B级低压电机绝缘，使电机的体积和质量进一步下降。六氟化硫开始用于高压电器，并使之向大容量小型化发展。

20世纪60年代含杂环和芳环的耐热树脂发展迅速，如聚酰亚胺、聚芳酰胺、聚芳砜、聚苯硫醚等高耐热等级的材料。聚丙烯薄膜也成功地用于电力电容器，电力电容器由纸膜复合结构向全膜结构过渡。同时无公害绝缘材料也得到快速发展，如以无毒介质异丙基联苯、酯类油取代有毒介质氯化联苯，无溶剂漆的扩大应用等。

绝缘材料的研制和开发水平是制约电工技术发展的关键之一。从发展趋势来看，要求发展耐高压、耐热绝缘、耐冲击、环保绝缘、复合绝缘、耐腐蚀、耐水、耐油、耐深冷、耐辐照的阻燃材料，研发环保节能材料。重点是发展用于高压大容量发电机的环氧云母绝缘体系，如FR5，金云母等；中小型电机用的F、H级绝缘系列，如不饱和聚酯树脂玻璃毡板等；高压输变电设备用的六氟化硫气态介质；取代氯化联苯的新型无毒合成介质；高性能绝缘油；合成纸复合绝缘；阻燃性橡塑材料和表面防护材料等，同时要积极推动传统电工设备绝缘材料的更新换代。

一、名词解释

电阻率　电导率　导体　半导体　绝缘体　载流子　介电性　电介质　介电常数　极化　极化强度　介质损耗　介电强度　电击穿　铁电性　压电效应

二、简答题

1. 试说明量子自由电子导电理论与经典导电理论的异同。

2. 为什么金属的电阻因温度的升高而增大，而半导体的电阻却因温度的升高而降低？

3. 请就下面情况举出一例材料，当其晶体缺陷浓度增加时：

①电导率减小；②电导率增大。

4. 半导体有哪些导电敏感效应？

5. 电介质有哪些主要性能指标？

6. 电介质为什么会产生介电损耗？

7. 一种新型多晶陶瓷，在 10^2 Hz、10^{11} Hz、10^{16} Hz 下介电常数的测量结果分别为 6.5、5.5、4.5。请说明这些变化的合理性。

8. 绝缘材料有哪些主要损坏形式？介电强度是一个本征性质还是非本征性质？相对介电常数和极化强度又如何？对于同样的样品，什么因素会导致样品的介电强度降低？

三、文献查阅及综合分析

1. 查阅文献，举例说明量子力学理论对电学性能的解释。在电学研究领域做出突出贡献的科学家有哪些？任举三人说明他们的重要贡献。

2. 查阅近期的科学研究论文，任选一种材料，以材料的电学性能为切入点，分析材料的电学性能与成分、结构、工艺之间的关系(给出必要的图、表、参考文献)。

【第 14 章习题答案】

【第 14 章自测试题】

【第 14 章试验方法-国家标准】

【第 14 章工程案例】

第15章 材料的光学性能

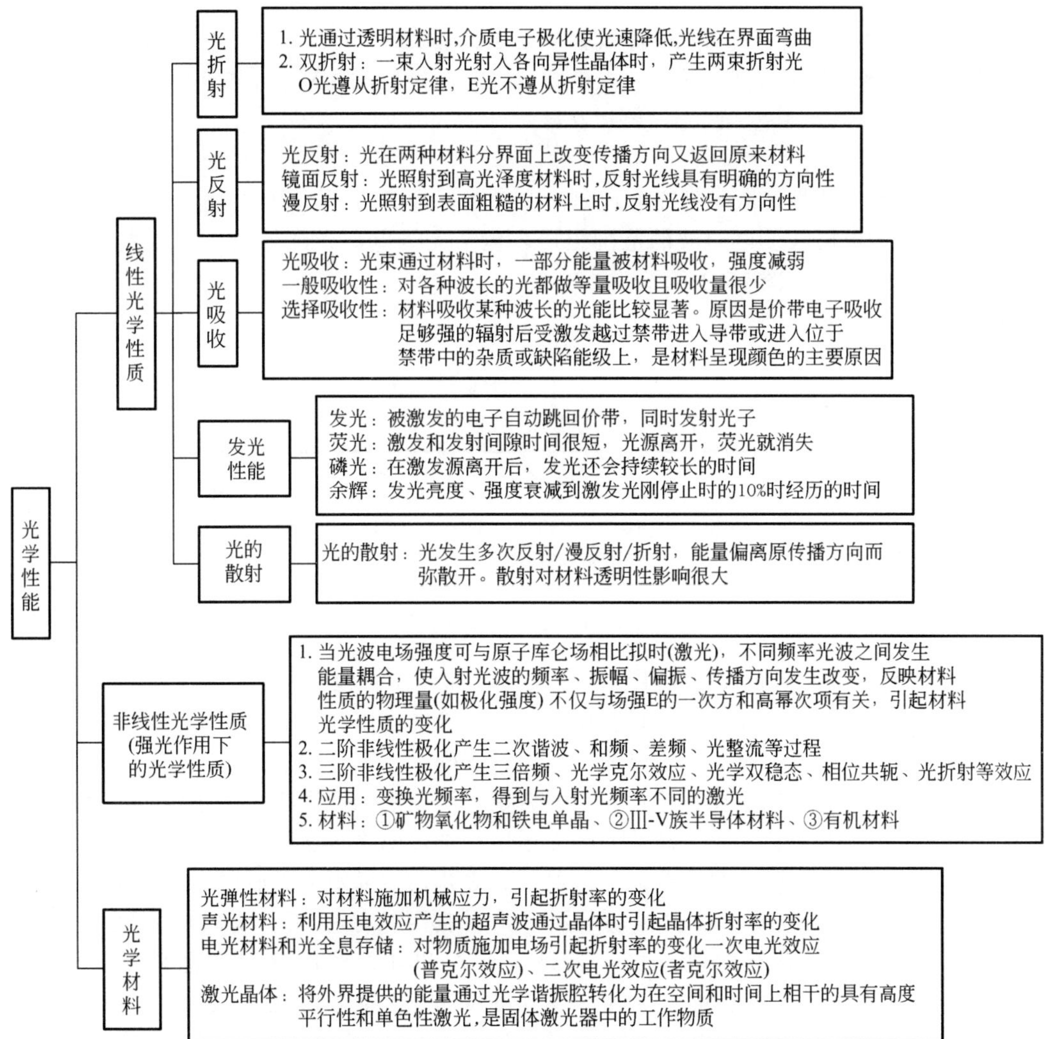

导入案例

爱迪生发明了电灯泡，给整个人类带来了光明。近几年来，LED照明技术飞速发展，流光异彩的LED照明灯饰装扮着高楼大厦，广泛用于户外照明灯、交通灯、汽车灯、液晶屏背光源等领域，如2008年北京奥运场馆的部分照明设施就采用LED产品。21世纪将是属于LED照明的时代，比传统照明产品相比，LED产品具有以下优点：①节能，采用3～5 V电源供电；②寿命长，可使用10万h；③环保，绿色产品，没有传统照明产品中的有害物质汞元素。

"光纤之父"诺贝尔奖获得者高锟率先提出利用玻璃纤维传送激光脉冲以代替用金属电缆输出电脉冲的通信方法。高锟的发明使信息高速公路在全球迅猛发展。美国耶鲁大学校长在授予他"荣誉科学博士学位"的仪式上说："你的发明改变了世界通信模式，为信息高速公路奠下基石。把光与玻璃结合后，影像传送、电话和电脑有了极大的发展。"

作为一种传输媒质，光纤改变了我们的生活。它联通了信息时代，使人们得以在互联网中畅游、欣赏高清电视节目等。而在医疗领域，无论是大型医疗诊断成像设备还是植入式医疗器械产品，都可以见到光纤的"身影"。

光具有波粒二相性，既可把光看成是一个粒子，即光量子，简称光子，也可把光看作具有一定频率的电磁波。电磁波的范围很广，包括无线电波、红外线、可见光、紫外线、X射线和γ射线等，如图15.1所示。

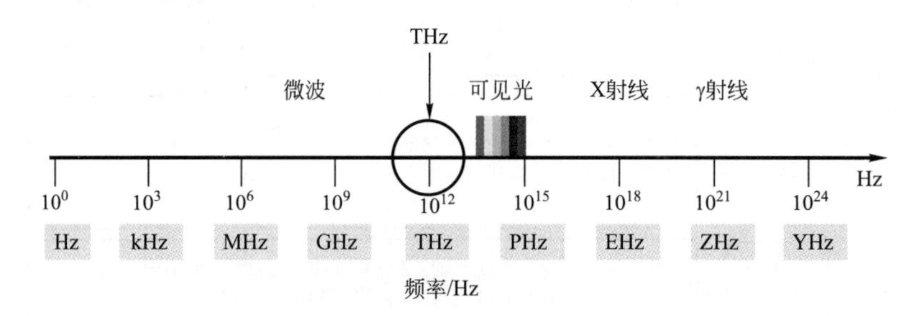

图15.1　电磁波频率范围

材料的光学性质本质上是材料与电磁波的相互作用，包括材料对电磁波的反射和吸收、材料在光作用下的发光、光在材料中的传播及光电作用和光磁作用等。金属、陶瓷和高分子材料都可成为光学材料，也是光学仪器的基础。

光学玻璃的传统应用主要是望远镜、显微镜、照相机、摄影机、摄谱仪等使用的光学透镜，现代应用主要包括高纯、高透明的光通信纤维玻璃等。这种玻璃制成的纤维对工作频率下电磁波的吸收很低，只有普通玻璃的万分之几，使远距离光通信成为可能。

光学塑料在隐形眼镜上已被普遍采用。聚甲基丙烯酸甲酯、苯乙烯、聚乙烯、聚四氟乙烯等光学塑料具有的优点之一就是对紫外和红外线的透射性能均比光学玻璃好。许多陶瓷和塑料制品在可见光下完全不透明，但却可以在微波炉中用作食品容器，因为它们对微波透明。由于金和铝对红外线的反射能力最强，常用来作红外辐射腔的内镀层。陶瓷、橡胶和塑料在一般情况下对可见光是不透明的，但是橡胶、塑料、半导体锗和硅却对红外线透明，同时，锗和硅的折射率大，被用来制造红外透镜。

本章主要介绍材料的线性光学性质、非线性光学性质及其影响因素，并在此基础上介绍声光材料、光弹材料、电光材料等。

光的研究历史

光学和力学一样，在古希腊时代就受到注意，光的反射定律早在欧几里得时代已经闻名，但在自然科学与宗教分离之前，人类对于光的本质的理解只是停留在对光的传播、运用等形式上的理解层面。

17世纪，对光的本质已经存在“波动学说”和“粒子学说”。荷兰物理学家惠更斯在1690年出版的《光论》中提出了光的波动说，推导了光的反射和折射定律，解释了光速在光密介质中减小的原因和光进入冰时产生的双折射现象；英国物理学家牛顿则坚持光的微粒说，在1704年出版的《光学》一书中提出，发光物体发射出以直线运动的微粒子，微粒子流冲击视网膜从而引起视觉，该学说能解释光的折射、反射和衍射现象。

19世纪，英国物理学家麦克斯韦引入位移电流的概念，建立了电磁学的基本方程，创立了光的电磁学说，通过证明电磁波在真空中传播的速度等于光在真空中传播的速度，从而推导出光和电磁波在本质上是相同的，即光是一定波长的电磁波。

20世纪，量子理论和相对论相继建立，物理学由经典物理学进入了现代物理学。1905年，美国物理学家爱因斯坦提出了著名的光电效应，认为紫外线在照射物体表面时，会将能量传给表面电子，使之摆脱原子核的束缚，从表面释放出来。因此，爱因斯坦将光解释成一种能量的集合——光子。1925年，法国物理学家德布罗意又提出所有物质都具有波粒二象性的理论，认为所有的物体都既是波又是粒子，德国著名物理学家普朗克等数位科学家建立了量子物理学说，将人类对物质属性的理解完全拓展了。

综上所述，光的本质是“光子”，具有波粒二相性。所以光既是一种波，又是由一个个光子构成的。不过作为一种独特物质，光的波动性还是占主要方面。同时光具有动态质量，根据爱因斯坦质能方程可算出其质量。

15.1 材料的线性光学性质

材料的光学性质取决于电磁辐射与材料表面、近表面及材料内部的电子、原子、缺陷之间的相互作用。当光从一种材料进入另一种材料时，一部分被材料**吸收**，一部分在两种材料的界面上被**反射**，一部分被**散射**，还有一部分**透过**材料（图15.2）。

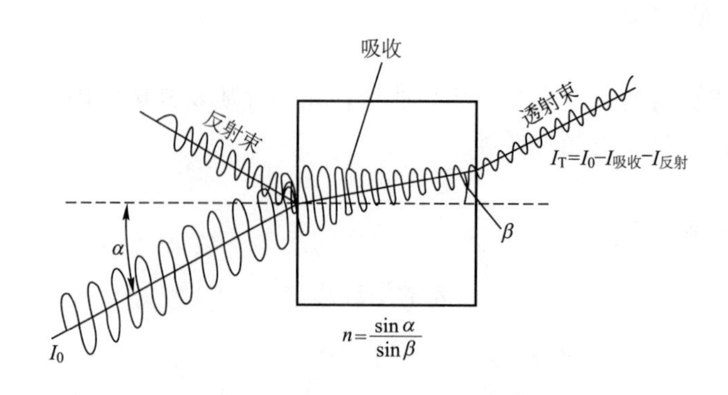

图 15.2 光与材料的作用

15.1.1 光折射

折射来源于光线通过透明材料时，由于介质的电子极化使得光速降低，光线在界面弯曲的现象。折射率表示光从透明材料进入第二种材料时传播方向的变化，其大小与材料的性质（原子或离子的尺寸、介电常数、磁导率、结构、晶型、内应力、同质异构体等）和波长有关。当光进入非均匀材料时，入射光线分为振动方向相互垂直、传播速度不等的两个波，他们分别构成两条折射光线，即双折射现象，如图 15.3 所示，**一束入射光射入各向异性的晶体时，产生两束折射光的现象称为双折射现象。**在介质内，这两束光被称为 O 光与 E 光。**O 光遵从折射定律，E 光不遵从折射定律。**双折射现象表明，E 光在各向异性介质（晶体）内，各个方向的折射率不相等，而折射率与传播速度有关，因而，E 光在晶体内的传播速度是随光线的传播方向的不同而变化的。O 光则不同，在晶体内各个方向上的折射率及传播速度都是相同的。

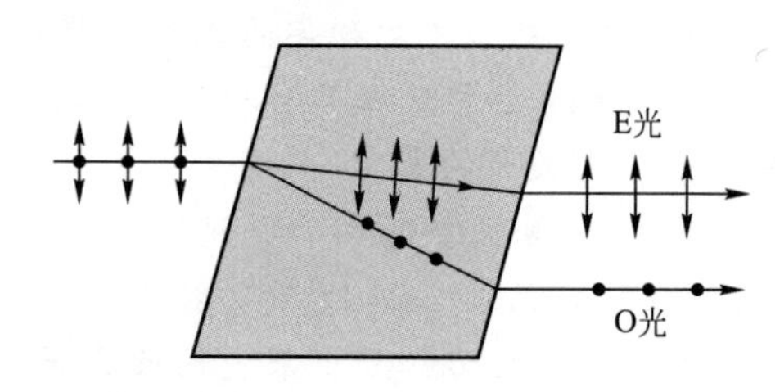

图 15.3 非均匀材料的双折射现象

表 15-1、表 15-2 列出了一些无机材料和聚合物的折射率。若要提高玻璃的折射率，有效的办法是掺入铅和钡的氧化物。例如，铅玻璃（氧化铅含量 90%）的折射率 $n=2.1$，远高于通常的玻璃折射率。

表 15-1 各种玻璃和晶体的折射率

材料	折射率	材料	折射率
玻璃	平均折射率	玻璃	平均折射率
钾长石玻璃	1.51	钠钙硅玻璃	1.51～1.52
钠长石玻璃	1.49	硼硅酸玻璃	1.47
霞石正长岩玻璃	1.50	重燧石光学玻璃	1.6～1.7
氧化硅玻璃	1.458	硫化钾玻璃	2.66
高硼硅酸玻璃（90% SiO_2）	1.458		

续表

材料	折射率		材料	折射率	
晶体	平均折射率	双折射	晶体	平均折射率	双折射
四氯化硅	1.412	—	金红石	2.71	0.287
氟化锂	1.392	—	碳化硅	2.68	0.043
氟化钠	1.326	—	氧化铅	2.61	—
氟化钙	1.434	—	硫化铅	3.912	—
刚玉	1.76	0.008	方解石	1.65	0.17
方镁石	1.74	—	硅	3.49	—
石英	—	—	碲化镉	2.47	—
尖晶石	1.72	—	硫化镉	2.50	—
锆英石	1.95	0.055	钛酸锶	2.49	—
正长石	1.525	0.007	铌酸锂	2.31	—
钠长石	1.529	0.008	氧化钇	1.92	—
钙长石	1.585	0.008	硒化锌	2.62	—
硅灰石	1.65	0.021	钛酸钡	2.40	—
莫来石	1.64	0.001			

表 15-2 一些透明材料的折射率

材料	平均折射率	材料	平均折射率
氧化硅玻璃	1.458	石英（SiO_2）	1.55
钠钙玻璃	1.51	尖晶石（$MgAl_2O_4$）	1.72
硼硅酸玻璃	1.47	聚乙烯	1.35
重火石玻璃	1.65	聚四氟乙烯	1.60
刚玉	1.76	聚甲基丙烯酸酸甲酯	1.49
方镁石（MgO）	1.74	聚丙烯	1.49

15.1.2 光反射

光在两种材料分界面上改变传播方向又返回原来材料中的现象，叫作光的反射。材料表面光泽度的不同会引起**镜面反射**和**漫反射**两种不同的现象，如图 15.4 所示。**当光照射到表面光泽度非常高的材料上时，反射光线具有明确的方向性，称为镜面反射；当光照射到表面粗糙的材料上时，反射光线没有方向性，称为漫反射。**

一束光从材料 1 穿过界面进入材料 2 出现一次反射；当光在材料 2 中经过第二个界面时，仍要发生反射和折射，如图 15.5 所示。

当光进入的材料对光的吸收很小时，从反射定律和能量守恒定律可以推导出，当入射

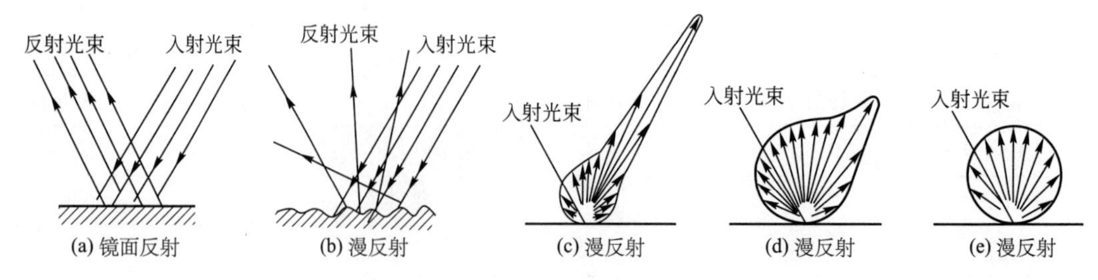

图 15.4 镜面反射和漫反射

光线垂直或接近垂直于材料界面时。其反射率 R 为

$$R=\left(\frac{n_{21}-1}{n_{21}+1}\right)^2, \quad n_{21}=\frac{n_2}{n_1} \tag{15-1}$$

式中，n_1 和 n_2 分别为两种材料的折射率。材料的反射率 R 与材料的折射率 n 有关，如果两种材料折射率相差很大，则反射损失相当大。如果两种材料折射率相同，则反射率 $R=0$，即当光线垂直入射时，光全部透过材料。

陶瓷、玻璃等材料的折射率比空气的折射率大，反射损失较严重。为了减小反射损失，经常采取以下措施：①材料表面镀增透膜；②用折射率与玻璃相近的胶将多次透过的玻璃粘起来，以减少空气界面造成的损失。

在非垂直入射的情况下，材料的反射率还与入射角有关。当光从光密介质传输到光疏介质（即 $n_2<n_1$）时，折射角大于入射角，当入射角达到某个临界值 α 时，折射角为 90°，相当于光线沿界面传播，对于任意大于 α 的入射角，光线全部向内反射回光密介质中。临界入射角 α 与折射率的关系

$$\sin\alpha=\frac{n_2}{n_1} \tag{15-2}$$

光纤传输原理：当光线从玻璃纤维（光密介质）内部传输到空气（光疏介质）中时，会存在临界入射角。对于典型玻璃 $n=1.5$，根据式（15-2），得到临界入射角约为 42°。即当入射角大于该临界值时，光线全部内反射，无折射能量损失，如图 15.6 所示。因而通过合理布线，调整弯曲角度，玻璃纤维可以实现全部光线的无能量损失传播，得到目前应用广泛的光纤。

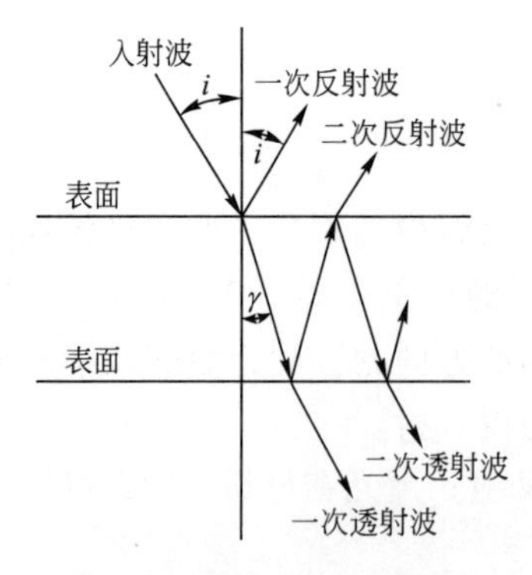

图 15.5 多次反射现象

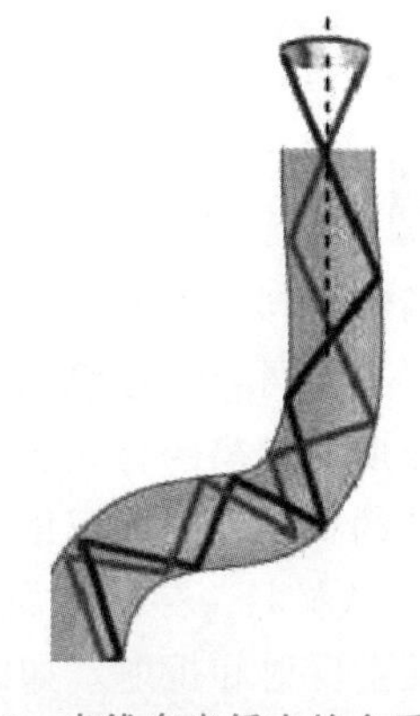

图 15.6 光线在光纤中的全反射传播

光纤类型：常见的光纤材料主要有石英玻璃光纤、氟化物玻璃光纤、硫系玻璃光纤、晶体光纤、塑料光纤和复合光纤等，其中石英光纤是以二氧化硅（SiO_2）为主要原料，并按不同的掺杂量来控制纤芯和包层的折射率分布。石英（玻璃）系列光纤，具有低耗、带宽的特点，已广泛应用于有线电视和通信系统。通过元素掺杂可以调整石英光纤的性质，掺氟光纤为其典型产品之一。氟元素的作用主要是降低 SiO_2 的折射率。石英光纤与其他原料的光纤相比，具有从紫外到近红外的透光范围，除通信用途之外，还可用于导光和传导图像等领域。

光 通 信

光通信是人类最早应用的通信方式之一。从烽火传递信号到信号灯、旗语等通信方式，都是光通信的范畴。但由于受到视距、大气衰减、地形阻挡等诸多因素的限制，光通信的发展缓慢。

人们发现，光能沿着从酒桶中喷出的细酒流传输；光能顺着弯曲的玻璃棒前进。这是为什么呢？难道光线不再直进了吗？这些现象引起了英国物理学家约翰·丁达尔（John Tyndall，1820—1893 年）的注意，他的研究发现这是全反射的作用，即光从水中射向空气，当入射角大于某一角度时，折射光线消失，全部光线都反射回水中。表面上看，光好像在水流中弯曲前进。实际上，在弯曲的水流里，光仍沿直线传播，只不过在内表面上发生了多次全反射，光线经过多次全反射向前传播。

1960 年，美国科学家梅曼（T. H. Maiman）以红宝石晶体作为工作物质，发明了世界上第一台激光器，为光通信提供了良好的光源。随后，人们对光传输介质进行了攻关，高锟率先提出利用玻璃纤维传送激光脉冲，终于制成了低损耗光纤，从而奠定了光通信的基石。从此，光通信进入了飞速发展的阶段。

15.1.3 光吸收

当光束通过材料时，一部分能量被材料吸收，光的强度减弱，称为光吸收。如图 15.7 所示，假设强度为 I_0 的平行光束通过厚度为 l 的均匀介质，光通过一段距离 l_0 之后，强度减弱为 I，再通过一个极薄的薄层 $\mathrm{d}l$ 后，强度变成 $I+\mathrm{d}I$。假定光通过单位距离时能量损失的比例为 α，则

$$\frac{\mathrm{d}I}{I}=-\alpha\mathrm{d}l \tag{15-3}$$

式中，负号表示光强随着 l 的增加而减弱；α 为**吸收系数**，单位为 cm^{-1}，它取决于材料的性质和光的波长。对一定波长的光而言，吸收系数是和材料的性质有关的常数。对式（15-3）积分，得

$$I=I_0\mathrm{e}^{-\alpha l} \tag{15-4}$$

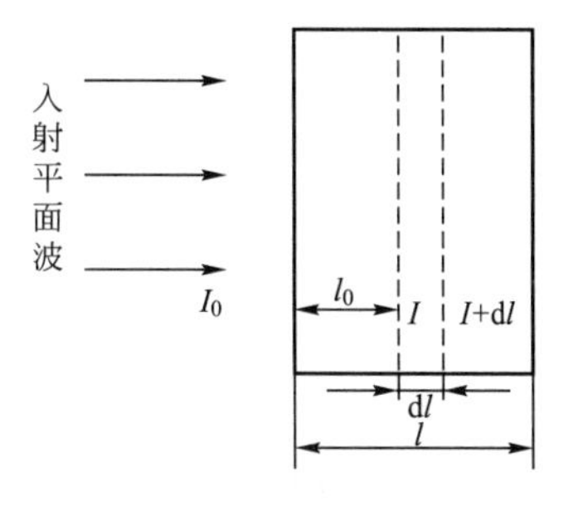

图 15.7 光的吸收

式（15-4）称为比尔-朗伯特定律（Beer-Lambert law）。它表明，在介质中光强随传播距离呈指数式衰减。当光的传播距离达到 $1/\alpha$ 时，强度衰减到入射时的 $1/e$。α

越大、材料越厚，光被吸收得越多，因而透过后的光强度就越小。

在某一波长范围内，若某种材料对于通过它的各种波长的光都做等量吸收，并且吸收量很少，则称这种材料具有**一般吸收性**。例如，石英在整个可见光波段吸收系数都很小且几乎不变。若材料吸收某种波长的光能比较显著，则称它具有**选择吸收性**。如果不把光局限于可见光范围以内，可以说一切**材料都具有一般吸收性和选择吸收性两种特性**。各种无机材料透光波长范围见表 15-3。

表 15-3　各种无机材料透光波长范围

材料	能透过的波长范围 $\lambda/\mu m$	材料	能透过的波长范围 $\lambda/\mu m$
熔融二氧化硅	0.16～4	多晶氟化钙	0.13～11.8
熔融石英	0.18～1.2	单晶氟化钙	0.13～12
铝酸钙玻璃	0.4～5.5	氟化钡-氟化钙	0.75～12
偏铌酸锂	0.35～5.5	三硫化砷玻璃	0.6～13
方解石	0.2～5.5	硫化锌	0.6～14.5
二氧化钛	0.43～6.2	氟化钠	0.14～15
钛酸锶	0.39～6.8	氟化钡	0.13～15
三氧化二铝	0.2～7	硅	1.2～15
蓝宝石	0.15～7.5	氟化铅	0.29～15
氟化铝	0.12～8.5	硫化镉	0.55～16
氧化钇	0.26～9.2	硒化锌	0.48～22
单晶氧化镁	0.25～9.5	锗	1.8～23
多晶氧化镁	0.3～9.5	碘化钠	0.25～25
单晶氟化镁	0.45～9	氯化钠	0.2～25
多晶氟化镁	0.15～9.6	氯化钾	0.21～25

选择吸收的本质是价带电子吸收足够强的辐射后受激发越过禁带进入导带或进入位于禁带中的杂质或缺陷能级上。被吸收的光子能量应大于禁带宽度。每一种非金属材料都吸收特定波长以下的电磁波，具体的波长取决于禁带宽度 E_g，可用式 (15-5) 表示。

$$\lambda=\frac{h_c}{E_g} \tag{15-5}$$

例如，金刚石的 $E_g=5.6eV$，因而波长小于 $0.22\mu m$ 的电磁波会被吸收。

选择吸收性是材料呈现颜色的主要原因。如红宝石的化学组成是 Al_2O_3+（0.5%～2%）Cr_2O_3，Cr_2O_3加入后，部分 Al^{3+} 被 Cr^{3+} 代替，这样就在很宽的禁带中引入了杂质能级，吸收情况发生了变化，表现出对蓝光和黄光有特别强的吸收能力，因而只有红光可以透过，就呈现出亮红色。若掺杂其他离子，由于它们所处的杂质能级不同，可以呈现出不同的颜色。对于一般吸收性的材料，随着吸收程度的增加，颜色从灰色变到黑色。

金属的颜色：金属中的价带与导带是重叠的，它们之间没有禁带，所以不管入射光子的能量是多大（即不管什么频率的光），电子都可以吸收它而跃迁到一个新的能态上。因此，**对于各种光，金属都能吸收，所以金属是不透明的。**金属吸收了可见光的全部光子，金属应呈黑色。但实际上我们看到铝是银白色的，纯铜是紫红色的，金子是黄色的，等等。这是因为当金属中的电子吸收了光子的能量跃迁到导带中高能级时，它们处于不稳定状态，立刻又回落到能量较低的稳定态，同时发射出与入射光子相同波长的光子束，这就是反射光。**大部分金属反射光的能力都很强，反射率在 0.90～0.95 之间。金属本身的颜色是由反射光的波长决定的。**

材料的着色

无机非金属材料制品在许多情况下需要着色，如彩色玻璃、彩色珐琅、彩色水泥及色釉、底色料、色坯等。用于陶瓷的颜料可以分为两大类：分子（离子）着色剂和胶态着色剂。其显色的原因与普通的颜料、染料一样，是由于着色剂的选择性吸收而引起的选择性反射或选择性透射，从而显现特定的颜色。但是，着色剂也会因为环境条件的变化而发生改变，从而显示出不同的色彩格调。

分子着色剂中起作用的是离子或复合离子。当简单离子的外层电子属于比较稳定的惰性气体型或铜型结构时，只有能量较高的光子才能激发电子跃迁，选择性吸收就发生在紫外区，对可见光没有影响，因此往往是无色的。过渡族元素的外层电子层是未排满的 d 层结构，镧系元素（稀土族元素）含未成对的 f 电子，它们较不稳定，需要较少的能量即可激发，故能够选择性吸收可见光。例如，过渡族元素 Co^{2+}，吸收红、橙、黄和部分绿光，呈带紫的蓝色；Cu^{2+} 吸收红、橙、黄及紫光，让蓝、绿光通过；Cr^{2+} 吸收黄色；Cr^{3+} 吸收橙、黄色，成鲜艳的紫色。锕系和镧系相同，属于放射性元素，如铀 U^{6+} 吸收紫、蓝光，成黄绿色。复合离子着色剂中有显色的简单离子则也会显色，如全为不显色离子，但其相互作用强烈，产生较大的极化，也会由于电子轨道变形或能级分裂而吸收可见光子。例如，V^{5+}、Cr^{5+}、Mn^{7+}、O^{2-} 均无色，但 VO^{3-} 显黄色，$CrO_4{}^{2-}$ 显黄色，MnO^{4-} 显紫色。

胶态着色剂最常见的有胶体金、银、铜，分别显红、黄、红色。此外，还有硫硒化镉等。金属粒子与非金属粒子的胶体表现完全不同。金属胶体粒子的吸收光谱或色调取决于粒子的大小；而非金属胶体粒子则主要取决于它的化学组成，粒子尺寸影响很小。

陶瓷坯釉、色料等的颜色除主要取决于高温下形成的着色化合物的颜色外，加入的某些无色化合物如 ZnO_2、Al_2O_3 等对色调的改变也有作用。烧成温度的高低，特别是气氛的影响更大，一些色料只有在规定的气氛下才能产生指定的色调，否则将变成另外的颜色。我国著名的传统红釉——铜红釉，其烧成就是在强还原气氛下，金属铜胶体粒子析出而着成红色。这种釉如果控制不好，还原不够或又重新氧化，偶然也会出现红蓝相间，杂以中间色调的“窑变”制品，绚丽斑斓，异彩多姿，其装饰效果反而超过原来的单纯红色，如图 15.8 所示。

烧成温度高低对颜色的色调影响不大，即对波长影响不大，但是与颜色的浓淡、深浅（主波长占的比例）则有直接关系。通常制品只有在正烧条件下才能得到预期的颜色效果，生烧往往颜色浅淡，而过烧则颜色昏暗（亮度不够）。成套餐具、成套彩色卫生洁具、锦砖等制品出现色差，往往是由于烧成时的温度不均匀造成的，色差影响配套艺术效果。

图 15.8　窑变陶瓷

15.1.4　发光性能

材料在受到激发（光照、外加电场或电子束轰击等）后，这些被激发的原子处于高能状态，将自发回到低能状态，即被激发的电子自动跳回价带，同时发射光子，称为**发光**。因此，**发光的全过程首先是激发，然后是发射**。根据激发光源的不同，分为**光致发光**（以光为激发源，如紫外光等）、**电致发光**（以电能为激发源）和**阴极发光**（以阴极射线或电子束为激发源）等。

发光材料的一个重要特性是**发光持续时间，根据发光持续时间的长短，将发光区分为荧光和磷光**。若激发和发射两个过程间的间隙时间很短（$<10^{-8}$s），称为荧光，只要光源离开，荧光就消失。如果材料中含有杂质，并在能隙中建立施主能级，当激发的电子从导带跳回价带时，将首先跳到施主能级并被俘获。这样，电子需要从俘获陷阱中逸出后再跳回价带，从而延缓了光子发生时间（$>10^{-8}$s），称为**磷光，在激发源离开后，发光还会持续较长的时间**。

此外，还可以用余辉来表示材料发光的持续时间。当材料的发光亮度（或强度）衰减到激发光刚停止时的10%时，所经历的时间称为余辉时间，简称**余辉**。根据余辉可将发光材料分为六个范围（表 15－4）。其中**长余辉发光材料又称夜光材料**，是吸收太阳光或人工光源发出可见光，并在激发停止后仍可继续发光的物质，常用于安全应急（消防器材标志、紧急疏散标志灯）、交通运输、建筑装潢、仪表、电气开关显示等方面，美国“9·11”事件中长余辉发光标志在人员疏散过程中发挥了重要的作用。

表 15－4　余辉时间

极短余辉	$<1\mu s$	短余辉	$1\sim10\mu s$
中短余辉	$10^{-2}\sim1$ms	极长余辉	>1s
长余辉	0.1～1s	中余辉	1～100ms

光致发光材料一般需要一种基质晶体，如 ZnS、$CaWO_4$ 和 Zn_2SiO_4 等，再掺入少量的 Mn^{2+}、Sn^{2+}、Pb^{2+}、Eu^{2+} 等阳离子。这些阳离子往往是发光活性中心，称为激活剂（activators)。有时还需要掺入第二种类型的杂质阳离子，称为敏活剂（sensitizer)。图 15.9 所示为一般荧光体和磷光体的发光机制。一般来说，发光材料吸收了激活辐射的能量 $h\nu$，发射出能量为 $h\nu'$，的光，而 ν' 总小于 ν，即**发射光波长比激发光的波长要大**（$\lambda'>\lambda$)，这种效应称作**斯托克位移**（Stokes shift)。具有这种性质的磷光体称为**斯托克磷光体**。

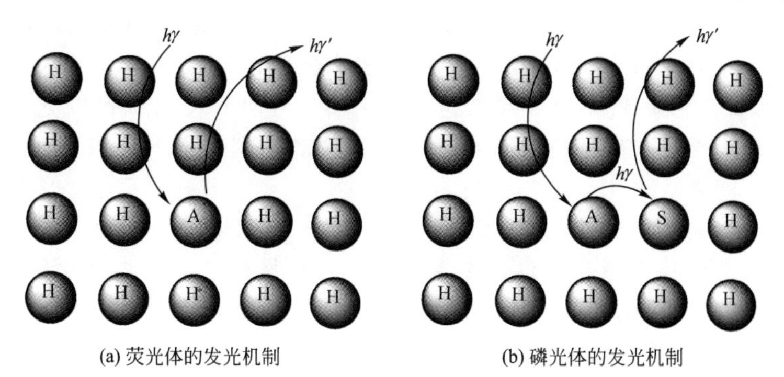

图 15.9 荧光体和磷光体的发光机制

日光灯是磷光材料最重要的应用之一。激发源是汞放电产生的紫外光，磷光材料吸收此紫外光，发出“白色光”。图 15.10 为日光灯的构造示意图，它由一个充有汞蒸气和氩气的内壁涂有磷光体的玻璃管构成。通电后，汞原子受到灯丝发出电子的轰击，被激发到较高能态。当它返回到基态时便发出波长为 254nm 和 185nm 的紫外光，涂在灯管内壁的磷光体受此紫外光辐照，随之发出白光。

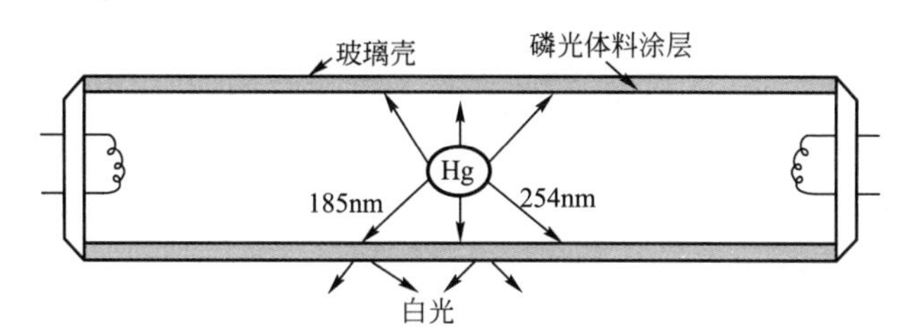

图 15.10 日光灯的构造示意图

在荧光灯中广泛应用的磷光体材料是双重掺杂了 Sb^{3+} 和 Eu^{2+} 的磷灰石。基质 $Ca_5(PO_4)_3F$ 中掺入 Sb^{3+} 发蓝光，掺入 Mn^{2+} 后发橘黄色光，两者都掺入后发出近似白色光。用氯离子部分取代氟磷灰石中的氟离子，可以改变发射光谱的波长分布。这是由于基质变化改变了激活剂离子的能级，也就改变了其发射光谱波长。以这种方式控制组成比例，可以获得较佳的荧光颜色。表 15－5 列出了某些灯用磷光体。

表 15－5 某些灯用磷光体

磷光体	激活剂	颜色
Zn_2SiO_4	Mn	绿色
Y_2O_3	Eu	红色
$CaMg(SiO_3)_2$ 透辉石	Tl	蓝色
$CaSiO_3$ 硅灰石	Pb，Mn	黄橘色
(Sr，Zn)$(PO_4)_2$	Sn	橘色
$Ca(PO_4)_2 \cdot Ca(Cl,F)_2$	Sn，Mn	白色

阅读材料15-4

发光二极管

物质吸收光子（电磁波）后重新辐射出光子（电磁波）的过程是光致发光 。此外，还有电致发光和阴极致发光。发光二极管（Light－emitting Diode，LED）是一种特殊的二极管，由半导体芯片组成，这些半导体材料会预先通过注入或掺杂等工艺以产生P、N架构。两种不同的载流子（空穴和电子）在不同的电极电压作用下从电极流向P、N架构。当空穴和电子相遇而产生复合时，电子会跌落到较低的能级，同时以光子的模式释放出能量，即电致发光。

发光二极管发射的光的波长（颜色）由组成P、N架构的半导体材料的禁带宽度决定。由于硅和锗是间接带隙半导体，在常温下，这些材料内电子与空穴的复合是非辐射跃迁，此类跃迁没有释放出光子，而是把能量转化为热能，因此硅和锗二极管不能发光(在极低温的特定温度下则会发光，必须在特殊角度下才可发现，而该发光的亮度不明显)。发光二极管所用的材料都是直接带隙型的，因此能量会以光子形式释放，这些禁带宽度对应着近红外线、可见光、近紫外线波段的光能量。

发展初期，采用砷化镓（GaAs）的发光二极管只能发射出红外线或红光。随着材料科学的进步，发光二极管能够发射出频率越来越高的光波，即可制成各种颜色的发光二极管。常用发光二极管的无机半导体原料及发光颜色见表15－6。

表15－6　常用发光二极管的无机半导体原料及发光颜色

<table>
<tr><th colspan="4" rowspan="2">单　色</th><th colspan="4">多原色/宽频段</th></tr>
<tr><th colspan="2">紫</th><th colspan="2">白</th></tr>
<tr><th>颜色</th><th>波长 λ/nm</th><th>正向偏置/V</th><th>半导体</th><th>正向偏置/V</th><th>构成</th><th>正向偏置/V</th><th>构成</th></tr>
<tr><td>红外</td><td>>760</td><td><1.9</td><td>砷化镓 GaAs，
铝砷化镓 AlGaAs</td><td rowspan="8">2.48～3.7</td><td rowspan="3">红发光二极管＋蓝发光二极管</td><td rowspan="8">2.9～3.5</td><td rowspan="5">蓝发光二极管或紫外线发光二极管＋黄色磷光体</td></tr>
<tr><td>红</td><td>610～760</td><td>1.63～2.03</td><td>铝砷化镓 AlGaAs，砷化镓磷化物 GaAsP，磷化铟镓铝 AlGaInP，
磷化镓（掺杂氧化）GaP：ZnO</td></tr>
<tr><td>橙</td><td>590～610</td><td>2.03～2.10</td><td>砷化镓磷化物 GaAsP，
磷化铟镓铝 AlGaInP</td></tr>
<tr><td>黄</td><td>570～590</td><td>2.10～2.18</td><td>砷化镓磷化物 GaAsP，
磷化铟镓铝 AlGaInP，
磷化镓（掺杂氮）GaP：N</td><td rowspan="2">蓝发光二极管＋红色磷光体</td></tr>
<tr><td>绿</td><td>500～570</td><td>2.18～4</td><td>铟氮化镓 InGaN，氮化镓 GaN，
磷化镓 GaP，磷化铟镓铝 AlGaInP，
铝磷化镓 AlGaP</td></tr>
<tr><td>蓝</td><td>450～500</td><td>2.48～3.7</td><td>硒化锌 ZnSe，铟氮化镓 InGaN，
碳化硅 SiC，硅 Si</td><td rowspan="3">白发光二极管＋紫色滤光器</td><td rowspan="3">红发光二极管＋绿发光二极管＋蓝发光二极管</td></tr>
<tr><td>紫</td><td>380～450</td><td>2.76～4</td><td>铟氮化镓 InGaN</td></tr>
<tr><td>紫外</td><td><380</td><td>3.1～4.4</td><td>碳 C（钻石），氮化铝 AlN，
铝镓氮化物 AlGaN，氮化铝镓铟 AlGaInN</td></tr>
</table>

有机发光二极管（Organic Light－emitting Diode，OLED），其发光原理跟发光二极管一样，不同之处是其发光物半导体是有机化合物（有机半导体），如有机聚合物等。有机发光二极管工艺简单，成本较低，可以用印刷等廉价生产方法制造，具有可以制造出大面积的发光面，元件本身可以是柔软、透明的等优点，这些特性是一般发光二极管所不及的。因此有机发光二极管可以造出大面积的照明灯具，柔性、透明的显示器。

15.1.5 光的散射

光在通过气体、液体、固体等介质时，遇到烟尘、微粒、悬浮液滴或者结构成分不均匀的微小区域时，会发生多次反射（包括漫反射）和折射，使一部分能量偏离原来的传播方向而向四面八方弥散开来，这种现象称为**光的散射**。

光的散射导致原来传播方向上光强的减弱。如果同时考虑各种散射因素，光强随传播距离的减弱仍符合指数衰减规律，只是比单一吸收时衰减得更快罢了，关系为

$$I=I_0\mathrm{e}^{-\alpha l}=I_0\mathrm{e}^{-(\alpha_\mathrm{a}+\alpha_\mathrm{s})l} \tag{15-6}$$

式中，I_0为光的原始强度；I为光束通过厚度为l的试件后，由于散射，在光前进方向上的剩余强度；α_a、α_s分别称为吸收系数和散射系数，是衰减系数的两个组成部分。散射系数与散射质点的大小、数量及散射质点与基体的相对折射率等因素有关。当散射作用非常强烈，以致几乎没有光线透过时，材料看起来就不透明了。

散射对材料透明性的影响：有许多本来透明的材料，也可以被制成半透明或不透明的，其基本原理是设法增强散射作用。引起内部散射的原因是多方面的。一般地说，由折射率各向异性的微晶组成的多晶样品是半透明或不透明的。在这类材料中微晶无序取向，因而光线在相邻微晶界面上必然发生反射和折射。光线经过无数的反射和折射变得十分弥散。同理，当光线通过细分散体系时也因两相的折射率不同而发生散射。两相的折射率相差越大，散射作用越强。

高聚物材料的透明性：在纯高聚物（不加添加剂和填料）中，非晶态均相高聚物应该是透明的，而结晶高聚物一般为半透明或不透明的。因为结晶高聚物是晶区和非晶区混合的两相体系，晶区和非晶区折射率不同，而且结晶高聚物多是晶粒取向无序的多晶体系。因此，光线通过结晶高聚物时易发生散射。结晶高聚物的结晶度越高，散射越强。因此除非是厚度很薄，或者薄膜中结晶的尺寸与可见光波长同一数量级或更小，结晶高聚物才是半透明或不透明的。如聚乙烯、尼龙、聚四氟乙烯、聚甲醛等。另外，高聚物中的嵌段共聚物、接枝共聚物和共混高聚物多属两相体系，因此除非特意使两相折射率很接近，一般多是半透明或不透明的。

陶瓷材料的透明性：陶瓷材料如果是单晶体，一般是透明的，但大多数陶瓷材料是多晶体的多相体系，由晶相、玻璃相和气相（气孔）组成。因此，陶瓷材料多是半透明或不透明的。特别强调的是乳白玻璃、釉、搪瓷、瓷器等，它们的外观和用途很大程度上取决于它们对光的反射和透射性。若使釉及搪瓷和玻璃具有低的透射性，必须向这些材料中加入散射质点（乳浊剂）。显然，这些乳浊剂成分的折射率必须与基体有较大的差别。例如，硅酸盐玻璃的折射率在1.49～1.65之间，加入的乳浊剂应当具有显著不同的折射率，如TiO_2等（表15－7）。

表 15-7 硅酸盐玻璃介质的乳浊剂（玻璃 $n=1.5$）

乳浊剂	折射率	与基体玻璃折射率之比
惰性添加剂		
SnO_2	1.99～2.09	1.33
$ZrSiO_4$	1.94	1.30
ZrO_2	2.13～2.20	1.47
ZnS	2.4	1.6
TiO_2	2.50～2.90	1.8
溶制反应的惰性产物		
AsO_5	1.0	0.67
$Ca_4Sb_4O_{13}F_2$	2.2	1.47
玻璃晶体析出晶粒		
NaF	1.32	0.87
CaF_2	1.43	0.93
$CaTiSiO_2$	1.90	1.27
ZrO_2	2.2	1.47
$CaTiO_3$	2.35	1.57
TiO_2（锐钛矿）	2.52	1.68
TiO_2（金红石）	2.76	1.84

15.2 材料的非线性光学性质

非线性光学（Nonlinear Optics，NLO）性质依赖于入射光的强度，是只有在激光这样的强相干光作用下才表现出来的光学性质，也称为强光作用下的光学性质。非线性光学是指当光波的电场强度可与原子内部的库仑场相比拟时，不同频率光波之间发生能量耦合，使入射光波的频率、振幅、偏振及传播方向发生改变。材料性质的物理量（如极化强度等）不仅与场强 E 的一次方有关，还与 E 的更高幂次项有关，材料极化率 P 与场强的关系可写成

$$P=\varepsilon_0\left(x^{(1)}E+x^{(2)}E^2+x^{(3)}E^3+\cdots\right) \tag{15-7}$$

式中，第一项 $x^{(1)}$ 为线性光学，$x^{(2)}$、$x^{(3)}$ 分别为二阶和三阶非线性极化率。二阶非线性极化产生二次谐波、和频、差频和光整流等过程；三阶非线性极化产生三倍频、光学克尔效应、光学双稳态、相位共轭、光折射等效应。

非线性光学性能的应用：利用非线性光学晶体的倍频、和频、差频、光参量放大和多光子吸收等非线性过程可以得到频率与入射光频率不同的激光，从而达到光频率变换的目的。非线性光学晶体广泛应用于激光频率转换、四波混频、光束转向、图像放大、光信息处理、光存储、光纤通信、水下通信、激光对抗及核聚变等研究领域。例如，①利用非线性晶体做成电光开关和实现激光的调制。②利用二次及三次谐波的产生、二阶及三阶光学和频与差频实现激光频率的转换，获得短至紫外，长至远红外的各种激光；同时，可通过实现红外频率上的转换来克服目前在红外接收方面的困难。③利用光学参量振荡实现激光频率的调谐。目前，与倍频、混频技术相结合已可实现从中红外一直到紫外宽广范围内的调谐。④利用一些非线性光学效应中输出光束所具有的位相共轭特征，进行光学信息处理、改善成像质量和光束质量。⑤利用折射率随光强变化的性质做成非线性标准器件。⑥利用各种非线性光学效应，特别是共振非线性光学效应及各种瞬态相干光学效应，研究物质的高激发态及高分辨率光谱以及物质内部能量和激发的转移过程及其他弛豫过程等。

非线性光学材料的性能要求：①有较大的非线性极化率。这是基本的但不唯一的要求。由于目前激光器的功率很高，即使非线性极化率不大，也可通过增强入射激光功率的办法来加强非线性光学效应。②透明度高，透光波段宽。③能实现位相匹配（基频光与倍频光）。④材料的损伤阈值较高，能承受较大的激光功率或能量，光转换效率高。⑤物化性能稳定，硬度大，不潮解，温度稳定性好。二阶非线性光学材料大多数是不具有中心对称性的晶体。三阶非线性光学材料的范围很广，不受是否具有中心对称这一条件的限制。

结构可控的非线性光学材料大体可分为三类：①矿物氧化物和铁电单晶；②Ⅲ—Ⅴ族半导体材料；③有机非线性光学材料。如铌酸锂（$LiNbO_3$）、硼酸锂、碘酸锂、钛酸钡（$BaTiO_3$）、石英、硒化镉（CdSe）、磷酸二氢钾（KDP）、磷酸钛钾（KTP）、磷酸二氘钾（KD*P）、磷酸二氢铵（ADP）、β-硼酸钡、掺钸铌酸锶钡、二氧化硅铋、GaAs/GaAlAs和HgTe/CdTe超晶格等。无机晶体中的铌酸锂（$LiNbO_3$）已得到商品化应用。

磷酸二氢钾（KDP）晶体是一种最早受到人们重视的功能晶体，人工生长KDP晶体已有半个多世纪的历史，是经久不衰的水溶性晶体之一。KDP晶体［图15.11（a）］的透光波段为178nm～1.45μm，是负光性单轴晶，常作为标准来比较其他晶体非线性效应的大小。

【参考图文】

(a) 大尺寸KDP晶体

(b) 磷酸钛氧钾(KTP)晶体

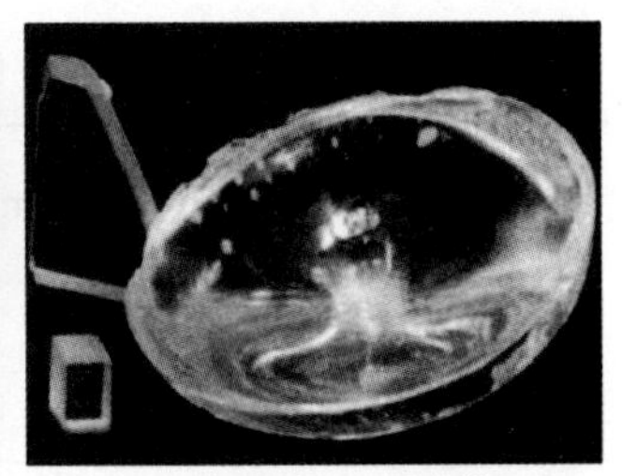
(c) 偏硼酸钡(BBO)晶体

图15.11 非线性光学晶体

磷酸钛氧钾（KTP）晶体是正光性双晶，透光波段为350nm～4.5μm，可以实现1.064μm钕离子激光及其他波段激光倍频、和频、光参量振荡的位相匹配。其非线性系数是KDP晶体的20余倍。KTP晶体有较高的抗光损伤阈值，可以用于中功率激光倍频等。KTP晶体有良好的机械性质和理化性质，不溶于水及有机溶剂，不潮解，熔点约为1150℃，在熔化时有部分分解，该晶体还有很大的温度和角度宽容度。KTP晶体作为频率转换材料是中小功率倍频的最佳晶体［图15.11（b）］。KTP已用于使Nd：YAG倍频产生532nm的绿光，用于外科手术中。

偏硼酸钡（BBO）晶体是我国所研制并获得广泛应用的紫外非线性晶体［图15.11（c）］。硼酸钡有高温相和低温相，一般BBO为低温β相，透过波段为189nm～3.5μm，负光性单轴晶，具有大的双折射率和相当小的色散。位相匹配波段为0.205～1.50μm，可实现Nd∶YAG的倍频、三倍频、四倍频及和频等，可实现红宝石激光器、氩离子激光器、染料激光器的倍频，产生最短为213nm的紫外光。具有良好的机械性质、很高的抗光伤阈值和宽的温度接收角，并有较大的电光系数。BBO晶体主要用于各种激光器的频率转换，包括制作各种倍频器和光学参量振荡器，是目前使用最为广泛的紫外倍频晶体，成为最早具有广阔市场的非线性光学晶体。

有机晶体种类繁多，如m-硝基苯胺、香豆素、孔雀绿、尿素、苦味酸等。由于有机分子具有可裁剪的性质，便于进行分子设计、合成、生长新型有机晶体。因此，有机晶体是当代研究非线性光学晶体材料一个新的广阔领域。有机晶体的非线性光学系数常比无机晶体的要大1～2个数量级，光学均匀性优良，生长设备简便，易于采用常温溶液法生长优质晶体等。但有机晶体质软，给那些需要抛光的光学器件带来困难，在氧气和水蒸气的环境条件下，化学稳定性差，要求严格封装，而且熔点较低，因此，限制了有机晶体在大中功率激光倍频等方面的应用。

玻璃的非线性光学性能的调控是通过改变而非仅仅调整玻璃的网络结构实现的。通过在玻璃的网络里添加不同的、具有高的分子折射度的调整体来提高其非线性折射率。高折射率玻璃一般分为两类：一类是含重金属网络调整体离子（如铅和铋）的玻璃，如表15-8中的SF（Schott）系列玻璃（铅含量70wt%）及QS（Corning）实验玻璃属于此类；另一类则是含具有提高折射指数能力的网络中间体离子（如钛、钽、铌或碲等）的玻璃，如表15-8的K-1261（NBS）等玻璃属于此类。在此类玻璃中，过渡金属元素因能有效地提高材料的折射指数而备受注目，氧化碲系统玻璃的$x^{(3)}$已达到10^{-12}，约为SiO_2玻璃的50倍。

表15-8 几种高折射率玻璃的光学性能

玻璃	化学组成 mol%	波长 μ/m	折射率	非线性折射率 (×10^{-20})/(m^2/W)	$x^{(3)}$ (×10^{-14})/(esu)
Schott					
SF-56（氟化硫）		1.06	1.75	26	5.1
Corning					
QS（硅酸盐）	40PbO，40SiO_2	1.06	1.94	34	8.0

续表

玻璃	化学组成 mol%	波长 μ/m	折射率	非线性折射率 ($\times 10^{-20}$) / (m^2/W)	$x^{(3)}$ ($\times 10^{-14}$) / (esu)
Others					
K-1261 (NBS)	$79TeO_2$，$20Na_2O_3$	1.06	1.99	51	12
As_2S_3（硫化砷）		1.06	2.48		174

15.3 光学材料及其应用

15.3.1 光弹性材料

对材料施加机械应力，引起折射率的变化，称为光弹性效应。机械应力引起材料的应变，导致晶格内部结构的改变，同时改变了弱连接的电子轨道的形状和大小，因此引起极化率和折射率的改变。其应变 ε 和折射率的关系如下。

$$\Delta\left(\frac{1}{n^2}\right)=\frac{1}{n^2}-\frac{1}{n_0^2}=P\varepsilon \tag{15-8}$$

式中，n_0 和 n 是施加应力前后材料的折射率；P 是光弹性系数，由式（15-9）给出

$$P_{平均}=\frac{(n^2-1)\ (n^2+2)}{3n^4}\left(1+\frac{\rho}{\alpha}\frac{d\alpha}{d\rho}\right) \tag{15-9}$$

式中，ρ 是密度。式（15-9）表明光弹性系数依赖于压力。因为压力越大，原子堆积更紧密，引起密度和折射率的增大，同时固体被压缩时，电子结合得更紧密，极化率减小，因此 $d\alpha/d\rho$ 为负值。由于这两个影响有互相抵消的作用，而且为同一数量级，因此有一些氧化物的折射率随压力增大而增大，如 Al_2O_3，而有一些氧化物的折射率随压力的增大而减小。还有一些氧化物（$Y_3Al_5O_{12}$）则是常数。

如果物体受单向的压缩和拉伸，则在物体内部发生轴向的各向异性，这样的物体在光学性质上就和单轴晶体类似，产生双折射现象。玻璃内应力存在也是一样，如玻璃在互相垂直方向上作用着不相等的张应力，就变成各向异性了。可以利用偏振仪来测定玻璃的光程差，求出内应力的大小。除玻璃外，赛璐珞、酚醛树脂、环氧树脂等也是常用的光弹性材料。

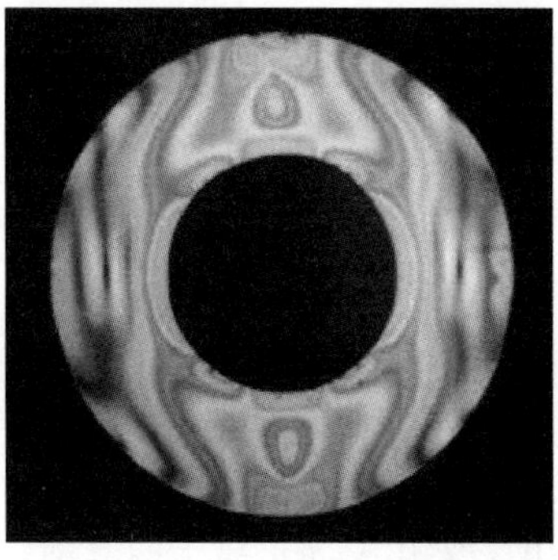

在工程上常利用光弹性效应分析复杂形状的应力分布。在实际工程中存在很多圆环形构件，如螺母、垫圈、水泥管等，在承受载荷时，构件内部的应力分布往往是不均匀的，在某些区域应力十分集中，最易于破裂，而在某些区域应力又很小。因此，在一定载荷下分析构件内部的应力状态，是工程设计的基本前提。可以用环氧树脂等光弹性材料制成与实物相似的模型，在对径受压的情况下得到等差线条纹图，如图 15.12 所示，根据应力连续性原则，条纹级次也是连续变化的，通过计算机

图 15.12 对径受压圆环的等差线

图像处理技术，可以按条纹级次绘制出内孔边界应力分布曲线。此外，在声学器件、光开关、光调制器和扫描器等方面也有很重要的应用。

15.3.2 声光材料

利用压电效应产生的超声波通过晶体时引起晶体折射率的变化，称为声光效应。大多数声光晶体材料的熔点处于 700～1000℃，例如 α - HIO_3、$PbMO_3$、$Sr_{0.75}Ba_{0.25}Nb_2O_6$、$TeO_2$、$Pb_5(GeO_4)(VO_4)_2$、$TeWO_4$、$TI_3AsS_4$ 和 α - HgS 等。此外，声光玻璃和水也是常见的声光材料。

由于声波是弹性波，当超声波通过晶体时，使晶体内部质点产生随时间变化的压缩和伸长应变，其间距等于声波的波长，根据光弹性效应，它使介质的折射率也相应发生变化，因此，当光束通过压缩-伸张应变层时，就能使光产生折射或衍射。

超声波频率低时，即它的波长比入射光宽度（如光束的直径）大得多时，产生光的折射现象；当超声波频率高，即入射光的宽度远比超声波波长大时，折射率随位置的周期性变化就起着衍射光栅的作用，产生光的衍射，称为超声光栅，光栅常数即等于超声波波长 λ_s，这时的情况如图 15.13 所示，类似于晶体对 X 射线的衍射一样，可以用布拉格方程来描述。

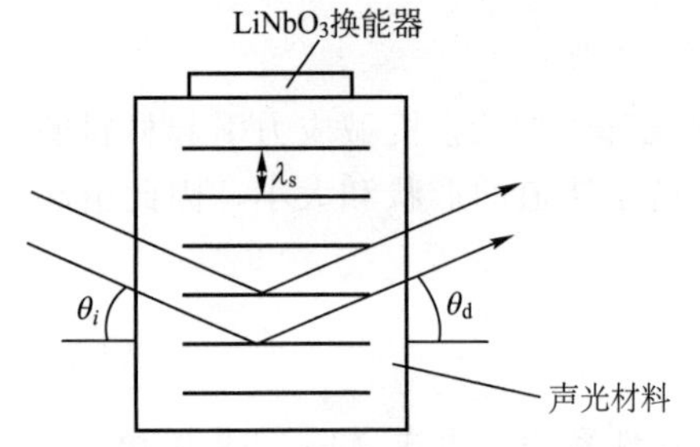

图 15.13 声光布拉格反射示意图

$$\theta_i=\theta_d=\theta_B \tag{15-10}$$

$$\lambda=2\lambda_s\sin\lambda \tag{15-11}$$

式中，θ_i为入射角；θ_d为衍射角；θ_B为布拉格角；λ 是激光束的波长。由此可知，衍射可使光束产生偏转，这类偏转称为声光偏转，其范围一般在 1°～ 4.5°之间。

偏转角度和超声波的频率有关，衍射光的频率和强度还与弹性应变成比例。因此，通过改变声波的频率便可以改变衍射光束的方向，依此可制成高速偏转光束的声光偏转器；通过调制超声波的振幅，来调制衍射光的强度，从而实现对衍射光强度的调制，制成声光调制器。此外，还可以将声光效应原理应用于信息处理和滤光等方面。

15.3.3 电光材料和光全息存储

对物质施加电场引起折射率的变化称为电光效应。具有电光效应的光学功能材料称为电光材料。电光效应是电场 E 的函数。

$$\Delta\left(\frac{1}{n^2}\right)=\frac{1}{n^2}-\frac{1}{n_0^2}=\lambda E+PE^2 \tag{15-12}$$

式中，n_0、n 是加电场前后的折射率，E 是电场强度，P 是电光平方效应系数。若 P 很小以致可以忽略不计或等于零，称为**一次电光效应**或**普克尔效应**；与 E^2 成正比的效应叫作**二次电光效应**或者**克尔效应**。

普克尔效应是线性关系，因此在具有对称中心的晶体中不会出现，而克尔效应则在所有的晶体中都会出现。当前最重要的电光材料是 $LiNbO_3$、$LiTaO_3$、$Ca_2Nb_2O_7$、$Sr_xBa_{1-x}Nb_2O_6$、KH_2PO_4、$K(Ta_xNb_{1-x})$ 和 $BaNaNb_5O_{15}$。这些晶体的结构单位大多数都是由铌（Nb）或钽（Ta）离子的氧配位八面体构成。由于折射率随电场的变化，可以通过施加的电场来控制入射光在晶体中的折射率，来达到调制光信号的目的，电光晶体（图 15.14）

可用作光振荡器、电压控制开关及光通讯用的调制器等。

掺杂 $LiNbO_3$ 或 $Sr_xBa_{1-x}Nb_2O_6$ 等晶体还具有全息存储功能。这是由于当光照射到这些晶体时，晶体中电子缺陷阱释放出自由电子，这些自由电子从照射区扩散到较黑暗的区域内，从而形成了空间电荷电场，该电场随即通过电光效应调制了晶体内各处的扩散率，形成了相位光栅，留下物质的信息。若再经温和加热，使正离子扩散到负空间电荷处中和该局部电场，冷却后使晶体内部得到均匀的电中和状态，而留下不均匀的离子分布，也就是将相位光栅固定下来，达到全息存储。全息存储把一组信息记录在一个点上，所以存储密度很高，记录方便，是目前光存储的主要发展方向之一。

(a) KH_2PO_4晶体　(b) $LiNbO_3$晶体

图 15.14　电光晶体

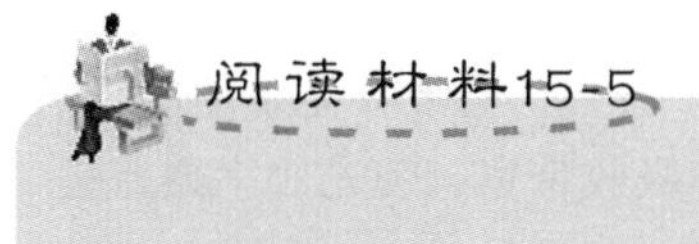

太阳电池

太阳电池是通过光电效应或者光化学效应直接把光能转化成电能的装置。其结构原理如图 15.15 所示。

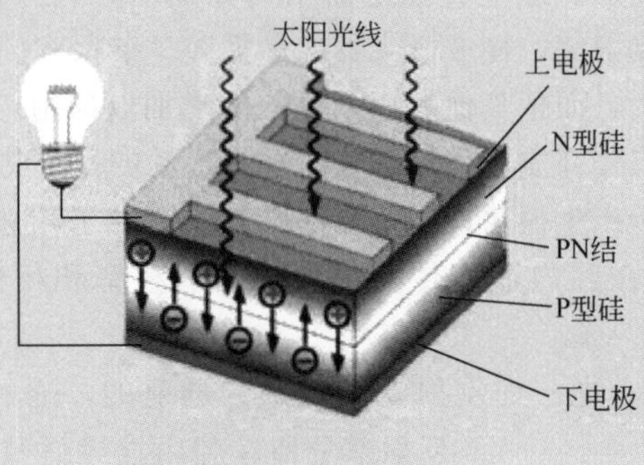

【太阳电池】

图 15.15　太阳电池结构原理

15.3.4 激光晶体

激光晶体（laser crystal）是可将外界提供的能量通过光学谐振腔转化为在空间和时间上相干的具有高度平行性和单色性激光的晶体材料，是固体激光器中的工作物质。常见的激光晶体有红宝石晶体、钇铝石榴石晶体、钒酸钇晶体、钆镓石榴石晶体、掺钛的蓝宝石晶体等（图 15.16）。

红宝石是最早被人们用于固体激光器中的人造晶体，成分为掺少量（<0.05%）Cr 的

(a) 红宝石激光棒

(b) 钛宝石晶体激光棒

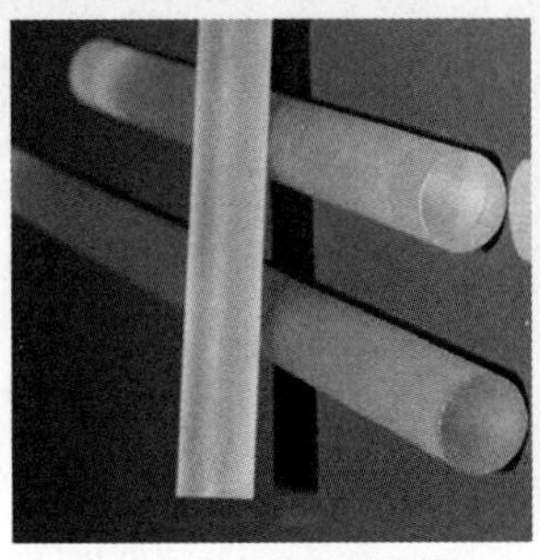
(c) Nd : YAG晶体激光棒

(d) Nd : GGG晶体激光片

图 15.16 激光晶体

Cr^{3+} : Al_2O_3。和天然红宝石一样，其基质为刚玉，激活离子为 Cr^{3+}。当吸收光泵的能量后，可以发出 694.3nm 和 692.9nm 两个波长的红色激光。这种晶体吸收带宽，荧光效率高，是一种优良的激光晶体。

固体激光器主要由闪光灯、激光工作物质和反射镜片腔组成，一个激发中心的荧光发射激发其他中心作同位相的发射。红宝石激光器结构如图 15.17 所示，呈棒状，两端面平行，靠近两个端面各放置一面反射镜，构成激光器的谐振腔。谐振腔的作用是选择频率一定、方向一致的光作最优先的放大，而把其他频率和方向的光加以抑制。凡不沿谐振腔轴线运动的光子均很快逸出腔外，与工作介质不再接触。沿轴线运动的光子将在腔内继续前进，并经两反射镜的反射不断往返运行产生振荡，运行时不断与受激粒子相遇而产生受激辐射，沿轴线运行的光子将不断增殖，在腔内形成传播方向一致、频率和相位相同的强光束，这就是激光。

为了把激光引出腔外，把一面反射镜做成部分透射的，透射部分成为可利用的激光，反射部分留在腔内继续增殖光子。激光棒沿着它的长度方向被闪光灯激发。大部分闪光的能量以热的形式散失，一小部分被激光棒吸收；而在 694.3nm 处三价铬离子以窄的谱线进行发射，经过谐振腔震荡后，从激光棒一端（部分发射端）穿出。

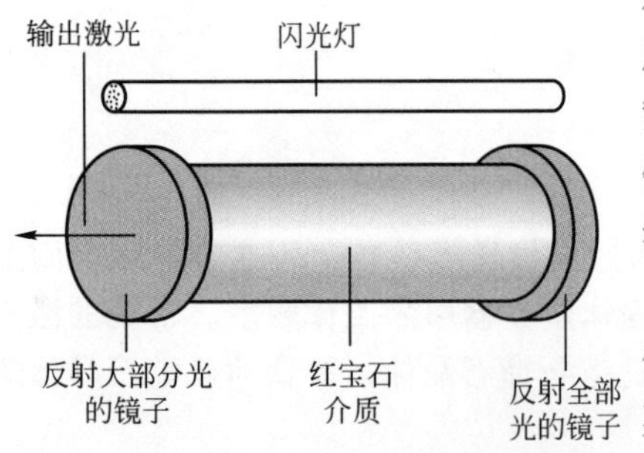

图 15.17 红宝石激光器结构示意图

另一种重要的晶体激光物质是出现于 20 世纪 70 年代掺杂 Nd 的钇铝石榴石单晶（$Y_3Al_5O_{12}$，Nd：YAG)，其辐射波长为 1.06μm，在晶体中掺入不同激活离子可获得不同波长和特点的激光，通过非线性晶体的变频，使激光器的波段进一步扩展。该晶体属于立方晶系，具有各向同性，热导率高、易获得大尺寸高质量晶体、机械性能良好等优点，成为科研、工业、医学和军事应用中最重要的固体激光器，特别是在高功率连续和高平均功率固态激光器方面。

有的激光晶体发射激光的波长是可以调节的，称之为可调谐激光晶体。其典型代表为掺钛蓝宝石（Ti：Al_2O_3）晶体，它是掺有三价钛离子的氧化铝单晶，呈红色，属于六角晶系。其物理化学性质与红宝石相似，稳定性好，热导率为 Nd：YAG 的 3 倍，熔点高（2050 ℃），硬度大（9 级），折射率为 1.76。掺钛蓝宝石晶体生长方法很多，主要有提拉法和热交换法。提拉法可拉出直径大、长度长的大晶体；热交换法生长的晶体尺寸较小，但能获得光学质量较好的晶体。

通过基质晶体中阳离子置换形成的掺钕的钆镓石榴石（Nd：GGG）晶体，与 Nd：YAG 比较，GGG 晶体容易在平坦固液界面下生长，不存在杂质、应力集中等，整个截面都可有效利用，容易得到应用于大功率激光器的大尺寸板条 GGG。同时，GGG 有较宽的相均匀性，可在较高拉速下（5mm/h）生长大尺寸、光学均匀性好的晶体。Nd^{3+} 在 GGG 中易实现高掺杂，有利于提高泵浦效率。

【激光的应用】

激光可用于焊接、切割（图 15.18）、打孔、淬火、热处理、修复电路、布线、清洗等，还可制成武器武器用于作战（图 15.19）。

图 15.18 激光切割

图 15.19 激光武器作战示意图

综合习题

一、名词解释

折射 色散 双折射 反射 弹性散射 吸收 吸收系数 非线性

二、简答题

1. 窗玻璃从其厚度方向看上去是透明的，但是如果从侧面看则呈绿色。试解释该现象。

2. 将一透明的物体浸没于水中，该物体需要具有什么样的性质才能使人看不到它？

3. TiO_2 广泛地应用于不透明搪瓷釉，其中的光散射颗粒是什么？颗粒的什么特性使这些釉获得高度不透明的品质？

4. 洗发香波有各种颜色，但其泡沫总是白的，为什么？

5. 受到光线中紫外线的照射时啤酒质量会下降。为什么大多数情况下都是用棕色或绿色的瓶子来装啤酒？

三、文献查阅及综合分析

1. 在光学研究领域做出突出贡献的科学家有哪些？任举三人说明他们的重要贡献。

2. 查阅近期的科学研究论文，任选一种材料，以材料的光学性质或光-电转换等性能为切入点，分析材料的光学性能与成分、结构、工艺之间的关系（给出必要的图、表、参考文献）。

【第 15 章习题答案】

【第 15 章自测试题】

【第 15 章试验方法-国家标准】

【第 15 章工程案例】

附录1　试题及参考答案

试题 1

一、填空题(每空0.5分，共20分)

1. 比较好地解释材料热容的量子力学理论是______提出的，该热容理论的观点认为：1mol固体MgO在低温下的热容按__________规律变化，高温下的热容大约为__________。

2. 固体材料的热传导机理包括__________、__________和__________等。

3. 材料的磁性来源于__________和__________。

4. 产生铁磁性的充要条件是__________和__________。

5. Fermi和Sommerfel提出的固体导电的量子力学自由电子理论认为：参与导电的是__________，电阻的形成是由于是__________。

6. 决定超导材料性能优劣的三个基本性能指标是_________、_________、_________。

7. 利用Seebeck热电效应的应用实例有__________(举一例)；

利用Peltier热电效应的应用实例有____________(举一例)。

8. 晶体材料常见的塑性变形机理为__________和__________两种。

非晶态高分子材料塑性变形和断裂都与____________的形成过程有关。

9. 微观断裂力学的核心问题是研究材料中__________和__________问题。

10. 线型无定形高聚物的三种力学状态是__________、__________、__________。

11. 平面应力和平面应变状态中，__________状态更易引起材料的脆性断裂。

12. __________是疲劳区的宏观特征；__________是疲劳区的微观特征。

13. 方解石的硬度可用__________表示，橡胶垫的硬度可用__________方法表示。石墨铸铁硬度可用__________表示，鉴别材料微观组织中的不同相的硬度用__________，加工好的车床导轨硬度可用__________表示。

14. 应力状态软性系数α是指________________。要测试灰铸铁和陶瓷材料的塑性指标，在常用的单向拉伸、扭转和压缩试验方法中，可选择__________试验方法。

15. 疲劳裂纹一般发源于构件的____________处。

16. 按磨损的机理即摩擦面破坏形式，磨损一般分为__________、__________、__________和__________。

二、简答题(35分)

1. 应力-应变曲线分析。(20分)

(1) 画出低碳20钢在静载单向拉伸变形断裂实验过程中的应力-应变曲线，标出横坐标和纵坐标。

(2) 说明20钢在此变形过程经历了哪些典型阶段?

(3) 在图上标出σ_p、σ_e、σ_s、σ_b点力学性能指标的位置，并说明各指标的名称、本质和意义。

(4) 画出拉伸后的宏观断口，标出断口上有哪几个特征区？

2. 题图 1.1 是某陶瓷材料 Al_2O_3的疲劳实验得到的 $\sigma-N$ 曲线，题图 1.2 是 45 钢材料的疲劳裂纹扩展速率曲线，从题图 1.1 中的 A 处和题图 1.2 中的 B 和 C 处对应的力学性能指标分别是什么？它们的意义是什么？(10 分)

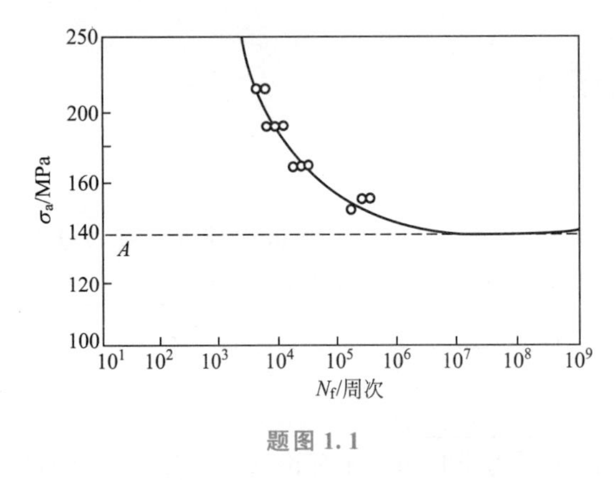

题图 1.1

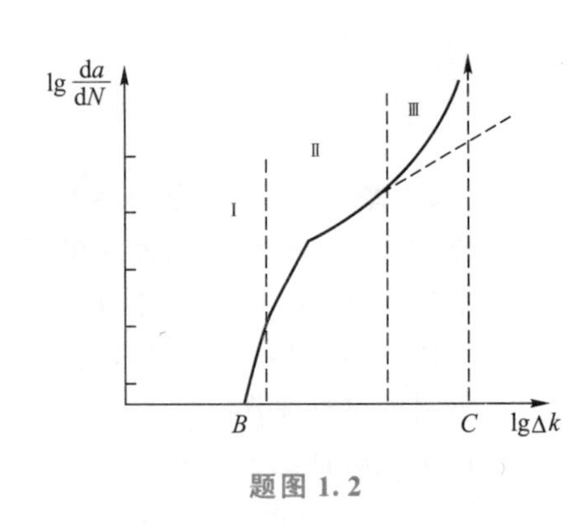

题图 1.2

3. 从以下 2 个材料的断口 SEM 形貌中(题图 1.3 和题图 1.4)，分析材料的断裂类型或特征信息有哪些？(5 分)

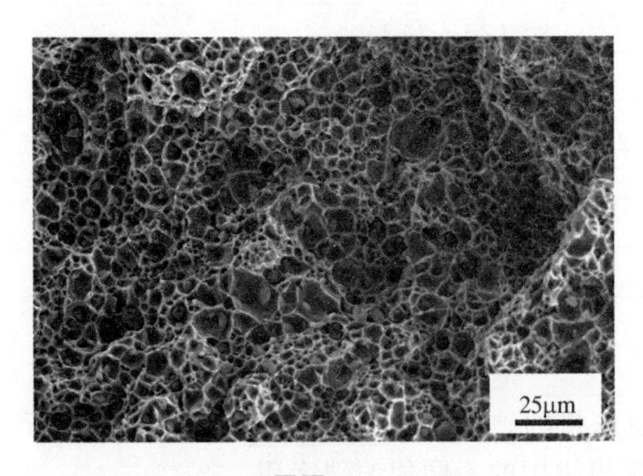

题图 1.3

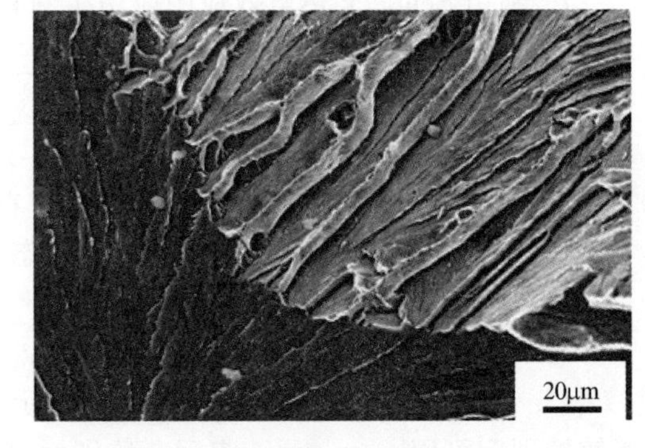

题图 1.4

三、计算(每题 10 分，共 20 分)

1. 已知晶体 A 的 $\gamma_s=2.2\text{J/m}^2$，$E=2.1\times10^5\text{MPa}$，$a_0=0.32\text{nm}$，一块薄 A 板内有一条长 3mm 的裂纹。求：(1) 完美纯晶体 A 的理论断裂强度 σ_m；(2) 含裂纹的薄 A 板的实际断裂强度；(3)解释两结果的差异。

2. 按经验公式计算钾长石在室温(27℃)和高温(1227℃)时的摩尔热容，并与按杜隆-珀蒂规律计算的结果比较，是否有误差？为什么？

四、综合分析(25 分)

请结合自己的专业方向，任选一种材料举例论述构成材料科学与工程的五要素之间的关系(给出必要的图、表、参考文献)，以材料的性能为切入点，重点分析材料的性能及其影响因素，并写出自己的评论、收获或根据自己所学提出建议。

试题 2

一、填空题（每空 0.5 分，共 10 分）

1. 10 钢的单向拉伸试验过程可以分为__________、__________和__________三个阶段。

2. 测 40 钢调质后的硬度，选用__________实验方法，石膏和金刚石的硬度用______表示，橡胶垫的硬度测试用__________。

3. Griffith 断裂力学认为材料的断裂过程包括__________与__________两个阶段。

4. 单向拉伸、扭转、弯曲和压缩试验方法中，应力状态最软的加载方式是________，要测试 Al_2O_3 晶体材料的塑性指标，可选择__________试验方法。

5. 根据德拜热容理论观点，1mol 固体 SiC 在低温下的热容按__________规律变化，高温下的热容大约为__________。

6. 非理想弹性变形是____________________。

7. 疲劳区的宏观特征是__________；疲劳区的微观特征是__________。

8. 固体材料的热传导机理包括__________、__________、__________等。

9. 固体导电的量子力学自由电子理论认为：正离子产生的电场是__________，价电子的运动规律是__________。

二、说明下列各组力学性能指标的名称、物理本质和工程意义。（40 分）

1. σ_p、σ_e、σ_s、σ_b、σ_c、σ_{-1}

2. K_{Ic}、ΔK_{th}

三、简答题（10 分）

从题图 2.1 所示的 4 种材料的断口 SEM 形貌中，你能获得的各断口的断裂类型或特征信息有哪些？

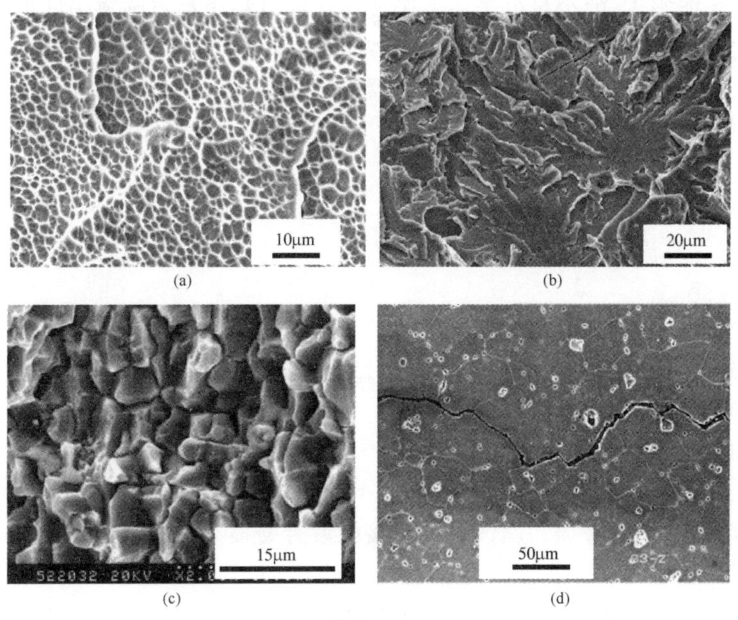

题图 2.1

四、计算分析题(每题 10 分，共 20 分)

1. 已知致密烧结 Al_2O_3 晶体的弹性模量 E 为 380GPa，若在某工艺下烧结的气孔率为 3%，则其 E 有什么变化？

2. 现有一大型板件，材料的 $\sigma_s=1100MPa$，$K_{Ic}=120MPa\cdot m^{1/2}$，构件内有一横向穿透裂纹，长 20mm，现在平均轴向应力 800MPa 下工作。计算 K_I，构件是否安全？

五、综合分析(20 分)

(1) 题图 2.2 是“材料科学与工程”学科的研究内容包括的要素，请问本门课程主要研究的是其中的什么要素？

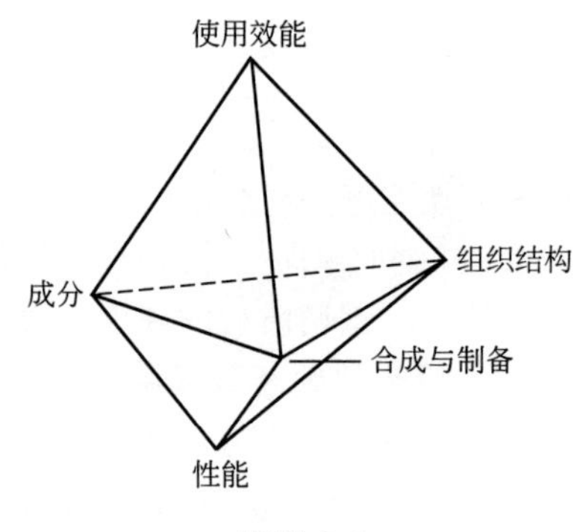

题图 2.2

(2) 请结合自己的专业方向，任选材料举例论述题图 2.2 的关系(给出必要的图、表、参考文献)，并写出自己的评论、收获或根据自己所学提出建议。

试题 1 答案

一、填空题

1. 德拜，T^3，3R[25J/(mol·K)]。
2. 声子热导，光子热导，电子热导。
3. 电子循轨运动，自旋运动。
4. 未被抵消的自旋磁矩(固有磁矩不为零)，强烈的自发磁化。
5. 接近费米能级 E_f 的少量电子，电子波在传播过程中被点阵离子散射。
6. 临界转变温度 T_c，临界磁场 H_c，临界电流密度 J_c。
7. 测温热电偶(温差发电、温差电传感器等)。
热电致冷器(半导体制冷器、散热器)。
8. 滑移，孪生，银纹。
9. 裂纹萌生，扩展。
10. 玻璃态，黏流态，高弹态。
11. 平面应变。
12. 贝纹线，疲劳条带(疲劳条纹)。
13. 莫氏硬度，邵氏硬度，布氏硬度，显微维氏硬度(显微洛氏硬度、显微努氏硬度)，肖氏硬度。
14. τ_{max}和σ_{max}的比值，压缩。
15. 表面。
16. 黏着磨损，磨料磨损，腐蚀磨损，接触疲劳磨损。

二、简答题

1. 低碳 20 钢在静载单向拉伸变形断裂实验过程中的应力-应变曲线如答案图 1.1 所示。

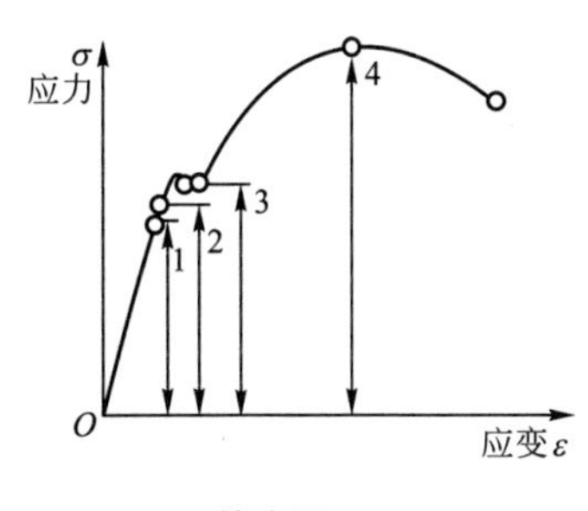

答案图 1.1

(2) 弹性变形、塑性变形(屈服变形/均匀塑变/不均匀塑变)、断裂。

(3) 1 点 σ_p：比例极限，满足应力与应变正比关系(胡克定律)条件下所能承受的最大应力，即应力-应变曲线图中直线段的最大应力值。

2 点 σ_e：弹性极限，材料发生弹性变形的所承受的最大应力，表征材料的弹性变形抗力指标。

3 点 σ_s：屈服强度，材料发生起始塑性变形所对应的应力，表征材料抵抗起始(微量)塑变的能力，是材料由弹性变形向弹-塑性变形过渡的明显标志。

4 点 σ_b：抗拉强度，是韧性材料光滑试样单向拉伸的实际最大承载能力。σ_b易于测定，重复性好，是选材设计的重要依据。

(4) 三个特征区如答案图 1.2 所示。

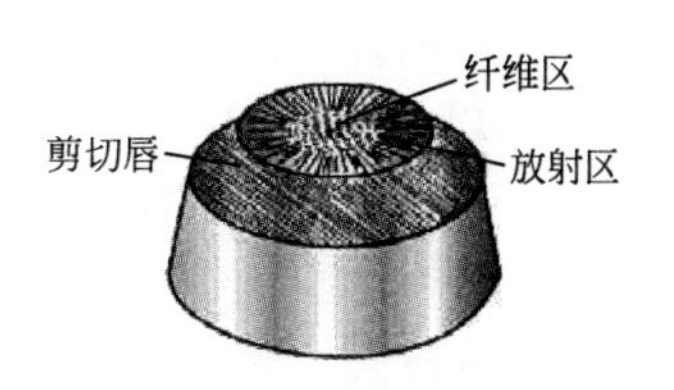

答案图 1.2

2. 题图 1.1 中的 A 处：σ_{-1}，即疲劳强度(极限)，指光滑试样在指定疲劳寿命(无限、有限周次)下，材料能承受的上限循环应力。

题图 1.2 中的 B 处：ΔK_{th}，即疲劳门槛，疲劳裂纹不扩展的 ΔK_{I} 临界值，即疲劳裂纹扩展门槛值，表示材料阻止裂纹开始疲劳扩展的性能。

题图 1.2 中的 C 处：$K_{\mathrm{I}c}$，即断裂韧度，材料的力学性能指标，表示平面应变状态下材料抵抗裂纹失稳扩展的能力。

3. 题图 1.3：韧窝(韧窝中有夹杂物)，韧性断裂的微观特征。

题图 1.4：解理台阶，河流花样，脆性断裂的微观特征。

三、计算

1.

$$\sigma_m=\sqrt{\frac{E\gamma_s}{a_0}}=\sqrt{\frac{2.1\times10^5\times10^6\times2.2}{0.32\times10^{-9}}}=3.8\times10^{10}\ \mathrm{Pa}=38\ 000\mathrm{MPa}$$

$$2a=3\mathrm{mm},\ a=1.5\mathrm{mm}$$

$$\sigma_c=\sqrt{\frac{E\gamma_s}{a_c}}=\sqrt{\frac{2.1\times10^5\times10^6\times2.2}{1.5\times10^{-3}}}=17.5\times10^6\mathrm{Pa}=17.5\mathrm{MPa}$$

实际材料含裂纹，裂纹尖端引发应力集中，使应力状态变硬，裂纹在较低的外力作用下失稳扩展，使材料变脆、强度大大降低。

2. 对于钾长石，由经验公式 $C_{p1}=a+bT+cT^{-2}$

$T_1=300\mathrm{K}$；

$C_{p1}=a+bT+cT^{-2}=266.81+53.92\times10^{-3}\times300-71.27\times10^5\times300^{-2}$

$=266.81+16.18-79.19=203.8[\mathrm{J/(mol\cdot K)}]$

$T_2=1500\mathrm{K}$

$C_{p1}=a+bT+cT^{-2}=266.81+53.92\times10^{-3}\times1500-71.27\times10^5\times1500^{-2}$

$=266.81+80.88-3.17=344.52[\mathrm{J/(mol\cdot K)}]$

钾长石($K_2O\cdot Al_2O_3\cdot 6SiO_2$)　原子数=26

按杜隆-珀蒂定律：$C=26\times25=650$[J/(mol·K)]

室温下两者误差较大。

因为热容受温度影响，杜隆-珀蒂定律适用于高温。低原子序数的元素其摩尔热容小于25 J/(mol·K)。陶瓷显微结构对热容也有影响，尤其是气孔等。

四、综合分析(略)

试题2答案

一、填空题

1. 弹性变形，塑性变形，断裂。

2. 洛氏硬度，莫氏硬度，邵氏硬度。

3. 裂纹萌生，扩展。

4. 压缩，压缩(弯曲)。

5. T^3，6R[50J/(mol·K)]。

6. 应力、应变不同时响应的弹性变形，是与时间有关的弹性变形。表现为应力应变不同步，应力和应变的关系不是单值关系。

7. 贝纹线，疲劳条带(疲劳条纹)。

8. 声子热导，光子热导，电子热导。

9. 均匀的电场，自由运动、服从量子力学规律、具有量子化能级。

二、说明下列各组力学性能指标的名称、物理本质和工程意义

1. σ_c：裂纹失稳扩展的临界状态所对应的平均应力，称为断裂应力或裂纹体的断裂强度。

σ_{-1}：疲劳强度(极限)，是指光滑试样在指定疲劳寿命(无限、有限周次)下，材料能承受的上限循环应力。

σ_p：比例极限，满足应力与应变正比关系(胡克定律)条件下所能承受的最大应力，即应力-应变曲线图中直线段的最大应力值。

σ_e：弹性极限，材料发生弹性变形的所承受的最大应力，表征材料的弹性变形抗力指标。

σ_s：屈服强度，材料发生起始塑性变形所对应的应力，表征材料抵抗起始(或微量)塑变的能力，是材料由弹性变形向弹-塑性变形过渡的明显标志。

σ_b：抗拉强度，是韧性材料光滑试样单向拉伸的实际最大承载能力。σ_b易于测定，重复性好，选材设计的重要依据。

2. ΔK_{th}：疲劳门槛，疲劳裂纹不扩展的ΔK_{I}临界值，即疲劳裂纹扩展门槛值，表示材料阻止裂纹开始疲劳扩展的性能。

$K_{\mathrm{I}c}$：断裂韧度，材料的力学性能指标，表示平面应变状态下材料抵抗裂纹失稳扩展的能力。

三、简答题

(a) 韧窝(撕裂棱)，韧性断裂的微观特征。

(b) 解理台阶(河流花样)，脆性断裂的微观特征。

(c) 沿晶断裂(晶界断裂)，脆性断裂的微观特征。

(d) 沿晶断裂(晶界断裂)，脆性断裂的微观特征。

四、计算分析题

1. 气孔率对陶瓷弹性模量的影响用下式表示。

$E=E_0\ (1-1.9P+0.9P^2)=380\times\ (1-1.9\times0.03+0.9\times0.03^2)$

$=358(\mathrm{GPa})$

E 降低为 358GPa。

2. 已知无限大板穿透裂纹的 K_{I} 表达式为 $K_{\mathrm{I}}=\sigma\sqrt{\pi a}$

塑性区修正后的 K_{I} 表达式

$$K_{\mathrm{I}}=\frac{Y\sigma\sqrt{a}}{\sqrt{1-0.056Y^2(\sigma/\sigma_s)^2}}\quad(\text{平面应变})$$

$\sigma/\sigma_s=800/1100=0.73$ 要进行塑性区修正

计算平面应变条件下的应力场强度因子 K_{I}。

$$K_{\mathrm{I}}=\frac{\sigma\sqrt{\pi a}}{\sqrt{1-0.056\pi(\sigma/\sigma_s)^2}}=\frac{800\times\sqrt{3.14\times0.01}}{\sqrt{1-0.056\times3.14\times(800/1100)^2}}=\frac{141.76}{0.954}=148.6\ (\mathrm{MPa}\cdot\mathrm{m}^{1/2})$$

$K_{\mathrm{I}}>K_{\mathrm{Ic}}=120\mathrm{MPa}\cdot\mathrm{m}^{1/2}$，构件不安全

五、综合分析

(1) 性能和使用效能。

(2) 略。

附录2　对材料性能理论做出突出贡献的部分科学家

<table>
<tr>
<td>
胡克（Robert Hooke，1635—1703年），英国力学家。胡克定律。</td>
<td>
包申格（Johann Bauschinger，1834—1893年），德国力学家。包申格效应。</td>
<td>
葛庭燧（1913—2000年），中国金属物理学家，中国科学院院士，国际滞弹性内耗研究创始人。葛氏扭摆仪。</td>
</tr>
<tr>
<td>
屈雷斯加（Henri Tresca，1814—1885年），法国机械工程师。塑性变形的屈雷斯加屈服判据。</td>
<td>
施密特（Erich Schmid，1896—1983年），奥地利物理学家。施密特因子，施密特定律。</td>
<td>
泰勒（Geoffrey IngramTaylor，1886—1975年），英国物理学家。提出晶体塑性变形位错理论。</td>
</tr>
</table>

续表

 奥罗万(Egon Orowan，1902—1989年)，匈牙利、英国、美国物理冶金学家。提出晶体塑性形变位错理论。	 派尔斯(Rudolf Ernst Peierls，1907—1995年)，英国物理学家。晶格阻力：派-纳力 τ_{p-N}。	 纳巴罗(Frank ReginaldNunes Nabarro，1916—2006年)，南非物理学家。晶格阻力：派-纳力 τ_{p-N}。
 格里菲斯(Alan Arnold Griffith，1893—1963年)，英国科学家，断裂力学之父。脆性材料裂纹断裂的格里菲斯理论。	 师昌绪(1918—2014年)，中国两院资深院士，高温合金之父。	 杜隆(P. L. Dulong，1785—1838年)，法国化学家和物理学家、医生。杜隆-珀蒂定律。
 珀蒂(Alexis Thérèse Petit，1791—1820年)法国物理学家。杜隆-珀蒂定律。	 德拜(Peter Joseph William Debye，1884—1966年)，荷兰-美国物理学家，1936年获诺贝尔化学奖。固体热容的德拜定律，X射线粉末法(德拜-谢乐法)。	 纪尧姆(C. E. Guillaume，1861—1938年)，瑞士物理学家，1920年获诺贝尔物理学奖。低膨胀系数因瓦合金。

续表

<table>
<tr><td>
朗道(Lev Landau，1908—1968年)，苏联物理学家，1962年获诺贝尔物理学奖。铁磁性磁畴理论。</td><td>
洛伦兹(Hendrik Antoon Lorentz，1853—1928年)，荷兰物理学家、数学家，经典电子论的创立者。1902年获诺贝尔物理学奖。</td><td>
费米(Enrico Fermi，1901—1954年)，美籍意大利裔物理学家，中子物理学之父，原子弹之父。费米能级。</td></tr>
<tr><td>
索末菲(Arnold Sommerfeld，1868—1951年)，德国物理学家，量子力学与原子物理学的创始人。</td><td>
白川英树(Hideki Shirakawa，1936—)，日本科学家，导电聚乙炔。2000年获诺贝尔化学奖。</td><td>
昂内斯(Heike Kamerlingh Onnes，1853—1926年)，荷兰物理学家，1913年获诺贝尔物理学奖。发现超导电性。</td></tr>
<tr><td>
帕尔帖(Jean Charles Athanase Peltier，1785—1845年)，法国物理学家。帕尔帖热电效应。</td><td>
塞贝克(Thomas Johann Seebeck，1770—1831年)，德国物理学家。塞贝克热电效应。</td><td>
汤姆逊(William Thomson，1824—1907年)，英国物理学家。汤姆逊热电效应。</td></tr>
</table>

续表

 高锟（Charles Kuen Kao，1933—），华裔物理学家，“光纤之父”。2009年诺贝尔物理学奖。	 艾伦·黑格（Alan J. Heeger，1936—），美国科学家，导电聚乙炔。2000年获诺贝尔化学奖。	 艾伦·麦克德尔米德（Alan. G. MacDiarmid，1927—2007年），美国科学家，导电聚乙炔。2000年获诺贝尔化学奖。

参 考 文 献

[1] 王吉会. 材料力学性能 [M]. 天津：天津大学出版社，2006.
[2] 束德林. 工程材料力学性能 [M]. 北京：机械工业出版社，2003.
[3] 王从曾. 材料性能学 [M]. 北京：北京工业大学出版社，2001.
[4] 王磊. 材料的力学性能 [M]. 沈阳：东北大学出版社，2005.
[5] 高建明. 材料力学性能 [M]. 武汉：武汉理工大学出版社，2004.
[6] 姜伟之. 工程材料的力学性能(修订版) [M]. 北京：北京航空航天大学出版社，2000.
[7] 刘瑞堂. 工程材料力学性能 [M]. 哈尔滨：哈尔滨工业大学出版社，2001.
[8] 赵新兵. 材料的性能 [M]. 北京：高等教育出版社，2006.
[9] 郑修麟. 工程材料的力学行为 [M]. 西安：西北工业大学出版社，2004.
[10] 何业东. 材料腐蚀与防护概论 [M]. 北京：机械工业出版社，2005.
[11] 孙秋霞. 材料腐蚀与防护 [M]. 北京：冶金工业出版社，2004.
[12] 陈正钧. 耐蚀非金属材料及应用 [M]. 北京：化学工业出版社，2001.
[13] 曾荣昌. 材料的腐蚀与防护 [M]. 北京：化学工业出版社，2006.
[14] 邓增杰. 工程材料的断裂与疲劳 [M]. 北京：机械工业出版社，1995.
[15] 刘家浚. 材料磨损原理及其耐磨性 [M]. 北京：清华大学出版社，1993.
[16] 陈华辉. 耐磨材料应用手册 [M]. 北京：机械工业出版社，2006.
[17] 肖纪美. 金属的韧性与韧化 [M]. 上海：上海科学技术出版社，1980.
[18] 赖祖涵. 金属的晶体缺陷与力学性质 [M]. 北京：冶金工业出版社，1988.
[19] 俞德刚. 钢的强韧化理论与设计 [M]. 上海：上海交通大学出版社，1990.
[20] 陈全明. 金属材料及强化技术 [M]. 上海：同济大学出版社，1992.
[21] 陈正均，杜玲仪. 耐蚀非金属材料及应用 [M]. 北京：化学工业出版社，1985.
[22] 林启昭. 高分子复合材料及其应用 [M]. 北京：中国铁道出版社，1988.
[23] 石德珂. 材料科学基础 [M]. 北京：机械工业出版社，1999.
[24] 布瑞克 P M，彭斯 A W，戈登 R B. 工程材料的组织与性能 [M]. 王健安，译. 北京：机械工业出版社，1988.
[25] 张振派. 复合材料力学基础 [M]. 北京：航空工业出版社，1989.
[26] 邱关明. 新型陶瓷 [M]. 北京：兵器工业出版社，1993.
[27] 李见. 新型材料导论 [M]. 北京：冶金工业出版社，1987.
[28] 金伟良. 腐蚀混凝土结构学 [M]. 北京：科学出版社，2011.
[29] 叶佩弦. 非线性光学物理 [M]. 北京：北京大学出版社，2007.